도장 기술의 모든 것

도장 이론과 실제

박조순 엮음

● 건축도장

● 금속도장

● 가구도장

일진사

머 · 리 · 말

    우리 나라 도장의 유래는 불교의 영향으로 불상에 도금이나 칠을 했던 것에서 찾아볼 수 있다. 물건의 보호나 장식을 위해 사용되었던 도장은 서양의 도료 수입 후 건축 도장이나 분무 도장의 활용으로 그 용도와 기술의 급격한 진보를 이루어왔다.

    현재 도장 기술에도 컴퓨터를 이용하여 보편화시키고는 있지만 이미 선진국이 도장 공학을 확립시킨 반면, 우리는 아직 체계적으로 정리한 자료나 문헌조차 없는 실정이다.

    도장이 공업 제품 뿐만 아니라 건축물, 공예품의 부식과 노화를 미연에 방지, 보호해 주며, 아름답게 하여 그 상품적 가치와 구매력을 높여 준다는 심리적 효과까지 감안하면 산업의 고도화, 수출 신장, 즉 문화 발달의 척도가 된다고 볼 수 있다. 때문에 도장을 전문 과학으로 확립시켜야 하는 것이다.

    아직 이론적인 체계가 완성되지 않은 도장에 대해 상세히 총괄한다는 것은 다소 무리가 있겠으나 여기서는 도장의 이론과 실제를 크게 건축 도장, 금속 도장, 가구 도장으로 나누어 이에 중점을 두어 집필하였다.

    또한 지난날 우리가 도장 전처리를 소홀히 하여 많은 문제를 야기시켰던 점을 상기하여 이 책에서는 표면 처리에 대한 내용을 많이 수록하였고, 도장용 기구와 기기, 안전위생 등을 수록하여 세심하게 설명하였으므로 실무자는 물론, 수험자 여러분에게 확실한 지침서가 되도록 엮었다.

    끝으로, 이 책을 출판하기까지 많은 도움을 주신 분들과 도서출판 **일진사** 직원 여러분께 진심으로 감사드린다.

[저자 씀]

···◇차◇ ◇례◇···

제1장 도장의 개요

제2장 도 료

제 3 장 색   채

제 4 장 조색법

제 5 장 도장용 기구 및 기기

제6장 목재 도장

제7장 금속 도장

제8장 건축 도장

8

제9장 안전 위생

●────── 부 록 ──────●

제 1 장 · 도장의 개요

1. 도장이란?

인류의 역사가 시작되면서부터 인간은 생활의 편리를 위해 도구를 사용하였고 점차 도구의 발달이 이루어지면서 보호와 장식을 위하여 물체의 표면을 장식하게 되었다. 이러한 필요성에서부터 기인된 우리나라 도장의 유래는 약 1,400년전 중국에서부터 불교가 전래 되면서 불상이나 불구에 기초적인 도금이나 칠이 필수적으로 이루어지게 되었다. 초기의 도장에 사용된 물질은 주로 천연물로 천연수지나 식물, 광물에서 채취된 안료를 사용하고 동물성 단백질을 사용하여 표면을 보호하고 장식하던 것이 현재의 도료 개념과 비슷한 형태로 발전된 것이 18세기경 부터이다. 도료와 도장에 획기적인 변화가 시작된 것은 1920년 이후 니트로셀룰로스를 합성하여 래커로 응용하면서 부터이며 우리나라에서는 서양의 도료가 수입되어 건축물이나 공예품에 주로 사용하던 것이 고종 말기경 조합 페인트의 일반적 보급과 건축이 늘어나고 분무 도장도 활용하게 되어 도장의 용도와 기술의 진보가 이루어졌다. 제2차 대전이후 석유화학 공업의 발달과 함께 이루어진 합성수지의 발달로 비닐수지 도료, 에폭시수지 도료, 에멀션수지 도료 등 도료의 급격한 발달로 실용화되었다. 또한 도장의 방법에 따른 발달은 1940년대 이후에 개발되기 시작한 정전도장, 전착도장 등 도장기기의 발달로 이어지면서 현대에는 도막의 경화 방법도 자연건조 방법에서 가열건조, 적외선 건조외에 방사선, 자외선 및 전자선을 조사하여 순간적으로 건조시키는 방법에까지 이르게 되었으며 환경문제와 관련 공해 대책의 일환으로 무용제의 분체 도료 개발과 광중합 도료나 전착 도료의 개발이 활발하며, 도장 기술도 컴퓨터를 이용한 도장 시스템이 보편화되고 있는 단계에까지 발전하고 있다.

2. 도장의 목적

도장의 목적은 도료의 종류나 피도물에 따라 특성을 달리하나 피도물에 도료를 균일하게 도포하여 경화된 도막으로 그 물체를 보호하고 외관을 아름답게 하는 데 그 목적이 있다.

[도장의 목적]

- 물체의 보호 : 방청, 내후성, 내수성, 내약품, 내열, 내마모, 내유 등의 특성을 이용하고 물체를 보호한다.
- 미관 : 환경과 관련한 색채로 물체를 도장해 미관을 아름답게 한다.
- 색채 조절 : 기계, 건물 등의 색채를 계획, 설계하여 인체의 피로를 경감시키고 작업 환경이나 생활공간을 개선한다.
- 안전 표시 : 산업안전(배관, 전기회로, 난간 등의 표식등), 교통안전, 절연, 항공장애 표식 등의 재해방지를 표식한다.

3. 도장의 분류

(1) 일반적 분류

① 도료의 이름에 따른 분류 : 래커도장, 에나멜도장 등
② 도장 방법에 따른 분류 : 칠솔도장, 분무도장, 정전도장, 전착도장, 분체도장 등
③ 피도물에 따른 분류 : 목재도장, 금속도장, 콘크리트도장 등
④ 도장 공정에 따른 분류 : 프라이머도장, 서피서도장, 상도도장 등
⑤ 도장 목적에 따른 분류 : 방음도장, 방청도장 등
⑥ 피도물의 용도별 분류 : 건축도장, 선박도장, 자동차도장 등
⑦ 건조 방법별 분류 : 자연건조도장, 가열건조도장 등
⑧ 도막의 무늬에 따른 분류 : 메탈릭도장, 해머톤도장, 폰타일도장 등

도장의 분류는 일반적으로 한가지의 방법만으로 분류되는 것이 아니고 피도물 하나를 도장할 때 여러가지의 도장 방법이 동원된다. 즉 자동차를 도장할 때 도료의 종류와 도장 방법등이 정해지며, 도장 무늬나 피도물의 용도등이 복합적으로 적용되는 것이 보통이며 이러한 이유 때문에 대개의 경우는 도료와 도장 방법이나 도료의 종류별 분류로 "메탈릭 자동차 도장"이라는 상식적인 명칭으로 생략되어 불리워진다.

(2) 도막의 용도별 분류

도장을 하고자 하는 피도물의 종류에 따라 사용되는 도료의 종류가 각기 다르며 각각 그 용도나 특성이 금속, 목재, 콘크리트, 플라스틱 등에 다양하게 이용된다. 이러한 도장의 목적과 도료에 따른 용도별 분류는 다음의 표 1-1과 같다.

표 1-1 도장의 용도별 분류

목　　　적	사용되는 도료	제품의 예
보 호 · 미 장	아크릴 에나멜, 멜타민 에나멜 등의 일반 도료	자동차, 냉장고 등 일반 기계 기구
방　　식	연단 프라이머, 징크리치 페인트, 탈계 방식 도료 등	철교 등의 강제 구조물
색　　채	합성 수지 페인트 기타의 일반 도료	간판, 교통 표지, 방화 기구, 네임 플레이트 (명판)
모　　양		머신, 사무기, 전자 기기 등
방곰팡이 오염	곰팡이 방지 도료	통신기, 선박 수출용 기기
전 기 절 연	절연 니스	에나멜 동선, 코일 종류
방 화(難 燃)	비닐계 방화 도료 등	건축물 내부
내 약 품	에폭시 에나멜, 염화 비닐 에나멜 등	화학 기계 장치 등
온 도 표 시	서모 페인트	아이롱의 온도 표시 등
방　　열	알루미늄 페인트(방식도 겸함)	석유 탱크 등의 대형 구조물
기　　타	방음 도료, 고무 피혁용 래커 등	특수용

4. 도장의 계획

도장의 계획에 있어서 우선 고려해야 할 것은 피도장물과 재료, 도장 방법 등을 결정해야 한다. 피도물의 소재(금속, 목재, 콘크리트, 플라스틱 등)와 그에 따른 상태나 형상, 사용하고자 하는 목적등을 고려하여 거기에 적절한 도료를 선정하고 그에 따른 주위 환경과의 조화를 이루는 기능적인 색채나 광택을 결정해야 한다. 금속재료의 경우 철, 알루미늄, 아연, 구리 등의 종류에 따른 부식 방지효과와 도료의 부착성등을 고려하고 목재의 경우 색채와 광택은 물론 도막의 투명성이나 목재의 수축팽창에 따른 도료의 탄성이나 습기에 견디는 도장이 필요하며 건물의 외관 도장시 비바람과 공해 등으로 인한 오염에 따라 도료를 선정해야 하지만 아직 도료에는 만능적인 것이 없기 때문에 작업성, 건조성, 물리화학적 조건이나 도장후의 내구성 등을 고려해 각 피도물의 성질에 적합한 도료의 선택은 물론 전처리나 바탕처리, 도막의 두께 등에 대한 검토를 해야 한다. 그리고 도장의 색채에 대한 계획도 중요한 분야이며 도장후의 색채나 질감등은 인간의 심리적 작용으로 인하여 작업 능률의 향상이나 환경의 미화, 주거기능의 향상을 가져오기 때문에 도장 계획에 있어서 빼놓을 수 없는 부분이다. 도장 계획에 대한 요소를 살펴보면 표 1-2와 같다.

표 1-2 도장 계획의 요소

```
                        ┌ 금 속 ──────┐
          ┌ 피도장물과 도장 효과 ┼ 목 재 ──────┤
          │             └ 플라스틱 ────┤
          │             ┌ 색 채 ──────┤── 미관
          │ 디자인과 표현 효과 ┼ 광 택 ──────┤
도장 계획   │             └ 텍스처 ─────┤
의 요소 ──┤             ┌ 기계적 강도 ──┤
          │ 용도성과 도장 효과 ┼ 내약품성 ────┤── 보호
          │             └ 노화성 ─────┤
          │             ┌ 도장 방식 ───┐
          └ 생 산 성 ──────┼ 도장 공정 ───┤── 능률
                        ├ 도료의 작업성 ─┤
                        └ 도료의 가격 ──┘
```

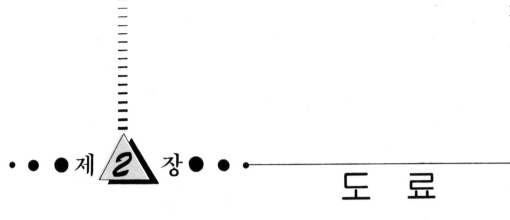

제 2 장

도 료

1. 도료의 정의

일반의 유용성을 가진 화학제품으로 물체의 면을 넓게 칠할 때 얇은 막을 형성하고 시간, 온도와의 조건에 의해 경화되고 물체의 면에 연속한 건조피막을 만드는 것이다. 도료란 물체의 표면에 피막을 형성하여 물체를 보호하고 미장의 기능을 가진 것으로 종류에 따라 특수한 기능을 함께 가진 피막을 형성하는 재료이다. 보호의 기능으로 방식성, 방청성, 내수성, 내온성, 내유성, 내마모성, 내충격성 등 피도물의 저항력을 높이며 특수한 기능으로는 결로 방지나 전기절연, 방화성, 방사능 방어기능 및 배의 밑바닥에 해초류나 조개류의 부착을 저지하는 기능을 가지고 있다. 도료는 도장을 하는데 있어서 매우 중요한 것이며 도료에 대한 원재료나 특징, 종류, 성질, 용도, 용법 등을 알지 않으면 도장 후에 최대의 효과를 발휘할 수 없으며 이러한 지식을 갖고 도료를 선정하고 적합한 도장 수단이 설정되어 합리적인 도장공정이 이루어지지 않으면 고도의 품질과 도장의 효과를 기대하기 어렵다.

2. 도료의 구성

도료의 구성 요소는 크게 안료, 전색제, 용제, 보조제의 성분을 혼합하여 용해 분산시킨 것이며 각자의 성분이 가지고 있는 기능을 합리적으로 조합함으로써 도료의 성능을 발휘하도록 만든 것이다. 도료는 일반적으로 도료의 주성분이 되는 보일류, 아마인유, 합성수지, 천연수지 등 전색제(수지, 유지, 셀룰로스 등)와 도료의 은폐력, 색상, 중량 효과를 나타내는 안료(무기안료, 체질안료 등), 도료의 점도상태를 조절하여 유용성을 주며 도장작업을 향상시키는 용제와 가소제, 건조제, 경화제, 침강방지제 등 소량을 첨가하여 도료의 성능을 향상시키는 첨가제(보조제) 등으로 구성된다.

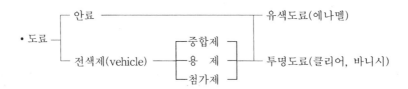

　도막형성 요소를 용제로 용해한 것이 전색제이며 여기에 안료를 넣지 않은 상태를 바니시 또는 클리어라 하며 이것이 투명도료이고 여기에 안료를 첨가하면 유색도료(에나멜)가 된다. 표 2-1은 도료의 구성및 원료를 나타낸 것이다.

표 2-1 도료의 구성 및 원료

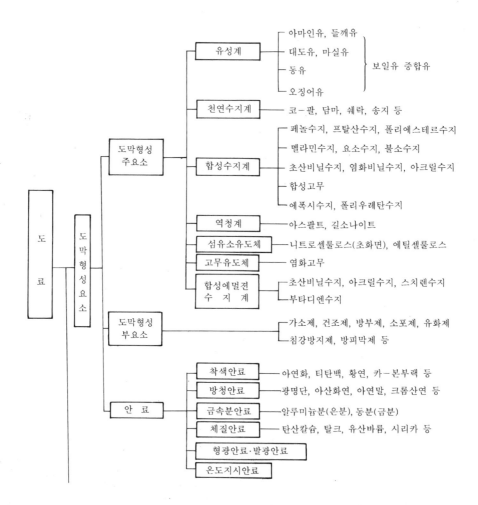

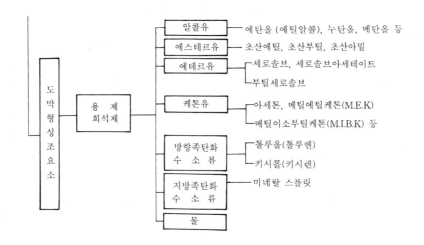

3. 도료의 분류

도료의 종류, 용도, 피도장물, 도장방법 등에 따라 분류되어 불리워지고 있으며 표 2-2와 같이 구분되는데 합성수지 도료는 그 합성수지의 종류에 따라 부르는 경우가 많다.

표 2-2 분류방법에 따른 합성수지의 종류

분　류　법	종　류　의　명　칭
전색제에 의한 분류	유성도료, 합성수지도료, 프탈산수지도료, 염화비닐수지도료, 에폭시수지도료, 수성도료 등
안료 종류에 의한 분류	광명단페인트, 알루미늄페인트, 징크더스트페인트, 그라파이트페인트 등
도료 상태에 따른 분류	조합페인트, 에멀션도료, 퍼티, 분체도료, 2액형도료 등
도막에 따른 분류	투명도료, 무광도료, 백색페인트
도장 방법에 따른 분류	붓칠도료, 분무도료, 정전도장용도료, 전착도료, 에어리스도장용도료, 디핑도료
도장 공정에 의한 분류	하도용도료, 중도용도료, 상도용도료
용도에 의한 분류	건축용도료, 자동차용도료, 목재용도료, 선저도료, 도로표시용도료
건조 방법에 따른 분류	자연건조도료, 열경화용도료, 가열경화도료, 자외선경화도료
도료의 목적별 분류	방청도료, 내산도료, 방화도료, 방부도료, 내열도료, 전기절연도료
도료의 무늬에 따른 분류	메탈릭도료, 해머톤도료, 형광도료, 스트파블도료, 주름도료

4. 안료(顔料 ; PIGMENT)

안료는 물, 용제 등에 녹지 않는 착색된 미세한 분류로 물감과는 다른 것이다. 안료는 전색과 함께 혼용하여 도료, 인쇄잉크나 그림물감 등을 만들며 착색도막의 두께나 도막의 내구성을 주기 위하여 사용된다. 도료용 안료는 착색안료, 방청안료, 체질안료, 금속분안료, 특수안료로 대별된다. 또한 안료에는 무기안료와 유기안료로 구별된다. 무기안료는 광물성 안료로 불리며 자연산과 합성품이 있고 유기안료에 비하여 무겁고 내후성, 내광성, 내약품성 은폐력 등이 강하나 색상이 선명하지 못한 단점이 있으며 유기안료는 유기합성으로 만들어지며 은폐력이 약하고 내광성, 내약품성은 약한 반면 색상은 선명하다. 도료용 안료는 용도별로 분류하여 방청안료, 선저도료에 사용되는 독성안료, 방화성안료 등 특수안료로 구분되는 것이 있다.

표 2-3 안료의 색별 용도별 분류

구 분	종 별	품 명
무기안료	흰 색 안 료	티탄백, 아연화 리도폰 연백
	빨 강 안 료	벵갈라, 크롬바미리온, 크롬오렌지, 카드뮴레드
	노 랑 안 료	황연, 카드뮴옐로, 티탄옐로, 황색산화철
	녹 색 안 료	크롬그린, 산화크롬, 코발트그린, 시아닌그린
	갈 색 안 료	산화철분(酸化鐵粉), 번트암바
	파 랑 안 료	감청, 군청, 코발트 블루, 시아린 블루
	검 정 안 료	카본블랙, 검정 산화철(酸化鐵)
	체 질 안 료	탄산칼슘, 클레이, 알미나, 탈크, 카오린, 규조토, 호분, 마이카, 황산바륨
	금 속 분 안 료	알루미늄분, 브론즈분
	방 청 안 료	연단 아산화연, 염기성 크롬산연, 시아나미드연, 징크크로메트, 아연말
	독 성 안 료	아산화동, 황색 산화수은, 에머럴드 그린
	방 화 안 료	산화 안티몬
유기안료	빨 강 안 료	퍼머넌트레드, 파라레드, 리솔레드, 워칭레드, 싱카샤레드, 본마룬
	노 랑 안 료	한자 옐로, 벤지딘 옐로
	녹 색 안 료	프탈로 시아닌 그린
	파 랑 안 료	프탈로 블루, 인턴스렌 블루
	형 광 안 료	형광염료를 합성수지 중에 용해시켜 열경화시킨 것을 미세한 분말로 한 빨강, 노랑, 파랑 등이 있다.

(1) 체질안료(體質顔料)

착색안료 및 방청안료와 함께 사용되는 충진제로서 착색의 역할은 하지 않고 도막의 경도를 높이고 흡유량이 많으면 광택을 없앤다. 또한 굴절율은 전색제와 별차이가 없기 때문에 반죽하면 투명에 가까우며 연마성을 좋게하며 원가를 내리는 역할을 한다.

① 탄산칼슘($CaCO_3$) : 호분, 중질탄산칼슘, 경질탄산칼슘 등이 있다. 프라이머, 퍼티 등의 증

량제로 사용되고 비중이 크다. 원료는 석회석 분쇄품이며 고분은 패각을 풍화시켜 만든다.

② **황산바륨**($BaSO_4$) : 천연산의 증정석을 분쇄시켜 물로 정제시킨 것을 바레이트(baryte) 또는 수파성류산 베릴륨이라고 하며 화학적 침전 합성품을 침강성 유산바륨이라고 한다. 이들은 안전한 체질안료로 내약품 도료에 사용되며 투명잉크의 증량제로 사용되기도 한다.

③ **크레이** : 규소 알미늄을 주성분으로 한 천연 규산염의 체질안료이다. 일반적으로 탈크 (Talc 활석분) 등의 도료에 사용되며 화학적으로는 안전하다.

④ **진흙**(Al_2, O_3, $2SiO_2$, $2H_2$, O) : 천연산 백색 점토의 분쇄품, 양질의 것을 카오린 (Kaoline) 또는 도토라고 한다. 클로이드상 진흙을 벤트나이트(Bantnite), 카탈포(Catalppo) 등이 있다. 또 산성이 강한 것을 산싱 백토라 한다. 바탕, 결메움, 퍼티 등의 바탕도료나 착색 결메움제로 사용한다.

⑤ **시리카**(Silica) : 주성분으로는 산화규소(SiO_2)가 사용되며 흡유량이 많고 투명성이 있 어서 투명 도료인 투명래커, 투명 바니시 등의 무광제(無光劑)로 사용되며 소량을 첨가 해도 무광택이 되는 것이 특징이다.

표 2-4 유기안료와 무기안료의 비교

색상 \ 구분	무 기 안 료	유 기 안 료
색 상	선명하고 착색력이 크다.	색감이 약하고 착색력이 약하다.
비 중	가사비중은 크고 비중은 작다.	가사비중은 작고 비중은 아주 크다.
은 폐 력	낮다.	크다.
흡 유 량	아주 크다.	아주 낮다.
광 택	조금 크다.	조금 낮다.
전 기 저 항 성	크다.	적다.
내 광 성	낮다.	높다.
내 열 성	비교적 낮다.	우세한 편이다.
내 용 제 성	불량하다.	양호하다.
내 약 품 성	양호하다.	불량한 편이다.
혼 합 성	좋다.	불량하다.
독 성	아주 낮은 편이다.	중금속으로 유독성이다.
가 격	고가이다.	저렴하다.
감 식	기기 분석으로 추정된다.	정성, 정량으로 분석이 가능하다.
용 도	제한적이다.	광범위하다.

(2) 착색안료

은폐력과 착색력을 가진 안료로 색상을 부여하며 착색안료는 무기안료와 유기안료로 크게 나눈다. 착색안료가 갖추어야 할 점으로는 밝은 색상과 밑색이 보이지 않는 은폐력, 내열성, 내광성, 내후성이 좋아야 하며 흡유량(吸油量)이 적어야 한다. 또한 입자의 크기가 적당하고 일정해야 하며 Bleeding이 없어야 하는데 착색안료를 색상별로 분류하면 표 2-4와 같다.

표 2-5　착색안료의 색상별 분류

색상＼구분	안　료　명	
	무 기 계	유 기 계
백　색	아연화, 티탄백, 리토폰, 연백	－
흑　색	카본 블랙, 그라파이트(흑연)	
적　색	광명단, 카드뮴 레드, 벵갈라(철단)	레이크 레드, 톨루이딘 레딘
황　색	황연, 징크 크로메이트, 카드뮴 황	한자 옐로, 퍼머넌트 옐로 HR
청　색	감청, 군청	Cu-프탈로시아닌 블루, 코발트블루
녹　색	크롬 그린, 징크 그린	Cu-프탈로시아닌 그린, 그린 골드
자　색	망간 바이올렛, 자군청	디옥사딘 바이올렛

① 백색안료

　㉮ 티탄백(TiO_2) : 주원료는 이산화티탄(TiO_2)이 주로 사용되며 이것을 농황산으로 처리하여 황산티탄으로 하고 이것을 분해하여 침전시켜 배소하여 제조된 것이다. 이산화티탄은 결정의 형태에 따라 아나타이져형과 루타일형으로 분류되는데 아나타이져형 티탄백은 루타일형에 비해 배색순도는 좋으나 은폐력, 내초킹성이 나쁘고 루타일형은 약간의 황미(黃味)는 있으나 은폐력, 착색력이 좋고 내후성도 좋다. 때문에 아나타이져형 티탄백은 내부용도료나 하용도료에 많이 사용하며 루타일형은 내후성, 내초킹성이 강하여 외부용, 합성수지도료에 많이 쓰인다. 이산화티탄은 은폐력, 내초킹성, 분산성 등을 개선하기 위하여 Al_2, O_3, SiO_2, ZnO 등의 수하물과 Ti, Al, Zr, Zn등의 인산염으로 처리한다. 최근 제조법으로 종래의 유산법과는 다른 염소법에 의한 제조방법이 연구되어 지고있다.

표 2-6　티탄백의 종류에 따른 비교

구 분＼종 류	아나타제형	루타일형
결　　정　　형	예추석형(正方晶形)	금홍석형(正方晶形)
비　　　　중	3.9	4.2
경　도(모　스)	5.5~6	6~7
굴　　절　　률	2.52	2.71
백　　색　　도	우수	약간 저조
입　　　　도	0.15~0.25μ	0.25~0.4μ
내　약　품　성	대	대
이　산　화　티　탄(%)	96 이상	90 이상

　㉯ 아연화(Zno) : 아연광석을 가공하여 만드는 것으로 산화아연의 미세한 분말로 이루어져 있다. 백색의 안료중에서 자외선을 가장 잘 흡수한다. 은폐력이 티탄백에 떨어지며(1/3-1/4정도) 착색력은 연백보다 약 2배 정도 높다. 아연화는 산, 알칼리에 좋으며 독성이 없다. 보일유, 유성바니시, 알키드수지바니시, 유용성 페놀수지 바니시 등 유지

계의 전색제와 혼합하면 건조가 좋고 점착성이 없는 도막을 얻을 수 있는 반면 겔화
가 촉진되거나 균열을 일으키는 경향이 있으므로 연백과 혼용하여 쓴다. 티탄백과 혼
합하여 사용하면 도막의 경화나 건조성이 좋아진다.

㈐ 리토폰(Lithopone) : 황화아연(ZnS)과 황산바륨($BaSO_4$)의 혼합물로 황화아연의 함유량
은 약 15−50%(표준품은 30%)로 제조된다. 중성으로 산가가 높은 유성 바니시와 반
응하지 않으므로 안전하며 무기산에서는 황화수소를 발생한다. 아연화처럼 건조성을
촉진시키는 일은 거의 없으며 황화물이기 때문에 황연, 연백 등을 함유하고 있는 도료
와의 혼용을 주의해야 한다. 일반적으로 하도용 페인트, 내부용 페인트에 사용된다.

㈑ 연백($2PbCO_3$, $Pb(OH)_2$) : 안료 중 역사가 가장 오래된 것으로 제법으로는 독일법과
오랜티법이 있다. 일반적으로 독일법에 의하여 제조된 것이 은폐력이 크다. 연백은 백
연 또는 당토라고도 하며 연백을 사용한 도료는 부착성이 좋고 강한 도막을 만들며
연백 단독의 백색도료에서도 내구력이 우수한 도막을 만든다. 다른 안료와 겸용하여
목재의 하도용이나 외부용 상도 도료에 사용되고 도료의 건조를 촉진시키므로 퍼티의
건조제로 사용하기도 하나 연백을 사용한 도료는 어두운 곳에서는 황변하기 쉽고 황
화수소와 접하면 흑변한다. 백색 아연도료의 균열은 연백도료를 혼합함으로써 방지할
수 있다.

② 흑색안료

㈎ 카본블랙(Carbon Black) : 카본블랙은 가스블랙이라고도 불리워지며 제조법으로는 채
널법, 디스크법, 휘네스법 등이 있다. 제조 방법에 따라 비중이 1.8~2.1로 변하며 제조
법에 따라 회색을 나타내는 것은 그레이 블랙(Gray Black)이라고 한다. 흑색인쇄 잉크
의 원료나 고무에 대해서는 특히 천연고무, 합성고무 어느 것이나 보강성 효과가 동일
하다. 카본블랙은 채널블랙과 휘네스블랙 양 계통에 의하여 각기 PH가 달라 사용에
있어서 주의를 요한다. 또한 그에 따른 채널블랙은 저색적(底色赤)이고 휘네스 블랙은
청색을 나타낸다.

㈏ 본블랙(Bone Black) : 에니멀 블랙이나 아이보리 블랙으로 불리며 동물뼈를 태운것과
유사한 것에 상아를 쪄서 태운 것을 아이보리 블랙이라 한다. 에니멀 블랙이나 아이보
리 블랙 모두 탄소분이 적고 인산 칼슘을 함유한다.

③ 적색안료

㈎ 산화철 : 산화제 2 철(Fe_2, O_3)를 주성분으로 하는 빨강색 안료로 뱅갈라 라고도 불리며
황산제 2 철을 열분해로 제조하거나 황색산화철이나 흑색산화철을 작열시켜 제조하기
도 한다. 가열온도 또는 입자의 크기에 따라 색상이 달라지며 원료의 제조법 차이에
따라 또는 입자의 크기에 따라 색상이 달라지며 원료의 제조법 차이에 따라 산화철의
함유량이 변하고 등급이 분류된다. Fe_2, O_3의 입자가 크면 등적색보다 추자적미를 나
타내고 적갈색에서 자적색까지 폭넓은 색상을 갖는다. Turky Red는 황색미가 많은
신선한 적색이고 Indian Red는 농적색이다. 화학적으로도 안전하고 착색력과 은폐력

이 크고 내후성이 우수하여 각종 도료의 착색에 사용된다.

(나) 모리텐레드 : 모리텐산연($PbMoO_4$), 크롬산염($PbCrO_4$)을 주성분으로 하며 적은 양의 황산연을 주성분으로 하고 있는 안료로서 착색력, 은폐력이 크고 빨간래크와 혼합하여 사용하는 경우가 많다. 내알칼리성 내후성이 약하며 흑변하는 경향이 있고 색상의 선명도나 은폐력이 약하기 때문에 다른 안료와 혼용하여 각종 도료에 많이 사용된다.

(다) 카드뮴레드(cds, nCdSe) : 황세렌화 카드뮴을 주성분으로 하며 조성 비율의 변화에 따라 레드오렌지의 색상을 가지며 세렌이 많을 수록 색상이 짙어진다. 내약품성에서 우수하여 내약품, 내열용 등 특수용으로 사용하나 독성을 가지고 있고 가격이 비싼 것이 단점이다.

④ 황색안료

(가) 황연($PbCrO_4$) : 주성분을 크롬산염으로 하는 안료로 색상에 따라 특성이 다르며 제조 방법에 따라 녹색에 가까운 황색(황연 10G)에서 적색이 다소 추가된 황색(황연 5R)까지 있다. 일반적으로 착색력, 은폐력이 좋고 내약품성에 약하며 황하물에 흑변한다. 황색안료의 대표적인 것이다.

표 2-7 황연의 종류별 색상 및 특징

황연	화학식(대략)	색 상	결정형	내알칼리성	내열성	내광성
10G	$PbCrO_4 \cdot PbSO_4$	녹미의 황색	사방	변색	100~130℃	
5G	$2PbCrO_4 \cdot PbSO_4$	황 색	사방	변색	110~150℃	10G, 5G에
G	$PbCrO_4$	오렌지미의 황색	단사		150~180℃	비해 크다.
R	$PbCrO_4 \cdot Pb(OH)_2$	황미의 오렌지색	정방	비교적 강	150~180℃	
5R	$PbCrO_4 \cdot 2Pb(OH)_2$	오렌지색	정방	비교적 강		

(나) 카드뮴옐로 : 황화카드뮴을 주성분으로 하는 안료이며 색의 선명도가 좋고 은폐력이 강하다. 그러나 내알칼리성이나 내후성에 약하다. 다른 안료와 혼용하여 각종 도료에 많이 쓰인다.

(다) 티탄옐로(TiO_2, NiO, Sb_2, CO_3) : Titan Yellow는 티탄, 니켈, 안티몬의 3성분을 가지고 있는 비교적 새로운 황색조 루칠형 안료로 내약품성이 크다. 내열성, 내후성이 우수하며 독성이 없어 완구용 도료나 합성 수지 도료에 많이 쓰인다.

(라) 크롬산바륨($BaCrO_4$) : Lemon이나 Yellow로도 불리며 주성분은 크롬산 아연(4ZnO, $4CrO_3$, K_2O, $3H_2O_2$) 외에 4염기 크롬산아연($ZnCrO_4$, $4Zn(OH)_2$)이 있다. 어느 것이나 방청안료로서 현재 많이 사용되고 있다.

⑤ 청색안료

(가) 울트라마린(3NaAl, SiO_4, Na_2, S_2) : 일반적으로 시리카, 알미나, 소다 및 유황에서 되지만 조성이 복잡하여 아직 정설은 없으나 유황이 색의 중요 요소라 생각된다. 제조에는 원료의 품질, 조합비율, 가열조건 등이 품질이나 색상등에 크게 영향을 미치며 순

청색 이외에도 녹색 및 적미의 것이 얻어진다. 내광성, 내열성, 내알칼리성에는 강하나 산에는 약하며 착색력이나 은폐력은 떨어진다.

 (나) 블루 : 색상에 의해 미로리블루, 브론스블루, 난브론스블루로 나누어져 물에 가용화 한 것을 벨린블루 또는 베렌스라고 한다. 제품의 종류에 따라 염소산가리를 산화제로 한 것은 차이너블루, 유화베리움위에 단청을 침전시킨 것을 불란서 워크블루, 알루미늄 및 페로시안 아연을 혼합한 것을 Antwerp Blue라 부른다. 착색력은 크지만 내열성, 내알칼리성에 약하며 변색한다. 조색용으로 사용하나 노란색과는 색상이 분리되기 쉽고 내열, 내알칼리가 요구되는 곳에는 사용하지 못한다.

 (다) 모나스트럴 블루 : 선명한 청색의 안료로 착색력이 강하고 감청의 수배, 군청의 20배 이상의 착색력을 갖는다. 많은 용매에 녹지 않으며 열에는 500℃에서도 변화하지 않고 승화한다. 결정성(용제 불안전형)의 것은 벤젠으로 방향족계의 용매 중에서 현저하게 결정이 성장하여 색이 변하고 착색력이 떨어진다.

⑥ 녹색안료

 (가) 에메랄드그린($Cu(CH_3, CO_2), 3CuO(AsO_2)_2$) : Paris Green 또는 Schweinfurt Green으로 불린다. 내광성, 산, 알칼리에 약하고 유화수소에 의하여 흑색으로 변한다. 독성안료로 배밑도료에 사용된다.

 (나) 그린골드(Green Gold) : 대록황색을 띠고 있는 안료로서 특히 내광성이 뛰어나다. 내열성, 내약품성이 우수하여 투명성이 커서 금속 광택 도료의 착색제로서 이용된다.

(3) 방청안료

방청안료는 도막의 핀홀등을 통하여 산성의 물등이 산화 작용을 하게 되는데 금속면에 닿기전에 방청안료와 반응하여 산성을 제거하거나 용해시켜 알칼리로 변화되어 금속표면에 녹스는 것을 방지하는 안료이다. 이러한 방청안료는 수지바니시 성분과 반응하여 치밀한 도막을 만들고 물에 용해되어 알칼리성으로 변해야 한다.

① 광명단(Pb_3, O_4) : 산화아연을 주성분으로 하는 적색안료로 약간의 일산화연을 함유하고 있어 화학적으로 활성이며 방청안료로 우수한 성능을 가지고 있다. 건유성과 반응하여 납비누를 만들고 유연성과 곡절항도 가소성, 부착성이 우수하고 풍화에 견디는 우수한 도막을 만든다. 현재에는 순도가 좋은 연단을 사용한 연단(광명단)페인트가 개발되어 철강 제품의 방청 도료로 널리 쓰이고 있다. 연단페인트를 폭로시키면 공기중의 수분 및 탄산가스로 인해 연백으로 변한다. 또한 황화수소와 화합하면 검정으로 변하기 때문에 환경이 나쁜 장소에서는 건조 후 즉시 상도를 해야 한다.

② 아산화연(Pb_2, O) : 회색의 안료로 건성유와 반응하여 고화한다. 연단보다 활성이 강하며 사용시 조합하여 도장하도록 되어 있다. 전기 화학적 작용으로 방청효과가 큰 안료로서 아산화연 녹막이 페인트에 사용된다.

③ 징크 크로메이트($3ZnCrO_4, Cr_2, On$) : 염기성 크롬산 칼슘아연을 주성분으로 하는

황색 녹막의 안료로서 수용분(水溶分)을 갖고 있으며 물에 용출되어 금속면에 크롬산 이온을 방출하고 녹막이 피막이 된다. 주로 합성수지 바니시와 혼합하여 속건성 프라이머로 사용된다. 특히 경금속의 하도에 적합하며 징크 크로메이트 프라이머나 에칭 프라이머로 시판된다.

(4) 형광안료

① Zinc Sulphide(ZnS) : 유화아연의 기체로서 축광안료가 된다. 이것에 트리튬, 프로메튬 147 등의 방사성 물질을 첨가한 것은 발광성을 갖게 되며 부활제로서 동사용의 경우 발광색은 녹색으로 나타나게 되며 망간을 사용할 경우 등색으로 나타난다.

② **주광형광안료** : 유기형광안료나 형광안료로 불리며 주광형광안료에는 형광성 염료의 합성수지 고용체 타입과 안료색소 타입이 있는데 주로 형광수지 고용체 타입이 많다. 수지 고용체 타입은 염기성, 산성 알콜 가용제 등의 염료 중 형광성이 강한 염료가 멜라민수지, 요소수지, 셀폰마이드수지, 알키드수지, 폴리염화비닐 등의 수지에 의해 만들어진다. 형광의 토대에서 광희성 색을 나타내는 것이 특징이다.

③ Zinc Silicate(Zn_2, SiO_4) : 아연화와 무수규산과의 혼합물에 망간을 부활제로 가해서 소성한다. 제법에 따라 발광색이 달라지며 발광색은 청록과 황록을 나타낸다.

5. 용제 (희석제)

용제란 도료를 피도장물에 도포할 때 도장막을 양호하게 하며 도료를 도장 방법에 따라 점도를 알맞게 조절하여 작업성을 편리하게 하는 것이다. 용제는 도장 후 도막에 휘발분을 남기지 않고 전부 증발되어야 하며 바탕 칠이나 피도장물에 침범하지 않아야 한다. 또 수지(전색제)를 쉽게 용해시켜야 되며 도장 방법에 알맞는 휘발성을 가지고 있어야 한다. 용제는 1865년경 Wien대학의 한 교수가 목재의 건류에 의한 Methanol, 초산 및 아세톤의 제법을 발표한 것을 시초로하여 화학 공업의 발달과 함께 제조와 사용이 발달되어 왔다. 용제는 처음에 목재, 석탄 건류의 타르공업, 합성공업에서 석유화학 공업의 발달에까지 이르렀으며 도료의 발달과 함께 용액 도장방식의 발달이 용제의 발달을 이룩하게 하였다. 용제의 합성법은 1918년 영국과 독일의 아세틸렌으로부터 초산과 무수초산, 아세톤 및 그 외의 제조방법을 확립하였으며, 1920년 독일이 일산화탄소로부터 메탄올 합성공업이 확립되었고, 동양에서도 일본이 전분을 발효하여 아세톤 및 부탄올을 만드는 것이 공업화 되었다. 그리고 석탄을 건류하면 코스트가 얻어지며 이러한 석탄 공업의 발달로 벤젠, 톨루엔 및 크리렌 등이 얻어지는데 이러한 부산물은 용해성이 강한 방향족 용제로 널리 이용된다. 또한 원유중의 납사에서 벤젠, 톨루엔, 크실렌이 얻어지고 크래킹의 개질에 의하여 수소, 메탄, 에틸렌, 에탄 프로필렌드의 제품이 합성된다. 여기서 다시 에틸렌으로부터 에탄올, 초산, 무수초산, 에틸렌그리콜 등의 용제를 만든다.

(1) 용해력에 의한 용제의 분류

  ① **진용제** : 단독으로 수지류를 용해하며 용해력이 크다.
  ② **조용제** : 단독으로는 수지류를 용해하지 못하며 다른 성분과 혼용하여야 용해력을 나타낸다.
  ③ **희석제** : 용질에 대하여 용해력은 없으며 점도를 떨어뜨리는 역활을 한다.

(2) 비점에 따른 용제의 분류

  ① **저비점 용제** : 비점이 100℃ 이하의 것으로 아세톤, 메틸에틸케톤, 메탄올, 초산에틸 등이 있다.
  ② **중비점 용제** : 비점이 100~150℃가 되는 것으로 톨루엔, 초산아밀, 초산부틸, 부탄올, 메틸이소부틸케톤 등이 있다.
  ③ **고비점 용제** : 비점이 150℃ 이상인 것으로 부틸셀로솔부, 디소부틸케톤, 이소포론이 여기에 속한다.

(3) 용제의 분류

  ① **비점에 의한 분류** : 저비점용제, 중비점용제, 고비점용제
  ② **화학 구조에 의한 분류** : 지방족 탄화수소류, 방향족 탄화수소류, 할로겐화 탄화수소류, 알콜류, 케톤류, 에스테르류, 에테르류, 알콜 에스테르류, 케톤 알콜류, 에테르 알콜류, 케톤 알콜류, 케톤 에스테르류, 에스테르 에테르류
  ③ **기타 분류법** : 증발속도에 의한 분류, 성질에 의한 분류, 공업용 용도에 의한 분류

표 2-8 화학적 구조에 의한 용제의 분류

분 류	품 명	끓는점(℃)	인화점(℃)	용 도
탄 화 수 소 계 (지 방 족)	백 등 유	170~250	52	유성도료·보일유
	미 네 랄 스 플 릿	140~220	26~38	유변성합성수지도료
탄 화 수 소 계 (방 향 족)	톨 루 엔	110~112	7~13	래커계도료·실리콘수지도료
	크 실 올	137~142	23	아미노알키드수지도료
	솔 벤 트 나 프 타	110~160	15 이하	에폭시수지도료, 프탈산수지도료
에 스 테 르 계	초 산 에 틸	74~77		래커계도료, 염화비닐수지도료
	질 산 브 틸	124~126		아크릴수지도료
	질 산 아 밀	138~142		아미노알키드수지도료
케 톤 계	아 세 톤	55~60	-20	염화비닐수지도료, 아미노알키드수지도료
	메 틸·에 틸·케 톤	77~80	0 이하	아크릴수지도료
	메 틸·이 소 브 틸·케 톤	115~118	23	래커계도료

알 콜	메 탄 올	64~65	6	아미노알키드수지도료
	에 탈 알 콜	78~79	18	래커계도료
	이소프로필알콜	79~82	18~20	주정도료, 에칭프라이어
	브 틸 알 콜	114~118	35	
	이 소 브 틸 알 콜	104~107	22	
에 틸 계	셀 로 솔 브	128~157	40	래커계도료, 아미노알키드수지도료, 아크릴수지도료
	셀로소브아세테이트	140~160	47	
	브 틸 셀 로 솔 브	163~174	60	

(4) 각 용제의 성질

① 지방족 탄화수소계

㉮ 미네랄 스플릿(Mineral spirits) : 비점 140~220℃의 각종 탄화수소의 혼합물로 방향족을 많이 함유하게 되면 용해력이 커지며 이소파라핀이 주성분인 것은 무취 미네랄 스플릿이라고 한다. 비교적 가격이 저렴하고 유성도료나 합성수지 조합페인트의 용제로 많이 사용된다.

㉯ 등유(Kerosine) : 원유를 분류하여 얻어진 등유분을 재분류하여 정제한 것으로 비점이 170~250℃이며 보일유나 유성도료에 사용된다.

② 방향족 탄화수소계

㉮ 톨루엔(Toluene, $C_6H_5CH_3$) : 방향족 탄화수소의 기본 물질인 벤젠은 독성 때문에 도료에는 사용되지 않으나 용제로 널리 사용되며 무색투명하며 독성이 적다. 벤젠 보다 약한 방향을 가지며 휘발성은 초산 부칠의 2배고 부탄올 보다 4배 빠르다. 용해력은 벤젠과 비슷하며 알콜, 케톤, 에스테르 탄화수소 등 많은 유기용제와 혼합한다. 순수한 톨루엔의 비점은 110.6℃이나 공업용은 100~120℃이다. 합성수지도료나 래커 등의 용제로 많이 사용되며 석유 나프타 유분을 개질 하거나 콜탈경유분을 분류하여 얻는다.

㉯ 키시렌(Xylene) : 무색투명의 액체로 톨루엔에 비하여 비점이나 인화점이 높으며 물에는 불용이며 톨루엔과 같이 많은 유기 용제와 혼합한다. 유지, 에스테르검, 알키트수지, 페놀수지, 염화고무 등을 용해한다. 키시렌은 올소, 메타, 파라의 이성체가 있고 석유계 키시렌의 조성은 올소 키시렌 20%, 메타키시렌 40%, 파라키시렌 20%, 에칠벤젠 20%이다. 용도는 유성 바니시, 합성수지도료, 비닐수지, 아크릴수지, 래커 등의 희석제로 많이 사용되며 석유 나프타를 개질하거나 콜탈경유분을 개질하여 만든다.

- 오소키시렌 : 무수프탈산, 합성화학 원료로 사용
- 메타키시렌 : 이소프탈산, 키시렌수지의 원료로 사용
- 파라키시렌 : 테레프탈산, 폴리에스테르 섬유 등에 사용

③ 에스테르 및 에테르계

㉮ 초산에칠(Ethyl acetate) : 무색투명의 액체로 많은 유기용제와 배합한다. 초화면, 초산셀룰로스, 장뇌, 고무, 로진 등을 용해한다. 특히 초화면의 진용제이므로 래커의 용제

로나 또 비점이 74~77℃로 낮아 래커신너의 저비점 부분으로 많이 사용한다. 래커의 용제로 래커신너에 많이 사용되며 폴리우레탄, 염화비닐수지에도 사용되며 아세트알데히드를 촉매의 존재하에서 축압반응하여 제조한다.

(나) 초산부칠(Butyl acetate) : 메칠부칠의 비점은 126℃이며 과일과 같은 향기를 갖는다. 많은 유기 용제와 자유로이 혼합하여 사용하며 진용제로서 증발속도도 적당하여 래커용제 및 래커신너에 많이 사용되는 중비점 용제이다. 래커의 용제로 래커신너에 다량으로 사용되며 비닐수지, 아크릴수지, 에폭시수지도료의 용제로도 사용된다. n-Buthanol을 초산과 황산 촉매하에서 가열반응시켜서 정제한다.

(다) 초산아밀 : 아밀알콜로 생성시킨 에스테르계 용제로서 비중은 138~142℃이다. 과일향의 방향이 있는 용제로서 증발속도는 비교적 늦다.

(라) 셀로솔브 초산 : 비점 135~160℃의 무색 투명한 액체로 물에는 약 23%가 용해된다. 많은 유기 용제와 혼합하며 수지에 대한 용해력은 셀로솔브보다 크고 초화면, 셀락, 로진 등을 용해한다. 래커신너, 리타라신너에 주로 사용하며 셀로솔브를 초산으로 에스테르화 시켜서 만든다.

(마) 부칠 셀로솔브(Butyl celloslve) : 비점 171℃의 무색투명한 액체로 온화한 향기가 있으며 물에 가용이다. 거의 모든 유기용제와 혼합하며 페놀수지, 에폭시수지 등을 용해하고 래커의 백화방지, 도막의 평활화에 효과가 있다. 리무바 및 래커의 백화 방지용 용제로 사용되며 부탄올과 에칠렌 글리콜을 산촉매하에서 축합하여 수세, 중화 후 분해한다.

(바) 에칠 셀로솔브(Ethyl cellusolve) : 비점 136℃의 온화한 향기의 무색투명한 액체로 물에 녹으며 초화면, 페놀수지, 알키트수지, 에폭시수지 등을 용해한다. 래커, 페놀수지, 알키트, 에폭시수지의 용제로 주로 사용하며 산촉매하에서 에탄올과 에칠렌 오사이드를 축합하고 중화 후 정제한다.

④ 케톤계

(가) 아세톤(Acetone) : 비점 55~60℃의 증발속도가 빠른 저밀도 용제이다. 박하와 같은 향기가 있으며 물과 많은 유기용제와 잘 배합한다. 각종 유지나 셀룰로스 유도체에 대한 용해력은 크지만 휘발성이 높아 다량으로 사용하면 백화 현상을 일으키기 쉽다. 래커, 아크릴수지도료, 리무바에 사용되며 프로필렌을 에스테르화시켜서 가수분해하여 얻은 2-Propanol를 산화시켜서 제조한다.

(나) 메칠에칠케톤 : 향기 및 특성이 아세톤과 거의 같다. 비점이 77~80℃로 아세톤보다 높고 초산에틸과 거의 같으며 초화면, 염화비닐수지, 에폭시수지, 아크릴수지에 대한 용해력이 높다. 래커, 염화비닐수지, 아크릴수지의 용제로 주로 사용되며 접착제나 인쇄잉크의 용제로도 사용된다.

(다) 메칠이소부칠케톤 : 비점 115~118℃로 아세톤이나 메칠에칠케톤보다도 순한 냄새가 있으며 초산부칠과 함께 중비점용제로 널리 사용된다. 초산부칠과 비교하여 증발속도

가 빠르고 용해성은 좋다. 래커, 비닐수지도료, 폴리우레탄수지도료에 주로 사용되며 아세톤을 축합 탈수 시켜서 메칠옥사이드로 만들고 수소를 첨가시켜서 만든다.

⑤ 알콜계

㉮ 메탄올 : 비점 64~66℃의 휘발성 높은 용제로 독성이 있으며 용해력은 에탄올보다 작다. 래커의 조용제나 속건니스, 리무바에 사용되며 포르말린의 세정제로도 사용된다. 수성가스의 고압접촉반응 또는 천연가스의 부분 산화에 의하여 만들어진다.

㉯ 이소 프로필 알콜 : 무색투명의 액체로서 비점은 81~83℃이며 가격이 비교적 저렴하여 공업용으로 많이 사용하며 셸락니스, 워시프라이머의 용제, 래커의 조용제로 사용된다. 프로필렌을 황산에 흡수시켜 가수분해하여 만든다.

㉰ 부틸알콜 : 일반적으로 정부틸 알콜이 많이 사용되며 비점 114~118℃의 무색투명한 액체로 래커 멜라민수지, 요소수지도료, 워시프라이머의 용제로 사용되며 합성수지의 원료로도 사용된다. 아세트알데히드를 축합시켜 아세트알콜로 만들고 이것을 탈수하고 수첨하며 증류, 정제해서 만든다.

6. 도료용 수지

도료용 수지에는 천연수지와 합성수지가 있는데 근래에는 합성수지의 발달로 인하여 천연수지는 극히 일부 도료에서만 사용되고 있으며 대부분 합성수지 도료가 도막 형성 요소로 많이 사용되고 있다.

표 2-9 수지의 종류

수 지	천연수지	송진, 셸락, 디머
	합성수지	열경화성수지 — 페놀수지, 건성유 변성프탈산수지, 요소수지, 멜라민수지, 에폭시수지, 불포화 폴리에스테르수지, 폴리우레탄수지
		열가소성수지 — 불건성유 변형프탈산수지, 비닐수지, 아크릴수지, 스티렌수지

(1) 천연수지

① 송진 : 로진이라고도 불리며 가장 많이 사용되며 융점이 낮아서 도료에서는 글리세린과 화합시켜 에스텔검을 석회로 중화시켜 석회로진을 다시 유용성 석탄산 수지로 변형시켜 사용한다.

② 셸락 : 곤충의 분비물에서 채집된 수지로서 인도가 주산지이다. 담황색이나 주황색으로 표백시킨 것을 표백셸락 또는 백라그라고도 한다.

③ 디너 : 수목의 수액을 채취한 것으로 비교적 용제에 가용성이며 색상이 양호하기 때문에 용제로 용해시켜 휘발성 바니시로 사용한다. 흰 에나멜의 전색제로 사용되며 탈납시킨 것은 래커에도 사용한다.

표 2-10 도료용 식물유

품　명	옥소가	특　　　　　　　　　　　　　　성
아　마　인　유	180	건조성, 내후성에는 우수하나 황변성이 있다.
새　플　로　워　유	150	황변성이 적다.
대　　두　　유	130	건조성에는 뒤떨어지나 황변성이 적다.
등　　　　　유		중합형 건성유로서 속건성이기 때문에 도막 표면에 주름이 생기기 쉽고 내수성, 내후성에는 우수하나 황변성이 있다.
피　마　자　유	80	담색이며 부착성이 우수하나 내수성에 뒤진다. 황변성은 적다.
야　　자　　유	10 이하	황변성이 적으나 부착성은 약간 뒤진다.

(2) 합성수지

① 페놀수지 : 석탄산 수지라고도 하며 페놀 종류와 포름알데히드와의 축합에서 얻어진다. 페놀수지는 제조시 산과 알칼리의 촉매 사용에 따라 열가소성 노불락수지와 열경화성 레놀수지로 구분되며 노불락수지는 유성계의 페놀수지 도료용으로 사용된다. 페놀수지는 내열성, 내약품성, 방식성, 내용제성에는 강하나 도막이 변색하기 쉽다.

② 폴리우레탄수지 : 1848년 독일의 베르츠(Wurtz)가 이소시아네트 화합물(폴리우레탄 경화제용 수지)의 합성을 시초로 시작되었으며 1933년 이후 실용화되었다. 우레탄의 결합은 이소시아네트와 물, 알콜, 아민 등 활성수소와의 반응으로 형성된다. 폴리우레탄수지 도료는 건조 중 공기중의 습기와 반응하여 우레탄의 결합이 형성되는 것과 우레탄의 결합이 처음부터 함유되어 있는 두 종류가 있으며 장점으로는 내마모성 및 기계적 성질이 우수하고 내후성이 좋으나 인체에 대한 독성이 단점이다.

③ 에폭시수지 : 비스페놀A와 에피클로로히드린과의 축합 반응으로 얻어지는 비스페놀A형 수지이다. 중합도에 따라 점성 액체에서 고체모양이 있으며 에폭시수지는 소지에 대한 부착성이 양호하고 내약품성, 방식성이 우수하여 특수 도료에 많이 사용된다. 최근에는 아크릴 모노머나 아민을 결합시킨 변성 에폭시수지 도료에도 사용된다.

④ 폴리에스테르수지 : 불포화 다염기산과 다가알콜과의 축합반응으로 얻어진 수지로서 글리세린과 무수프탈산 및 건성유 지방산으로한 도료용 알키드수지라고 부른다. 가열 또는 촉매에 따라 부가 중합을 이르켜 불용, 불용으로 된다. 무수말레인산과 푸마르산 등이 분자 안에서 불포화 결합을 가진 산을 다가알콜과 축합하여 얻은 수지를 불포화 에스테르수지라 부르며 불건성유 지방산을 원료로한 소결도장용 수지를 폴리에스테르 수지라 부른다. 단점으로는 알칼리에 약하고 스티렌 모노머의 배합물은 중합하여 고화되기 때문에 무용제성 도료가 된다.

⑤ **아크릴수지** : 아크릴수지는 열가소성 수지와 열경화성 수지로 나뉘는데 주원료는 모노머를 사용한다. 모노머 중에서 비관능성 모노머만 사용할 경우에는 열가소성 아크릴수지가 되고 관능상 모노머를 혼용할 경우 열경화성 아크릴수지가 된다. 아크릴 모노머는 경질 모노머와 연질 모노머가 있어 이 모노머를 적당히 구분하여 사용하면 도막의 물성을 조절할 수 있다. 용제형에는 공기 건조형과 열경화 건조형이 있으며 광택, 색의 보유성, 도막의 경도, 내오염성이 우수하다.

⑥ **비닐수지** : 초산비닐 단독의 것과 초산비닐, 염화비닐과의 공중 합체가 있으며 초산비닐을 유화 중합하면 초산비닐 에멀션이 생긴다. 이것들은 열가소성 난연성으로 내산, 내알칼리성에 우수하다. 내후성은 약간 떨어지나 아크릴수지로 변형시킨 것은 내후성이 좋다.

⑦ **프탈산수지** : 프탈산수지에는 장유성 프탈산수지, 중유성 프탈산수지, 단유성 프탈산수지 등이 있는데 이것은 석유를 원료로 한 무수프탈산과 글리세린의 축합 반응으로 구성된 것인데 기름의 사용량에 따라 구분된 것이다.

표 2-11 프탈산수지의 종류 및 용도

항목＼종류	장 유 성	중 유 성	단 유 성
기 름 의 사 용 량(%)	77~64	61~51	48~35
무수프탈산함유량(%)	15~25	28~35	38~45
변 성 유 의 종 류	대두유, 사하라유, 아마인유	대두유, 사하라유, 아마인유	야자유, 피마자유, 대두유
건 조 성	← (중유성에서 장유성 방향)		
경 도	→ (장유성에서 단유성 방향)		
용 해 성	← (장유성 방향)		
점 도	→ (단유성 방향)		
작 업 성	← (장유성 방향)		
초 기 광 택	→ (단유성 방향)		
내 후 성	← (중유성에서 장유성 방향)		
보 색 성	→ (단유성 방향)		
내 수 성	← (중유성에서 장유성 방향)		
용 도	붓칠용 프탈산 에나멜로 사용	일반 프탈산 에나멜 및 열경화성 프탈산 에나멜로 사용	래커 또는 알키드 열경화성 도료로 사용

장유성 프탈산수지는 대두유, 아마인유 등으로 변성시켜 자연건조형 도료는 붓칠용으로 사용하며 보일유와 혼용하여 사용하기도 한다. 중유성 프탈산수지는 건성유로 변성시키는 경우가 많고 내후성은 유성도료에 비하여 우수하여 일반적으로 프탈산수지 도료로 사용하고 요소수지나 멜라민수지와 병용하여 열경화성 에나멜로 사용하는 경우도 있다. 단유성 프탈산수지는 단독으로는 도료라 하지 않으며 야자유와 같은 불건성유로 변형시키는 경우가 많다. 프탈

산수지를 전색제로한 도료는 내수성은 약하나 내후성, 부착성, 건조성, 보색성 등의 장점을 가지고 있다.

7. 도료용 첨가제(보조제)

도료에는 제조에서 도장의 단계를 거치는 동안 도료나 도막의 성질을 조절하고 보호하기 위하여 여러 종류의 첨가제를 사용한다. 이러한 각종의 첨가제는 도료의 성분 중에서 차지하는 비율은 높지 않으나 도료의 성분 중 꼭 필요한 성분이며 다음과 같은 것이 있다.

① 건조제(dryer) : 건조제는 연(납), 망간, 코발트의 수지산, 나프타산염, 옥테인산염이며 이 외에도 철, 아연, 칼슘 등의 화합물도 사용된다. 도막의 건조를 촉진시키는 촉매 작용을 하며 금속의 종류에 따라 효과와 작용이 달라지기도 한다. 연은 중합 촉진성을 갖고 있으며 도막의 내부 건조성에 효과를 나타낸다. 코발트는 산화 촉진성을 갖고있어 도막의 표면 효과가 있고 망간은 연과 코발트의 중간으로 내부와 표면 건조성을 가지고 있다. 액상의 건조제는 이러한 것들을 혼합한 것으로 기온의 저하나 기후의 변화에 대한 건조성을 조절하는데 첨가하여 사용되지만 건성유를 사용한 자연 건조용 도료에 사용한다. 건조제의 과잉 사용은 도막의 겉마르기나 주름같은 결함이 발생되고 내구성이 저하되므로 지나친 사용은 피해야 한다.

② 유화제(emulsifier) : 계면 활성제나 분산제라고도 부르며 합성수지 에멀션도료 제조시 분산제로 쓰인다. 합성 에멀션수지를 만들 때 중합되는 수지를 물에 강제로 분산시키는 데 사용된다.

③ 가소제(plasticizer) : 염화비닐수지, 아크릴수지 등이 도막에 강인성이나 유연성을 주어서 도막의 성능을 향상시키는데 쓰이며 물질 도막형성 요소와 비휘발성 또는 난휘발성인 액체나 고체의 물질로 휘발건조성 도료의 제조에 사용된다.

④ 침강 방지제 : 도료의 저장시 안료가 도료의 바닥에 가라앉는 것을 방지하는데 사용한다. 또한 도장 작업시 도료가 흘러 내리는 것을 방지하며 특히 체질안료를 많이 쓰는 프라이머, 서피서 등에 사용되기도 한다.

⑤ 방부제 : 에멀션 도료에 사용되며 도료의 저장중에 곰팡이 균에 의한 도료의 부식을 방지한다. 곰팡이 방지제로는 8-퀴놀린산 등과 비스 옥시도 등을 사용한다.

⑥ 경화 촉진제 : 수지의 종류에 따라 각종의 약제가 사용되는데 열경화 수지의 경화를 촉진시키는 작용을 한다. 레놀계 페놀수지에서는 술폰산, 염산 등의 산류가 아미노산에서는 염화암몬, 술폰산 아미드 등이 사용되며 에폭시 수지에서는 유기산 무수물로 경화시킬 경우 벤진디메틸 아민을 사용하며 디메틸아닐린 등의 방향족 아민류나 폴리에스테르 수지용에는 디메틴아닐린이나 나프텔산 코발트 등이 사용된다.

⑦ 안티스키닝제(anti skinning agent) : 유성도료의 저장중에 생기는 위부분의 피막

발생을 억제한다.

표 2-12 도료 첨가제의 종류

종 류	명 칭	용 법	효 과	용 도
방 염 제	염화파라핀, 탄산안티몬	도료중에 혼입	난연성으로 한다.	방화도료
가 소 제	디브틸프탈레이트, 트리크레실 프탈레이트, 트리브틸 프탈레이트, 피마자유	도료중에 혼입	유연성을 준다.	유성도료, 기름 바니시, 에나멜, 래커, 합성수지 도료
건 조 제	연, 망간, 코발트 등 수지산, 나프텐산염	도료중에 혼입	건조의 촉진	
흐 름 방 지 제	알루미늄, 스테아레이트, 금속비누, 경화 지방	도료중에 혼입	도료의 흐름 침전 방지	
소 광 제	무수규산, 탈크 등		무광성, 연마성	
유 화 제	알칼리비누, 계면활성제, 몰 메탄올, 아민 등	물과 기름 수지를 혼합시켜 유화시킴	물과 기름의 표면 장력을 감소	에멀전도료
Skinning 저 장	페놀 화합물, 테레핀유	도료중에 혼입	피막 방지성	자연 건조성도료
색 분 리 방 지 제	실리콘, 바니시 등		색분리 방지성	각 도료

8. 유성도료

유성도료는 천연의 유지를 전색제로하는 도료를 말하며 건성유 및 반건성유를 전색제로 사용한다. 유성도료는 붓칠하는데 유리하며 살오름이 좋으나 합성수지 도료에 비하여 광택이나 내수성, 내약품성 등이 약한 단점이 있다.

(1) 유성도료의 장단점

① 장점

㈎ 도장 작업성이 우수하며 칠솔도장에 적합하다.

㈏ 도료의 휘발성이 적어 도막의 살오름이 좋다.

㈐ 피도장물과의 부착성이 좋다.

㈑ 원료의 공급이 원활하여 생산이 안정적이다.

㈒ 가격이 비교적 싸다.

② 단점

   ㈎ 건조가 늦고 도장 작업이 오래 걸린다.

   ㈏ 도막의 경도가 낮다.

   ㈐ 광택이 떨어지고 내후성, 내수성, 내약품성이 떨어진다.

(2) 보일유

  아마인유, 사플라워(saffower), 대두유 등의 건성유를 주성분으로한 것으로 원유 자체로는 건조성이 늦어 가열하면서 공기를 불어 넣어 가공하여 건조를 빠르게한 것이다. 이러한 건조성과 적당한 점도를 준것은 유성도료의 도장시 희석제로 사용하며 조합 페인트의 전색제나 방수지나 방수포 등의 제조에 사용되기도 한다. 아마인유는 실내 도장에 사용할 경우 아마인유의 주성분인 리놀렌산기가 많아 지방산 분해물의 생성에 의하여 소결이라 부르는 황색으로 변색되는 경우가 많다.

표 2-13 보일유의 종류 및 특성

종 류	성 분	특 성
아미인유 보일유	아미인유	외부도장에 적합하다.
내부용 보일유	대두유, 옥수수기름, 사후라와유	황변이 적고 건조시간이 늦다.
어유 보일유	어유	황변이 심하고 건조 후 도막이 끈끈하다.
속건 보일유	동유	보일유 중 건조 시간이 짧다.
하지용 보일유	아마인유, 어유, 동유	도막이 강하고 소건성 목재 하도용에 쓰인다.

(3) 유성 바니시

  유성 바니시는 천연수지인 에스테르 고무나 코펄과 건성유인 아마인유나 동백기름, 용제에 속하는 테레핀유나 나프타와 건조제인 코발트, 망간 등의 4성분으로 되어 있다. 건성유는 바니시의 굴곡성과 내후성을 좋게 하고 수지는 바니시의 경도나 광택을 높이는 성분이다. 용제는 건성유와 수지의 혼합물을 도장이 가능한 낮은 점도로 희석하며 보통 미네랄스플릿이 사용된다. 건조제는 납이나 망간, 코발트의 지방산과 나프텐산 및 오테인산염이 있는데 소량이 사용된다. 유성 바니시는 건성유의 배합비나 수지의 종류에 따라 특성이 다른 것을 얻을 수 있는데 수지 1을 기준으로 했을 때 건성유의 양이 1.5 이상인 것을 장유성 바니시라 하며 이 장유성 바니시는 광택, 건조성, 경도 등은 저하되나 내구성이 좋으며 외부용으로 적합하다. 수지에 대한 비가 0.5 이하인 것을 단유성 바니시라 하고 단유성 바니시는 건조가 빠르며 광택과 도막경도가 높으나 외부에서는 내구성이 약하다. 중유성 바니시는 단유성과 장유성의 중간인 1~1.5의 배합 비율을 가지고 있으며 유성 바니시의 종류로는 다음과 같은 것이 있다.

① 골드 사이즈(단유성 바니시) : 속건성의 광택이 높은 도막으로 연마가 용이하나 경도가 약해서 내기후성이 약하다. 목재의 유성 바니시 마무리의 하도용이나 체질안료와 혼합하여 눈메움제로 사용한다.

② 코펄 바니시(중유성 바니시) : 가구, 건축, 차량의 내부용 도료로 많이 사용하는데 내수성이나 광택이 좋은 반면 내후성이 떨어진다. 건조속도는 중간정도 이다.

③ 스파 바니시(장유성 바니시) : 수지로는 유용성 페놀수지며 에스텔검 건성유로는 아마인유 및 동유를 사용한 것이다. 건조가 느리고 굴곡성이나 내기후성이 우수하여 외부용 도료로 많이 사용한다.

④ 흑 바니시 : 역청칠(아스팔트, 핏치 등) 도료로서 수지, 건성유를 가열 융합하여 만든것이다. 간단한 방청도료나 방수도료, 내약품도료, 전기절연도료 등에 사용한다. 흑 바니시는 휘발성 흑 바니시, 유성 흑 바니시, 열경화성 흑 바니시로 분류되는 데 각 특성은 다음과 같다.

   ⑦ 휘발성 흑 바니시 : 가종의 역청질에 벤졸, 톨루올, 석유용제와의 혼합용제에 녹인 것에 건성유와 다른 수지를 혼합하기도 한다. 내후성은 좋지 않으나 건조성이 우수하며 내수, 내산, 내알칼리성이 좋다.

   ⑭ 열경화성 흑 바니시 : 역청질에 코펄, 유용성 페놀로진 등의 수지와 건성유를 혼합하여 열경화성 흑 바니시를 얻는다. 도막이 단단하여 광택도가 우수하고 옻칠과 같은 도막을 얻을 수 있다.

   ⑭ 유성 흑 바니시 : 역청질에 건성유와 혼합 가열하여 휘발성 흑 바니시의 탄성을 개선한 바니시로 건성유를 많이 넣을 수록 탄성과 마모성이 좋아진다. 혼합되는 건성유로는 아미인유, 동유 등이 사용되며 목재의 투명 도장시 황갈색의 착색제로 사용된다.

(4) 알루미늄 페인트

알루미늄의 비늘모양 입자가 도료의 건조 과정에서 도막의 표면에 비늘 모양으로 떠오르는 현상을 이용한 것으로 이러한 현상을 리핑(leafing)이라고 한다. 은색의 알루미늄 페인트는 미장과 열선의 반사나 수분의 투과 방지 등의 효과가 있기 때문에 탱크, 라지에터, 철골 지붕 등에 사용한다. 알루미늄 페인트의 특징은 은색의 비늘 모양 광택이 있는 도료이며 빛의 반사, 열선의 반사 등의 특징이 있으며 피도장물 내부의 온도상승을 방지한다. 내수성이 우수하고 녹방지 시스템의 방식성과 내후성이 양호하다. 알루미늄 페인트는 알루미늄 페이스트 또는 분말과 전용 오일 바니시를 혼합한 다음에 건조제를 혼합하여 얻어진다.

(5) 유성 에나멜

에나멜 페인트라고도 불리는 유성 에나멜은 합성수지의 발달로 인하여 사용량이 감소하여 극히 일부에 한하여 사용하고 있는데 주로 목재의 마무리용이나 건축물의 철부분 등에 사용된다. 안료와 유성 바니시를 반죽하여 만들며 유성 페인트에 비하여 건조속도가 빠르고 광택이 우수하나 내후성이 떨어진다. 또한 유성 에나멜은 유성 페인트에 비하여 가소성이 적고 점성이 커서 칠솔 도장시 작업이 원활하지 못하다.

① **외부용 에나멜** : 스파 바니시나 장유성 바니시를 주로 사용하며 차량이나 건축의 외부 도장에 주로 사용된다.

② **내부용 에나멜** : 단유, 중유성을 전색제로 한 것으로 건조는 느리지만 도막이 강하고 굴곡성, 내수성, 내열성, 내열성 등이 양호하다. 건축, 차량의 내부 도장에 사용되며 유성하지도료 즉, 오일프라이머, 오일퍼디, 눈메움제에 사용된다.

③ **무광 에나멜** : 스파 바니시나 중유성 바니시에 체질안료인 알루미늄, 스테아레이트 등을 다량으로 배합하기 때문에 건조는 비교적 빠르나 도막의 탄성이나 내후성이 좋지않다.

(6) 셸락니스

셸락 또는 흰래크를 변성 알콜에 용해시킨 것이다. 셸락니스는 수지분의 함유량에 따라 셸락니스와 흰 래크니스 2가지로 구분된다. 셸락니스는 건조가 빠르고 도막이 단단하며 불점착성이나 내수, 내열, 내알콜성이 뒤지며 백화되기 쉽다. 셸락니스는 목재, 건축내장, 차량내부 등에 광범위하게 사용되며, 목재를 아름답게 하는데 사용되며, 마디 충전이나 송진이 나오는 것을 방지 하는데 효과가 있다.

9. 합성수지 도료

제 2 차 세계대전 전까지 건성유를 주로한 조합 페인트나 유성 바니시에 안료를 섞어서 만든 유성 에나멜 계통이 사용되었고 그후 발전하여 래커, 페놀수지 도료, 프탈산수지 도료 등이 사용되었다. 도료가 합성수지 도료로 분리·발전하면서 급격한 발달을 하게 된 것은 대전 후 석유화학공업의 급격한 발달로 그전의 도료도 그 성능이 개량 발전하고 비닐수지 도료, 에폭시수지 도료, 아크릴수지 도료, 불소수지 도료, 에멀션수지 도료 등이 개발 실용화되고 현재에는 분체 도료, 수용성 도료와 각종 중방식 도료 등 합성수지 계통의 특수 도료 등 눈부신 발전을 계속하고 있으며, 도료의 정색제로 사용되는 합성수지는 단종 또는 2종 이상을 배합시킨 것 등 성질을 화학적으로 자유롭게 바꿀수 있기 때문에 여러가지 특성을 갖는 도료가 생산되고 있다.

(1) 알키드수지 도료

알키드수지 도료란 알키드수지를 도막 형성 요소로 하는 도료로 다염기산과 다가 알콜의 축합물을 오일이나 지방산, 천연수지 등으로 변성하여 얻는 것으로 오일 변성 알키드수지를 한정된 의미에서 알키드수지 도료라 부르고, 넓은 의미로는 폴리에스테르에 속한다. 알키드수지 도료는 폴리에스테르의 사용 목적에 따라 단유성 알키드수지 도료, 중유성 알키드수지 도료, 장유성 알키드수지 도료 등으로 나뉘는데 이것은 수지의 변성도를 지방산 함유량을 트리글리세라이드로 계산, 백분율로 표시한 것이며 유장(油長)이라 부르고 일반적으로 유장이 33~44를 단유성, 44~55를 중유성, 55~70을 장유성으로 구분한다. 유장의 비율에 따른 알키드수지 도료의 특징은 표 2-14와 같으며 유장이 커지면 내굴곡성도 커지며 유장이 커질수록 잘 갈라지지 않는다. 용제로는 케톤, 에스테르, 방향족 탄화수소, 지방족 탄화수소 알콜 등이 있으며 장유, 중유성은 지방족 탄화 수소인 미네랄 스플릿에 녹고 단유성은 방향족 탄화 수소인 키시렌이나 톨루엔 등에 녹는다. 그리고 용해력이나 건조성을 높이기 위하여 용제를 중복하여 사용하면 리프팅(lifting)현상이 발생할 수 있기 때문에 균형있는 사용이 필요하다.

표 2-14 알키드수지 도료의 성질

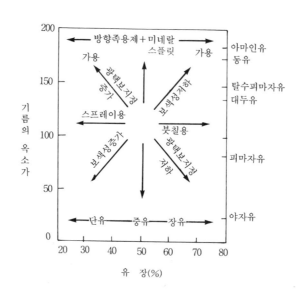

또한 건조 형태를 살펴보면 알키드수지 도료는 산화 중합형 건조 도료로 알키드수지 단독으로는 장시간이 소요되기 때문에 건조 촉진제가 필요하다. 드라이어로 나프텐산, 망간, 리놀레산의 코발트, 납, 옥틸산 아연 등 금속염을 사용하고 표면의 균열을 없애기 위하여 메틸에틸케옥심 등 표면 굳기 방지제를 첨가해야 한다. 경도(經度)는 중유성이 가장 크며 내후성(耐候性)도 좋다. 점도(點度)는 유장(儒狀)이 짧을 수록 높아지며 색이나 보색성은 기름의 옥소가가 낮을 수록 좋아진다. 일반적인 특징은 도막이 유연하고 강인하여 부착성 및 내후성이 양호하고 안료 분산성이 우수하여 색조와 광택이 좋으며 유지성이 우수하다. 두께감과 내수성, 내용제성, 내열성이 우수하고 사용하기가 쉽고 가격도 저렴하여 널리 사용되는 도료이다.

알키드수지 도료의 용도는 금속이나 목재의 모든 분야에 광범위하게 사용되고 있으며 주요 용도를 살펴 보면 표 2-15와 같다.

표 2-15 알키드수지 도료의 용도

용 도	특 징
건 축 용	내장의 목재나 철 부분의 중유성 도료를 사용하고 외부의 목재나 철 부분은 장유성 도료를 주로 사용한다.
선 박 용	머린 페인트로 주로 장유성 도료를 사용한다.
구 조 물	대형 구조물에는 녹방지 도료를 도장한 후에 장유성 도료를 사용한다.
가 정 용	칠솔도장이나 롤러 칠솔도장에는 중유성 도료를 사용한다.

(2) 아미노 알키드수지 도료

일반적으로 아미노 알키드수지 도료는 단유성 알키드수지와 요소수지, 멜라민수지나 요소 멜라민 공축합수지 등을 주성분으로 하여 120~140℃로 20~30분 가열 건조하면 아미노수지와 알키드수지가 반응하여 도막이 형성 되도록 한 반응형 도료이다. 단유성 알키드수지와 요소, 멜라민 공축합수지를 7:3~5:5의 비율로 혼합하고 무기산 또는 유기산을 5~10% 첨가하여 건조를 촉진시킨다. 아미노 알키드수지의 소결에 의한 경화는 알키드수지와 아미노수지와의 가교 반응인 혼합 망목 구조와 알키드수지와 아미노수지의 가교 반응, 혼성 중합 망목 구조의 3가지 타입이 있으며 알키드수지의 유지류는 일반적으로 대두유, 아마인유, 피마자유 등을 사용하는데 유장 및 유지의 종류에 따라 건조 및 도막 물성이 달라진다. 다음 그림은 촉매량과 온도에 따른 건조 시간을 비교한 것인데 건조시간은 촉매량과 관계없이 건조온도와 비례하고 있음을 나타내고 있다.

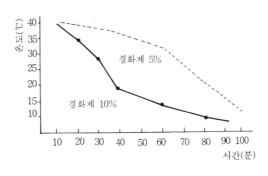

그림 2-1 촉매량과 건조온도

아미노 알키드수지 도료의 성질은 일반적으로 저온, 단시간에 소결되며 도막이 단단하고 광택이 우수하며 변색이 잘 되지 않고 내후성, 내약품성, 내마모성, 전기적 성질이 우수하고 난연성이다. 이러한 특성은 배합조성이나 용제의 조성 등에 의하여 달라질 수 있는데 예를들어 경도에 주안점을 두게 될 경우 멜라민 수지의 양은 40~60%가 적합하고 가소성이나 부착성에 비중을 둘 경우 20~30%의 중량비가 안정된 도막의 성능을 나타낸다. 도막의 내약품성,

내용제성 등 화학적인 저항성을 향상시키고자 할 때는 수지의 극성기나 가교밀도를 높이면 향상이 되지만 극성기의 조절은 부착성과 도막의 기계적 성질과도 관계가 있다.

아미노 알키드수지 도료의 용도는 건조가 빠르고 경도와 광택이 우수하고 살오름성이 좋고 도막의 체적 수축이 거의 없다. 또한 도막은 난연성이기 때문에 선박이나 차량, 극장의 내장재 도장에 적당하고 내약품성이나 내마모성이 우수하다. 자동차나 철강제 가구, 사무용 기기 등 소결 가능한 금속 제품의 초벌, 중간, 마무리칠에 광범위하게 사용되고 하드보드, 칩보드, 운동기구류 등에 많이 사용되고 있으나 작업시 포르말린 냄새가 심하여 작업자의 안전에 따른 문제가 대두되고 도막의 촉매에 대한 계속적인 반응의 진행으로 내한열성이 나쁘고 유연성이 없기 때문에 얇은 피도장물의 도장에는 부적합하다. 또한 건조시 온도 관리를 잘못하면 잘 깨어지는 성질이 있으므로 주의해야 한다.

(3) 페놀수지 도료

페놀수지는 합성수지 중 가장 오래된 것으로 일명 백그라이트라고도 한다. 페놀수지는 엄밀한 의미에서 페놀과 포름알데히드의 축합반응으로 얻어지는 페놀포름알데히드를 말하나 일반적으로 페놀종류의 유도체와 알데히드, 케톤의 축합반응으로 얻어지는 수지의 총칭이다. 제조 방법에 따라 페놀수지는 레졸과 노블락으로 구분 되는데 레졸은 알칼리성 촉매를 사용하고 노블락은 산성촉매에 의하여 축합하면 경화 반응을 일으켜 불용성 페놀수지가 된다. 일반적으로 페놀수지 도료의 도막은 내수, 내약품성, 전기 전열성에 우수하나 도막이 무르고 황변하기 쉬우며 내후성이 떨어지는 결점이 있다. 페놀수지는 단독으로 사용하기 보다는 페놀 변성유 바니시나 페놀 변성 프탈산수지 등 다른 합성수지와 변용시켜 제조되는 경우가 많으며 시간의 경과에 따라 황변하는 단점 때문에 근래에는 에폭시수지 도료나 우레탄수지 도료에 그 자리를 빼앗기고 있는 실정이다. 도료용 페놀수지는 일반적으로 유용성 페놀수지 도료, 100% 페놀수지 도료, 열경화성 페놀수지 도료로 구분되는데 그 중에서 유용성 페놀수지 도료가 가장 많이 사용된다.

① 100% 페놀수지 도료 : 파라(Para), 제 3 부틸페놀(Butylphenol), 파라페닐페놀(Paraphenylphenol)등의 알킬페놀과 포름알데히드를 반응시켜서 만드는 것을 말하며 이것과 건성유를 가열융합 시키거나 알키드수지와 가열반응시켜 사용하는 경우가 많다. 내수, 내약품성이 열경화성 페놀수지 도료보다 개량되어 내후성에서도 비교적 우수하기 때문에 외부용에 주로 사용하고 내약품성이 우수하여 화학공장의 기계설비 등 내약품성이 필요한 곳에 주로 사용된다.

② 열경화성 페놀수지 도료 : 관용도료로서 일반적으로 페놀계 도료라 부르는 것은 열경화성 페놀수지 도료를 말하는 것으로 레졸형 수지가 사용되는데 이것은 석탄산, 크레졸, 키시레놀, 비스페놀 또는 파라 제 3 부틸페놀이나 파라페닐 페놀 등을 혼합한 것에 포름알데히드를 알칼리 촉매 반응 시킨 것으로 알콜계 용제에 잘 녹으며 150~200℃에서 단시간에 열경화하여 경화시킨다. 내약품성, 전기 절연성, 내용제성에 우수하며 용기의 내

면이나 내약품 도장에 많이 사용한다.

③ **유용성 페놀수지 도료** : 유용성 페놀수지와 건성유를 가열 반응시켜 용제에 용해한 것에 건조제를 가한 것으로 건조가 빠르고, 내수·내약품성이 좋고 내부자 시설이나 기계설비등 내약품성이 필요한 곳에 사용한다. 코필바니시의 대용품으로도 사용하며 각종 목공품이나 건축의 목제 부분에 사용한다.

(4) 에폭시수지 도료

에폭시수지는 도료용 합성수지 중에서 가장 중요한 합성수지의 하나로 비스페놀이나 니피클로로히드린과 디하이드릭페놀과의 축합 반응에 의해 얻어지는 것으로 부착성이나 내약품성, 물리적 성질 등이 우수한 도료이다. 에폭시수지 도료는 크게 상온 경화형 에폭시수지 도료와 소결 경화형 에폭시수지 도료로 구분되는데 표 2-16에서와 같이 상온 경화형에는 5가지의 타입으로 나뉘고 소결 경화형은 3가지의 타입으로 구분된다.

표 2-16 에폭시수지 도료의 분류

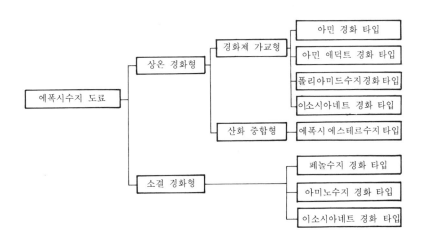

상온 경화형 에폭시수지 도료는 에폭시수지와 페놀수지로 구분되며 우수한 밀착성과 가교성, 내약품성, 내알칼리성, 경도, 광택 등이 우수하며 180℃이상의 고온으로 반응 경화 시키는 도료로 에폭시수지 도료 중 우수한 도막 성능을 가지고 있으나 고온이 필요하며 내기후성과 가격이 고가인 단점이 있다.

① **아민 경화형 에폭시수지 도료** : 경화제로 아민화합물 또는 폴리아미드수지를 사용한 도료로 상온 23℃의 자연 건조형과 열경화형 등이 있는데 도막이 강인하고 부착성과 내약품성이 우수한 반면 습기가 많은데서 도장을 하게 되면 아민블리드가 생기기 쉽다.

② **아민 에덕트 경화형** : 아민 에덕트 경화형은 아민 경화형에 비하여 냄새와 독성이 낮으며 혼합 비율의 오차에 의한 도막의 성능 저하가 적은 장점이 있다.

③ 폴리아미드수지 경화형 : 폴리아미드수지 경화형은 내수성, 가요성, 내충격성이 우수하며 아민블리드현상이 적은 반면에 건조가 느리고 내약품이나 내용제성이 약한 단점이 있다.

④ 이소시아네트 경화형 : 폴리아미드수지 경화형과 비교하여 저온 경화성이 우수하고 내수성, 내용제성, 내약품성이 우수하지만 부착성이나 가교성이 약하다.

⑤ 에폭시 에스테르수지 도료 : 에폭시 에스테르수지는 아마류 지방산이나 탈수 피마자유 지방산 등 건성유 지방산에서 에폭시수지를 얻는다. 에폭시 에스테르수지 도료는 유성도료나 프탈산수지 도료 등과 비교하여 내수성, 내유성, 내약품성이 우수하며 주로 방식 도료 등에 사용한다.

⑥ 아미노수지 경화형 : 아미노수지 경화형은 에폭시 에스테르수지에 아미노수지를 혼합한 도료를 150℃에서 30분 정도 가열하여 내식성, 내약품성이 우수한 도료를 얻는다. 용도는 각종 공업용 프라이머등에 많이 사용한다.

⑦ 페놀수지 경화형 : 페놀수지 경화형은 에폭시수지와 레졸타입의 페놀수지를 20~30% 혼합하여 도막을 형성한다. 내약품성이나 경도, 내마모성이 우수하고 고급 프라이머나 전선용 에나멜에 주로 사용된다.

(5) 폴리우레탄수지 도료

폴리우레탄 도료는 1848년 독일의 베르츠에 의한 이소시아네트 화합물의 합성을 시초로 시작되어 1933년 실용화에 들어갔다. 그후 1952~1954년에 걸쳐 Bayer사에서 연질 폴리에스테르형 폴리우레탄포옴의 연속 제조에 성공하고 O.Bayer, E.muller 등에 의하여 개발된 2액형 도료는 여러 분야의 도장에서 우수한 도막의 성능을 얻으며 현재에 와서는 무독성, 속건성, 블록유변성, 습기 경화형 등이 개발되고 공업적으로도 포옴, 에라스토머, 도료, 접착제 등 여러 분야에서 다양하게 사용되고 있다. 폴리우레탄수지 도료는 일반적으로 경화제인 이소시아네트와 주제인 폴리올과의 반응에 의하여 얻어지는데 폴리우레탄수지 도료를 크게 대별하면 1액형과 2액형이 있는데 1액형에는 유변성형, 습기 경화형, 브록킹형이 있으며 2액형에는 촉매 경화형과 폴리올 경화형이 있다. 폴리우레탄수지 도료는 경화기구에 따라 구성성분이 각각 다른데 2액형 도료는 주제를 활성수소 함유 화합물인 폴리에스테르나 폴리에스테르 폴리올이 사용된다. 폴리에스테르 폴리올은 프로필렌 옥사이드, 에칠렌 옥사이드 등을 원료로하여 만든다. 경화제로는 보통 2관능성의 Toluene Diisocyanate가 많이 사용되며 단독으로는 사용되지 않고 TDI와 TMP를 반응시켜 75%의 초산에칠 용액을 사용된다.

① 1액형 폴리우레탄수지 도료

㈎ 유변성형 : 유변성형 폴리우레탄수지 도료는 우레탄 오일, 우레탄 알키드 등이 있으며 건성유와 이소시아네트와의 반응 혼합물이다. 화학구조는 유변성 알키드수지 중에 결합되어 있는 무스프탈산을 톨루엔디이소시아네트(TDI)로 치환한 수지이다. 경화는 유성도료와 같이 건성유의 이중 결합에 의하여 산화, 중합이 일어나 건조한다. 때문에

가사시간의 제한이 없고 반응 종료시에는 유리의 이소시아네트를 알콜로 봉쇄하기 때문에 독성이 없다.

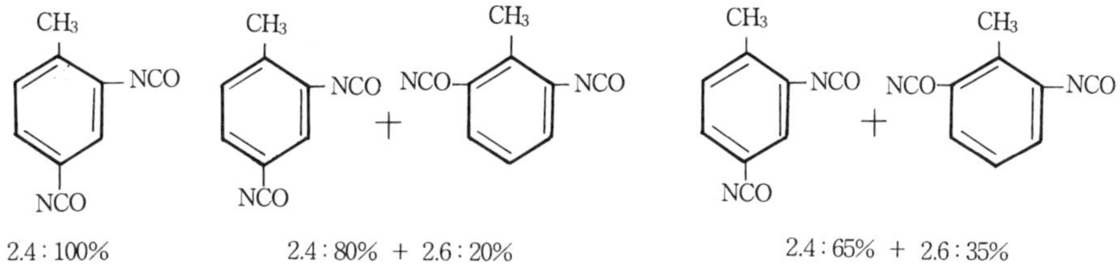

그림 2-2 Toluene Diisocyanate의 구조식

건조를 촉진 시키기 위하여 코발트, 망간, 납 등 금속염 건조제를 혼합하고 피막이 생기는 것을 방지하기 위하여 방피제를 첨가한다. 유변성형 도료의 특징은 도장 방법이 간단하고 평활성, 부착성, 도막살오름성, 경도, 내수, 내알칼리성, 내마모성 등이 좋으며 폴리우레탄 도료 중 가격이 가장 저렴한 장점이 있는 반면 황변이 되기 쉬우며 추운 날씨에는 도료가 약간 검붉거나 녹색으로 변할 수 있고 한번에 두껍게 칠하면 주름이 생길 염려가 있다.

(내) 습기 경화형 폴리우레탄수지 도료 : 습기 경화형 폴리우레탄수지 도료는 폴리이소시아네트가 물 등의 활성수지를 가진 화합물과 반응하여 우레탄 결합을 만드는 원리를 이용한 도료로 다관능성 OH화합물 즉 폴리에스테르, 피마자유 등의 과잉이 이소시아네트를 반응시켜 폴리머 말단에 NOC기를 다량 남기게 만든 Prepolymer이며 폴리올보다 고분자이다.

도료의 도막형성에 필요한 습도는 40~70%이며 40% 이하의 저습도에서는 건조가 매우 느리고 75% 이상이면 발포현상이 생긴다. 습기 경화형 도료는 내마모성이 우수하여 마루바닥, 체육관바닥, 가구 및 내마모가 필요한 곳에 사용되며 유변성에 비하여 경도가 약2배 정도 높으며 내수성, 내용제성, 광택보지성, 도막의 경도가 좋으나 내약품성, 가소성은 폴리올형보다 낮다.

(다) 블록 이소시아네트 경화형 폴리우레탄수지 도료 : 폴리이소시아네트에 알콜, 페놀, 활성메틸렌 등의 블록제를 반응시켜 NOC기를 안정화하고 그것에 각종의 폴리올을 혼합하여 1액형으로 한 것이다. 멜라민수지와 비교하여 내약품성 및 가요성이 우수한 도막을 얻을 수 있고 전선 에나멜이나 분체도료, 메탈도료, 프리코튼 등에 사용된다.

② 2액형 폴리우레탄수지 도료

(가) 폴리올 경화형 폴리우레탄수지 도료 : 일반적으로 폴리우레탄수지 도료라고 하면 폴리올경화형 도료를 가르키는 것으로 폴리우레탄 도료를 대표한다. 원액은 폴리올 이소시

아네트 프리폴리머 형태로 되어 있으며 도료의 사용시 주제와 경화제를 혼합하므로서 경화 반응을 일으키기 때문에 2액형으로 공급해야 한다. 폴리올 경화형 폴리우레탄수지 도료는 주제로 아디핀산, 무수프탈산, 다가알콜로부터 에스테르화 반응에서 생성된 우레탄용 폴리에스테르, 프로피렌옥사이드의 유도체로된 폴리에테르 및 피마자유나 피마자유 면성물의 3계통 것이 사용된다. 폴리에스테르 폴리올은 산 및 유기용제에 강하고 폴리에테르계는 알칼리와 물에 강하며 피마자유계는 가소성이 우수하다. 폴리올 경화형 폴리우레탄수지 도료의 용제로는 아세테이트계를 주용제로 사용하며 케톤류는 장기 보존중 에놀이 이소시아네트와 반응하기 때문에 프리폴리머 용제로 적합하지 못하다. 사용하는 신너는 이 도료가 반응성이기 때문에 수분이 많은 용제 및 수산기를 가진 용제를 사용할 때는 가사 시간이 짧아지고 건조불량이나 발포 등의 원인이 될 수 있으므로 주의해야 한다. 전용 신너는 초산에칠, 초산부칠, 셀로부 아세테이트, 톨루엔, 키시렌이 주제로 사용된다. 이 도료의 특징은 건조 도막의 탄성이 좋고 광택이 잘나며 내수성, 내약품성이 우수하다.

⑹ 불포화 폴리에스테르수지 도료

폴리에스테르수지는 에틸렌그리콜 등의 2가 알콜과 무수말레인 등의 불포화 2염기산과의 축합 반응으로 형성되는 수지이다. 3차원의 망막구조는 불포화산의 조성에 의하여 형성된 수지에 Vinyl monomer를 혼합해서 과산화물을 촉매로 하고 금속염을 촉진제로 하여 경화 건조시킨다.

표 2-17 경화제의 첨가량에 의한 건조 및 가사시간

사용시의 온도	MEKPO 첨가량	가사시간(분)	지촉건조(분)	경화건조(분)
10℃	1%	50~60	80±5	200±10
	2%	20~30	40±5	150±10
20℃	1%	25~35	40±5	120±10
	2%	50~60	25±5	90±10
30℃	1%	50~60	25±5	90±10

중합성 모노머 및 글리콜 포화 2염기산의 선택에 따라 연질에서 경질까지의 도막을 선택할 수 있다. 불포화 폴리에스테르수지 도료의 최대 특징은 휘발성분이 없이 도료의 구성성분 전체가 도막이 되므로 1회의 도장으로 두꺼운 도막을 얻을 수 있는 것이 특징이다. 또한 표면의 경도가 높고 건조가 빠르며 목재의 눈매등에 흡입되는 현상이 적고 화장지(Printed Paper)나 점유질포에 대한 합침성이 좋기 때문에 F.R.P용에도 적합하며 내후성, 내수성, 내습성, 내유성, 내약품성과 전기 절연성이 좋다. 불포화 폴리에스테르수지 도료의 종류를 살펴보면 촉매 경화형 불포화 수지 도료, 광 경화형 불포화 수지 도료, 전자선 경화형 불포화 수지 도료로 나뉜다.

① 촉매 경화형 불포화 수지 도료 : 불포화 이기염산과 글리콜로부터의 축합 반응으로 얻어지는 프리폴리머로, 스틸렌 모노머와 같은 반응성 희석제에 용해한 것이 불포화 폴리에스테르수지 도료이다. 이 도료는 보통 중합 촉매를 첨가하여 겔화 하기까지의 사용가능 시간이 15~30분 정도로 조정되어 있으며 도장 후 약 1시간 정도에서 지촉 경화(손으로 만져서 묻어나지 않는 정도의 건조)가 된다. 완전 경화가 되기까지는 상온에서 15~20시간이 걸리고 강제 건조에서는 1~2시간 정도가 걸린다. 그리고 도막의 경화 성분인 스틸렌 모노머 라디칼이 공기중의 산소에 빼앗겨 경화 저해가 일어나는데 이러한 산소와의 반응을 막아 주기 위하여 불포화 폴리에스테르수지에 파라핀 왁스(융점 115~145F)를 첨가하여 왁스가 도막의 표면에 떠있는 상태로 건조된다.

② 광 경화형 불포화 수지 도료 : 광 경화형 불포화 수지 도료는 불포화 수지나 반응성 희석제, 광중합 개시제를 주성분으로 하는 도료로서 일반적으로 자외선 경화형 도료라 부르기도 한다. 빛을 투과하면 특정 파장의 빛이 중합 반응을 일으켜 경화한다. 단점으로는 빛이 투과하지 않는 안료나 빛이 닿지 않는 부분은 적용하지 못한다.

③ 전자선 경화형 불포화 수지 도료 : 전자선 경화형 불포화 수지 도료는 불포화 수지 도료 및 반응성 희석제인 비닐 화합물의 불포화기가 전자선의 작용에 의하여 중합 반응을 이르켜 빠른 속도로 가교 경화한다. 그리고 전자선은 산소의 농도에 따라 경화 도료의 성능에 많은 영향을 주고 이러한 영향은 도막 표면의 경도나 내오염성의 저하 등을 가져오고 광택을 저하시키기도 한다.

(7) 아크릴계 수지 도료

아크릴수지 도료는 아크릴산과 메타아크릴산을 주성분으로 하는 혼성 중합체로서 모노머를 주성분으로 하는 도료이다. 아크릴수지 도료는 열가소성 아크릴수지 도료와 열경화성 아크릴수지 도료로 나뉘는데 일반적으로 경도가 높고 지촉 건조가 빠르다.

① 열경화성 아크릴수지 도료 : 열경화성 아크릴수지 도료는 모노머와 방향족 탄화수소계 용제나 알콜, 에스테르 등의 용제와 중합 반응에 의하여 합성된다. 일반적으로 열경화성 아크릴수지 도료는 아미노 알키드수지 도료와 비교하여 도막의 경도나 광택, 색유지성, 내약품성, 내후성, 내오염성이 우수하고 자동차의 메탈릭 마무리칠이나 금속제 가구, 가전 제품 등 많은 부분에 사용된다. 열경화성 아크릴수지 도료는 주성분인 모노머의 상태에 따라서 성질을 조절할 수 있는데 모노머의 고유한 성질인 알콜기의 탄소수를 증가시키면 가요성이 풍부하게 되는 것 등이다. 열경화성 아크릴수지의 소결 온도는 고온이 필요하며 최저 140℃에서 20분 정도 소결시켜야 한다. 이 도료의 특징은 경도와 내오염성이 우수하며 내약품성이 양호하다.

② 열가소성 아크릴수지 도료 : 아크릴산이나 메타크릴릭산, 에스테르 중합체 등의 공중합으로 얻어진 수지에 가소제나 안료 등을 혼합한 도료이다. 열가소성 아크릴수지 도료는 고형분(固形分)이 높으며 지방족 탄화수소를 주 용매로 사용하고 메탈릭 작업성이 우수

한 장점을 가지고 있다.

도막의 경화는 래커와 동일한 용제의 증발로 건조하는데 건조가 **빠르고** 광택이 좋으며 내기후성, 경도, 내약품성, 굴절률 등이 좋다. 그러나 내후, 물성 등이 우수한 반면 물 등의 침투성이 높고 내산성, 내수성 등이 떨어지는 단점이 있다.

(8) 비닐수지 도료

비닐수지 도료는 용액형 비닐수지 도료와 졸형 비닐수지 도료로 구분된다. 용액형 비닐수지 도료는 건축용이나 내약품, 선저 도료 등에 사용되며 졸형 비닐수지 도료는 프리코트나 메탈용 도료 등에 사용된다. 비닐수지는 비닐 모노머의 중합 잔응으로 얻어지며 염화 비닐수지는 극성이 강한 염소기를 많이 함유하고 있으며 분자 배열의 규칙성은 결정성 폴리머와 비결정성 폴리머의 중간에 위치하고 있다.

표 2-18 비닐수지 도료의 종류

비닐수지 도료	용액형 비닐수지 도료	염화비닐수지 도료
		폴리 비닐부틸렌수지 도료
	졸형 비닐수지 도료	프라스티졸

① 용액형 비닐수지 도료

(가) 염화비닐수지 도료 : 염화 비닐과 초산 비닐의 공중합체를 주원료로 하고 여기에 안정제(유기주석계)를 배합하고 필요에 따라 DOP 등의 가소제를 사용하며 셀로솔브, 초산부칠, 초산에칠 등의 진용제와 키시올, 톨루올 등을 희석제로 사용한다. 도막의 경화는 요제의 증발에 의하여 건조하며 상온에서 단시간에 건조하고 투명한 난연성 도막을 만든다. 그러나 접착력이 약하고 용제에 용해되기가 어려우며 안료와의 친화성이 좋지 않기 때문에 이러한 결점을 보완하기 위하여 카르복실기나 수산기를 소량 혼합한 혼성 중합 수지를 이용한다. 염화비닐수지 도료의 고형분은 30~35%가 표준이며 나머지는 용제가 된다. 용도로는 콘크리트면의 흡수방지 및 알칼리 방지제, 금속 표면의 부식방지제, 화학공장, 방사선 방어, 오염방지나 선박의 내외 및 선저 도료로 사용하나 내열성이 필요한 곳에는 사용하지 못한다.

(나) 폴리비닐부틸렌수지 도료 : 전색제로 폴리비닐부틸렌수지를 이용하며 유기 용제에 용해하기 쉬우며 관능기가 있어서 가교 경화할 수 있고 부착성, 물리성, 내후성이 우수한 특성을 가지고 있다. 용제로는 알콜계, 톨루엔, 키시렌 등이 사용된다. 비닐부틸렌수지와 징크크로메이트 안료, 인산 등으로 구성되는 워시 프라이머로 많이 사용되고 금속면에 얇게 도장하면 크롬산염과 인산의 반응으로 금속면에 녹을 억제하는 도막을 형성한다. 이 외에도 페놀수지와 병용하여 가열건조형 도료, 목재의 눈메꿈제, 금속박 도료로 사용한다.

② 졸형 비닐수지 도료 : 유기용제에 불요인 염화비닐수지나 염화비닐을 주체로하는 공중합수지를 가소제와 용제의 혼합물 등으로 분산시킨 것이다. 이 도료는 180℃에서 수분간 가열하여 도막을 형성한다. 일반적으로 용제형 염화비닐 도료가 고형분이 적어 여러번 도장하는 단점을 덜기 위하여 이 방법이 사용되고 있다. 무용제 또는 고형분이 높은 도료이기 때문에 한번에 수 mm의 도막을 얻을 수 있다. 공중합수지를 가소제에 분산 시킨 것을 프라스티졸이라 하고 가소제와 소량의 용제에 분산시킨 것을 올가노졸이라 하는데 프라스티졸의 도막은 연한 성질이 있고 올가노졸의 도막은 견고한 것이 특징이다. 특히 올가노졸은 카복실기를 함유하는 비닐아세테이트 공중합 수지 용액을 가하면 금속에 직접 도장을 할 수 있다. 특징으로는 도막의 기계적, 화학적, 전기적 성질이 우수하고 내약품성이 우수하여 방식성이 양호하고 도막은 고무 탄성을 나타내며 내마모성, 가공성이 우수하다. 건축자재, 가구, 차량 등에 사용한다.

(9) 불소수지 도료

불소수지 도료는 1938년 Plunkett가 폴리태드라 플로오르 에칠렌을 합성 공업화된 이래 다양한 폴리머의 개발과 함께 독특한 물성으로 산업 일반의 고급 소재로 널리 사용되고 있다. 불소수지의 구성을 살펴보면 폴리에틸렌과 폴리프로필렌 등 지방족 탄화수소계 수지의 수소 원자 일부 또는 전부가 불소 원자로 치환한 구조를 가지고 있으며 여타의 유기 고분자 물질에 비하여 뛰어난 내후성과 내구성을 가진다. 불소수지 도료에서는 세라믹 안료라 불리는 복합 금속 산화물계 무기안료가 고도의 내열성, 내화학성, 내구성, 내후성을 가지고 있다. 그러나 색상이 밝지 못하고 은폐력과 자외선 차단력등이 부족하여 이산화티타늄 등과 병행하여 사용되어 지고 있다.

① 자연 건조형 불소수지 도료 : 플루오르 올레핀과 비닐에테르를 공중합 시켜서 유기 용제에 용이하게 용해되고 상온건조나 저온 경화가 가능한 수지인 플루오르 올레핀 비닐에테르계 수지를 사용한다. 자연건조형 불소수지 도료는 경화가 1액형의 경우 250℃의 온도에서 경화되던것이 저온과 상온에서도 경화가 가능하며 철재는 물론 스테인리스, 알루미늄, 건축물, 철구조물, 자동차 등 다양한 소재에 도장이 가능하며 공기중 산소에 대한 투과가 극히 적어 방식성이 우수하고 내산성, 내알칼리성 등의 내화학성이 탁월하여 중화학 공장의 플랜이나 임해지역 등 혹독한 조건에서도 성능이 뛰어나다.

(10) 실리콘수지 도료

내열성이나 내기후성, 전기절연성, 발수성이나 내한성 등이 우수한 실리콘수지 도료는 공업용 재료로 널리 사용되고 있으며 실리콘수지는 실록산 골격의 폴리머와 관능기로는 수산기나 메톡시기를 함유하고 있다. 또한 실리콘수지 도료는 메틸기나 페닐기의 함유에 따라서 탄성과 경도가 변하게 되는데 실리콘수지의 가열로 수산기의 축합반응으로 가교 경화하며 촉매제로는 산, 염기 또는 아미의 종류를 사용하는데 도료의 경우에는 아연, 철 등의 나프텐산염을 사용한다. 실리콘수지 도료에는 크게 순수 실리콘수지 도료와 변성 실리콘수지 도료로 나뉘는데 순수 실리콘수지 도료는 열이나 빛에 대한 안정성이 우수하고 황변 현상이 생기지 않고 안정되고 내열, 내기후, 전기 절연성, 내약품성이 우수한 반면 가교 경화에 시간이 오래 걸리며 밀착성과 내용제성, 고가의 가격 등의 단점을 보완하기 위하여 건성유 변성 알키드수지와 반응시켜 약 30%의 실리콘을 함유한 수지를 많이 사용하며 주로 폴리에스테르 수지나 알키드수지에 많이 사용되고 있다. 주요 용도로는 내열용이나 전기 절연용, 고내구성이 필요한 곳에 많이 사용된다.

10. 섬유소계 도료

넓은 의미로 래커로 불리는 섬유소계 도료는 섬유소 유도체에 가소제와 안료를 병용한 도료인데 용제의 휘발만으로 도막을 구성하기 때문에 건조 속도가 매우 빠르고 강한 도막을 얻을 수 있는 특징을 가지고 있어 광범위하게 사용되고 있다.

(1) 니트로셀룰로스 래커

니트로셀룰로스 래커는 불건성형 알키드수지와 경질 유용성 고체수지, 가소제 및 용제를 니트로셀룰로스에 첨가하여 사용한다. 일반적으로 용제에 용해되는 니트로셀룰로스 유도체와 수지와의 도막형성 주요소로한 이 도료의 특징은 도막 형성 조요소의 용제가 휘발함으로써 상온에서 빠르게 도막을 형성하는데 도막의 건조에 따른 분자량의 변화가 거의 일어나지 않기 때문에 건조 경화된 도막도 용제에 접하면 다시 용해된다. 도막이 미려하고 1액형 이어서 주로 목공용 도료로 많이 사용되나 불휘발분이 낮아 중복 도장을 해야하는 단점이 있다. 니트로셀룰로스 래커의 구성 성분을 살펴보면 표 2-19에서와 같으며 일반적으로 초화도에 따라 에스테르 가용성, 스플릿 가용성, 알콜 가용성이 있으며 도료에는 주로 에스테르 가용성의 니트로셀룰로스가 사용된다.

표 2-19 니트로셀룰로스 래커의 구성

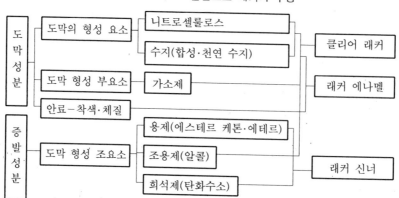

점도의 차이에 따라서 고점도용 사용시에는 도료의 불휘발분이 낮아 도막을 두껍게 올리는데 힘들고 저점도의 니트로셀룰로스를 사용할 때는 도막의 유연성이 부족하다. 래커의 도막에 따른 성능은 니트로셀룰로스와 병용하여 사용하는 수지의 종류에 따라서 좌우가 되는데 수지가 많으면 도막의 품질, 광택, 가요성, 부착성 등이 향상된다.

표 2-20 니트로셀룰로스 수지의 종류

수지의 종류	래커용 수지	특 징
천연 수지	다마르 고무	수지 중에서 가장 산값이 낮고 부착성, 광택성이 양호하다.
	셀락	알콜에 용해 및 래커 용제에 용해되기 어려우며 부착성, 광택이 양호하고 내광성은 불량하다.
에스테르 수지	에스테르검	래커 용제에 녹기, 광택 및 두께감이 양호하고 내후성은 불량하다.
알키드수지	프탈산 수지	가장 일반적으로 다량으로 사용되며 탄화수소계 용제에 용해가 쉽고 부착성, 내구성, 탄력성이 양호하며 가소제적 효과도 있다.
	말레인산 수지	프탈산 수지와 비교하여 점도가 낮고 경도가 높으며 부착성, 광택, 내수성도 우수하나 내후성은 불량하다. 목재용으로서 많이 사용하고 있다.
아크릴 수지	열가소성 아크릴 수지	광택 유지성, 내수성, 내황변성, 선명성 등이 우수하다. 메탈릭 도색에 많이 사용된다.
아미노수지	멜라민 수지, 요소 수지	경도, 광택, 내약품성이 우수하고 하이솔리드 래커용에 사용된다.
우레탄 수지	아크릴 폴리올수지, 폴리이소시아네트 수지	내구성, 광택, 내황변성, 두께 부착성, 부착성, 내가솔린성 등 기타의 수지에서 볼 수 없는 우수한 도막 성능을 가졌으므로 자동차 정비용을 비롯한 모든 분야에 사용되고 있다.
비닐 수지	아세트산 비닐 수지	내약품성이 우수하므로 특수 용도에 사용된다.

그리고 도막의 유연성과 내구성을 향상시키기 위하여 가소제를 사용하는데 사용하는 가소제의 종류로는 식물유, 난증발성의 화학약품, 수지상의 물질 등이 있다. 각기 특징은 식물유 가소제로는 피마자유가 주로 사용되며 비산화성 이어서 장기간 도막에 유연성을 부여하는 장점이 있고 난증발성 가소제는 DBP, TCP 등이 있는데 피마자유와 DBP의 혼합 가소제가 효과가 좋으며 중합 수지 가소제에는 다가알콜에 의한 에스테르화된 폴리에스테르수지가 이용된다.(DBP-프탈산디브틸, DOP-프탈산디옥틸)

① 니트로셀룰로스 래커의 종류

㈎ 니트로셀룰로스 아크릴 래커 : 니트로셀룰로스, 열가소성 아크릴 수지, 가소제를 바인더 성분으로 하는 도료로 아크릴 수지의 우수한 성분을 이용한 래커이다. 이 도료의 특징으로는 내구성 및 내수성이 높으며 투명성이 좋아 광범위한 용도로 사용된다.

㈏ 하도 클리어 래커 : 금속용으로는 래커 프라이머, 래커 서피서, 래커 퍼티 등이 있으며 목재용으로는 래커 우드실러, 래커 샌딩실러 등이 있다. 보통 목재용 클리어 래커의 경우 셀락 고무를 사용하며 불휘발분이 비교적 적으며 연마성이 특히 우수하다. 도막의 건조가 빠르고 도장 작업시 능률이 향상된다. 단점으로는 부착성과 방식성이 떨어

진다.

㈐ 클리어 래커 : 일반적으로 래커라 불리는 도료로 니트로셀룰로스, 가소제, 알키드수지 바인더 성분으로 하여 금속용과 목재용으로 구분된다. 목재용은 목재가구, 건축, 차량 이나 선박의 내부목재 부분의 투명 마무리 도장에 적합하다. 또한 내열성, 내수성, 내 알콜성이 좋고 연마성과 살붙임이 우수하다. 금속용은 금속의 표면이나 도금면에 도장 하여 금속의 광택을 보존하고 메탈릭 안료나 브론즈분과 혼합하여 은색, 금색의 래커 에나멜을 형성 하는데 사용된다.

㈑ 피니싱 래커 : 피니싱 래커는 니트로셀룰로스와 프탈산 수지를 배합한 것으로 마무리 도장에 사용하여 광택도를 높이고 분필화를 방지하는 역할을 한다.

② 섬유소 유도체 도료

㈎ 셀룰로스아세테이트 부틸레이트(CBA)변성 아크릴 래커 : 가소제, 열가소성 아크릴 수 지를 바인더 성분으로 하는 도료로 섬유소 유도체로 사용하는 CBA가 니트로셀룰로스 와 달리 빛이 안정되며 옥외에 노출되어도 황변이 작다. 내후성이 우수하기 때문에 자 동차의 메탈릭 도장에 많이 사용한다.

㈏ 섬유소 변성 우레탄 래커 : 섬유소 변성 우레탄 래커의 특징은 2액형 도료로서 용제 휘발형 래커와 비교하여 스프레이 도장시 고형(固形) 정도가 높고 광택, 두께, 내구성 및 도막의 성능이 우수한 도료이다. 차량의 도장 등 광범위하게 사용되고 있다.

㈐ 래커 에나멜 : 니트로셀룰로스, 단유성 알키드수지, 가소제, 용제 및 안료로 구성되어 있으며 광택이나 내후성, 내굴곡성이 좋고 접착력이 우수하다. 사용되는 분야는 자동 차 보수 및 재도장, 완구류, 가구, 기계기기, 가정용품 등 널리 이용된다.

㈑ 핫 래커 : 스프레이 도장을 할 때 약 70℃로 래커를 가열하여 도료의 점도를 낮추어서 살오름을 보완한 도료이다. 래커의 불휘발분이 약 30%이므로 점도를 낮추기 위하여 신너를 많이 넣지 않으면 도장이 어려워 자연하 도막의 두께가 얇아지는데 핫 래커는 이러한 단점을 보완하기 위하여 불휘발분을 그대로두고 가열로서 점도를 낮추는 원리 를 이용한 도료이다. 장점으로는 두꺼운 도막을 얻을 수 있으며 광택이 우수하고 백화 현상이 일어나지 않는다. 용제로는 고비점 용제를 사용하며 가열장치가 필요하다.

㈒ 하이 솔리드 래커 : 래커의 불휘발분을 늘리기 위하여 초화면을 줄이고 수지분을 늘린 것이다. 조성을 보면 니트로셀룰로스에 2배 이상의 단유성 프탈산 수지를 사용하고 멜 라민 수지를 배합하여 저온에서 강제 건조를 시킨다. 광택 및 내후성이 좋고 도막의 두께가 높아서 도장 회수를 줄일 수 있다. 접착력 및 내굴곡성이 좋아 자동차의 외부 도장에 많이 사용한다.

⑵ 용제

래커의 도막성형 조요소(助要素)로 주요소를 용해하고 도장이 원활하며 피도물에 도료가 퍼지는 성질을 유지시키기 위하여 용제를 사용하는데 진용제, 조용제, 희석제 등으로 나뉜다.

일반적으로 사용 비율은 진용제 40%, 조용제 10%, 희석제 50%의 비율로 사용하며 진용제는 니트로셀룰로스를 완전히 용해시키는 증발성 액체를 말하며 에스테르계, 케톤계, 에테르계 용제를 사용한다. 조용제는 단독으로 니트로셀룰로스를 용해하지 못하며 진용제와 혼용하여 진용제의 용해도를 높이는데 사용되며 알콜계 용제를 사용한다. 희석제는 방향족 탄화수소를 희석제라 하는데 진용제와 조용제만 사용할 경우 용해도가 지나치게 높고 가격이 비싼 단점을 보완하여 증발을 적당히 억제하며 가격을 낮추는 역활을 한다.

(3) 래커 신너

신너는 클리어 래커나 래커 에나멜 도장시 도료를 희석하기 위하여 사용하는데 도막 형성 조요소와 동일하다. 신너는 니트로셀룰로스, 수지, 가소제 등을 완전히 용해시켜 도장에 적합한 점도로 조절하는 역활을 한다. 신너는 각종 용제를 혼합하여 만드는 것으로 진용제, 조용제, 희석제로 되어 있으며 초화면 래커 신너의 조성 예를 살펴보면 표 2-21과 같다.

표 2-21 신너 조성의 예

<예 1>	계산	<예 2>	계산
초산에칠	15	초산에칠	15
IPA	7	n-부칠알콜	5
MIBK	10	초산부칠	13
초산부칠	10	에칠셀솔부	3
부칠셀솔부	4	톨루엔	64
톨루엔	54		
	100		100

11. 자외선(UV) 경화 도료

UV경화 도료의 UV(Ultra-Violet)란 자외선을 의미하며 자외선 경화 도료는 자외선 조사 장치 등에서 발생되는 자외선의 화학적 작용에 의하여 단시간에 경화되는 도료를 말한다. 보통 250mm~450mm의 근자외선 에너지의 화학적 작용에 의하여 중합되고 액상의 도료가 고상으로 경화한다. 자외선 경화 도료는 1968년 독일의 바이엘사에서 처음으로 자외선 경화형 불포화 폴리에스테르 수지가 개발된이래 목공용, 금속용, 플라스틱용 등 뿐만 아니라 수요와 용도가 급격히 확산되며 많은 연구 개발이 되고 있다. 자외선 경화 도료의 일반적 특징은 도막의 경화에 열이 직접 필요하지 않아서 열가소성 플라스틱 등 가열이 곤란한 피도물 등에 도장이 가능하고 가열경화형 이상의 고품질 도장이 가능하다. 또한 가열건조형 도료에 비하여 건조 시간이 빠르고 건조설비 등 비용이나 생산성이 우수하고 경도가 높은 도료나 가소성이 높은 도료 등에서 최상의 성능을 발휘한다. 그리고 100% 고형분 도료이기 때문에 환경오염이 적고 1회 도료로 도장이 가능하며 필요한 부분에만 에너지의 투입이 가능하여 에너지 절감 효과가 우수한 도료이다.

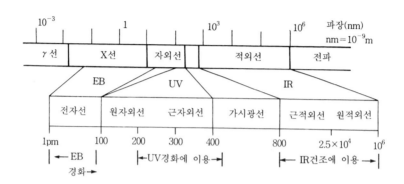

그림 2-3 전자파의 종류

(1) 자외선 경화 도료의 종류

자외선 경화 도료는 경화 기고에 따라서 라디칼 중합계와 카치온 중합계로 나뉜다. 그러나 카치온 중합계 도료는 거의 사용되지 않으며 도막의 경도 조절이 가능하고 경화성이 우수한 라디칼 중합계의 아크릴형 도료가 많이 사용된다.

표 2-22 자외선 경화 도료의 종류

경화메커니즘	수 지 의 종 류		비 고
라디칼중합계		불포화 폴리에스테르	산소에 의한 경화장애가 많다.
	아크릴형	폴리에스테르 아크릴	산소에 의한 경화장애가 적다. 경화속도가 빠르다.
		우레탄 아크릴	
		에폭시 아크릴	
		폴리에테르 아크릴	
		측쇄 아크릴형 아크릴수지	
	치올엔형	폴리치올·아크릴 유도체	산소에 의한 경화장애가 적다.
		폴리치올·스피로 아세틸계	
카치온중합계	에폭시형	에폭시	산소에 의한 경화장애가 없다. 온도의 영향을 받는다.

(2) 자외선 경화 도료의 구성

자외선 경화 도료의 구성은 도막 형성 주요소인 중합성 올리고머, 다관능성 모노머, 단관능성 모노머에 반응성 희석제와 도막 형성 조요소인 중합 개시제를 가하고 여기에 첨가제인 인 중합금지제와 레벨링제, 소포제와 체질안료, 착색안료 등을 첨가하여 도료로 구성된다.

표 2-23 자외선 경화 도료의 구성

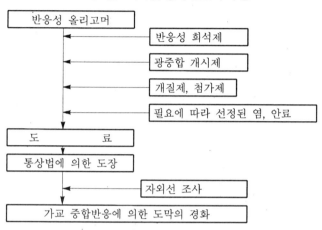

① 올리고머(Oligomer) : 중합성 2중 결합을 갖는 올리고머는 도료의 물성을 지배하는 요인으로 경화성, 밀착성이 양호하고 적합한 점도를 갖추어야 한다. 올리머는 일반적으로 에폭시계 올리고머, 우레탄계 올리고머, 폴리에스테르계 올리고머 등이 있으며 에폭시계 올리고머는 에폭시 수지와 아크릴산과의 반응물로 2중 결합과 동시에 수산기를 갖고 있다. 우레탄계 올리고머는 수산기 함유 알키트나 폴리에스테르 등을 이소시아네트로 반응시킨 수지인데 폴리올 성분의 분자골격이나 이소시아네트의 종류에 따라서 도막의 경도나 가공성에 차이가 난다. 폴리에스테르 올리고머는 말단 수산기 폴리에스테르에 아크릴산을 반응시킨 수지로서 폴리에스테르에 따라서 수지의 성능이 달라진다. 올리고머의 공통된 장점으로는 경화성이 좋고 저점도이며 가소성 부착성 등이 우수한 장점을 가지고 있다.

② 모노머(Monomer) : 중합성 올리고머 단독으로는 도료의 점도가 너무 높기 때문에 반응성 희석제인 모노머로 도료의 점도를 조절하여 도장 작업을 원활하게 하고 도막의 일부를 구성하게 된다. 모노머는 다관능성과 2관능성 등으로 나뉘며 희석효과와 경화성이 우수해야 하며 독성이 적어야하며 증발속도가 늦어야 한다.

③ 광중합 개시제 : 광중합 개시제는 자외선을 흡수하여 라디칼을 생산하고 중합반응을 시키는 것이다. 광중합 개시제는 개열형(開裂型)과 수소인발형(水素引拔型)으로 나뉘며 자외선 경화 도료의 흡수 효율이 높고 암반응과 황변이 적어야 하며 올리고머 및 모노머

에 대한 용해성이 좋아야 한다.

(3) 자외선 경화 도료의 용도

자외선 경화 도료는 목공용, 합성수지용, 종이용, 금속용 등 광범위한 분야에 널리 사용되고 있으며 현재는 도료의 70%이상을 목공용 합성수지용에 사용되고 있는데 목공용으로는 고생산성을 필요로 할 때 아크릴계 자외선 경화 도료를 사용하며 합성수지 제품용으로는 무용제 UV도료를 사용하며 금속용으로는 UV에나멜 도료나 무용제형이 많이 사용된다.

12. 분체 도료

일반적으로 도료는 수지를 용제 또는 반응성 단량체를 용해시켜 피도물에 도장하고 용제의 휘발 등에 의하여 도막을 형성하는데 비하여 분체 도료는 용제형 도료에 있어서 용제나 물 등의 불필요한 성분을 일체 포함시키지 않은 100% 고형분의 분말로된 도료이다. 즉 일반적 도료의 기능을 발휘하는 고형분의 수지나 안료로 이루어진 도막 부분과 작업성을 좋게 하기 위한 용제나 물 등이 첨가되는 용제형 도료와 분체 도료가 크게 다른점은 공기중 휘발되는 희석제나 용제가 포함되어 있지 않고 분말화되어 있다는 것이다.

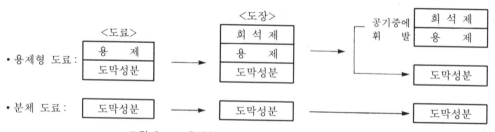

그림 2-4 용제형 도료와 분체 도료의 차이점

분체도료는 무용제형 도료의 일종으로 도막의 형성 요소를 분말 모양으로 공기를 매체로하여 피도장물 표면에 도장을 하고 가열을 함으로써 분말입자를 용융시키고 균일하며 연속된 도막을 형성시키는 도료이다. 분체 도료의 특징은 첫째, 안전성을 들 수 있는데 용제에 의한 중독이나 화재의 위험성이 없으며 대기오염 등 공해의 문제가 없고 분말로 되어 있어서 운반이나 저장이 용이하다. 둘째, 작업의 능률성이 우수하다. 도막의 형성시 주름 현상과 흐름이 없고 점도의 조절이 필요없으며 도장 작업이 간편하다. 세째, 분체 도료는 100% 도막을 형성하여 1회 도장으로 두꺼운 도막을 얻을 수 있고 1회 도장에서 전착되지 않은 도료는 회수하여 사용할 수 있고 작업 공정의 단축으로 인건비의 절감 등 경제적인 측면에서 우수하고 도장 작업의 자동화를 이룰 수 있으나 색상의 변경시 청소 시간이 오래 걸리며 박막(薄膜) 도장이 어렵고 가열 온도가 높다는 단점 등이 있다.

(1) 분체 도료의 종류 및 특성

① **열경화성 분체도료** : 열경화성 분체도료는 열가소성 분체 도료에 비하여 도막의 물성이 우수한 미장 마무리에 적합한 도막을 얻을 수 있으며 저분자량의 열경화성 수지를 사용하여 경화제로 가교함으로써 고분자량화가 이루어진다. 열경화성 분체도료의 종류에는 에폭시 분체도료, 폴리에스테르 분체도료, 에폭시 폴리에스테르 분체도료, 아크릴 분체도료 등이 있는데 에폭시 분체도료는 에폭시 수지에 조합하는 경화제로서 디시안디아미드를 일반적으로 사용한다.

표 2-24 분체도료의 종류 및 특징

구 분	종 류	최적경화조건	도 장 법	장·단점 및 용도
열경화성	에폭시	160~180℃×20분	정전도장	1. 장점 : 부착성, 내식성 우수 2. 단점 : 내후성 불량 3. 내부미장 및 방식용 * 건축용 내장재 * 차량부품　　　 * 완구류 * 철재가구류　　 * 강관류 * 전기 기구류
열경화성	폴리에스테르	160~200℃×20분	정전도장	1. 장점 : 내식성, 내후성, 내오염성 우수 2. 단점 : 고가 3. 옥외제품의 미장 및 방식용 * 건축용 내외장재 * 차량부품 * 산업설비 및 교통시설물 * 농기계 및 완구류
열경화성	에폭시-폴리에스테르	160~200℃×10분	정전도장	1. 장점 : 에폭시와 폴리에스테르 중간 성질 2. 각종 가전제품 및 금속재질 제품의 미장방식 * 가전제품　　　 * 철재가구 * 완 구 류　　　 * 건축내장재 * 기타 장식류
열경화성	아크릴	180~200℃×20분	정전도장	1. 장점 : 내수성, 내오염성 우수 2. 단점 : 저장 안정성 불량 * 농기계 등 옥외용 중방식 제품
열가소성	폴리에틸렌	210℃×10분	침적도장	1. 장점 : 내수성 우수, 후도막 2. 단점 : 밀착되지 않으며 연질
열가소성	염화비닐	200℃×10분	침적도장	1. 장점 : 내수성 우수, 후도막 2. 단점 : 가열온도 폭이 좁음
열가소성	폴리아미드	190℃×10분	침적도장	1. 장점 : 내수성 우수 2. 단점 : 고가

폴리에스테르 분체도료는 다염기산과 다가알콜을 원료로 하는 수산기 관능의 포화 폴리에스테르 수지를 기체 수지로 하고 경화제로는 블록이소시아네트를 주로 조합한다. 아크릴 분체도료는 글리시딜기 관능의 아크릴 수지를 다가 카르본산 화합물로 경화시키는 방법이 사용된다.

② **열가소성 분체도료** : 열가소성 분체도료의 종류에는 폴리에틸렌, 염화비닐, 폴리아미드 분체도료가 있으며 수지가 소결 공정에서 용융하여 평활환 도막면을 형성한다. 장점으로는 내수성이 우수하나 밀착도가 떨어지고 가열 온도의 폭이 좁은 단점을 가지고 있다.

③ **분체도료의 용도**

분 류	용 도
건 축 재	철문, 철문틀, 주택철골, 창틀(AL 및 철재), 콘센트막사, 철책, 핸드레일, 통풍구, fan coil box, 칸막이, 천정재류, 청정실 및 반도체크린룸 내장재 등의 건축용 내외장재
가 전 제 품	세탁기, 냉장고, 전자렌지, 냉각기, 에어콘, 조명기구, 선풍기, 난방, 기구류, 환풍기, 오디오 케이스 등 금속 가전제품류의 금속부품 및 외장재
차 량	자동차 차체(승용차, 트럭), 휠-디스크, 가스통, 기름탱크, 의자후레임, 창틀, 에어클리너 등의 모든 차량의 내외장 및 부품
산 업 설 비	가드레일, 교통표시판, 교통신호기, 지하철 사인보드, 가로등, 배전반, 변압기, 적산전력계, 송배전기기 등
금 속 가 구	의자, 책상, 복사기, 화일박스, 철재 basket 등의 금속가구류
강 관	가스파이프, 전선관, 수도관 등의 제반 강관 및 후렌지류
장 비	농기구, 정원기구, 소화기, 우산, 양산, 무전기케이스, 주방기기 등
유 리	화장품 용기, 의약품 용기, 음료수 용기 등의 유리제품의 미관 및 안전사고 방지용

13. 전착 도료

전착도장은 일반의 도료와 달리 비교적 저농도로 희석된 도료를 탱크에 채우고 피도장물을 침지시킨 후 양극과 음극의 사이에 직류 전류를 흘려 전기적 원리로 물에 불용성인 도막을 석출해 내는 방법이다. 일반적인 도료의 장점으로는 도장 고정의 자동화가 가능하며 균일 도착성이 우수하고 균일한 도막의 두께가 얻어진다. 또한 도료의 손실이 적고 안정성이 높으며 도막의 외관이 미려하고 폐수의 처리가 필요하나 저공해 도료이다. 단점으로는 도막의 두께에 한계가 있으며 내후성이 나쁘고 소량의 도장에는 부적절하다.

표 2-25 전착 도료의 장·단점

장 점	내 용
자동화가 가능하다.	전처리에서 건조공정까지 라인화가 가능하고, 특히 도장공정에서의 에너지 절약이 가능하다.
균일한 도막두께가 얻어진다.	전기량(전압)을 조절하는 것에 의해 용이하게 목표하는 도막두께를 균일하게 얻는 것이 가능하다.
throwing power (균일도 착성)가 좋다. (내식성 불량부분의 개선)	종래 도장이 잘되지 않았던 부분이나 도료가 들어가기 어려운 부분에도 도막이 균일하게 석출되므로 복잡한 구조물에서의 내식성이 향상된다.
도료의 손실이 극히 적다.	욕도료는 저농도 고형분의 수회석품이므로 점도가 낮고 전착욕 밖으로의 지출이 극히 적다. 또 U/F(Ultra Filtration)회수 수세에 의해 더욱더 지출을 적게하는 것이 가능하다(도료 회수율: 약 95% 이상).
비교적 안정성이 높다.	다른 수용성 도료 및 용제형 도료에 비해 용제량이 적고, 더욱이 저농도이므로 화재의 위험이 적다. 단, 격막 방식에서는 수소가스(아니온형)나 산소가스(카치온형)의 발생이 있으므로 화기에는 주의해야 한다.
도막의 외관이 미려하다.	전착후의 도막은 휘발분 함유량이 극히 적으므로 다른 도료에서 일어나는 핀홀, 새깅(sagging)등이 적고, 세팅시간이 짧고, 고온 단시간 가열건조가 가능하다(예비 가열의 필요가 없다).
저공해 도료이다.	도료 회수율이 높고 저 용제형이므로 저공해 도료로서 사용된다(폐수 처리가 필요하다).
도막두께 확보에 한계가 있다.	표준형의 경우는 30μ이상의 도막두께의 확보가 어렵고, 후막형의 경우는 45μ이상의 도막두께의 확보가 어렵다.
내후성이 나쁘다.	전착도료는 수지의 특수한 성질에 의해 내자외선성이 좋지 못하므로 옥외에서 사용되는 피도물은 상도도장이 필요하다.
행거의 관리가 필요하다.	통전성을 갖기위해 행거의 도막 박리가 필요하다. 행거에도 도장이 되므로 행거의 구조설계가 필요하다.
소량생산에는 부적당하다.	턴 오버 속도가 현저하게 늦은 소량생산 라인에서는 부적당하다.

(1) 카치온 전착도료와 아니온 전착도료

일반적으로 카치온 전착도료는 폴리아미노수지를 유기산으로 중화하여 수용화나 물분산화되어 양(+)으로 전하하는데 직류전류를 통하면 폴리아미노수지가 음극의 표면으로 이동하고 PH의 상승에 따라서 응고되면서 음극의 표면에 도막을 형성한다. 아니온 전착도료는 폴리카르본산 수지와 유기아민이나 가성 칼리 등의 염기로 중화하여 수용성이나 물분산화로 음(-)으로 전하한다.

표 2-26 카치온 전착과 아니온 전착

아니온형 전착도장(AED)	카치온형 전착도장(CED)
중화제 : KOH, 유기 아민류	중화제 : 유기산
PH저하로 석출	PH상승으로 석출
피도체는 양극에 걸린다.	피도체는 음극에 걸린다.
양극(피도물) $2H_2O \rightarrow 4H^+ + 4e^- + O_2\uparrow$ $R-COO^- + H^+ \rightarrow R-COOH$ (수용성)　　　　(불용성→도막석출) $Me \rightarrow Me^{n+} + ne^-$ $R-COO^- + Me^{n+} \rightarrow (R-COO)Me$ 　　　　(도막석출)	음극(피도물) $2H_2O + 2e^- \rightarrow 2OH^- + H_2\uparrow$ $R-NH^+ + OH^- \rightarrow$ （수용성） $R-N + H_2O$ (불용성→도막석출)
음극(극판) $2H_2 + 2e^- \rightarrow 2OH^- + H_2\uparrow$	양극(극판) $2H_2O \rightarrow 4H^+ + 4e^- + O_2\uparrow$

표 2-27 카치온 전착과 아니온 전착의 비교

항 목	아니온 전착도료	카치온 전착도료
1. 수　　지	Polybutadiene계수지	Epoxy-Polyamide계수지
2. 경 화 제	없 음	Blocked Isocyanate수지
3. 중 화 제	KOH 유기아민	유 기 산
4. 욕 도 료	약알칼리성(수용성-디스퍼젼)	약산성(에멀젼)
5. 석출도막	산　성	알칼리성
6. 경화기구	산화중합 〰〰CH=CH-CH$_2$〰〰 ↓ O$_2$ 〰〰CH=CH-CH〰〰 　　　　｜ ↓ OOH 〰〰CH=CH-CH〰〰 　　　　｜ 　　　　O-	NCO반응 (1) 〰〰 +ROC-N′-N′-COR 〰〰 　　OH　　↓ ⎡OH　　HO⎤ ⎣-OCN-　-NCO-⎦ （우레탄 결합화）

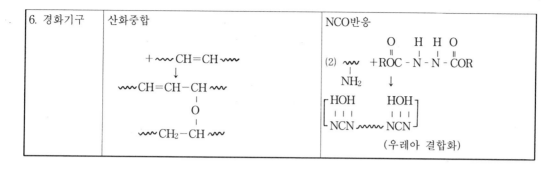

6. 경화기구	산화중합	NCO반응
	$+ \sim CH=CH \sim$ $\downarrow$ $\sim CH=CH-CH \sim$ $\overset{\mid}{O}$ $\sim CH_2-CH \sim$	(2) 우레아 결합화 (도식)

14. 옻계 도료

동양에 분포되어 있는 특산물(特産物)로 중앙 아시아가 원산지인 옻나무의 일종의 분비물인 생옻을 긁어 채취한 회백색의 유상액이며 생옻의 주성분은 옻산(urushiol)이며, 그 밖에 고무질, 함질소물질(含窒素物質) 및 수분을 함유하고 있다. 이러한 생옻의 구성 성분은 표 2-28과 같으며 수분을 제거한 옻액에 10배 가량의 무수알콜을 가해서 옻산을 충분히 용해하고 1~2시간 방치한 후 여과지에 여과하고 소량의 무수알콜로 씻어 전체 무수 알콜이 20배 이내의 용량이 되게 한다. 유분이 많을 경우 ether를 사용하여 씻고 이것을 감압증류(減壓蒸溜)하여 b 0.4~0.6, 210~220 에서의 잔류분으로써 비중 $D_4^{15}=0.9687$ 굴절률 $n_0^{21.5}=1.52341$ 되게 정제 옻산으로 만들어 표 2-29와 같은 구조 결정을 갖게 한다.

표 2-28 생옻 성분의 분리법

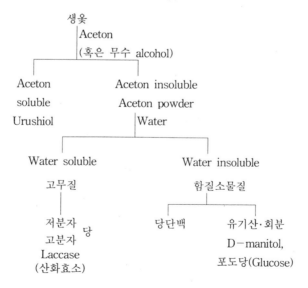

표 2-29 옻수지액 중의 Urushion의 종류

$R : -(CH_2)_{14}\, CH_3$ Hydrourushiol F_0
$-(CH_2)_7-CH=CH-(CH_2)_5$ CH_3
Urushenol $F_1(8')$
$-(CH_2)_7-CH=CH(CH_2)_4\, CH=CH_2$
Urushadienol $F_2(8', 14')$
$-(CH_2)_7-CH=CH-CH_2-CH=CH=$
$CH-CH=CH-CH_3$
$F_3(8', 11', 13')$
$-(CH_2)_7-CH=CH-CH_2-CH=CH=$
$CH-CH_2-CH=CH_2$
$F_3(8', 11', 14')$
Urushatrienol

옻 도막의 특징은 표면의 광택이 죽더라도 표면을 말끔히 씻으면 광택이 되살아 난다. 옻에는 작은 입자와 입자간에 옻산과 당단백으로 구성되어 있다고 보여지며 옻산은 자외선에 약하다. 따라서 옥외에 내놓을 경우 입자간의 상처에 의하여 노화현상이 일어나며 평탄한 층이 사라지고 평면에 작고 백화된 입자들이 나타남을 볼 수 있다. 옻의 도막은 저온 다습하에 건조시킨 것은 처음에 급속히 검어지나 서서히 투명도를 회복하여 1년 이상 지속된다. 습도가 낮은 조건에서 건조를 시키면 건조시간은 길어지나 높은 투명도를 얻을 수 있고 고온 상태에서 건조하면 모두 검은 색으로 나타난다. 즉 자체내의 검(gum) 질속에 산화 요소인 랙테이스(lactase)의 작용에 의하여 산화 중합해서 건조된다. 고습도의 장소, 알칼리 및 금속염에 의해서 건조가 촉진된다. 칠의 건조는 습도와 온도를 조절할 수 있는 건조실에서 적절히 건조시키며 습기를 주고 밀폐해서 공기의 유통을 차단하고 먼지의 부착을 방지할 수 있는 구조가 좋다. 산화요소인 랙테이스는 열에 약해서 70℃이상 가열하면 분해되서 기능을 상실하며 건조가 현저히 늦어진다. 건조 도막은 경도가 높고 내수, 내산, 전기 절연성이 우수하며 내알칼리성, 내후성이 약하다.

(1) 정제옻

원료인 생옻액을 용도에 적합하도록 가공한 것을 뜻한다.

① 생옻 : 원료 옻액으로부터 이물질을 제거한 것으로 1급은 최고의 양질 원료를 말하고 주로 미술 칠기공예, 고급 칠기의 하지 및 납색 옻도장에 문지르며 광내기 도장에 사용하고 고급 이하는 하지, 분무도장, 목재의 방부, 금속의 방청, 접착용 등에 사용한다.

② 고광택옻 : 이 도료는 최고의 품질로서 투명도가 가장 높고 황색을 띄기 위한 자황 또는 그의 색채를 적당히 가하여 교반작업과 정제작업을 한 고광택 및 투명도장, 또는 나무 무늬를 살리는 도장에 사용한다.

③ 투명 납색옻 : 투명 상태가 양호한 원료를 사용하며 주로 각종 안료, 염료를 혼합하여

채색 또는 나무 무늬를 선명하게 나타내는데 쓰이며 건조 도막을 연마하면 아름다운 광택을 나타내는 연마용 정제옻이다.

(2) 캐슈

캐슈의 딱딱한 과실의 껍질로부터 용출된 수지로서 그 응용에 관하여 미국의 Eng.Chem(1940)에 게재되었다. 화학적으로는 불포화기를 갖고있어 산에 잘 중합하는 성질을 가지고 있다. 먼저 황산 또는 황산 alkyl에서 가볍게 화학 처리하여 무기 염료를 침전시키고 그 위에 피부염을 일으키는 물질을 없앤다.

그림 2-5 캐슈의 성분

이 도료는 자연 옻칠과 유사하나 옻칠이 건조시 습기가 필요한 것에 반하여 캐슈는 건조시 습기는 건조에 방해가 되고 일반의 유성계 도료의 건조와 같이 자연건조 또는 강제 건조로서 용제의 증발에 따라 공기중의 산소와 산화 중합해서 경화 건조된다. 건조 도막은 경도가 높으며 광택성이 우수하다. 도막에는 색상이 있어서 백색류에는 사용할 수 없고 투명한 상태 그대로 사용하거나 흑색이나 적색등으로 착색해서 사용하는 경우가 많다. 단점으로는 냄새가 심하고 건조가 늦어 먼지등의 불순물에 오염될 소지가 많으며 내용제성이 나쁘다.

15. 수계 도료

대다수 용제들이 유기 용제를 함유하고 있어 환경오염의 원인이 되고 있으며 용제의 사용으로 인한 자원의 낭비를 줄이기 위하여 무공해인 자원절약형 도료의 개발이 활발히 진행되고 있다. 수용성 도료는 도료 및 수지의 설계나 기술적 진보와 도장 설비의 개량과 새로운 원료의 개발에 따라서 석유계의 유기 용제를 사용한 도료보다 더욱 뛰어난 성능을 발휘하고 있으며 다양한 수성 도료가 개발되어 산업의 다양한 분야에서 활용되고 있다. 수용성 도료는 물가용성과 물분산형으로 구분되는데 물가용성에는 수용성 도료에는 수용성 도료가 있고 물분산형의 종류에는 에멀션 도료와 하이드로졸 도료, 슬러리 페인트 등이 있다. 수계 도료의 특징으로는 화재에 대한 안정성이 높으며 유기용제를 사용한 하이솔리드 도료의 1/3정도로 저공해 자원 절약형 도료이며 필요시 약간의 시설 보완을 한후 기존의 도장 시설을 그대로 사용할 수 있으며 악취나 독성이 극히 적기 때문에 안전 위생도가 높다. 또한 도장 기구의 세척이 용이한 장점이 있으나 도장조건의 조정이 어렵거나 도료의 저장 안정성이 불리하고 폐수가 발생하는 등의 단점이 있다.

수용성 도료의 수지가 실용화되고 있는 것은 합성 건성유계, 알키드계, 폴리에스테르계, 에폭시에스테르계, 아크릴계 수지이나 시중에서는 변성 알키드계 수지가 주류를 이루고 있다. 수용성 수지는 일반적으로 용액중합으로 합성하며 폴리머의 친수 가능도를 높게하여 물에 용해되기 쉽게 설계하는 것이 보통이다. 친수기로는 $-OH$, $-COOH$, CH_2OH, $-OCH_3$ 기가 있다. 가장 보편적인 방법은 수지중에 $-COOH$기를 다량으로 도입하고 이것을 암모니아나 유기아민 등으로 중화하여 수용화시킨다. 산가가 높으면 물에 용해하기 쉬우나 내수성, 내알칼리성이 저하되어 유기용제의 용해력을 필요로 하는 경우가 있다. 수용성 수지 도료의 대부분은 소부타입으로 사용되며 가교제로 수용성 메톡시멜라민이나 용소를 혼합하여 안료, 첨가제 등을 혼합하여 도료화한다. 일반적으로 수용성 도료는 금속 부분의 도장에 사용되며 상온 건조형은 건축물이나 가정용 도료로 사용되고 소결 건조형은 자동차, 전기기기, 기계부품의 초벌칠에 많이 사용된다.

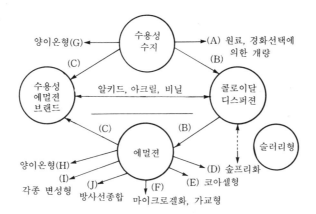

그림 2-6 수용성 수지의 개발동향

(1) 수용성 수지 도료

① **전착 도료** : 전착 도료는 아크릴계 수지를 중심으로 한 다양한 색상의 상도 도료로 널리 사용되고 있는데 수성 도료의 대표적인 도료로 자동차와 가전의 금속소재 프라이머로 널리 사용되고 있다. 전착도장의 메커니즘은 전기영동, 전기분해, 전기석출, 전기침투 등이 동시에 일어나 연속적으로 도막을 석출시키는 것으로 생각되는데 수지를 이온화시켜 수용액으로 한뒤 피도물을 용액중에 침적시키고 직류전류를 통과시킴으로써 석출된 도막은 불용성으로 되며 수세후 건조시켜 건조 도막을 얻는다. 전착 도료의 경제성과 환경보호에 관련된 도료로는 저온경화성, 후막도장성, 저가열감량 등이 있다.

② **일반공업용 도료** : 산업기계나 대형차량, 전기기기, 금속 등 일반 산업용 도료는 일반적으로 외관의 성능 향상이나, 방청 성능의 향상과 더불어 환경에 대한 공해 대책의 일환으로 수성 도료의 이용이 확대되고 있는 실정이다. 일반적인 공업용 수성 도료의 사용 분야를 보면 철재가구나 안전 기자재 등에는 알키드수지나 아미노수지가 사용되며 건설기계 등에는 상온 알키드 프라이머, 자동차의 후레임이나 부품에는 침적 도장 방법에 의하여 알키드, 아미노수지 등이 사용된다.

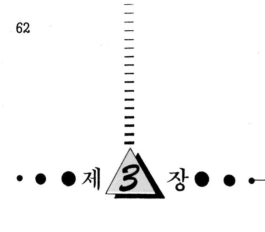

제3장

색 채

1. 색채의 기본

(1) 빛과 색

색에 대한 지각은 눈을 통하여 이루어진다. 즉 눈은 외부로부터 빛의 자극으로 생성된 여러가지의 색채를 인식하고 지각한다. 눈에 입사되는 광선이 각막에 굴절되고 각막과 홍채 사이의 수양액으로 차있는 전안방으로 들어가고 이것은 다시 한번 동공을 통하고 수정체에서 재차 굴절되어 초자체를 통하여 망막에 맺히게 된다. 이렇게 색이 지각되는 과정에서 망막에 있는 서로 기능을 달리하는 추상체와 간상체가 색을 받아들이는 활동을 하는데 추상체는 밝은 장소에서 활동하며 색을 식별하는 기능을 하고 간상체는 어두운 곳에서 약한 광선을 받아들이며 색은 보이지 않고 명암만을 구별한다.

즉 우리들이 눈으로 볼 수 있는 색은 빛의 일종이며 빛에 의하여 지각되는 현상색들은 여러가지 빛의 종류 가운데 인간의 눈이 받아 들일 수 있는 능력의 한계 내에서 지각되는 빛이라 할 수 있다. 인간의 눈으로 볼 수 있는 빛의 한계를 가시광선이라 하는데 물리학에서는 「380nm~780nm」이라는 파장 단위를 사용하여 다른 빛과 구별한다.

가시광선(可視光線)은 개인의 능력 차이에 따라서 달라질 수 있으나 보통 380nm~780nm 사이의 파장 범위는 정상인을 기준으로한 것이며 극한 상황에 있는 사람은 330nm의 자외선부나 1000nm 부근의 적외선부에서도 약간의 색을 느낄 수 있다. 빛의 종류로는 380nm보다 짧은 파장에 자외선(Ultraviolet), X선, γ선, 우주선 등이 있고 780nm보다 긴 파장에 적외선 (Infrared), 레이다파, 텔레비전용 Bc파, 라디오용 Mc파, 일반 무선용 Kc파 등이 있다. 이러한 것들은 빛을 전자파로 구분하는 것이며 이러한 것 외에도 광입자설(1669년 ; 뉴턴), 파동설 (1678년 ; 위겐스), 광량자설(1905년 ; 아인슈타인) 등으로 분석되어지는데 색채학적인 빛의 분석은 영국의 물리학자 맥스웰(J.C.Maxwell ; 1831~1879)에 의하여 1873년 주장된 전자파설이 널리 사용되고 있다.

 색을 빛의 성질이나 특성으로 분석하고 설명하는 광학적 연구로는 주로 측광을 통하여 이루어지는데 측광의 종류에는 분광측광과 일반측광으로 구분되어진다. 일반측광은 빛 전체를 측광하는 것이고, 분광측광은 빛을 스펙트럼에 의하여 빛을 분해하고 각 파장별 성분에 대하여 측정하는 것이다.

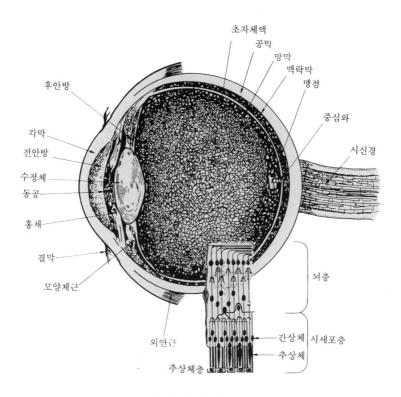

초자체액
공막
망막
맥락막
맹점
중심와
시신경
후안방
각막
전안방
수정체
동공
홍채
결막
모양체근
외안근
추상체층
뇌층
간상체
추상체
시세포층

그림 3-1 눈의 구조

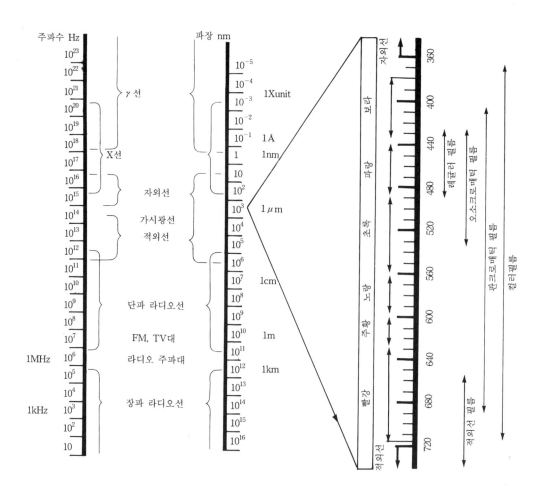

그림 3-2 파장에 따른 빛의 종류와 가시광선의 범위

① **스펙트럼** : 1666년 뉴턴(I.Newton : 1642~1727)은 빛은 파장에 따라 굴절 각도가 다르다
는 성질을 이용하여 프리즘에 의한 순수한 가시스펙트럼 색대를 얻었다. 물리학자 뉴턴
은 어두운 옥내에 태양 광선을 끌어들여 광선을 프리즘에 투과시킨 뒤 백색 스크린에
투사시켜 빨강, 주황, 노랑, 초록, 파랑, 남색, 보라의 순으로 배열되는 것을 볼 수 있었으
며 이것을 분광(分光) 이라고도 하며 더이상 분광이 되지 않고 완전히 단일화된 파장으
로 표시되는 빛을 단색광이라고 한다.

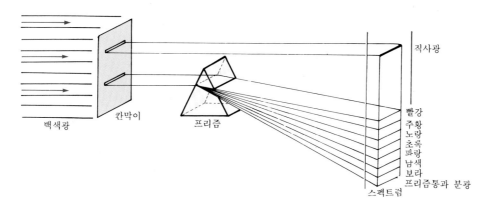

직사광

빨강
주황
노랑
초록
파랑
남색
보라
프리즘통과 분광

스펙트럼

백색광 칸막이 프리즘

그림 3-3 프리즘에 의한 분광

　뉴턴의 실험에 의하여 백색광이라는 무색의 태양광은 색감을 가진 빛이 그 속에 포함되어 있으며 태양광선이 물체를 통과할 때 색의 빛이 굴절하는 각도에 따라 색감이 달라지며 태양의 빛은 일종의 전자파이며 파장의 길이에 따라서 색이 달라지는 것을 볼 수 있다. 즉 스펙트럼의 긴 파장 부분에 많은 방사 에너지가 포함되어 있으면 그 빛은 붉은 색으로 보이고, 짧은 파장 부분에 집중되어 있으면 푸른색의 빛으로 보여진다. 적색의 파장 길이는 700mμ (mμ : 밀리미크론)이며 가장 짧은 자색은 약 400mμ이다.

② **물체의 색** : 물체의 색은 빛과 광원에 의하여 흡수, 반사와 투과를 통하여 색을 나타낸다. 즉 색은 물체의 표면에서 반사하는 빛의 분광 분포에 의하여 여러가지 색으로 보인다. 우리들이 색감을 느끼게 되는 것은 물체의 표면에 반사되어 오는 빛이 눈으로 들어와서 색감을 지각하게 되지만 자기 스스로 빛을 발하는 광원이 직접 눈에 들어 오거나 그 광원에 색감이 있을 경우에도 색감을 느끼게 되는 것이다. 이와같은 빛의 색을 광원색이라 하며 네온사인은 광원색의 좋은 예이다. 물체의 색이 지각되는 것은 위에서 언급한 것과 같이 빛이 물체에 비치게 되면 그 물체의 표면은 빛의 일부를 흡수하고 나머지의 빛을 반사하거나 투과시키는 성질을 가지고 있다. 사과가 적색으로 보이는 것은 사과의 표면에 비친 빛 중 사과의 표면이 그 빛의 일부를 흡수하고 나머지 빛을 반사하기 때문이다. 이 반사광이 눈에 들어와 색을 느끼게 하는 것이다. 또 사과의 표면이 붉은 색으로 보이는 것은 빛의 파장을 흡수하고 반사하는 그 비율의 강약에 따라서 적색감을 느끼게 하는 장파장의 빛을 가장 많이 반사하기 때문이다. 즉 다른 색감을 가진 파장의 빛도 일부를 반사하지만 반사 비율이 작기 때문에 색감을 느끼지 못하는 것이며 이와 같이 물체의 표면에서 반사되는 빛이 눈에 들어와서 색을 느끼게 하는 것을 물체색이라하며 색유리 등에서 볼 수 있는 것과 같이 빛을 투과하는 물체에서 투과되어 오는 빛에 의하여 느끼는 색을 투과색이라 하는데 이것도 물체색의 일종이다.

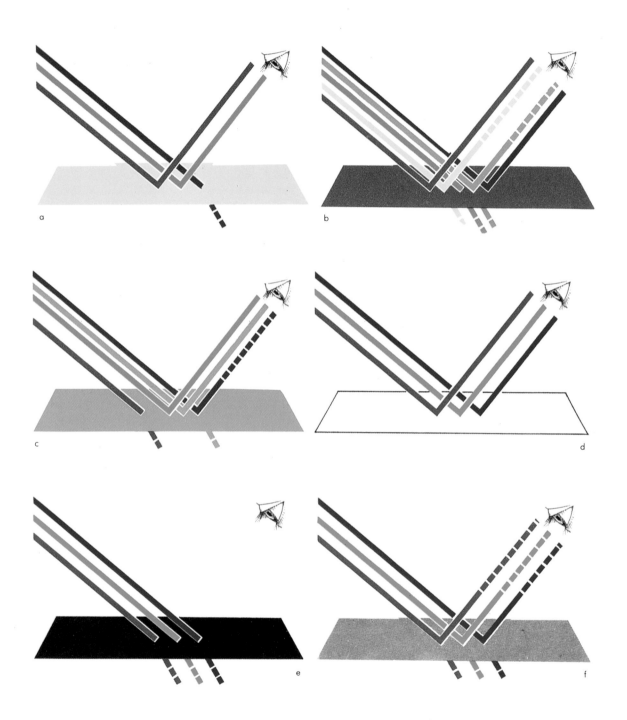

그림 3-4 빛의 흡수와 반사에 의한 색

(2) 색의 분류

① **물체색** : 노랑 꽃, 붉은 사과 등 그 물체가 가지고 있는 것처럼 느껴지는 색

　㈎ 표면색 : 물체색 중에서 물체의 표면에서 반사하는 색을 나타내는 색

　　㉮ 경영색 : 거울처럼 평활한 면을 비추는 색

　　㉯ 금속색 : 금속의 표면을 말할 때 금, 은 등 금속을 나타내는 색

　㈏ 투과색 : 색유리 등과 같이 투과하여 빛을 나타내는 색

　　㉮ 공간색 : 투과색 중에서 유리병 속의 액체나 얼음등 3차원 공간의 투명한 부피를 느끼는 색

② **간섭색** : 막면색이라고도 부르며 빛의 간섭에 의하여 나타내는 색으로 비누 거품이나 수면에 뜬 기름 전복의 껍질 등에서 나타나는 무지개 색 등이 나타나는 것에서 볼 수 있다.

③ **광원색** : 전등, 형광등, 네온사인, 신호등 등에서 볼 수 있는 광원에 의하여 나타나는 색

　㈎ 조명색 : 무대 디자인이나 디스프레이 등에서 사용되는 조명에 의하여 반사되는 색

④ **형광색** : 형광 물질의 사용으로 반사되어 나타나는 색

(3) 색의 삼속성

　우리가 볼 수 있는 색과 느낄수 있는 색에는 무수히 많은 종류가 있다. 그러나 그 무수히 많은 색의 성질을 정리해 보면 불과 3가지에 불과하다. 색채의 성질은 색상, 명도, 채도 3가지에 의하여 조합되어 지고 다양한 색이 나타나는 것을 느낄수 있는데 이 세가지를 색의 삼속성이라고 한다. 그리고 이 속성을 일으키는 물리적인 색의 요소를 「색의 삼요소」라 한다.

① **색상(Hue)** : 우리가 느끼는 색의 종류 즉, 감각에 따라 식별되는 색의 종별, 색채를 구별하기 위한 색채의 명칭을 색상이라고 한다. 이것은 색의 종류를 나눌 때의 요소가 되는 주파장에 의하여 느껴지며 빨강, 주황, 노랑, 초록, 파랑, 남색, 보라 등 빛의 순서에 따라 크게 구별되지만 빛의 파장에 따라 느껴지는 색은 무수히 많다.

② **명도(Value)** : 색의 밝기로 나눌때의 요소가 되는 분광 반사율 또는 분광 투과율에 의하여 느끼는 것이다. 즉 색상 끼리의 명암상태, 색채의 밝기를 나타내는 성질, 이러한 밝음의 감각을 척도화한 것은 명도라 한다. 예를들어 백색을 가하여 만든 밝은 명도가 높다고하며 흑색을 가하여 만든 어두운색은 명도가 낮다고 한다. 따라서 백색에 가까울 수록 명도가 높고, 흑색이 명도가 가장 낮은 색이 된다.

③ **채도(Chroma)** : 색을 주파장의 혼합 비율로 나눌 때의 요소가 되는 순도 포화도에 의색의 강도를 느낀다. 색은 순색에 가까울 수록 채도가 높으며 다른 색상을 가할 수록 채도가 낮아진다. 따라서 색채를 혼합할 때 여러색을 섞을 수록 채도가 낮아지며 감색에서 삼원색을 혼합하면 검정이 되는 것처럼 색상을 많이 혼색하면 무채색으로 된다. 그러므로 채도가 가장 낮은 색은 무채색이다.

　색의 색채지각에 있어서 어두움과 밝음의 변화 즉 명도의 변화는 3속성의 변화중 가장 잘 드러난다. 색의 물리학적 속성으로 빛의 반사율이나 투과율, 발광량 등에 의한 밝

기는 눈에 색을 지각시키는 것 뿐만 아니라 파장률별 분광률에 의하여 색의 강도를 느끼게 하는데도 영향을 준다.

④ 색의 혼합 : 두개 이상의 색광이나 색 필터, 색료 등을 서로 혼합하여 다른 색을 만들수 있는데 이것을 혼색이라 한다. 즉 파장이 서로 다른 광선을 가지고 망막속의 특정 부위를 흥분시켜서 하나의 색으로 느껴지게 하는 것이 혼색이다. 서로 인접한 두색을 혼합하면 그 중간에 색이 만들어지며 이러한 원리를 이용하여 안료의 기술적인 혼합이 이루어지며 색의 시각적인 혼합에 사용되어진다.

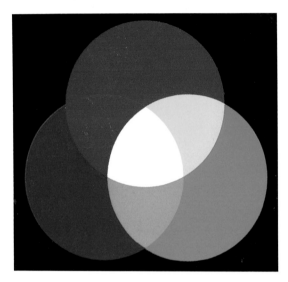

그림 3-5   가법혼색

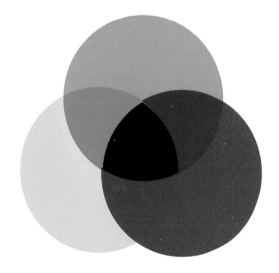

그림 3-6   감법혼색

표 3-1 색채학자들에 의한 색채 삼속성의 관련 명칭

학자명 \ 일반적 구분	색상	명도	채도
Rood	특색(hue)	밝기(luminosity)	순도(purity)
Hurst	경향(hue)	광량도(brightness)	순도(purity)
Wundt	색조(tone)	광도(lightness)	포화도(saturation)
Rigway	파장(wave length)	밝기(luminosity)	색도(chroma)
Munsell	색상(hue)	명암가치(value)	채도(chroma)

그러나 여기서 주의해야 할 것은 인접색 끼리의 혼합은 탁색이 되지 않지만 보색끼리의 혼색은 탁색이 된다. 따라서 하나의 색은 서로의 보색을 가지며 보색이 아닌 두색을 혼합하면 중간색이 나타나며 그것은 분량이 많은 쪽의 색에 가깝게 된다. 같은 파장의 색을 혼합하면 항상 같은 파장의 색이 된다.

(가) 가법혼색(加法混色) : 색광의 세가지 색인 적색, 청자색, 녹색을 백색의 스크린 위에 투영하면 적색과 청자색이 겹쳐진 부분에 적자색, 적색과 녹색의 부분에는 황색, 청자색과 녹색의 부분에는 청색이 나타나게 된다. 색광의 혼색에서는 빛의 혼색으로 그 결과가 더욱 밝아지고 맑아지므로 가법혼색, 또는 플러스 현상이라 불리운다.

따라서 세가지의 색광을 혼합하면 백색으로 나타나며 여기에 표현된 색은 재차 분광할 수 없는 것으로서 적색광과 녹색광을 혼합해도 청자색이 나타나지 않는다. 이와 같이 기본이 되는 색을 원색이라하며 적색, 녹색, 청자색을 색광의 삼원색, 가법혼색의 삼원색이라 한다. 이러한 혼색의 응용은 무대조명등에 많이 사용된다.

(나) 감법혼색(減法混色) : 물감의 혼색에서는 빨강, 노랑, 파랑이 기본색이 되어 여러가지의 색을 만드는데 물감에 의한 혼색의 결과는 기본색보다 어둡고 칙칙해 진다. 즉 순색의 강도가 낮아지며, 이러한 혼색을 감법혼색이나 마이너스 현상이라 부른다. 감법혼색의 특징은 색이 짙어지는 것이 보통이며 기본색이 모두 합쳐지면 원칙적으로 검정이 되나 실제로는 검정에 가까운 갈색이 되는 것이 보통이다. 색료의 삼원색인 황색과 청색의 혼합으로 녹색이 만들어지며, 적색과 청색의 혼합으로 청자색이, 황색과 적자의 혼합으로 적색이 만들어진다. 이 세가지의 색을 혼합해서는 어떠한 방법을 통해서라도 7가지의 색밖에는 나타나지 않으며 명도와 채도가 모두 낮아진다. 따라서 색료의 혼합에서는 특히 맑기나 밝기에 주의해야 하며 노랑과 파랑을 혼합하여 만든 초록은 원래의 초록물감과는 많은 차이가 나며 약간의 하양을 혼합하여 강도를 높인다 해도 밝기만 밝아지지 맑기에는 영향을 주지 않는다.

(다) 회전혼색(回轉混色) : 회전혼색은 맥스웰(J.C.Maxwell)이 처음으로 회전 원판에 의한 혼색을 이론화 한것으로서 맥스웰 디스크혼색으로 불리기도 한다. 회전혼색기의 중심에서 원주를 향해 잘라넣은 2매의 색지를 회전 디스크위에 움직이지 않게 고정시킨 후 1분에 3000~6000회전으로 회전하면 2색이 혼합되어 보인다. 혼색기에 흑과 백을 조합하여 명도의 단계를 실험할 수 있으며 순색과 동명도의 색지를 합해서 채도 단계

를 실험할 수 있다.

그림 3-7 회전혼색

㈜ 병치혼색(倂置混色) : 육안으로 구별하기 힘든 정도의 작은 점이나 선으로된 서로 다른 색을 배치하면 혼색된 별색으로 보이게 된다. 이런 현상은 망막상에 혼합되어 보이는 현상으로 병치혼합이라 한다. 대표적인 예로 직물에서나 인상파 화가들 가운데서도 점묘파로 불리는 화가의 그림 등에서 볼 수 있으며, 빛이 망막 위에 해석되는 과정 중에서 혼색효과를 가져다주는 가법혼색을 병치혼색이라 부른다. 이 병치혼색은 회전혼색에서와 같이 두색을 면적 비율로 나눈 평균값으로 지적되어진다. 그리고 병치혼색이나 회전혼색 모두 색료의 혼합이 아니기 때문에 가법혼색과도 관련되어지며 물체의 색이 반사한 광선의 혼합으로 지각되어지기 때문에 색광의 혼합과도 일치되어지기도 한다.

그림 3-8 병치혼색

2. 색의 표시

(1) 먼셀 표색계

먼셀(Albert. H. Munsell : 1858~1918)은 1898년 색채나무(색채구체)를 창안하였다. 이 색채구체는 조형예술 교육을 위한 보조자료로 고안되었으며 무수한 색들을 질서 정연하게 배열하여 표기법에 의해 여러가지 색들을 구분하여 식별할 수 있게 하였다. 1918년 60세로 서거 하였을 때 그 동료들에 의하여 색채체계는 더욱 개량되고 기술적인 완벽성을 얻어 세계 여러나라의 색채체계로 채택하게 되었다.

그림 3-9 먼셀의 색채나무

① 먼셀의 색상환 : 먼셀의 색입체 특징은 수직으로 세운 중심축을 10단계 무채색의 척도인 명도(Value) 단계를 만든다. 명도의 축을 중심으로 원주상에 빨강, 노랑, 초록, 파랑, 보라 등으로 배열된 색상의 사이에 그 색들의 중간마다 2차 색상인 주황, 연두, 청록, 청자, 자주를 삽입시켜 10단계의 색상을 만들고 채도의 중심축에서 먼 표면에 있는 순백으로부터 중심축으로 갈수록 회색의 기미가 강한 채도를 만든다. 이렇게 만들어진 구체는 명도의 수직축, 채도의 수평축, 색상의 원형 척도에 의하여 색의 관련성을 입체적으로 알게하고 색의 표준을 만들어 변하지 않는 색의 개념을 쉽게 정하도록 하였다.

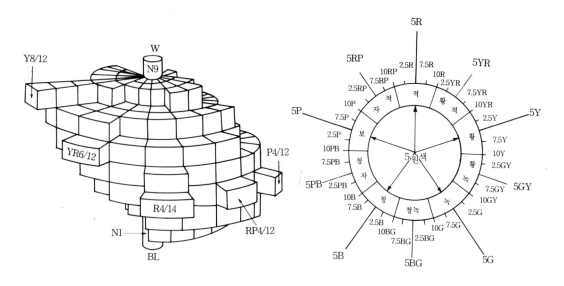

그림 3-10 먼셀의 색입체도   그림 3-11 먼셀의 색상환

㈎ 명도 수직축 : 색의 밝기를 나타내는 명도는 밝은쪽을 높다고 부르며 어두운쪽을 낮다고 부른다. 밝은색은 물리적으로 빛을 많이 반사하며 모든색 중에서 명도가 가장 높은 색은 흰색이다. 모든 명도는 검정과 하양사이에 있으며 하양과 검정은 모든색의 척도에 있어서 기준이 되고 있다. 그러나 하양과 검정은 명도만 지니고 색상이 없으므로 채도도 없다. 색상이 없는 무채색은 1차색이라 부르며, 1차색은 하양과 검정 사이에 있는 모든색을 포함한다.

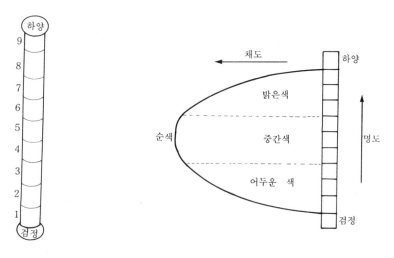

그림 3-12 색입체의 명도단계   그림 3-13 색입체 수직단면의 명도

　　먼셀의 명도 단계는 11단계의 명도 단계를 만들었으며, 먼셀의 명도단계 특징은 산 뜻하고 흐린곳이 없는 특징을 가지고 있으며, 검정은 빛을 전혀 발하지 않는 상태로 「0」으로 표기하고 가장 어두운 회색을 1로하여 명도 단계를 출발한다.

　　따라서 흰색의 명도 단계는 10이 된다. 그래서 먼셀의 색입체에서는 실제 명도 표시 가 11단계가 아닌 10단계로 표시된다. 명도의 단계를 수치로 표시할 때는 색상기호 다 음에 빗금을 긋고 표시하며 그 다음 채도 단계의 수치를 표시한다. 예를들어 「5/10」이 라 표시된 기호의 5는 명도이고 10은 채도가 되는 것이다.

(나) 채도 수평축 : 색상의 엷고 진함을 구별하는 척도인 포화도이다. 즉 색상이 맑고 깨끗 한 정도로 나타내는 것이 채도이다. 그러나 채도는 명도가 독립적으로 나타날 수 있는 것과 달리 색상이 있어야만 나타나며 검정, 회색, 흰색은 무채색이므로 채도가 없다. 따라서 무채색에는 채도가 없으며 유채색에만 있는 것이다. 채도는 물리적 측면에서 주파장의 포화도를 나타낸 것이며 포화도 0%가 되는 백색으로 나타난다. 즉 채도가 가장 높은 색은 순색이며 가장 낮은 색은 회색계열의 무채색이 되는 것이다. 먼셀의 채도 단계를 가로로하여 첫 단계는 회색으로 색상이 없기 때문에 0으로 표기하며 밖 으로 색상이 강해 질수록 채도가 높아지게 표시하였다. 그러나 모든 색상의 채도 단계 가 같은 것은 아니다. 즉 빨강 노랑의 채도 단계는 채도의 단계가 높은 14단계로 하고 초록, 청록 등에 채도 단계는 8단계로 하였다. 이러한 현상은 색채 본래의 색상이 채 도의 강도가 다른점과 모든 색채가 같은 명도에서 각 색의 최고 채도에 이르지 못하 는 것에서 기인하였다.

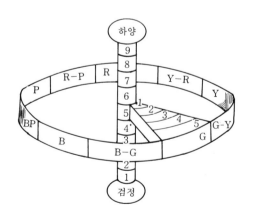

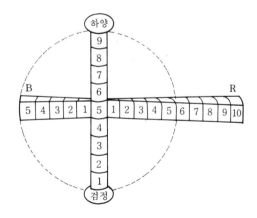

그림 3-14 채도의 단계　　　　　　　그림 3-15 빨강과 파랑의 채도 단계

(다) 색상환 : 먼셀의 색상환은 최초의 기준 5색을 같은 간격으로 배치하고 그 사이에 중간 색을 배치하여 10등분된 색상을 지니며 10등분된 것을 다시 10등분하여 100등분된 색

상환을 만들었다. 100등분된 색상환은 1에서 10까지의 단계를 연속적으로 이어서 색상별로 반복시키며 10단계의 색은 항상 다음 색의 1과 연결되어진다.

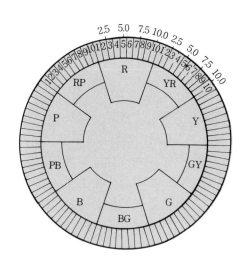

그림 3-16 색상환의 색상번호

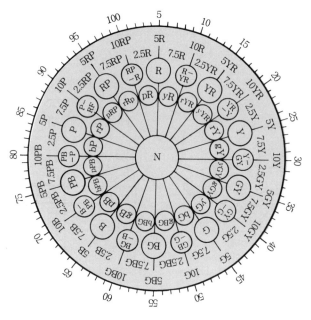

그림 3-17 먼셀의 20색상환

색상환은 색상의 순서와 색상들의 차이를 비교하고 파악하는데 중요한 역활을 하며 색상환을 이용하여 혼색의 결과와 대비효과에 대한 결과를 예측할 수 있다.

(2) 오스트발드의 색입체

독일의 W.Ostwald가 1923년 창안 발표한 것으로 1925년 이후 측색학의 발달에 따라 많이 수정되었다. 오스트발드의 색채체계는 E.헤링의 4원색 이론이 기본으로 되어있다. 오스트발드의 색입체 특징을 살펴보면 색상환의 요점이 되는 색은 빨강, 노랑, 초록, 파랑이며, 그 중간색은 주황, 연두, 청록, 보라이다. 색채의 기초가 순백, 백색, 검정을 꼭지점으로 하는 삼각형이며 이들 삼각좌표속의 색은 이들 3성분의 혼합비에 의해서 표시하는 표색비를 개발한 것이다.

① **오스트발드의 색상환** : 오스트발드의 색상환은 24색상을 사용하는데 빨강, 노랑, 초록, 파랑 4가지 기본색과 주황, 연두, 청록, 보라의 중간색을 배열한 8색을 기준으로하고 그것을 다시 3등분하여 노랑으로부터 왼쪽으로 번호를 붙인 24색상환을 만들며 먼셀의 20색상환과 같이 반대편에 있는 색은 보색이다. 오스트발드의 색입체는 맨위에 흰색을 놓고 맨아래에 검정을 둔뒤 검정과 흰색을 연결하는 회색 기둥을 세우고 수평으로 있는 정삼각형의 꼭지점에 순색을 배치했다(모든 빛을 이상적으로 흡수하는 이상적인 검정을 「B」, 모든 빛을 완전히 반사하는 백색을 「W」, 이상적인 순색을 「C」로 표기).

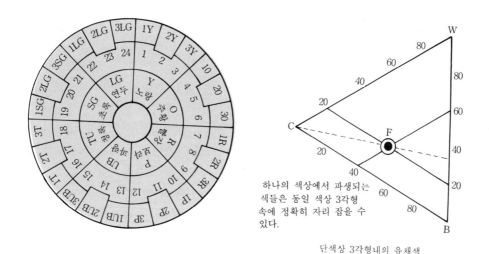

하나의 색상에서 파생되는 색들은 동일 색상 3각형 속에 정확히 자리 잡을 수 있다.

단색상 3각형내의 유채색

그림 3-18 오스트발드의 24색상환

② 오스트발드의 색입체

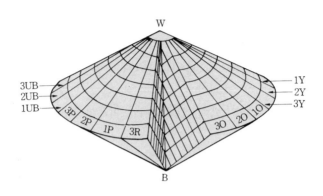

그림 3-19 오스트발드의 색입체

색입체를 만들기 위해서는 흰색, 검정, 순색을 다양하게 섞어서 만들며 어떤색이나 3가지 요소의 혼합량의 합은 항상 일정하게 표시한다. 예를 들면 무채색은 W+B=100%, 유채색은 C+W+B=100%가 되게 표시하며 세가지 요소의 일정한 총량으로 색을 같은 색상만으로 구성한다. 이것은 3변의 거리합이 항상 일정한 정삼각형을 사용하는 것이 편리하기 때문에 색체 구조체계를 정삼각형으로 표기한다.

(3) 색이름

우리의 주변에는 수많은 색이 존재하며 그 많은 색에 모두 이름을 붙인다는 것은 불가능하다고 보아야 할 것이다. 그럼에도 우리는 색이름을 붙여서 부르며 일반적으로 널리 통용되고 있다. 때로는 그것이 주관적이어서 같은 이름이라도 실제는 다른색일 수도 있으나 통산적으로 어느정도 구별이 확실한 색들은 색이름을 붙이는 것이 가능하고 객관적인 구분을 위하여 먼셀이나 오스트발드의 색체체계에서와 같이 숫자나 기호를 사용하기도 한다.

① **관용색명** : 관용색명이란 수만은 색에 붙여놓은 고유한 색이름이나 관습적으로 불러오고 있는 이름을 말하며, 색채를 나타내기 위하여 고유의 사물 이름에서 기인하거나 그 이름을 빌어서 사용하는 것 들이다.

㈎ 기원을 알수 없는 고유색 이름 : 순수 우리말로된 하양, 검정, 빨강, 노랑, 보라 등과 한자로된 흑, 백, 적, 청, 자황 등

㈏ 식물 이름에서 따온 색명 : 살구색, 복숭아색, 팥색, 밤색, 풀색, 녹두색, 가지색, 쑥색, 레몬색, 장미색 등

㈐ 광물 이름에서 따온 색명 : 고동색, 옥색, 에메랄드 그린, 루비, 황토색, 금색, 은색 등

㈑ 동물 이름에서 따온 색명 : 살색, 쥐색, 선황색 등

㈒ 인명 또는 지명에서 따온 색명 : 프러시안 블루, 반다이크 블라운, 마젠타 등

㈒ 자연 현상에서 따온 색명 : 하늘색, 땅색, 바다색, 무지개색 등
② 일반색명 : 관용색명은 색채 전달이 불완전하기 때문에 보다 체계화시킨 방법이 계통색
명이다. 이 일반색명 즉 계통색명은 색상, 명도, 채도를 표시하는 색명으로 감성적인 표
현이긴 하지만 색의 삼속성에 근접하여 만든 것으로 색채에 대한 지식이 필요하기 때문
에 일반적으로 사용하기에는 다소 어려운점이 있다.

3. 한국 산업규격(K.S) 색채이름

색명에 정확성을 갖게 하기 위하여 한국 산업규격의 하나로 색명을 정하였다. KSA0011에
서 관용색명에 관하여 자세히 규정하고 있으며 관용색명을 색상순으로 배열하고 원어인 영
어, 프랑스어, 독일어를 명기하고 있으며 관용색명을 대표하는 색의 삼속성에 의한 표시기호
가 명기되어 있다.

우리나라 산업규격의 색이름
한국 산업규격 색이름

KS KSA 00II
제정 1964. 11. 30

① 적용범위 : 이 규격은 광산업품의 표면 색이름(이하 색이름이라 한다)에 규정한다.
② 색이름의 구별 : 색이름을 다음과 같이 구별한다.
　㈎ 일반색 이름
　　• 유채색의 일반색 이름
　　• 무채색의 일반색 이름
　㈏ 관용색 이름
③ 일반 색이름 : 일반색 이름은 4의 기본색 이름과 5의 수식어를 붙인 것이다.
④ 기본색 이름
　㈎ 유채색의 기본색 이름 : 유채색의 기본색 이름은 표 3-2에 표시된 것을 사용한다.

표 3-2　유채색의 기본색 이름

기본색 이름[1]	참고(영어)
빨　　강(적)	Red
주　　황	Orange
노　　랑(황)	Yellow
연　　두	Green Yellow
녹　　색	Green
청　　록	Blue Green
파　　랑(청)	Blue
남　　색	Blue Purple
보　　라(자)	Purple
자　　주(적자)	Red Purple

* 기본색 이름에 "색"자를 붙여 읽어도 좋다.

㈏ 색상이름 : 색상 이름을 사용하고자 할 때에는 표 3-2에 표시한 유채색의 기본색 이름을 색상 이름으로 사용하여도 좋다. 또한 색상의 상호관계를 그림 3-20에 표시한다.

참고 유채색의 상세한 것은 KS A 0062(색의 3속성에 의한 표시방법을 참조할 것)

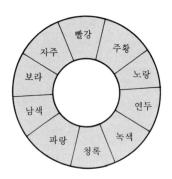

그림 3-20　색상의 상호관계

㈐ 무채색의 기본색 이름 : 무채색의 기본색 이름은 표 3-3에 표시한 것을 사용한다.

표 3-3　무채색의 기본색 이름

기본색 이름	참고(영어)
흰　　색	White
밝은 회색	Light Gray
회　　색	Gray
어두운 회색	Dark Gray
검　정　색	Black

⑤ 기본 색이름에 쓰이는 수식어

㈎ 수식어의 구별 : 수식어는 다음과 같이 구별한다.

- 유채색의 명도와 채도에 관한 수식어
- 색상에 관한 수식어

㈏ 유채색의 명도와 채도에 관한 수식어 : 유채색의 명도와 채도에 관한 수식어는 표 3-4
에 표시한 것을 사용한다. 그리고, 명도와 채도의 상호관계는 그림 3-21에 따른다. 다만
이것을 세분하여 사용할 필요가 없는 경우에는 굵은 글자의 것만을 사용한다.

표 3-4 유채색의 명도와 채도에 관한 수식어

수식어	해맑은 밝은 회 회 어두운 회 검은	엷은(연한) 우중충한 어두운	밝은 짙은	새뜻한(샛)

명도	흰 색 밝은 회색 회 색 어두운 회색 검 정	해맑은○ 밝은 회○ 연한 밝은○ 회○ 어두운 회○ 우중충한○(기본색 영) 새뜻한(샛)○ 짙은○ 검은○ 어두운○

채 도 →

비고 : ○표는 표 1에 표시한 기본색 이름을 뜻한다.

보기 : 연주황, 검빨강, 빨강 등으로 쓰인다.

그림 3-21 유채색의 명도와 채도의 상호관계

㈐ 색상에 관한 수식어 : 색상에 관한 수식어는 표 3-5에 표시한 것을 사용한다.

표 3-5 색상에 관한 수식어

수 식 어	적용되는 기본색 이름
빨강 기미의	보라-(빨강)-노랑, 무채색의 기본색 이름
노랑 기미의	빨강-(노랑)-녹색, 무채색의 기본색 이름
녹색 기미의	노랑-(녹색)-파랑, 무채색의 기본색 이름
파랑 기미의	녹색-(파랑)-보라, 무채색의 기본색 이름
보라 기미의	파랑-(보라)-빨강, 무채색의 기본색 이름

비고 : ( )를 한 것은 "빨강 기미의 빨강" 등으로 쓰이지 않음을 뜻한다.

보기 : 빨강 기미의 보라, 노랑 기미의 녹색

㈔ 수식어의 사용방법

㉮ 수식어의 순서 : 수식어는 일반으로 기본 색이름 앞에 색상에 관한 수식어, 명도와 채
도에 관한 수식어의 순으로 붙인다.

보기 : 빨강 기미의 밝은 보라, 파랑 기미의 어두운 회색

㉯ 수식어의 줄임 : 수식어는 용어의 짜임새에 따라 부르기 곤란한 것은 그 뜻이 통하는
말로 줄여서 쓰거나 또는 다듬어서 부르기 편하도록 줄여서 쓴다.

보기 : 옅은 빨강을 "연빨강", 검정 파랑을 "검파랑"

⑥ 관용색 이름

㈎ 일반 색이름에 따르기 어려운 것은 표 3-6에 표시한 관용색 이름을 사용한다. 다만, 표
3-6에 표시한 관용색 이름 중, "핑크" "올리브" 등의 색이름을 일반색 이름인 기본색
이름과 아울러 색상에 관한 수식어에 준하여 사용할 수 있다.

표 3-6 관용 색명과 관용 색명을 대표하는 색의 3속성에 의한 표시기호

관용 색명	참 고(원어)	Munsell의 삼속성 기호	
올드로즈	Old Rose	1.0R	6.0/6.5
산호색(珊瑚色)	Coral	2.5R	7.0/10.5
복숭아꽃색	Cherry Bloom	2.5R	6.5/8.0
홍매화색	Cherry Rose	2.5R	6.5/7.5
카민색	Carmine	2.5R	4.0/14.0
진분홍	Rose Carmine	3.0R	4.0/13.5
핑 크	Baby Pink	2.5R	7.0/5.0
진다홍	Cardinal	4.0R	3.5/10.5
연지색(臙脂色)	Deep Carmine	4.5R	4.0/10.0
인주색(印朱色)	Orange Vermilion	6.0R	5.5/13.5
스칼렛	Scarlet	7.0R	5.0/14.0
연다홍	Crimson	7.0R	5.0/13.0
팥죽색	Havana Rose	8.0R	4.5/4.5
연분홍	Salmon Pink	8.5R	7.5/7.5
벽돌색	Copper Brown	8.5R	7.5/7.5
화류색	Indian Red	8.5R	3.0/4.5
메추리색	Burnt Sienna	8.5R	3.0/2.0
적갈색	Reddish Brown	9.0R	3.5/8.5
간장색	Grayish Red Brown	9.0R	3.0/3.5
초콜릿색	Chocolate	9.0R	2.5/2.5
번트시엔나	Burnt Sienna	10.0R	4.5/7.5
코코아색	Cocoa Brown	2.0YR	3.5/4.0
밤색(마룬)	Maroon	2.0YR	3.5/4.0
가랑잎색	Burnt Umber	2.0YR	2.0/1.5

도토리색	Terra Cotta	2.5YR	5.0/8.5
피　　치	Peach	3.5YR	8.0/3.5
살　　색	Seashell Pink	5.0YR	8.0/5.0
담배색	Burnt Umber	5.0YR	3.5/4.5
고동색(古銅色)	Van Dyke Brown	5.0YR	3.5/4.5
살구색	Tangerine Red	5.5YR	7.0/6.0
귤　색(橘色)	Orange Peel	5.5YR	6.5/12.5
오렌지	Spectrum Orange	6.0YR	6.0/11.5
갈매색	Brownish Gray	6.5YR	6.0/1.0
후박색	Tan(Raw Sienna)	6.5YR	5.0/6.0
코르크색	Cork	7.0YR	5.5/4.0
버프색(쇠가죽색)	Buff	8.5YR	6.5/5.0
호박색(瑚珀色)	Amber Grow	8.5YR	5.5/6.5
달걀색	Apricot Yellow	10.0YR	8.0/7.5
계황색	Deep Chrom Yellow	10.0YR	7.5/12.5
황토색	Yellow Ochre	10.0YR	6.0/9.0
세피아	Sepia	10.0YR	2.5/2.0
계피색(베이지)	French Beige	1.0Y	6.5/2.5
카키	Khaki	1.5Y	5.0/5.5
상아색(象牙色)	Ivory	2.5Y	8.0/1.5
냅플스색	Naples Yellow	2.5Y	8.0/7.5
개나리색(크롬옐로)	Chrome Yellow	3.0Y	8.0/12.0
겨자색	Mustard	3.5Y	7.0/6.0
크림색	Cream	3.5Y	8.5/3.5
카나리아색	Canary	7.0Y	8.5/10.0
국방색	Olive Drab	7.5Y	4.0/2.0
레몬색	Lemon Yellow	8.5Y	8.0/11.5
배추색	Citronella	1.0GY	7.5/8.0
꾀꼬리색	Holly Green	1.5GY	4.5/3.5
청태색(靑苔色)	Moss Green	2.5GY	5.0/5.0
올리브 그린	Olive Green	3.0GY	3.5/3.0
풀　색	Grass Green	5.0GY	5.0/5.0
떡잎색	Pea Green	6.0GY	6.0/6.0
신록색	Sprout	7.0GY	7.5/4.5
솔잎색(松葉色)	Cactus	7.5GY	5.0/4.0

청자색(靑磁色)		2.5G	6.5/4.0
사철나무색	Malachite Green	3.5G	4.5/7.0
에메랄드그린	Emerald Green	4.0G	6.0/8.0
보틀그린	Bottle Green	5.0G	2.5/3.0
비리디안	Viridian Green	8.5G	4.0/6.0
북청색	Slate Green	1.0BG	2.5/2.5
연청록	Peacock Green	7.5BG	4.5/9.0
청개구리색	Sulphate Green	2.5BG	5.0/6.5
외청옥	Aquamarin	8.0BG	5.5/3.0
나일블루	Nile Blue	0.5B	5.5/5.0
진옥색	Honey Bird	2.5B	6.5/5.5
당파색	Turquoise Blue	2.5B	5.0/8.0
물 색	Light Blue	6.5B	8.0/4.0
옥 색(玉色)	Ice Blue	7.5B	4.5/2.0
시 안	Cyan	5.5B	4.0/8.5
하늘색	Sky Blue	9.5B	7.0/5.5
베이비블루	Baby Blue	10.0B	7.5/3.0
삭스블루	Saxe Blue	1.0PB	5.0/4.5
프르시안블루(鹽色)	Prussian Blue	2.0PB	3.0/5.0
세룰리언블루	Serulean Blue	2.5PB	4.5/7.5
감 청	Sapphire	5.0PB	3.0/4.0
내이비블루	Navy Blue	5.0PB	2.5/4.0
진감청	Middnight Blue	6.0PB	1.5/2.0
코발트블루	Cobalt blue	7.0PB	3.0/8.0
군 청(群靑)	Art Ultramnine	7.5PB	3.5/10.5
진북청색	Prussian Blue	7.5PB	1.5/2.0
도라지색	Gentian	9.0PB	4.0/7.5
진남색	Middnight	9.0PB	2.5/9.5
팬지색	Pansy	1.0P	2.5/10.0
녹두색	Andover Green	2.0P	4.0/3.5
오랑캐꽃색	Pansy	2.5P	4.0/11.0
모브	Mauve	5.0P	4.5/9.5
라벤더	Lavender	7.5P	6.0/5.0
진달래색	Orchid Amethyst	7.5P	7.0/6.0
왜보라색	Mauve	7.5P	4.0/6.0
가지색	Dusky Purple	7.5P	2.5/2.5
창포색	Mulberry Fruit	8.5P	4.0/4.0

모란색	Rhodamine Purple	3.0RP	5.0/14.5
포도주색(버간디)	Burgundy	8.5RP	2.0/2.5
마젠타	Magenta	9.5RP	2.0/9.0
벗꽃색	Pale rose	10.0RP	9.0/2.5
재분홍	Rose Pink	10.0RP	7.0/8.0
베이비핑크	Baby Pink	3.5RP	8.5/4.0
브라운	Brown	5.0YR	3.5/4.0
올리브	Olive	7.5Y	8.5/4.0
은회색	Silver Gray	−N	6.6/0
펄 그레이	Pearl Gray	2.5Y	6.5/0.5
들쥐색	Storm Gray	3.0G	5.0/1.0
스카이그레이	Sky Gray	6.0G	7.5/0.5
슬레이트그레이	Slate Gray	3.5PB	3.5/0.5
다크그레이	Dark Gray	6.0P	3.0/1.0
스틸그레이	Steel Gray	6.5P	4.5/1.0
쥐 색		−N	5.5/0
금 색(金色)	Golden	−	
은 색(銀色)	Silver	−	

*비고 : 진한 글자의 색은 일반적으로 널리 보급된 것이다.(위 표는 원래 「관용 색명」 「관용 색명의 3속성에 의한 표시」라는 두 가지로 나뉜 것인데 이 책에서는 하나로 보았으며, 관용색명란의 ( )속 한자어는 원래 참고란에 있는 것이나 이 책에서는 관용색명란에 넣었음)

(나) 관용 색이름의 수식어 : 관용색 이름에 있어 필요한 경우에는 표 3-5에 표시된 수식어를 사용하여도 좋다.

⑦ **색이름의 꼬리말** : 색이름이 물체 고유의 이름 또는 그와 비슷한 때에는 그 꼬리에 "색"자를 붙여 "○○○색"이라고 부르는 것이 좋다.

⑧ **기 타** : 일반색 이름 및 표 3-6의 관용색 이름 이외의 색이름은 되도록 사용하지 않는다. 일반색 이름을 대표하는 색의 3속성에 의한 표시기호(KSA 0062 참조)는 다음 표 3-7과 같다

표 3-7 일반 색이름을 대표하는 색의 3속성에 의한 표시기호

색 상 이 름	일 반 색 이 름	색의 3속성에 의한 표시기호	
빨 강	해맑은 빨강	5R	8/3
	밝은 회 빨강		6/3
	회 빨강		4.5/3
	어두운 회 빨강		2.5/3
	검 빨 강		1.5/2
	연 빨 강		6/7
	우중충한 빨강		4/7

빨 강	어두운 빨강	5R	2.5/6
	밝은 빨강		5/10
	빨 강		4/12
	진 빨 강		2.5/10
	새 빨 강		4/14
주 황	해맑은 주황	5YR	8.5/3
	밝은 회 주황		7/3
	회 주 황		5/3
	어두운 회 주황		3.5/3
	검 주 황		2/2
	연 주 황		8/7
	우중충한 주황		6/7
	어두운 주황		4/7
	밝은 주황		8/12
	주 황		6/12
	진 주 황		5/10
	새 주 황		6.5/4.4
노 랑	해맑은 노랑	5Y	9/3
	밝은 회 노랑		8/3
	회 노 랑		6.5/3
	어두운 회 노랑		5/3
	검 노 랑		3/2
	연 노 랑		9/7
	우중충한 노랑		7.5/7
	어두운 노랑		5.5/6
	밝은 노랑		9/12
	노 랑		8/12
	진 노 랑		6/10
	샛 노 랑		8.5/14
연 두	해맑은 연두	2.5GY	8.5/3
	밝은 회 연두		7.5/3
	회 연 두		6/3
	어두운 회 연두		4.5/3
	검 연 두		3/2
	연 연 두		8.5/6
	우중충한 연두		6.5/6
	어두운 연두		4/5
	밝은 연두		8.5/10
	연 두		7/10

연 두	진 연 두	2.5GY	5/8
	새 연 두		7/12
녹 색	해맑은 녹색	2.5G	8/3
	밝은 회 녹색		6.5/3
	회 녹색		4.5/3
	어두운 회 녹색		3/3
	검 녹 색		1.5/3
	연 녹 색		7/6
	우중충한 녹색		4.5/5
	어두운 녹색		3/3
	밝은 녹색		6.5/9
	녹 색		5/9
	진 녹 색		3/8
	샛 녹 색		5/12
청 록	해맑은 청록	2.5BG	8.5/3
	밝은 회 청록		7/3
	회 청 록		5/3
	어두운 회 청록		3/2
	검 청 록		2/2
	연 청 록		7/6
	우중충한 청록		4.5/5
	어두운 청록		3/5
	밝은 청록		6/8
	청 록		4.5/8
	진 청 록		3/8
	새 청 록		4.5/12
파 랑	해맑은 파랑	2.5B	8.5/3
	밝은 회 파랑		6.5/3
	회 파 랑		4.5/3
	어두운 회 파랑		2.5/2
	검 파 랑		1.5/2
	연 파 랑		6.5/1
	우중충한 파랑		4.5/7
	어두운 파랑		2.5/5
	밝은 파랑		6/10
	파 랑		4/10
	진 파 랑		2.5/9
	새 파 랑		4/12

남 색	해맑은 남색	10PB	8/3
	밝은 회 남색		6/3
	회 남색		4/3
	어두운 회 남색		2.5/2
	검 남 색		1.5/2
	연 남 색		6.5/7
	우중충한 남색		4/7
	어두운 남색		2.5/5
	밝은 남색		5/11
	남 색		3/11
	진 남 색		2/10
	새 남 색		3/14
보 라	해맑은 보라	P	8/3
	밝은 회 보라		6/3
	회 보 라		4/3
	어두운 회 보라		2.5/2
	검 보 라		1.5/2
	연 보 라		7/7
	우중충한 보라		4/7
	어두운 보라		2/6
	밝은 보라		4.5/12
	보 라		3/12
	진 보 라		2/10
	새 보 라		3/14
자 주	해맑은 자주	2.5RP	8/3
	밝은 회 자주		6/3
	회 자 주		4.5/3
	어두운 회 자주		2.5/2
	검 자 주		1.5/2
	연 자 주		7/7
	우중충한 자주		4/7
	어두운 자주		2.5/6
	밝은 자주		4.5/11
	자 주		3.5/11
	진 자 주		2/10
	새 자 주		3.5/14
무 채 색	흰 색	N	9
	밝은 회색	N	7
	회 색	N	5
	어두운 회색	N	3
	검 정	N	1

③ ISCC—NBS의 색명법 : ISCC—NBS 색명법은 1939년 ISCC(Inter Society Color Couneil ; 전미 색체협의회)의 D.B Judd와 K.L.Kelly에 의하여 고안되고 NBS(National Bureau of Standard ; 미국표준국)에 의하여 세부적으로 발전시켜 선정한 색명 지정 방법 이다. 한국의 K.S 이론 방법이나 일본의 산업규격JIS의 색명법도 미국의 ISCC—NBS색 명법을 기본으로 하였으며 이 색명법은 여러나라의 색명법 기준이 되고 있다.

ISCC—NBS 색명법은 먼셀의 색입체를 267블럭으로 구분하여 각기 White(W), Light Gray(LtGr), Medium Gray(Med Gr), Dark Gray(Dk Gr), Black(BK)으로 하고 인접한 블 럭의 생명은 yellowish(yw), dark purplish(dk p gr) 등과 같이 수식어를 색상의 앞에 붙여 사용하고 있다. 그림 3-22처럼 채도가 높은 부분은 "deep"로 표현하고 명도의 중간 부분 에서는 채도가 높은 쪽에서부터 vivid, strong, moderate, blackisb의 순으로 무채색의 축에 가까워지도록 되어 있다.

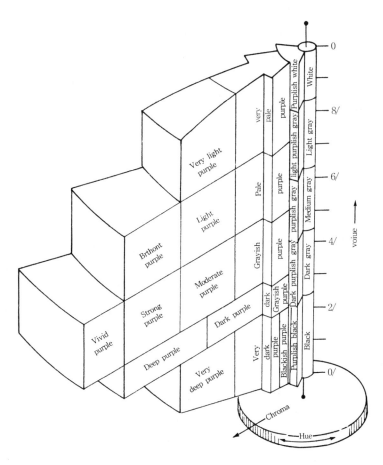

그림 3-22 iscc-nbs 색명법의 개념도

4. 색의 심리

색채는 사람의 심리를 자극하여 색에 따라 받는 인상과 감정이 모두 다르다는 것을 잘 알고 있다. 이러한 색채에 대한 감정적인 이미지를 우리의 생활 주변에서 많이 응용되고 있는 것을 볼 수 있으며 도장을 하기전 이러한 것에 의해 색채를 계획하고 응용해야 충분한 감정적 미적 효과를 얻을 수 있다.

(1) 색채의 온도감

색채가 온도에 미치는 영향은 가장 기본적이고 중요한 것이 되고 있다. 이른바 난색과 한색으로 구별되며 파장이 긴 적외선은 열선이라 하여 열작용이 있으므로 이것을 포함한 적색광은 따뜻하게 느껴지고 대체로 붉은색 계통의 색채는 따뜻하게 느껴진다. 파란색 계통의 색은 찬 느낌이 강하며 무채색의 경우 명도가 낮은 검정색이 좀더 따뜻하게 느껴진다. 남색은 빨강, 주황, 노랑 등이고 한색은 파랑, 청록, 청자색, 중성색으로는 보라색, 황록색 등이 있다.

(2) 색채의 중량감

색채에 의한 무게의 느낌은 명도에 의하여 많이 좌우되는데 높은 명도의 색은 가볍게 느껴지며 낮은 명도의 색은 반대로 무겁게 느껴진다. 배색에 있어 흔히 높은 부분은 높은 명도의 색을, 낮은 부분은 낮은 명도의 색을 하부에 놓으므로서 안정감을 주며 주로 한색 계통은 무겁게, 난색계통은 가볍게 느껴지는 경향이 있다.

(3) 색채의 강약감

색채의 강약감은 명도와 관계되지만 주로 채도의 높고 낮음에 달려 있음을 볼 수 있다. 채도가 높은 순색은 강한 느낌을 주며 그 중에서도 3원색이 가장 강한 느낌을 준다. 색채의 강약감은 환경 및 활동사항에 따라 배치해야 효과를 극대화 시킬 수 있다. 그 예로 운동회나 야유회 등에서는 강한 색채를, 공부방 등 자극이 약해서 주의를 산만하게 하지 않아야 할 곳에는 약한 색을 사용하는 것이 통례이다.

(4) 색채의 연상

우리가 색채를 볼 때 이전에 기억하였던 것과 관련지어 생각할 때가 많다. 이것은 색채의 연상이라고 하며 색채의 연상은 보는 사람의 기억, 경험, 지식에 따라 다르게 나타나며 직업 및 시대에 따라 다르게 나타난다. 색채의 연상은 많은 사람에게 공통점을 가지며 이러한 것이 통합, 일반화되면 색채는 하나의 상징성을 가지게 된다.

표 3-8 각 색의 연상작용

색상 명칭	성년남자(대학생)				성년여자(대학생)			
	추상적 연상		구체적 연상		추상적 연상		구체적 연상	
	연상내용	[%]	연상내용	[%]	연상내용	[%]	연상내용	[%]
R	정열 애정(사랑) 공포 흥분	50.2 12.8 8.9 3.9	피 불 태양 사과 여자입술	27.5 24.6 15.4 5.0 2.1	정열 사랑(애정) 공포(불안) 위험 흥분	55.2 10.8 4.2 2.3 2.3	태양 불 피 사과 장미	24.7 19.5 18.4 9.4 8.2
YR	온화 애정(사랑) 청순 식욕	25.5 13.5 8.5 8.5	귤 오렌지 노을	51.1 8.0 4.4	온화 사랑(애정) 포근(따뜻) 화사 명랑	18.2 16.8 14.0 4.2 3.3	귤 오렌지 감 노을 봄	56.5 10.2 5.6 4.0 3.4
Y	청순 명랑 온화 화려	19.7 9.6 8.7 4.6	개나리 병아리 여자어린이옷 봄 꽃 나비	18.0 7.5 6.8 4.5 3.8 3.8	청순 질투 포근(따뜻) 명랑 화려, 화사 환희	15.4 12.3 10.5 6.3 5.6 3.9	병아리 개나리 봄 나비 해바라기 참외	14.8 11.1 5.9 5.9 4.4 4.4
GY	청순 안정 평화 생동	14.6 7.3 6.7 5.5	초원(잔디) 새싹 나뭇잎	56.5 11.7 5.8	순진 청순 평온	15.4 14.9 9.1	초원(잔디) 새싹 봄 나뭇잎	44.5 22.6 7.9 4.3
G	청순 상쾌 안정 평화	12.3 8.9 7.5 4.8	초원(잔디) 숲(나뭇잎) 여름 산 바다	26.8 26.1 3.9 7.8 5.9	청초(청결) 안정 상쾌 평화 회망	19.9 10.2 7.8 6.0 4.8	숲(녹음) 초원(잔디) 바다 여름	39.2 33.5 6.3 3.8
BG	상쾌 청결	16.1 5.7	바다 초원(잔디) 나뭇잎	19.5 16.1 13.0	청순 순진 상쾌 냉정	15.9 5.7 8.0 8.0	바다 나뭇잎 숲 잔디	27.9 14.7 10.3 8.8
B	냉혹 상쾌 청결 젊음	15.1 11.9 7.9 4.8	바다	61.1	청순 냉혹 시원	23.7 17.0 14.1	바다 하늘	61.0 12.2

BP	공포(불안)	15.7	깊 은 바 다	42.3	냉　　정	19.4	깊 은 바 다	60.6		
	침　　울	11.1			공　　포	7.0				
	고　　독	4.6			시　　원	5.4				
	무 거 움	4.6			청　　결	5.4				
P	공포(불안)	11.6	포　　도	10.6	공포(불안)	9.9	포　　도	20.0		
	추　　함	6.3	가　　지	6.1	고　　독	6.1	귀 부 인	13.3		
			보　　석	6.1	추　　함	3.8	병　　자	6.7		
			명	6.1	화　　려	3.8	가　　지	6.7		
			옷	6.1	고　　귀	3.8				
PR	사랑(애정)	13.9	입 술 연 지	14.3	사　　랑	16.7	자　　두	11.5		
	화　　려	5.0	자　　두	8.9	화　　려	9.8	드 레 스	6.6		
	홍　　분	4.0			추　　함	4.9	꽃　잎	6.6		
	불　　안	4.0			아 름 다 움	4.9	피	6.6		
	슬　　픔	4.0					한　　복	6.6		
흰색	청　　결	31.3	눈　　(雪)	26.6	청　　결	44.0	눈　　(雪)	20.4		
	순　　결	19.4	웨딩드레스	5.8	순　　결	32.9	간 호 원	17.5		
	순　　박	9.4	간 호 원	5.8			백　　합	7.3		
	순　　수	5.6	병　　원	5.0			소복(상복)	6.6		
							병　　실	6.6		
							드 레 스	5.1		
검정	불안(공포)	16.1	밤　　(夜)	34.1	암　　흑	24.2	밤　　(夜)	16.9		
	암　　흑	14.2	학 생 복	23.3	공포(불안)	12.1	상　　복	9.9		
	죽　　음	5.2	상　　복	6.2	안　　정	4.8	카톨릭신부	5.6		
	악　　(惡)	4.5			죽　　음	4.2	학 생 복	5.6		
회색 N5	우　　울	11.5	노　　인	11.5	노　　숙	12.1	노　　인	20.3		
	답 답 함	8.7	구　　름	9.2	고상(세련)	11.0	구　　름	14.1		
	추　　함	13.5	바　　위	4.6	탁하고불명로	9.9	안　　개	12.5		
	노　　숙	4.8	안　　개	4.6	우　　울	7.7	비	10.9		
			하　　늘	4.6	추　　함	7.7	흐 린 날	9.4		

(5) 색채의 화려함과 수수함

색의 이미지를 말할때 흔히 화려한 색과 수수한 색이라 표현하는 경우가 많다. 색의 고명도, 고채도의 경우가 화려한 느낌을 주며 저명도, 저채도의 경우 수수한 느낌을 준다. 대개의 경우 적, 주황, 노랑의 경우 화려하고 파랑, 녹색의 경우 수수한 느낌을 준다.

(6) 색채의 흥분과 진정

난색계열의 채도가 높은 색은 흥분을 유발시키고 채도가 낮은 색은 진정을 가져온다고 하며 이러한 것은 채도의 영향을 많이 받는다.

5. 색채와 도장

(1) 색채와 조명

우리는 흔히 형광등 밑에서 보이는 색과 옥외의 자연광에서의 색상이 달라 보이는 경우를 흔히 경험한다. 이처럼 물체의 색은 조명에 따라 달라 보이며 이것을 광원의 연색성이라 한다. 물체의 색이 백열등 아래서는 난색으로 기울고 형광등 밑에서는 한색으로 기울어져 보이는 것과 같이 색채를 비교하는데 서로 다른 광원을 사용한다면 혼란이 오기 때문에 측색 분야와 산업계에서는 표준광원고를 정하여 어느 광원을 사용했을 때의 색채 수치인가를 명시하게 되었다. CIE(국제 조명 위원회)에서는 표준광원 세가지를 정하고 각기 광원 A, B, C라고 하였다. 표준광 A는 색온도 2854°K로 점등한 가스입 텅스텐 전구에서 나온것, 표준광 B는 표준의 빛 A에 규정의 데이빕스 깁슨 필터를 걸어서 색온도를 약 4870°K로 표시한것, 표준광 C는 표준 빛 A에 규정의 데이빕스 깁슨 필터를 걸어서 약 6740°K로 한 것이다.

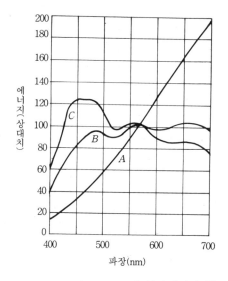

그림 3-23 표준광원 A.B.C의 분광에너지 분포 곡선

광원의 색에 따라 물체의 색이 달라져 보이기도 하지만 반대로 다른 물체색이 어떤 조명아래서는 같아 보이기도 하는데 이것은 분광분포율이 다르기 때문이며 분광반사율까지 똑같이 되도록 색채를 재생한다는 것은 매우 어려운 일이다. 더구나 칠한 도료나 안료가 시간이 경과함에 따라 화학적 변화까지 고려할 때 똑같은 색을 재생한다는 것은 불가능한 일이다. 어떤 면적을 칠할 때 필요 이상의 색료를 준비하는 것은 재료가 부족되는 경우 똑같은 색으로

다시 조색하기 힘들기 때문이다.

(2) 색의 측정방법

① 색의 측정방법

색의 측정방법은 광원색의 측정방법과 물체색의 측정방법 두가지로 나눌 수 있다. 물체색의 측정방법에는 크게 반사물체의 측정방법과 투명 물체의 측정방법 두가지가 있다.

그리고 이 두가지 측정방법에는 분광 광도계를 사용하는 측색방법과 색차계를 사용하는 자극치 직독방법이 있다. 또 분광 측색 방법에는 등간격 파장 방법과 선정 파장방법이 있다. 반사 물체와 투명물체의 측정방법에서 기본적인 차이점은 분광(비)반사율의 측정과 분광(비)투과율의 측정이며, 3자극치의 계산방법은 그 원리가 같다. 또 분광 반사율의 측정은 분광 반사계의 종류에 따라 두 광로의 분광 광도계를 사용하여 치환하는 경우와 두 광로의 분광도계를 사용하는 직접방법의 경우, 또 한 광로의 분광 광도계를 사용하는 경우가 있는데 이것은 계기의 차이에서 오는 방법이므로 별 문제가 되지 않는다.

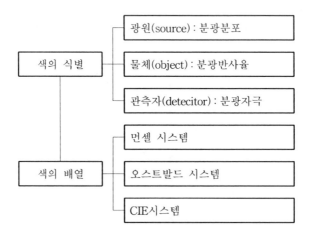

물체색 중 반사 물체에 있어서 3자극치의 계산 방법으로 대표적인 등파장 방법은 다음 식을 사용한다.

$$X = k \sum_{380}^{780} P_\lambda \cdot \overline{x}_\lambda \cdot \rho_\lambda \cdot \varDelta\lambda$$

$$Y = k \sum_{380}^{780} P_\lambda \cdot \overline{y}_\lambda \cdot \rho_\lambda \cdot \varDelta\lambda$$

$$Z = k \sum_{380}^{780} P_\lambda \cdot \overline{z}_\lambda \cdot \rho_\lambda \cdot \varDelta\lambda$$

표 3-9 색에 관한 기호

기호	설명
X, Y, Z	3자극치
x, y, z	색도 좌표
$x\lambda$, $y\lambda$, $z\lambda$	스펙트럼 3자극치
λ	파 장
P_λ	스펙트럼 방사속
p	반사율
r	투과율
λ_d	주파장
λ_c	보색 파장
p_c	자극 순도
p_c	휘도 순도
괄호안의 굵은 글자	색자극치의 단위벡터
보 기 : (C), (X), (Y), (Z)	
$\equiv$	색의 같은 것을 표시하는 기호

투명 물체인 경우에는 ρ_λ 대신에 물체의 분광 투과율 τ_λ를 사용하여 계산하면 되며 물체색의 측정 방법을 요약하면 다음과 같다.

(1) 색채조절

① **색채조절의 의미와 효과** : 색채조절이란 말은 1930년대 초에 미국의 듀퐁(Dupont)이라는 회사에서 처음으로 사용되었으며 그후 다른 회사에서는 Color Dynamics란 말로도 사용하게 되었는데 그 뜻은 다 같은 것이다. 사무소, 공장, 학교, 병원, 도서관 등 건축물이나 우리가 사용하는 모든 물체는 불특정다수의 사람이 거주하거나, 사용하는 것이기에 목적에 맞는 채색환경을 만들 필요가 있다. 이러한 색채의 조절에는 다음의 4가지 조건에 만족해야 할 것이다.

㉮ 능률성을 높인다.

㉯ 안정성을 높인다.

㉰ 쾌적성을 높인다.

㉱ 감각을 높인다.

② **건물내부의 색채계획** : 명도차를 실내 배색에 적절히 이용하여 안정감을 주며 조명에 따라 효과가 상향되며 이용의 효율을 높일수 있다.

⒢ 천정은 명도 9~9.5의 광원에서 빛의 발산을 이용하여 반사율이 가장 높은 색을 이용
　한다(백색 등 아주 밝은 흰색류).

⒣ 벽은 명도 8~9, 채도 0.5~2, 이것도 광원에서 될 수 있는 한 빛을 발산하는 것이 좋
　으나 천정보다는 명도차가 적은 것이 좋다.

⒤ 징둘이벽의 경우 명도 7~8, 채도 1~2.5, 징둘이의 색은 없어도 좋지만 실내의 천정
　과 바닥 사이에 조도의 계층을 만들고 벽하부의 더러워짐을 방지하는 역할을 하며 넓
　이와 온냉감, 안정감 등의 이미지 전달 목적에 따라서 색상 선택이 행해지면 좋다.

⒥ 걸레받이는 명도 2~4, 채도 2~3, 걸레받이는 방의 형태와 바닥면적의 스케일감을
　명료하게하고 작업 활동을 능률화한다.

⒦ 바닥은 명도 5.5~7, 채도 2~3.5, 바닥을 아주 밝게하면 하얀 눈위를 걷는것 같은 불
　안감이 생기며 또 어두우면 빛의 발산을 저해하여 방의 조명률이 저하된다.

표 3-10 색채계획

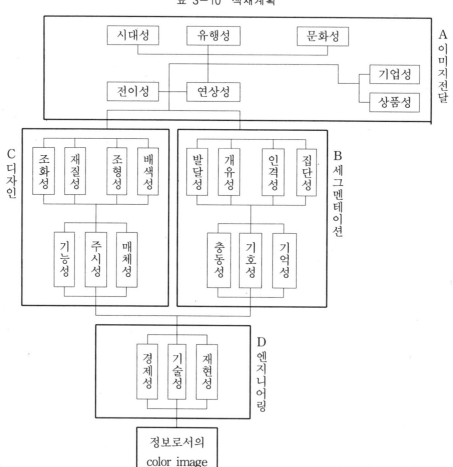

③ **공장의 색채계획** : 공장의 색채는 색의 종류별 제한을 받는다. 공장은 다른 건조물과 달리 공장의 종류가 많고 기계의 종류 또한 너무 많기 때문에 각 공장의 기능과 목적이 다르기 때문이다. 그리고 공장에는 많은 기계들을 사용하기 때문에 위험 요소가 항상 내재되어 있어 안전을 고려하지 않으면 않되며 이에따라 한국산업규격(KS A3501)에 안전색채 사용통칙을 정하여 재해방지 및 구급체계를 위하여 색채를 사용하는 규정을 정하고 있다.

표 3-11 실내 배색의 예

구 분	색 상	명 도	채 도
천 장	10YR~2.5Y	9 이상	0.5 이하
	5B~2.5PB	9~9.3	1~2
	N	9 이상	
벽	10YR~2.5Y	8~9	0.5~2
징둘이벽	10YR~2.5Y	7~8	1~2.5
바 닥	5R~10R	5.5~7	2~3.5
	10TR~2.5Y		
	7.5GY~5G		
	5BG~10BG		
	10B~5PB		
	N		
걸레받이	10YR~2.5Y	2~4	2~3
	7.5GY~2.5G		
	10B~2.5PB		
	N		

표 3-12 색의 지정(KS A 3501)

색 이 름	기 준 색		허 용 차		
			H	V	C
빨 강	5R	4/13	±2		11 이상
주 황	2.5YR	6/13		±0.5	10 이상
노 랑	2.5Y	8/12			
녹 색	2G	5.5/6	±2.5		±2
파 랑	2.5PB	5/6			
자 주	2.5RP	4.5/12			8 이상
흰 색	N	9.5	—	9 이상	0.5 이하
검 정	N	1.5		2 이하	

* 비 고 : 1. 위의 표의 색은 KS A 0062(색의 3속성에 의한 표시 방법)에 따라 표시한 것으로서 표준광 C에 따른다.

2. 위의 표의 색이름은 KS A 0011(색이름)에 따라 표시한 것이다.

㈎ 색의 종류 및 사용장소 : 안전 색채는 빨강, 주황, 노랑, 녹색, 파랑, 자주, 흰색 및 검정을 8색으로 하고 이 표시 사항과 사용장소는 표 3-13과 같다.

㈏ 기계설비 : 명도 6.5~7.5, 채도 0.5~2.5, 기계와 설비는 여기서 취급되는 제품과 소비색에 대하여 정확하게 구별되도록 색을 선택한다. 장시간 보여지는 대상물에 대하여 알맞는 명도 대비와 명도차(2.5~3.5)가 필요하며, 아주 높은 채도는 피해야 한다.

표 3-13 색채의 종류 및 사용장소

종 류	표 시 사 항	사 용 장 소
빨 강	방화, 멈춤, 금지	방화, 멈춤, 금지를 표시하는 장소
주 황	위험	재해 상해의 위험성을 표시
노 랑	주의	충돌, 추락, 걸려서 넘어지기 쉽거나 위험이 있는 곳
녹 색	안전, 진행, 구급, 구호	위험이 없는것, 구급과 관계있는 것
파 랑	조심	아무렇게나 다루어서는 안되는 것이나 장소
자 주	방사능	방사능이 있는 곳이나 장소
흰 색	통로, 정돈	통로, 방향, 정돈 및 청소를 필요로 하는 곳, 빨강, 녹색, 파랑을 잘보이게 보조색으로 이용
검 정	주황, 노랑, 흰색의 보조색	방화표지의 화살표, 주의표지의 띠모양 위험표지의 글자

㈐ 초점색 : 소화전과 방호색, 크레인의 가동부분, 안전표지 등 소부분은 액센트가 되게 칠한다. 흑백과 vivid톤의 배색에서 명시성을 가진 실내색을 배경으로 하여 확실히 인지되도록 배색한다.

④ **사무실 색채계획** : 사무를 능률적으로 수행하는 데에는 주제가 되는 작업 공간은 물론, 사무실 상호의 연락에 사용되는 부분까지도 기분이 좋고 즐거운 작업이 될 수 있도록 색채계획을 세우는 것이 절대적으로 필요하다. 사무실 건축의 공간을 기능별로 분류하면 ⓐ 사무실 회의실 등의 사무부분, ⓑ 복도, 계단, 엘리베이터 등의 교통부분, ⓒ 세면실, 화장실 등 실용부분, ⓓ 전화 교환실, 기계설비 등 관리에 필요한 서비스 부분 등인데 사무부분은 안정적이며 작업능률을 올릴 수 있게, 통로 등 움직임이 많은 부분은 어느 정도 강한 색채도 가능하다.

표 3-14 사무실 실용색채의 예

종별	위 치	다듬질	KS색기호	종별	위 치	다듬질	KS색기호
일반 사무실	천 장	석고 흡음판 수성 페인트	N 9	상급자의 사무실	천 장	흡음 텍스	N 9.3
					벽 면	코라잇	5Y 6/2
	벽 면	하드 보드 또는 플라스타 에마류숀 페인트	5GY 7/1.5		벽 면	하이프 라이트	10YR 6.5/4
					폭 목	목재, 오일 페인트	2.5B 3/1
					상 면	비닐 타일	
	문	오일 페인트	5Y 8/1	복도	천 장	석고 흡음판 수성 페인트	N 9.3
	새 시	오일 페인트	5Y 8.5/1				
	창대(窓台)	테라죠 블록	2.5YR 4/2		벽 면	하드 보드 목재, 오일 페인트	7.5GY 8/1.5
	폭목(幅木)	목재, 오일 페인트	2.5B 3/1				
	상 면	아스타일	10R 3.5/4		문	목재, 오일 페인트	5Y 8/1
	벽 책 장	목재, 클리어 래커	10YR 7/5		폭 목	목재, 오일 페인트	2.5B 3/1
	가 리 개	목재, 클리어 래커	10YR 7/5		상 면	비닐라트 타일	10YB~ 2.5Y 6/4

(가) 색상은 사용자의 기호나 위치, 가구색과의 조화 등을 고려해서 결정하는 것이 보통이 지만 벽면은 일반적으로 7.5GY~2.5G(중성색계)나 10B~2.5PB(한색계)정도가 좋다.

(나) 각면의 색채는 책상을 내려다 보고앉아 상당히 작은 문자의 서류를 읽거나 쓰는 작 업이 계속되기 때문에 이러한 작업을 해도 피로하지 않고 좋은 기분을 유지하기 위해 서는 각부분 휘도 대비를 표 3-15 이하의 값으로 하는 것이 좋다.

표 3-15 휘도대비

사무실 내에서 요망되는 휘도 대비(IES Lighting Handbook 1959)

대비의 범위	위 치
1~1/3	작업 대상물이나 그 바로 옆
1~1/10	작업 대상물과 약간 떨어진 어두운 면
1~10	작업 대상물과 약간 떨어진 밝은 면
20~1	광원(혹은 창면)과 그 주위의 면
40~1	시야 내의 모든 부분

이상을 고려해서 결정된 각면의 명도의 권장값은 표 3-16과 같다.

표 3-16 사무실 각면의 명도

사무실 각 면의 명도(IES Lighting Handbook 1959)

종 별	반사율(%)	먼셀 명도
천장	80~92	9 이상
벽	40~60	7~8
가구	26~44	5.5~7
사무용 기기	26~44	5.5~7
상면	21~39	5~7

⑤ 색의 비교 : 한국 산업규격(KS A0065)에 표면색을 비교하는 방법이 규정되어 있는데 이것은 두가지 색을 비교하여 볼 때에 색이 견본색과 동일한지 또는 그 색이 표준색표 의 어느 색에 해당되는지 알기위해 공통되는 기준을 정하여 편리하고 객관적이며 보편 적인 것을 기술한 것이다.

㈎ 배경 색채와 시야 : 앞에서 언급한 것과 같이 우리의 눈은 착시 현상에 의하여 배경색 과의 대비현상으로 인하여 원래의 색과 달라 보이는 경우가 있다. 이러한 대비 현상을 줄이기 위하여 측정하는 색과 같은 명도의 무채색으로 배경색을 설정하는 것이 이상 적이다. 그러기위해 주변시야를 구성하기 위하여 마스크라는 것을 사용하는데 이것을 N9, N7, N5, N3, N1.5의 명도를 가진 무채색면에 구멍을 내어 만든 것이다. 마스크의 표면은 광택이 적은 것을 사용하며 마스크의 구멍은 시야각도 2″ 이상되는 직사각형 이나 정사각형 또는 원형으로 한다(시야각도 2″ 이상은 30cm 떨어진 거리일때 1cm되 는 크기를 말한다). 보통 가로 1~1.5cm, 세로 3~5cm 정도가 많이 쓰이며 시각은 30cm 거리에서 2~10″ 정도이다.

㈏ 비교되는 색채를 놓는 방법 : 시료색과 색표는 서로 인접시켜 놓거나 사이를 두어서 배열하고 그 위에 마스크를 놓고 측정하는 것이 이상적이다. 시료색과 색표를 인접시 킬 경우 관찰자 시야에서 두 색을 좌우로 배열하고 그 경계선의 폭은 시각 각도 일분 (분) 이하로 되게하는 것이 좋다(그림 3-24참조). 그리고 어느 방법을 사용하든 두색 의 위치를 바꾸어 보면서 비교하는 것이 좋다.

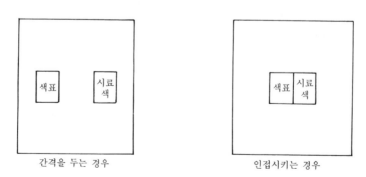

간격을 두는 경우   인접시키는 경우

그림 3-24 비교색 위치와 마스크 사용방법

㈐ 채광 방법 : 맑은 날의 북창 또는 흐린 날의 임의의 창가에서 비교함이 좋다. 이때 직
사광선은 피해야 하며 색채 비교에 필요한 면의 조도는 500Lx(럭스)이상이어야 하며
가능하면 1,000Lx(럭스) 이상으로 균일한 것이 좋다.

㉮ 조명 및 관찰자의 방향 : 시료면 및 표준면을 원칙적으로 수직방향에서 관찰하거나
45″방향에서 조명하여 수직방향 또는 45″ 방향에서 관찰해도 좋다.

㉯ 관찰자 : 관찰자는 색각 이상이 아니어야 하며 과거. 또는 현재에 시신경에 이상이나
망막 질환이 없어야 한다. 색의 비교에 숙달된 자는 가능한 40세 이하의 젊은 사람
이 좋다.

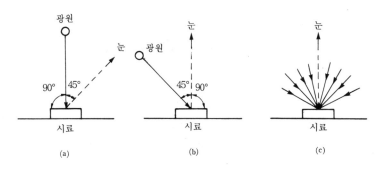

그림 3−25 조명과 관찰자의 방향

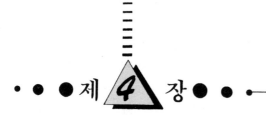

조색법

1. 조색이란

도료에는 착색 안료의 종류에 따라 여러가지의 색이 있으며 도료에 따라 각기 다른 특징이 있다. 원색이란 단일 안료를 사용한 도료를 말하는 것이며, 각종 원색을 사용하여 지정된 색을 배합하는 작업을 조색 또는 색배합이라 한다. 특수색을 제외하고는 적, 황, 청, 백, 흑 등 다섯가지의 원색을 주로 사용한다.

2. 조색용 원색도료

조색용 원색도료는 도료의 특성에 따라 각각 다르며 도료의 메이커마다 조금씩 차이가 있는데 가급적 원색(먼셀의 색상표 참조)을 선택해야 한다. 원색은 특수색을 제외하고는 일반적으로 무기안료와 유기안료로 구분되는데 무기안료는 은폐력이 좋고 내열성, 내후성, 내용제성 등이 우수하나 색의 맑음이 적고 유기안료는 색이 선명한 반면 은폐력이 약하고 내용제성이 나쁘며 가격이 높은 것이 단점이다. 따라서 조색용 원색도료의 선택은 원색의 특징 및 장점을 충분히 확인하고 적합한 용도에 맞는 것을 선택해야 한다.

3. 색배합의 기본원리

색채 부분에서 언급한 바와 같이 견본색과 똑같은 색을 배합한다는 것은 불가능하다고 보아야 할 것이다. 그러나 감산혼합으로 이루어지는 도료의 색배합은 원색의 색연계와 배합의 수순을 지켜 나가면 근사치에 접근할 수 있을 것이다.

3. 색배합의 기본원리 101

(1) 조색의 기본원리

① 상호 보색인 색을 배합하면 탁색(회색)이 된다.

② 도료를 혼합하면 명도, 채도가 다같이 낮아지며 혼합하는 색의 종류가 많을수록 검정에 가까워진다.

③ 유사색(근접색)을 혼합하면 채도가 낮아진다.

④ 청색과 황색을 혼합하면 녹색이 된다.

⑤ 양이 많은 원색을 먼저 조합하고 소량인 색을 첨가한다.

⑥ 흐린색(명도가 높은색)을 먼저 조합하고 짙은 색으로 명도와 채도를 조절한다.

⑦ 색을 조합할 때 원색의 양을 계량하면서 조합한다.

⑧ 원색과 원색의 색상과 채도는 같은 계열을 사용하고 그 위에 보색성이 좋은 것을 사용한다.

(2) 조색의 방법

```
                 ┌ 육안 조색법(손으로 조색)
                 │
    조색방법 ──────┼ 계량 조색법(중량식, 용량식)
                 │
                 └ 컴퓨터 조색법(c.cm)
```

① **육안 조색법(목측 조색법)** : 일반적으로 가장 많이 사용되는 조색법으로 경험에 의하여 직접 눈으로 색상을 관찰하여 손으로 조색하는 방법이다. 육안 조색법은 많은 경험과 숙련을 필요로 하며 목표한 색을 조색하기 위하여 조색에 대한 지식과 경험을 토대로 조색하는 방법이다.

② **계량 조색법** : 조색 데이터를 기초로 원색을 이용하여 사용량을 저울의 눈금에 따라 무게 비율대로 적절히 배합해서 하는 조색의 방법이며 조색의 방법에서 계량조색 방법이 어느정도 정착되어 가고 있다. 조색작업의 합리화는 도장 기술의 향상과 색상의 오차를 극소화하고 능률의 향상에 크게 기여한다. 계량조색에는 조색 배합표가 필요하며 조색 배합표에는 원색의 사용량을 백분비율로 표시해 놓고있어 비율대로 원색을 섞어주면 쉽게 원하는 색상을 얻을 수 있다. 이러한 백분비율은 거의가 무게를 나타내며 백분비율은 도료 업체에 따라 각각 다르다. 또한 무게 대신 부피를 백분율로 나타내는 경우도 있다.

③ **컴퓨터 조색법(computer color matching)** : 각 원색의 특정치를 컴퓨터에 입력시켜 놓고 조색하고자 하는 색상 견본의 반사율을 측정해서 원색의 배합률 계산을 컴퓨터로 하는 방법이다.

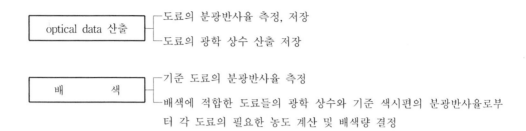

4. 조색작업

(1) 조색 순서 및 방법(육안 조색을 중심으로)

① 원색의 특징을 정확히 판정한다.

원색이 가지고 있는 색상, 명도, 채도를 판정하여 주제색과 첨가색을 정하고 배합량을 정한다.

② 실험 조색을 한다.

㈎ 원색은 동일 도료인지를 확인하여 혼합 막대를 사용, 바닥부터 잘 저어 완전히 교반한다. 이것은 도료의 침전현상으로 원색의 색상이 달라지는 것을 방지하기 위함이다.

㈏ 사용할 색을 떠내어 부피를 계측하거나 무게를 단후 주제색에 첨가색을 넣어 색상을 원색보다 흐린듯하게 배합하고 첨가색을 넣어 밝기와 색조를 조절해 나간다.

㈐ 백색과 흑색의 혼합으로 명도를 조절할 때는 흰색을 주제색으로하여 흑색을 조금씩 넣어 색을 맞추는데 명도의 차이에 따른 배색의 비율은 도료업체에 따라 조금씩 차이가 있으나 표 4-1을 참고한다.

표 4-1 명도에 따른 흑백의 비율

명 도	백	검 정	명 도	백	검정
N 9.4	100.0	0	N 5.5	90.0	10.0
N 8.7	99.7	0.3	N 4.3	80.0	20.0
N 8.3	99.5	0.5	N 3.3	60.0	40.0
N 8.0	99.0	1.0	N 2.3	40.0	60.0
N 6.9	97.0	3.0	N 1.8	20.0	80.0
N 6.5	95.0	5.0	0.8B 1.3/1.3	0	100.0

㈑ 백색을 주제로하여 단색을 혼합할 때는 백색을 주제색으로 하여 원색을 첨가색으로 조금씩 첨가하여 색을 조절해 나간다. 표 4-2는 안료의 비중을 나타낸 것인데 도료의 메이커에 따라 차이가 있을 수 있다.

표 4-2 안료의 비중에 의한 변화

안 료 명	색(60) : 백(40)		색(40) : 백(60)		색(10) : 백(90)	
친 친 블 루 뉴	6.1PB	: 2.6/ 8.3	1.8PB	: 5.6/ 8.4	8.2B	: 0.7/ 1.3
친 친 블 루	5.5PB	: 2.8/ 7.6	1.8PB	: 5.8/ 8.4	2.5B	: 1.6/ 0.8
윈 저 그 린 메 이 점	7.6 G	: 4.0/ 5.9	0.4BG	: 6.7/ 4.6	2.8G	: 2.6/ 5.8
위 로 그 린 라 이 트	0.8 G	: 5.2/ 6.9	0.3G	: 7.6/ 7.4	9.9GY	: 4.0/ 8.2
인 디 언 브 라 운	0.7 R	: 4.4/ 4.0	9.5RP	: 6.8/ 3.2	5.8R	: 2.9/ 4.2
스 칼 릿 메 이 점	4.7 R	: 4.7/13.1	10R	: 6.8/ 8.7	7.3R	: 3.3/12.8
라 이 트 스 칼 릿	8.0 R	: 5.7/13.7	8.5R	: 7.4/ 7.8	9.2R	: 4.8/15.6
인 디 언 레 드	6.7 R	: 4.2/ 6.5	5.7R	: 6.4/ 5.5	6.5YR	: 3.4/ 7.3
메 이 점 옐 로	4.7 R	: 4.7/13.1	10R	: 6.8/ 8.7	7.3R	: 3.3/12.8
라 이 트 스 칼 릿	8.0 R	: 5.7/13.7	8.5R	: 7.4/ 7.8	9.2R	: 4.8/15.6
인 디 언 레 드	6.7 R	: 4.2/ 6.5	5.7R	: 6.4/ 5.5	6.5YR	: 3.4/ 7.3
메 이 점 옐 로	3.2 Y	: 8.1/12.9	0.5Y	: 8.4/ 8.9	10.0YR	: 7.5/15.0
오 키 사 이 드 옐 로	0.8 Y	: 6.5/ 7.8	1.5Y	: 8.3/ 4.8	8.9YR	: 5.3/ 8.2
윈 저 옐 로	1.1GY	: 9.2/ 8.9	1.8GY	: 9.3/ 4.7	8.5Y	: 8.6/13.0
라 이 트 옐 로	9.0 Y	: 3.0/ 9.7	1.3GY	: 9.4/ 4.5	5.9Y	: 8.4/13.1
레 몬 옐 로	4.1 Y	: 8.5/12.9	5.0Y	: 9.0/ 6.9	2.5Y	: 8.0/15.0
피 어 스 트 블 루	5.5PB	: 2.9/ 9.2	2.4PB	: 5.1/11.5	2.0P	: 16/ 2.9
울 트 라 머 리 인 블 루	6.1PB	: 4.7/14.5	5.3PB	: 7.6/ 6.5	9.0PB	: 9.5/11.2
로 열 바 이 올 렛	4.4 P	: 9.1/ 4.5	4.4P	: 7.1/ 3.1	3.2RP	: 1.1/ 1.4
피 어 스 트 그 린	0.6BG	: 3.8/ 9.7	3.3BG	: 6.6/ 9.7	2.5PB	: 1.1/ 1.5

③ 시험 도장을 한다.

　㈎ 시험 도장은 도장을 하고자 하는 물체나 도장방법을 동일한 조건하에서 시행해야 정확한 색상을 확인할 수 있다. 그리고 건조 상태나 건조 조건에 따라 색상이 달라질 수 있으므로 시편의 상태와 동일하게 한다.

　㈏ 혼합된 도료는 잘 저어서 충분히 교반하여 색상을 일정하게 한다.

　㈐ 일반적으로 1회 칠을 한 도막을 보면서 색조합을 하게 되는데 색견본의 도장횟수와 동일하게 도장한다. 즉 실험도장도 피도장물의 재질, 도막, 도장 방법 등 동일한 상태로 비교 조정해야 한다.

　㈑ 실험편에 칠을 한 후 도막을 더럽히지 않아야 한다.

④ 목표색과 혼합색을 비교한다.

　㈎ 색채 비교에 적절한 장소(밝기 500～1,000Lx)에서 마스크를 사용하여 색상을 비교한다. 이때 마스크의 창구 방향과 색상을 바꾸어 가며 비교하는데 30cm정도 떨어진 거리에서 보고 약 5초 이상을 응시하지 않는 것이 좋으며 색을 보고 바로 다른색을 볼 경우 잔상에 의하여 정확한 판단이 어렵기 때문에 눈을 쉬게 한 다음 다시 측정하는 것이 좋다.

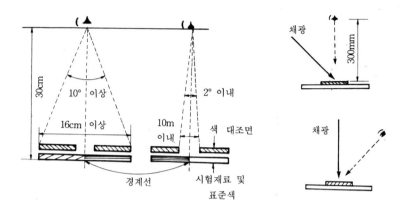

그림 4-1 색을 보는 각도

(나) 일부 도료의 색상은 직사광에 일정시간 방치하면 색상이 변하는 경우가 있으므로 전
    체 도색이 아닌 부분 도색의 경우 같은 조건이나 환경에 일정시간 방치한 후 비교하
    는 것이 좋다.
⑤ 부족한 색을 식별하여 추가조색을 한다.
    (가) 부족한 색을 첨가하여 잘 교반한다. 이때 도료의 추가 혼합된 부분과 먼저 혼합된 색
        의 경계 부분을 살피며 색상의 변화를 감지한다.
    (나) 작업의 순서를 실험도장－색채비교로 한다.
    (다) 추가조색의 순서를 반복하면서 색이 맞을때까지 반복한다.

그림 4-2 색의 첨가시 색상비교

(2) 조색방법 및 순서(듀폰사 센터리 도료의 계량조색을 중심으로)
    ① 조색데이터와 계량조색(중량)
        (가) 색채 넘버를 조사한다.
        (나) 그 넘버의 조색표를 규격집이나 마이크로 피쉬에서 찾아낸다. 유럽에서 만들어진 마

이크로 피쉬를 찾을 때는 centar1600(레드)조색표에서 찾는다.

㈐ 조색표에서 사용되는 원색을 선택한 다음 약 10분간 교반한다.

㈑ 조색표에 따라 원색과 AB150바인더, AB160밸런서를 계량조색한다(적산식).

㈒ 조색이 끝나면 충분히 교반한다.

㈓ 시험편에 스프레이해서 색을 확인한다.

㈔ 미조색이 필요할 때는 규격집에 표시된 원색을 사용한다.

CC/CC		0.5리터	1리터	2리터	3리터	4리터
AM27	투명청색	49	98	196.5	294.5	392.5
AM11	중간미세 알루미늄	62.5	125.5	251	376	501.5
AM13	중간거침 알루미늄	90	180	360 398	539.5	719.5
AM26	유기청색	99.5	199	423	597	796
AM2	백색(저농)	106	211.5	425	634.5	846
AM62	투명적(고농)	106.5	212.5	436	638	850.5
AM15	밝기조정 알루미늄	109	218	1150.5	654	872.5
AB	150바인더	287.5	575	1864.5	1725.5	2300.5
AB	160밸런서	466	932.5		2797	3729

표 4-3 센타리 원색의 특성

색번호	원 색 명	특 성
AM61	적색	솔리드, 메탈릭에 모두 사용가능. 표준의 적색(푸른빛)
AM62	투명적(고농)	투명하고 맑은 푸른빛을 띤 적색, 메탈릭 조색에 적합
AM64	자홍색	푸른빛의 적색(주 : 3)
AM65	암보라	AM66보다 약간 붉은빛
AM66	적보라	붉은빛 보라
AM80	황토색	솔리드 컬러에 적합
AM81	산화철황(고농)	주로 솔리드 컬러에 사용
AM82	산화철황(저농)	미조색용 AM81의 1/5 농도

AM83	산화철적(저농)	주로 솔리드 컬러에 적합
AM84	산화철적(저농)	미조색용 AM83의 1/5 농도
AM90	투명산화철황	골드계 메탈릭 조색에 적합
AM91	투명산화철적	브라운계 메탈릭 조색에 적합, 붉은빛 하이솔리드(AK100) 전용
AM92	투명산화철적	브라운계 메탈릭 조색에 적합, 붉은빛 CC/CC(AB150) 전용
AM93	투명갈색	브라운계 메탈릭 조색에 적합, 헤드는 붉은빛, 사이드는 검은 노란빛
AM1	백색(저농)	표준백색
AM2	백색(저농)	미조색용 AM1의 1/10 농도
AM5	흑옥색(고농)	짙은 흑색, 흑색 단독색상에 적합
AM6	흑색(고농)	표준흑색
AM7	흑색(저농)	미조색용 AM6의 1/10 농도
AM10	미세알루미늄	미세한 입자 은분
AM11	중간미세알루미늄	중간 입자의 휜광이 나는 은분
AM12	중간알루미늄	중간 입자 은분
AM13	중간거침알루미늄	거친 입자의 휜광이 나는 은분
AM14	거친알루미늄	매우 거칠고 휜광이 강한 은분
AM15	밝기조정알루미늄	미조색용 은분, 사이드톤을 희게 해서 메탈릭 감을 낸다.(헤드를 어둡게 한다)(주 : 1)
AM20	보라색	푸른빛 보라
AM21	청보라	헤드와 사이드를 모두 붉게 한다. 붉은빛 블루
AM22	철청색	다크 블루계의 조색, 헤드는 붉은빛, 사이드는 암록색, 그린빛의 블루, 엷은 채색에는 사용불가(주 : 2)
AM23	페스트 블루(고농)	표준인 푸른 헤드, 사이드톤이 모두 붉은빛
AM24	페스트 블루(저농)	미조색용 AM23의 1/10 농도
AM25	화이트 블루	헤드, 사이드톤 모두 초록빛
AM26	유기청색	헤드는 초록빛, 사이드는 붉은빛, 주로 메탈릭컬러에 사용
AM27	투명청색	맑은 푸른색이고 헤드와 사이드가 모두 초록빛
AM30	진녹(고동)	푸른빛 초록
AM31	진녹(저농)	미조색용 AM30의 1/5 농도
AM32	녹색	노란빛 초록
AM33	금녹색	투명한 노란빛의 초록
AM40	담황색	솔리드 컬러용 푸른빛 노랑
AM41	황색	솔리드, 메탈릭에 모두 사용가능. 푸른빛이고 투명성이 있음
AM42	경황색	솔리드 컬러용 푸른빛 노랑

AM43	명황색	솔리드, 메탈릭에 모두 사용가능. 푸른빛이고 투명성이 있음
AM44	중간황색	솔리드 컬러용 붉은빛 노랑
AM45	투명노란색	솔리드, 메탈릭에 모두 사용가능. 붉은빛 노랑
AM46	노란주황색	주로 솔리드 컬러에 사용, 붉은빛 노랑
AM51	명주황	노란빛 오렌지 솔리드 컬러용
AM52	주황	붉은빛 오렌지 솔리드 컬러용
AM53	적주황	솔리드 컬러용 AM51과 AM52의 중간에 위치 엷은색에는 사용불가
AM54	주황(폰솔)	메탈릭 컬러에 적합
AM55	경적색	레드, 브라운계 메탈릭 조색에 적합. 노란빛 빨강
AM56	투명적	레드, 브라운계 메탈릭 조색에 적합. AM55보다 푸른빛 빨강
AM57	적갈색	레드, 브라운계 메탈릭 조색에 적합. 노란빛 마룬
AM58	암적갈색	솔리드 메탈릭 모두에 적합. 빨강계 메탈릭 조색에 적합
AM59	명적색	솔리드 컬러용 노란빛 빨강. 엷은 색에는 사용불가

5. 특수 조색 (메탈릭 조색)

메탈릭 도료는 반투명의 에나멜에 알루미늄이 함유된 것으로 도막의 맨아래층에 알루미늄 입자를 가라앉히고 반투명의 에나멜층을 통하여 알루미늄 입자의 특유한 빛을 발하게한 도료로서 일반적으로 도막내의 메탈릭 입자의 영향이나 관찰하는 각도에 따라 색상의 밝기나 색상이 다르게 나타난다. 이러한 도료의 특수성 때문에 사용하는 원색이나 메탈릭베이스, 칠하는 방법, 보는 각도 등에 따라 색상이 가장 밝게 나타나며 측면에서 관찰했을 경우 색상이 가장 어둡게 나타나는 현상이 있는데 이것을 플롭(FLOP)이라 한다.

(1) 메탈릭 조색방법

① **도료의 선택** : 메탈릭 도료의 경우 우선 알루미늄 입자의 크기를 선택하고 원색으로는 가급적 투명한 것을 사용해야 한다. 원색이 투명하지 않으면 색이 탁해지며 메탈릭 현상이라해서 색 견본과 동일한 색을 사용하지 않으면 색을 잘 맞추었다해도 보는 각도나 조명의 상태에 따라 색상이 달라 보이는 경우가 있다.

② **조색의 순서**

㈎ 색상 및 도료의 업체에 따른 제품의 색상견본을 확인한다.

㈏ 색상의 견본에 따른 알루미늄의 입자크기를 선택 : 알루미늄 입자의 크기나 양, 건조속도에 따라 입자의 배열, 광택도가 달라져(그림 4-3) 색상이 달라 보일수 있으므로 정확한 정보에 의한 사용원색을 선택한다.

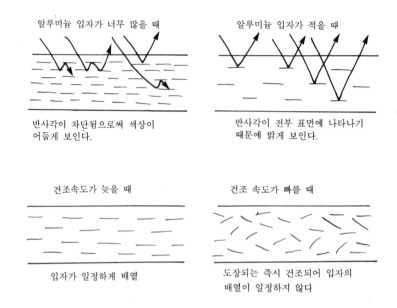

알루미늄 입자가 너무 많을 때

반사각이 차단됨으로써 색상이
어둡게 보인다.

알루미늄 입자가 적을 때

반사각이 전부 표면에 나타나기
때문에 밝게 보인다.

건조속도가 늦을 때

입자가 일정하게 배열

건조 속도가 빠를 때

도장되는 즉시 건조되어 입자의
배열이 일정하지 않다

그림 4-3 알루미늄 입자에 따른 색상의 차이

㈐ 기본원색 메탈릭과 주제색의 양을 결정한다.

  ㉮ 방향에 따른 색의 변화가 작은 원색은 중간 정도의 투명성을 가진 색을 주제색으
로 하고 방향에 따른 색의 변화가 큰 색은 투명성이 높은 원색을 주제색으로 한다.

㈐ 실험 조색을 한다.

  ㉮ 원색의 양을 결정하고 견본색보다 흐린듯하게 조색을 한다.

  ㉯ 보조색을 조금씩 첨가하면서 색상을 비교한다.

  ㉰ 색상이 탁해지는 원색은 나중에 넣는다.

㈐ 색상을 비교한다.

  ㉮ 시편은 가로, 세로 8cm 이상 되는 것으로 하고 스프레이로 도장을 한다.

  ㉯ 색상의 비교 장소는 다른 색상이나 반사광이 없는 곳을 택하여 전구의 광을 이용,
메탈릭의 함유량을 확인한다.

㈐ 부족한 색을 식별하여 추가 조색을 한다.

  ㉮ 메탈릭의 조색은 다른 도료와 달리 알루미늄의 반사광으로 인하여 색상의 차이를
구분하기가 어렵기 때문에 보는 방향이나 반사광의 정도에 따라 정확한 식별과 그
에 따른 추가 조색이 필요하다.

④ 진한 원색일수록 소량으로 조금씩 첨가한다. 메탈릭의 조색은 특히 부분 도장의 경우 원래의 색과 동일한 색으로 조색하기가 어려우므로 근래에는 목측에 의한 방법보다 계량 조색법이나 컴퓨터 조색법이 많이 사용되고 있다.

6. 조색시 주의사항

① 조색용 원색의 첨가 수량을 최소화하여 선명한 색상을 만든다.
② 조색 작업시 먼저 많이 소요되는 색과 밝은색부터 혼합한다.
③ 칠할 양의 약 80%정도만 조색하는데 이것은 원색과 색을 비교, 추가 조색을 하다보면 도료의 양이 너무 많아지는 것을 방지하기 위해서이다.
④ 조색 작업시 항상 무게와 부피 등을 측정하여 혼합비율 등에 따른 색상의 데이터를 만들어 놓는다. 이것은 추가 조색이나 유사색을 조색할 때 시간과 도료를 절약하며 단시간에 조색 기능을 숙련시키는데 도움이 된다.
⑤ 계통이 다른 도료와의 혼용을 피한다.
⑥ 조색시 용기나 교반봉 등 도료를 혼합할 때 사용하는 용기는 항상 청결하게 유지한다.

도장용 기구 및 기기

1. 도장용 기구

(1) 붓

붓은 도장용 기구 중에서 역사가 가장 오래된 것으로 도장용 기구 중 장소나 피도물의 상태 등에 구애 받지 않고 손쉽게 도장할 수 있는 기구이다. 붓의 사용은 사용자의 숙련도에 따라서 도막의 평활도 등에 많은 영향을 주며 도료의 종류에 따라서 붓의 종류에 따른 적절한 선택이 이루어져야 한다. 붓 도장의 특징은 도료의 낭비가 적고 건축물 등 변화의 요소가 큰 피도장물이나 이동이 심한 도장 작업에 편리하다.

① **붓의 종류** : 붓의 종류는 크게 붓에 사용하는 섬유의 종류와 크기, 형태, 용도에 따라서 구분되는데 섬유의 종류로는 말털, 돼지털, 양털, 소털, 사람의 머리카락 등과 합성섬유로 된 것이 있다. 또 붓의 생긴 형태에 따라서 평붓, 통붓, 경사붓, 환붓 등이 있다.

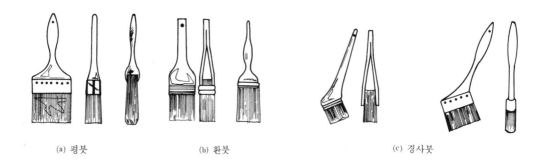

(a) 평붓　　　　　(b) 환붓　　　　　(c) 경사붓

그림 5-1 붓의 형태

㈎ 래커붓 : 래커니스, 클리어 래커 등 점도가 낮고 속건성인 도료를 도장하는데는 도료를 잘 품고 털끝이 부드러운 양털이나 말털 등이 사용된다. 형태는 털의 길이가 짧은 평붓이나 경사붓이 많이 사용된다.

㈏ 페인트붓 : 점도가 높은 조합 페인트를 도장하는데 사용하는 붓으로 점도가 높기 때문에 허리가 강한 말털을 많이 사용하며 주로 통붓이나 경사붓을 많이 사용하며 털끝이 부드럽고 허리가 강한 것을 사용하여야 한다.

㈐ 에나멜붓 : 유성바니시나 합성수지 에나멜 등은 도료의 점도가 높고 흐르기 쉬운 특징을 가지고 있어 도료를 품는 양이 적어야 하고 털이 짧고 두께가 얇으며 허리는 약간 강한 말털이나 양털을 사용하며 붓의 형태로는 평붓과 경사붓을 사용한다.

㈑ 수성붓 : 털이 부드럽고 도료를 품는 양이 많은 양털이 가장 많이 사용되며 넓은 면을 능률적으로 도장하기 위하여 폭이 넓은 평붓을 많이 사용한다.

㈒ 옻칠붓 : 옻칠이나 캐슈를 도장하는 붓은 도료의 점도가 높아 특히 허리가 강한 붓을 사용하는데 사람의 머리털을 판재로 네면을 싸고 칼로 나무를 깍아 가면서 사용한다.

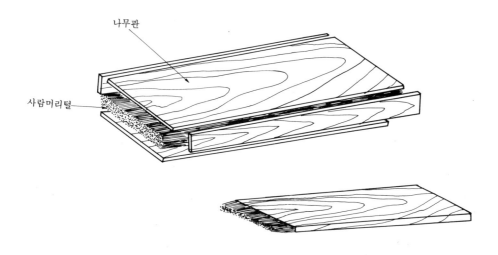

그림 5-2 옻칠붓의 형태

② 붓의 선택 : 일반적인 붓의 선택방법으로는 다음과 같은 사항을 고려하여 선택한다.
- 붓의 뿌리 부분이 튼튼하고 탈모가 없는 것
- 붓의 털끝이 균일하게 정리되어 있고 도료를 묻혀서 갈라짐이 없는 것
- 털의 길이가 일정하고 털끝이 부드러운 것
- 옻칠분의 경우 목재의 접착이 튼튼한 것

③ 붓의 관리 : 붓을 항상 최상의 상태로 유지하고 붓의 사용을 좋게 하기 위하여 사용 전후에 손질 및 관리를 철저히 하여야 붓에 의한 도막의 결함을 줄이고 붓의 수명을 늘릴 수 있다.

⑺ 사용전의 붓의 손질

㉮ 아무리 고급의 붓도 새 붓은 탈모가 있기 마련이기 때문에 이를 방지하기 위하여 붓의 뿌리 부분에 습기에 강한 접착제를 주입하여 보강을 하는데 이때 붓의 허리 부분에 접착제가 묻지 않게 주의하여야 한다.

㉯ 사용 전에 거친 나무 표면에 붓을 문지르거나 털의 역방향으로 손가락으로 훑어 먼지나 불순물을 제거하고 빠질 털을 미리 제거한다.

㉰ 도료를 묻혀서 거친 나무판 등에 털방향으로 훑어서 털제거 작업과 동시에 나무주걱 등으로 훑어서 빠질 털을 제거한다.

㉱ 붓자국이 나거나 갈라짐을 방지하기 위하여 연마지 등을 사용하여 붓을 충분히 길들이기 한다.

㉲ 새 붓은 마무리칠용으로 직접 사용하지 말고 하도용 등으로 길들면 마무리용으로 사용한다.

㉳ 일상적으로 사용중인 붓도 사용전에 도료에 담근 후 주걱이나 정판 위에서 먼지 등의 불순물을 제거한 후에 사용한다.

⑻ 붓의 사용중 관리

㉮ 도장 작업시 붓을 도료의 통에 깊게 담가두어 자루 부분에까지 도료가 묻지 않게 한다.

㉯ 도장 작업중 색상이 다른 도료를 칠할 때는 붓을 바꿔서 사용하는 것이 좋으나 그렇지 않을 경우 희석제 등에 붓을 충분히 세척하고 주걱 등으로 훑어서 먼저 사용한 도료를 완전히 제거하고 새로운 도료를 묻혀서 시험편에 도료의 색상을 확인한 후 사용한다.

㉰ 도료를 묻힐 때는 붓의 뿌리까지 도료에 담그지 말고 붓털의 2/3 정도만 묻혀서 사용한다.

못

그림 5-3 도장중 붓의 관리

(대) 사용 후 붓의 손질

㉮ 장시간의 도장이 진행되면 붓의 뿌리 부분에 도료가 응고되어 나무 자루 부분이 오염되지 않게 해야 한다.

㉯ 시간을 가지고 신너 등에 응고된 도료를 충분히 풀어서 주걱 등을 사용하여 도료를 완전히 제거한다.

㉰ 붓털을 나무판 등에 털의 결방향으로 쓸어서 털을 가지런히 정리한다.

(라) 붓의 보관

㉮ 유성 도료를 사용하는 붓은 사용 후 정리를 한 다음 붓털 부분을 물에 적신 헝겊으로 감싸서 건조되지 않게 보관한다.

㉯ 유성바니시 붓의 경우 신너로 도료를 완전히 제거하고 그늘에 말려서 보관한다.

㉰ 래커붓의 경우 밀봉된 통의 바닥에 용제를 묻힌 천 등을 깔고 붓의 털부분이 위로 향하게 하여 굳지 않게 보관한다.

㉱ 수성 도료용 붓은 사용 후 물로 충분히 세척하여 그늘에 말려서 보관하는데 수성 도료의 특징이 물에 잘 희석되는 반면 한번 굳어지면 용해가 되지 않기 때문에 붓의 뿌리까지 충분히 세척하여야 한다.

(2) 롤러 브러시

롤러 브러시는 도장 작업 시간을 단축하고 평면 도장에 능률적이다. 작업면이 넓은 면이나 천장, 벽 등 평면이 많은 건축물에 중요한 공구이다. 롤러 브러시는 주위 환경을 오염시키거나 주변에 도료가 분산되어서는 안되는 곳에 주로 많이 사용하는데 그 특징은 다음과 같다.

① **롤러 브러시의 구조** : 롤러 브러시는 도료를 도장하는 부분인 롤러 커버와 롤러 커버홀더, 암, 그립으로 나뉜다.

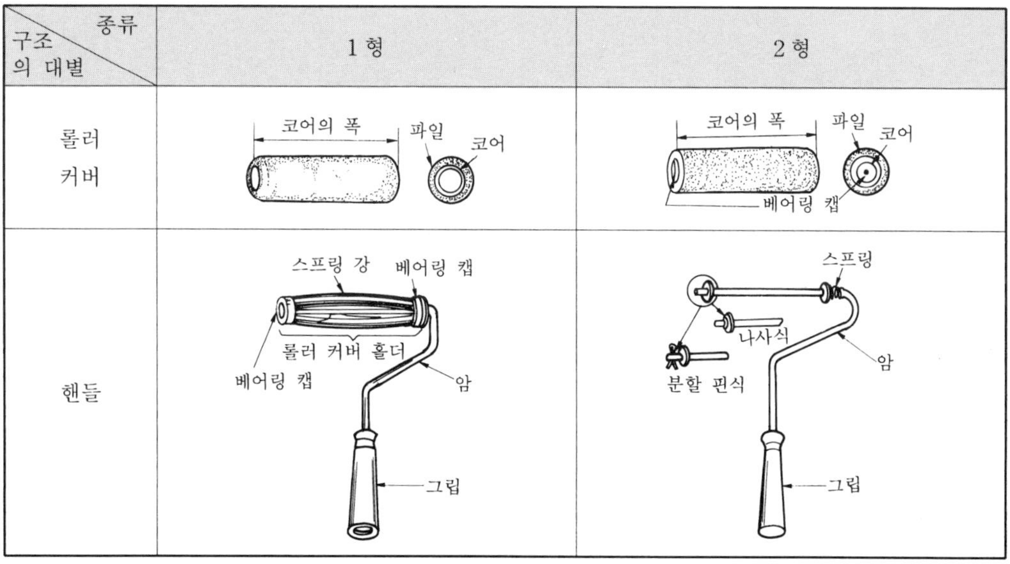

구조 의 대별 \ 종류	1 형	2 형
롤러 커버	코어의 폭　파일　코어	코어의 폭　파일　코어 베어링 캡
핸들	스프링 강　베어링 캡 롤러 커버 홀더 베어링 캡　암 그립	스프링 나사식 분할 핀식　암 그립

그림 5-4 롤러 브러시의 구조

롤러 커버는 합성수지 등으로 만든 원형의 통에 천연 털이나 합성수지로된 털 등을 감은 것이고 회전 부분은 1형과 2형이 있는데 커버 홀더를 스프링강으로 만든 것과 롤러 커버 자체에 베어링을 장착한 것 두 종류가 있다.

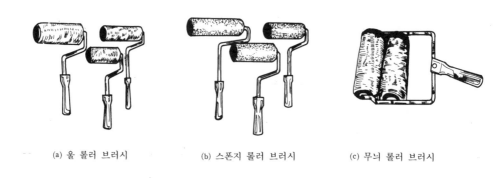

(a) 울 롤러 브러시   (b) 스폰지 롤러 브러시   (c) 무늬 롤러 브러시

그림 5-5 롤러 브러시 형식의 종류

롤러 브러시는 핸들 롤러 브러시 이외에 압송식 롤러 브러시가 있다. 압송식은 일반적으로 컴프레서와 압송도료 탱크, 도료 호스, 압송 롤러 브러시로 구성되어 있다. 압송식의 원리는 롤러 커버의 내부에 작은 구멍을 통하여 도료를 섬유 부분에 연속적으로 공급하여 특히 높은 부분을 도장할 때 롤러 커버에 도료를 흡수시킬 때의 불편함을 피할 수 있다. 또 롤러 커버에 각종 문양을 조각한 다양한 문양의 도장면을 얻을 수 있다.

② 롤러 브러시의 장단점

㈎ 장점

- 천장, 벽, 바닥 등 평면이나 면적이 넓은 피도장물을 능률적으로 도장할 수 있다.
- 손으로 직접 칠하기 어려운 높은 부분이나 위험한 부분 도장에 적합하다.
- 골재 입자를 비롯한 두꺼운 도장에 적합하다.

㈏ 단점

- 회전 속도를 빠르게 하면 원심력에 의하여 도료가 흩날린다.
- 기구의 형태가 크고 무겁다.
- 작업자가 쉽게 피로하기 쉬우며 기구의 손질이 어렵다.

③ 롤러 브러시용 보조 기구

㈎ 도료 용기 : 롤러 브러시용 용기는 일정한 규격의 특정한 용기를 사용하는 것이 아니고 이동이 편리하고 도료 조절용 망을 부착할 수 있는 것을 많이 사용하는데 얇은 판의 도료 용기를 그대로 사용하거나 함석판을 사각 형태로 가공하여 사용한다.

㈏ 세정용 클리너 : 롤러 브러시는 주로 수성 도료를 많이 사용하기 때문에 사용 후 롤러

커버의 세척을 깨끗이 하지 않으면 다시 사용할 수 없기 때문에 도료의 용기 안에서 잔여 도료를 제거하고 섬유질 안의 도료를 완전히 제거하기 위하여 롤러 커버를 핸들에서 빼내어 물로 완전히 세척한 후 원통을 세워서 그늘에 말려 보관한다.

(3) 정반 및 주걱

① **주걱** : 주걱은 정반 위에서 퍼티를 반죽하거나 점도가 높은 도료를 혼합할 때 사용한다. 주걱의 일반적 재료는 목재, 금속, 고무, 플라스틱 등을 사용한다. 나무 주걱으로 사용되는 나무는 회나무나 홍송 등이 있고 단단한 주걱을 원할 때는 단풍나무, 벗나무 등이 많이 사용된다.

(가) 나무 주걱의 제작방법 : 주걱 제작용 목재의 상태는 옹이가 없고, 흠 등이 없는 곧은 결의 목재를 선택하여 직사각의 판에서 두개의 주걱이 나오도록 다음과 같이 그림을 그린다.

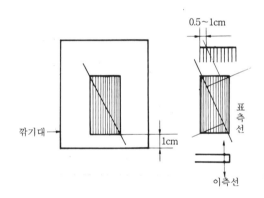

그림 5-6 재단 방법

그림 5-6, 선에 따라 그 무게로 칼금을 넣어서 주걱의 형태를 절단하고 연마지를 사용하여 끝부분을 얇게 연마한다. 주걱의 생명은 날끝이 평탄해야 하며 허리의 강약도 용도에 맞게 적당한 탄성이 있어야 한다. 주걱의 날끝은 각이 지면 퍼티 작업시 긁힘이 있을 수 있기 때문에 약간 둥글게 하는 것이 좋다.

(나) 주걱의 용도 : 주걱은 퍼티를 칠하거나 도료를 정반 위에서 조합하거나 조색할 때, 붓이나 롤러 브러시의 손질 피도장물의 불순물을 제거할 때 필수적으로 사용되는 기구이다.

② **정반** : 정반은 주걱과 함께 바탕 붙임이나 바탕 재료와의 혼합 도료의 조색 등에 쓰이는 것으로 대정반과 소형의 수정반이 있다. 정반의 소재로는 목재가 많이 사용되며 철제나 플라스틱이 사용되기도 한다.

(4) 에어 스프레이 건

에어 스프레이 건은 에어 스프레이 기기 중 중요한 것으로 건의 방아쇠를 당겨 압축공기의 힘으로 도료를 안개의 형태로 분무하여 피도장물에 도장하는 기기이다.

① **구조** : 에어 스프레이 건의 구조는 안개의 형태로 분무하여 피도장물에 옮기는 선단부와 도료의 배출량과 입자의 크기를 조절하는 조절장치, 압력공기를 조절하는 공기밸브 및 본체로 구분된다.

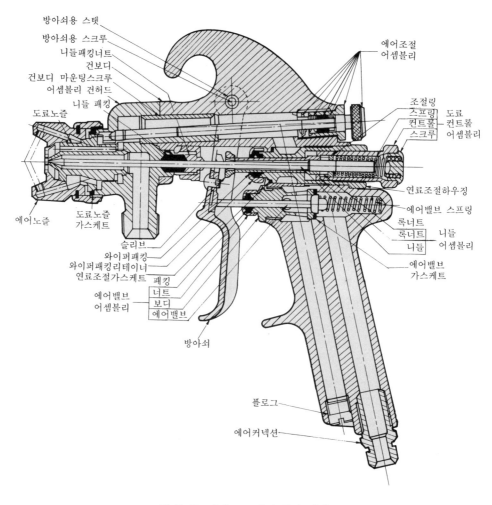

그림 5-7 에어 스프레이 건의 단면

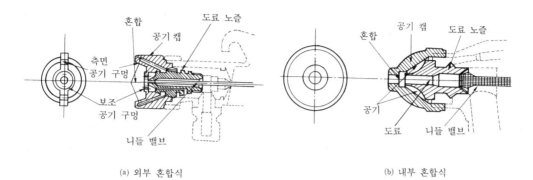

(a) 외부 혼합식 (b) 내부 혼합식

그림 5-8 에어 스프레이 건의 선단부

㈎ 선단부 : 선단부는 공기 캡, 도료 노즐, 니들 밸브 등으로 구성되어 있는데 공기 캡은
도료 노즐의 커버로 되어 도료에 공기를 가하여 도료를 비립자로 하여 안개의 모양을
원형이나 타원형으로 조절하고 타원형의 방향을 가로나 세로 방향으로 조절하는 역할
을 한다.

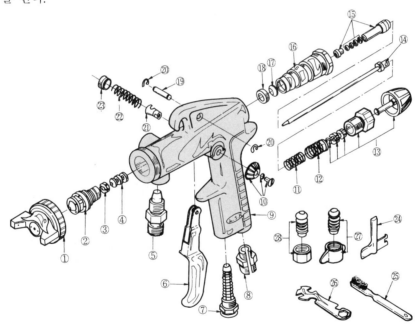

1-4 Air Cap Set-3	6	Trigger	12	Air Valve Spring	16	Air Valve Champber	23	Screw
2-1 Fluid Nozzle-0	7	Air Adj Valve Set	13	Fluid Adj Knob Set	17	Air Valve Packing	24	Special Driver
2-2 Fluid Nozzle-1	8	Air Hose Joint	14-1	Fluid Needle Set-0	18	Air Vlve Packing Seat	25	Brush
2-3 Fluid Nozzle-2	9-1	Gun Body-Gravity	14-2	Fluid Needle Set-1	19	Trigger Stud	26	Spanner
2-4 Fluid Nozzle-3	9-2	Gun Body-Suction	14-3	Fluid Needle Set-2	20	Stop Ring	27	Air Hose Joint Set
3 Needle Packing Seat	10	Spread Adj Knob	14-4	Fluid Needle Set-3	21	Spread Adj Valve	28	Fluid Hose Joint Set
4 Packing-Fluid Needle	11	Needle Valve Spring	15	Air Valve	22	Spread adj Valve Spring		(Only Pressure Feed
5 Fluid Joint								Type)

그림 5-9 에어 스프레이 건의 구조

또한 공기 캡은 스프레이 패턴과 공기 구멍의 상태에 따라서 도료의 점도에 따른 미립화가 좌우되기도 한다. 도료 노즐과 니들 밸브는 에어 스프레이 건의 구성 부품 중 건의 수명과 안정적으로 도료를 공급하는데 있어서 중요한 역할을 하는 부분으로, 도료 노즐은 도료의 유출구에서 공기와 도료가 혼합하는 역할을 하는데 일반적으로 1.0~1.5mm의 구경으로 된 것이 많이 사용되며 구경이 클수록 높은 점도의 도료에 사용되고 구경이 작을수록 낮은 점도의 도료에 적합하다. 그러나 노즐의 구경이 클수록 도료의 방출량이 많은 반면 공기의 압력을 높이지 않으면 분사된 도료의 입자가 거칠게 된다. 도료 노즐 밸브는 방아쇠에 의하여 침을 움직여 노즐을 열어 도료를 분출하는 역할을 하는 것으로 건의 뒤쪽에 조절 장치가 있어 도료의 분출량을 조절한다. 즉 도료의 노즐과 니들 밸브가 경사진 형태로 되어 있어서 나사를 조이면 간격이 좁아져 도료의 양이 적어지고 반대로 풀면 간격이 넓어져 도료의 양이 많아지게 된다.

② 종류 : 에어 스프레이 건은 도료와 공기의 혼합 방법에 따라서 외부 혼합식과 내부 혼합식이 있다. 도료의 공급 방식에 따라서 중력식, 흡상식, 압송식으로 구분되기도 한다.

㈎ 내부 혼합식 : 그림 5-10에서와 같이 내부 혼합식은 공기와 도료의 혼합을 공기 캡의 내부에서 실시하는 구조로 고저도의 도료나 초립자 도료, 후막형의 도장에 적합하며 중력식과 압송식 도장에 많이 사용된다. 또 접착제의 도포나 언더코트 도료 등을 분무하기도 하며 건축물의 벽면 도장에 많이 사용된다.

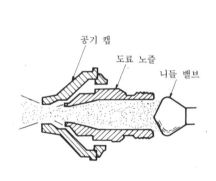

그림 5-10 내부 혼합식 건 선단부 구조

㈏ 외부 혼합식 : 그림 5-11에서와 같이 공기 캡의 밖에서 도료와 공기를 혼합하는 형식이다. 일반적으로 사용되는 스프레이 건의 대부분이 외부 혼합형 방식이며 도료의 유동성이 우수한 점도 도료에 많이 사용된다. 장점으로는 피도장물의 형태에 따라서 패턴의 폭과 공기의 압력 조절에 의하여 도료의 미립화 조절이 자유롭고 프라이머, 메탈

릭, 해머톤 도장 등 다양한 도장 방법에서 사용된다.

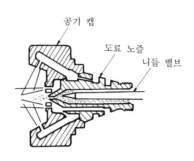

그림 5-11 외부 혼합식 건의 선단부 구조

- 중력식 : 도료의 용기가 상부에 부착되어 있는 형식으로 도료의 중력에 의하여 노즐에 도료를 공급한다. 중력식의 장점으로는 도료의 마지막까지 사용할 수 있으나 건을 기울이면 도료가 컵에서 넘칠 염려가 있으며 컵의 용량이 적어 많은 양을 도장할 때는 도료 탱크를 높게 별도로 설치해야 하는 단점이 있다.
- 흡상식 : 일반적으로 가장 널리 사용되는 형식으로서 도료의 컵이 하부에 설치되어 있는 방식으로 공기의 아력으로 공기 캡의 전방을 진공 상태로 만들어 도료를 흡상한다. 컵의 용량은 1L 정도의 것을 많이 사용하며 그 이상의 것은 기구의 무게로 인하여 작업자가 쉽게 피로해 지는 단점이 있다.
- 압송식 : 그림 5-12에서와 같이 컨베어(conveyor)에 의한 연속 도장이나 동일한 도료에 의한 도장 작업에 많이 사용되는 방식으로 에어 스프레이 건에 도료 용기를 직접 부착하지 않기 때문에 건의 중량이 가볍고 피도장물의 상하 좌우에 관계없이 분무가 가능하다.

표 5-1 도료 공급 방식에 의한 성능 비교

도료공급방식	분무방식	도표노즐구경 (mm)	공기 사용량 (*l*/min)	도료 토출량 (ml/min)
중력식	원 형	(0.5)	40 이하	10 이상
		0.6	45 이하	15 이상
		0.8	60 이하	30 이상
		1.0	70 이하	50 이상
흡상식 중력식	타원형	0.8	160 이하	45 이상
		1.0	170 이하	50 이상
		1.2	200 이하	80 이상

		1.3	220 이하	90 이상
흡상식 중력식	타원형	1.5	260 이하	100 이상
		1.6	280 이하	120 이상
		1.8	300 이하	130 이상
	타원형	1.3	280 이하	120 이상
		1.5	330 이하	140 이상
		1.6	350 이하	160 이상
		1.8	400 이하	180 이상
		2.0	450 이하	200 이상
		2.5	480 이하	230 이상
		3.0	560 이하	270 이상
압송식	타원형	0.8	270 이하	150 이상
		1.0	300 이하	200 이상
		1.2	340 이하	240 이상
		1.0	500 이하	250 이상
		1.2	620 이하	350 이상
		1.3	650 이하	400 이상
		1.5	670 이하	520 이상
		1.6	700 이하	600 이상
		1.8	710 이하	650 이상
		2.0	720 이하	700 이상

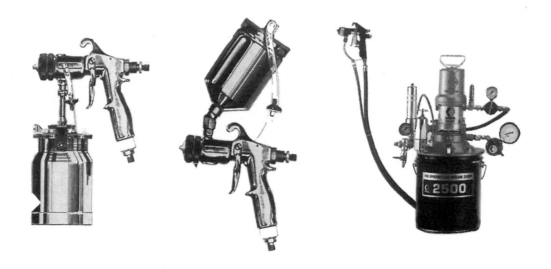

그림 5-12 스프레이 건의 종류

㈐ 스프레이 건의 성능 : 스프레이 건은 피도장물의 크기, 피도장물의 도장량, 도료의 특
성, 도막의 종류 등에 따라서 스프레이 건의 성능을 알맞게 선택하여야 한다.

- 스프레이 패턴 : 피도장물의 형태나 도막의 두께, 도포 면적에 따라서 스프레이 패턴
을 타원형과 원형으로 조절할 수 있다. 패턴의 형태가 타원형의 경우 도막 두께의
분포가 중·고의 분포를 가지며 에나멜계 도료의 도장에 적합하고 원형의 경우에는
메탈릭 도료 및 저점도의 도장에 적합하다. 스프레이 패턴은 도료의 분출량과 분무
공기의 압력이 맞지 않을 때 도료의 분사량이 일정하지 않아 붕괴되는 경우가 있다.

- 도료의 분출 : 도료의 분출은 도료의 공급 방법이나 노즐의 구경, 도료의 점도 상태
에 따라서 각각 달라지게 되지만 이것은 도료의 미립화와 연관되어 도막의 표면을
좌우하는 중요한 역할을 한다. 또 공기의 압력과도 밀접한 관계를 가지고 있어서 공
기의 압력이 약해지면 도료의 입자가 거칠어지고 압력이 높아지면 입자의 굵기가
가늘어진다. 즉 이러한 현상은 도료의 분출량과 공기의 분출량에 의한 비율로 결정
되어 지며 피도장물에 도착되는 효율에도 영향을 미친다. 즉 에어 스프레이 도장의
도착 효율은 도료의 흩날림 현상에 의하여 평면의 피도장물도 도착효율이 40% 정
도에 지나지 않는다. 도료의 흩날림 현상은 공기의 압력이 높을수록 많으며 도료의
점도가 높거나 공기의 압력이 너무 약하면 피도장물에 도료의 접착성이 떨어지는
경우가 있다. 도료의 도착 효율을 높이기 위하여 공기의 압력과 분무거리를 가능한
짧게 설정하는 것이 좋다.

㈑ 스프레이 건의 손질과 보관 : 스프레이 건의 손질 및 관리는 항상 일정한 도료의 분사
와 작업의 효율성, 스프레이 건의 수명과 연관되어 그 관리를 철저히 하지 않으면 건
의 수명을 단축시키고 도장 작업시 도막의 결함을 가져오는 중요한 요소가 된다.

- 스프레이 건의 세척 : 스프레이 건의 세척은 신너를 사용해야 하며 사용 후 도료가
경화되기 전에 즉시 세척을 해야 한다. 또한 도장 작업 후 도료가 컵에 남아 있는
상태로 방치하면 압송되던 도료가 노즐 등에서 경화되어 세척이 불가능하게 되므로
유의하여야 한다.

㉠ 흡상식의 경우 도료를 빼낸 후 용제를 분무하고 건의 선단부를 막고 방아쇠를 당
겨 공기를 역류 시키고 용제를 분무하는 동작을 반복한다. 그 후 선단부의 공기 캡
과 도료 노즐을 분해하여 용제에 세척한다.

㉡ 압송식의 경우는 도료 탱크의 공기를 제거한 후 도료호스 등에 남아 있는 잔여 도
료 등을 탱크로 회수한 후 호스 클리너를 통하여 분무 세척한다.

㉢ 도료 노즐 등은 부드러운 헝겊에 용제를 적셔서 닦거나 부드러운 브러시 등으로
세척한다.

㉣ 스프레이 건은 불필요한 분해를 하지말며 세척시는 도료의 공급 부분 등을 분해하
여 세척하고 공기압력 조절 부분 등은 신너나 용제 등에 담그지 않도록 한다. 이것
은 밸브의 패킹 부분 등에 경화를 가져와 공기나 도료의 누출 원인이 될 수 있다.

③ 특수 스프레이 건

㈎ 자동 스프레이 건 : 자동 도장 시스템이나 도장 로봇에 장착하여 사용하는 것으로 스프레이 건의 방아쇠를 니들밸브에 연결된 에어 피스톤 조작으로 변형시킨 것이다. 압축공기의 이송과 차단을 전자 밸브나 작동캠의 작동으로 하며 단순한 형태의 피도장물이나 도장 로봇을 사용한 도장에 적합하다.

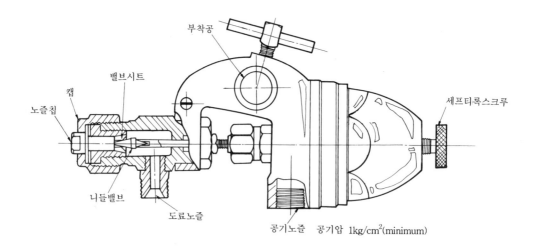

부착공

밸브시트

캡

노즐칩

니들밸브

도료노즐

공기노즐　공기압　1kg/cm^2(minimum)

세프티록스크루

그림 5-13　자동 스프레이 건

㈏ 난사 스프레이 건 : 난사 스프레이 건의 특징은 도장면의 패턴이 실타래를 헝클어 놓은 듯한 모양과 배의 껍질과 같은 형태로 도장되는 것이다. 이 건은 도료의 점성을 이용한 것으로 점도를 조절하여 가압 공급하는 방법을 이용한 것이다.

㈐ 긴목 스프레이 건 : 손이 잘 닿지 않거나 피도장물의 내부 도장시 기기의 크기 때문에 도장이 어려운 탱크의 내면이나 파이프의 내면 도장 등에 쓰인다. 보통 목의 길이는 150~500mm 정도의 것이 사용되며 선단부, 공기 캡이 곧은 것과 45°, 90°로 굽은 형태가 있다.

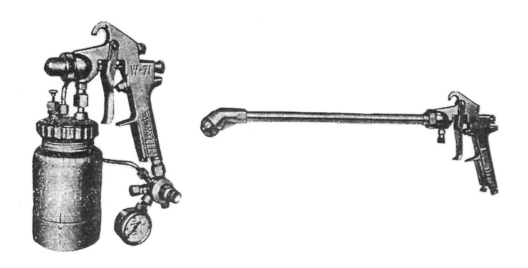

그림 5-14 난사 스프레이 건과 긴목 스프레이 건

㈐ 핸드 피스: 핸드 피스는 정밀하고 소량의 분무 작업이 필요한 회화(繪畵)나 날염(捺染)
등에 사용되는 미술, 공예 등에 많이 사용되는 것으로 노즐의 구경이 0.2~0.8mm의 것
이 많이 사용된다. 노즐의 구경이 작기 때문에 점도가 높거나 속건성 도료의 경우는 노
즐의 막힘으로 인하여 사용이 어려워 수성 안료 계통의 도료를 많이 사용한다. 핸드 피
스는 도료의 컵이 상부에 달려 있는 중력식이며 내부 혼합식으로 되어 있으며 그림 5-
15에서와 같이 공기 압력과 도료의 분사량이 핑거 레버를 뒤로 당기는 양에 따라서 조
절된다.

그림 5-15 핸드 피스의 종류

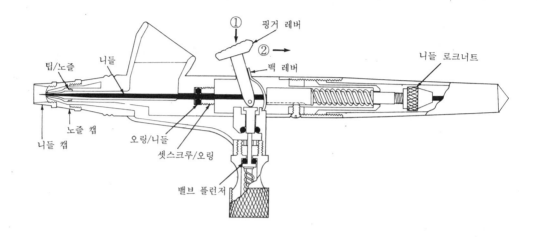

그림 5-16 핸드 피스의 구조

(5) 에어 컴프레서

에어 컴프레서는 압축 공기를 만들어 공기의 압력으로 산업 기계의 동력원이나 도장 작업에 필요한 무화 공기를 공급하는 장치이다. 에어 컴프레서의 구조는 크게 왕복식과 회전식두 종류가 있으며 압축 부분과 모터, 에어 탱크로 구분된다.

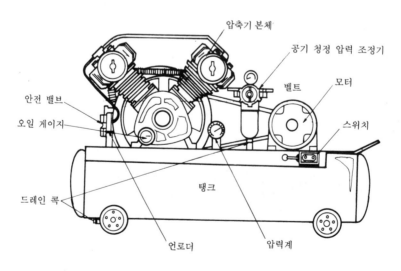

그림 5-17 에어 컴프레서

① 구조 : 에어 컴프레서는 모터의 회전에 의하여 피스톤의 왕복운동으로 공기를 압축하고
압축된 공기는 체크밸브를 통하여 공기 탱크에 저장된다. 일반적으로 피스톤식 컴프레서
는 1행정 압축식과 2행정 압축식으로 구분되는데 1행정식은 최고 압력이 7kg/cm^2 이하의
압력에서 사용되고 그 이상되는 압력에는 2행정식이 사용된다. 일반적으로 도장용 토출압
력은 7kg/cm^2 이하의 것이 사용된다. 에어 컴프레서의 세부 구조는 모터, V벨트, 흡기구,
에어 밸브, 자동압력 스위치, 언로더 장치로 구분되어진다.

㉮ 흡기구 : 흡기구는 피스톤의 왕복 운동시 공기를 흡입하는 장치로 흡입되는 공기중에
포함된 불순물과 습기의 제거와 소음 방지 역할을 한다.

㉯ 실린더 : 토출 공기량에 따라서 실린더의 수가 증가해 가는데 일반적으로 2기통의 경
우 실린더의 배열을 V형으로 하고 그 이상의 경우 실린더를 W형태로 배열해 나간다.
실린더의 작용은 피스톤이 하강하면 공기를 흡입하고 상승하면 흡입된 공기가 압축되
어 공기 탱크로 보내는 역할을 한다.

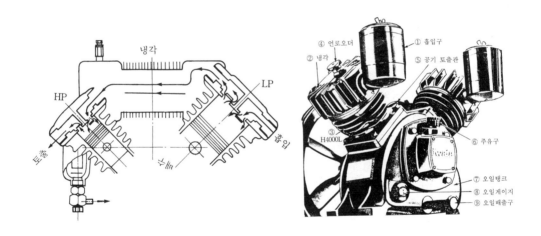

그림 5-18 실린더의 구조

㉰ 압력 제어장치 : 압력 제어방식에는 언로더(unloader) 제어방식과 안전 밸브식 제어방
식이 있다. 언로더 제어방식은 규정압력에 도달하게 되면 흡입 밸브를 개방한 상태로
공회전을 하여 공기 탱크에 공기를 압축하지 않고 공회전을 하는 방식이며 안전 밸브
는 공기의 압력이 규정 이상 상승하면 하부에 있는 볼이 상승하여 밸브를 열어 공기
를 밖으로 방출하는 장치이다.

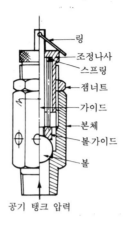

링
조정나사
스프링
잼너트
가이드
본체
볼가이드
볼

공기 탱크 압력

그림 5-19 안전 밸브의 구조

② 설치

　(가) 에어 컴프레서의 용량은 공기의 사용량과 사용하는 기기의 수량에 적합한 용량을 가진 것을 설치하여야 한다. 이것은 여러 개의 기기를 동시에 연속하여 작업할 때 공기의 출력부족으로 인하여 작업의 효율성이 떨어지거나 순간적인 압력의 저하로 제품의 불량 발생을 방지한다.

　(나) 에어 컴프레서의 과열을 방지하기 위하여 통풍이 잘되며 깨끗한 공기의 공급을 위하여 저온, 저습한 장소에 설치하는 것이 좋다.

　(다) 공기 공급 파이프의 설치가 용이하고 기기의 점검 수리가 용이한 장소에 설치하여야 한다.

　(라) 에어 컴프레서는 모터의 회전운동을 V벨트로 직선운동이나 회전운동으로 연결하기 때문에 소음과 진동이 심하므로 설치 장소는 수평이 맞아야 하고 소음을 막아주는 장소가 적절하다.

③ 사용상의 주의

　(가) V벨트의 중심부를 중심으로 15~25mm 정도의 여유가 필요하며 V벨트를 너무 긴장되게 설치하여 순간 회전시 모터에 무리한 힘이 가해지는 것을 방지하고 회전 방향이 반대로 되지 않게 한다.

　(나) 공기 흡입구의 필터를 주 1회 정도 청소하여 흡입구의 청정 상태를 유지하고 분진이나 도료의 미스트가 발생하는 것을 피한다. 그리고 필터는 6개월에 한 번씩 교환한다.

　(다) 윤활유의 상태를 정기적으로 점검하고 지정 윤활유 이외의 제품을 사용하지 않는다.

　(라) 실린더 헤드의 방열부를 수시로 청소하며 공기 탱크의 배기 밸브를 열어 1일 1회 이상 드레인을 배출한다.

④ 고장과 대책

고장 상황	원 인	대 책
1. 압력이 상승하지 않는다.	a. 흡입구가 막혀 있다. b. 언로더의 조작을 망각하였다. c. 흡기나 배기 밸브가 마모되었거나 파손되어 있다. d. 공기 회로에 누출이 있다. e. 압력 개폐기에 고장이 있다. f. 압력계의 파손이 있다.	a. 교환한다. b. 언로더 핸들을 이완한다. 리프터를 다시 본다. c. 교환한다. d. 공기 누출을 손질한다. e. 밸브 스템의 먼지를 제거한다. 릴리스 밸브를 분해하여 다시 알맞게 연마한다. f. 압력계를 교환한다.
2. 운전 중의 소음이 진동한다.	a. 피스톤에 카본이 부착되었다. b. 피스톤 로드가 마모되었거나 고정 핀이 이완되어 있다. c. 크랭크 축의 베어링이 마모되었다. d. 흡기나 배기의 밸브가 파손되었다. e. 벨트의 중심이 어긋난 것이나 풀리가 이완되었다. f. 수평으로 설치되어 있지 않다. g. 조임 부분이 느슨하다.	a. 분해하여 청소한다. b. 교환한다. c. 교환한다. d. 교환한다. e. 모터를 가동하여 중심을 바로 잡는다. 풀리는 조임을 약간 더한다. f. 수평인 장소로 옮기고 타이어를 고정한다. g. 나사 부분을 증가, 조인다.
3. 과열한다.	a. 클랭크 케이스의 오일이 부족하다. b. 밸브의 종류가 늘어붙다. c. 실린더 헤드에 먼지가 누적되어 있다. d. 흡기구가 막혔다.	a. 급유한다. b. 분해 청소하거나 교환한다. c. 청소한다. d. 교환한다.
4. 공기에 기름이 혼입되어 있다.	a. 피스톤 링이 마모되었다. b. 과도한 윤활유가 주유되었다. c. 흡기구가 막혀 있다.	a. 교환한다. b. 적당하게 조절한다. c. 교환한다.
5. 규정 압력으로 작동하지 않는다.	a. 언로더 나사가 이완되었다. b. 시트 부분이 마모되었다.	a. 압력 조절 나사를 조절한다. b. 분해하여 알맞게 연마하거나 교환한다.
6. 운전이 원활하지 않다.	a. 오일의 순환이 불량하다. b. 전압이 저하되어 있다.	a. 오일 계통을 청소한다. b. 전원 회복을 대기한다.

⑤ 에어 컴프레서 주변 기기

㉮ 공기 청정기(에어 트랜스포머) : 대기중의 공기를 압축하면 다량의 습기가 응축된다. 이러한 습기중에는 수분 이외에도 먼지나 카본, 녹, 도료의 분진등이 함유되어 있으며 공기중의 수분 함유량은 온도의 높낮이에 따라서 함유량이 달라진다. 온도가 높으면 양이 증가하고 온도가 낮으면 감소한다. 공기 청정기는 대기중의 습기나 유분을 제거하고 공기의 압력을 조절하는 기기로 그 구조는 그림 5−20과 같다.

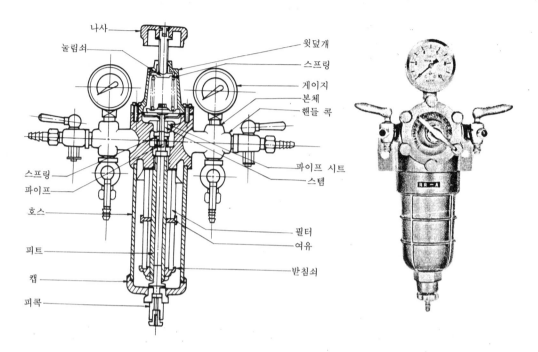

그림 5-20 공기 청정기의 구조

공기 청정기의 원리는 공기 정화부와 공기의 압력을 조절하는 감압부로 되어 있으며, 공기의 정화방법은 압축시 고온으로 상승한 공기를 에어 쿨러에 의하여 대기의 온도까지 냉각하고 메인 필터를 통하여 수분과 유지를 걸러서 공기를 정화한다.

㈏ 도료 가압 탱크 : 동일한 도료를 대량으로 도장하는 경우 용량이 적은 스프레이용 컵을 사용하게 되면 도료의 공급이 번잡하여 작업의 능률을 저하시킨다. 이러한 단점을 보완하여 압송식 에어 스프레이 건과 함께 도료 가압 탱크를 사용하게 되는데 도료를 큰 탱크에 넣고 압축공기를 가하여 연속적으로 도료를 공급하는 가압 탱크를 사용한다. 도료 가압 탱크는 교반 장치와 감압 밸브, 압력계, 배기 밸브, 안전 밸브 등으로 구성되어 있으며 탱크의 용량은 5~80*l*까지가 있다.

㈐ 에어 컴프레서의 배관 : 일반적으로 에어 배관은 압축공기중에 수분을 다량으로 함유하고 있기 때문에 압축공기중의 수분을 제거, 배출을 위한 적절한 배관을 하는 것이 중요하다. 배관은 에어 컴프레서의 용량에 따라 사용하는 기기의 종류에 맞게 설치해야 하는데 중요한 사항을 열거하면 다음과 같다.

• 배관의 이음새는 가급적 작게 하고 전체적으로 공기의 흐름 방향에 따라 약간의 기울기를 주는 것이 좋다.

그림 5-21 도료의 가압 탱크

• 압력의 강화를 고려하여 여유있는 관 지름을 설정한다.
• 배관의 중간에 사용하는 기기에 적절한 공기 청정기, 감압 밸브 등을 설치한다.

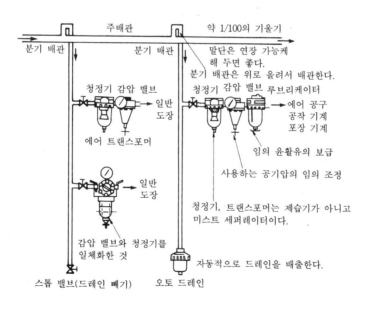

그림 5-22 에어 배관

㈜ 수분제거기 : 컴프레서에서 압축된 공기에는 수분, 불순물, 산화오일, 카본 등이 발생하여 이것이 각종 에어기기를 통해 배출되면 에어기기의 고장 원인이 되며, 수분 등이

배출되어 도막에 지장을 주는 도장의 경우 에어 트랜스포머만으로는 수분을 완전히 제거하는 것이 불가능하기 때문에 냉동식 수분제거기를 사용하여 압축된 공기를 냉각시켜 수증기를 완전히 분리하는 역할을 하는 것이다. 공기가 쿨링 체임버를 통해 냉각되면서 드레인이 밑으로 배출되고 수분이 제거된 공기가 밖으로 배출되어 에어 트랜스포머를 통해 다시 잔여 수분 및 불순물을 제거한다. 수분제거기는 에어 트랜스포머와 감압밸브의 앞에 설치한다.

그림 5-23 수분제거기의 종류

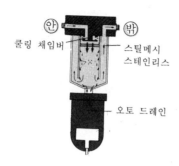

쿨링 채임버

스틸메시
스테인리스

오토 드레인

그림 5-24 수분제거기의 구조

(6) 에어리스 도장기

　에어 분무식과 같이 압축공기의 토출에 의하여 도료를 분사하는 것이 아니고 컴프레서의 공기를 수십배로 승압하여 도료에 직접 압력을 가하여 좁은 노즐 구멍을 통하여 토출시키므로서 도료입자를 미립화하여 분사시키는 것이다. 에어 스프레이 방식과 비교하여 도료와 공기가 섞이지 않으므로 압축 공기에서 발생하는 수분이나 유지에 의한 도막의 결함이 생기지 않고, 에어 스프레이 방식에서 발생하는 수분이나 유지에 의한 도막의 결함이 생기지 않고, 에어 스프레이 방식에서 발생하는 도료의 날림이 없으며, 스프레이 방식보다 2~3배 두께의 도막을 얻을 수 있다. 그리고 에어 스프레이 방식에서 공기의 반발로 인한 모서리나 구석진 부분에 도장이 잘 안되는 경우가 에어리스 도장에서는 생기지 않는 장점이 있다. 에어리스 도장은 도장의 면적이 넓거나 두꺼운 도장 작업에서 스프레이 방식에 비하여 높은 작업의 능률을 올릴 수 있다.

① 에어리스 도장기의 종류

　㈎ 엔진식 에어리스 도장기 : 엔진에 의하여 다이어프램 펌프를 작동시켜 도료에 압력을 가하는 방식으로 전기나 에어라인이 없는 장소에서 사용하기가 용이하고 사용이 간편하다. 따라서 이동이 편리하고 사용이 간편한 장점이 있으나 엔진이 장착되어 소음이 심하고 가격이 비싼 것이 흠이다.

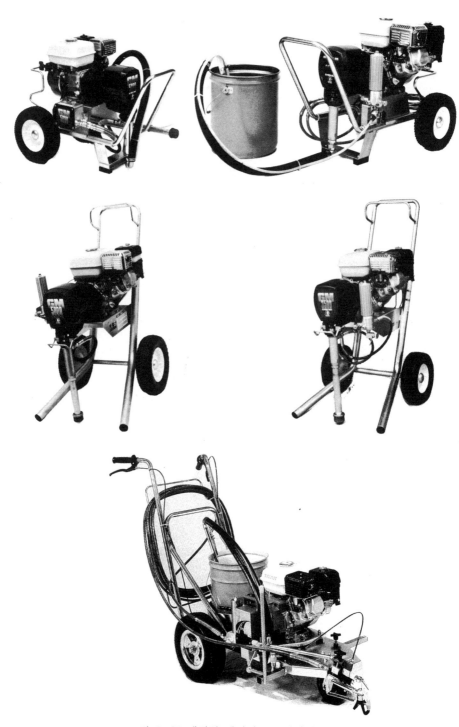

그림 5-25 엔진식 에어리스 도장기의 종류

(나) 공기압식 에어리스 도장기 : 에어라인이 필요한 도장기로 공기의 압력으로 공기 펌프를 작동시켜 도료에 압력을 가하는 방식이다. 공압식 펌프에는 압력비에 따라 여러가지 기종이 있으며 일반적으로 23 : 1, 30 : 1, 45 : 1, 60 : 1 등의 비율을 가진 펌프를 많이 사용한다. 펌프의 압력비에 따른 도장 용도는 23 : 1~30 : 1의 중형 펌프는 건축도장, 가구도장, 산업용 등 점도의 입자가 고운 일반도장 작업에 사용되며 45 : 1~60 : 1의 고압 펌프는 건축, 선박이나 입자가 거친 고점도의 도료에 사용한다.

공압식 에어리스 도장기의 특징은 에어모터가 압축공기로 왕복운동을 하며 대부분 주강으로 구성되어 있어 내구성, 내마모성을 가지고 있으며 전기식이나 엔진식에 비하여 잔고장이 없는 것이 특징이다.

그림 5-26 공압식 에어리스 도장기의 종류

㈐ 전기식 에어리스 도장기 : 다이어프램 펌프를 전기모터에 의해 작동시켜 도료에 압력을 가하는 방식이다. 전기식 에어리스 도장기는 에어라인이 필요없기 때문에 사용이 간편하고 이동이 편리하지만 전기를 연결할 수 있는 현장 조건이 필요하기 때문에 사용 장소에 제한을 받을 수 있다. 기종은 토출압력 220~250bar의 기종이 널리 쓰이며 모터의 마력에 따라 토출량 2~8l/m의 여러 기종이 있다.

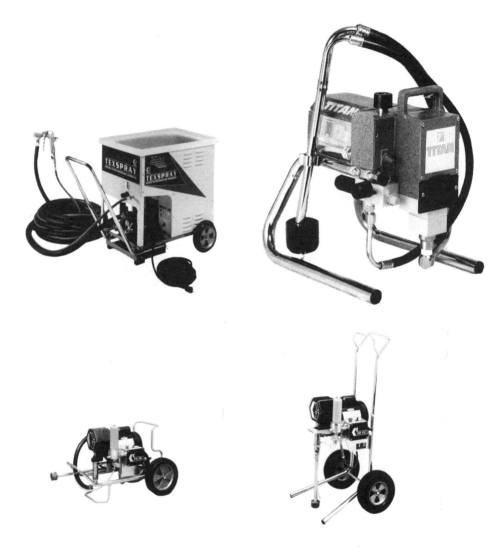

그림 5-27 에어리스 도장기의 종류

② 에어리스 도장기의 구조 : 에어스프레이 장치는 메이커의 종류에 따라 약간의 차이는 있으나 원리는 에어로 구동하는 압축펌프, 에어리스건(분무기, 노즐칩, 호스 등으로 되어

있으며 중요한 것은 압축펌프(플런저 펌프)와 에어리스건이다.

㈎ 압축펌프(플런저 펌프) : 압축펌프는 도료탱크로부터 도료를 빨아올려 가압하는 펌프부와 이것을 움직이게 하는 에어모터부로 되어 있다. 에어모터는 피스톤과 피스톤로드가 상승하면 아래의 가압부는 진공으로 되고 흡입변이 열리며 도료를 빨아올린다.

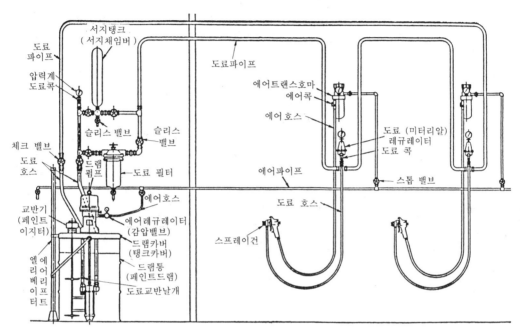

그림 5-28 에어리스 도장기의 구조

피스톤이 하강함에 따라 흡입변이 닫히고, 빨아올려진 도료에 압력이 가해지며 일정한 압력에 도달하게 되면 그 압력으로 도료배출변을 눌러 그 압력으로 배출공을 통해 도료가 에어체임버에 모아진다. 이 에어펌프를 따라 압축하는 공기의 압력과 압축된 도료의 비율이 정해지며 이 비율은 1 : 20, 1 : 30 등으로 구분되는 것이다. 현재 가장 많이 사용되는 것이 1 : 20, 1 : 30 전후의 것이며 도료압으로 평방 센티당 80~120kg 분출량에 1,000~4,000cc 정도의 것이 많이 사용된다.

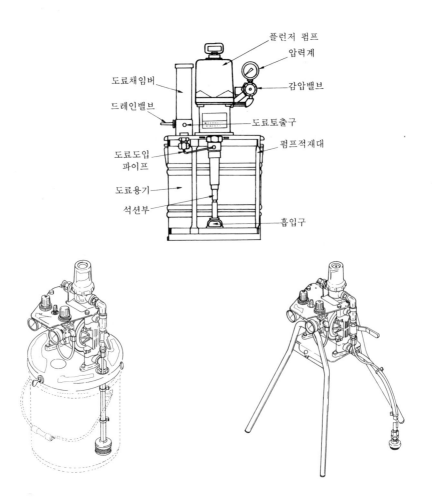

플런저 펌프
압력계
감압밸브
도료채임버
드레인밸브
도료토출구
도료도입
파이프
펌프적재대
도료용기
석션부
흡입구

그림 5-29 에어리스 유닛의 구조와 명칭

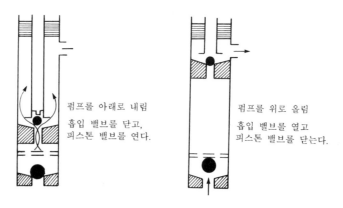

펌프를 아래로 내림
흡입 밸브를 닫고,
피스톤 밸브를 연다.

펌프를 위로 올림
흡입 밸브를 열고
피스톤 밸브를 닫는다.

그림 5-30 에어리스펌프의 흡입과 배출원리

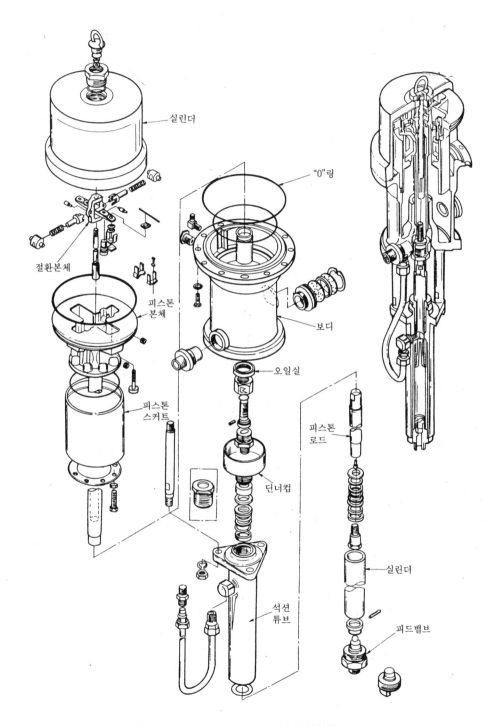

그림 5-31 에어리스펌프와 구성부품

(나) 에어리스건 : 에어리스 스프레이는 압축공기의 힘에 의해 도료를 미립화시키는 것이 아니고 도료자체에 압력을 가하여 분출되는 힘에 의하여 미립화시키는 것이기 때문에 종래의 스프레이건으로는 대용해서 사용할 수 없다. 따라서 에어리스 전용의 분무기를 사용해야 하며, 종류의 수동건과 자동건이 있고 도료의 종류나 도장물에 따라서 달라질 수 있다. 에어리스건의 구성은 에어리스 자체에 도료호스를 직결시켰던 것으로 분무기 본체와 니들방아쇠, 스프링, 노즐기부, 노즐팁, 패킹만으로 구성되어 있다. 에어스프레이건과 달리 공기조절나사와 패턴조정나사 등이 없으며, 방아쇠를 당기면 니들이 당겨져, 도료가 실린더로 들어가 필터로 여과되어 노즐팁으로부터 분출하는 것이며 에어리스건의 생명은 노즐팁에 의하여 결정되며 노즐팁은 칠의 분출량과 패턴, 도막의 성능 등을 좌우한다. 따라서 패턴과 분출량을 바꾸고 싶을 때는 노즐팁 자체를 교체해야 하며 이러한 특성 때문에 노즐팁의 특징과 성능에 대한 자세한 용도를 알고 있어야 한다.

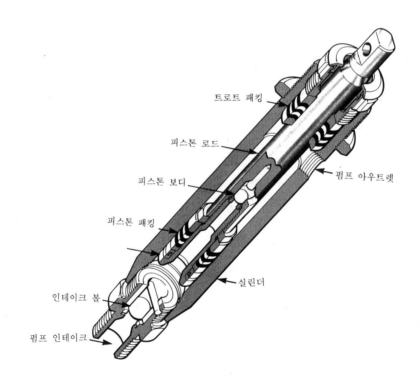

그림 5-32 에어리스건의 노즐 구조

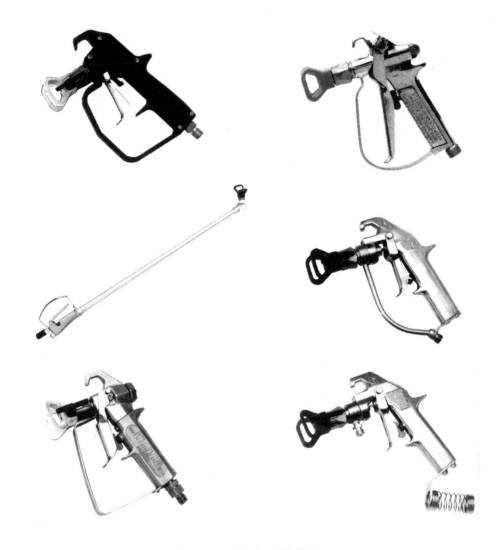

그림 5-33 에어리스건의 종류

㈐ 팁 : 효과적인 도장작업을 위하여 팁의 선정은 매우 중요하다. 스프레이 팁의 성능에
따라 도막의 상태나 재료 및 능률을 좌우할 수 있기 때문이다. 효과적인 도장을 위하
여 올바른 팁을 선정하고 마모된 팁을 정기적으로 교체하지 않으면 스프레이 형태가
일그러지거나 피도물의 부분에 따라 힘과 시간을 소비하게 되며 장비의 마모를 촉진
시키는 결과를 가져온다. 따라서 올바른 사이즈의 팁을 선별하고 팁의 마모시 적절한
교체가 시간과 비용을 절감하고 효과적인 작업 결과를 얻을 수 있다.

㉮ 평팁(flat tips) : 평팁 중에서 가격이 가장 저렴하고 일반적인 팁이다. 텅스텐 카바
이드돔과 타원형 구멍으로 이루어진 평팁은 래커와 에나멜에서부터 점성이 높은 라

텍스(latex) 매스틱(mastic)에 이르는 다양한 도료에 사용할 수 있다. 토출량이 2000 ~5,000cc/min까지이고 패턴폭 5~6cm 정도의 종류가 있으며 스프레이된 도료의 분포가 균일한 것이 좋다.

그림 5-34 평팁

㉯ 파인 피니시 팁(fine finish tips) : 파인 피니시 팁은 이중구멍으로 되어 있으며 매우 부드럽고 미려한 도장을 하게 한다. 이 팁은 주로 미세한 도장에만 사용하며 다른 도장의 형태에는 적합하지 않다. 파인 피니시 팁은 변형 우레탄, 톱코트, 래커 또는 바니시 형태의 스테인과 실러를 칠할 수 있다. 그리고 표준팁에 비해 무화형태의 가장자리가 쉽게 겹쳐지기 때문에 전면에 걸쳐서 일정한 도막 두께를 얻는데 유리하다.

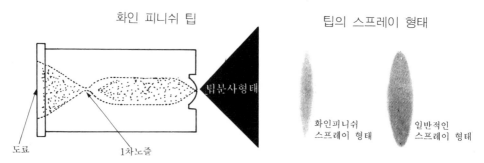

그림 5-35 파인 피니시 팁과 팁의 스프레이 형태

㉰ 랙(Reverse A Clean ; RAC) 팁 : 랙팁은 비가동 시간을 줄일 수 있는 팁으로 원터치로 팁이 막힌 것을 제거할 수 있다. 랙팁은 다양한 사이즈의 팁이 필요한 작업에, 특히 여러 다른 표면을 분사하거나 여러 도료를 사용할 때 좋다. 또한 랙팁은 래커에서 메탈릭 도료까지 다양한 도료를 사용할 수 있으며, 도장의 능률을 높이고 곰보칠하기 등 고급 품질의 도막을 얻을 수 있다.

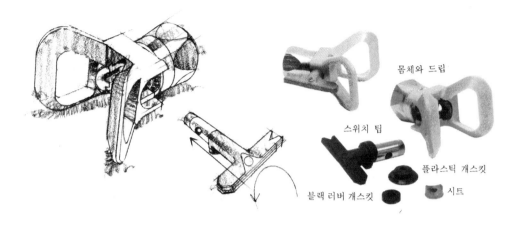

몸체와 드립

스위치 팁

플라스틱 개스킷

블랙 러버 개스킷

시트

그림 5-36 랙팁

㉗ 팁의 마모와 원인 : 같은 팁이 마모되면 0.017팁 사이즈가 되고 같은 분사 조건 하
에서 토출량은 0.30gpm 또는 분당 약 1.5쿼트로 증가한다.

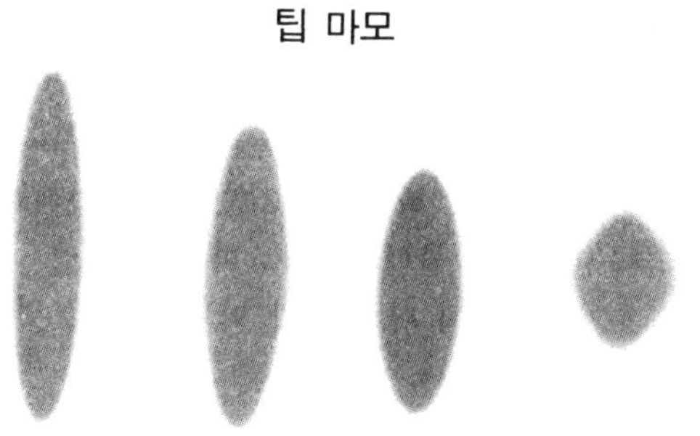

팁 마모

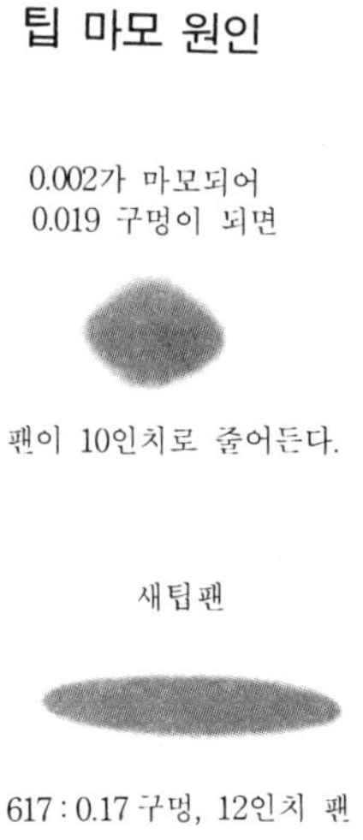

팁 마모 원인

0.002가 마모되어
0.019 구멍이 되면

팬이 10인치로 줄어든다.

새팁팬

617 : 0.17 구멍, 12인치 팬

분사 형태폭	12 인치 (305 mm)	11인치 (280 mm)	9인치 (229 mm)	5.5 인치 (140 mm)
토 출 량	새 515 팁	0.017로 마모	0.019로 마모	0.021로 마모
	1/4 gpm (0.87 lpm)	1/3 gpm (1.14 lpm)	3/8 gpm (1.4 lpm)	1/2 gpm (1.74 lpm)
토출량 증가		+ 30 %	+ 61 %	+ 100 %

팁에서의 압력 : 2500 psi (172 bar) / 분사거리 12″ (305mm) / 라텍스 비중 : 1.35

참 고 : 515 팁은 #4 Zahn cup 20초의 점도를 가진 페인트를 1600 psi (110 bar)에서 분사할 때 노즐에서 작업표면까
지 12″ 거리에서 10″ 분사폭을 산출해 낸다.

그림 5-37 팁 마모와 원인

　　이것은 페인트를 약 30% 더 분사한다는 결과이며 팁의 마모는 패턴의 폭이 줄어
들기 때문에 작은 면적에 페인트가 집중하는 결과를 가져온다. 이러한 마모의 원인
은 마모성 유체를 고압으로 분사했을 때 팁이 마모되며, 도료가 거칠면 거칠수록 팁
을 통해 유체를 밀어내는 압력이 커져서 마모는 심해진다. 고형분이 많이 들어 있는
유체는 심한 마모를 일으키며 도료를 분사할 때 가능한 낮은 압력으로 분사하는 것
이 유리하다. 적정한 압력을 맞추기 위해서는 작업을 시작하기전 낮은 압력에서 패
턴을 실험하고 패턴에서 꼬리가 없어질 때까지 압력을 서서히 증가시킨다. 이렇게
하면 팁의 수명이 길어지고 팁의 마모로 인한 에어리스 도장기의 마모와 모터의 수
명이 길어지고 로드와 실린더 및 패킹의 수명을 연장시킬 수 있다.

(다) 호스 : 에어리스 도장기에는 도료가 고압으로 압축되어 배출되기 때문에 내압성이 우
　　수한 도료용 호스를 사용해야 한다.

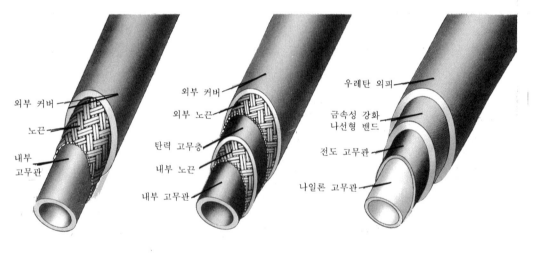

Buna-N(NBR)

(Single braid type shown)

Neoprene(CR)

(Double braid type shown)

Nylon(Static Free)

그림 5-38 호스의 구조

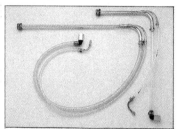

그림 5-39 호스의 종류

　도료 호스는 와이어 블레이드와 섬유블레이드, 나일론 등의 것이 있으며, 싱글밴드 타입과 더블밴드 타입의 것이 있다. 긴 호스를 사용할 때에는 굵은 호스를 사용하고 손잡이 부분만 가는 호스를 접속하여 사용하는 것이 도장을 원활히 할 수 있다. 에어 리스 도장용 호스는 다른 호스에 비하여 고율반경이 크고 값이 비싼 것이 흠이다.

(7) 정전도장 장치

　정전도장의 최초 시험은 1750년 프랑스의 Abbe Noelt에 의하여 시도되어 제 2 차 세계대전 이후 전세계에 보급되어 양산 체제의 도장 설비로 이용하게 되었다. 정전도장은 고압의 정전 기에의 액체가 무화되는 현상을 발견, 이것을 도장에 응용하게 되었으며 이 실험은 양질의 전기 절연체도 매우 어려울 것으로 생각되었으나 정전기의 동극반발 작용에 의해 도료가 무화되어 반대 전극의 이동 흡착되는 현상을 발견하고 이것을 기초개념으로 하여 정전도장의 기초이론을 세운 것이다.

　① **정전도장의 원리** : 정전도장용 도료에는 분체와 액체도료의 2종류가 있으며 도료를 가늘게 무화시켜 정전기의 흡인력을 응용, 도료를 피도물에 도착시키는 것이다. 즉 피도장물을 양극(+), 도료무화장치를 음극(-)으로 하여 서로 당기는 힘을 응용하여 무화도료의 입자를 피도물에 효율적으로 도착시키는 방법이다. 도장의 원리는 고전압 발생기로부터 발생된 고전압이 케이블을 통하여 건 끝의 침상 전극에 가해진다. 건 내부에는 고저항이 내재되어 있어 국부적으로 공기의 절연이 파괴되어 방전(-)이 생겨 음 이온화 구역이 생기고 도료는 건 끝부분에서 에어의 힘에 의해 미립화되어 이온화 구역을 통과하면서 (-)로 대전되고, (-)로 대전된 도료입자는 에어의 힘과 전기력선에 따르는 전기량과의 힘과 합성되어 어스된 피도장물에 도착된다.

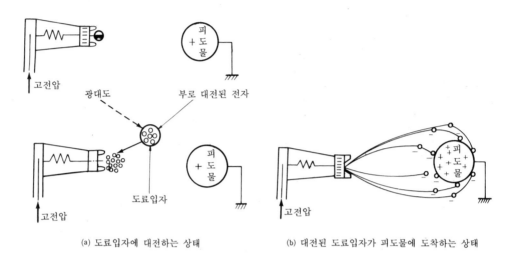

Gun 선단에서의 이온화 상태

(a) 도료입자에 대전하는 상태   (b) 대전된 도료입자가 피도물에 도착하는 상태

그림 5-40 정전도장의 원리

정전도장에서의 고전압은 전압을 4만볼트까지 올려 도착효율을 측정한 데이터에 의하면 4만볼트에서는 20%, 6만볼트에서는 80%, 12만볼트에서는 99%가 된다고 한다. 따라서 정전도장은 적어도 8만볼트가 필요하다. 도착효율은 전압이 높을수록 좋으나 9만볼트 이상에서는 도착효율이 그다지 상승하지 않으며 오히려 스파크의 위험이 있어서 자동건의 경우 보통 8~9만볼트, 수동식에서는 안정성 때문에 6만볼트 정도를 사용하는 것이 보통이다. 도장기에 (-)를 사용하는 것은 방전 효과가 온화하기 때문에 방전현상에서는 다그구로, 브랏슈, 스토리머, 스파크라고 하는 성장과정이 있으나 (-)극으로부터의 방전에는 스토리머가 거의 없기 때문에 고전압을 사용하는 것이 도착효율이 높기 때문이다.

② **피도물과의 거리와 도착효율** : 피도장물과 정전도장기의 거리는 일반적으로 25~30cm 정도가 좋다.

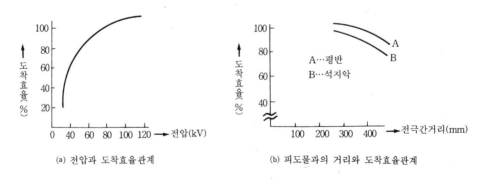

(a) 전압과 도착효율관계   (b) 피도물과의 거리와 도착효율관계

그림 5-41 피도물과의 거리와 도착효율

　　그것은 거리 1cm에 1만볼트가 방전 한계이므로 9만볼트에서는 9cm가 한계선이 된다. 이때 안전율을 2배라고 하면 18cm가 필요하며 행거에 달린 피도물이 흔들릴 경우를 감안해야 한다. 그리고 40cm 이상 떨어지면 도착효율이 상당히 떨어진다.

③ 정전도장 장치의 종류

　㈎ 정치식 정전도장 장치

　　㉮ 디스크형 정전도장 : 피도장물과 회전컵을 가진 도장기 사이에 직접 정전계를 만들고 정전기의 무화작용에 의해 도료를 정전적으로 미립화시켜 피도장물에 도착시킨다. 도장의 패턴은 도넛형으로 되는 것이 특징으로 도료의 낭비가 없이 깨끗하게 도장되는 것이 특징이다. 디스크는 레시프로케이터에 의해 오르내리며 도료를 360° 방향으로 분무한다. 회전 디스크식은 상하운동을 하는 원판에서 원심력으로 도료를 유출하는 것으로 피도장물이 디스크를 중심으로 회전하면서 도장된다. 특징은 컨베이어 속도가 빠를 때에도 도장 시간을 길게 할 수 있으며, 얇게 반복해서 도장하는 것이 가능하고 대량도장이 가능하다. 이 디스크형 정전도장 방식은 도료가 고전압으로 인하여 무화되므로 전기무화식이라고도 한다.

　　㉯ 공기무화식 정전도장 : 도료를 압축공기로 무화시키는 방식으로 디스크형에 비하여 가볍고 부피가 적기 때문에 수동건, 자동건과 같은 분야에 널리 사용된다. 그러나 디스크형에 비하여 건은 내부에 고저항 회로를 갖고 있어 안전성은 높으나 사용전압이 6kV로 낮아 도착효율은 약간 떨어지나 에어스프레이 건에 비하여 2배의 효율을 보인다. 종류로는 무화 노즐의 헤드가 회전하는 사이클론식과 노즐헤드가 고정되어 있는 중앙공식 등이 있다. 도장 패턴은 회전컵식과 완전한 도넛 형태가 되지 않으며 중심부에도 도장이 된다.

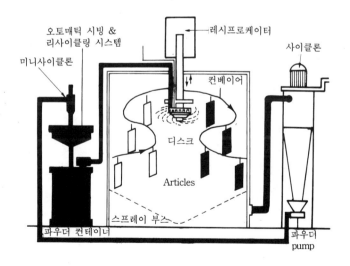

그림 5-42　정치식 도장 장치

㉱ bell type 도장기 : 도장기의 회전에 의한 원심력의 방향과 도장기와 피도물간에 일어나는 전계의 방향이 vector적방향이 되는 원심무화 정전도장기라고 할 수 있다. 컨베이어형 별로 trolley(고가이동) 방식과 flour방식으로 분류된다. bell의 원주로 부터 무화된 도료는 원형의 무화패턴으로 형성되어 컨베이어로 운송된 피도물을 통과시킴으로써 도장된다. 디스크형과 달리 피도물과 도장기 간의 거리를 피도물이 두께나 거리에 의해 인위적 또는 자동적으로 조절할 수 있다. 또 직선 컨베이어를 사용하므로 넓은 피도물에서도 대응할 수 있다. 다만 1개의 피도면에 1대의 도장기가 필요하므로 다면성 피도물을 도장하려면 도장기 수가 디스크형보다 많아져야 하는 단점이 있다.

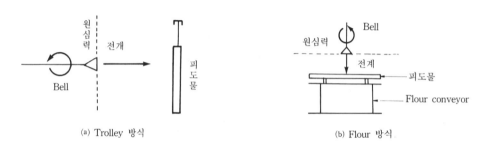

그림 5-43 벨타입 도장기 방식

• 고속 회전형 벨도장기 : 고속 회전형 벨도장기는 도료를 미립화시키는 회전무화부 즉 벨벳과 고속회전하는 베어링부, 역부분으로 구분된다.

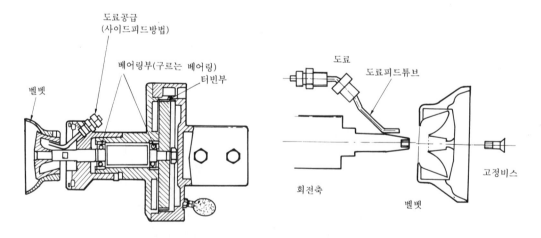

그림 5-44 고속 회전형 벨도장기의 구조   그림 5-45 벨벳의 구조

벨벳은 도료의 원활한 미립화와 깨끗하게 사용해야 하기 때문에 탈착이 용이하게 되어 있으며 베어링부는 고속회전에서 마찰계수를 줄이기 위해 작은 볼베어링을 사용하지만 장시간 사용에 따른 내구성 문제와 윤활유를 공급해야 하기 때문에 윤활유의 누출 등으로 인한 회전불량 등이 있을 수 있는 단점이 있다.

- 센터필드 벨도장기 : 그림 5-46과 같이 센터필드벨의 구조는 도료필드 칩을 속이 비어 있는 회전축 내부에 배치하여 벨도장기의 후면으로부터 공급되게 하였으며 트리가 밸부의 on, off에 의해 벨벳의 중심으로 공급된다. 그리고 도료필드 칩은 이중관 구조로 되어 있으며 트리가 밸부로부터 댄프밸브로 통하고 있다. 센터 벨도장기의 특성은 도료색 교체시 도료필드 칩의 세정 시간이 빠르며 회전축과 벨벳의 체결부가 피칩의 외부에 있으며 벨벳 주위가 부압으로 되어 있지 않기 때문에 도장기 자체의 오염이 적고 도료가 벨도장기의 후부 중심에 공급되어 튀어서 되돌아오는 현상이 적다.

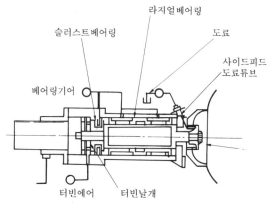

그림 5-46 센터필드 벨도장기의 구조

- 공기베어링 벨도장기 : 공기베어링 벨도장기는 구르는 볼베어링 방식의 벨도장기의 내구성 문제와 윤활유에 의한 도장기의 오염을 해결하기 위해 최근 주류를 이루고 있다. 공기 베어링의 원리는 기체의 점성을 이용하고 빈틈내의 기체 압력을 높이는 물질을 띠우는 방법이며, 압력발생 원리에 의하여 동압형, 정압형, 스퀴즈 필름형으로 구분된다. 그림 5-47에서와 같이 라지얼 및 슬러스트 공동으로 공기 베어링을 채용하고 가압공기가 공급되어 회전축이 부상하고, 후방의 터빈 날개에 에어를 분사하여 고속회전 시키는데 공기 베어링은 베어링부가 비접촉식이기 때문에 6~8만 rpm의 고속회전이 가능하다.

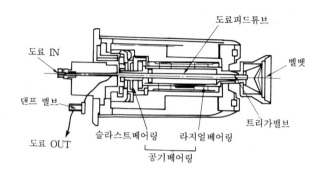

그림 5-47 공기베어링 벨도장기의 구조

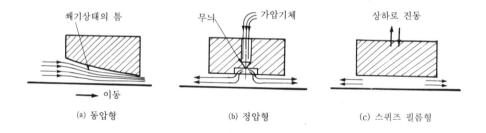

(a) 동압형　　　　　(b) 정압형　　　　　(c) 스퀴즈 필름형

그림 5-48 공기베어링의 종류

• 메탈릭용 벨도장기 : 일반 벨도장기는 패턴의 유속이 늦어 도료가 피도장물에 접촉
됨과 동시에 후렉 상태의 메탈릭 도료가 평행으로 배열되지 않아 메탈릭 색조가 어
두워지는 현상이 발생한다.

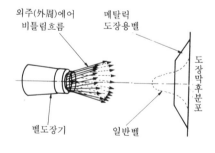

그림 5-49 메탈릭용 벨도장기

그래서 일반 벨도장기의 회전 속도를 낮추고 패턴 유속을 높여주면 도장막후 분포가 삼각형으로 형성되는 단점을 개선하여 도장막후 분포를 평탄하게 넓히는 패턴을 만들기 위해 패턴 에어를 비트는 방향으로 조절하여 메탈릭용 벨도장기를 개발하였다.

(나) 수동식 정전 도장기 : 에어로 도료를 미립화하여 그것을 정전기로 피도장물에 도장하는 방법이며 도장건은 플라스틱이나 알루미늄합금 등으로 만들어 한 손으로 용이하게 조작할 수 있게 만들었다. 방아쇠를 당기면 도료가 분출되며 동시에 고전압이 발생하면서 도장이 되는 원리이다. 즉 수동식은 공기무화식 정전도장기로 스프레이건과 같은 무화기구와 방전위치는 고전압의 극에 있고 동체는 전기절연체이며 손잡이는 접지측이 된다. 방아쇠의 당김으로 스위치 역할을 하며 도료와 고전압의 공급과 차단 역할을 한다.

무화된 공기는 그림 5-50에서와 같이 컴프레서, 자동트랜스, 공기압력조절기, 블로우스위치를 통해 정전건에 도달하게 되고 도료는 도료공급장치를 통해 정전건으로, 고전압은 직류 고전압발생기를 통해 정전건에 도달하여 방아쇠를 당기면 도료를 미립화시키고 미립화 입자에 대전시켜 피도물에 도착된다.

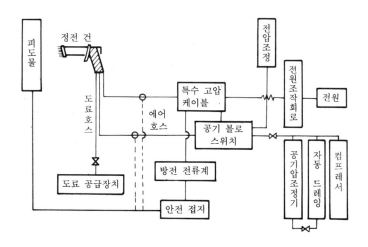

그림 5-50 수동식 정전도장 장치

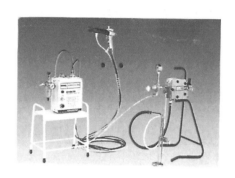

그림 5-51 수동식 정전도장기의 종류

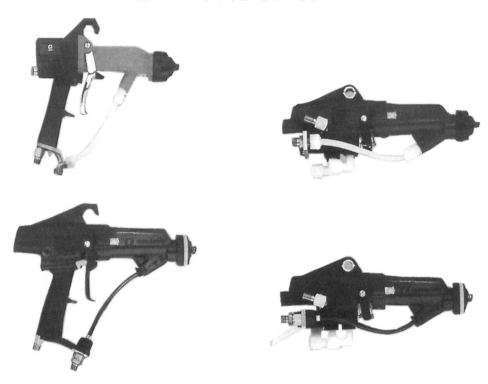

수동건   자동건

그림 5-52 정전도장용 건의 종류

(8) 자동도장기

자동도장기는 분무작업에 비하여 인원절감과 품질향상, 위생 등을 목적으로 개발되기 시작하여 현재 많은 분야에서 사용되고 있다. 자동도장 장치는 일반적으로 피도장물의 형태에 따라서 종류가 나뉘는데 레시프로케이터(reciprocater)장치에 장착하여 수직 또는 수평으로 이동하면서 컨베이어로 이송되어온 피도물을 도장하는 방식이다. 이것은 곡면처리에 적합하지 못해 곡면이 많은 피도장물을 효율적으로 도장하기 위하여 도장 로봇을 사용하고 있다.

① **자동도장 장치의 종류 및 구조** : 자동도장 장치에는 레시프로케이터 캐리지에 스프레이건을 직각으로 부착시켜 상하운동을 이용한 측면 도장기와 구조적으로는 측면용 도장기와 비슷하나 수평이동을 이용한 평면용 도장기가 있다. 레시프로케이터 도장 장치는 컨베이어로 이송되어온 피도장물의 이송 방향에 따라 일정하게 발생하는 전기 신호를 계수(計數)화 하여 프로그램 신호를 도장기로 보내 on−off로 자동적으로 제어한다. 제어장치는 기억부, 연산부, 제어부로 구성되어 현재 전자제어방식이 많이 사용되고 있다. 자동도장은 요구되는 도막의 두께, 단위시간, 도장면적에 따라 도료점도, 도료의 토출량, 패턴의 크기, 컨베이어의 속도, 도장기 레시프로케이터의 속도 등을 계산하여 도장에 가장 적합한 계수를 입력한다.

도막의 균일화는 도장기의 레시프로 속도, 컨베이어의 속도 및 패턴에 따라 달라지는데 다음과 같은 식으로 산출할 수 있다.

$$고장기속도(m/min) = \frac{컨베이어의속도(m/min) \times 레시프로범위(m) \times N}{패턴의\ 크기(m)}$$

＊N＝한개의 패턴내에 있어서의 도장기의 통과 수

수직 왕복 분사기

그림 5−53 레시프로케이터의 종류

　　그리고 자동도장기의 꽃인 로보트 도장장치는 피도물의 형태에 제한을 받는 레시프로
케이터 도장 장치를 개선하여 피도물의 형태에 따라서 사람의 팔처럼 움직이며 도장할
수 있게한 장치인데 1980년경 부터 가전업계나 자동차 업계로부터 도입이 본격화되었다.
도장 로보트는 좌표계에 의한 형식과 교시 방식에 의한 종류가 있으며 인간의 팔, 손에
해당하는 다관절식과 이동이 필요한 경우 주행측을 설치하기도 한다.

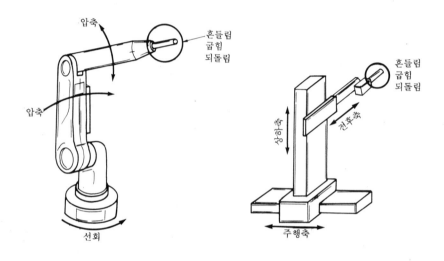

그림 5-54　좌표계 형식에 의한 도장로봇

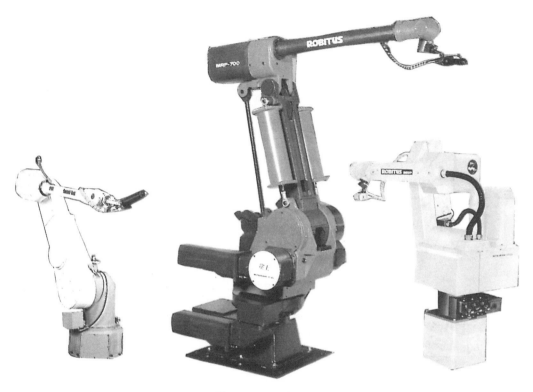

그림 5-55 도장로봇

② 자동도장 장치의 원리(전기무화식을 중심으로)

　㈎ 자동도장 장치는 도장기 본체와 제어장치로 구성되며 부대 장치로 도장건 및 제어장 치와 컨베이어 장치 등이 필요하다. 전기무화식을 중심으로 도장기가 작동하는 과정을 살펴보면 중앙 통제 컴퓨터에서 rpm을 정하면 드라이빙 에어(driving air-벨타입 분 무기의 터빈을 구동하기 위한 공기로 0.5~2bar의 힘을 사용하며 순간적으로 5~6bar 까지 올라갈 경우도 있다.) 전자조절판에서 전자회로로 전기적 에너지로 변환시켜 드 라이빙 에어를 움직이게 하여 터빈의 샤프트 연결부의 회전을 유도한다.

드라이빙 에어

그림 5-56 드라이빙 에어

　벨의 회전 속도는 광섬유가 터빈의 속도를 측정하는 광케이블로 감도를 수치화 시켜서 rpm을 측정하여 전기적인 시그널로 전환하여 전자조절기판에서 rpm을 판단하고 과도할 경우 중앙통제 컴퓨터에 신호를 보내면 중앙 통제 컴퓨터에서 브레이크 에어의 동작을 지시하여 터빈을 감속시키게 되는 과정을 순간적으로 순환하면서 회전수를 조절한다.

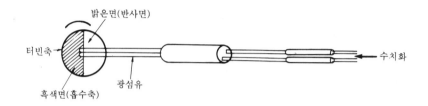

그림 5-57 광섬유의 속도측정 원리

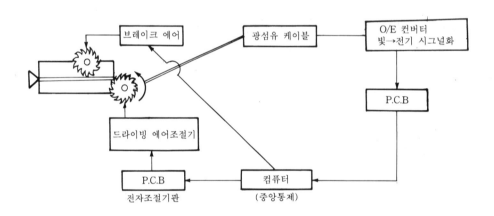

그림 5-58 벨스피드 조절원리

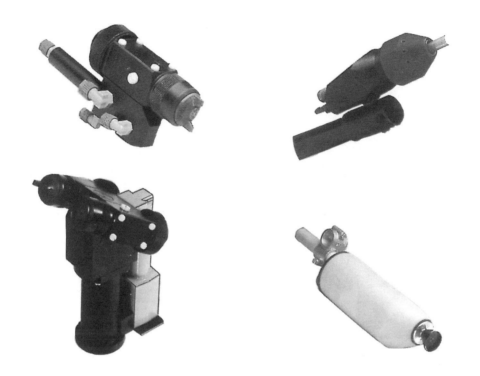

그림 5-59 자동도장용 건

(내) 컬러 체인저 시스템(color changer system) : 제어 장치로부터 컬러 선택 신호에 의해 자동적으로 색을 교체하는 장치로 색교환 분기관, 신너밸브포트와 세정장치로 이루어져 있으며 모두 에어에 의해 조작된다. 세정시에는 컬러 체인저로부터 스프레이건까지 도료의 배출을 위해 에어를 계속해서 공급하며 차이가 있는 에어와 신너를 교대로 이송해서 세정하고 다음 색을 공급한다.

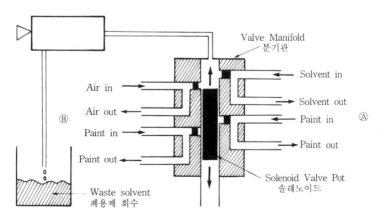

그림 5-60 컬러체인저 기본 원리도

㈐ 제어장치 : CPU(Center Processing Unit)에서 디지털방식으로 지시한 내용을 아날로그 방식으로 변환하여 서브밸브로 이송하여 유량을 제어하며 제어된 유량이 유압실린더를 가동하여 기계부를 가동시킨다. 로보트의 도장물에 대한 지시를 용이하게 하기 위하여 오프라인 로보트를 설치하고 온라인으로 오프라인과 동일한 위치에 피도장물과 머니플레이터를 설치하여 지시를 용이하게 하고 머니플레이터에서 발생하는 오차를 측정하여 실프로그램을 작성, 온라인으로 지시하게 된다.

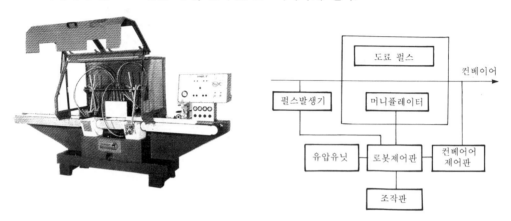

그림 5-61 자동제어 시스템

(9) 분체 도장기

일반적으로 도료는 용제나 단량성 반응체에 용해시켜 액상 상태로 피도물에 도장한 후 용제를 휘발시키는 방법 등을 통해 도막을 형성하는 것이지만 분체도료는 용제형 도료에 있어서 용제, 물 등에 불필요한 성분을 포함하지 않은 100% 고형분의 분말상 도료이다. 즉 분체 도료가 용제형 도료와 크게 다른 점은 공기중에 휘발되는 희석제와 용제가 포함되지 않다는 것과 분말화되어 있는 것이며 특성으로 용제에 의한 중독, 화재의 위험이 없고 대기오염이나 도장실의 배수 등에 대한 공해가 없으며 저장이나 수송이 유리하여 안전하고, 도막 형성시 주름현상, 흐름현상 등이 없어 점도 조절이 필요없고 도장 작업이 간편하고 도장 후 세팅이 필요없어 도장공정을 단축시킬 수 있다. 또한 도착된 도료는 100% 도막을 형성하기 때문에 1회 도장으로 두꺼운 도막을 얻을 수 있고 도착되지 않은 도료는 회수할 수 있는 경제성이 있으나 색상 변경이 수시로 요구될 경우 청소 시간이 오래 걸리며 박막형성이 곤란하고 가열 온도가 높다는 단점이 있다. 분체도장 방법에는 여러가지 방법이 고안되고 있으나 정전분체 도장법이 가장 많이 이용되고 있으며 일반적으로 유동침적법, 정전유동침적법, 용사도장법 등이 있다.

① 분체 도장법

㈎ 정전분체 도장법 : 고전압하에서 음(-)으로 대전된 분체를 피도물에 분사하여 전기적

으로 부착시킨 후 가열 경화시켜 도막을 형성하는 방법이다. 이 방법은 분체도료가 전기 절연성을 갖고 피도물이 도전성인 것이 필요하며 분사된 절연분체입자가 도전성인 피도물에 도착되어 역극성의 전기가 서로 당기는 힘에 의해 피도물 표면에 분체도료 입자가 고정되게 된다. 그리고 전기 평형 현상이라 하여 분체도료가 어느 정도의 두께로 부착되면 서로 반발하게 되어 그 이상의 두께로는 부착되지 않는 성질을 말하며 이 현상이 피도물의 도막을 일정하게 해주는 원리가 된다.

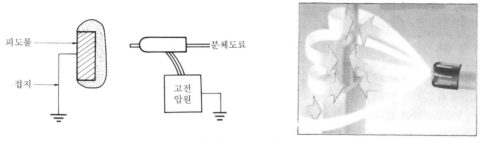

그림 5-62 정전분체 도장법의 원리

㈏ 유동침적법 : 다공판을 통해 공기, 질소가스를 불어넣어 분체를 유동시킨 상태에서 예열된 소재를 집어 넣어 도장하는 방법으로 열가소성 수지계 도료에 많이 쓰이는 방법으로 선재나 망, 파이프 등의 피도물 도장에 적합한 방법이다.

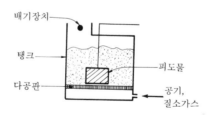

그림 5-63 유동침적법 원리

㈐ 유동침적법과 동일한 방법이나 예비가열을 하는 대신 정전기를 이용한 방법이다. 그림 5-64에서와 같이 밑부분에 직류 고전압을 가한 얇은 분체도료유동층을 만들고 그 위에 형성되는 대전된 도료에 상온의 피도장물을 넣어 도료를 정전력으로 도착시킨 후 소결시킨다. 정전유동침적법은 유동층 자체에 피도물을 넣는 것이 아니기 때문에 도막의 두께가 정전 도장법과 유사하다. 피도장물의 오목한 부분 등은 도장이 곤란할 경우도 있다. 그리고 정전유도침적법은 유동화를 위한 공기를 사용하지 않으므로 배기처리 장치가 필요없어 소형화시킬 수 있고 색의 교체가 다른 분체 도장법에 비교하여 용이하다.

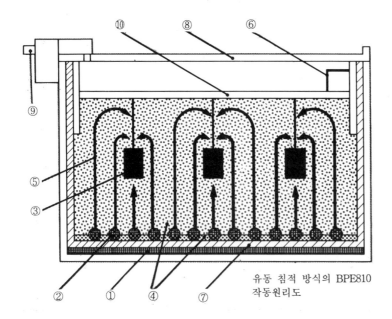

① 전극(갑)
② 전극(을)
③ 피도체
④ 분체도료
⑤ 도료가 부착되는 과정
⑥ 접지(어스)
⑦ 도장기 본체
⑧ 작업용 덮개
⑨ 통풍 연결부
⑩ 피도체걸이(행거)

유동 침적 방식의 BPE810
작동원리도

그림 5-64 정전 유동침적 방식의 원리

㈑ 용사도장법 : 고온가스와 같이 도료분체를 용융시키면서 피도장물에 분사하여 도막을 형성하는 도장법으로 고온가스의 발생에는 가스의 연소나 플라스마를 이용한다. 적용되는 분체도료로는 EVA, 나일론, 고밀착성 폴리에틸렌, 신속경화성 에폭시 등이 있으며 피도장물은 150~200℃로 예열되는 경우가 많다. 현장도장이 쉽고 도장 후 소결이 필요없어 대형기계의 후막 가공 등에 많이 이용된다.

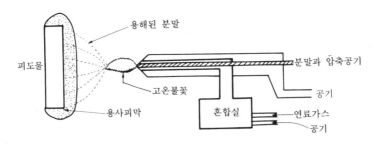

그림 5-65 용사법의 원리

② 도장방법별 특성 비교

도장방법	장　점	단　점	적용도료 종류
정 전 분체도장법	• 예열에 의존하지 않기 때문에 피도물의 열용량이 다른 경우에도 일정한 도막두께가 얻어진다. • 피도물의 형상 및 크기에 관계없이 도장이 가능, 자동화가 쉽다. • 회수와 재사용이 가능하다.	• 색상의 교환에 시간이 걸린다. • 정전장치 및 회수장치 등의 설비가 필요하다. • 복잡한 형상의 피도물은 도장이 어렵다.	• 에폭시 • 아크릴 • 폴리에스테르 • 에폭시- 　폴리에스테르 • 폴리에틸렌 • 염화비닐 등
유 동 침 적 법	• 한번에 전면도장이 가능하며 복잡한 형상도 균일하게 도포 가능하다. • 컨베이어와 결합하면 자동화와 대량생산이 가능하다. • 특별한 기기가 필요없이 작업이 간단, 시공비가 저렴하다.	• 피도물의 두께가 얇으면 이용이 불가능하다. • 균일한 예열이 곤란하며 성능이 우수한 가열로가 필요하다. • 소량의 도장시에도 tank 내에 일정량의 도료가 필요하다. • 도막두께 조절이 어렵다.	• 폴리에틸렌 • 염화비닐 • 폴리프로필렌 • 에폭시
정전 유동 침 적 법	• 자동화와 대량생산이 가능하다. • 설비가 간단하며, 설비비가 저렴하다.	• 평판의 양면이나 긴피도물의 균일한 도장이 불가능하다. • 유동조의 크기에 한계가 있으며, 대형의 피도물을 도장할 수 없다.	• 염화비닐 • 폴리아미드 • 폴리에틸렌
용 사 법	• 현지시공이 가능하다. • 금속, 포(布), 콘크리트, 도기 등 피도물의 폭이 넓다.	• 복잡한 형상의 피도물에는 시행이 어렵다. • 고온의 화염을 통과하기 때문에 도막이 열화하기 쉽다. • 수작업이므로 균일한 도막 두께를 얻을 수 없다.	• 폴리에틸렌 • 폴리아미드 • 염화폴리에테르

③ 분체도장용 기기설비

㈎ 정전분체 도장기

㉮ 건 : 도료공급 장치에 의해 도료호스로 이송되어 온 도료가 건끝에 피도장물을 향하여 30~100kV 정도의 고전압을 가한 전극이 분체를 대전시키기 위하여 코로나 방전을 하고 핀으로부터 피도장물로 향하는 전례를 만든다. 도료호스를 통해 반송되어 온 도료분해가 피도장물을 향해 분사되며 건에서 돌출된 분체는 피도장물의 형태에 따라 돌출패턴을 조절할 필요가 있으며 그림 5-67에서와 같이 여러가지 방법이 사용된다.

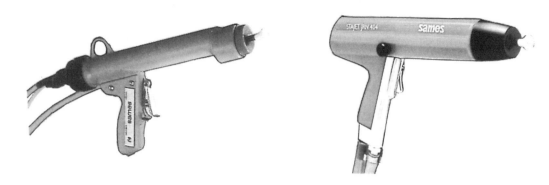

그림 5-66 분체 도장건

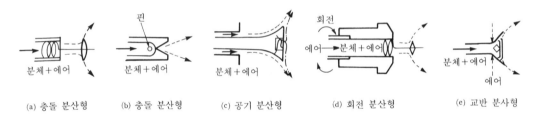

(a) 충돌 분산형   (b) 충돌 분산형   (c) 공기 분산형   (d) 회전 분산형   (e) 교반 분사형

그림 5-67 토출패턴의 조정법

(나) 도료 공급장치

　㉮ 유동층 인젝터 방식 : 도료탱크 밑부분의 다공판을 통하여 분무되는 공기에 의해 유동화된 분체도료를 인젝터의 노즐로 분무 주입되는 구동공기에 의해 흡출하여 호스를 통하여 건까지 공기를 반송한다. 도료의 공급량을 구동공기가 조절용 공기의 압력을 기준으로 조정하여 도료를 분출하는 방식이다.

　㉯ 벌크 인젝터 방식 : 탱크상의 도료를 교반하면서 직접 인젝터를 흡출하여 공기 반송을 하는 방식이다. 벌크 인젝터 방식은 호스 내면에 도료가 부착되거나 도료 레벨의 변동, 건 레벨의 저하 등에 따른 여러 가지 원인으로 시간이 경과함에 따라 도료도출량이 감소할 수 있으며, 감소량을 감안하여 도료를 15~30% 정도 증가 분무해야 하고 정확한 양을 자동 공급할 수 있는 도료공급 시스템을 설치하는 것이 좋다.

　　분체도장기의 도료공급에 있어서 소형장치로 색의 교체가 자주 있을 때는 탱크의 도료 배출이 쉽고 청소가 용이해야 하며 색에 따라 탱크를 준비할 경우는 카세트의 탈착이 용이한 도료탱크를 선택해야 한다.

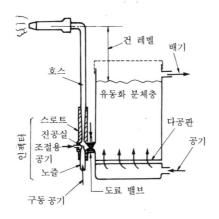

그림 5-68 유동층 인젝터 방식의 원리

(다) 분체도장실 및 회수장치

㉮ 도장실 : 정전분체도장의 경우 도장건에서 공기와 함께 대전된 도료를 토출하여 피
도물에 도착시키는 방법이기 때문에 부스내의 공기흐름이 도장성능 즉 도착 효율과
도료의 부착성에 미치는 영향은 매우 크다. 수동도장의 경우 작업자의 뒷면에서 공
기를 불어넣어 흡입공을 향하여 균일한 바람의 흐름이 되도록 해야 하나 자동의 경
우에는 필요하지 않다. 보통 개구부의 풍속은 0.3~0.5m/sec이다.

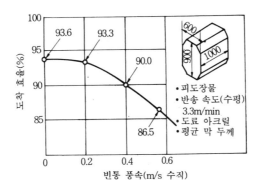

그림 5-69 도착 효율에 미치는 풍속영향

분체도장실은 분진이 밖으로 비산하지 않아야 한다. 가장 중요한 문제점으로 불충
분한 경우 환경을 오염시킬 수 있으며 개구부의 크기나 풍량, 흡입공의 위치에도 유
의해야 한다. 풍량이 지나칠 경우 도착 효율이 떨어지므로 주의해야 한다. 도장실의

내벽은 평탄하게 하여 도료를 쉽게 하고 가열성의 재질을 피하여 알루미늄, 스테인 리스나 철판을 사용하는 것이 좋다. 그리고 도관은 저항이 적은 재질을 사용하여 분진이 쌓이지 않도록 해야 하며 색의 교환이 잦을 경우를 대비해 손쉽게 제거할 수 있어야 한다.

그림 5-70 분체도장실

㉯ 회수장치 : 회수기에는 사이클론형, 백필터형, 병용형으로 분류되는데 사이클론형은 원심력을 이용하여 공기와 도료를 분리하는 방식인데 단점으로는 회수효율이 떨어지며 백필터 형식은 자루모양의 여과기를 분리하는 방식이다. 이 방식은 여과기의 눈이 막히는 단점이 있고 병용형은 사이클론형과 백필터형을 결합한 것이다.

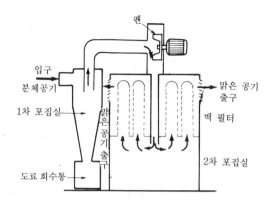

그림 5-71 사이클론과 백필터 병용 회수장치

⑽ 전착도장

1963년 미국이 포드사와 영국의 프레스드 스틸사에 의해 개발된 전착 도장은 수용성 도료의 용액속에서 피도장물에는 양극을, 도료탱크에는 음극의 직류 전압을 걸어서 도료를 전기적으로 피도물에 도착시키는 방법이다.

그림 5-72처럼 수지의 (-)이온은 (+)극에 당기어 (+)극에 도달되면 전자를 방출하여 수지로서 극판 위에 석출한다. 금속 도금시의 금속 이온이 극판 위에 석출하는 현상과 같다. 단지 금속 이온은 (-)극에 석출하기 때문에 극성을 달리한다.

수지 분자가 극에 당겨 이동하는 현상을 전기 영동이라 하고, 극판에 부착하는 현상을 전착이라고 하기 때문에 전착 도장을 전기 영동 도장이라고도 한다.

붓 도장이나 분무 도장과 달라 도료를 뒤집어 씌우는 격으로 담갔다 내놓는 것이므로 도료는 구석구석까지 들어가며, 도막은 균일하게 부착되는 합리적인 도장법이다.

① 전착 도장 장치

그림 5-72는 가장 간단한 전착 도장장치의 구성도이다. 양산 도장이 되면 역시 자동화 도장이므로 컨베이어 시스템이 된다. 피도물이 컨베이어의 이동으로 운반되므로 여기에 따라 설치가 된다.

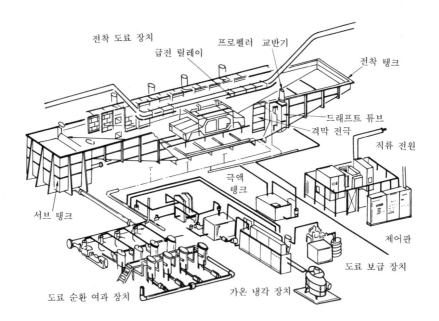

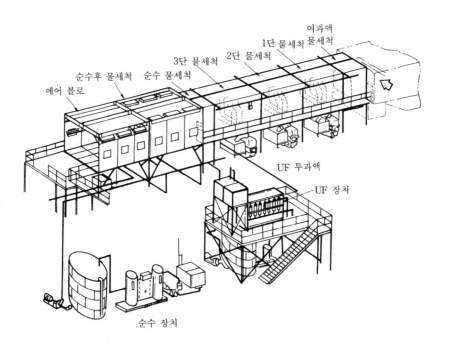

그림 5-72 전착 도장 장치도

㈎ 도료 탱크 : 도료 탱크는 탱크 몸체와 서브 탱크로 이루어지며, 탱크 몸체가 전극 (−)
가 될 때에는 재질은 강판으로 만들어지나 별도로 (−)극을 설치할 때에는 전기 절연
재로 만든다. 크기는 단위시간의 생산량과 피도물의 형태, 크기 등에 따라 결정된다.

탱크 벽에서 피도물과의 거리는 대형물(예를 들면 자동차 보디)에서 500~600mm,
소품(부품 등)에서는 200~300mm의 거리를 둔다. 즉, 그만큼 크게 할 필요가 있다. 탱
크 벽은 (−)극, 피도물은 (+)극이므로 이것은 접촉을 피하기 위해서이다. 지나치게
좁으면 도료액의 교반이 불충분해진다.

㈏ 도료 순환 장치 : 탱크 내의 도료 농도는 매우 엷기(불휘발분 10% 내외) 때문에 침전
되기 쉽고, 또 도료 속의 성분 분산이 균일하지 못하면 도착 효과에도 문제가 생긴다.

전착시 피도물에 가까운 부분은 피도물에 흡착되어 부분적으로 농도가 엷어지는 경
우도 생기므로, 도료액은 펌프로 서브 탱크에서 탱크 몸체로 보내지며, 오버 플로시켜
서브 탱크로 되돌아오는 순환으로 교반을 계속시킨다.

이 몸체 내의 순환 도료의 유속은 0.5m/sec, 표면 유속은 0.7m/sec 정도가 가장 알
맞다.

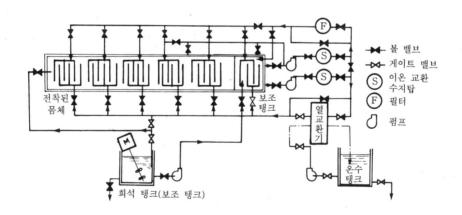

그림 5-73 도료액의 배관 계통 회로도

수용성 도료이기 때문에 거품이 생기기 쉬우므로 순환의 방향성은 컨베이어 진행 방
향의 반대로 된다. 여기에 사용되는 배관 계통은 그림 5-73과 같다.

탱크 내의 배관에는 노즐이 200mm 간격에 1개씩 설치되며, 청소시 또는 점검 등을
위하여 수많은 밸브가 사용된다.

㈐ 온도 조정 장치 : 도료의 온도가 변하면 전류의 흐름도 변하여 도막에 영향을 미치게
된다. 통전 중에는 전기 분해열이 생겨 액의 온도는 오르기 때문에 여름철에는 냉각을
시킬 필요가 있다. 겨울철에는 주위 환경이 냉하기 때문에 도료 온도도 내려갈 우려가
있다.

도료 온도는 25~35℃가 가장 적당하기 때문에 여기에 상응되도록 냉각 또는 난방을 고려해야 한다. 액 속과 도료 순환계통에 열교환으로서 가열 냉각 코일 또는 다관을 넣어 여름에는 물, 겨울에는 온수를 통과시켜 온도를 조절시키는 장치이다.

㈃ pH 조정장치 : 그림 5-73 중의 이온 교환 수지탑이 pH 조정 장치이다. 통전중에는 도료액의 유리 아민이 축적되어 pH는 상승한다. 아민의 양이 과대해지면 재용해, 수세 박리, 도착량이 감소가 되고, 아민이 과소하면 도막면이 거칠어지며, 분산 불충분 현상을 일으키기 때문에 조정 장치가 필요하다. pH 조정에는 다음과 같은 것이 있다.

㉮ 저아민 도료 보충법 : 피도물에 도막이 되어 반출(소모)되는 도료를 보충할 때에는 (−)극에서 생성된 아민을 중화시키기 위하여 저아민 도료를 보충하는 법이다. 보통 불휘발분 30~70%의 저아민 도료를 전착 도장작업 종료 후에 투입시켜 놓으면 밤새 교반을 하기 때문에 다음 아침 작업시에는 균일한 도료액이 된다.

㉯ 이온 교환 수지법 : 도료액을 양이온 수지로 채운 탑속을 통과시켜 과잉된 아민을 제거시키는 방법이다.

㉰ 적막법 : (−)극을 특수한 이온 교환막으로 유리시켜 (−)극에 유리된 아민을 제거시키는 방법이다. pH는 도료 메이커에 따라 다소의 차이는 있으나 8±0.5 정도이며, 도료에의 비저항은 아민의 양, 용제량 또는 이온 등에 따라 달라진다. 이온이 증가하면 비저항은 낮아진다. 역으로 비저항이 낮아진다는 것은 이온증가를 나타낸다. 즉, pH 상승에 연관된다. 비저항이 표준관리 이하가 되었을 때에는 이온을 제거시키게 된다.

pH 조정관리는 도료액의 비저항 측정시에 할 수 있게 된다. 이 저항의 표준은 도료 메이커에 따라 차가 있으나 800±200cmΩ 정도이다.

㈄ 도료 공급 장치 : 도료액 농도는 전착 작업중 서서히 엷게 되기 때문에 일정한 상태로 하기 위하여 보조 탱크에 미리 고농도의 도료를 저장해 두었다가 필요에 따라 펌프로 탱크에 보급시킨다. 도래액의 불휘발분은 9~12% 정도의 범위에서는 도착 상태에 별 지장이 없으므로 하루 두번 정도 보충시킨다.

㈅ 도료 여과 장치 : 도료액은 탱크 몸체에서 서브 탱크, 그리고 다시 탱크 몸체로 순환을 한다. 장시간 운전 중에는 먼지 또는 도료 가스 등의 불순물이 생겨 혼입되기 때문에 도료액 순환계통이다.

여과통을 설치하든가, 서브 탱크 속에 100메시, 50메시의 2단식 여과시킨다. 가급적 정밀 여과장치를 하면 한층 효과가 있다.

㈆ 집전 장치 : 피도물은 (+)극이 되며, 컨베이어는 보통 어스 전위이기 때문에 컨베이어와 전기를 절연시켜 놓아야 한다.

피도물이 이동하면서 전류를 받으므로 컨베이어에 동 레일이 부실되어 행거에 부착되어 있는 마찰 동자가 접촉을 강하게 유지하면서 집전한다. 피도물은 이 마찰동자부터 보통 케이블에 접속되어지나, 전류가 적은 것에는 행거 자신이 통전하여도 좋다.

대형물은 전류가 커지므로 집전자의 구조, 피도물로의 그릿트 등을 특히 검토 고려하여야 한다. (+)극을 어스 측으로 할 경우 집전장치는 필요없다. 그러나 도료 탱크를 절연시키고 도료액 속에는 (-)극을 설치시켜야 한다.

㈔ 전원 장치 : 전착도료 안에서 피도장물과 마주보는 전극 사이에 직류 전압을 가하면 처음에는 급격한 전류가 흐르나 곧바로 감소한다. 전압은 직류이어야 하므로 직류 발전기 또는 세렌, 실리콘 등의 정류기를 사용하여 교류를 직류로 정류시켜 사용한다.

산업적으로는 정전류보다 정전압으로 사용되기 때문에 유전 전압 조정기나 오우드 트랜스 등의 정전압 조정기가 필요하다.

㈔ 수세 샤워 장치 : 물세척이 완전하지 못하면 전착 도막상의 미전착 부착 도료에 의해 도료의 흘림, 번짐, 부풀음 등이 생겨 외관이 불량하게 된다. 묽은 농도라 할지라도 피도물면에는 전착 이외의 즉, 침적 도장시의 도료가 도착되므로 도면을 곱게 또는 도막을 균일하게 마무리하기 위해서는 그런 여분의 도료는 씻어버리는 것이 좋다. 제 1 회 수세는 순환수, 제 2 회 수세는 신선수를 사용하면 도면은 보다 깨끗하게 된다.

이와 같이 전차 도장에는 여러가지 장치가 필요로 하며, 각 장치의 관리가 이상적으로 잘 되어야 좋은 도막이 생기게 되므로 기능적인 면보다 오히려 관리를 어떻게 요령있게 하는가에 달리게 된다.

특징은 도막이 일정한 두께 이상은 부착하지 않는다는 것과 도막이 흘러쳐지는 현상이 있다는 것이며, 구석구석까지 도료가 침투된다는 것이다. 이것은 도막 형성 과정에서 도료 미립자가 도착함에 따라 도막의 전기 저항치가 높아져서 도착되기가 어렵기 때문이다. 같은 것이 있다고 하더라도 도막은 균일하게 된다. 1회도 만으로 완성해야 되며, 2회도는 불가능하다.

도장상 색상 교환은 도료 순환회로의 모든 계통을 청소하기에는 시간이 걸리며, 실제 생산상 불가능에 가까운 결점도 있다.

② 전착 도장 공정

전착 도장 공정의 전처리에서부터 건조까지는 다음과 같다.

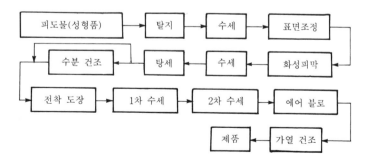

그림 5-74 전착 조장 공정도

⒜ 탈지 : 탈지가 불충분하면 화성 피막이 불균일하게 되어 전착 도장 후 도막에 얼룩이 생기기 쉽다.

　　　탈지제에는 일반적으로 알칼리성의 것이 사용되며, 액온 50~60℃, 스프레이 샤워 1분 정도, 액 압력은 1.0~1.5kg/cm²이다.

⒝ 수세 : 수압 1.0~1.5kg/cm²이며, 시간은 1분 정도이다.

⒞ 표면 조정 : 샤워 스프레이시에는 미 알칼리성의 표면 조정제가 있으나 탕세를 해도 좋다고 한다. 온도는 40℃ 정도이다.

⒟ 화성 피막 : 전착 도장시에는 인산 아연염이 전기분해시 이온이 유출되기 어려우므로 적합하다. 결정성의 것이므로 2~3μ 정도의 박막이라도 효과는 있다.

⒠ 탕세 : 온도 60℃ 정도에서 1.0~1.5분 정도이다.

⒡ 수분 건조 : 수분 건조도 반드시 해야 한다는 것은 아니다. 피도물이 젖은 상태에서 전착되면 색 얼룩, 도막 불균일이 발생하는 수가 있다. 특히, 엷은 담색계에서는 눈에 나타난다. 또 전처리시 아연, 인산 등의 이온이 도료액에 혼입되는 경우도 생기게 되므로 수분은 건조시킨 것이 안전하다. 이때 완전 건조가 지나쳐도 전착 성능을 낮추는 경우가 있으므로 조심하여야 한다.

⒢ 1차 수세, 2차 수세 : 도막면을 좋게 하기 위하여 수세는 2번 하는 것이 좋다. 제2차 수세에는 새 물을 사용하고, 제1차 수세물은 제2차 수세한 물로 수세한다.

⒣ 에어 블로 : 도막에 물방울이 남은 상태 그대로 수분을 건조시키면 표면에 물방울 자국이 남아 외관을 상하게 하므로 하부에 물이 몰려 방울지기 쉬운 곳은 반드시 고압 에어로 불어 버리는 것이 좋다.

⒤ 가열 건조 : 수용성 도료는 같은 종류의 유기 용제형 도료보다 10~20℃ 높은 온도로 건조시킨다. 일반적으로, 멜라민 수지계는 130~140℃×30분, 아크릴 수지계는 150~160℃×30분으로 건조시킨다.

③ **전착 도장 관리** : 전착 도장은 데이터에 따라 관리하는 도장이다.

　⒜ 전착 탱크

　　㉮ 교반 및 순환 : 전착탱크 안의 교반은 탱크의 안쪽 밑부분 및 측면에 설치한 노즐로부터 도료를 토출하며 또는 탱크의 밖, 측면에 프로펠러 교반기를 설치한 드래프트 튜브로부터의 액류를 토출하여 실시하는 데 항상 끊임없이 교반을 계속시켜야 한다. 중단하면 침전물이 생겨 도료 순환회로가 막히게 된다.

　　㉯ 도료 온도 조절 장치 : 항상 도료액의 표준 온도는 보통 25~35℃ 정도이나 알루미늄 건축용 도료는 20~22℃로 관리한다. 전착 도료의 온도는 전착 전류에 의하여 발열하거나 펌프나 교반기의 동력에 의하여 가열되는 등 여러가지의 원인에 의하여 발열하는데 특히 전류에 의한 발열이 커서 온도의 조절을 위하여 냉각을 실시한다.

　　㉰ 도료여과 장치 : 먼지, 티의 혼입을 방지하고, 필터의 점검은 수시로 한다. 더러워진 필터는 교환하여야 하는데 여과기에는 프리필터로 50~100메시의 철망스트레이너를

사용하며 파인필터로 25~75미크론의 카트리지 필터 또는 백필터 등을 강관제의 원통형 케이스에 넣어서 사용한다.

⑭ 보충 도료 및 희석수(신너)의 필요성 : 탱크속의 도료의 양 및 불휘발분 측정치에 따라 보충 도료 및 희석수를 탱크내에 보낸다. 측정은 1일 1회 한다.

④ **전착 도료**

㉠ 불휘발분 : 보충의 필요성 판정은 이 불휘발분의 측정 결과에 따른다. 하루의 시간을 정해 놓고 측정한다.

㉡ pH : 규정 범위에 있는가를 하루 1회 pH 측정기로 측정한다. 측정치가 범위 이외일 경우에는 보충 도료로 조정되게 한다.

㉢ 비저항 : 규정의 범위에 있는가를 확인한다. 범위 이외일 경우에는 보충 도료로 가감한다. 즉, 저 저항치일 경우에는 고 저항의 도료를 고 저항치일 경우에는 저 저항의 도료를 보충 도료로 사용한다.

㉣ 불휘발분중의 안료 : 수지분과 안료분과의 비율이 초기 비율과 같으면 되나, 차가 있을 때에는 보충 도료로 조정한다.

㉤ 도착성 : 일정한 조건하에서 도착성을 조사하여 초기의 것과 비교하여 차가 있을 때에는 도료액의 농도, pH, 교반, 전류치 등에 이상여부를 체크하여 보고, 표준과 차가 생겼으면 조정한다.

⑤ **통전 시간**

㉠ 전압 : 항상 일정하게 유지시킨다.

㉡ 전류 밀도 : 수시라도 좋으나 전휴-통전 시간(분)과의 곡선을 구하여 초기의 것과 비교하여 보고 차가 생겼으면 농도, pH, 온도, 비저항 등이 정상인가를 조사하고, 표준 조건에 맞지 않는 것이 있으면 조정한다.

㉢ 하전 시간 : 항상 초기의 설정조건에 일치하는가를 확인한다. 피도물에 대하여는 행거의 거는 방법, 표면 상태(전처리의 양, 부), 하루의 생산량(도장 면적) 등을 수시 체크해야 한다.

또, 제품으로서는 마무리 외관, 도막 두께 및 도막의 성능을 수시 체크할 필요가 있으며, 표준과 비교하여 차가 있으면 제항목을 다시 조사하여 표준에 따르는 것이 요령이다.

⑾ 커튼 플로 코터

플로 코터란 "흐름 도장"을 의미하는 것으로 피도물 위에 액체도료를 얇은 필름막으로 윗쪽에서 흘러 내리도록 하고 그 아래에 컨베이어를 통해 피도물을 이송시켜 도장을 하는 방법이다. 피도물에 도착되지 않은 도료는 전부 회수되어 용기에서 펌프, 헤드로 재순환되기 때문에 도료의 손실이 거의 없는 경제적인 도장이다.

플로 코터 도장은 주로 목공 도장이나 금속도장 분야 등에 광범위하게 사용되고 있는 도장으로 고속도장 능력이나 마무리성이 뛰어나 근래에는 고광택 목재 도장에 많이 사용된다. 장점으로는 도료공급이 순환식이기 때문에 도료의 손실이 대단히 적으며, 고속도장(60~100m/min)이 가능하며 도막의 마감면이 깨끗하고 도장 기능의 숙련이 필요치 않은 장점이 있는 반면 단점으로는 피도장물이 평탄해야 한다는 것과 세팅에 시간이 많이 걸리며 강판 등 중량이 무거운 것은 부담이 크다. 또한 생산성이 느린 도장에는 적합하지 않다.

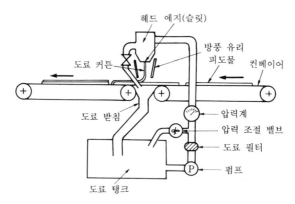

그림 5-75 플로 코터 도장의 원리

① **헤드** : 헤드부는 용도에 따라서 싱글헤드와 더블헤드로 구분되는데 헤드부는 펌프에서 공급되는 도료를 저장하여 균일한 망막상의 커튼을 연속적으로 형성하는 중요한 부분이다. 헤드부의 길이가 도장 유효폭을 결정하며 표준적으로 30, 60, 120cm의 것이 있다. 헤드부의 도료가 흘러 내리는 부분에 슬릿(slit)이 설치되어 있으며, 슬릿의 폭은 0.3~1.2mm의 범위에서 조정되며 좁게 하면 커튼의 처짐이 단절되는 현상이 생길 수 있다. 일반적으로 도료의 점수가 엷을수록 끊어지기 쉬워, 도료에다 도료의 점도를 낮추는 증점제를 첨가하여 커튼을 가능하게 하는 것이 바람직하지만 보통 슬릿의 폭을 0.4~1.0mm 내에서 사용하는 것이 보통이다.

② **펌프** : 도료안에서 생기는 기포는 도장면에 기포를 만들거나 슬릿을 통과한 커튼막이 끊어지는 현상이 발생할 수 있기 때문에 도료의 공급 경로에 기포가 생기는 현상을 단절할 대책을 강구해야 한다. 펌프는 도료를 반복하여 사용하기 때문에 내구성이 요구되고, 발열하기 쉽기 때문에 방열에 대한 설비를 갖추어야 한다.

③ **컨베이어** : 컨베이어는 도장유효폭에 맞는 폭을 가진 컨베이어 벨트를 사용해야 한다. 벨트는 먼지의 흡인 부착 방지를 위하여 영구 대전 처리된 우레탄계 트렌지론 벨트를 주로 사용하며 도막의 두께를 결정할 때 컨베이어의 속도가 중요한 역할을 한다. 컨베이어의 속도는 40~120m/min의 범위에서 조절하며, 컨베이어의 속도가 빠르기 때문에 바람이 생겨 커튼이 끊길 염려가 있다.

그림 5-76 커튼 플로 코터

2. 도 장 설 비

(1) 스프레이 부스(Spray Booth)

　분무도장에서는 도료를 안개 모양으로 비산하여 피도물에 도착시키게 되는데 에어스프레이건, 에어리스건, 정전도장 등 모든 분무도장에서는 분무된 도료 전체가 피도물에 도착되지 않는다. 무화된 도료는 피도물의 형태, 컨베이어 행거의 상태, 분무거리, 무화공기압, 건의 운행 속도, 도료의 토출량 등 여러가지의 도장 조건에 따라 상당량의 도료입자가 미스트 (missed)하게 된다. 그리고 무화된 도료는 유기용제로서 인체에 유해하며 작업의 능률이 불량하고 인화나 폭발 등의 위험성이 있기 때문에 배기 장치가 필요하게 되는데, 이 배기장치를 일반적으로 도장실(부스.; booth)이라 부른다. 도장부스는 건식과 수세식으로 구분된다.

　① 건식부스(dry booth) : 이 방식은 주로 소형의 제품에 적합한 방식으로 배기를 세정하지 않고 배출시키는 방식의 부스이기 때문에 대량의 제품도장에는 맞지 않으며, 배기시 많은 양의 도료를 포함하고 있기 때문에 화재를 유발할 위험 등이 있다. 스프레이 무화된 도료가 비산하지 않게 칸막이를 하고 상부에 축류팬을 설치하여 덕트를 통하여 실외로 배출한다. 그리고 배기시 무화된 도료에 의하여 배기팬의 오염을 막고 부스의 풍속조절을 위하여 정류판을 설치한다.

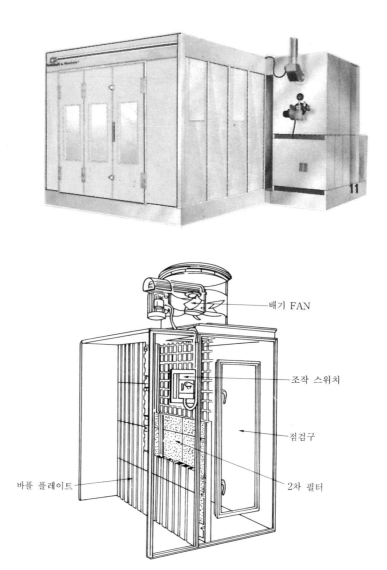

배기 FAN

조작 스위치

점검구

2차 필터

바플 플레이트

그림 5-77 건식 부스

㈎ 정류판 : 분무도장시 작업환경을 적정하게 유지하기 위하여 분무실내의 공기흐름 풍속을 정면에서 0.6~1.0m/sec 정도가 바람직하며, 풍속을 결정하는 위치는 작업자의 얼굴높이 정도가 좋다. 자동도장 장치에 의하여 도장을 할 경우는 미스트에 의한 오염, 도장기의 종류, 용제의 농도 등을 고려하여 풍속을 결정하여야 하며, 벨형 정전도장기는 0.1~0.3m/sec, 에어건식 도장기는 0.3~0.5m/sec정도로 설정하는데 이것은 도장기의 종류에 따라 다르다. 정류판간의 피치에 따라 전면의 풍속이 달라지게 되는데 도장

실내의 공기의 흐름이 균일하게 하기 위해서 정류판 간격에서의 풍속을 5~6m/sec가 되도록 설계한다.

㈏ 배기장치 : 도장실속에 주입된 분진이나 스프레이 미스트 등이 포함된 공기를 배기하기 위한 장치로 집진 장치와 배기팬으로 구성되어 있다. 건식 부스에는 배풍기의 타입으로 축류(軸流)팬과 시로코팬(siroco fan) 등을 설치하는데 구조가 간단하며 청소가 쉬운 축류식을 많이 사용한다.

배기장치는 도장작업에서 발생한 과잉의 도료 미스트를 분무실로부터 외부로 배출할 때 환경을 해치는 일이 없도록 배기의 미스트를 제거한 후 외부로 방출해야 하며 공해방지법의 규제에 따라 유기용제 배출량을 감소시키기 위해 배기처리장치의 설치가 필요하며 다음과 같은 배기 장치의 설비 조건이 갖추어져야 한다.

첫째, 제진(除塵)을 위한 집진 장치는 분진의 양이 시간에 따라 변화가 심하기 때문에 배출구에서 분짐 농도가 $10mg/m^3$ 이하로 되어 있다.

둘째, 필터 구성으로 난연 가공한 크래프트지(craft paper)를 가늘게 절단하여 필터틀에 충전한 필터나, 크래프트지를 커튼상으로 가공한 필터 등을 사용한다.

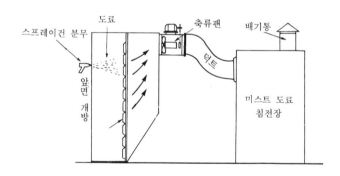

그림 5-78 부스의 배기장치

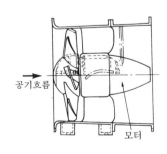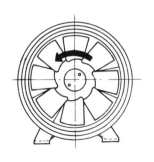

그림 5-79 축류팬

㉮ 축류송풍기 : 프로펠라형

   예 선풍기, 환풍기

㉯ 원심송풍기 : 물레방아 수차형

- 시로코형(다익형) : 날개의 매수가 많고 회전방향으로 변곡해 있는 것
- 터보형 : 날개가 회전 방향과는 반대로 구부러져 있는 것
- 플레트형 : 날개가 똑바른 것

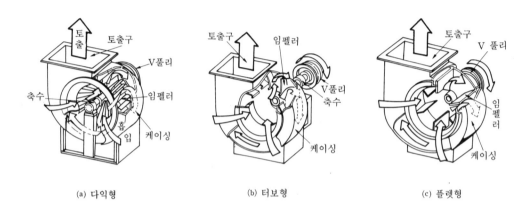

(a) 다익형   (b) 터보형   (c) 플렛형

그림 5-80 원심송풍기의 종류

㉰ 송풍기의 크기

- 축류식 : 날개의 직경이 몇 mm인가로 나타낸다.
- 원심력 : 날개 바퀴의 직경이 15cm을 기준하여 이것이 몇 배인가로 나타낸다.

   예 15cm로 1호(#) 나타내어 직경 60cm인 경우 4호 송풍기(#4 송풍기)

(a) 리밋 로드팬   (b) 시로코팬

(c) 터보브로 팬

(d) 엑셀 팬

그림 5-81 송풍기의 종류

② 습식 부스(water booth) : 피도물의 대량생산에 따른 연속적인 도장에서 건식 부스는 필터의 오염이 심하고 필터의 교체 및 청소의 횟수가 많아지게 되어 피도물의 오염과 생산성이 저하되는 단점을 보완한 습식(수세식) 부스를 사용한다. 부스의 후면에 수세장 치를 하여 도료의 미스트를 물에 흡수 유착시켜 물탱크로 집결시키는 방식이다. 습식 부 스의 특징은 화재의 위험이나 부스의 내부와 팬덕트의 오손이 적고 소결 에나멜 등 건 조가 느린 도료의 분무도장에 적합하다.

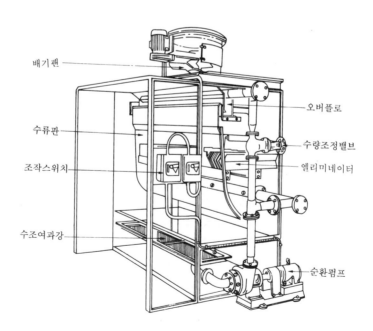

그림 5-82 습식부스의 구조

㈎ 원리 : 에어건에서 분사된 도료 미스트는 부스의 정면에 있는 샤워장치를 통한 수막에 흡착, 흡수되어 물탱크에 떨어지게 된다. 축류팬으로 도장 부스내의 공기가 샤워 수막 층을 통과하여 흡착된 미스트 도료와 함께 엘리미네이터(eliminator)를 통과하면서 습기가 제거되고 덕트를 통하여 외부로 배출된다. 그러나 물탱크에 떨어진 슬러지는 축류팬을 통해 완전히 배출되지 않고 부유물로 탱크속에 침전되며 이것은 물과 분리시켜 청소를 해야 한다.

㈏ 구조 : 습식 부스의 구성은 부스 몸체, 물탱크, 배기팬, 배기통, 양수펌프, 수막면 등으로 구성되며 수막면은 알루미늄판이나 스테인리스판을 사용한다. 펌프의 용량은 송수관의 지름과 길이, 샤워 노즐의 수량에 따라 다르다. 보통 400c/min 정도를 사용한다.

㈐ 슬러지 분리장치 : 대량도장을 하는 도장부스에서는 세정기에 모인 도료 슬러지의 분리장치를 건물 외부에 설치하기도 한다. 이때 부스에서 배기 세정을 실시한 후의 세정수가 환수관을 통해 슬러지 분리장치로 이송되고 도료슬러지가 제거된 세정수는 펌프를 통해 세정기의 급수통으로 이송된다.

표 5-2 부스의 크기

	1 인용	2 인용	3 인용	자동 도장 장치	고정형 정전도장기
넓 이	1.8m^2	3.6m^2	5.4m^2	3.0m^2	3.6～4.0m^2
높 이	2.0m	2.0m	2.0m	3.0m	2.8m
깊 이	개 방 형	개 방 형	개 방 형	3.0m	3.0m(또는 개방형)
팬 의 용 량	180m^3/min 2HP	350m^3/min 3HP	240×2m^3/min 2HP 2대	220m^3/min 2HP	300m^3/min 3HP
펌프의 용 량	400l/min 3HP	800l/min 5HP	1,200l/min 7HP	400l/min 3HP	600l/min 5HP

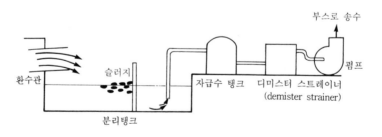

그림 5-83 슬러지 분리장치

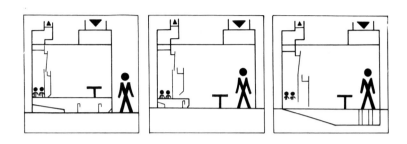

그림 5-84 습식부스 설치 예

㈜ 건식, 습식부의 장단점 비교

	건 식 booth	습 식 booth
장 점	가. 구조가 간단하고 소량의 도장에 유리 나. 도착효율이 높음 다. 물을 사용하지 않으므로 폐수처리 설비가 필 　요치 않음	가. 연속적으로 많은 양을 도장할 수 있음 나. 물을 사용하므로 화재위험이 적음 다. booth내의 청소빈도가 낮음
단 점	가. 생산성이 낮음 나. filter 및 그 외의 산업폐기 설비(소각로 등) 　가 필요함 다. baffle판의 세정작업이 필요함 라. baffle판, filter의 교환횟수가 빈번함 마. booth내의 기타 부분의 청소가 필요함	가. 폐수처리 설비가 필요함 나. 물을 사용하므로 에너지 소비가 큼

(2) 건조설비

　피도물에 도료를 도포하면 용제가 증발되거나 합성수지 도료에서 열중합 또는 광에너지나 전자에너지에 의해 도료가 중화되는 것을 건조라 하는데 건조방법은 자연건조법과 가열건조법으로 분리된다. 자연건조법은 대기중에 피도물을 방치하여 자연히 건조시키는 방법으로 건조의 조건으로 온도가 높고, 습기가 적으며 대기의 오염이 없는 장소가 필요하다. 따라서 양호한 피막을 얻기 위해 온도가 20℃ 이상 되고, 75% 이하의 습도와 통풍이 잘되는 장소가 필요하지만 대기중 먼지가 날리거나, 어둡고, 온도와 습도가 급변하는 장소, 수분 등이 있으면 건조가 느리고 피도물 도막을 오염시킬 수 있다. 자연건조의 단점으로 넓은 장소가 필요하고 환경에 제약을 많이 받으며 건조시간이 오래 걸리게 되어 이러한 단점을 보완하고 생산성의 향상과 품질의 안정성을 위해 가열건조법을 사용하고 있다. 또 한편으로 건조되는 전처리과정에서 수분을 건조시키는 곳에도 사용된다.

① **건조로의 종류와 분류**

　㈎ 형태에 의한 분류

　　㉮ 밀폐형 : 소규모의 경우 피도물은 건조로 내부에 넣고 밀폐시켜 건조 후 꺼내는 방법

　　㉯ 터널형 : 컨베이어의 흐름에 의해 건조로 내부를 통과할 때 가열건조시키는 방법으로 대량생산에 주로 사용되는 방법

　㈏ 용도에 의한 분류

```
┌─ 도장 건조로 ─┐
├─ 물가름 건조로 ─┤─ 도장공정의 목적에 의하여 공정명칭에 의한 분류
└─ 예열 건조로 ─┘
```

　㈐ 가열 방법에 의한 분류

　　㉮ 복사식 : 전기저항 발열체, 적외선 전구, 가스적외선 히터 등을 사용하여 복사열로 피도물을 가열하는 방법

　　㉯ 대류식 : 열원에서 발생한 가열된 공기를 매체로 건조하는 방법

　㈑ 열풍에 의한 분류

　　㉮ 직접식 : 가열된 공기를 팬 등을 통해 직접 건조실로 보내는 방법

　　㉯ 간접식 : 가열된 공기나 가스 등을 에몰핀 튜브 또는 핀이나 주름 등을 통해 열을 방출하는 방법

② **적외선 건조 설비** : 일반적으로 적외선 건조설비는 열효율이 좋고 건조속도가 빠르며, 화재의 위험이 적고 취급이 용이하여 소규모의 공장에서 많이 사용된다. 적외선에는 근 (近)적외선과 원(遠)적외선이 있으며 근적외선은 적외선 전구를 사용하고 원적외선은 반사소자를 열원으로 사용하는 두 원리는 모두 복사선(輻射線)과 전자파(電磁波)로서 열원이 직접 물체에 도달하여 흡수되어 열에너지를 방출하면서 건조되는 방식이다.

　근적외선은 파장이 짧은 1~5미크론의 열원을 사용하고 원적외선은 긴 파장의 3~15미크론의 열원을 사용한다. 이 원적외선은 암적외선로라고도 하는데 복사선이 직선이기 때문에 피도장물과의 거리와 복사선의 진행 방향에 따라 열을 발산하는데 큰 차이가 있어 피도물의 형상이 복잡하면 건조 속도가 일정하지 않기 때문에 이 형식의 건조로는 평면의 피도물에 적합하다. 그러나 밀폐형의 경우 건조실 내부의 온도 상승으로 복잡한 형태에서는 사용이 가능하고 설비비가 저렴하고 배연속 작업에서 온도의 상승이 빠르기 때문에 현재 많이 사용되고 있다.

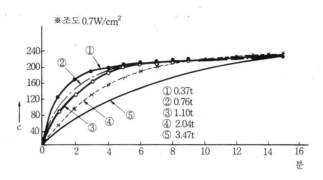

그림 5-85 철판의 두께와 건조 변화에 따른 온도변화

표 5-3 색상에 따른 적외선 흡수율

검 정 페 인 트	0.87
회 색 페 인 트	0.75
적 갈 색 페 인 트	0.75
녹 색 페 인 트	0.73
적 색 페 인 트	0.64
황 색 페 인 트	0.50
백 색 페 인 트	0.46
카 본 블 랙	0.78

* 조사거리(照射距離) : 250mm

(가) 근적외선 건조로 : 긴 파장을 발생시키는 전구, 선히터, 가스버너 등을 열원으로 사용하며 복사선 발생원의 형태에 따라 점(點), 선(線)히터나 면(面)히터 등으로 구분한다. 적외선 전구를 여러 개 배열할 때는 보통 램프와 램프 간격의 1.5배 정도 거리에 피도물을 둔다.

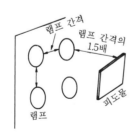
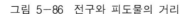

그림 5-86 전구와 피도물의 거리

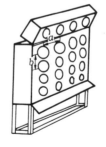

그림 5-87 전구적외선 히터

일반적으로 원적외선로의 장점을 건조로의 온도가 급속히 상승되며 피도물에 따라

건조속도가 빠른 반면 단점으로 열효율이 떨어지고 전기에너지의 광에너지 변환이 많다. 설비 설계시 피도물과 열원과의 간격을 일정하게 하고 조사 각도를 가급적 직각으로 배치하는 것이 좋다. 적외선 전구와 적외선 히터사용시 환기 장치가 필요하고 히터 장착의 패널은 반사율이 높은 알루미늄판 등을 사용하는 것이 좋다.

③ **원적외선 건조로** : 전기 에너지의 경우 90% 이상 열선(熱線)으로 되어 있어 열효율이 높다. 전기에너지를 사용하여 내열섬유나 철판 위에 특수점토나 카본 등을 칠하고 뒤에서 가열하는 것이 보통이며 표준형 치수의 면히터를 근적외선로와 똑같이 피도장물 형상에 알맞게 배열해서 건조로를 구성한다. 구조는 적외선전구 건조장치와 같은 것으로 방사소자의 표면온도는 350~400℃가 되면 그 방사파장과 각 합성수지의 흡수파장은 거의 일치하기 때문에 도막 도료의 분자에 강력한 분자 공진현상을 일으켜 도막의 내외부가 거의 동일한 상태로 가열되어 도막의 경화를 빠르게 한다.

램프형(LP형)
500, 750, 1000W

형광등형(BO형)
500, 1000, 1500W

평면형(FT형)
200 W

그림 5-88 적외선 전구

표 5-4 적외선 전구

피도물의 종류	도료의 수지 종류	적외선 건조전구장치	원적외선 건조장치
스 틸 캐 비 닛	멜라민 수지 도료	120℃×20분	130℃×4분
자 전 거 플 레 임	멜라민 수지 도료	130℃×18분	140℃×4분
카 메 라 몸 체	에폭시 수지 도료	150℃×30분	160℃×7분

④ **가스적외선 건조로** : 도장용 건조로는 연소연량의 폭이 넓고 자동조절이 쉬운 로터리형을 주로 사용한다. 로터리형은 가스온도가 비교적 낮기 때문에 연소로체가 간단하여 내구성이 높으며 연소로는 철판 내에 내화재를 시공하거나 내열금속만으로 만들기도 한다. 가스버너를 사용할 때는 가스의 종류에 따라 단위량당 발열량에 차이가 있어 연소에 필요한 공기의 양이 달라진다. 공기는 연소시 필수적인 요소로 공급장치에 주의하여 공기 공급량에 주의하지 않으면 불완전 연소가 되기 때문에 직접 대류형 건조로의 경우 먼지로 인하여 피도물을 오염시킬 수 있다.

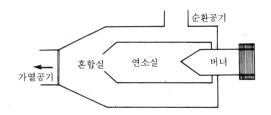

그림 5-89 가스버너와 연소로

⑤ **자외선(UV ; Ultra Violet) 건조로** : 자외선 조사 건조기술은 유럽에서 개발된 불포화 폴리에스테르수지 광경화성 도료의 도입을 시발로 해서 20년 이상의 역사를 가지고 있으며 처음에는 합판의 목지제(目止劑)로 보급되었다. 사용되는 광원도 초기에는 UV도료의 표면에 왁스를 떠오르게 하기 위한 형광등과 1cm당 압력도 30W 정도의 고압수포등을 조합하는 방식이 주류를 이루던 것이 도료의 기술진보에 따라 고출력, 고와트 밀도의 램프가 많아서 큐어링존을 만드는 것이 가능하게 되었다. UV경화 기술은 도료 이외에 인쇄잉크의 건조나 전자 장치의 점착코팅 등 그 응용범위가 넓으며 조사의 기술적인 면도 광원 및 그 주변기기, 제어기술 등 다용화되고 있다.

㉮ UV 조사장치 : UV 조사장치의 기본적인 구성은 램프, 안정기 콘덴서, 냉각장치, 제어반에서 전기회로 컨트롤러, 컨베이어 속도조절장치, 전압계, 전류계, 타이머, 동작신호 시스템, 몸체, 덕트 시스템 등으로 구성된다. 간단한 파일롯 설비부터 대형 양산용 설비까지 필요한 설비를 조건에 맞추어 제작하며 UV램프의 강력한 자외선, 오존, 고전압, 고전류발생, 자외선 조사장치의 작업환경, 내구성, 안전성, 유지보수 등을 고려하여 사용재질 및 구조 등을 적합하게 설계·제작한다.

㉯ UV 장치의 특징

  ㉠ 품질향상 : 순간경화가 이루어지며 동일조건의 품질생산을 보장할 수 있다. 안정된 구조로 인하여 안정된 도장이 이루어진다.

  ㉡ 무공해성 : 용제의 배출이 없어 공해대책이 완전하다.

  ㉢ 경비절감 : 동품질의 제품을 빠른 속도로 양산한다. 건조기에 IR을 사용하여 전기를 절약하고 유지보수가 간편하다.

㉰ UV램프 : 일반적으로 UV램프는 수은증기방전을 이용하여 길다란 단관(單管)형태의 방전관(放電管)에서 UV에너지를 발산하고 있다. 따라서 그 길이 방향의 배광(配光)분포는, 전극 극방을 제외하면 한결같이 완만하다. 그래서 대상이 되는 워크의 흐름 방향에 대한 주변의 폭이 램프 전력을 결정하는 요소가 된다. 램프설계는 램프 발광장(發光長) 1cm당 입력와트 밀도를 기본으로 하고 있기 때문에 발광장이 1미터 필요하

고, 와트 밀도가 80W/cm이면 8000W, 즉 8km입력전력의 UV램프가 필요하다. UV도장에 사용되는 광원(光源)은 크게 두 종류로 나눌 수 있는데, 하나는 수은램프이고, 다른 하나는 금속계 화합물을 수은증기 가스와 함께 봉쇄한 메탈할라이드계 UV램프이다. 일반적으로 전자보다 후자쪽이 분광분포(分光分布)로 볼수록 장파영역홀발광 스펙트로(spectro)가 넓다. 그러므로 UV강도의 영역이 넓다.

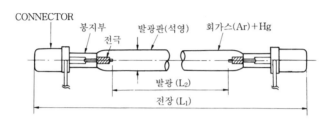

그림 5-90 수은 램프의 구조

표 5-5 불포화 폴리에스테르 수지의 건조시간

조 사 조 건	도 막 두 께(μ)	경 화 시 간
직사 태양 광선 (외기온도 30℃)	100	5분
	250	5분
	500~1,000	6분
케미칼 형광등(40W) 조사거리 150mm	100	4분
	250	5~6분
	500~1,000	7분
고압 수은등(400W) 조사거리 200mm	100	1.0분
	250	1.5분
	500~1,000	2.0분
고압 수은등(2,000W) 조사거리 250mm	100	10~20초
	250	20~30초
	500~1,000	30초

램프의 수량은 다음과 같은 요소에 의해 결정할 수 있다. 우선 조사에 필요한 시간과 기대 생산량으로부터 이끄는 위크반송 속도에 따라, 램프 단면의 방향에 있어서의 필요조사 영역이 결정된다. 램프단면 방향의 분포는 램프 리플렉터의 설계에 따라서 광역대(廣域帶)와 협조대(狹照帶)가 가능하다. 집광형(集光形)이나 평행광형(平行光形)의 구별호칭도 이것을 가리킨다. 다만 램프 한개당 전방사량은 어느 것이나 똑같기 때문에 도장건조 공정에서는 보다 광범위한 일정량을 확보하기 위해 평행광형의 기구가 사용되는 경우가 많다.

이처럼 평면조사에 있어서의 건조설계는 도료 경화실험의 모든 자료(건조속도와 조사거리 등)에 따라 정도와 규모를 높이고 확대하는 것이 가능하다.

㈔ 입체적 형태의 UV조사 : 빛은 지상에서는 직진하지 않는다. 따라서 발광체에 상대하여 그림자가 되고 있는 부위에까지 빛을 직사하는 것은 완전히 불가능하다. 드물게는 반사광에 의한 보광으로 UV큐어링을 부착하는 예도 있다. 본고의 전착도장용 워크를 임시의 그림 5-91과 같은 형태로 보면 조사부위가 A, B, C방향으로 걸치게 된다. 또한 전착도장에서의 워크는 조물(弔物)의 치구(治具)에 매달려, 상하이동, 회전이동 등의 키링반송(搬送)이 정상적 상태이다. 워크의 수량은 기대생산량에 따라 결정되는 조물의 치구설계에서 그 한대당의 양이 정해진다. 우선 한 방향의 직진조사에서 B, C부위로는 거의 빛이 닿지 않으며, 동일 조사 조건하에서는 A와는 완전히 다른 경화 피막이 형성된다. 여기에서는 건조로 기능을 완수하지 못한다.

여기에서, 도입의 순서로서 우선 트롤리컨베이어로 반송하기 위해 필요생산량과 조사 기초 실험에서 필요 조사시간을 산출한다. 여기서 말하는 필요 시간수는, 반송기구에 있어서는 정지시간으로 헤아리지 않으면 안된다. 이 '정지시간'내에서 회전과 상하이동을 병용하여 UV경화 조건을 형성할 필요가 있다.

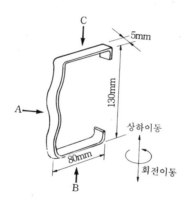

그림 5-91 대상 워크와 조사방향

이때, 워크를 조사하는 기본 단위(unit)는 '다이크로익 밀러/필터 탑재의 저온도 UV조사용 로체내장기구'이다. 라인설계에서 산출된 유효조사폭에서 전력이 결정된다. 이 단위는 전력에 고유의 배광패턴을 가지고 있기 때문에, 워크에 끼워 빛과 온도상승의 상관관계를 모의실험 및 실제의 샘플실험을 하면 가장 적절한 조사 위치를 결정할 수 있다.

우선 빛의 배광(配光)인데, 일정 조사 거리 내에 등조도(等照度 ; 강도가 대등하다)점을 플롯화한 등조도 패턴에 높이 방향의 매개 변수를 가하여 3차원 배광 패턴이 가능하다(그림 5-92). 이것을 실제의 워크에 각도를 보정(補正)하여, 비스듬하게 조사한 경우의 워크 각 부위에 있어서 UV강도의 흐트러짐을 체크하고 경화에 필요한 조사량을 결정하는 거리와 조사각도를 산출한다.

단, 온도조건에 제약이 있기 때문에 정적(靜的)인 상태에서 체크(그림 5-93)를 하는데, 실제 노내(爐內)에서의 회전에 의한 현장실험이 아니면 판정은 어렵다. 회전동작에 의한 온도상승의 억제효과는 훨씬 높다.

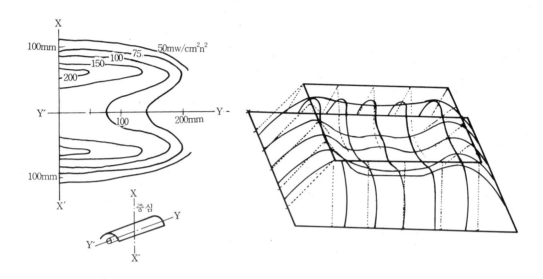

그림 5-92 3차원 배광패턴

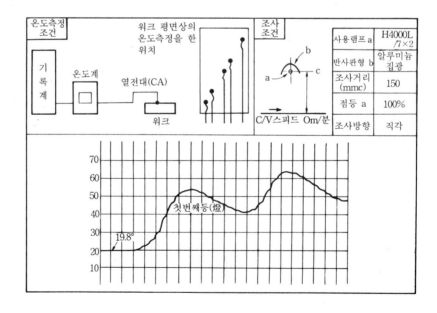

그림 5-93 UV 경화실험(온도상승데이터)

㈔ 자외선 조사로 오존이 발생하고 고압수은 등의 관벽 온도가 500℃까지 상승하기 때문에 이것을 200~300℃까지 낮출 필요가 있어 배기설비와 급기설비가 필요하고 램프의 냉각이 필수적이다. 램프의 냉각 방법에는 수냉식과 공랭식이 있는데 일반적으로 공랭식을 많이 사용한다. 수냉식은 물필터로 램프에서 발생하는 열을 차단하며 공랭식은 조사부(照射部)를 통하여 배기시키며 도료건조시 도막의 오염을 방지하기 위하여 급기장치에 에어필터를 장착한다.

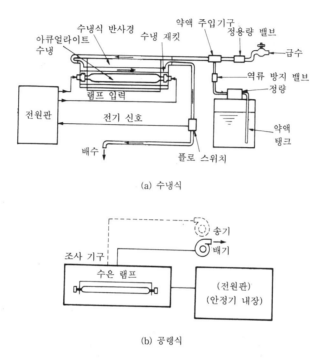

(a) 수냉식

(b) 공랭식

그림 5-94 수냉식과 공랭식 램프의 계통도

⑥ **열풍 대류(對流) 건조로** : 열공기를 매체로 하여 전도 및 대류현상을 이용한 건조장치이다. 가열방식에 따라 크게 대류로와 복사로로 구별되지만 대류로는 가열기체의 가열방식에 따라서 직접형과 간접형으로 구분되며, 대류가 발생하는 방법에 따라 자연대류형과 강제대류형으로 분류할 때도 있으며 대류로는 열풍로라 부르기도 한다.

그림 5-95는 순환식 대류건조 장치로 열풍발생로(연소로)와 건조로로 구분된다. 열풍발생로에서 열공기는 송풍기를 통해 건조로로 보내지며 오븐내의 열공기는 입구에서 증발가스의 농도가 높아지면서 일부는 배기되고 대부분은 오븐속에서 대류하면서 피도물의 온도를 높여 열량을 감소시키면서 열풍발생로에 순환되어 다시 건조로로 유입되는 상태를 반복한다.

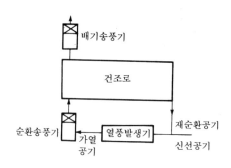

그림 5-95 순환식 대류건조 장치

㈎ 열풍발생로(연소로) : 열풍발생 장치는 사용열원에 따라서 열원을 직접순환장치에 유
입시키는 직접형과 열교환기를 사용하는 간접형으로 구분된다. 연료의 연소가스가 직
접 피도장물에 접촉되는 것을 직접형이라 하고 간접형은 열원을 열교환기를 사용하여
가열하는 형을 말한다. 열풍발생로의 열원으로, 직접형은 주로 가스체의 연료를 사용
하고 직접형은 중유, 경유 등 액체연료나 전기를 사용한 니크롬선 등으로 공기를 가열
하기도 한다. 직접형은 순환공기에 직접 연소가스를 흡입하기 때문에 열경제성이 매우
높으며 연소시의 정상상태로의 이행시간이 신속하다. 단점으로는 연료에서 발생한 연
소가스와 도료와의 화학반응이 발생할 수 있으며 불완전 연소시 그을음으로 인하여
도막을 오염시킬·염려가 높다.

직접형 열풍발생장치는 사용연료에 따라 연소에 필요한 공기량을 정확하게 산출해
야 한다. 각종 가스체의 연료종류에 따라 성분에 차이가 있으며 성분안의 탄소량에 따
라서 연소에 필요한 산소량이 다르다. 표준적인 연소버너를 그대로 사용하면 불완전
연소를 할 수 있으며 탄소량이 많은 부탄가스의 경우 연소를 위한 이송 공기량의 증
가가 필요하다.

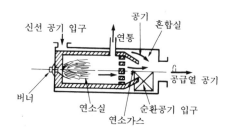

그림 5-96 직접형 열풍발생장치

간접형의 경우는 직접연소가스가 피도물에 접촉하지 않고 청정한 열풍이 접촉되므

로 불완전한 연소로 인한 오염으로 피도물의 도막불량 요인을 최소화할 수 있다. 그러나 열교환기를 사용하기 때문에 열경제성이 낮으며 설비비가 높다. 일반적으로 열효율이 직접형에서 90~95% 정도인 것에 비해 간접형은 50~85% 정도이다. 그리고 액체형 열교환기의 작업 시작시까지의 정상상태에 도달하는 시간이 오래 걸리는 단점이 있다.

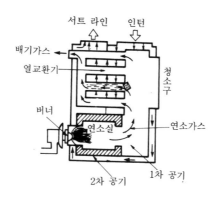

그림 5-97 간접형 열풍발생 장치

열풍순환 장치는 송풍기와 부수된 덕트장치로 구성되며 열풍발생 장치에서 발생한 열풍을 건조로 내의 피도장물에 공급하기 위한 장치이다. 건조로의 사용목적에 따라서 각각 송풍량과 덕트의 열풍분출과 흡입방식에 차이가 있다. 송풍의 전 열량이 동일하면 대류 열교환을 위해 풍량은 증가하고 송풍기의 열량은 저하된다. 반대로 풍량이 저하되면 열량이 증가된다. 물빼기 건조로에서는 풍속을 주로하여 건조하며 마무리 칠의 경우 도막의 오염을 방지하기 위하여 풍속을 저하시키고 건조실의 공기흐름을 억제한다. 일반적으로 송풍기의 위치를 직접형에서는 열풍발생장치의 뒤에 하여 연소가스와 순환공기를 혼합한다. 간접형의 증기 등은 열교환기 뒤에 동일하게 설치하는 것이 보통이지만 액체 연료의 경우는 풍량의 안정을 위해 열교환기의 앞에 설치하기도 한다.

(나) 건조로

㉮ 자연대류로 : 자연대류로는 건조로 내부 각 부분의 공기온도를 일정하게 조절하기가 어렵기 때문에 큰 피도물의 경우에는 소결 얼룩이 생길 염려가 있다. 가스체 연료를 직접 노내에서 연소하는 직접형과 파이프내에서 액체 연료 등을 연소시키는 간접형이 있으며 직접형은 가스 폭발의 위험성 등 안전성에 염려가 되고 간접형은 열교환 효율이 불량하고 경제적인 면에서 효율성이 떨어진다.

㉯ 강제대류로 : 가장 일반적으로 많이 사용되고 있는 형식으로 고도의 도막을 요구하는 대량생산 체제에서 많이 사용하는 것이 열풍에 의한 강제대류형이다. 특징으로 건조로내의 공기 온도차이를 줄일 수 있으며 따라서 소결얼룩이 생기는 것을 방지

할 수 있고 박판금속의 경우 열교환 효율이 높고, 열경제성이 양호하다. 강제대류 설비를 이용하여 용제가스의 배기가 쉽고 생산량에 따른 열부하 등의 조절이 쉽다.

특히 소결형 수지도료의 가열에서 도료에 가장 적합한 온도에 따라 피도장물을 일정온도로 유지하기가 쉽고 조절이 용이하다. 고품질의 도막을 얻기 위해서는 도료가 요구하는 도막의 온도상승 곡선을 자동장치에 의하여 연속적으로 안정되게 관리할 수 있어야 하는데 이러한 성능을 유지한 건조로는 도료의 소견변형이나 피도물의 형상, 생산량의 변화에 대해 효율적으로 대응하고 자동조절이 용이하다. 그러나 강제 대류형이기 때문에 설비비가 많이 들며 자연적인 먼지의 발생이 많아져서 먼지 발생에 각별한 주의가 필요하다.

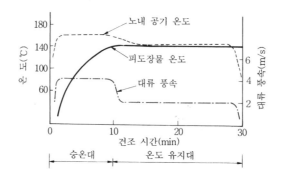

그림 5-98 공기온도와 도막온도

강제대류로의 설비 구성은 건조로 본체, 열원인 열풍발생장치, 강제대류를 위한 열풍순환장치 등 크게 3부분으로 나뉘며 건조로 본체는 때에 따라서 열을 경제적으로 보온하기 위한 단열벽이 필요하며 수평 터널형의 경우 출입구로 자연 유출량이 많아지기 때문에 에어커튼(에어실)을 설치하기도 한다.

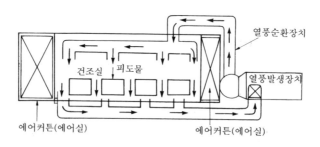

그림 5-99 에어커튼

(3) 컨베이어(Conveyor) 장치

컨베이어는 제품의 대량생산 등에 응용되어 제품의 운반에 필수적인 설비로 각 방면에 다양하게 응용되고 있다. 특히 도장설비에서의 컨베이어 응용은 도장기기와 더불어 필수적인 시설이다. 특히 자동도장라인에서 컨베이어의 선택과 활용에 따라 도장능률과 도막의 안정적인 유지가 관련되기 때문에 그 중요성이 더욱 강조된다.

① **체인라인 컨베이어** : 가장 간단한 컨베이어이며 체인 위에 직접 물체를 올려놓는 방식이다. 주로 정해진 치수의 상자나 통 등을 운반하는 데에 편리하다.

② **카홀 컨베이어** : 체인 위에 직접 물체를 올려놓지 않고 운반대차 등을 레일의 중간에 체인을 통하여 대차를 잡아당기는 형식으로 제조공장에서 자동차의 도장, 조립라인용으로 사용된다. 카홀 컨베이어 체인에는 롤러체인, 부슈드체인 등이 있다.

③ **도장라인의 컨베이어**

㈎ 도장라인에는 Z형 컨베이어를 많이 사용하는데 상하, 좌우, 입체적으로 공간을 이용하기가 용이하며 각 부분을 간단히 분해·조립할 수 있어 작업장의 레이아웃의 연장이나 변형을 쉽게 할 수 있고, 상자형 레일의 내부에 위치하기 때문에 미려한 외관과 분진의 낙하로부터 피도물을 보호할 수 있어 최근 많이 사용되고 있다.

Z형 컨베이어는 트롤리 컨베이어의 종류이며 I형과 Z형으로 분리되고 별도로 오버레드 컨베이어, 천장 컨베이어라고 불리고 있다.

㈏ 벨트 컨베이어 : 벨트 컨베이어는 컨베이어로서 가장 널리 보급되고 있는 것 중의 하나이며, 광산, 토목, 하역 등에 사용될 뿐 아니라, 제조공장의 운반, 조립작업용 등으로도 널리 사용된다. 벨트의 종류는 고무벨트, 스틸벨트, 헝겊벨트, 철망벨트 등이 있어 각각의 용도에 맞게 사용한다.

㈐ 도장용 특수컨베이어 : 도장용 컨베이어는 피도장물의 종류에 따라 여러가지의 컨베이어가 활용된다. 그 한 예로 피도물을 도장라인에 따라 움직이는 동안 평면 상태로 계속 운반되는 것이 아니라 스프레이실 등에서는 피도물이 직립된 상태로 운반된다. 건조실에서는 평면상태로 움직이는 등 도장라인의 흐름에 따라 특성에 맞게 피도물의 위치와 상태가 변화하도록 계획할 수 있다.

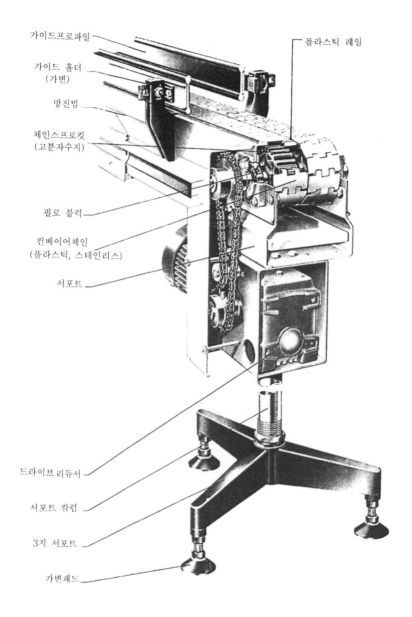

가이드프로파일

플라스틱 레일

가이드 홀더
(가변)

방진빔

체인스프로킷
(고분자수지)

필로 블럭

컨베이어체인
(플라스틱, 스테인리스)

서포트

드라이브 리듀서

서포트 칼럼

3지 서포트

가변패드

그림 5-100 벨트 컨베이어의 구조

커브드 컨베이어

암. 엘리베이터

연속흐름 컨베이어

철망 체인 컨베이어

에프론 컨베이어

드래그 체인 컨베이어

롤러 컨베이어

롤러 컨베이어

휠 컨베이어

나사 컨베이어

리본 나사 컨베이어

트롤리 컨베이어

파들 나사 컨베이어

커트 플라이트 나사 컨베이어

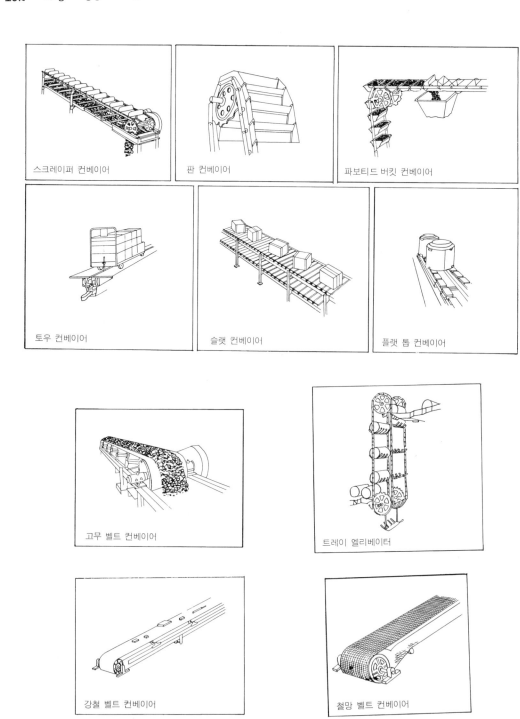

스크레이퍼 컨베이어

판 컨베이어

파보티드 버킷 컨베이어

토우 컨베이어

슬랫 컨베이어

플랫 톱 컨베이어

고무 벨트 컨베이어

트레이 엘리베이터

강철 벨트 컨베이어

철망 벨트 컨베이어

그림 5-101 컨베이어의 각종 형태

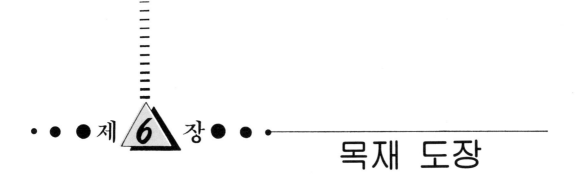

목재 도장

1. 목재 도장 개론

(1) 목재와 도장

① 개요 : 목공용 제품은 우리들 주변의 생활도구로서 가장 친근하며 우아하고 부드러운 감을 주며 생활수준의 향상에 따라 그 수요가 증가하고 도장되는 도료 또한 다변화, 고급화되고 있는 실정이다.

목재 도장의 특징은 천연적인 고유의 목재가 대단히 복잡한 구조와 조직을 갖고 있는 불균일한 재질이란 것과 목재 특유의 나무결, 모양 및 촉감 등의 자연미를 형성하여 목재면이 가지고 있는 고유의 아름다움을 살려야 하기 때문에 대부분이 투명도장으로서 색채, 평활성, 입체감 등의 미관 향상을 위한 기술적인 어려움과 수분의 팽창·수축에 따른 여러가지 문제점들이 발생하기 쉽다. 목재 도장은 제품의 견고성과 내구성을 높이고 목재가 갖고 있는 아름다움을 강조하고, 상품의 가치를 좌우하는 극히 중요한 작업이 아닐 수 없다. 그러므로 이것들의 제품 도장에 있어서 피도물의 용도나 형상, 도료선택, 소재의 종류, 도장설비, 작업성, 가격 등을 충분히 고려하여 검토해야 한다.

② 목재 도장의 특색 및 목적

㈎ 목재 도장의 목적 : 도장은 처음부터 마감까지의 모든 공정을 말하며 이 공정의 좋고 나쁨에 따라 제품의 가치가 좌우된다. 목재 도장의 주된 목적은 목재제품의 미화와 보호에 있으며 대기중의 수분, 산소 등에 따라 목재의 변형과 노화 및 부식을 방지하고 원하는 색채, 모양, 광택, 평활성, 입체감, 촉감성을 부여하는데 있다.

㈏ 목재 도장이 금속 도장과 다른 큰 요소는 소재의 복잡한 구조와 성질이다. 수종이 대단히 많다는 점, 구조상의 온도, 습도의 영향을 받기 쉽고 일반적으로 팽창수축이 반복되기 때문에 소재로서의 결점이 많다. 소재표면의 복잡한 상태를 표현하는 투명도장

이 주체가 된다. 따라서 목재를 적절히 도장하기 위해서는 소재의 성질이나 조성을 충분히 숙지하고 그것에 대처하는 것이 바람직하다.

2. 목 재

(1) 목재의 개요

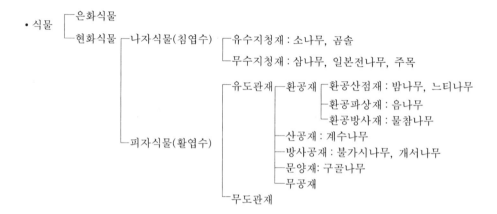

(2) 목재의 구조

① 침엽수의 구조

㈎ 섬유(가도관, 헛물관) : 수목 전체의 90~97%를 차지하며, 길이 2~6mm의 방추형으로 양끝이 차차 가늘게 막혀 있으며, 중간에 문공(紋孔)이라는 구멍이 있어 인접해 있는 세포와의 수액의 통로가 된다.

가도관의 지름은 0.05~0.06mm 정도이고, 춘재부 가도관의 굵기는 추재부의 가도관보다 크고 막벽은 얇고 안구멍은 크다. 가도관은 곧은 결면이나 무늬결면에서 조그만 홈으로 평탄한 도장 바탕을 만들려면 눈메움을 해야 한다. 침엽수재에서는 가도관이 비교적 가늘어서 큰 지장은 없으나, 반면 착색에 의한 아름다운 결을 나타내기에는 부적당하다.

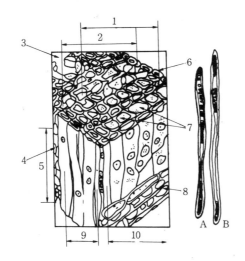

1. 나이테
2. 방사조직
3. 수지구
4. 방사조직 유세포
5. 유세포
6. 방사조직 세포
7. 헛물관
8, 9, 10. 헛물관의 상태

A. 춘재부 헛물관
B. 추재부 헛물관

그림 6-1 침엽수의 구조

㈏ 목부 유세포 : 전체의 1~2 % 정도이며 섬유 도관과 나란히 배열되어 있고, 길이는 짧고 막은 얇아서 주로 영양 물질, 노폐물 등을 저장하며, 일반적으로 침엽수에는 양이 적고 활엽수에서는 육안으로 식별하기 어렵다.

㈐ 수선 : 방사조직의 수심에서 방사상으로 뻗어 있고 영양 물질의 저장, 분배를 관장하고 수액을 수평 이동해 주는 역할을 한다.

　침엽수에서는 가늘어서 보이지 않고, 활엽수에서는 종단면에서 은색, 암색, 반문과 광택이 나는 아름다운 무늬로 나타난다.

㈑ 수지구 : 수지의 분비, 이동, 저장 등의 작용을 하고, 수직으로 걸쳐진 것과 수평으로 된 것이 있는데, 보통 침엽수에서만 볼 수 있어 침엽수의 특징으로 되어 있다. 침엽수에서는 이 수지구가 없는 것도 있어 침엽수재를 다음과 같이 분류하기도 한다.

　㋐ 유수지구재 : 소나무, 해송

　㋑ 무수지구재 : 삼나무, 회나무

② 활엽수의 구조

㈎ 목섬유 : 활엽수의 기초 조직으로 넓이에 비하여 길이가 비교적 길고 양끝이 뾰족한 방추상의 세포다.

　막벽은 두껍고 단문공이며 내공은 매우 작게 되어 있다. 목섬유는 수체를 견고하게 하며 목재의 기계적 강도는 이 세포의 양 분포, 막벽의 두께 등과 밀접한 관계가 있다.

㈏ 도관(물관) : 활엽수에만 있는 것으로 다수의 세포로 연결되어 인접한 세포의 격막이 전부 또는 일부분이 소실되어 생긴 가늘고 긴 관으로서, 육안으로도 볼 수 있으며 변재에서 도관은 운반하는 역할을 하고 심재에서는 그 기능이 없고 수지, 광물질 등으로

채워진 경우가 많다. 활엽수재에서는 특수한 수종 이외에 전부 존재하며 수종에 따라 각각 특유의 도관이 있어 그 크기, 격벽의 구조, 분포상태가 각기 다르므로 수종을 구별하는 데 중요한 역할을 한다.

㈐ 목유조직 : 이 세포는 육안으로는 잘 보이지 않고 도관이나 목섬유와 나란한 방향으로 배열되고 수선 유세포와 같은 역할을 하는 연한 세포 조직이다.

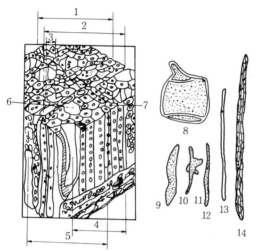

1. 나이테
2. 방사조직
3, 12. 헛물관
4. 물관 마디
5, 10. 유조직
6. 물관
7, 13. 섬유 모양 헛물관
8. 춘재부의 물관 마디
9. 추재부의 물관 마디
11. 유세포
14. 목섬유

그림 6-2 활엽수의 구조

③ 목재의 외관적 구조

㈎ 심재 : 수심에 가까이 위치하고 있는 암색부분으로 세포가 거의 죽어 있고 나무 줄기의 견고성을 높여준다. 세포는 고화되고 색소, 광물질 등이 고결되어 수목의 강도를 높여주고 수분이 적어서 부패되지 않는 양질의 목재이다.

㈏ 변재 : 목재의 껍질 가까이에 위치하고 있는 담색 부분으로 변재는 생활 기능을 가진 세포로 되어 있어 수액의 유통과 저장 역할을 한다. 수분을 많이 함유하고 있기 때문에 제재 후에도 부패되기 쉽다.

㈐ 곧은 결재 : 건조 수축률이 작아 변형이 적고 나무결이 평행 직선형이고 수선이 띠 또는 반점 모양으로 나타난다.

㈑ 무늬 결재 : 건조수축이 크면 균열이 가기 쉽고 제재가 용이하여 값이 싸며, 폭이 넓은 것을 얻기 쉽다. 또, 건조가 빠르므로 특수 장식용으로 사용된다.

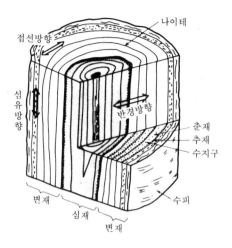

그림 6-3 목재의 각면

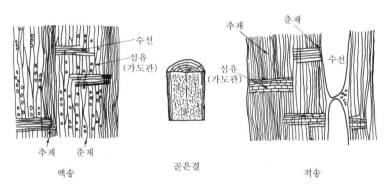

그림 6-4 곧은결면

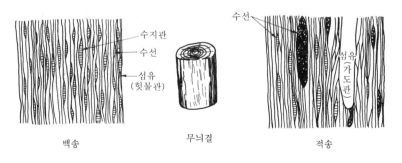

그림 6-5 무늬결면

(3) 목재의 성질

① 밀도와 비중

(가) 목재의 밀도란 단위 용적에 대한 그 물질의 질량을 말하며, 단위 용적분의 중량으로 표시한다. 따라서 밀도는 목재의 중량과 대등한 의미를 가진다.

$$밀도 = \frac{중량(g)}{단위용적(cm^3)}$$

목재의 비중이란 목재 물질의 중량과 그것과 같은 용적의 어느 표준 물질과의 비를 말하는 것으로서 표준 물질로는 보통 최대밀도(4℃)에서의 물을 사용한다.

$$비중(S) = \frac{W}{V}$$

여기서, W : 목재의 중량, V : 목재의 용적과 동용적의 물의 중량

목재 중량은 목재 실질량, 추출물, 함수량 등의 영향을 받는다. 이들 중 목재 실질량과 추출물은 비교적 일정하나, 함수량은 광범위하게 변하므로 목재 비중의 변화에 큰 영향을 미칠 뿐만 아니라 목재의 용적 변화에도 영향을 미친다. 따라서 목재의 비중과 밀도를 측정함에 있어서는 반드시 그 당시의 함수 상태를 표시해야 한다. 만일 별도의 표시가 없을 때에는 전건 상태에서의 비중으로 생각하면 된다.

(나) 세포막의 밀도는 1보다 크므로 만일 목재가 하등의 구멍이 없는 목재 실질로만 이루어졌다면 물속에 가라앉았을 것이다. 그러나 건조한 목재는 물에 뜬다. 이와 같은 사실은 목재가 세포막벽과 이들 사이에 있는 무수한 작은 구멍으로 이루어졌다고 생각할 수 있다. 목재의 세포막 실질의 비중을 참비중이라 하여 구별하고 있는데, 이는 수종에 따라 별차이가 없이 비교적 일정하다. 학자들마다 참비중의 수치는 조금씩 다르나, 일반적으로 나무의 종류에 관계없이 1.54를 참비중으로 사용한다.

$$S = W \frac{g}{V(1 + M/100)}$$

여기서, V : 생재의 용적, M : 함수율, Wg : 생재의 용량

② 함유 수분 : 벌채한 목재를 대기중에 방치하여 두면 점차 건조하여 함유 수분이 감소되어 간다. 이러한 상태하에서 오랫동안 건조하면 함수율이 일정한 상태에서 머물게 되며 그 이상 감소되지 않는다. 즉 대기중의 온도와 관계 습도에 따라서 평형 상태에 도달하게 된다. 이것을 기건 상태 또는 기건재라 하고, 이때의 함수율을 기건 함수율이라 한다.

한편 대기 온도와 관계 습도 하에서 목재 함수율이 평형 상태에 있을 때의 함수율을 평형 함수율이라고 한다. 그러므로 기건 함수율이란 일종의 평형 함수율이라 할 수 있으며, 지역이나 기후 또는 계절에 따라 차이가 있다. 우리나라에서는 계절에 따라 13~18%까지의 차이가 있음을 알 수 있으며 평균 15%로 보고 있다.

온도와 관계습도, 그리고 목재 함수율간에 서로 상관되어 이루어지는 평형 함수율은 재질에 큰 변화를 주게 된다. 따라서 여러가지 목재의 성질을 비교하고자 할 때에는 일

정한 함수율을 기준으로 해야 한다. 이와 같은 함수율을 법정 함수율 또는 표준 함수율이라 부르기도 한다. 서양에서는 표준 함수율을 12%로 규정하고 있다.

$$함수율 = \frac{시험재의\ 중량 - 시험재의\ 전건중량}{시험재의\ 전건중량} \times 100$$

표 6-1 평형 함수율표

온도(°) \ 습도(%)	35	40	45	50	55	60	65	70	75	80	85	90
0	8.62	9.43	10.33	11.30	12.46	13.54	14.82	16.32	17.76	19.44	21.28	23.29
5	8.28	9.07	9.96	10.92	12.06	13.13	14.41	15.90	17.34	19.03	20.89	22.92
10	7.94	8.72	9.59	10.53	11.65	12.73	13.99	15.47	16.93	18.62	20.49	22.55
15	7.60	8.36	9.22	10.15	11.25	12.32	13.58	15.05	16.51	18.21	20.10	22.18
20	7.26	8.01	8.84	9.76	10.84	11.91	13.17	14.62	16.10	17.81	19.70	21.80
25	6.92	7.65	8.47	9.38	10.44	11.51	12.75	14.20	15.68	17.40	19.31	21.43
30	6.57	7.29	8.10	8.99	10.04	11.10	12.34	13.77	15.26	16.99	18.92	21.06
35	6.23	6.94	7.73	8.61	9.63	10.69	11.93	13.35	14.85	16.58	18.52	20.69
40	5.89	6.58	7.36	8.22	9.23	10.29	11.51	12.92	14.43	16.17	18.13	20.32

⑺ 자유수 : 자유수는 유리수라고도 하며, 목재를 구성하고 있는 세포간의 틈, 또는 세포 내 공간에 유리상태로 존재하는 수분을 말한다. 세포내에서 이동이나 증발에 아무런 제한을 받지 않고 어떤 내부 압력차에 의하여 자유로이 이동할 수 있는 수분이다. 목재의 물리적, 기계적 성질에 거의 영향을 미치지 않으나, 목재의 중량에는 영향을 미친다.

⑻ 결합수 : 세포막 중에 침투되어 있는 수분으로서 세포의 표면 또는 세포 사이에 흡수되어 섬유질과 물분자간의 분자 인력에 의하여 강하게 흡착되어 있는 수분을 말한다. 결합수의 증감은 목재의 물리적, 기계적 성질에 큰 영향을 미치기 때문에 목재 이용상 가장 중요한 의의를 가지고 있다.

⑼ 섬유 포화점 : 건조한 목재를 포화 수증기 속에 방치하여 두면 결합수의 상태로 수분을 흡착하게 되어 더 이상 흡수할 수 없는 한도에 도달하게 되는 점을 섬유 포화점이라고 한다.

⑽ 수축 팽창의 방향성 : 목재의 함유 수분 중 결합수의 증감으로 수축과 팽창이 되는데, 이때 수축률과 팽창률은 목재의 방향에 따라 달라진다. 즉 나이테 접선 방향(무늬결면), 나이테 반경 방향(곧은결면), 섬유방향이 각각 다르고 그 비율이 20 : 10 : 1 정도이고, 이것을 수축 팽창의 이방성이라 한다.

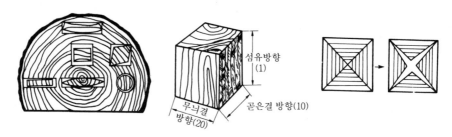

그림 6-6 목재의 수축

③ 목재의 화학적 성질

(카) 목재의 화학적 성분 : 목재의 주된 성분은 셀룰로스, 헤미셀룰로스, 리그닌으로 되어 있다. 기타 세포의 내강 혹은 특수한 조직에 존재하는 회분, 질소 화합물, 유지, 탄닌, 색소 등을 포함한다.

(나) 목재의 주요 성분의 성질

㉮ 셀룰로스 : 목재를 구성하는 유기 성분으로 제지, 인견 등의 원료로 쓰인다.

㉯ 헤미셀룰로스 : 목재를 구성하는 탄수화물 중의 셀룰로스 이외의 물질이다.

㉰ 리그닌 : 식물의 물관과 섬유 사이에 축적되는 물질로서 이것에 의해서 세포가 목화(木化)되고 단단해진다.

표 6-2 목재의 화학적 성분

수　　종	셀룰로스	헤미셀룰로스	리 그 린	수 지 분	회　　분
침 엽 수	50~55%	10~15%	30%	2~5%	1% 이하
활 엽 수	50~55%	20~25%	20%	0.5~4%	1% 이하

④ 목재의 강도

(카) 인장 강도 : 목재를 잡아끄는 힘이 작용하면 그 힘은 점차 물체의 내부에 전달되며 그 물체내의 응집력에 의하여 저항하게 되는데, 이러한 힘을 인장 강도라고 하며 물체는 이 힘의 작용방향에 따라 길어진다. 이러한 힘의 작용 방향은 압축과 반대되는 방향이다.

(나) 압축 강도 : 목재에 압축시키는 힘이 가해지면 목재 내부에서는 이에 대한 저항력이 생긴다. 이와 같이 압축하려는 힘에 대한 목재의 저항력을 목재의 압축 강도라고 한다. 기둥, 침목 등의 구조물에서 압축 강도의 현상을 볼 수 있다.

(다) 전단 강도 : 외부의 힘에 의해 물체의 일부분이 그의 접속면에서 서로 미끄러뜨리려고 하는 힘에 저항하는 응력을 전단 강도라고 한다.

(라) 휨 강도 : 물체의 양끝을 받치고 하중을 가하면 중심부가 휘면서 결국은 파괴되는데, 이때 저항하는 응력을 휨 강도라고 한다.

(마) 비틀림 강도 : 목재가 거의 장축을 통하여 회전시키려고 하는 외력 때문에 비틀릴 때

목재 내부에 유발되는 저항 응력을 말하여 항렬 강도라고도 한다.

㈜ 경도 : 2개의 목재를 접착시켜 압박한다든지, 또는 강철울 사용하여 목재를 압박할 때 압력이 증가함에 따라 목재의 접착면에는 형의 변형이 생긴다. 이와같이 변형을 일으키게 하는 힘에 대한 목재의 저항력을 경도라고 한다.

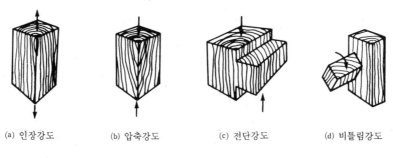

| (a) 인장강도 | (b) 압축강도 | (c) 전단강도 | (d) 비틀림강도 |

그림 6-7 목재의 강도

3. 목재 도장의 공정과 기술

(1) 도장공정

① 소지공정 : 목재의 경우도 본래의 성능을 충분히 발휘하기 위해서는 다른 소재와 같이 바탕조정의 상태에 따라 좌우되는 경우가 많다. 특히 표면의 구조가 복잡하고 미관을 중요시하는 목재의 도장은 공정의 수가 복잡한 시방으로 되어 있다.

목재의 바탕조정은 불투명 마무리용과 투명 마무리용으로 크게 구분된다. 불투명 마무리는 내후성이 필요하나 근시안적인 미관을 별로 중요시하지 않는 외부용에 사용되는 경향이므로 바탕 조정의 공정수도 내부와 비교하여 약간 적다.

또한 바탕의 평활함에 따라서 마무리에 관한 기본적인 사고방식은 동일하여 평활한 소재일수록 당연히 공정수는 적어진다. 그리고 실제로는 송진이나 옹이가 없는 소재에 송진처리나 옹이 손질 공정을 생략할 수 있으므로 필요에 따라서 공정의 조정을 실시할 수 있다.

투명하게 마무리하는 바탕조정은 설치가구, 창호류 및 바닥 등 옥내의 것이 많으며 근시안적인 미관이 요구되므로 바탕조정을 완전하게 한다.

일반적으로 소지조정의 중요성은 잘 알고 있지만 충분하게 잘 이행되고 있지 않는 것이 많다. 소지조정이 잘되면 도장이 순조롭게 진행되고 도장비도 저렴하고 풍부한 도막을 얻게 된다. 그 때문에 소지조정은 소중하게 행해져야 한다.

이 공정에서 주된 작업은 소지연마로 요철부분을 완전히 평활하게 하는 것이다. 소지

연마는 하연마와 마무리 연마 2단계로 나누어지는 것이 효과적이고, 하연마는 #50~ #100의 샌드페퍼, 마감연마는 #150~#220의 샌드페퍼를 사용하는 것이 적당하다.

오염의 제거는 스케일러, 연마지, 더스트 솔 등의 공구로 바탕을 손상하지 않게 조심하여 실시한다. 유지류는 천으로 닦아낸 후에 휘발유로 세척하여 충분히 건조한다. 투명 마무리를 할 때에는 얼룩은 희석한 옥살산으로 제거한다.

송진 처리는 표면의 송진은 깎아내고 내부의 송진은 인두로 가열해서 빠져나오게 하여 휘발유로 닦아낸 후에 셸락 니스를 칠한다.

연마지 연마는 평탄한 나무 조각에 연마지를 붙여 나뭇결에 평행하게 한다. 국부적으로 연마 자국이 남지 않게 하고 마지막으로 나뭇결에 연마 찌꺼기가 남지 않게 충분히 청소한다.

연마는 표면을 가볍게 물에 적시고 부풀음, 얼룩, 상처 및 오염을 제거하도록 연마한다. 기름 연마는 수용성 탄닌이 많은 목재를 물로 연마하면 탄닌의 얼룩이 확대되므로 이때에는 물 대신에 백등유를 사용한다.

타박 상처의 수정은 따뜻하게 적신 천으로 찜질해서 팽창시켜 원래의 상태가 될 때까지 반복한다. 큰 균열은 동일한 재료로 메워서 보수하고 가는 균열이나 구멍은 동일한 재료의 톱밥을 반죽하여 메우고 건조 후 연마지로 연마하여 평활하게 한다.

침엽수재를 가구에 이용하게 되면서 발생하는 커다란 문제는 송진의 처리이다. 이것은 종래의 바탕 조정의 범주에서는 처리할 수 없다. 송진이 도장에 미치는 영향을 예시하면 연마시의 눈막힘, 착색시 착색제의 흡수 얼룩에 의한 색얼룩, 도막의 부착불량, 라디칼 (radical) 중합형 도료의 경화 장해, 도막의 연화, 변색 등의 보고가 있는 것과 같이 도장에서는 송진에 대한 대책이 최대의 문제로 되어 있다.

송진 제거법에는 다음과 같은 3종류가 있다. 어느 방법이나 목재의 종류와 송진의 양에 의해 어느 정도의 처리를 할 것인가 결정할 필요가 있다.

㈎ 용제로 닦아내기 : 등유, n-핵산, 메탄올, 트리클로로에틸렌으로 송진이 있는 곳, 마디, 하재부를 닦아낸다.

㈏ 알칼리로 추출하는 방법 : 3% 소다회에 아니온 활성제를 첨가한 알칼리 용액을 가압·가온하에서 증기로 삶고 다음에 건조한다.

㈐ 실러에 의한 송진의 차단 : 바탕 연마 후 용제로 닦아내고 송진이 많은 부분에 셸락 니스나 폴리우레탄 수지 실러를 칠하여 새나오지 못하게 한다.

연마의 방향은 반드시 목리와 평행하게 한다. 목리에 교차해서 연마를 행하면 착색했을 경우에 얼룩이 일어나기 쉽기 때문에 주의할 필요가 있다. 연마가 끝난 면은 압축공기를 사용하여 먼지, 표면부착물, 유분 등을 완전 제거한다.

② 표백 : 목재는 심재(心材)와 변재(邊材)에 따라 재색(材色)에 차이가 있으며 목재는 같은 종류의 나무라도 색이 다르기 때문에 사정에 따라 이것들을 합하여 사용할 경우에는 표백을 행하여 소재의 색을 통일하여 도장하는 것이 필요하다. 특히 밝은 나무색 마무리가 요

구되는 경우나 목재의 재색이 불량한 경우 등에는 표백에 의해 시각의 효과가 기대될 때에 표백한다. 표백시킨 면은 거칠게 되므로 #50~#220 정도로 연마 후 도장하여야 한다.

표 6-3 표백제, 얼룩빼기제

산 화 표 백 제		환 원 표 백 제			킬레이트제	아세틸화제
염 소 계	산 소 계	아황산계	수 소 계	산 계	EDTA	과아세트산 (CH_3COOOH)
아 염 소 산 소 다 ($NaClO_2$)	과 산 화 수 소 (H_2O_2)	유 황 (S)	수송산 붕소 나 트 륨 ($NaBH_4$)	옥 살 산	금속 오염을 제거	아세트산 후 킬레이트로 되돌아가지 않게 된다.
차아염소산 소 다 (NaClO)		훈 중 가 스 중 아황산 소 다		차아인산 (H_3PO_2)		
		아니티온산 소 다 ($NaHSO_3$)				
		론갈리트 ($Na_3S_2O_4$)				

표백제는 종래부터 사용한 산화 표백제가 많이 사용되고 있으며 표백제의 이상적인 조건은 온화한 표백 조건에서 착색에 관여하는 화학 구조 발색단, 조색단의 부분만을 선택적으로 어택(attack)하여 탈색의 효과를 높이며 탈색된 재색(材色)이 목재 본래의 색에 가깝게 시간 경과에 따른 변화를 일으키지 않으며 경제적으로 사용하기 쉬운 약품이 좋다고 한다.

목재의 수종과 표백효과에 관하여는 일반적으로 수지분이 많은 경질재일수록 표백하기 어렵다. 과산화수소에 의한 표백효과는 단독으로 사용하는 예와 사용시에 알칼리성으로 하여 사용하는 예가 있다. 후자에서는 알칼리, 염류 등을 첨가하고 또 분해 반응 속도를 조정하기 위해 규산소다, 마그네슘염, 금속 킬레이트제 등을 첨가하는 등의 대책이 강구되어 있다. 또 탈색 후의 재색을 조정하는 아세트산이나 옥살산 등의 유기산도 첨가했다는 보고와 과산화수소-메탄올-무수아세트산에 의한 표백의 보고도 있다. 표백작업에서는 시간 경과에 따른 변색에 특히 주의하는 것이 중요하며 표백 처리 후의 물세척, 물 닦아내기를 하여야 한다.

표 6-4 표백방법

담색재, 부분 표백에 적합한 방법	5%수산액-물로 세척-건조, 과산화수소-물로 세척-건조
재색의 표백에 적합한 방법	5%과망간산칼리-10%유산소다액-물로 세척-건조, 1%과망간산칼리-5%수산액-물로 세척-건조
농색 표백에 적합한 방법	5%수산액-10%차염소산소다액-물로 세척-건조, 암모니아수-과산화수소-물로 세척-건조, 탄산나트륨-과산화수소-물로 세척-건조

③ 착색

    ㈎ 착색제의 종류 : 착색제에는 염료와 안료가 많이 사용되며 공예품과 같은 특수한 용도에는 화학약품이 사용되기도 한다. 착색제가 갖추어야 할 조건은 다음과 같다.

        ㉮ 내광성(耐光性)이 좋을 것

        ㉯ 투명도가 높을 것

        ㉰ 목재의 표면뿐만 아니라 속까지 염색될 것

        ㉱ 착색 방법이 간단할 것

        ㉲ 염착성(染着性)이 우수할 것

        ㉳ 착색 얼룩이 없고 블리드(bleed)되지 않을 것

        ㉴ 다음 공정의 도료 건조에 영향을 미치지 않고 변색되지 않을 것

표 6-5 착색제의 종류 및 특성

종 류	색재(色材)	용 제	특 징	결 점	비 교
수성착색제 (스 테 인)	직접염료 산성염료 염기성염료 분산염료	물	작업성이 용이하다. 내후성이 비교적 좋다(직접 염료, 산성 염료). 인화성이 없다. 블리드되지 않는다. 색을 자유로이 할 수 있다. 염가이다.	바탕을 팽창시킨다. 부풀음이 일어난다. 건조가 늦다. 내수, 내광성이 약간 떨어진다(염기성 염료). 침투성이 나쁘다.	스프레이, 솔, 침지 등의 방법으로 착색할 수 있다.
유성착색제	유(석유)용성 염 료	미네랄스플릿	바탕을 팽창시키지 않는다. 침투성이 있다. 투명하여 나뭇결이 선명하게 된다. 마무리칠 도료의 흡수가 적다. 깊이가 있다. 부풀음이 일어나지 않는다.	건조가 늦다. 내열, 내광성이 좋지 않다. 약간 고가이다. 마무리칠 도료에 블리드된다.	스프레이, 솔, 침지 등의 방법이 적합하다.
알콜성 착색제	알콜용성 염 료	메 탄 올 에 탄 올	건조가 빠르다. 침투성이 좋다. 발색(髮色)이 선명하다.	부풀음이 일어난다. 색 얼룩이 생기기 쉽다. 약간 블리드된다. 내광성이 나쁘다. 고가이다.	스프레이 착색에 적합하고 다른 방법은 곤란하다.
NGR(Non Grain Raising) 스테인	산성염료	디에틸렌글콜 모노에틸에르 메 탄 올 톨 루 올 세로소르브프	바탕을 팽창시키지 않는다. 부풀음이 일어나지 않는다. 건조가 빠르다. 침투성이 좋다. 블리드되지 않는다.	솔로 칠하기 어렵다. 고가이다.	스프레이 착색이 최적이다.

안료스테인(Pigment wiping stain)	미립자 유색안료	물 미네랄스플릿	색의 내구성, 내광성, 내열성이 우수하다. 색 얼룩이 생기지 않는다. 번지는 일이 없다	나뭇결이 선명치 않다. 침투성이 나쁘다. 투명성이 부족하다.	스프레이, 솔에 의한 착색이 용이하다.
약품착색	과망간산리 중크롬산리 암모니아수 목초산철 석회 로그우드 아선(阿仙)	물	번짐, 벗겨짐이 없다. 거의 퇴색되지 않는다. 색조에 은근한 멋이 있다.	목질(木質)에 따라 발색이 다르다. 목적의 색이 나오기 어렵다. 작업이 복잡하다. 솔, 용기류가 상하기 쉽다. 바탕을 거칠게 한다.	대부분의 경우 솔이 가능하다(나일론제 등이 좋다).
스모크착색(Smoke Stain)	암모니아가스		약품 착색과 같다. 심부까지 균일하게 착색되고 고전적인 색을 나타낸다.	강한 자극 냄새에 대응하고 처리 시간이 길다. 다른 약품 착색과 같다.	밀폐 용기 중에서 가스가 발생한다.

㈏ 유성착색제 : 오일 스테인(oil stain)이라고 부르며 유용성(油溶性) 염료를 스플릿에 용해하여 골드 사이즈, 보일유를 혼합한 것이고 염료는 산성 염료가 사용된다. 이 착색제는 침투성이 좋고 나뭇결이 선명하여 나무 표면에 광택을 주어 깊이있는 착색이 얻어지나 건조가 늦고 블리드되는 등의 특징이 있다.

㈐ 수성착색제 : 수용성 염료를 물에 용해하여 솔 또는 스프레이로 착색하는 것인데 쉽게 입수할 수 있고 염가로 희망하는 색조를 자유로 만들기 쉽다는 등의 이유로 널리 사용되고 있다. 염료는 직접 염료, 산성 염료, 염기성 염료가 사용되고 있다.

㈑ 알콜성 착색제 : 알콜 용성(溶性) 염료를 알콜에 용해한 착색제이며 염기성 염료나 일부의 산성 염료가 사용되었다. 내광성이 좋고 다른 용제와 상용성(相溶性)이 있는 염료가 개발되어 현재는 알콜성 착색제의 주류로 되어 있다.

㈒ NGR 스테인 : 나무 섬유를 부풀리지 않는(non grain raising) 스테인으로 사용하는 예가 많아졌다. 산성 염료가 주체적으로 사용되며 에틸렌글리콜, 세로소르브, 디에틸렌글리콜, 모노에틸에테르, 메탄올, 톨루올 등의 혼합 용제가 용매로 사용되고 있다.

④ 필라도장(눈메꿈 도장) : 필라도장의 목적은 도관 등에 충전제를 충전하여 평활한 면을 만들고 칠도료의 흡수방지와 나무결을 강조하고 착색의 효과를 높이는 것이다. 홈 충전제는 도관(導管)에의 충전성이 좋을 것, 투명성이 좋을 것, 홈 충전시의 작업성이 좋을 것, 건조가 빠를 것, 목재의 재질을 손상하거나 변형시키지 않을 것, 전 공정의 착색제나 후공정의 도료와 반응을 일으키거나 팽윤되거나 용해되거나 건조를 지연시키는 영향이 가능한한 적을 것 등이 요구된다.

홈 충전제는 충전제, 결합제, 착색제, 희석제로 구성된다. 충전제로는 체질 안료가 사용되며 체질 안료의 종류로 백색의 색상을 띠고 있는 버라이트, 황산바륨 클레이, 카올린, 탈크, 실리카 등이 사용되며 홈 충전제의 종류는 다음과 같다.

표 6-6 홈 충전제의 종류

홈 충전제의 종류	결 합 제	희 석 제
수 성 홈 충 전 제	풀, 아교, 아세트산비닐계 접착제(어느 것이나 수용성)	물
유 성 홈 충 전 제	골드사이즈, 보일유	도료용 신너, 미네랄 스플릿
래 커 계 홈 충 전 제	래커	래커 신너, 크실롤, 톨루올
알키드수지계 홈충전제	알키드 수지	도료용 신너, 톨루올, 크실롤
폴리우레탄계 홈충전제	오일 변성형 폴리우레탄 수지	우레탄용 신너
아미노알키드계 홈충전제	산경화형 아미노알키드 수지	아미노알키드 수지용 신너
에 멀 션 계 홈 충 전 제	아크릴 에멀션	물

홈 충전 작업은 손으로 작업할 때는 솔에 의한 칠, 반건조(희석제가 확산하여 표면에 젖어있지 않게 되는) 상태일 때 스며들게 바르기, 여분의 홈 충전제를 닦아내기의 3단계의 요령이 있다. 닦아내기가 불충분할 때에는 도관부 이외의 나무 표면에 홈 충전제가 남아서 마무리가 선명치 않게 되거나 색 얼룩 등 예기(豫期)한 효과를 얻을 수 없게 된다. 또 지나치게 닦아내거나(필요 이상 반복하여) 건조된 다음에 닦아내는 것은 나무 표면을 손상시키거나 충전된 홈 충전제를 파내는 등 역효과의 결과가 된다.

㈎ 홈 충전 작업공정

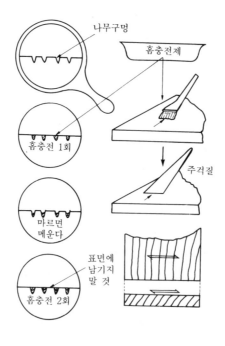

그림 6-8 홈 충전

㉮ 착색 홈 충전 : 홈 충전제 중에 염료, 안료 착색제를 넣어 홈 충전과 착색을 동시에 한다.

㉯ 안료 착색 홈 충전
- 착색 후 홈 충전한다.
- 홈 충전 후 착색한다.
- 홈 충전만 한다.

㉰ 내추럴 홈 충전 : 착색제가 없는 홈 충전제를 사용하여 홈 충전을 한다.

㉱ 목부의 투명도장을 우수하게 하는데는 홈 충전을 완전히 하고 초벌칠을 얇게 산뜻하게 하는 것이 중요하다. 홈충전이 완전하지 않으면 상벌칠 도료를 칠해도 잘 되지 않는다. 따라서 홈 충전은 한번만이 아니라, 2~3회 착실히 한 것이 칠 마무리가 쉽고 좋게 완성된다.

표 6-7 눈메꿈제의 성능 비교표

필 라 종 류	기계조작 적합성	목재와의 부착성	내구성	상도와의 부착성	건조성	연마성	평활성	비 고
수 성	△	△	△	△	△~×	○	×	도관의 크기에 따라 건조 시간에 다소 차이가 있음
유 성	○	○	○	○	×	×	○	
래 커 계	◎	○	△	○	◎	◎	◎	
비 닐 래 커 계	◎	○	○	○	◎	◎	△	
아크릴에멀션계	○	◎	○	○	△	△	△	
폴리우레탄수지계	○	◎	◎	◎	△	△	◎	
요 소 수 지 계	○	○	○	○	△	△	△	
폴리에스테르계	○	○	◎	○	○	△	△	

* ◎ : 우수   ○ : 양호   △ : 가   × : 불가

⑤ **하도도장**(우드실러 ; wood sealer) : 초벌칠 도료는 나무 재질과 직접 접촉하여 부착성이 있고 또 각종의 표면 처리제와 친화(親和)하는 등 다면적인 성능이 요구되고 있으며 일반적으로 우드실러(wood sealer)라고 불린다.

하도도장은 착색제가 상도도료중에 번지는 것을 방지하고 필라작업 후에 착색이 벗겨지지 않도록 되어야 한다. 소지의 조화를 해치지 않고 목재고유의 미를 부가시켜 상도, 중도보다 유연성이 있어야 하며 도장공정을 단축시키며 목재제품의 양·부를 결정해 주는 중요한 공정이다.

㈎ 하도도료(wood sealer)의 역할

㉮ 소지 목재 중에 깊이 침투하여 목섬유를 굳게 안정화시킨다.

㉯ 소지 목재의 흡수, 흡습성을 개선하여 수분에 의한 변화를 감소시킨다.

㉰ 나무털을 고정하여 연마에 의한 제거를 쉽게 한다.

㉱ 소지에 상도도료의 침투를 감소시킨다.

㉲ 투명 마감도장에는 목리나 눈메꿈처리된 도관을 선명히 표현한다.

ⓑ 소지 목재의 균열을 감소시켜 도막의 갈라짐을 적게 한다.

ⓐ 이미 도장된 착색제를 눌러서 소지에 고정시킨다.

ⓐ 필라를 고정하여 상도도료의 침투를 억제한다.

ⓐ 불포화 폴리에스테르 수지도료에 대해서 경화장애를 일으키는 수종에는 폴리우레
탄 실러를 하도도장하여 경화장애, 경화지연, 온목현상 등을 방지한다.

표 6-8 하도도료의 종류 및 특성

성 능 \ 종 별	셸락 니스	래커계 우드실러	비닐·부티랄 수지계 우드실러	폴리우레탄 수지계우드실러
건 조 성	◎	◎	◎	△
부 착 성	△	○	◎	◎
송 진 방 지 효 과	○	×	○	◎
투 명 성	×	○	◎	○
내 수 성	△	○	◎	◎
내 열 성	×	×	×	○
균 열 방 지 효 과	×	○	○	○
작 업 성	○	○	◎	○
코 스 트	◎	◎	△	×

* ◎ : 우수, ○ : 양호, △ : 조금 양호, × : 불량

⑥ **중도도장** : 중도도장 공정은 마무리칠에 필요한 평활면을 만드는 공정이며 초벌칠 표면
에 있는 오목 부분에 도료로 충전함과 동시에 볼록 부분도 피복하여 균질한 마무리칠면
을 얻는다.

중도도료에는 소지나 하도와의 부착성이 좋고, 하도도막을 침투해서는 안된다. 특히
살오름성이 좋고 연마성이 좋아야 한다. 평활한 도막이 얻어져야 하고 상도도료와의 부
착성이 좋아야 한다.

샌딩 실러의 종류는 래커, 아미노알키드 수지계, 폴리우레탄 수지계와 그 밖에 최근에
는 우레탄폴리에스테르계의 것이 많이 사용되고 있다.

샌딩 실러는 수지와 투명성이 있는 체질안료를 포함하고 있기 때문에 도막을 두껍게
도장했을 때 투명성을 잃고, 도막의 갈라짐, 백화현상 등을 일으키기 때문에 이 문제점
들을 고려해서 행해져야 한다.

중도도장의 연마는 평활한 도면이 나와야 하므로 연마지는 #220~#400로 연마자국이
남지 않도록 하여야 한다.

표 6-9 시각효과에서 본 도장의 종류와 수종과의 관계

시각 효과의 주안점	도 장 명	적합 수종	적합 착색제 도료	표면 효과 기타의 특징	적합 디자인
목재의 색·재질감을 기조(基調)로 한 것	백목(白木) 도장	소나무, 졸참나무, 꾸지나무, 느릅나무	변성 산경화형 아미노알키드 수지 도료	북유럽에서 개발, 백목(白木) 그대로 마무리한다. 밝은 색의 수종에 효과적	캐주얼한 가구로 20대, 30대에 적합
	자연색 도장	졸참나무, 마칸바, 너도밤나무, 티크	산경화형 아미노알키드 수지 도료, 폴리우레탄 수지 도료	내추럴 컬러 마무리라고도 하며 착색을 하지 않고 투명 도료만의 마무리	정통파로 모던 스타일의 가구, 비교적 젊은이에 적합
	일반 착색 도장	졸참나무, 마탄바, 너도밤나무, 남양재, 기타	염료, 안료의 착색제, 일반 도료	저렴한 목재를 고급 목재와 비슷한 색으로 착색하거나 목재의 색을 착색에 의해 강조한다.	정통파로 것에서부터 캐쥬얼 가구까지
	고전적인 색의 마무리	느티나무, 마칸바, 삼목, 기타	약품, 식물 염료 등의 착색제, 일반 도료	매목(埋木)의 색(회녹색, 적갈색)을 인공적으로 착색한다. 목재의 탄닌과 약품과의 화학 변화	일본조의 모던 스타일의 가구부터 민예조의 것까지
	앤티크 도장	졸참나무, 마호가니, 너도밤나무	염료, 안료의 와이핑 스테인, 일반 도료	고전 가구의 오래된 외관을 표현한다. 조각 부분에 색의 짙고 엷음을 나타낸다.	유럽조의 클래식 가구에 한정
	오일 앤티크 피니시	티크, 월너트, 로즈우드	티크 오일, 반응성 오일 변성형, 폴리우레탄 수지 도료	덴마크에서 개발, 목재 속에 오일을 침투시켜 표면에 도막을 만들지 않는다.	정통파로 모던 스타일의 가구
	왁스 피니시(암모니아 스모크)	졸참나무	암모니아수, 가구용 왁스	암모니아가스의 기체 착색으로 나무의 심부까지 회갈색이 된다.	정통파로 모던 스타일의 가구
	스프레이 칠(漆) 마무리	느티나무, 꾸지나무, 느릅나무	바탕 착색은 염료, 나뭇결 착색은 안료, 유성 도료, 폴리우레탄 수지 도료	스프레이 칠(漆) 마무리의 외관을 근대화한 것이며 와이핑 스테인으로 나뭇결을 살린다.	일본조의 모던 스타일의 것부터 민예조의 것까지
	컬러풀한 염색 도장	소나무, 마칸바, 꾸지나무, 너도밤나무	염료, 미립자 안료 착색제, 폴리우레탄 수지 도료	적, 녹 등의 선명하고 짙은 원색으로 착색하고 투명 도료로 마무리한다.	캐쥬얼 가구로 20대, 30대에 적합
색채·표면 형상을 주체로 한 것	다크 톤 컬러 피니시	졸참나무	염료, 미립자 안료 착색제, 산경화형 아미노알키드 수지 도료, 폴리우레탄 수지 도료	흑색, 청흑색, 흑갈색의 투명 마무리, 북유럽에서 최근 개발	정통파로 모던 스타일의 가구
	에나멜 오픈 포어 피니시	졸참나무, 꾸지나무, 느릅나무	변성 산경화형 아미노알키드 수지 도료, 폴리우레탄 수지 도료	칠(漆)의 칠솔 도장을 근대화한 것인데 불투명색의 나뭇결 텍스처를 살린 마무리	정통파로 모던 스타일의 가구
	에나멜 경면 마무리	침나무, 참피나무, 너도밤나무, 기타 산공재(散孔材)	폴리에스테르 수지 도료, 폴리우레탄 수지 도료	바탕을 은폐하고 불투명색의 평활면 마무리	모던한 것부터 클래식한 것까지

표 6-10 각종 샌딩실러의 종류 및 도장시 작업점도

도장방법	점 도(Ford cup No.4) 초			
	래커샌딩실러	폴리우레탄 샌딩실러	폴리에스테르 샌딩실러	상온건조아미노 알키드샌딩실러
붓 도 장	20-25	15-20	50-70	20-40
스 프 레 이 도 장	15-25	13-17	30-40	20-25
커 텐 도 장	20-100	20-25	40-100	20-40

＊ 상태에 따라 변경하여 작업할 수도 있음

⑦ **상도도장** : 상도도장은 도장공정상에 최종 마무리 공정이므로 광택, 색 등의 마무리 외관이 우수해야 한다. 또한 동시에 도막의 견고성, 갈라짐성, 내구력 등의 도막성능이 우수해야 하므로 용도적용에 따른 도료의 선택, 정확한 도장방법으로 마무리 작업을 행하지 않으면 안된다.

비교적 얇은 도막으로 촉감이 우수한 마무리에는 래커계 상도도료로 마감도장 하는 것이 좋으며, 비교적 값이 싼 간이공정에는 산경화 아미노알키드 수지계 상도도료로서 마감도장하는 것이 좋으며, 내구력이 특히 요구되어지는 경우에는 폴리우레탄 수지계 상도도료로 마감도장 하는 것이 좋다. 따라서 그 용도에 따라 도료를 선택하는 것이 중요하다. 또한 보색 공정으로 컬러클리어 등을 사용하는 것이 있다. 컬러클리어 도장시에는 색 얼룩이 생기지 않도록 균일하게 도포한다. 도료의 점도는 중도도장보다 좀 묽게하고 통풍장치가 잘되어 있어야 하며, 먼지나 이물질이 부착되지 않도록 건조시킨다.

특히 강제건조를 행할 때에는 목재는 금속과 달리 소재도관중에 포함되어 있는 공기의 열팽창이나 수분의 발산에 따라 도면이 부풀어 기포를 발생하고, 건조시간과 온도는 소재의 건조조건이나 수종, 건조로의 구조 등에 따라 다르다.

4. 목재용 도료 및 특성

(1) 초화면 래커 도료

일반적으로 용재에 용해되는 니트로셀룰로스(nitro cellulose-lacquer) 요소로한 도료로 도막형성 조요소의 용제가 증발함에 의해서 상온에서 빠르게 도막을 형성하는 도료이다. 도막이 건조해도 분자량의 변화가 없기 때문에 건조된 도막이라도 다시 용제에 접하면 용해한다.

초화면 래커는 도막의 부접착, 내수, 내유성, 내구성 등의 특성을 가지고 도막이 미려하고 1액형이기 때문에 목재용 도료로 많이 사용된다. 그러나 이 도료는 불휘발분이 낮으므로 소정의 도막을 올리기 위해서는 몇 회의 중복도장이 필요하므로 작업성 측면에서 보면 문제가 있다.

최근에는 불휘발분을 높인 소위 high solid형 래커를 많이 사용한다.

① 초화면 래커 도료의 구성 : 현재 국내에서 시판되고 있는 초화면 래커의 구성성분으로는 니트로셀룰로스, 초화면 래커용수지(천연수지, 가공수지, 합성수지), 가소제, 유기용제 등으로 구성되어 있다.

  ㉮ 니트로셀룰로스 : 니트로셀룰로스는 일반적으로 초화도에 따라 에스테르 가용성(질소함유량 11.8~12.2%), 스플릿 가용성(질소함량 10.80~11.10%), 알콜 가용성(질소함량 11.4~11.90%)이 있으며 도료용으로는 주로 에스테르 가용성의 니트로셀룰로스가 사용되는데 점도차에 의한 종류가 있다.

    고점도용을 사용시에는 도료의 불휘발분이 낮으므로 소정의 도막량을 올리기 힘들고 저점도의 니트로셀룰로스를 사용시에는 도막의 유연성이 부족하므로 니트로셀룰로스의 선택에도 신중을 기해야 한다. 일반적으로 목재용 래커에는 1/2~1/4초의 점도 범위의 니트로셀룰로스를 많이 사용한다.

  ㉯ 초화면 래커용 수지

    ㉠ 천연수지 : 단마루고무, 셸락 등이 초기의 초화면 래커에 사용되어 왔지만 합성수지의 진보에 의해 현재에는 거의 사용치 않는다.

    ㉡ 가공수지 : 로진에스테르, 마레인산수지 등이 있는데 로진에스테르 검(ester-gum)은 로진과 그리세린의 반응물로 내수성이 좋은 수지인데 래커에 사용하여 도막의 광택, 연마성, 도막살오름성을 개량한다. 마레인산 수지는 로진무수마레인산, glycerine의 3종을 고온에서 반응시켜 만든 로진변성 마레인산 수지로 래커에 사용목적은 로진에스테르와 마찬가지이다.

    ㉢ 합성수지 : 합성수지 중에서 단유성 알키드수지, 멜라민수지, 비닐수지, 아크릴수지 등이 사용되지만 가장 일반적으로 사용되는 수지는 단유성 알키도 수지로 초화면 래커에 알키드 수지와 마레인산 수지가 병용되어 내구성, 내자외선, 부착성, 내습, 내알칼리성, 광택 등을 향상시킨다.

  ㉰ 가소제 : 가소제의 중요한 역할은 도막에 유연성을 부여하여 내구성을 향상시키는데 있다. 보통 초화면 래커에 사용되는 가소제는 식물유, 난증발성의 화학약품, 수지상 물질 3종류가 있다. 식물유에는 주로 피마자유가 사용되는데 이 가소제는 비산화성이기 때문에 장기간 도막에 유연성을 부여하는 장점이 있고, 값이 싸지만 초화면에 완전히 용해하지 않고 도막을 연화시키는 성질을 가지고 있으므로 연화제라고도 부른다.

    난증발성의 가소제는 Dibuty1 Phthalate(DBP), Tricresy1 Phospate(TCP) 등이 있는데 피마자유와 DBP의 혼합가소제가 아주 효과가 좋다. 종합수지 가소제에는 다가 알콜에 의한 ester화된 수지가 사용된다.

  ㉱ 초화면 래커 도료의 신너 : 신너는 니트로셀룰로스, 수지, 가소제 등을 완전히 용해시켜 도장에 적합한 점도로 하는 역할을 한다. 신너는 각종 용제를 혼합해서 만든 것으로 진용제, 조용제, 희석제로 되어 있다.

(2) 아미노 알키드수지 도료

일반적으로 아미노 알키드 레진 페인트는 알키드 레진(단유성)과 요소수지, 멜라민 수지 또는 요소멜라민 공축합수지 등을 주성분으로 하여 가열건조(120~140℃)에 의하여 도막이 형성되지만 목재용으로는 산(Acid)류를 촉매로 하여 상온 또는 저온(40~60℃)에서 도막이 형성될 수 있도록 개발된 반응형 도료이다.

아미노 알키드수지 도료를 대별하면 산경화형(상온건조형)과 소부건조형이 있다. 수부건조형 아미노 알키드수지 도료는 별명 멜라민소부 도료라고 명명하는데 그 주용도로는 자동차, 차량, 가전기구, 기계류, 금속가구 등의 금속도장에 사용되고 있다. 목재용은 산경화형 아미노수지도료, 별명 요소수지 도료가 운동구 등에 옛날부터 사용되어 왔지만 내후성이 나쁘고 특히 도막에 크랙이 생기기 쉬우므로 이 성질을 개선하기 위하여 알키드수지를 배합하여 아미노 알키드수지 도료를 만든다. 알키드수지의 병용에 의해서 경도, 광택, 색상의 선명도, 내변색성, 도막오름성, 내후성 및 내약품성이 개량되어 목재용 도료로 사용되어 왔다.

① **아미노 알키드수지 도료의 구성** : 목재용 아미노 알키드수지 도료는 요소 멜라민수지, 단유성 알키드수지, 유기용제, 산경화제로 구성된 2액형 도료이다.

㈎ 요소 멜라민수지 : 요소, 멜라민, 구아나민 등의 아미노 화합물과 포름알데히드를 축합 혹은 공축합시켜 메치롤 화합물을 만든 후 이것을 알콜에 에테르화한 것이다. 메치롤 화합물은 알키드수지와 상용성이 불량하기 때문에 부칠 알콜이나 기타 고급 알콜로 에테르화하여 아미노수지를 만든다. 에테르화가 높으면 안정성은 증가하나 경화가 늦기 때문에 잘 조정해서 사용해야 한다. 목재도료용으로 사용되는 아미노수지는 보통 멜라민 및 우레아를 포름 알데히드에 공축합시킨 레진으로 그 성질은 멜라민 및 우레아의 사용 비율에 따라 크게 달라진다. 즉, 멜라민은 우레아에 비해 내후성, 내수성, 안정성, 도막오름성 광택은 양호하나 부착성이 떨어지며 요소는 멜라민보다 신촉매에 의한 경화가 쉽고 경도, 건조성이 우수하므로 양자의 비율을 적당하게 조정할 필요가 있다.

㈏ 단유성 알키드수지 : 아미노 알키드수지 도료에 사용되는 알키드수지는 아미노수지와의 상용성이 좋은 유정 45% 이하의 단유성 알키드수지가 사용되며 이 알키드수지는 2염기산(주로 무수프탈산등)과 다가 알콜의 에스테르에 고급지방산을 변성시킨 수지이다. 아미노수지와 알키드수지의 배합비율은 용도에 따라 약간 차이가 있지만 목재용의 신경화용 도료는 소부용에 비해 아미노수지의 비율이 높은데 그 비율은 아미노 : 알키드 = 6 : 4의 비율로 보통 사용되고 있다.

㈐ 산경화제 : 목재용 아미노 알키드수지 도료의 경화제로는 보통 5% 염산 알콜용액 혹은 25~50%의 PTSA 알콜 용액이 사용되는데 상기 경화제를 단독 혹은 혼합해서 사용한다.

경화제의 첨가량은 도료 중량에 대해서 5~10%가 표준이다. 경화제 첨가량은 기온에 따라 가감할 수 있으나 첨가량이 과다할 경우에는 건조, 경도 등의 장점이 있으나 가사용 시간이 짧고 백화가 일어나기 쉽고 도막의 크래킹이 생기기 쉬우므로 주의해야 한다.

(라) 아미노 알키드수지 도료의 신너 : 아미노 알키드수지 도료에 사용되는 용제는 알콜과 방향족 탄화수소계 용제의 혼합품이 사용되고 있다.

② 아미노 알키드수지 도료의 특징

(개) 장 점

㉮ 작업성이 좋다－속건성, 강제건조에 의한 시간단축(양산도장 가능)

㉯ 가사용 시간이 길다.

㉰ 도막살 오름성, 경도, 광택이 좋다.

㉱ 내마모성이 양호하다.

㉲ 내약품성 및 내오염성이 양호하다.

(내) 단 점

㉮ 내크래킹성이 불량하다(내후성이 불량하다).

㉯ 2액형이므로 사용이 불편하다 : 가사용 시간의 제한

㉰ 포르마린의 냄새가 있다 : 식기 및 식품을 저장하는 기구 등에는 사용할 수가 없다.

㉱ 금속을 부식시킨다 : 경화제에 산을 사용하기 때문에 가구외 사용은 피해야 하며, 스프레이건 등을 부식시킨다.

㉲ 알칼리성의 도장재에 해를 준다 : 알칼리성의 염료 안료, 필라 등의 위에 아미노 알키드수지 도료를 도장하면 변색, 발포, 도료의 경화 불량 등의 원인이 된다.

(대) 도장 사양의 실례(가구용)

도장공정	도장재 배합	점도(초) FC No.4	도포링 (g/m²)	건 조				비 고
				상온 (시간)	강제 건조분			
					방치	50℃	공냉	
소지연마	#120~#80 샌드페퍼							샌딩기 혹은 손연마
소지착색	NGR 스테인　　　　　100 동상신너　　　　　　약간			1				스프레이 혹은 붓작업
하　　도	아미노 알키드샌딩실러　100 경화제　　　　　　　10 아미노 알키드용신너　20	16~18	60	16	30	30	30	스프레이 도장
도막연마	#240~#320 샌드페퍼							
도막착색 (보조착색)	아미노 알키드컬러클리어 100 경화제　　　　　　　10 아미노 알키드용신너　60	12~14	50	3	20	30	30	스프레이 도장
상　　도	아미노 알키드클리어반광 100 경화제　　　　　　　10 아미노 알키드용신너　40	14~16	60	16	30	60	30	스프레이 도장

⑶ 불포화 폴리에스테르수지 도료(Unsaturated Polyester ·Resin Paint)

불포화 폴리에스테르수지 도료는 글리콜(EG, PG, DEG, DPG 등)류, a-b 불포화 2 염기산 (Maleic Anhydride, Furmaric 등)을 주원료로 하여 증축합시킨 것을 모노머(스틸렌)에 용해 시켜 과산화물(MEKPO)을 촉매로 하고 금속염(Co-naph, Co-oct 등)을 촉진제로 하여 경화·건조시킨다. 중합성 모노머 및 글리콜 포화 2염기산의 선택에 따라 연질에서 경질까지의 도막성능을 선택할 수 있다(성형용, F.R.P.용, 일반목재용 등).

이 불포화 폴리에스테르의 성질은 사용되는 포화산, 불포화산, 알콜, Vinyl monomer의 종 류 및 사용량에 따라서 다종다양하며 이 불포화 폴리에스테르수지 도료의 최대의 특징은 휘 발성분이 없어 도료 구성성분 전체가 도막으로 되어 1회의 도장에 두꺼운 도막을 얻을 수 있 는 것이다.

① 불포화 폴리에스테르수지 도료의 구성성분 : 불포화 폴리에스테르수지의 원료는 대개 불포화산, 포화산, 다가알콜 Vinyl monomer, 경화촉매, 경화제 등이다.

㈎ 불포화 2염기산 : 무수마레인산, 푸탈산, 이타콘산

㈏ 포화 2염기산 : 무수푸탈산, 이소푸탈산, 세바친산, 아제라인산, 아디핀산

㈐ 다가알콜 : 에틸렌글리콜, 디에틸렌글리콜, 푸로피렌글리콜

㈑ 가교 monomer : Styrene, 메칠메타아크레이트, 비닐톨루엔

㈒ 촉진제 : 나푸텐산 코발트, 옥텐산 코발트, 디메칠 아니린

㈓ 경화제 : MEKPO, BPO

㈔ 첨가제 : 파라핀 왁스 등

② 불포화 폴리에스테르수지 도료의 특징

㈎ 장 점

㋐ 휘발성분을 포함하지 않고 100% 경화도막이 되기 때문에 도막살오름성이 좋고, 눈 여윔성이 없으며 1회 도장으로 다른 도료에 비해 3~5배의 두꺼운 도막을 얻을 수 있다.

㋑ 일반적으로 불포화 폴리에스테르수지 도료는 도막 경도가 높고 내마모성, 내수성, 산류, 산성염류, 중성염류에 대해 강하다.

㋒ 전기 절단성이 우수하다.

㈏ 단 점

㋐ 가사 시간이 제한되어 있다. 경화제를 첨가하여 가사시간 내에 도장을 종료해야 한 다. 경화 후에는 용제불용의 수지로 변하기 때문에 경화전의 도장기구의 세척까지 종료해야 한다.

㋑ 도장시의 기온에 의해 도료 점도가 현저하게 변화하므로 희석제에 의해 점도를 조 절하지 않으면 안된다. 또한 기온에 따라 가사시간의 차가 많으므로 경화제 및 촉진 제의 사용량을 조절해야 한다.

　　　㉲ 피도 목재의 종류에 따라 경화장애를 받는 수가 있다.

　　　　(송진분에 의한 영향)

　　　㉳ 아조계 및 안트라키논계 염료, 목재 방부제, 방충제 등에 의해 경화장애를 받는 수

　　　　가 있다.

　　　㉴ 불포화 폴리에스테르수지 도료의 용도별 종류

　　　　㉠ film 도장법용 도료(wax type)

　　　　㉡ curtain flow coater용 도료(wax type)

　　　　㉢ spray용　• sanding sealer(non wax type)

　　　　　　　　　• poly surfacer(non wax type)

　　　　　　　　　• 상도용　┌ wax type
　　　　　　　　　　　　　└ non wax type

　　　　㉣ 붓 작업용　• sanding sealer(non wax type)

　　　　　　　　　　• 상도용　┌ wax type
　　　　　　　　　　　　　　└ non wax type

　　　　㉤ roller coater용(sanding sealer, surfacer)

　　　㉵ 도장 사양의 실례(가구)

도장공정	도장재 배합		점도(초) FC No.4	도포링 (g/m²)	건　조				비　고
					상온 (시간)	강제(분)			
						방치	50℃	공랭	
소지연마	#120~#180 샌드페퍼								
하　도	우레탄우드실러 경화제 우레탄신너	100 25 50	12~14	50	4	30	30	30	붓도장 혹은 스프레이
도막연마	#240 샌드페퍼								
상　도	불포화폴리에스테르 바니시 경화제 촉진제	100 1 1	40~50	250	16	60	60	30	붓도장 혹은 스프레이
도막연마	#240~#400~#600 내수페퍼								
폴 리 싱	폴리싱 콤파운드								buffing기

(4) 폴리우레탄수지 도료(Polyurethane Resin Paint)

　각종 폴리이소시아네트(Polyisocyanate(−NCO))와 각종 활성수소(Hydorgen Doner)와 반응하여 만들어진 1액형 및 2액형 도료이다. 각종 폴리이소시아네트란 TDI, HMDI, MDI, IPDI 등의 프리폴리머들이 사용되어지며 각종 활성수소란 알콜 및 페놀성 폴리올, 폴리아시드, 아민, 물, Acarbamic Acid(R−COOH−SH(sulf, Hydry1)) 등이 사용된다.

이 도료는 1액형과 2액형으로 구분된다. 1액형에는 산화중합형의 유변성계(우레탄 오일계), 습기경화형계(moisture curing) 및 가열분해형계(block curing)로 구분되며, 2액형으로는 촉매경화형계(amine couring)와 폴리올 경화형으로 구분된다. 또 우레탄계 도료는 부착성(특히, 목재용 도료에서는 목재의 섬유소계의 화학성분으로 있는 셀룰로스의 −OH기와의 우레탄 결합을 통한 2차 도막의 형성), 내후성, 내마모성, 내한열성, 내수 및 내열탕성, 내약품성, 내굴곡성, 경도 및 표면감촉이 다른 도료에 비해 우수하기 때문에 최근 목재용 도료로서 그 이용도가 증가되고 있는 고급 도료이다.

단점으로는 가사시간(pot−life)의 제한으로 인한 사용상의 불편함과 습기가 심한 환경에서는 발포(기포)로 인한 핀홀 등이 발생하기 쉽고 TDI계의 폴리이소시아네트는 황변성이 심하다.

① 유변성형 폴리우레탄 도료 : 종류로는 유레탄 오일, 우레탄 알키드 등이 있으며, 건성유와 이소시아네트와의 반응 혼합물이다. 건성유로서는 주로 아마인유, 임자유, DCO 등이 많이 사용되며, 이소시아네트류로는 주로 TDI(80/20 톨루엔 디이소시아네트)를 사용하며, 다음 구조와 같이 다른 우레탄 도료와는 달리 분자구조의 말단에 유리 −NCO가 없다.

CH₂COOR   CH₂COOR

CH₂COOR   CH₂COOR

CH₂……OOCNHR'NHCO……CH₂

(우레탄오일의 일반식 R : 건성유지방산)

건조형식은 건성유 이중결합에 산화, 중합이 일어나서 건조된다. 건조를 촉진시키기 위해서 코발트, 망간, 납 등의 금속염 건조제를 가하여, 피막도 생길 우려가 있기 때문에 방피제도 첨가된다. 이 바니시는 유리 NCO기가 없기 때문에 무독성이고, 건조속도도 아주 빠르고 착색도 할 수 있으며 내마모성이 아주 우수해서 장판, 마루바닥, 실내운동장 등에 많이 사용되고 있다.

결점은 황변이 되기 쉬우며, 날씨가 추울 때 도료가 약간 검붉거나 약간 녹색으로 변할 수도 있으며, 한번 두텁게 칠하면 주름이 잡힐 수도 있다.

② 습기 경화형 우레탄 도료(Moisture curing Urethane) : 다관능성 OH화합물(즉, 폴리에스테르, 폴리에테르, 피마자유) 등에 과잉의 이소시아네트(NCO)를 반응시켜(NCO/OH)1의 폴리머 말단에 −NCO기를 다량 남기게 만든 프리폴리머이며, 이 도료는 공기중의 습기에 의해 굳어지는 도료로 1액형이다.

상대습도가 약 40~75%에서 건조시키는 것이 제일 좋다. 40% 이하이면 건조가 늦고, 75% 이상이면 발포현상이 생긴다.

일반적으로 애로매틱 디이소시아네트(Aromatic Diisocyanate)형의 습기경화형은 태양의 자외선과 적외선에 폭로되면 검게 변하기 쉽고, 공기중의 물과 산소 그리고 오존으로 산화하기 쉬우므로 내부용, 하지용, 태양이 닿지 않는 부분에 적합하며, 외부용으로는 앨리패틱 이소시아네트(Aliphatic Isocyanate)가 좋다. 그리고 어베일러블(available)

NCO%은 약 2~405%이어야 한다. NOC%가 높으면 이 프로폴리머는 더욱 안정하고 주어진 용제%에서 점도는 낮아지며, 대신 독성은 많아진다. 습기 경화형 우레탄의 건조시간을 단축시키기 위하여 dabco(triethylene diamine), dibatyltindilaurate, stannous-octate 등이 많이 사용되고 있으며, 이때는 습기 경화형이라기보다는 촉매경화형(2액형)이라 부르게 된다.

주요 용도로서는 마루바닥, 체육관 바닥, 가구 및 기타용으로도 사용된다.

③ 2액형 폴리우레탄 도료(TWO-component polyurethane) : 폴리우레탄 도료를 대표하는 것으로서 A액(원액)은 폴리올 이소시아네트 프리폴리머 형태로 되어 있다. 이 도료는 사용할 때 A액과 B액을 혼합하여 경화반응을 일으키는 도료로서 2액형으로 공급·보존해야 한다.

폴리이소시아네트 프리폴리머 중에서 TDI계 프리폴리머가 제일 많이 사용되고 있다. 바이어사의 desmodur L, ICI의 SUPERATEC, 일본폴리우레탄사의 coronate L 등이 있다.

$$\begin{array}{l} \text{TDI} \quad CH-COONH-\langle\bigcirc\rangle-CH_3\ NCO \\ \rightarrow CH_3-CH_2-C-CH_2-COONH-\langle\bigcirc\rangle-CH_2 \\ \quad\quad CH-COONH-\langle\bigcirc\rangle-CH_2 \\ \quad\quad\quad\quad\quad\quad\quad\quad\quad NCO \end{array}$$

$$\left[\begin{array}{l}\text{Desmodur L}\\ \text{Coronate L}\\ \text{Dahenate D 102}\end{array}\right]$$

그의 무황변성으로 HMDI와 물의 buret 결합해서 만들어진 프리폴리머가 있다.

$$3OCN-(CH_2)_6-NCO+H_2O$$

$$\rightarrow OCN-(CH_2)_6-N\Big\langle \begin{array}{l} CONH-(CH_2)-N \\ CONH-(CH_2)_6-N \end{array} \left[\begin{array}{l}\text{Desmodur N}\\ \text{Coronate HL}\end{array}\right]$$

기타 속성조성용으로는 TDI, HMDI의 트리머(3양체)가 사용된다.

방향족 프리폴리머는 황변성이 있고, 지방족 프리폴리머는 황변성이 거의 없다.

프리올로는 폴리에스테르수지 폴리올, 아크릴수지폴리올, 알키드수지 폴리올 등이 사용된다.

이 폴리올은 다가알콜, 다염기산의 종류와 -OH기의 함량에 따라 경화제 혼합비가 달라지며 물성도 경질에서 연질까지 변화시킬 수 있다. 여기 사용되는 용제는 에스텔(아세테이트)계를 주용제로 사용하며, 케톤류는 KETO-ENOL이 오변이성으로 생성된 에놀(Enol)로 존재할 수 있으므로 프리폴리머용제로는 적합치 못하다. 장기보존중 에놀이 이소시아네트 -NCO와 반응하기 때문이다. 사용하는 신너는 알콜이나 수분이 섞여들지 않도록 주의해야 한다. 건조도막은 탄성이 좋고, 광택이 잘나며, 콜드 체크(cold-check)(OH한온성)에 강하고, 내수성, 내약품성이 우수하다.

그러나 TDI계 경화제는 황변하는 성질이 있으므로, 백색류에 사용할 때 주의를 요한다. 무황변성이 필요하면 무황변 경화제, 속건성이 필요할 때는 속건경화제를 사용하면 된다.

④ 도장 사양의 실례(가구)

도장공정	도장재 배합		점도(초) FC No.4	도포링 (g/m²)	건 조				비 고
					상온 (시간)	강제조건(분)			
						방치	50℃	공랭	
소지연마	#120~#180 샌드페퍼								
눈 메 꿈 (filler)	유성필러 필러신너	100 0~50		50	4	10	30	30	붓도장 후 천으로 와이핑
하 도	폴리우레탄우드실러 경화제 신 너	100 50 50	12~14	50	4	30	30	30	붓도장 혹은 스프레이
도막연마	#240 샌드페퍼								
중 도	폴리우레탄샌딩실러 경화제 신 너	100 50 50	14~16	60	16	40	60	30	스프레이
도막연마	#240~#320 샌드페퍼								
도막착색	폴리우레탄컬러 경화제 신 너	100 50 100	12~14	50	2	30	30	30	스프레이 전체 색상을 보아 도포량 가감
상 도	폴리우레탄클리어 경화제 신 너	100 50 50~60	14~16	60	16	60	60	30	스프레이

(5) 옻칠(Urushi)

성분은 URUSHILO(다가 페놀)로서, 채취시기, 채취방법, 산지에 따라 성분과 종류가 다양하다. 자체내 검(gum) 질속에 산화요소인 랙테이스(lactase)의 작용에 의해 산화중합해서 건조된다.

Urushilo ⇒ oxyurushilo ⇒ 산화건조

고습도의 장소, 알칼리 및 금속염에 의해서 건조가 촉진된다. 고급장식품, 칠기, 공예품에 응용되고 있으며, 오랜 경험이 필요하며, 합성수지도료에서는 볼 수 없는 여러가지 특질을 가지고 있어 각 지방, 풍토와 전통을 배경으로 독특한 기법으로 발전하고 있고, 도막성능도 좋다. 건조는 빠른편이 아니고, 사람에 따라서 옻을 탈 수 있으며, 도막은 자외선에 약해서 만능도료라고 할 수 없다.

칠의 건조는 칠의 욕조를 사용하는 수가 많고, 습도와 온도를 조절할 수 있는 건조실에서 적절히 건조시킨다. 즉 습기를 주고 밀폐해서 공기 유통을 차단하여, 먼지의 부착을 방지할 수 있는 구조가 좋다. 참고로 산화요소인 락테이스(lactase-락타아제 ; 유당분해효소)는 열에 약해서, 70℃ 이상 가열하면 분해해서 기능을 상실하여 건조가 늦어지므로 주의한다. 건조도막은 경도가 높고 내수, 내산, 전기절연성이 좋지만 내알칼리성이 비교적 약하고 또한 내후성도 약하다.

(6) 자외선 경화도료

전자파 중에서 가시광선보다 파장이 짧은 전자파는 직접 물질의 분자에 작용하여 그 분자를 해리시키는 강력한 에너지를 가지며 가시광선보다 파장이 긴 전자파는 분자에 흡수되어 열 에너지로 된다. 가시광선에 가까운 자외선은 비교적 간단한 장치로 얻을 수 있으므로 이것에 의한 도막 건조법이 개발되었는데 이것을 자외선 경화라고 한다. 자외선 경화도료의 경화기구는 도료 조성중에 함유된 광증감성 물질이 특정한 파장(보통 200~400nm의 자외선)의 광을 흡수하면 분해하여 활성 라디칼을 발생하고 이것이 중합반응을 수반하여 도막의 주요소로 된다.

① 자외선 경화도료의 구성 성분

㉮ 도료의 구성

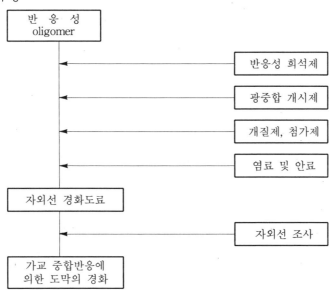

(나) 구성성분

㉠ 반응성 oligomer : 분자중에 반응성 2중 결합을 가진 비교적 저분자의 유동성 액체 (epoxy acrylate 불포화 폴리에스테르, silicone acrylate, urethane acrylate 등)

㉡ 반응성 희석제 : 주로 도장 작업성을 개량하는 데 목적이 있으며, 단관능성 monomer 및 다관능성 monomer가 있는데 희석제에 의해 경화성, 가교밀도 등의 조절이 가능하다.

㉢ 광중합 개시제 : 200~400nm 파장의 자외선을 흡수하여 라디칼을 발생하는 화합물로 그 종류에 따라 도막의 물성이 좌우되기도 한다.

㉣ 개질제, 첨가제 : 부착성, 도막상태, 도료의 안정성 등을 향상시키기 위한 목적으로 사용하는 조제이다.

(다) 자외선 경화도료의 특징

㉠ 초속건성이므로 생산성 향상 및 건조설비 장소가 별도로 필요없다.

㉡ 휘발성 물질이 거의 없고 대부분 도막화되므로 도료의 손실이 없다.

㉢ 가사시간이 길기 때문에 작업중 잔량의 도료는 계속 사용이 가능하다.

㉣ 폐 도료의 처분, 세척용 신너의 처분이 대폭적으로 삭감된다.

㉤ 건조 에너지는 전기이기 때문에 작업장 환경이 깨끗하다.

㉥ 소지의 투입에서 샌딩까지의 라인화 작업이 가능하다.

㉦ 대차 방식에 의한 상온건조에 비교해서 제품 재고의 감소가능 및 작업장 면적이 좁아도 가능하다.

(라) 목재용 자외선 경화도료의 종류

㉠ 우드실러 : 리버스 roller coating용

㉡ 샌딩실러 : 다이렉트 roller coating용

㉢ 상도 : 카텐푸로코타 및 roller coating용

(7) 목재용 도료의 도막 성능 비교표

시 험 조 건			초화면 래 커	폴리우레탄	폴리에스테르	상온 건조법 아미노알키드
건조	지촉	20℃ 75% RH	7분	20분	40분	15분
	경화		60분	6시간	5시간	4시간
도 막 두 께		spray 1회	15μ	30~40μ	200~300μ	30~40μ
경 도(△)	sword	1일 후	12	17	33	17
		2일 후	14	25	33	23
	rocker	5일 후	16	25	33	23
광 택(△)		60° glass meter	85	95	80~85	90
ERICHSEN(×)			7mm	10mm 이하	1mm 이하	1mm

IMPACT(×)	하중 300g	50cm	50cm 이상	20cm	10cm
부 착 성	CROSS CUT	양호	우수	양호	양호
내 열 성	120℃×2hrs	양간 황변	약간 황변	양호	양호
내 수 성(△)	40℃×24hrs	약간 연화	양호	양호	약간 연화
내가솔린성(○)	20℃×8 hrs	약간 연화	양호	양호	약간 연화
불 점착성(△)	40℃×18hrs	미량 점착	양호	양호	약간 연화
내 알콜성(△)	20℃×8 hrs	약간 연화	양호	양호	약간 연화
COLD CHECK	−20℃ +50℃ 각 1hrs	15cycle 이상	20cycle 이상	10cycle 이상	10cycle
주 요 조 성		초화면 알키드 가소제	polyol polyisocynate	불포화 polyester MEKPO Co−Naph. SM	알키드수지 요소수지 산 CAT
건 조 기 수		용제증발	중 합	radical 중합	중 합
용 제		에스테르 케톤, 알콜 탄화수소	탄화수소 에스테르 케 톤	SM	탄화수소계 알콜
장 단 점	장 점	작업성 건조성 가 격 보수성	부착성, 점도 내충격성 내마모성 내약품성 내연, 내유성 내수성, 난연 광택	점도, 불점착성 내연, 내유성 내용제성 건조(경화성)	경도, 내마모성 내유, 내수성 내열성, 건조성 광택, 가격
	단 점	점 도 내연성	가사시간 건조, 보수성 습기, 가격	가사시간 다액형 충격성, 보수성	2액형 착색제의 선택 보수, 충격 내 cracking 성

* 표시 기호 − △ : GLASS, × : TIN PLATE, ○ : 미장합판(시험용시면)

5. 국내생산 목재용 도료의 업체별 종류

건설화학산업(주)

<가나다 순>

구 분	제 품 명		특 성	용 도	비 고
니트로 셀룰로스계	건설래커	건설래커 우드실러	속건성, 살오름성, 작업성, 부착성	일반목공용, 고급가구, 프레시도어, 원색가구, 금속류(고급용)	●건조시간(20℃기준) 지촉시간 : 10분이내 경화건조 : 30분이내 재도장간격 : 30분이 상 ●사용신너 : A건설래 커, 신너(고급용), AP건설래커, 신너 (중급용), SA건설 래커, 신너(일반용) ●포장단위 : 18ℓ, 4ℓ, 1ℓ
		건설래커 샌딩실러	소건성, 연마성, 작업성		
		A건설래커(투명, 반광, 무광 유색류)	속건성, 부착성, 투명성, 광택, 강 인성, 마모성		
		AP건설래커(투명, 반광, 무광)	속건성, 투명성, 부착성, 광택, 강 인성, 마모성	일반목공용, 일반가구, 원색가구, 금속류(중급용)	
		SA건설래커 샌딩실러	속건성, 연마성, 직업성	일반목공용, 일반가구, 원색가구(일반용)	
		SA건설래커(투명, 반광, 광)	속건성, 부착성, 투명성, 광택, 강 인성, 마모성		
		건설목공용래커 #100샌딩실러	속건성, 연마성, 살오름성, 직업성	일반목공용, 일반가구, 목재용 도장시(일반용)	
		건설목공용래커 # 100투명	속건성, 살오름성, 투명성, 광택, 강인성, 마모성		
폴리우레탄계	건설폴레탄 #100	우드실러	속건성, 부착성, 기포성, 투명성, 연마성	고급가구, 일반목공용	경면도장용
		샌딩실러	속건성, 부착성, 기포성, 투명성, 연마성	고급가구, 일반목공용	
		상도투명, 상도반광 G-20투 명, 상도반광 G-50 투명	속건성, 부착성, 레벨링성, 촉감, 스크레타성, 내약품성, 내용제성	고급가구, 일반목공용	
	건설폴레탄 #150	우드실러	반황변성, 부착성, 투명성, 내용제 성, 연마성	고급가구, 일반가구 고전가구, 일반소품가구	오픈포어용
		샌딩실러			
		상도투명, 반광, 무광투명	부착성, 입체감, 스크래치성, 촉 감, 내약품성, 내용제성		
	건설폴레탄 #200	우드실러	부착성, 속건성, 기포성, 투명성, 연마싱	고급가구, 일반목공용, 침대, 고전가구	경면도장용
		샌딩실러			
		상도투명, 상도반광 G-40투명 상도반광 G-60투명, 상도무광 투명	속건성, 부착성, 레벨링성, 촉감, 스크래치성, 내약품성, 내용제성		
	건설폴레탄 #300	우드실러	속건성, 부착성, 기포성, 투명성 살오름성, 연마성	일반가구, 일반목공용 프레시도어	경면도장용
		샌딩실러			
	건설폴레탄 #400	우드실러	초속건성, 부착성, 투명성, 기포성, 살오름성, 연마성	고급가구, 침대, 고전가구 일반목공용 등 하도용	경면도장용
		샌딩실러			
	건설폴레탄 N.Y	상도투명	무황변, 부착, 속건, 살오름성, 광택	고광택을 요구하는 하 이그로시가구, 무황변을 요구하는 가구	경면도장용
불포화 폴리에스테르 계	건설폴리바	건설폴레탄 #100 로즈실러	부착성, 속건성, 살오름성, 작업성	가구용(고급 가구, 의 자)	
		건설폴레탄 #200 로즈실러			
		건설폴리바 #200 하도투명	투명성, 부착성, 살오름성, 속건 성, 샌딩성, 레벨링성, 작업성이 우수	목공전반, 악기용(피아 노, 기타), 시계 케이스 불단, 고급 전자재	
		건설폴리바 $ 200 샌딩실러			
		폴리톱 161 CS 투명	투명성, 살오름성, 고광택, 내약품 성, 스크래치성이 우수		

구 분	제 품 명		특 성	용 도	비 고
U.V 경화 수지계	건설 U.V coat #630	우드실러(투명형)	초속건성, 투명성, 부착성, 눈메꿈성, 작업성, 연마성, 내한내열성	가구 합판, 하드보드, MOF의 하도, 중도, 상도용	
		우드실러(필러형)			
	건설 U.V coat #308	샌딩실러			
	건설 U.V coat LC	유광 투명, 반광 G−30, G−60 투명, 무광 투명	초속건성, 투명성, 부착성, 경도, 내산성, 내알칼리성, 내알콜성, 내열수성, 내오염성, 내한내열성	가구, 합판, 하드보드, MOF의 하도, 중도, 상도용	
	건설 U.V coat #1200	투명	투명성, 내약품성, 내마모성, 부착성, 내오염성, 유연성, 황변성, 내수성, 내한내열성	플라스틱용 hard coat (poly MMA, ABS, poly coarbonate, U.P.E.)	
	건설 U.V coat #1300	투명	초속건성, 유연성, 살오름성, 부착성, 탈포성	낚시대용	
	건설 U.V coat #1500	투명	고광택, 초속건성, 부착성, 유연성, 내마모성, 황변성	paper용, 각종 포장지, 고급카다로그, 선전용팜플렛	
	건설 U.V coat #1700	녹색	초속건성, 부착성, 고경도성, 내열성, 내약품성, 유연성	PCB용(산업용 및 민생용)	
알키드수지, 유기안료 및 특수염료계	건선스테인 필러	투명, 월너트, 샤벨, 황색, 애쉬, 기타 각색	눈메꿈성, 목리선명성, 건조성, 착색력, 부착성, 작업성	가구용, 악기용, 목공예품 및 목공전반 소지착색	
특수염료계	건선유니스테인	황색, 흑색, 적색, 갈색	내광성, 투명성, 내후성, 염착성 블리딩성, 작업성	가구용, 악기용, 목공예품, 목공전반 소지착색 및 도막착색	
폴리우레탄계	우레탄샌딩	백색, 흑색	속건성, 부착성, 기포성, 연마성이 우수	가구, 목재 유색도장시 하·중도겸용	
불포화 폴리에스테르계	폴리필름용 투명	하절용	투명성, 부착성, 살오름성, 필름이격성, 작업성, 내한내열성	화장판지도장, 가구전반 합판도장	
		춘추용			
		동절용			
	폴리필름용 아이보리	하절용	부착성, 살오름, 필름이격성, 작업성, 내한내열성		
		동절용			
아크릴수지계	아크릴우레탄 #208	투명, 흑색, 백색, 적색, 황색 및 갈색	부착성, 내마모성, 내구성, 내약품성, 속건성, 광택, 내용제성, 무황변	유색가구 도장시	
2액형아크릴 우레탄수지계	우레탄 PG−80	투명 및 각 유색류	초속건, 광택 색상유지성, 보수도장, 부착성, 내마모성, 내수성, 내약품성, 변색 없음	고급유색가구류 가구보수 도장시	
폴리우레탄 수지계	폴리우레탄	백색, 투명 및 각 유색류	속건성, 내마모성, 부착성, 내수내용제, 내약품성, 광택	유색가구, 유색목재류	
특수합성 수지계	건선그레이징 스테인	흑색, 백색, 오크색, 느름색 등	부착력, 착색력, 침투력, 작업성, 합성목재 무늬결이 선명	합성목재 및 우레탄 포움용	
아크릴수지계	크래킹페인트	하도 회색, 중도 베이지색 및 상도(색상은 주문)	부착력, 입체적 무늬형성, 내구력 및 황변이 양호, 상도로 광택조절 가능	가구, 침대, 의자, 실내외 미장, 프레시도어, 건축자재	
특수합성 수지계	리베아코트	오크색, 백색, 느름색 외 주문에 의함	부착력, 착색력, 작업성, 내열성	합성목재, 우레탄의 하도 도료	

경도화학산업(주)

구 분	제 품 명		특 성	용 도	비 고
NGR계	CD-스테인류	와이핑스테인류(GSD-060)	색상 선명, 투명	목재류의 기초착색용	
		알콜스테인(GSD-070)			
		우레탄스테인(GSD-090)			
	폴리토너	GSC-080	속건성, 내광성, 내후성, 내약품성	목재류의 기초 착색용(폴리에스테르 하도착색용)	
폴리우레탄계	우레탄컬러	GUD-1700(가구용)	상·하도와의 접착력우수, 선명성	목재가구류의 마감착색용	
	우레탄컬러링 (악기용)	투명컬러링(일반형, 속건형 ; GUD-1710, 1720)	선명성, 부착력 우수, 광택	고급가구 및 악기류 중간착색용	
		불투명 및 메타릭컬러링(일반 ·속건형 ; GUC-1730, 1750)			
우레탄계	우레탄투명 GDG (악기용)	GDG-1000(일반형)	경도, 촉감, 퍼짐성, 광택, 광택유 지성, 내스크래치성, 내열성, 내열 한성 우수	목재가공품(고급가구, 악기류, 공예품, 낚시대, 양궁 등)의 상 도마감용	
		GDG-1001(경질형)			
		GNG-1005(무황변형)			
폴리우레탄계	우레탄상도용투명 (일반가구용)	투명, 유광(GUG-1100)	속건성, 작업성, 접착력, 경도, 표면감촉, 퍼짐성, 내용제성, 내약 품성, 살오름성, 내열한성	목재가공품(고급가구, 공예품 등)등의 상도마감용	
		UV 상도용(GUG-1101)			
		반광(GUG-1150)			
		무광(GUG-1110)			
우레탄계	우드톱상도용	투명, 유광(GUG-1200)	경도, 촉감, 살오름성, 접착성, 내열한성, 내스크래치성	고급가구, 악기 및 목공예품의 상도용	
		반광(GUG-1250)			
		무광(GUG-1210)			
	우레탄 우드필러	원색용(GUF-760)	작업성, 속건성, 눈메꿈성, 부착 성, 내열한성	가구, 목공예품 및 악기류의 하도(눈메꿈용)	
		악기용(GUF-770)			
		비닐형(GUF-771)			
폴리우레탄계	우레탄 우드실러	일반형(GUW-1500)	접착력 향상, 살오름성, 내열한성	목재가공품(가구 및 악기류 등)의 기초하도용	
		속건형(GUW-1510)			
		기타특수용(GUW-1540)			
우레탄계	우레탄 PS 실러	GUW-1530	작업성 편리, 수지분차단성, 접착 력, 연마성, 투명성	목재가공품(가구 및 악기류)의 기초하도용(폴리에스테르하도 용)	
폴리우레탄계	우레탄 CS 실러	GUW-1542	속건성, 연마성, 내열한성	목재, 합판 등의 기초하도용	
	우레탄 하이실러	GUW-1547	연속 개량작업 편리, 경도, 접착 력 투명성, 내열한성	목재가공품(가구 및 악기류)의 하도용	
	우레탄 로즈실러	일반용(GUR-1555)	수지분차단성 뛰어남	목재류 수지분 차단용(티크목, 로즈목 등)	
		고급악기용(GUR-1550)			
		속건형(GUR-1560)			
	우레탄 샌딩실러 (일반용)	일반용(GUS-1600)	속건성, 연마성, 작업성, 살오름성 투명성, 내약품성, 접착성, 내열한성	목재가공품(가구 및 공예품)의 중·하도용	
		속건용(GUS-1610)			
	우레탄 샌딩실러 (로울러 코팅용)	고온용(GUS-1620)	연속중복도장성, 접착성, 연마성, 내수성, 내습성, 투명성	목재류(주로 합판)의 중·하도 용	
		저온용(GUS-1625)			
	우레탄 샌딩실러 (악기용)	속건형(GUS-1630, 1639)	연마성, 투명성, 퍼짐성, 부착성, 건조성	고급가구 및 악기류의 중·하 도용	
	우레탄 샌딩실러 (커텐코팅용)	GUS-1640	커텐형성 우수, 살오름성, 속건성, 기포현상 없고 연마성, 투명성우수	목재가공품(합판, 가구류 등) 의 중도용	

구 분	제 품 명		특 성	용 도	비 고
폴리우레탄계	우레탄 하이샌딩 실러	GUS-1670	경도, 접착력, 투명성, 연마성, 내열한성	목재가공품(합판, 가구류 등)의 중도용	
왁스형불포화 폴리에스테르계	폴리라투명(스프레이용)	GWX-2000, 2010	요변성 우수, 수직도장 적합, 연마성, 퍼짐성	고급가구 및 악기류 상도마감용	
	폴리라투명 (커텐코팅용)	중질형(GWX-2020)	커텐형성 양호, 퍼짐성, 내마모성, 투명성, 광택, 내후성	고급가구 및 악기류 마감도장용	
		경질형(GWX-2025)			
	폴리라 투명 (필름도장용)	중질형(GWX-2100)	내수성, 내약품성, 내오염성, 내습성, 화장지에 대한 밀착성, 속경화성, 작업성 우수	가구, 주방기구, 화장지, 악기 등의 필름코팅용, 육조성형용, 인조대리석, FRP용	
		연질형(GWX-2300)			
논왁스형 불포화 폴리에스테르계	폴리라 NP 투명	일반용(GPN-2500)	투명성, 살오름성, 광택, 경도, 퍼짐성, 내구력, 내약품성	고급가구 및 악기류 상도마감용	
		악기용(GPN-2510)			
	폴리라 NP, 샌딩실러	일반용(GPN-2600)	경도, 연마성, 살오름성, 부착성, 투명성, 퍼짐성, 녹변성 없음	악기류, 고급목재가구 중도용	
		악기용(GPN-2610)			
		가구용(GPN-2700)			
	폴리라 NP 빠데	GPY 2710	부착성, 살오름성, 내수축성, 내충격성, 속건성, 연마성	각종 철재금속공작물의 요철부문 및 목재가구류용	
	폴리라 NP 서피서	GPA-2730	속건성, 부착성, 샌딩성, 요변성, 수직면 도장가능	악기 및 고급목재가구의 하도용	
폴리우레탄계	실크론, 투명 (습기경화형 우레탄)	GSW-1800	유연성, 접착력, 내마모성	악기, 고급가구, 실내체육관, 마루판 및 기타 목재운동구의 상도마감용	
	우레코트, 투명	GGD-1820	속건성, 접착력, 경도	플라스틱(PVC, ABS, PS, F계) 및 목재가공품의 상도 마감용	
	페리졸, 투명	GGD-1830	접착력, 내수성, 내충격성, 내마모성	시멘트, 몰탈, 콘크리트 및 목재상도용, 방수용	
U.V 경화형 수지계	폴리라UV우드실러	UV우드실러 UV-3000	부착성, 눈메꿈성, 투명성	고급가구 및 악기류 하도용	
	폴리라 UV 샌딩실러	일반용(GUV-3100)	부착성, 살오름성, 투명성, 눈메꿈성, 연마성	가구 및 악기류, 합판의 일반 중도용	
		초속건형(GUV-3150)			
	폴리라 UV 상도	일반목재용(GUV-3200)	속건성, 부착성, 경도, 황변성, 내마모성, 내오염성, 저항성	목재가구, 금속, 제지 및 특수 목재가공품 상도용	
		종이 및 플라스틱용(GUV-3260)			
		낚시대용(GUV-3270)			
		PVC타일상도용(GUV-3280)			
		금속용(GUV-3290)			
니트로 셀룰로스, 알키드 수지계	세루락에나멜 (래커에나멜)	GLG-601	내수성, 부착성, 내후성, 내구성, 내약품성	목재가구류, 자동차 및 기타 철재금속제품용	
	무늬락 (크래킹용도료)	GLU-630	속건성, 무늬형성 우아하고 균일	목재 및 플라스틱 공예품의 무늬형성용	
	세루락 우드실러	GLW-610(KSM 5327)	속건성, 용제증발형, 침투성 우수, 부착력, 내수성, 투명성, 내구성	목재가구류, 목구조물 등의 기초하도용	
	세루락 샌딩실러 (래커샌딩실러)	GLS-620	작업성, 연마성, 투명성, 부착성, 내약품성, 살오름성	목재가구류, 목공예품, 목재건축물의 중도용	

고려화학(주)

구 분	제 품 명		특 성	용 도	비 고
아미노 알키드계	코메락	베이스코트	속건성, 부착성, 은폐력	합판(H/B, P/B), 가구용	
		샌딩실러	연마성, 투명성, 내한성	가구, 교구재, 목재용	
		목재용필러	부착성, 작업성, 추진성	목재, 합판가구용	
		상도투명	광택, 속건성, blocking 방지성	합판(라미나, 플로어)	
		톱코트	경도, 내약품성	가구, 목재용	
		에나멜	은폐력, 경도, 내수성, 내약품성	가구 목재용	
폴리우레탄계	코레탄	서피서	속건성, 살오름성, 은폐력, 연마성	가구 목재용	
		하도투명	속건성, 살오름성, 저발포성	가구 목재용	
		샌딩실러	살오름성, 투명성, 건조성, 저발포성, 직업성, 연마성, 비황변성	목재, 가구, 악기, 합판	
		목재용필러	충진성, 부착성, 작업성	목재, 가구, 악기	
		래커	경도, 내마모성, 내수성, 내약품성, 부착성, 내광성, 퍼짐성, 속건성, 작업성	목재, 가구, 악기	
		에나멜	은폐력, 비황변성, 내후성, 내약품성 접착력	목재, 가구, 악기	
		접착제	접착력	가구, 악기류	
		우드실러	속건성, 부착성, U.V도료, 송지차 단성, 폴리부착성	합판, 가구, 악기	
		톱코트	광택(유광, 반광), 버핑성, 촉감, 내수성, 내마모성	목재, 가구, 악기	
		상도투명	고경도, 고광택, 버핑성, non-slip, 내구성, 내마모성	악기, 체육관, 마룻바닥	
폴리에스테르계	코마이카		거울같이 단단한 표면	식탁, TV케이스, 목재	
	코레스터	샌딩실러 PC 3242	연마성, 플로어코팅	평면용가구, 악기	
		샌딩실러(Y)	흐름방지성, 연마성	악기, 기구, 수직면용	
		샌딩실러(J)	스프레이 작업성, 투명성	악기, 기구	
		샌딩실러(D.S)	투명성, 연마성	악기, 기구	
		톱코트	연마성, 광택, 내후성, 부착력	목재, 악기	

래 커 계	코 락	서피서	섬유소도료, 속건성, 부착력, 내습성, 내산성	목재 및 가구용 중도	
		샌딩실러	연마성, 건조성	목재, 가구용	
	크래클래카		크랙무늬형성	가구, 도어	
	코 락		유연성, 하이솔리드, 광택	목재, 가구, 등가구	
U.V 경화형	코레스터	UV우드실러	작업성, 퍼짐성	가구, 합판의 하도	
		UV샌딩실러	연마성, 충진성	가구, 합판의 중도	
		UV상도투명	광택, 경도, 퍼짐성	가구, 합판의 상도	
	코레폭스	UV샌딩실러	연마성, 속건성, 부착력	가구, 합판의 하도	
		UV톱 코 트	속건성, 경도, 내마모성	가구, 합판의 중도	

대한페인트·잉크(주)

구 분	제 품 명	특 성	용 도	비 고
불포화 폴리에스테르계	스프레이용 surfacer백색	눈메꿈 및 연마성 우수	하이글로시 가구 하도용	비중 1.40, 경화건조 2시간/1일
	스프레이용 surfacer흑색	눈메꿈 및 연마성 우수	하이글로시 가구 하도용	비중 1.40, 경화건조 2시간/1일
	스프레이용 상도투명	작업성 및 광택 우수	피아노 투명도장용 상도	비중 1.05, 경화건조 3시간/1일
	스프레이용 상도백색	작업성 및 광택 우수	백색피아노 도장용 상도	비중 1.20, 경화건조 3시간/1일
	스프레이용 상도흑색	작업성 및 광택 우수	흑색피아노 도장용 상도	비중 1.10, 경화건조 3시간/1일
	floor coater용 상도투명	작업성 및 광택 우수	피아노 도장용 상도	비중 1.10, 경화건조 3
	폴리 샌딩 실러	살오름성, 투명성, 연마성양호	투명도장용 하도	비중 1.10, 경화건조 3
아미노알키드계	우드스테인 필러	착색 및 눈메꿈성 우수	가구부품 및 건축내장재	비중 1.4, 경화건조(시간)30
	화스미노 실러	연마성 우수, 속건형	가구부품 및 건축내장재	비중 1.02, 경화건조 20~25
	화스미노 상도투명	속건형, 무취	가구부품 및 건축내장재	비중 0.95, 경화건조 20~25
	아미노 샌딩실러	샌딩성 우수	가구부품 및 건축내장재	비중 1.02, 경화건조 40~50
	아미노 알키드 상도	내용제성, 부착성 우수	가구부품 및 건축내장재	비중1, 경화건조40~50
래 커 계	래커투명(유광, 무광)	속건성, 내수성 양호	부엌가구, 가구부품	비중0.94, 경화건조35~40
	래커 샌딩 실러	속건성, 내수성 양호	부엌가구, 가구부품	비중0.94, 경화건조35~40
	래커 우드 실러	속건성, 내수성 양호	부엌가구, 가구부품	비중0.94, 경화건조20~30

구 분	제 품 명	특 성	용 도	비 고
래 커 계	래커투명(유광, 무광)	속건성, 내수성 양호	부엌가구, 가구부품	비중0.94, 경화건조30~40
	래커 샌딩 실러	속건성, 내수성 양호	부엌가구, 가구부품	비중0.92, 경화건조20~30
우 레 탄 계	화스탄투명(유광,무광)(DN-200)	내약품성, 내마모성 우수	가구부품, 주방기구	비중1, 경화건조2
	화스탄투명(유광,무광)(DN-300)	내약품성, 내마모성 우수	가구부품, 주방기구	비중0.95, 경화건조3
	화스탄 실러(DN-215)	샌딩성 우수	가구부품, 주방기구	비중1, 경화건조2
	화스탄 실러(DN-315)	샌딩성 우수	가구부품, 주방기구	비중1, 경화건조3
	노루탄 우드실러	살오름성 우수, 속건타입	고급가구, 목공용 일반	비중1, 경화건조2~3
	노루탄 샌딩실러	투명성, 살오름성, 샌딩성 양호	고급가구, 목공용 일반	비중1.01, 경화건조2~3
	노루탄 컬러투명	투명성, 내후성 우수	고급가구, 목공용 일반	비중0.97, 경화건조2~3
	노루탄상도투명(유광,반광,무광)	육지감, 스크래치 우수	고급가구, 목공용 일반	비중1, 경화건조 2~3
	노루탄 백색(유광, 무광)	내약품성, 내후성 우수	고급가구, 목공용 일반	비중1.14, 경화건조2~3
	노루탄 흑색(유광, 무광)	내약품성, 내후성 우수	고급가구, 목공용 일반	비중1, 경화건조2~5
산경화형래커계	유니락 필러	착색 및 눈메꿈성 우수	가구부품, 건축내장재	비중1.0, 경화건조30
	유니락 실러	샌딩성 우수	가구부품, 건축내부	비중0.95, 경화건조35~40
	유니락투명(유광,무광)	도막이 견고, 부착·굴곡성 우수	가구부품, 건축내부	비중0.91, 경화건조35~40
	유니탄 실러	샌딩성 우수	가구부품, 건축내부	비중0.95, 경화건조40
	유니탄투명(유광,무광)	부착, 굴곡, 내유성 우수	가구부품, 건축내부	비중0.95, 경화건조40
크 랙 킹	크래킹 하도용 컬러	속건성	고전풍의 가구, 의자, 침대	비중1.04, 경화건조35~40
	크래킹 도료	크랙효과 우수	고전풍의 가구, 의자, 침대	비중1.7, 경화건조15~20
	크래킹 도장용 상도	아크릴	고전풍의 가구, 의자, 침대	비중0.93, 경화건조35~40
U.V 도 료	DUV필러	필링 효과 우수	부엌가구, 경대, 선반	비중1.46, 경화건조1~1.5
	DUV 샌딩실러	샌딩성 우수(샌딩후 표면 매끈)	부엌가구, 경대, 선반	비중1.10, 경화건조2~2.5
	DUV 상도	내약품성, 내구성 우수	부엌가구, 경대, 선반	비중1.07, 경화건조7~12초
바 니 시 류	우레탄바니시 광택	1액형속건, 작업성 양호	장판, 마루, 목재문용 목재	비중 0.9, 경화건조3
	우레탄바니시 무광택	1액형속건, 작업성 양호	장판, 마루, 목재문용 목재	비중 0.9, 경화건조3
	우레탄바니시 반광택	1액형속건, 작업성 양호	장판, 마루, 목재문용 목재	비중 0.9, 경화건조3
	스파라크(DNV-100)	부착성, 내수성 양호	목재창문, 목재문	비중0.9, 경화건조8
	스파라크(DNV-200)	부착성, 내수성 양호	목재창문, 목재문	비중0.9, 경화건조8

착색제	우드스테인	목재, 착색제	목재내외부	비중0.89, 경화건조7
	우드 필러	필러용	목재내외부	비중1.8, 경화건조7
	스테인 필러	착색필러용	목재내외부	비중1.74, 경화건조7
	알콜스테인	작업성, 착색력 우수	고급가구, 목공용 일반	비중0.83, 경화건조0.5~0.8
	NGR 스테인	내광성 우수, 색상 선명	고급가구, 목공용 일반	비중0.8, 경화건조0.5
다채색무늬	아크릴우레탄 백색하도	무황변	각종 flush door및 가구	
	아크릴우레탄 투명상도	무황변	각종 flush door및 가구	
	무늬코트	대채색무늬	각종 flush door및 가구	
베이포큐어	DVW-3300H/G시리즈	속건성, 고광택 도막경도	각종 가구, 스피커 box	
	DVW-3300S/G시리즈	속건성, 도막경도	각종 가구, 스피커 box	
	DVW-3000H/G투명	속건성, 고광택	각종 가구, 스피커 box	

조광페인트산업(주)

구 분		제품명	특 성	용 도	비고
아미노알키드계	아미노졸	샌딩실러 상도, P-O, P-F	작업성, 살오름성, 부착성, 연마성, 초속경화성, 슬리핑성 우수	가구, 합판, 건축, TV케이스, 하드보드-칩보드	
섬유소계 (알키드수지+ 니트로셀룰로스)	세루졸	래커샌딩실러, #A, #SP	작업성, 살오름성, 연마성, 투명성	일반가구, 특수가구, 선반가구	
		래커샌딩실러 상도 #A, #SP	살오름성, 퍼짐성, 내구력	목공예가구 및 건축물 목재 전반	
	일바락 상도		저점도, 고농도 하이솔리드형 고광택	특수가구류 및 건축물 목재상도	
	래커 PE 각색		초속건성, 내광성, 무독성	연필통(종이, 목재)	
아크릴수지계	크래킹도료 각색		무늬파열형 입체무늬조성, 초속건성, 내광성, 부착력, 내구력, 무황변	장식장, 실내장식품, 공예품	
	아크졸	래커 투명			
		각색			
폴리우레탄계	퍼니졸	1000 #A, #SP	고광택, 내구력, 내마모성, 부착성, 내수성	일반가구, 건축물 목재 및 마루판	
		2000 하도투명	살오름성, 투명성, 내구력, 내한·내열성, 부착성	고급가구, 목공예품, 미장합판, 건축물의 목재부분	
		샌딩실러("3000")			
아크릴우레탄계	일바탄	100RU 우드실러	로진차단성, 부착력, 하절시 기포억제, 작업성, 우아한 색상, 슬립성 스크래치성, 내구력, 내마모성, 퍼짐성, 부착력 고광택	유색가구, 플러시 도어, 고광택가구	
		200 하도투명			
		샌딩실러, 상도 및 티크, 오크 및 각색			
		300회색 및 각색			
		6167백색, 흑색 및 각색			

불포화 폴리에스테르계	일바폴	NP 2406(2액형, 3액 형)	살오름성, 평활성, 투명성	고급가구 및 불단, 악기용 상·중도	
		G, Q/D	평활성, 투명성, 경화형	고급악기용의 하도중도	
		F.C.PTV-39	평활성, 투명성, 살오름성, 경도	고급가구, 악기류 마감도장	
U.V 경화형	유비락	100 우드실러	부착성, 살오름성, 투명성 우수	고급가구, 마루판, 합판의	
		샌딩실러	(경화속도, 내스크래치성, 유연	하도, 중도, 상도	
		상도(#200, #400)	성, slip성), 고경도, 고광택성		
특수고광택용 수지	유비락 유색 U.V. 도료 백색, 흑색 및 각색		살오름성, 고경도, 내스크래치 성, 고광택	고광택용의 각색가구, 부엌 용 가구	
특수도료계	일바탄 IL-40 프라이머		부착력, 속경화	가구, 플라스틱, 비닐시트, 우레탄폼	
	함침용도료		나무의 뒤틀림방지, 균열방지	고급가구	
	베리아코트		각종 색상, 작업성, 부착성	우레탄폼용	
	우드가드		방균, 방충의 침해방지	선박가구, 선창 건물의 목재	
폴리우레탄계	일바탄 D987/4UC-CH		살오름성, 연마자국 지움성	고급가구	
	일바탄 환타지아		특수한 무늬결, 고경도	장식장, 부엌가구, 고급가구	
착색제	유니스테인		내광성 우수, 우아한 색상	합판, 고급가구, 목재 착색	
유기금속 복합	아트스테인				

한진화학산업(주)

구 분			제 품 명	비 고
U.V 경화형	유 비 탄		우드실러, 샌딩실러, 상도투명, #RC-100시리즈	도장방법 ; 롤러, 불포화폴리에스테르형, 투명형
			우드실러, 샌딩실러, 상도투명, #RC-200시리즈	; 롤러, 에폭시아크릴레이트형, 투명형
			우드실러, 샌딩실러, #RC-300시리즈	; 롤러, 불포화폴리에스테르형, 반투명형
			우드실러, 샌딩실러, #RC-400시리즈	; 롤러, 에폭시아크릴레이트형, 반투명형
			우드실러, 샌딩실러, #RC-OP시리즈	; 롤러, open pore용
			샌딩실러 #SP-100	; 스프레이, 투명성 양호
			샌딩실러 #SP-200	; 스프레이, 연마성 우수
			샌딩실러 #ES	; 정전스프레이, 정전도장용
			샌딩실러 #SP-3	; 스프레이, 변형 타입
			사훼샤 #RC	; 롤러, 유색하도용

U.V 경화형	D/S 유비탄	상도투명 및 유색 #FC	; 커텐, 다이렉트샤이닝, non-buffing
		상도투명 및 유색 #SP	; 스프레이, 다이렉트샤이닝, non-buffing
우 레 탄	우 레 스 타	우드실러 #1000, #2000	폴리에스테르도료의 하도용, 속건형
		아이소실러 #RC, #SP	U.V 경화도료의 하도용(아이소데이트)
		로즈실러 #L-15	폴리에스테르도료의 하도용, 유분차단 효과 우수
		투명 #OW	폴리에스테르도료의 하도용, 하이솔리드형
		하도투명 #200, #200N, #300	용도에 따라 여러 종류가 있음
		샌딩실러 #100, #200, #300, #400, #600	용도에 따라 여러 종류가 있음
		하도투명, 샌딩실러 #RC 시리즈	롤러도장용
		하도투명, 샌딩실러, 상도 #NY시리즈	무황변형
		사췌샤 각색	유색도장용
		컬러링 각색	도막착색용
		상도투명 및 유색 #HG	하이그로시용
	하 이 탄	상도투명 및 유색	우레스타보다 고급품 도장에 사용
	아크릴 우레탄	상도투명 및 유색	색상 및 광택 보존성 우수
불포화 폴리에스테르	폴 리 스 타	투명 #BC, #SP, #FC	도료형 ; 왁스형, 도장방법 ; #BC(붓), #SP(스프레이), #FC(커텐), 버핑처리 하이그로시사용
		투명 #FM	도료형 ; 왁스형, 도장방법 ; 필름, 화장합판용
		하도투명 #100, #200	도료형 ; 비왁스형, 도장방법 ; 스프레이·붓, 용도에 따라 여러 종류가 있음
		샌딩실러 #100, #200, #300, #400	도료형 ; 비왁스형, 도장방법 ; 스프레이·붓, 용도에 따라 여러 종류가 있음
		샌딩실러, 사췌샤, 상도투명 및 유색	도료형 ; 비왁스형, 도장방법 ; 스프레이
		사췌샤 각색	도료형 ; 비왁스형, 도장방법 ; 스프레이
		착색제 각색	폴리도료 착색용
		퍼티	도료형 ; 비왁스형, 도장방법 ; 스프레이, 주걱, 흠집·요철·보수용
		투명 및 유색 #MD	도료형 ; 왁스형, 도장방법 ; 몰딩, 성형용
		레진 #MC	도료형 ; 왁스형, 도장방법 ; 스프레이, 붓, FRP적층용
	폴 리 론	상도투명 및 유색 #HDP-100	도료형 ; 비왁스형, 도장방법 ; 스프레이, 수직면도장용, 버핑형
		상도투명 및 유색 #HDP-200	도료형 ; 비왁스형, 도장방법 ; 스프레이, 수직면도장용, 비버핑형

아미노알키드	아　미　나	샌딩실러 #N, #SP	#N ; 일반품, #SP ; 고급품(내균열성 우수)
		상도투명 #N, #SP	#N ; 일반품, #SP ; 고급품(내균열성 우수)
	플 라 미 나	상도투명 #PO	paper overlay용
초화면 래커	락　스　타	투명, 샌딩실러, #A 시리즈	일반품
		샌딩실러, 상도투명, #HS 시리즈	고급품, 살오름성 및 불점착성 우수, 수출가구에 적합
		투명 #HHS	살오름성 우수, 등나무 가구 등에 적합
착　색　제	N.G.R스테인	염료, 유기용제	생지착색에 적합
	토너 스테인	염료, 유기용제	생지착색 및 도막착색용, N.G.R보다 염료 %높음
	하이컬러	염료, 유기용제	염료 % 극히 높음
	알콜 스테인	염료, 알콜	윗칠을 붓으로 도장시 생지착색에 적합
	폴리포터 스테인	안료, 수지, 용제	폴리에스테르도료의 하도 생지착색에 적합
	유니버설필라스테인	1액형 필라스테인	생지착색 및 눈메꿈
특　수　도　료	목재방부도료		목재의 곰팡이, 버섯류, 곤충 등의 침해 방지
	베리아 코트		몰딩 우레탄 폼용
	마블코트		대리석 질감도료
	펄코트		pearl 질감도료
	수에드 코트		suede 질감도료
	크랙 코트		cracking 도료

현대페인트산업(주)

구　분	제　품　명		특　성	용　도	비　고
캐슈수지계	캐슈하지	자연건조형 캐슈 하도도료	부착성, 연마성	캐슈칠의 하도	흑·적·티크색
	캐슈네오크리아	자연건조형 캐슈 상도 투명	광택, 광택유지성, 퍼짐성, 작업성	마루판, 장판, 목공예품, 완구	
	캐슈	자연건조형 캐슈 상도 에나멜	광택, 내열성, 내마모성	나전칠기, 가구, 완구 목공예품	투명, 흑색, 적색, 포도색
초화면알키드 수지계	락크맥스LAC8	초화면 래커샌딩실러	건조성, 연마성	가구, 의자, 목재구조물	
	락크톱LEC60/69	초화면래커 상도 투명	건조성, 표면감촉성, 표면경도	가구, 의자, 목재구조물	
폴리우레탄계	우레폰드LDA25	폴리우레탄 하도 투명	투명, 건조성	고급가구, 목재구조물의 하도	
	우레폰드LDA30		투명성, 건조성, 살오름성		
	우레폰드 LDA2000	폴리우레탄 우드 실러	층간밀착성, 나무진차단성, 부착력 우수	고급가구, 악기, 목재물 도장	
	우레폰드 LDA3000		유분차단성, 층간밀착성, 샌딩성	폴리에스테르 도료용 하도	

폴리우레탄계	우레폰드 LDA5000	폴리우레탄 로즈 실러	나무진 차단성, 부착력, 연마성	악기, 가구용, 폴리에스 테르 도료의 하도	
	아이소레이터 LQA9	폴리우레탄 아이 소레이터	유분차단성, 목재침투 성, 상·중도착밀착성	U.V 도료 하도	
	우레맥스LBA9	폴리우레탄 샌딩실러	기계샌딩성, 살오름성, 작업성	가구, 목재문, 목재구조물	
	우레맥스LBA14 우레맥스LBA15		정전성, 투명성, 연마성, 건조성	의자, 목재구조물의 정전 도장과 스프레이용 중도	
	우레맥스LBA34		투명성, 샌딩성, 건조성	고급가구, 목재구조물의 하도	
	우레맥스LBA35		투명성, 샌딩성, 건조성, 살오름성		
	우레맥스LBR16		건조성, 살오름성, 연마 성, 은폐력	가구, 목재구조물의 중도	
	우레톱 LGA0230/0239	폴리우레탄 상도 투명	건조성, 부착성, 내마모 성 및 내화학성 우수	가구, 목재구조물 등의 상도	
	우레톱LGA20/29		건조성, 부착성, 내마모 성, 살오름성, 내화학성		
	우레톱LGA30/39				
	우레톱LGA3000		고광택, 경도, 퍼짐성, 광택유지성	악기상도, 고급가구	
	우레톱 LGA50/59		정전성, 흐름성, 건조성, 매끄러움성	의자, 목재구조물의 정전 도장과 스프레이용 상도	
	우레톱LGA500 /509	무황변 폴리우레 탄 상도투명	부착성, 건조성, 내마모 성 및 화학성, 무황변	철재, 목재구조물, 고무, U.V도료 및 특수소지용	
	우레톱LGA840	폴리우레탄 상도 투명	투명성, 건조성, 고광택	고급가구, 목재구조물, 교구	
	우레톱LGA846				
	우레톱LKR100 /109	우레탄 상도컬러	건조성, 부착성, 내스크 래치성, 내마모성	가구, 목재구조물 등의 상도	
불포화 폴리에스테르계	폴리맥스LRA85	폴리에스테르 샌 딩실러	연마성, 흐름성, 건조성, 특히 투명성이 아주 좋 다.	기타, 고급가구, 목재구 조물의 중도	
	폴리맥스LRA90	폴리에스테르 투 명(중도)	투명성, 살오름성, 수축 성	고급가구, 목재구조물의 하도	
	폴리맥스LRA91	폴리에스테르 샌 딩실러	투명성, 샌딩성, 흐름성, 건조성, 수축성	고급가구, 목재구조물의 중도	
	폴리맥스LRA95	폴리에스테르 샌 딩실러	샌딩성, 흐름성, 건조성	기타, 고급가구	

불포화 폴리에스테르계	폴리톱LPA800 (호마이카)	왁스형 불포화 폴리에스테르 수평 도장용 호마이카	표면경도, 연마성, 광택, 평활성	가구, 피아노	투명, 유색
	폴리톱LPA801	왁스형불포화폴리에스테르수지	연마성, 부착성, 평활성	가구, 피아노, 카슈하도	
	폴리톱LPA815	왁스형 불포화 폴리에스테르 필름 도장용 호마이카	건조성, 내마모성, 필름이 형성	가구, 화장판	
	폴리톱LPA828	왁스형 불포화 폴리에스테르 스프레이용 호마이카	내마모성, 경도, 건조성, 흐름성	악기, 기구	
	폴리톱LPA855	왁스형 불포화 폴리에스테르 커텐 코타용 도료	연마성, 평활성, 경도	피아노, 가구의 커텐도장	
	폴리톱LRA100	폴리에스테르 상도투명	퍼짐성, 연마성, 광택, 표면경도 흐름성	기타, 피아노, 고급가구의 상도	
U.V 경화수지계	유비폴L×A11	자외선 경화 투명필러	투명성, 건조성	가구의 롤러도장	
	유비폴L×A17	자외선 경화 하도필러		가구등 목재구조물의 자외선 경화용 롤러도장	
	유비폴L×A19/20/21/22	자외선경화 샌딩실러	건조성, 연마성	L×A19/20 가구외면 롤러도장 L×A21/22 가구내면 롤러도장	
	유비폴L×A40	자외선경화 샌딩실러	건조성, 샌딩성, 투명성	가구등 목재구조물의 자외선 경화형 커텐도장	
	유비폴L×A50	자외선경화 상도 유과 투명	건조성, 광택, 표면경도, 퍼짐성	가구등 목재구조물의 자외선 경화형 커텐도장	
	유비폴L×A70/79	자외선경화 상도 반광 투명	건조성, 퍼짐성 표면경도	가구등 목재구조물의 내외부 자외선경화형 커텐도장	
	유비폴L×A11890	U.V 상도 유광 투명	건조성, 표면경도, 스크래치성, 내약품성	가구, 의자의 스프레이도장	
	유비폴L×A11898	U.V 샌딩실러	샌딩성, 투명성, 건조성	가구, 의자의 스프레이도장	
아미노알키드 수지계	아미코트 샌딩실러	산경화형 아미노알키드 샌딩실러	연마성, 건조성, 살오름성	가구, 목재구조물의 중도	
	아미코트	산경화형 아미노알키드 상도	속건성, 부착성, 광택	가구, 목재구조물의 상도	

특수수지 및 염·안료계	N.G.R 스테인	N.G.R 유기용제 용해성 스테인	내광성, 내후성, 선명성, 착색력	가구와 목재구조물의 소지, 도막착색	적·흑·황· 티크색
	알콜스테인	알콜용해성 스테인	착색력, 내광성, 선명성	가구와 목재구조물의 소지착색	적·흑·황색
	크로모롤 CIT	유용성롤러 도장용 스테인	내광성, 선명성	가구와 목재구조물의 롤러 도장착색	
	우레탄 하도필러	폴리올계 하도필러	눈메꿈성, 작업성	가구, 목재구조물의 하도/wipping	월너트, 티크 및 기타 색상
		폴리올 하도필러	눈메꿈성, 부착성	가구, 목재구조물의 하도/wipping	베이지, 회색 및 기타
	우레탄 상도컬러	폴리우레탄 투명컬러	건조성, 상도와의 혼용성	보수 및 마무리 착색	월너트, 티크 및 기타 색상
	그레이징	오일계 하도착색 필러	눈메꿈성, 작업성	가구, 목재구조물의 래커 페인트를 위한 하도착색	티크, 월너트 기타 색상
초화면 알키드수지계	대건래커	샌딩실러	속건성, 연마성, 작업성	가구, 의자, 목재구조물	
		투명	속건성, 부착성, 작업성	가구, 의자, 목재구조물	유광,반광,무광
		유색(백·흑·적·황·청등)	속건성, 부착성, 내광성	목재가구 및 철재금속	
	NDK	샌딩실러	살오름성, 연마성, 작업성	고급가구, 불단 등 중도	저점도 하이솔리드형
		투명	투명성, 살오름성, 표면감촉	고급가구, 불단 등 상도	저점도 유광, 반광, 무광
폴리 우레탄계	우레탄 코트	샌딩실러 #3000,#6000	건조성, 살오름성, 연마성	고급가구, 침대, 식탁 등 중도	
		투명 #3000,#6000	투명성, 건조성, 살오름성	고급가구, 침대, 식탁 등 하도	
		상도 #5300,#5000	투명성, 퍼짐성, 표면감촉	고급가구, 침대, 식탁 등 상도	유광,반광, 무광
		상도 #HG	경도, 살오름성, 내긁힘성, 광택유지성, 표면감촉	고급가구, 목공예품의 상도	비황변형 유광,무광,반광
		유색(백색,흑색, 아이보리 등)	내광성, 퍼짐성, 은폐력, 광택유지성, 표면감촉	플러시도어, 책상, 의자, 부엌가구, 목재구조물의 상도	비황변형 유광,무광,반광
		컬러링(티크,월낫트 등)	선명성, 내광성, 퍼짐성, 착색력	가구, 목재류 중도 착색용	
		필러(월낫트, 오크 등)	눈메꿈성, 착색력, 작업성	가구, 목재류 중도 착색용	
		로즈실러 #100, #200	유분 및 진차단력, 층간밀착성 목재침투성, 연마성, 작업성	진이 함유된 재질 폴리에스테르 도료 }의 하도용	

폴리 에스테르계	폴리에스	샌딩실러	살오름성, 평활성, 연마성	고급가구, 불단, 악기 등 중도	
		투명	투명성, 평활성, 살오름성	고급가구, 불단, 악기 등 중도	
		사훼샤	눈메꿈성, 살오름성, 연마성	침대, 식탁, 의자 등 하도	백색, 회색
착색제	NGR스테인	황색, 적색, 흑색	내광성, 선명성, 착색력	가구, 목재구조물의 소 지착색	
		매직흑색, 매직밤색	은폐력, 연마성, 내광성	가구류 홈부분 착색용	
	알콜스테인	황색, 적색, 흑색	내광성, 착색력, 작업성	가구, 목재가공품의 착색	
아미노 알키드계	아미코트	샌딩실러	살오름성, 건조성, 연마성	가구, 의자, 합판	
		투명	살오름성, 부착성, 작업성	가구, 의자, 합판	유광, 무광
		투명 # R-100	살오름성, 광택, 작업성	마루판, 합판 등 롤러코팅용	
		백색, 흑색	은폐력, 부착성, 작업성	가구, 의자	
아크릴 우레탄계	프라탄	샌딩실러	부착성, 연마성, 작업성	PVC필름부착한 소지 가 구류의 하도 및 중도	
		투명	투명성, 부착성, 비황변 성, 내긁힘성, 표면감촉	PVC필름부착한 소지 가 구류의 하도 및 상도	유광, 무광
우레탄	D/D 1001 투명		내수성, 광택, 경도	마루판용, 목공예품	
	D/D 1002 하도투명		속건성, 살오름성	가구, 플러시도어	
	D/D 1002 샌딩실러		속건성, 살오름성	가구, 플러시도어	
	D/D 1002 상도투명		속건성, 살오름성	가구, 플러시도어	유광-무 광
	D/D 1002 티크		경도, 평활성	가구, 플러시도어	각색
	D/D 1002 백색		광택, 경도, 평활성	가구, 플러시도어	각색, high gloss
	D/D 1003 하도투명		속건, 살오름성	가구, 플러시도어	
	D/D 1003 샌딩실러		샌딩성, 살오름성	가구, 플러시도어	AC, HD, ZT-18
	D/D 1003 샌딩실러 백색		샌딩성, 살오름성	가구, 플러시도어	흑색, 기타 색
	D/D 1003 백색		광택, 경도, 평활성	가구, 플러시도어	흑색, 기타 색
	D/D 1004 스페이스 백색		살오름성, 샌딩성	플러시도어, 창틀	흑색, 기타 색
	D/D 1004 상도투명		경도, 평활성	가구, 플러시도어	유광-무 광
	D/D 1004 티크		경도, 평활성	가구, 플러시도어	각색
	D/D 1004 백색		경도, 평활성	가구, 플러시도어	각색, 반광 -무광
	D/D 1004 백색(SM)		속건성	대리석 무늬용	
	D/D 2001 상도투명		경도, 광택	악기용 상도	

우레탄	D/D 3004 백색		내광성	가구	각색, 반광 −무광
	DUR−11(SP)		속건성, 로진차단성	로진차단제	
아미노 알키드	아미락 104 샌딩실러		샌딩성, 살오름성	가구, 합판	
	아미락 104 투명		살오름성, 속건성	가구, 합판	유광−무광
	아미락 104 티크		살오름성, 속건성	가구, 합판	각색
	아미락 104 백색		내광성, 살오름성	가구, 유색가구	각색
	아미락 301 투명		건조, 살오름성, 광택	미장합판용	
래 커	특용락 샌딩실러		건조성, 샌딩성	가구	
	특용래커 투명		건조성, 투명성	가구	유광−무광
	특용래커 백색		건조성, 투명성	가구	각색
	하이락 샌딩실러		살오름성	플러시도어, 창틀	
	하이락 상도투명		살오름성	플러시도어, 창틀	유광−무광
	하이락 백색		살오름성	플러시도어, 창틀	각색
착색제	NGR 스테인 적색		내광성, 내약품성	도막 및 소지착색	흑색, 황색, 기타색
	DP 스테인 월낫트		생지착색	리핑용	각색
눈메꿈제	D/D 필러 티크		접착력, 눈메꿈, 선명도	착색 및 눈메꿈용	각색
	아세트 퍼티 백색		작업성, 메꿈성	목지재	기타색
베리아코트	BG 코트 백색		착색 및 부착증대	우레탄 폼용	기타색
크랙도료	크래락 하도 백색		건조	플러시도어, 가구, 침대	각색
	크래락 중도 백색		무늬양호	플러시도어, 가구, 침대	흑색, 기타색
	크래락 상도 투명		내광성	플러시도어, 가구, 침대	
초화면래커도료	래커투명	실용래커투명, 래커투명 #A, 래커투명 #S, SK하도투명	초화면 알키드수지가 주성분으로 구성되어 있으며 도막이 견고하고 불점착성이며 촉감이 부드러운 속건성 도료이다.	고급가구 및 목재 도장에 적합	
	래커샌딩실라	실용샌딩실러, 샌딩실러 #A, 샌딩실러 #S, SK샌딩실러			
	슈퍼래커 G−300				
	래커상도	SK상도투명, SK상도무광			

폴리우레탄도료	폴리우레탄 투명류	라땅용투명, 하도투명, 중도투명, 투명NL, 아이소실러(isosealer)	우레탄 결합에 의하여 도막이 형성되는 도료로서 침투성, 소지밀착성 및 투명성이 양호하며, 특히 건조가 빠르고 살오름성이 뛰어나 목공용도료로 사용시 우수한 물성을 얻을 수 있다.	고급가구 및 목재 도장에 적합	
	폴리우레탄 샌딩류	샌딩실러, 샌딩실러 BF, 샌딩실러 OP, 샌딩실러 NL, 롤러용 샌딩실러, 샌딩실러 RO			
	폴리우레탄 컬러 및 상도류	컬러, 상도HG, 상도F, 상도NL, 리베락NT(liebelac), 상도LMG	우레탄 결합에 의하여 도막이 형성되는 도료로서 침투성, 소지밀착성 및 투명성이 양호하며, 특히 건조가 빠르고 살오름성이 뛰어나 목공용도료로 사용시 우수한 물성을 얻을 수 있다.	고급가구 및 목재 도장에 적합	
	폴리우레탄 유색류	유색, N·Y베스탄(무황변 폴리우레탄 유색), O.P베스탄(오픈 포아용 무황변 폴리우레탄 유색)			
폴리에스테르도료	폴라(pola : 수평도장용)	pola #606, pola #1000	불포화폴리에스테르수지, 촉진제 및 경화제로 구성되는 도료로서 투명성, 흐름성 및 도막강도가 우수하며 특히 1회에 두꺼운 도막을 얻을 수 있어 작업성이 우수하다	고급가구 및 목재 도장에 적합	
	폴틱스(plotix : 수직도장용)	poltix #702, #600 프라이마			
	폴락스(polax)	투명, 백색, 흑색, 회색			
	베리폴(verypol)				
U.V 경화형 도료	헬리피드(hellipid)도료	우드실러, 샌딩실러, 상도	자외선 경화형 도료로서 변성 불포화 합성수지, 감광제가 주성분으로 구성되어 있으며 빠른시간(3~10초)내에 도막이 건조되며 특히 두꺼운 도막을 얻을 수 있어 미장합판, 파티클보드 도장라인에 최적이다.	고급가구 및 목재 도장에 적합	
	U.V 레이도료 (U.V iray)	스프레이용도료, 하도, 상도			
필러스테인 및 착색제	필러스테인	적, 흑, 황, 기타색	목재의 눈메꿈 및 착색 효과를 동시에 부여하여 목재조직의 선명도가 향상되며 경제적이고 작업 능률이 월등히 향상된다.	고급가구 및 목재 도장에 적합	
	805 스테인	적, 흑, 황, 기타색			
	N.G.R 스테인	적, 흑, 황, 기타색			
	오일스테인	적, 흑, 황, 기타색			
	알콜스테인	적, 흑, 황, 기타색			
희석제류	래커신너	701신너,702신너,703신너,래커리타다신너, SK상도신너		고급가구 및 목재 도장에 적합	

희석제류	폴리우레탄신너	일반용신너, 일반용신너502, 하도용신너, 상도용신너, 세척용신너, 우레탄 리타다신너			
	폴리에스테르신너	폴라신너, 폴락스신너, 베리틱스용신너 및 폴락스 경화제용 신너			
	U.V 경화형 도료신너	헬리피드신너			
	필라스테인 및 착색제용 신너	필라스테인신너, 알콜스테인신너			
	기타	베리어코트신너, 그레이징신너, 바이락신너, 크래킹 하도 및 중도용신너, 크랭킹 상도신너, 시놀락신너		고급가구 및 목재 도장에 적합	
기타류	베리어코트(barrier coat ; 우레탄폼 도료)→느릅, 월넛, 체리, 기타색			고급가구 및 목재 도장에 적합	
	시놀락(SYNOLAC ; 산경화형도료)				
	크래킹도료(cracking finish ; 입체무늬도료)	하도(백색, 흑색, 아이보리, 기타색), 중도(백색, 흑색, 아이보리, 기타색), 상도 유광			
	그레이징(glazing)				
	1액형 래커킬라(티크, 월넛, 기타색)				
	폴락스 경화제				

신성화학산업(주)

품 명	주 성 분	특 징	용 도
에이스래커, 투명/샌딩	초화면계 수지	속건, 광택, 칠살	목재, 가구 하도/상도용
에이스래커, 각종 유색	초화면계 수지	속건, 광택, 칠살	목재, 가구
우레탄N, 우드실러	폴리우레탄 수지	도막성 양호	목재, 가구 하도/투명
우레탄N, 샌딩실러	폴리우레탄 수지	도막성 양호	목재, 가구 하도/샌딩
ST-7000SA	초화면계 수지	칠살 우수, 퍼짐성	1액형상도, 속건형, 고급
ST-500SA	초화면계 수지	칠살 우수, 퍼짐성	1액형상도, 속건형, 범용
HS-G	폴리우레탄 수지	퍼짐성, 칠살 우수	목재, 가구, 2액형상도(5:1)
HS-T	폴리우레탄 수지	퍼짐성, 칠살 우수	목재, 가구, 2액형상도(3:1)
HS-K	폴리우레탄 수지	칠살, 긁힘성 우수	목재, 가구, 2액형상도(2:1)
폴리멜N, 백색/HS/백색	폴리우레탄 수지	은폐력, 퍼짐성	플라스틱용, 증착, 원코트
솔라마이카, 우드실러	불포화 폴리에스테르	연질성, 투명도	논왁스형 폴리, 하도투명

품 명	주 성 분	특 징	용 도
솔라마이카, 샌딩실러	불포화 폴리에스테르	연마성, 투명도	논왁스형 폴리, 하도샌딩
솔라에이스 실러	폴리우레탄 수지	내유성 우수	유분차단제, 우레탄계
우레탄 NY	폴리우레탄 수지	내황변성 우수	무황변 하도, 상도
하이톱 OPS-501	폴리우레탄 수지	고광택, 내마모성	고광택 우레탄
패튼글루 SP-303	복합비닐계	접착, 명도 우수	무늬결 필러스테인
톤 컬러 SC-404	복합비닐계	눈메꿈성 우수	화이트-위시필러
N.G.R-A 스테인/고농도	염료, 용제	내열, 내광성 우수	목재가구, 상하도 착색
N.G.R-B 스테인/일반	염료, 용제	내열, 내광성 우수	목재가구, 상하도 착색
우레탄 컬러	우레탄계	색상, 퍼짐성 우수	상도보카시용, 주문색상
필러-스테인, 각색상	무기안료, 수지	눈메꿈성, 은폐력 우수	목재가구, 눈메꿈
수성페인트KSM-5310,5320	아크릴에멀션, 안료	은폐력, 내수성 우수	콘크리트, 몰탈면
알키드 에나멜KSM-5701	알키드수지, 안료	은폐력, 내수성 우수	철재/목재
조합페인트 KSM 5312			목재/철재
스트롱 캐슈	우레탄, 특수수지	내용제성, 내마모성	나염 제판 고형제
USR-7168,716,812,UV도료	에폭시, 우레탄	접착, 고광택	플라스틱용, 증착, 원코트
PF-100	아크릴, 우레탄	접착, 무광효과	무광코팅제, 폴리에스터
DL-702/606/808/505	우레탄, 특수수지	접착, 투명성	플라스틱 필름 접착제
폴리코트 800	우레탄, 특수수지	고광택, 연질성	피혁광택 에나멜
OP-우레탄	우레탄계	도막형성 우수	오픈포어용, 각 색상
SV-202	우레탄계	접착, 속건	목재, 스프레이용, UV

조일특수화학산업(주)

구 분	제 품 명	특 징	용 도	비고
우레탄계	우레탄 하도투명(2:1)	건조가 빠르고 살오름성이 좋으면 면의 퍼짐 상태도 양호함	하도용	
	우레탄 하도투명(3:1)			
	우레탄 하도 샌딩실러(3:1)	살오름성이 좋고 연마성도 양호함		
	우레탄 하도 샌딩실러(2:1)			
	우레탄 로즈 실러(2:1)	나무의 기름을 차단하며 살오름성이 좋음		
	우레탄 상도투명(2:1)	살오름성 및 면의 퍼짐성이 우수함	상도용	
	우레탄 상도무광(2:1)			
래커계	상도용 래커투명	살오름성 및 면의 퍼짐성이 우수함	상도용	
	상도용 래커무광			
U.V 도료 불포화폴리에스테르계	유비테크 #1000우드실러	경화성, 눈메꿈성, 작업성, 부착성, 살오름성, 연마성 양호함	합판무늬목 파티클보드 및 가구용 목재류 하도용	
	유비테크 #1000샌딩실러		중도용	
U.V 도료 에폭시 에스테르계	유비테크 #3000샌딩실러	내약품성 경도, 경화성, 연마성이 매우 양호	중도용	
	유비테크 #3000 상도	내약품성, 경도, 경화성이 우수함	상도용	

왁스형폴리에스테르계	폴리테크 CH-370	투명성, 가공성, 이형성이 양호함	미장합판용	
논왁스형	폴리우드 투명(PW-100)	살오름성, 투명성이 양호함	하도용	
불포화폴리에스테르계	폴리우드 샌딩실러(PW-300)	살오름성, 연마성이 양호함		

조흥산업(주)

구 분	제 품 명	특 징	용 도	비 고
가구용 우레탄	U/T상도투명 G-35 #2000J	경도가 높고 유연하며 광택이 뛰어나고 부착성, 내수성	목재가구류, 악기류 및 건축물의 목재 상도용	폴리우레탄
	U/T상도투명 G-50 #2000J	내약품성, 내후성이 양호하여 습기 및 수분에 잘 견딤	목재가구류, 악기류 및 건축물의 목재 상도용	
	U/T상도투명 유광 DJ	목재 상도용 도료	목재가구류, 악기류 및 건축물의 목재 상도용	
	U/T상도투명 무광 DJ	목재 상도용 도료	목재가구류, 악기류 및 건축물의 목재 상도용	
	U/T 상도투명 #6000DS	목재상도용도료(반무황변)	목재가구류, 악기류 및 건축물의 목재 상도용	
	U/T 상도투명 #8000TK	목재상도용도료(무황변도료)	목재가구류, 악기류 및 건축물의 목재 상도용	아크릴 타입
	U/T 백색 #2000외 각색 SM		목재가구류, 악기류 및 건축물의 목재 상도용	폴리우레탄
	U/T 백색 #200외 각색	목재상도용 유색도료(반무황변)	목재가구류, 악기류 및 건축물의 목재 상도용	폴리우레탄
	U/T 백색 #8000외 각색	목재상도용 유색도료(무황변도료)	목재가구류, 악기류 및 건축물의 목재 상도용	아크릴 타입
	U/T 월낫컬러 DS외 각색		목재가구류, 악기류 및 건축물의 목재 상도용	폴리우레탄
	U/T 샌딩실러 #2000J	연마성, 눈메꿈성, 부착성 및 도막살오름성과 특히 경화성 우수	목재가구류, 악기류 및 기타 목재 중도 도장용	
	U/T 샌딩실러 #2000 SR	연마성, 눈메꿈성, 부착성, 내수성 우수 특히 투명성이 우수	목재가구류, 악기류 및 기타 목재 중도 도장용	
	U/T 하도투명 #2000SW	투명성, 부착성, 살오름성이 우수, 특히 목재의 유분을 차단	목재가구류, 악기류 및 기타 목재 중도 도장용	
	U/T 하도투명 #2000 SR	상도도료의 부착력 증가	목재가구류, 악기류 및 기타 목재 중도 도장용	
	U/T 펄용 투명 #1000	상도도료의 부착력 증가	목재가구류, 악기 및 기타 목재용 도료	

가구용 우레탄	U/T 필용 중도 흑색외		목재가구류, 악기 및 기타 목재용 도료	
	U/T 메타릭 #2000 회색SS	금속성분의 입자가 화려한 자연 펄감을 나타냄	일반가구 및 아동용가구	
	U/T 그레이징 도료 각색		일반가구 및 아동용가구	
	U/T 크래킹 도료 각색		일반가구 및 아동용가구	
	U/T 샌딩실러 백색, 흑색 외	색상, 은폐력이 우수하며 연마성이 양호한 중도도료	목재가구류, 악기 및 APT, 가구용 도료	
	U/T 사췌샤 백색, 회색 외	색상, 은폐력이 우수하며 연마성이 양호한 중도도료	목재가구류, 악기 및 APT, 가구용 도료	
	목재 함침용 KH-2	MDF 변형시 원형 보지력 부여 및 상도도장시 균일 색상 유지		
	wood lap	상도도막재 spray도장으로 lap 형성	목재가구류, 악기 및 APT, 가구용 도료	
V-vox도료	U-vox #500 우드실러	투명성 우수, 눈메꿈성, 부착력, 경화성이 우수한 하도용 도료	무늬목합판, 파티클보드	폴리 타입
	U-vox #500 샌딩실러	부착성, 평활성, 연마성, 경화성이 우수한 상도용도료	주방용가구, 가구부품, 기타 목재품	폴리 타입
	U-vox #1000 샌딩실러	부착성, 평활성, 연마성, 층간밀착성 및 경화성이 특히 우수한 중도용 도료	주방용가구, 가구부품, 기타 목재품	에폭시 아크릴 타입
	U-vox #500 TOP	도막평활성, 광택, 경도, 촉감 및 내슬리핑성이 우수한 상도용 도료	주방용가구, 가구부품, 기타 목재품	폴리 타입
	U-vox #1000 TOP	경도, 광택, 내화학적 약품성이 우수한 속경화성 상도용도료	무늬목합판, 파티클보드, 가구, 플라스틱류, 기타 목재류	에폭시- 아크릴 타입
	U-vox #3000 TOP	광택, 유연성, 내약품성 및 황변성이 좋은 고급형 상도도료	각종 종이상자, 팜플렛, 스티커, 연·경질 PVC시트류, 각종 플라스틱류 등	우레탄- 아크릴 타입
	U-vox #1000 PA	유연성, 광택, 접착성, 슬리핑성, 내마모성, 경화성이 우수한 상도도료	각종 종이상자, 팜플렛, 스티카, 선전포스터, 책표지, 기타 종이류	에폭시- 아크릴타입
	U-vox #1000 샌딩실러 OP	연마성, 투명성이 우수하며 나무고유의 눈메를 살려줌	무늬목의 눈메를 살려주는 open-pore용 가구류	에폭시- 아크릴타입

V-vox도료	U-vox 푸라이마 백색 R-44	백색도가 우수하며 상도도장이 간편한 중도도료	일반합판, MDF, APT 가구 및 주방용가구, 기타 목제품	
	U-vox 푸라이마 회색 R-44	특히 컬러 U.V도료 대용품으로 각광받고 있음	일반합판, MDF, APT 가구 및 주방용가구, 기타 목제품	
	U-vox 푸라이마 아이보리 R-44	특히 컬러 U.V도료 대용품으로 각광받고 있음	일반합판, MDF, APT 가구 및 주방용가구, 기타 목제품	
가구용폴리코트	tecpol 투명 SPS 200	도막경도 우수, 경화성 및 후도막형성 연마성 우수한 중도도료	가구류 및 악기류	
	tecpol 투명 SPN 200	도막경도, 경화성 우수, 후도막형성 및 특히 투명성 우수한 중도도료	가구류 및 악기류	
	tecpol 투명 TS 100	도막경도, 경화성, 평활성 및 고광택의 상도도료	가구 및 악기류, 특히 하이그로시 제품용	
가구용폴리코트	tecpol 투명 TF 400	투명성 및 연마성 우수	일반합판, 무늬목 합판의 필름코팅용 도료	
	tecpol 투명 TD-400F		FRP 제품 성형용	
	tecpol 백색 외 각색	은폐력 및 연마성 우수	일반합판, 무늬목 합판의 필름코팅용 도료	
폴리우레탄	우레탄 투명	속건성, 살오름성이 우수해 양산작업에 적합, 촉감, 경도, 내열내한성 및 물리화학적 성질 우수	고급가구 및 일반목공용 전반	색상 : 투명
	우레탄 샌딩실러 (#2000, #5000, #6000)	속건성, 부착성, 살오름성, 연마성 우수, 자연 및 가열건조에도 기포발생이 적어 양산작업에 적합	목재가구의 하도 및 눈메꿈용	
	FM 샌딩실러	크레이터링 현상이 없으며 부착성, 살오름성, 연마성이 우수해 양산작업에 적합	하도 및 중도용	
	로즈실러(하이 로즈실러)	속건성, 도막이 강인, 1~2회 도장으로도 진 차단용이해 짧은 시간에도 후속도장 가능	유지분 차단용	색상 : 투명

폴리우레탄	폴리우레탄 상도	살오름성이 좋아 적은 횟수로도 평활하고 우아한 광택 표현, 내광성, 내후성, 내스크래치성 우수한 우레탄 상도용도료	고급가구 및 일반목공용 전반	색상 : 투명, 무광, 반광
	폴리우레탄 유색 (백색,흑색)	부착성, 내후성, 내구성, 퍼짐성이 우수해 우아한 색상을 나타내는 목재용 유색 마감도료	고급가구 및 목공용 전반	색상 : ①백색 아이보리 및 기타 주문색(투명, 반광, 무광), ②흑색 및 기타 주문색(투명, 반광, 무광)
	무황변 폴리우레탄 유색	부착성, 내광성, 내후성 우수, 무황변성으로 고유색상 보존·유지시킬 수 있는 고급유색 마감도료	고급가구 및 목공용 전반	색상 : 백색, 베이지, 아이보리, 기타 주문색
	폴리우레탄 컬러	내후성, 내광성 우수, 목재 고유의 자연미를 나타내주며 부착성, 충격성 뛰어난 도막착색제	고급가구 및 일반목공용 전반의 도막착색제	색상 : 티크색 및 기타 주문색
초화면래커	래커 투명	속건성, 살오름성, 퍼짐성 우수, 부착성이 뛰어남	목재가구 및 목공예의 중도	
	래커 샌딩	속건성, 살오름성, 연마성 우수, 상도와의 부착성 뛰어난 중도용 도료	목재가구의 하도 및 눈메꿈용	
	래커마감용	살오름성, 퍼짐성, 부점착성 양호, 도막이 강인하여 내스크래치성 및 내열, 내한성 우수한 래커마감용 도료	일반가구, 특수가구, 각종 공예품 및 목재전반에 사용 가능	색상 : 투명, 무광
	래커유색	은폐력, 퍼짐성, 살오름성, 부착성 우수	고급가구 및 일반 목공용전반에 적합한 유색 마감용 도료	색상 : 흑색, 백색, 적색, 황색 및 기타 주문색
	일액형 래커컬러	내광성 및 내후성 우수, 목재고유의 자연미를 선명하게 나타내주며 속건성으로 작업성이 양호	고급가구 및 일반 목공용 전반의 도막착색제	색상 : 티크 및 기타 주문색
폴리에스테르	폴리에스테르 투명 (폴리투명 #1000, #5000)	소량의 촉진제 및 경화제에 의해 두꺼운 도막(1회 200μ)을 얻을 수 있고 스프레이 작업이 용이, 투명성, 유연성, 내후성 및 부착성 우수, 경화된도막은 물리적 화학적 성능 우수	고급가구 및 일반 목공용 전반	색상 : 투명

폴레에스테르	폴리에스테르 샌딩실러(폴리샌딩 #1000, #5000, #6000)	두꺼운 도막(1회 200μ이상)을 얻을 수 있으며 스프레이작업 용이, 유연성, 내후성, 부착성 및 연마성 우수한 중도용 도료, 경화된 도막은 물리적·화학적 성능 우수	고급가구 및 일반목공용전반	색상 : 반투명 액체
착색제	필러스테인	눈메꿈성 및 착색효과를 동시에 얻을 수 있으며 목재의 미관을 손상치 않고 보존하는 실용적인 스테인	목재 및 가구의 소지 착색 및 눈메꿈용	색상 : 적, 흑, 황색 및 기타 주문색
	알콜스테인	내광성, 내후성, 투명성, 작업성이 우수한 소지착색용 스테인	목재가구의 소지 및 착색용	색상 : 적, 흑, 황색 및 기타 주문색
	오일스테인	내광성, 내후성, 투명성, 침투성 우수	목재가구의 소지 및 도막착색제	색상 : 적, 흑, 황색 및 기타 주문색
크래킹도료	크래킹	섬유소계 유도체, 특수 합성수지, 가소제 및 안료를 주성분으로 하는 1액형 도료로서 도장시 섬세하고 입체적인 무늬를 형성	가구, 침대, 플러시도어, 공예품 및 실내외 장식품	색상 : ① 하도 : 백색 및 기타 주문색 ② 중도 : 백색·아이보리색 및 기타 주문색
기타	신너류	우레탄신너		
		우레탄 상도신너		
		우레탄 리타마신너		
		래커신너		
		래커 상도신너		
		래커 리타마신너		
		아미노신너		
		필러신너		
		폴리신너		

6. 도장기법의 일반적 작업공정

화이트 워시 도장

No.	공 정	작 업 사 양
1	소지조정	• #180~#220 연마지로 벨트연마를 한다(수평인 경우). • #220~#320 연마지로 수연마를(또는 핸드머신) 사용한다(곡면인 경우). • 연마후 목분 및 이물질을 깨끗이 제거한다.
2	소지착색	• 사용도료 : 그레이징 백색 또는 우레크릴 샤훼샤 백색(무황변 타입) • 배합비 : 그레이징……1액형으로 사용 　　　　　 우레크릴 샤훼샤백색……원액 : 경화제＝10 : 1(중량비) • 도장방법 : 와이핑 또는 리버스롤러 코팅(수평면) • 도장횟수 : 1~2회 • 사용경화제 : 우레탄 무황변 경화제(우레크릴 샤훼샤인 경우) • 사용신너 : 우레탄 그레이징신너 또는 우레탄 신너 • 가사시간 : 5시간 이상(우레탄 샤훼샤 백색인 경우) • 건조 : 상온건조(20~25℃기준)……1~2시간 　　　　 가열건조(50~60℃기준)……10~20분 　건조시간은 벨트연마가 가능한 시간을 기준한 것임(필요시)
3	연 마	• 연마는 소지의 착색효과(백색)에 따라 필요하다고 판단될 때에 한해서 시행한다.
4	하도작업	• 사용도료 : ① 우레크릴 무황변 샌딩실러(주로 오픈포어용에 사용) 　　　　　　② 우레탄 무황변 샌딩실러(주로 경면도장에 사용) 　　　　　　③ 우레탄(또는 우레크릴) 무황변 투명실러(주로 U.V도료 하도에 사용) • 배합비 : 원액 : 경화제＝3 : 1~5 : 1(종류에 따라 배합비 차이가 있음) • 도장방법 : 스프레이 또는 롤러코팅(D.R.C) • 도장횟수 : ① 오픈포어……1~2회 　　　　　　② 경면도장……4~6회 　　　　　　③ 우레탄(또는 우레크릴)실러 1회도장 후 U.V무황변도료 도장 • 건조 : ① 상온건조……오픈포어 : 1~2시간 　　　　　 (20~25℃)　　경면도장 : 주로 일야방치 　　　　② 가열건조……오픈포어 : 20~30분　｝후 일야방치 　　　　　 (50~60℃)　　경면도장 : 1~2시간 　　　　③ U.V도료를 도장하기 위해 하도로 우레탄(또는 우레크릴) 무황변 투명을 롤 　　　　　러코팅한 후에는 70~80℃ 건조로를 1~2분 통과한 후 바로 U.V도장에 투 　　　　　입한다.
5	연 마	• 1차 #220~#320 연마지로 벨트연마 또는 수연마를 한 후에, 2차 #400~#600 연마 지로 연마하여야 표면상태가 좋아진다.

6	상도작업	• 사용도료 : ① 우레크릴 무황변 상도투명(반광, 무광, 유광) 　　　　② 우레탄 무황변 상도투명(반광, 무광, 유광) 　　　　③ UV무황변 상도투명(합판도장인 경우) (반광, 무광, 유광) • 배합비 : ① 원액 : 경화제=4 : 1~5 : 1(중량비) 　　　　② 원액 : 경화제=2 : 1~3 : 1(중량비) • 도장횟수 : 1~2회 • 도장방법 : 스프레이 또는 롤러코팅 • 사용경화제 : 우레탄 무황변 경화제 • 사용신너 : 우레탄신너, UV 신너 • 건조 : ① 상온건조(20~25℃)……1~2시간(1회도장) ⎫ 　　　　② 가열건조(50~60℃)……20~30분(1회도장) ⎭ 후 일야 방치 후 포장한다.
7	특　　징	• 소지의 눈메가 크고 깊을수록 시각적 효과가 뛰어나다. • 오픈포어, 세미오픈포어, 사틴(SATIN)도장으로 마감된다. • 무황변 도료를 사용하여야 한다. • 와이핑 작업 및 연마작업을 고르게 잘 하여야 한다. • 재질이 우수한 소지를 사용하여야 품질 효과가 좋다.

<화이트 액쉬 도장>－우레크릴(아크릴 우레탄)타입으로 마감도장 할 경우

No.	공　정	작　업　사　양
1	소지조정	• #180~#220 연마지로 벨트연마를 한다(수평인 경우). • #220~#320 연마지로 수연마를 한다(곡면인 경우). • 연마 후 목분 및 이물질을 깨끗이 제거한다.
2	소지착색	• 사용도료 : ① 원색인 경우……우레탄우드실러 원색용 　　　　② 투명색상인 경우……와이핑스테인 각색 　　　　③ 투명 색상인 경우……그레이징 각색 또는 우레탄우드실러 조색품 • 도장방법 : 붓, 로울러, 스프레이 후 와이핑한다. • 도장횟수 : 1~2회 • 건조 : 상온(20~25℃ 기준)에서 30분~1시간 건조시킨다.
3	중도작업	• 사용도료 : 우레크릴 무황변 샌딩실러 • 배합비 : 원액 : 경화제=3 : 1~5 : 1(중량비 종류에 따라 배합비가 차이남) • 도장방법 : 스프레이 또는 롤러코팅 • 도장횟수 : 오픈포어인 경우 : 1~2회 　　　　　세미오픈포어인 경우 : 2~3회(소지조건에 따라 차이가 남) • 사용경화제 : 우레탄 무황변 경화제 • 사용신너 : 우레탄 신너 • 건조 : 상온건조(20~25℃)……4~6시간 ⎫ 　　　　가열건조(50~60℃)……1~2시간 ⎭ 후 연마가능한 시간 　　　　＊일야방치하는 것이 일반적인 작업방법임.
4	연　　마	• #320~#400 연마지로 동일한 방향으로 고르게 연마한다.

5	착색작업 (touch-up)	• 사용도료 : 우레크릴 무황변 백색 • 배합비 : 원액 : 경화제=4 : 1(중량비) • 도장방법 : 스프레이(touch-up방법) • 도장횟수 : 1회 • 사용경화제 : 우레탄 무황변 경화제 • 사용신너 : 우레탄 신너 • 건조 : 상온건조(20~25℃)……1~2시간
6	상도작업	• 사용도료 : 우레크릴 무황변 상도투명(유광, 반광, 무광) • 배합비 : 원액 : 경화제=4 : 1~5 : 1(중량비) • 도장방법 : 스프레이 • 도장횟수 : 1~2회 • 사용경화제 : 우레탄 무황변 경화제 • 사용신너 : 우레탄신너 • 건조 : 상온건조(20~25℃) : 1~2시간 } 후 일야방치 후 포장 　　　가열건조(50~60℃) : 20~30분
7	특 징	• 어떠한 색상에도 적용할 수 있다. • 색상에 따라 하도는 무황변을 사용하지 않아도 무방하다. • 색상 조색시 백색은 기본적으로 첨가된 조색품이라야 되는 도장이다. • 불투명, 투명색상에 제한없이 적용이 가능하다. • 소지의 재질이 우수할수록 좋은 제품을 만들 수 있다.

<하이그로시 작업 : 투명 폴리에스테르 마감>

No.	공 정	작 업 사 양
1	소지조정	• #180~#220으로 벨트 및 수연마를 한다. • 연마후 목분 및 이물질을 깨끗이 제거한다. • 함수율이 12% 이하가 되도록 한다.
2	착색작업	• 사용도료 : ① 우레탄 우드필러 유색 　　　　　　② 와이핑 스테인 각색 } 소지의 종류 요구 색상에 따라 선별 　　　　　　③ 그레이징 컬러 사색 　여 사용한다. • 작업횟수 : 와이핑 롤러코팅 • 도장횟수 : 1회 • 사용신너 : 각 도료의 타입에 맞는 지정신너 사용 • 건조 : 상온건조(20~25℃)……30분~1시간 　　　　가열건조(50~60℃)……5~10분
3	하도작업	• 사용도료 : ① 우레탄 우드실러(일반소지 폴리에스테르 및 UV도료 하도용) 　　　　　　② 우레탄 로즈실러(로즈목, 기름분이 많은 소지) • 배합비 : 원액 : 경화제=1 : 1~4 : 1(중량비, 도료 종류에 따라 차이남) • 작업방법 : 스프레이, 롤러코팅 • 도장횟수 : 1~2회 • 사용경화제 : 우레탄 경화제(일반타입) • 사용신너 : 우레탄 신너 • 건조 : 상온건조(20~25℃)……2~4시간(경화건조) 　　　　가열건조(50~60℃)……20~30분(경화건조) 　　　　(경화건조는 폴리에스테르 상도작업이 가능한 시간임)

4	연　마	• 일야 방치된 경우에 #220~#320 연마지로 고르게 가볍게 한다.
5	상도작업	• 사용도료 : ① 폴리탄 투명(폴리에스테르＋우레탄 타입) 　　　　　　② 폴리락 투명(논왁스타입, 왁스타입) • 배합비 : 별도사양에 의하여 작업 • 작업방법 : 스프레이 • 도장횟수 : 4~5회(소지조건에 따라 차이남) • 건조 : 상온 또는 가열건조 후 일야방치
6	연마작업	• #220~#320 연마지로 1차 기계연마(벨트연마, 핸드머신 이용)한다. • #400~#600 연마지로 2차 연마를 균일하게 한다. • #800~#100 연마지로 수(간) 연마를 한다.
7	광택작업	• 콤파운드 및 폴리싱왁스를 이용하여 buffing machine 작업을 한다. • R.P.M은 150 R.P.M의 buffine을 사용하는 것이 좋다. • 균일한 방향으로 문질러서 광택을 내는 것이 좋다.

<하이그로시 작업 : 우레탄계 불투명 칼라 마감>

No.	공　정	작　업　사　양
1	소지소정	• #180~#220으로 벨트 및 수연마를 한다. • 연마후 목분 및 이물질을 깨끗이 제거한다. • 함수율이 12% 이하가 되도록 한다.
2	하도작업	• 사용도료 : ① 폴리우레탄 샤훼샤 또는 샌딩실러(무색, 유색) 　　　　　　② 폴리에스테르 샤훼샤 또는 샌딩실러(무색, 유색) 　　　　　　③ 폴리락 UV 우드실러 및 샌딩실러(무색, 유색) • 배합비 : 각 도료의 배합사양에 따름 • 도장방법 : 스프레이, 롤러코팅, 커텐코팅 • 도장횟수 : 2~3회(소지조건에 따라 선택) • 건조 : 각 도료의 건조사양에 따름
3	연　마	• #220~#320 연마지로 벨트 및 수연마 후 #400~#600 연마지로 2차 연마한다.
4	상도작업	• 사용도료 : ① 폴리우레탄 무황변 유색 　　　　　　② 우레크릴 무황변 유색 　　　　　　③ 폴리탄 무황변 유색 • 배합비 : 각 도료의 배합사양에 따름 • 도장방법 : 스프레이, 커텐코팅 • 도장횟수 : 1~2회 • 건조 : 각 도료의 건조사양에 따름
5	기　타	• 폴리탄 투명은 폴리에스테르 및 폴리우레탄 도료의 두가지 성분을 합성한 제품으로 퍼짐성, 경도, 부착력, 광택이 아주 우수한 도료임. • 4의 상도도료들은 도장횟수를 늘여서 도장하여 완전 건조 후 연마 및 폴리싱 작업을 하여도 광택이 우수한 하이그로시 마감을 할 수 있다. • 상기도료 도장 후 건조 연마한뒤 각종류의 투명타입 도료를 재도장하여 마감할 수 있다.

7. 목재 도장의 결함과 대책

(1) 목재 도장의 결함

목재 도장에서 결함을 발생 요인별로 파악하기는 매우 어렵다. 왜냐하면 그 요인과 조건이 대단히 많기 때문이다. 즉, 도막형성 조건에서 도료, 도장방법, 도장의 환경, 피도물, 도장기술 등이 부수적으로 뒷받침되어야 한다. 이런 요인들을 제거하기 위해 도료의 선택, 우수한 설비기구, 양호한 환경, 정확한 도장기술, 소재의 완전한 관리 등을 적극적으로 행하여 결함발생 방지에 노력을 하지 않으면 안된다. 그러면 도막 결함원인과 대책에 관하여 몇 가지 예를 들어본다.

도장시 결함발생은 도료, 도장환경, 피도물, 도장기기, 도장기술 등의 조건이 복합되어 발생한다.

(2) 목재 도장시 주의사항

① 재도장간격은 기온 및 환경, 습도에 따라서 달라질 수 있으며 도료의 특성에 따라서 달라질 수 있다. 보통 15~25℃ 기준에서 1회 도장 후 40~60분 간격이 적당한 선이며 회수가 거듭됨에 따라서 3회 후 4회 도장시는 처음의 도장 간격보다 10~20분 이상 더 주어야 하며, 5시간 이상 방치 후 재도장시는 가볍게 연마하고 재도장하여야 부착성의 문제점이 없다.

② 재도장시는 연마직후가 제일 양호하며 1일 이상 경과시는 재연마 후에 도장함이 좋다.

③ 수연마시는 우레탄 도장을 가급적 피하고, 1~2일 동안 방치시킨 다음 도장 직전에 다시 가볍게 연마한 뒤 도장해야 한다(부착성, 백화현상이 문제가 될 수 있다).

④ 우레탄 샌딩실러 또는 우레탄계 도장 후(래커 컬러 도장) 상도 우레탄 도장은 래커 컬러가 두꺼울 때 도막의 지지미 현상에 주의하며 상도의 재도장(보수도장) 실험을 반드시 행해야 한다(래커 컬러 사용 금지)-우레탄 컬러로 도장.

⑤ 컬러 도장 후 상도 도장은 웨트 온 웨트 도장을 원칙으로 하며 반드시 30~60분 이내에 도장해야 한다.

⑥ 상도 도장시는 반드시 연마 후에 도장함을 원칙으로 한다.

⑦ 우레탄, 래커 도장시 한번에 많은 도막을 올릴 경우(1회-6회), 즉 짧은 시간에 하도 3~4회, 샌딩 2~3회 도장시 경화가 충분하지 못하면 상도 도장을 한 4~5일 이후 도막의 수축(야세) 현상이 발생될 수 있다.

⑧ 폴리류, U.V. 도장의 하도 위에 상도 도장시는 반드시 도장 직전에 연마하고 도장을 하

며, 우레탄계 혹은 래커계 샌딩실러를 도장하고 가볍게 연마한 뒤 상도 도장을 함이 이상적이다.

⑨ 겨울철 도장시 폴리류, U.V류의 하도, 즉 피도체가 차가울 때는 우레탄 도장시 부착성의 문제가 발생될 수 있다.

⑩ 도료 자체의 경화 후 도막의 경도 차이가 클 경우에는 부착불량, 크랙발생 등의 원인이 된다.

(3) 목재 도장의 결함과 대책

순위	결 함	현 상	원 인	도장시의 대책
1	백 화	고습도의 장소에서 도장시 습기가 도막에 응축하여 도면이 유백색으로 된 상태	①공기중의 습도가 높을 때 (80%이상) ②용제중에 수분이 포함되었을 때 ③도장기기에 수분이 부착되었을 때 ④피도물의 함수율이 높을 때 ⑤피도물의 온도가 실온보다 낮을 때 ⑥신너의 증발속도가 빠를 때 ⑦1회에 너무 두껍게 도장했을 때	①도장실의 통풍을 원활히 하고 습기를 제거할 것 (특히 비온 후 햇빛이 날 경우 주의) ②좋은 용제를 사용하고 사용 후 보관에 주의할 것 ③도장기기의 건조 공기호스에 수분제거기 부착 ④함수율 15% 이하로 건조 ⑤피도물의 온도를 실온으로 높일 것 ⑥리타다 신너를 혼합 사용할 것 ⑦엷게 여러 번 도장할 것
2	오렌지 필 (凹凸현상)	도면이 평탄하지 못하고 귤껍질 모양의 요철현상이 발생	①도료의 점도가 높을 때 ②실내의 온도가 높을 때 ③과도한 통풍 ④피도물과 스프레이건의 거리가 멀 때 ⑤신너의 증발이 빠를 때 ⑥스프레이건의 압력이 낮을 때	①신너를 추가하여 점도를 낮출 것 ②실내온도를 낮추고(20~25℃) 고비점 용제를 추가 ③풍속 0.5~1.0m/sec ④적정거리 20~30cm ⑤적정신너 사용 ⑥적정압력 약 3kg/cm²
3	흐름 상태	도장된 도료가 특히 수직면에서 흘러내린 상태	①도료의 저점도 ②너무 두껍게 도장 ③피도물과 스프레이건의 거리가 너무 가까울 때 ④스프레이 각도불량 ⑤스프레이건의 운행속도가 일정하지 않을 때	①도료의 점도 조정 ②도포량 감소 ③적정거리 20~30cm ④직각으로 도장 ⑤스프레이건의 균일운행

3	흐름 상태	도장된 도료가 특히 수직면에서 흘러내린 상태	⑥신너의 증발 속도가 너무 느릴 때 ⑦피도물에 유분, 왁스 등이 부착시	⑥적정 신너 사용 ⑦유분 및 왁스제거
4	핀 홀 (바늘구멍)	건조된 도막에 바늘로써 구멍을 낸 것 같은 상태	①소지의 눈메꿈 상태 불량 ②충진제 및 하도의 건조 불량 ③피도물에 수분, 유분 등이 부착 ④실내온도보다 피도물의 온도가 높을 때 ⑤지나치게 두껍게 도장 ⑥저비점 용제의 과다 첨가 ⑦급격한 강제 건조 ⑧경화제의 과잉추가 ⑨2액형 도료에서 불균일 혼합 ⑩공기중의 습도가 높을 때 (80% 이상)	①실러의 점도를 묽혀 완전 충진 ②완전 건조 ③소지 연마 후 보관 주의 ④~⑥은 급격한 건조조건으로 도막 표면의 점도가 급상승 되어 도막내부의 휘발성 용제, 호르마린 등이 휘발하여 핀 홀을 유발하므로 도장 조건을 정확히 지킬 것 ⑦세팅(방치)시간을 충분히 줄 것 ⑧배합비율 엄수 ⑨혼합 후 10분 방치 후 도장 ⑩도장시의 통풍을 원활히 하고 습기를 제거할 것(특히 비온 후 햇빛 날 경우 주의)
5	분 화 구 (하지끼, 클리어터링)	건조된 도막에 분화구 모양의 홈이 파진 상태	①피도물에서 수분, 유분 왁스 등이 부착 ②도료의 유동성이 나쁘고 표면장력이 클 경우 ③강제 건조로의 환기가 불충분하고 가스가 충만 ④하층 도막층에 실리콘류가 과잉으로 함유 ⑤오랜 시간이 경과된 도막에 재도장(2액형 도료)	①소지연마 후 표면을 청결히 보관 ②도료의 선택 ③환기를 원활히 할 것 ④하층도막을 연마 후 도장
6	기 포	도막중에 포함된 기포	①피도율의 함수율이 높을 때 ②도관이 큰 피도물일 때 ③눈메꿈 불량 ④고점도 도료 ⑤저비점 용제의 과잉 첨가 ⑥피도물과 도료의 온도차이가 클 때 ⑦급격한 강제 건조 ⑧도료중의 기포 ⑨스프레이 압력이 높을 때	①함수율 15% 이하로 유지 ②~③눈메꿈 철저 ④신너량 증가 ⑤신너균형을 재검토 (리타나 신너도 병용) ⑥도료를 도장실에 보관하여 온도차이를 줄일 것 ⑦세팅(방치)시간을 주고 서서히 가열함 ⑧도료를 희석, 방치 후 사용 또는 소포제 첨가 ⑨약 $3kg/cm^2$

7	나뭇결이 불선명	투명 도장시 나뭇결이 선명치 못함	①눈메꿈 안료가 불투명시 ②소지의 연마 불량 ③샌딜실러의 도막이 두터울 때 ④도막의 백화 ⑤중도용 착색도료 및 착색제의 선정착오 ⑥접착력이 불량	①실리카 등의 투명안료 사용 ②거스럼을 완전히 제거 ③연마하여 제거 ④①의 대책 ⑤투명성이 좋은 착색도료 선택 ⑥적정도료 선택
8	건조불량	도장 후 일정시간 경과시 도막이 고조되지 않는 상태	①온도가 낮을 경우 ②습도가 높을 경우 ③통풍의 부족 ④피도물에 함수율이 높을 때 ⑤피도물의 함수율이 높을 때 ⑥신너의 증발이 늦을 경우 ⑦폴리우레탄 래커에서 전용 신너를 사용하지 않는 경우	①20±5℃가 적당 ②신너의 증발이 늦어지므로 제습 ③적절한 공기 교환풍속 1m/sec ④수분을 건조시키고 유분은 용제로 세척 ⑤옥내도장에서 10~15%가 적당함 ⑥적정 신너 선정 ⑦수분 또는 알콜류가 함유된 용제는 사용 불가하고 전용 신너를 사용
9	박 리 (떨어짐)	도막의 일부가 소지에서 떨어진 상태	①수분이나 용제에 도막이 팽윤 ②도막간의 부착불량 ③고함수율, 표백제, 왁스류 등이 피도물에 부착되었을 경우 ④눈메꿈 불량	①소지와 부착력이 강한 하도도료 사용 ②도막 연마 후 도장 ③함수율 15% 이하, 소지연마 표백후 물로 세척하여 중화함 ④완전 눈메꿈
10	부 풀 음	도장시 각진 부분이 패인 조각에서 도막이 부풀어 오른 현상	①두껍게 도장시 ②도료의 표면 건조가 너무 빠를 때 ③통풍 불량 ④도료의 내부 건조가 늦을 때 ⑤피도물에 틈이 있을 때	①평면도장을 기준하면 과다하게 두껍게 도장되므로 얇게 도장(凹부분) ②적정신너 사용 ③평면과 비교하면 통풍이 잘 안되므로 재도장 시간을 지연 ④적정 도료 선택 ⑤완전 눈메꿈 함

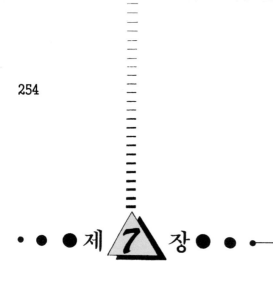

●●●제 7 장●●●
금속 도장

1. 금속표면 처리

(1) 전처리의 목적

금속제품은 가공공정에서 사용되는 각종 가공유와 방청유, 먼지, 수분, 녹 등이 부착되어 있다. 이것들은 도막의 부착성을 크게 약화시킨다. 이 부착약화를 방지시키기 위해서는 도장 전에 금속표면의 유분, 수분, 먼지, 녹 등의 이물질을 제거해서 활성있는 금속면으로 만든 후 도장하거나 금속 표면을 안정한 불활성면으로 변화시킨 후 도장하여 부착활성의 감소를 방지하고 녹의 확산을 방지하여야 한다.

특히 철강의 녹이나 순금속에서는 중요한 것으로 이 전처리가 적당하지 않으면 어떠한 우수도료를 사용하여 정성껏 도장해도 그 효과는 없는 것이다. 녹위에 도료를 발라도 도료는 밀착하지 않고 벗겨지고 만다. 또 좋은 상태의 전처리대로 도장하며 즉시 녹이 나타나서 도막이 부풀어 오른다. 따라서 바탕이 나쁠수록 정성껏 전처리를 하지 않으면 아니된다. 도장은 나쁜 바탕을 감추기 위해 하는 것이 아니고 나쁜 바탕을 깨끗이 하여 이를 보호하기 위해 하는 것이다. 도장의 마무리 상태의 양부는 먼저 전처리의 양부에서 좌우되는 것이다. 이것을 도장전처리라고 하며 이들은 크게 탈지, 탈청, 화성처리로 구분할 수 있다. 아무리 도장의 목적에 맞는 도료를 선택하였다 하더라도 적절한 도장전처리가 이루어지지 않으면 도장목적을 효율적으로 달성할 수 없다. 도장전처리를 잘 이해하고 도장목적, 도장조건 등에 맞는 공정을 선택하는 것이 중요하다.

(2) 금속의 표면

강판 표면의 기하학적 현상은 표면 거칠기로 정량화된다. 적절한 표면 거칠기는 도장면의 마무리를 양호하게 하고 도료 밀착성을 향상시키는 이외에 기름의 유지를 양호하게 하여 프레스 가공시 판과 다이스와의 녹아붙음을 방지하며 또한 풀림(annealing)시의 코일의 녹아붙음을 방지하는 등의 효과를 갖고 있다. 현행의 연속 스터립(띠강) 제조라인(냉간 압연→풀림 →조절 압연 프로세스)에서 표면 거칠기는 쇼트 블라스트(shot blast)로 표면을 조정한 냉연 롤 및 압력 조절 롤로 판 표면에 전사된다. 크게 구분하여 딜(dull ; 무광택) 다듬질과 브라이 트(bright ; 광택) 다듬질이 있으며, 무광택은 자동차나 가전 제품 등의 일반 냉연 강판에, 광 택은 대부분의 경우 도금 원판에 실시한다.

① **열연 강판** : 자동차의 섀시 등에 쓰이는 열연 강판의 표면은 $3 \sim 30 \mu m$의 철흑(Fe_3O_4)의 비교적 두꺼운 산화막으로 덮여 있으며 부분적으로 얇은 $aFe_2O_3(rFe_2O_3)$보다 고온에서 생성하는 산화물이 Fe_3O_4 위에 생성되어 있다. 열간 압연 직후는 FeO가 주로 되어 있으 나 냉각시에 변태하므로 제품의 스케일은 대부분 철흑(Fe_3O_4)으로 이루어진다.

② **냉연 강판** : 냉연 강판은 가공성이 좋은 저탄소강으로서 열간 압연→산세척→냉간 압연 →풀림 열처리→조절 압연 등의 고정을 거쳐 제조된다. 제품 표면은 금속 광택이 있으며 $100 Å$ 전후의 산화막($rFe_2O_3 + Fe_3O_4$)으로 덮여 있다. 냉연 강판 표면에는 보통 탄소(그 래파이트 및 부정형 탄소)가 존재한다. 여기에는 냉간 압연유가 풀림으로 휘산되지 않고 남은 것과, 강안의 탄화물(Fe_3C)이 풀림 중에 분해 석출된 것이 있다. 부착 철분을 포함 한 표면의 C가 오손된 것은 현장에서는 점착 테이프 박리면의 오손 정도(표면 청정도) 로 관리된다.

③ **알루미늄** : Al은 금속 중에서도 전극 전위가 낮은 금속이다. 이 때문에 각종 금속과 접 촉시켜서 습기가 많은 분위기에 두면 쉽게 부식한다. Al은 또한 다른 원소와 결합하기 쉬운 금속이며, 특히 산소와의 결합은 강하다.

　　Al의 표면에 도장하기 위해서는 화성 처리 또는 양극 산화 처리로 대표되는 표면 처 리를 실시하는 것이 일반적이다. 이미 설명한 바와 같이 Al의 표면은 항상 산화 피막 또 는 오손된 표면층으로 덮여 있다. 따라서 이러한 표면층을 제거하여 바탕으로 할 베이스 를 잘 만드는 것이 도장을 양호하게 실시하는 요점이 된다.

④ **아연도금판** : 아연 도금 강판의 표면 다듬질은 도장유(塗裝油) 그대로(오일링 재료)하거 나 사전에 크로메이트(chromate) 처리나 인산염 처리를 하는 것이 있다. 오일링(oiling) 재료도 또한 성형 가공 후에 화성 처리되는 것이 많다. 도료 밀착성면에서는 아연 도금 층의 스팽글(spangle ; 꽃 모양의 무늬를 말하며 하나하나가 아연의 단결정)이 작은 편이 좋으며 각 결정 방위는 면이 표면에 평행하는 것이 좋다.

(3) 도장 전처리의 공정

금속 표면이 깨끗하게 되면 금속 표면에 균일한 인산염 피막 형성의 반응이 기대된다. 또 한 인산염 처리 후, 물리적으로 피처리물 표면에 부착된 인산염 처리액이 제거되지 않으면 내식성의 열화를 초래하고 전착 도장에서는 전착 도료의 오염을 초래하는 일도 있다.

이러한 내용에서 도장 전처리로서의 인산염 처리는 기본적으로 다음과 같은 공정으로 구성 되는 때도 있다.

① **세척 공정** : 탈지→물세척→녹 제거→표면 조정

　금속 표면의 청정화와 유연한 화성반응이 진행되도록 금속 표면을 조정한다.

② **화성 공정** : 인산염 피막은 금속 표면과 인산 염 처리액을 접촉하여 형성된다.

③ **후세척 공정·후처리 공정** : 물세척→탈이온 물세척

　물리적으로 피처리면에 부착하는 인산 염 처리액을 물로 씻는다. 크롬염산 등에 의한 후처리는 앞의 물세척과 탈이온 물세척 사이에 짜 넣어지는 것이 일반적이다.

④ **물 빼기 건조 공정** : 다음은 최신 침지 방식에 의한 자동차 보디의 인산아연계 피막 처리 공정의 실제 예를 열거한 것이다.

표 7-1 전처리 공정의 예

인산염 피막 종류	강판의 표면 상태		처리방식	세정 공정				화성공정	후세정공정
	녹 상태	부착유		탈 지	물세척	녹제거	표면조정		
인산아연계피막	녹이 별로 없으며 메탈 고정에서 연마로 녹 제거한 경우	경도	스프레이	약알칼리 탈지제	○	−	−	스프레이용 화성제	○
			디프	상동	○	−	○	디프용 화성제	○
		강도	스프레이	강알칼리 탈지제	○	−	○	스프레이용 화성제	○
			디프	상동	○	−	○	디프용 화성제	○
	녹 있음	강도	스프레이	상동	○	○	○	스프레이용 화성제	○
인산아연칼슘계피막	녹 별로 없음	경~강	스프레이	강알칼리 탈지제	○	−	−	스프레이용 화성제	○
			디프	상동	○	−	−	디프용 화성제	○
	녹점모양	경~강	스프레이	상동	○	○	−	스프레이용 화성제	○
			디프	상동	○	○	−	디프용 화성제	○
인산철계피막	녹 별로 없음	강도	스프레이	○	○	−	−	스프레이용 화성제	○
			디프	○	○	−	−	디프용 화성제	○
		경도	스프레이	−	−	−	−	탈지 겸용 화성제	○

㈎ **탈지전 탕세척** : 헴 부분의 실(contamination)방지를 위하여 부착유의 희석효과를 기대할 수 있다. 제1 물세척수의 오토 드레인수를 사용한다.

㈏ **절수와 효율 향상** : 탈지 후 물세척, 화성 후 물세척은 향류 다단 물세척 방식을 채택하고 있다.

㈐ **연속 슬러지 제거 장치** : 연속 운전으로 생기는 슬러지(sludge)는 연속적으로 제거하고 인산아연계 피막으로의 슬러지 부착 방지가 연구되어 있다.

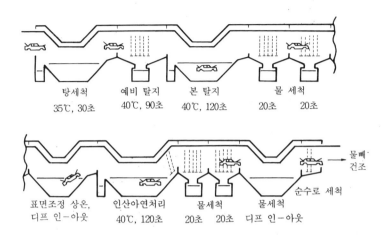

그림 7-1 침지 방식 인산아연계 피막 처리 공정의 예

㈋ 화성 탱크 도입 부분 처리액 표면에 표면 흐름 발생 : 노즐을 설치하여 표면 흐름을 만들어 피처리면이 처리액에 균일하게 접촉하도록 도와주고 또한 사이징(sizing)얼룩을 방지하여 화성 반응을 촉진한다.

(4) 탈 지

금속 재료의 표면은 금속 그 자체가 노출되어 있는 것 같이 보이지만, 실제로는 재료의 보존 환경이나 가공의 종류에 따라 여러 가지 부착물이나 변질물층이 그 표면을 덮고 있다.

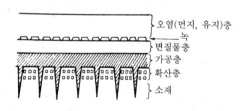

그림 7-2 금속 표면의 단면 모형

그리고 금속 재료를 공기중에 방치하면 비록 짧은 시간이라도 공기중에 떠 있는 먼지나 유지분이 표면에 부착되어 오염층을 만들고, 가공에 사용한 기계유, 녹 발생을 방지하기 위하여 도포한 방청유가 부착되게 된다.

따라서 표면에 녹이 남아 있는 그대로 도장하였다면 도막층 아래에서 녹이 진행되어 녹의 면적이 점점 커져서 도막에 부풀음이나 균열을 일으키게 되어 도막을 파괴하는 원인이 되기 때문에 금속 도장에서는 금속 표면에 묻어있거나 생성된 이물을 완전히 제거함과 동시에 도막의 층하에서 녹이 발생하지 못하게 내식성이 있는 피막까지 생성시킬 필요가 있다.

표 7-2 탈지법의 종류

구 분	사 용 법	설　　　　　명	사용구분
용제 탈지	담금(온, 냉) 증기, 초음파	트리클로르에틸렌, 피클로르에틸렌 등의 유기 용제로 유지분을 녹여 내는 방법이다. 이것은 광물성 유지분 제거에 효과가 크다.	예비탈지
에멀션 탈지	담금 분무	용제와 계면활성제로 에멀션을 만들어 그것으로 유지를 닦아내는 방법이다. 이것은 광물성 유지분 제거에 좋다.	예비탈지
알칼리 탈지	담금 분무 초음파	수산화나트륨, 탄산나트륨, 인산나트륨, 규산나트륨, 계면활성제 등의 알칼리액으로 유지분을 제거하는 방법이다. 동·식물성 유지 제거에 효과가 크다.	중간 탈지
전해 탈지	음극 양극 PR	알칼리 용액에서 전기를 통해 발생되는 가스의 기계적 효과를 이용한 유지 제거 방법이다.	완성 탈지
산성 탈지		산과 계면활성제로 만들어진 탈지액으로, 산화물과 유지를 제거하는 방법이다. 경미한 산화물 및 유지 제거에만 효과가 있다.	
배럴 탈지		알칼리액의 탈지 작용과 배럴의 기계적 작용을 병용하여 효과를 높인 유지 제거 방법이다.	
솔질 탈지		솔질로 유지를 털어 내는 방법이다. 이것은 위의 모든 방법으로 제거가 곤란한 유지 제거에 쓰인다.	

표 7-3 금속표면의 유성 물질

유성 물질	사용 목적	성　　　　상
방 청 유	녹막이를 목적으로로 도포된다.	• 형태 : 액성(저점도), 반유동체(그리스) • 주성분 : 석유계 탄화수소+유기 첨가제(방청용)+보조제
윤 활 유	압연시에 사용된다.	• 형태 : 액상(저점도), 반유동체 • 주성분 : 동·식물유, 광물유가 있으며 단일유 또는 혼성유 그리스는 광물유를 주성분으로 한 지방산, 수지 등에 소석회나 가성 소다가 첨가된다.
절 삭 유	선반 가공시에 사용	• 형태 : 액상(유동성(流動性) 과열의 흡수가 좋은 것) • 주성분 : 물에 불용성, 동식물유나 광물유 또는 혼성유
열처리유	열처리용으로 사용	• 형태 : 액상(냉각속도가 빠른 기름) • 주성분 : 동식물유 또는 광물유, 광물유와 물과의 유화액
연 마 제	표면을 평활하게 하기 위하여	• 형태 : 고체 입자(연삭제) • 주성분 : 에머리, 트리포리 등 고체 미립자와 유지
기 계 유	기계 공장식에 사용	• 형태 : 액상 • 주성분 : 동식물유의 불건성유 및 광물유
손 　 때	취급중에 부착됨	• 형태 : 반유동체 또는 고체 • 주성분 : 지방, 먼지 등의 혼합물

① **용제 탈지** : 가솔린이나 솔벤트 타프사, 트리크롤에틸렌의 용제로 씻어내거나 물에 적시어 기름을 제거하는 방법이며 대개의 기름은 제거할 수 있다. 그러나 적시는 것만으로는

용제에 의해 때나 유분이 얇게 될 뿐으로 완전하게 기름을 제거하기는 어렵다.

그런데 용제의 증기로 기름을 제거하는 방법이 침지법에 대신하여 보급되고 있다. 증기법에 사용하는 용제는 크리크렌이 대표적으로 언제나 깨끗한 가열증기로 기름을 완전하게 제거할 수 있다. 다만 때, 가스 등의 부착물은 제거할 수 없으므로 뒤에 물로 씻어 내지 않으면 아니된다. 또 장치관계로 너무 대형은 사용하기 곤란하므로 주로 소형부품에 적합하다.

㉮ 트리크롤 에틸렌 : 트리크롤 에틸렌은 용해력, 침투력이 강하고 불연성이며, 무색투명하고 비중이 큰 중성 액체로 향내가 있고 안정성이 강하다.

　액상과 증기상은 인화성이 없다. 다만, 아주 높은 온도의 불꽃이나, 직접 불에 닿으면 연한 연소를 일으켜 분해한다. 증기는 공기보다 약 4.5배 무거워 밀폐한 장소에서는 무산하기보다는 물과 같이 얕은 곳으로 흐르는 경향이 있다. 물에는 녹지 않고 대개 유기 용제에는 녹는다.

- 끓는 점 86.9℃
- 비중 1.473~1.475(15/4℃)

　안정하여 분해되지 않으므로 세척 장치나 피세척물을 부식시키거나 더럽힐 염려가 없으며 그 침투력과 유지류에 대한 용해력을 탈지 작용이 이루어진다.

　인체에 미치는 영향은 적으나 사용상의 주의로서는 트리크렌증기에는 마취성이 있으므로 약간 취한 느낌이 있으면 즉시 밖으로 나와 신선한 공기를 마시면 좋다.

㉯ 벤젠 : 보통 석유 벤젠이라 하며, 이것은 휘발성 석유 제품에 널리 사용되고 있다. 따라서, 그 성질도 일정하지 않다. 경질 벤젠은 석유 에테르(ether)와 별 차이가 없으며, 중질 벤젠은 리그로인(ligroin)과 별 차이가 없다.

- 끓는 점 60~120℃(대표적인 것은 80~100℃)
- 비중 0.670~0.740(15℃)

　포화 탄화수소류는 끓는 점이 상승하는 데 따라서, 또 환상 화합물 특히 방향족 탄화수소 함유량이 증가하는데 따라 용해성이 증가한다.

㉰ 용제 탈지법

　㉮ 기상법 : 트리크롤 에틸렌 증가만으로 세정하는 방법이며 피도물을 차갑게 유지되도록 매달고 하부로부터 가열된 트리크롤 에틸렌의 증기가 차가운 물품에 접촉되어 응축되고 유지류를 용해하여 흘러 내리도록 하여 제거하는 방법이다. 경금속이나 복잡한 형상을 한 피도물의 세정에 적합하다.

　㉯ 액상-기상법 : 가열된 트리크롤 에틸렌에 피도물을 침적하여 대부분의 유지류를 용해시킨다. 다시 차가운 트리크롤 에틸렌 증기속에 매달아 나머지 유지류를 용해, 제거하는 방법이다.

　㉰ 다중 액상법 : 두조 이상의 가열된 트리크롤 에틸렌 욕조에 순차적으로 침적시켜 유지류를 용해, 제거하는 방법이다.

　㉒ 분사법 : 가열된 트리크롤 에틸렌을 펌프로 가압하여 피도물에 분사하는 방법이며 압연 가공시에 고열 때문에 소착된 유분 등, 침적만으로 제거가 어려운 피도물에 대하여 물리적 충격으로 제거하는 방법이다.

　　이외에 초음파 세정법도 병용하여 사용되며 트리크롤 에틸렌 대신 파크롤 에틸렌, 메틸렌 클로라이드 등도 사용된다.

② 에멀션 탈지 : 카세렌, 나프사 등의 용제에 유화활성제를 넣거나 물에 녹여 유제(에멀션)로 한 것을 가열하여 사용한다. 탈지력으로서는 중간정도로서 때가 많은 것은 제거하기 어렵다. 특히 그리스가 부착하여 더러운 것은 용제로 가볍게 닦은 다음 탈지한다.

　이 탈지력은 효과적으로 하기 위하여 알칼리를 조금 가하는 경우가 있다.

　스프레이식 방식의 탈지에 사용하는 것은 알칼리를 가한 알칼리에멀션으로 스프레이 때문에 거품이 일어나므로 소포제를 넣는다. 스프레이 세척에서는 충분히 노즐에서 액을 내어 씻어내리는 것이 필요하며 탈지가 끝난 뒤에는 온수로 씻어 남은 유화제나 때를 제거하는 것이다. 이때 냉수로는 완전히 세정이 불가능하므로 반드시 온수나 열탕을 사용하고 떨어진 때를 오버플로하여야 한다.

③ 알칼리 탈지 : 광물성 유지는 단순한 알칼리성 약재인 수산화나트륨이나 탄산나트륨 수용액으로는 탈지 세척을 할 수 없다. 그러나 동식물성 유지이면 알칼리성 약제인 수용액을 사용하고, 수용액을 데워서 소재를 담그면 유지가 빠지고, 더운 물로 씻으면 바탕이 깨끗하게 된다.

　그러나 경금속류는 이러한 방법을 사용할 수 없으며 탈지 후 알칼리염이 물체에 남아 있으며 도장에 영향을 주게 되므로 탈지 후 수세를 충분히 해야 한다.

　지금은 위와 같은 방법 외에 비눗물, 3% 수산화나트륨, 3% 메다규산나트륨, 3~5% 인산 나트륨액에 담그거나 끓인 다음 물 또는 더운 물로 씻는 방법이 있다.

④ 전해 탈지 : 앞의 방법보다 양호한 탈지효과를 얻을 수 있는 방법으로 고도의 청정도를 필요로 하는 경우에 이용된다.

　전해 탈지면은 일반적으로 $80\sim90℃$ 알칼리 용액에서 행하며 고탄소강의 경우는 피도물을 음극으로 하면 음극에 발생되는 수소가스가 금속에 일부 흡수되어 수소취성을 일으키므로 피도물을 양극으로 한다(양극법). 그러나 비철금속인 경우에는 수소취성의 문제가 없어 피도물을 음극으로 하여 탈지하며(음극법), 음극 또는 양극에서 발생되는 수소 또는 산소가스에 의해 금속면에 부착되어 있는 유지의 막이 파괴되고 용액을 교반하여 기계적으로 유지를 제거하게 된다. 이 방법에 의하면 유지뿐만 아니라 금속산화막도 동시에 제거할 수 있는 이점이 있다.

표 7-4 전해 탈지액의 조성과 전해 조건의 보기

조성 및 조건 \ 소지	철	구리 및 구리 합금		아연, 알루미늄
수 산 화 나 트 륨 (g/l)	57	3	5	-
제삼인산나트륨 (g/l)	10	13	-	15
탄 산 나 트 륨 (g/l)	14	13	40	15
계 면 활 성 제 (g/l)	1	0.3	시안화나트륨 20	0.3
온 도 (℃)	80~90	60~70	60~80	60~70
전 압 (V)	6	6	-	6
전 류 밀 도 (A/dm^2)	7~10	3~4	5~10	3~4
기 타	양극 또는 음극 탈지	음극 탈지 후 30초 양극으로 한다.*	음극 탈지	음극 탈지 후 10초 양극으로 한다.

* 30초 양극으로 하는 것은 음극 탈지 중에 생긴 피막을 용해 제거하고, 금속 표면을 활성화시키기 위한 것이다.

⑤ **탈지효과의 판정** : 금속면에서의 탈지가 완전한가의 여부를 판정하는데는 접촉각 판정법, 잔존유지 계산법 등 다양한 방법이 있으나 가장 간단한 방법으로 종래부터 흔히 행하여지고 있는 것은 물의 웨팅(wetting) 정도에 따른 방법이다. 탈지-수세 후에 꺼낸 금속면에 균일하게 물을 발랐을 때 물방울이 생기거나 갈라지지 않고 표면이 잘 젖게 되면 양호하다고 판정할 수 있다. 그러나 알칼리나 계면활성제가 금속면에 남아 있을 경우에는 판단을 흐리게 하므로 조심하여야 한다. 이러한 젖는 정도로 판정하는 방법 중에 접촉각 측정법이 있다. 그 방법을 설명하면 다음과 같다. 접촉각을 Q로 한다면 다음과 같은 관계가 있다.

$$\tan \frac{Q}{2} = 2hL$$

전해 연마 직후의 철표면에서 물방울의 접촉각은 0~2°이다. 이것을 데시케터 속에 2시간 방치시켰을 때의 접촉각은 15° 및 57°가 된다.

실험의 결과 충분히 탈지하여도 젖는 정도는 나쁘게 나타난다. 때문에 물이 튀기는 정도만으로 탈지를 판단한다는 것은 적당하지 못하다.

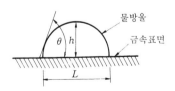

그림 7-3 접촉각 측정법

(5) 제 청

녹이 슨 것에는 제거하기 쉬운 것과 제거하기 어려운 것이 있는데, 철 이외의 금속에 녹이 슨 것은 공기중에서 산화물 생성이 비교적 느리고, 또 제거하기도 쉽다. 그러나 철의 녹에는 산화물과 제조 과정에서 생기는 과산화물이 있는데 전자를 산화제이철, 후자를 사삼산화철이라 하며 산화제이철은 ·단단하여 잘 제거되지 않는다.

녹을 제거시키는 방법에는 물리적으로 제청하는 방법과 산 종류를 용액에 침적 또는 도포하여 녹을 용해시켜 제거시키는 화학적 방법이 있다. 즉 웨자링(공기중에 자연 폭로) 사포로 문지르는 방법, 와이어 브러시질, 파워 브러시질, 디스크 샌더질, 샌드 블라스트질, 쇼트 블라스트질, 그리트 블라스트질 등이 있다.

이와 같은 것은 기계적으로 녹을 제거하는 방법이지만, 최근에는 여러 가지 약품을 써서 녹을 제거하는 방법도 시행되고 있다.

① 녹의 종류

㈎ 적색 : 실제적으로 황갈색 또는 다갈색 등이며, 조성은 수산화철로서 산화철의 표면에 물과 산소 때문에 발생한다. 보통 도장전의 금속제품에 발생되어 있다.

㈏ 검정색 : 보통 철색이라고 하는 흑청색으로서 붉은 녹이 되기 이전의 상태에서는 층의 스케일과는 본질적으로 다르다.

㈐ 변색 : 금속 본래의 광택을 상실한 상태로서 기름이나 먼지 등으로 그 표면에 연마해 보아, 금속 표면이 좀먹지 않을 때를 변색이라고 하고, 변색된 층은 엷으며 유순하다.

㈑ 흐름 : 금속면이 흐릿한 상태로서 금속의 표면이 변색이나 착색되었다고 볼 수 없는 정도의 상태이다.

② 물리적 제청

㈎ 스크레이퍼 제청 : 치밀하게 붙은 밀 스케일이나 두꺼운 붉은 녹을 제거시키는데 많이 사용되는 방법이다. 또 선박의 외판 등 녹 이외의 이물질이 부착되었을 경우는 소지면을 망치로 두들기고 스크레이퍼로 긁어 떨군 다음 와이어 브러시로 제청한다.

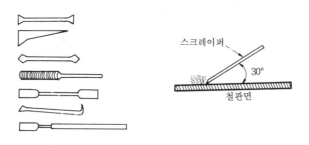

그림 7-4 스크레이퍼의 종류와 스크레이퍼 끝날의 각도

스크레이퍼는 작업에 적합한 것을 선택하여 날 끝의 이상 유무를 확인하여 사용한다.

왼손으로 스크레이퍼 자루의 중간을 잡고, 날 끝을 약 30° 정도 경사지게 하여 소지면에 댄다. 양손을 쭉 뻗쳐 날 끝을 소재면에 대고 민다. 이때 주의할 것은 날 끝을 지나치게 닿는 것이다.

㈏ 와이어 브러시 제청 : 금속 표면에 느슨하게 떠있는 스케일, 붉은 녹을 제거시키는 가장 간단한 방법이긴 하나, 흑피 등을 완전히 제거시키기는 곤란하다.

제청용 와이어 브러시는 소재의 형상, 크기에 따라 여러 종류가 있으나 보통 철사의 굵기는 0.3mm정도가 알맞다.

바탕면에선 들뜬 녹을 제거시키는 것이 주목적이기 때문에 흑피(스케일) 등을 제거하려면 많은 노력이 필요하므로 인력보다는 기계의 힘을 이용하는 것이 상책이다.

작업요령은 먼저 소재면에 와이어 브러시를 평행하게 놓고 강하게 누르며, 솔의 긴 방향을 전후 운동을 시키면서 녹을 제거시킨다. 그 다음 반대 방향, 즉 처음에 세로로 하였으면 가로로 하여 소지의 제살결이 노출되고 표면에 광택이 날 때까지 솔질을 하며 완전히 녹이 제거되면 표면을 털이개 붓으로 털어낸다.

㈐ 연마지 에머리 크로스 제청 : 연마지 에머리 크로스에 의한 방법은 간단한 녹을 제거시키기 위한 수단으로 현장에서 흔히 사용된다.

연마지는 40~80# 정도의 것을 사용하나, 소지면의 상태나 녹의 발생 정도에 따라 입자굵기를 바꾼다. 연마 요령은 소지표면에 찰싹 붙혀 와이어 브러시 연마시의 요령에 따라 일부분씩 연마하여 완전히 녹이 제거한 후 다른 부분으로 이동한다.

에머리는 소지표면의 연삭이나, 녹 제거용으로 사용하는 연마제로서 성분은 말미나(Al_2O_3 ; 고란담)가 대부분이며, 거기에 적철광(Fe_2O_3), 자철광(Fe_3O_4), 석영 등의 혼합된 미립 집합체로서 이것을 면포에 접착시킨 것이다.

녹 제거에는 80~100# 정도의 것이 사용된다.

③ 기계적 제청

㈎ 블라스트 : 연소재료를 처리면에 두드려 그 충격력으로 표면연소를 실시하는 방법을 블라스트 처리라고 하는데 두드리는 방법에는 에어방식과 원심투사방식 등이 있다.

에어 방식이란 압축 공기의 분사 에너지에 의해 연소 재료를 스프레이하는 방법이다. 원심 투사 방식이란 연소 재료를 떨어뜨려 가로 폭이 넓은 임펠러(impeller)를 사용하여 연소재료를 두드리면서 연소재료에 속도를 가하는 방법이다.

또한 건조상황에서 실시하는 건식과 고압수에 연소재료를 혼입하여 실시하는 습식 등이 있다.

표 7-5 블라스트 방법의 종류

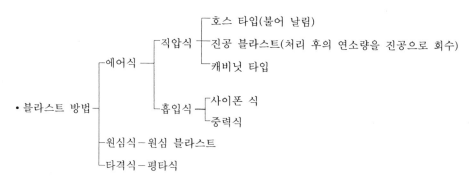

㉮ 연소재료의 종류 : 천연 연소 재료로 샌드, 가닛, 인조 연소 재료로 카보런덤(carbo-rundum), 금속 연소 재료로 선철 쇼트(shot), 컷 와이어 쇼트, 그릿(grit) 및 광재등을 사용한다. 샌드(천연규사)에는 하천 모래, 산 모래, 바다 모래 등이 있다. 이것은 염가이나 분진이 발생하여 인체에 나쁜 영향을 주면 환경 오염도 크다.

카닛은 산지가 한정되어 있으며 약간 고가이므로 샌드만큼 많이 사용하지는 못한다.

카보런덤(탄화규소), 인조 코런덤(용융 알루미나)는 용단면과 같은 경화된 면의 블라스트에도 유효하여 그 용도는 다양하다.

선철 쇼트는 용융 선철을 물방울 모양으로 하여 수중에 떨어뜨려서 급속 냉각하여 표면 경도를 크게 한 것이며 샌드보다 연소력은 크다.

컷 와이어 쇼트는 강선을 절단하여 원통 형상으로 한 것으로 선철 쇼트보다 사용 횟수도 많으며 연소력도 크다.

스틸 쇼트를 롤로 분쇄한 것을 그릿이라고 하며 많이 사용한다.

광재는 연소 능력도 크고 분진도 적은 동시에 염가이기 때문에 최근 사용 빈도가 증가하고 있다.

㉯ 연소조건

㉠ 연소재료의 입자 크기 : 연소재료의 입자 크기는 처리면의 표면 거칠기와 관계가 있으며 입자 지름이 크면 처리 능률은 양호하나 표면 거칠기가 크게 된다. 표면 거칠기가 크다는 것은 도장에서는 바람직하지 못하므로 가급적 작은 것이 좋다.

㉡ 분무각도 : 연소재료를 스프레이하는 각도는 가장 처리 효과가 양호한 각도가 있으므로 그 각도에서 분무하도록 한다.

㉢ 스프레이 거리 : 스프레이 노즐과 처리면과의 거리는 너무 접근하여도 향상되지 않으므로 따라서 일정한 거리를 유지하면서 스프레이 작업을 실시하는 것이 처리량을 많게 할 수 있다.

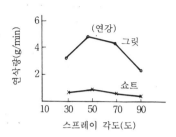
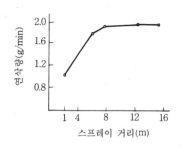

그림 7-5 분무각도와 연삭량   그림 7-6 스프레이 거리와 연삭량

ⓓ 워터 제트 클리너(water jet cleaner) : 블라스트의 대부분은 건식이지만 물에 모래
를 혼합하여 고압력으로 분사하여 바탕 조정을 하는 습식의 것도 있다. 이것을 워터
제트 클리너(water jet cleaner ; 초고압수 분사법)라고 하는데 분진이 적으며 가연물
수납 구조물의 처리에서도 위험이 없다는 장점이 있다.

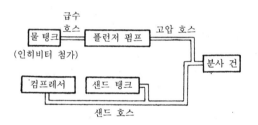

그림 7-7 초고압수 분사법 기구도

이 방법은 물을 사용하기 때문에 블라스트 처리를 한 후의 금속 노출면은 물에 의
해 녹이 발생하므로 사용수에 인히비터(inhibitor)를 첨가하여 녹 발생을 방지한다.
이 인히비터를 넣은 물은 처리 후 하천 등에 유출하면 어류에 나쁜 영향을 주므로
주의해야 한다.

또한 인히비터는 표면 흡착이 있어 이것이 도료의 부착을 방해하므로(무기징크리
치 페인트 등) 사용시에 잘못됨이 없도록 한다. 그리고 처리후의 물의 처리도 충분
히 고려해야 할 것이다.

ⓔ 분사방식의 종류

ⓐ 진공 블라스트법(vacuum blast) : 진공식이라고 부르며, 분사실을 작은 밀폐식 깔
대기로 대용하여 여기에 자동 집진 선별기를 결합시켜 분사시키는 방법으로 분사
효과면에서 분류하면 다음과 같다.

• 블라스트 클리닝(blast cleaning) : 모래를 분사시켜 금속면의 밀 스케일이나 유

지류를 제거시키고 표면을 청소시키는 것을 말한다.

- 쇼트 피닝(sand blast) : 쇼트라고 불리며, 금속의 작은 입자를 분사시켜 금속 표면의 청소는 물론 금속면을 망치로 때려 작은 오목을 만들어 표면을 단단하게 하는 것을 말한다. 특히, 금속 표면의 경화를 목적으로 할 때에는 피크링이라 한다.

ⓛ 파워 블라스트법(power blast) : 건식 고압법이라고 불리며, 건조된 연소재를 고압 공기로 분사시키는 방법이다.

ⓒ 휘트 블라스트법(wheat blast) : 규석가루를 교반 탱크속에 물과 혼합시켜 이것을 고압공기로 분사시키는 방법으로서 액체 호닝이라고 한다.

ⓔ 하이드로 블라스트법(hydro blast) : 고압수를 분사 노즐속에서 적은 양(물에 대한 모래의 혼합비 15%)의 모래를 혼합시켜 분사시키는 방법이다.

ⓜ 원신 블라스트법(centrifugal blast) : 스틸 쇼트를 원심력으로 투사시키는 방법이다.

ⓜ 연마제 분사량 조절

고 장	원 인
① 캐비닛 호퍼바닥에 연마제가 고인다. 또는 연마제의 흡입이 나쁘다.	① 팬(fan)이 돌지 않고 있다. ② 연마제를 지나치게 많이 넣기 때문에 캐비닛 호퍼가 막혔다. ③ 더스트 고레그터 팬이 역회전한다. ④ 고무 마개가 빠졌다(몸체 캐비닛 호퍼 아래와 더스트 고레그터 호퍼 하부에 고무마개를 막게 되어 있다). ⑤ 더스트 고레그터의 청소가 불완전하다. ⑥ 더스트 고레그터 토출구에 배기용 덕트를 설치하였을 경우, 덕트 내경이 지나치게 작아 압력손실이 생겨 팬 능력이 저하한다. ⑦ 덕트 호스(팬과 회수 탱크를 접속시킨 호스)가 빠져 있다. ⑧ 회수 탱크가 마모되어 공기가 샌다. ⑨ 공기관이 마모되어 구멍이 생겼다.
② 노즐에서 연마제가 안나온다. (a) 공기도 안 나온다.	① 전원이 들어가 있지 않다. ② 에어가 들어오고 있지 않다. ③ 전자 조절기가 고장이다. ㉮ 고무가 노화되었을 경우에는 고무판만 교환한다. ㉯ 마그넷 고장시에는 전자 조절장치까지 교환한다. ㉰ 외력으로 전자장치를 단선한다. ④ 감압장치가 막혀 있다. ⑤ 감압장치가 고장이다. ⑥ 배관의 도중에서 공기가 샌다.

(b) 바람만 나온다.	① 노즐에 이물질이 막혀 있다. ② 모래 분배기에 이물질이 막혀 있다. ③ 연마제가 없다. ④ 노즐과 모래 분배기간의 고무 호스가 빠져 있다. ⑤ ④의 호스가 마모되어 구멍이 나있다. ⑥ ④의 호스가 꺾여져 있다.
③ 노즐의 연마제 분사가 나쁘다.	① 모래 조정봉의 위치가 나쁘다. ② 연마제의 양이 적다. ③ 노즐의 부품이 마모되어 있다. ④ 노즐의 에어량이 부족하다. ⑤ 노즐에 이물질이 막혀 있다. ⑥ 모래 분배기에 이물질이 막혀 있다. ⑦ 모래 분배기와 노즐을 연결한 고무 호스가 마모되어 구멍이 나 있다. ⑧ 몸체 압력에어에 습도가 높아 연마제의 흐름이 나쁘다. ⑨ 기름, 물을 분리시키는 기기속에 기름, 물이 지나치게 고여 호스에 들어간다. ⑩ 연마제의 입도가 곱기 때문에 습기를 불러 들인다(표준형의 경우 연마제는 #200 메시 정도가 한계이다).
④ 노즐로부터 연마제 분사가 끊어졌다 나온다.	노즐의 에어량에 대하여 연마제 양이 과다하기 때문에 생기므로 에어량을 높이든가 연마제 양을 적정량으로 한다.
⑤ 분진의 횟수가 나쁘다(연마제가 샌다).	① ①항과 같은 원인이다. ② 옆 창문이나 앞 창문이 완전히 닫히지 않았다.
⑥ 정전기를 느낀다.	공기중의 습도가 내려가면 정전기를 느끼게 되는 경우가 있다. ① 몸체를 접지시킨다. ② 노즐에 접지시킨다. ③ 아크 또는 노즐을 오랜시간 잡고 작업을 할 때에는 가끔 어스에 닿게 하여 정전기를 쫓아 다량으로 대전시키지 않는다.

㉠ 스케링 해머(scaling hammer)

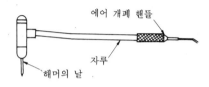

그림 7-8　에어 해머

에어 해머의 선단에 +자형의 날을 붙여 사용하는 것으로서 선단의 둘레는 3mm 정도의 소형이므로 취급이 편리하고, 딱딱하고 단단한 두꺼운 녹을 구석지고 좁은 곳까지 제청하는데 효과적이다.

결점으로는 해머의 날 끝을 자주 바꾸든가 날 끝을 세워 주어야 하며 공기를 통하는 구멍이 녹, 먼지로 막히므로 자주 청소하여야 한다는 것과 정밀도를 필요로 하는 소재에는 사용해서는 안된다는 것이다.

작업요령은 스켈링 해머의 공기 호스를 본관 에어 밸브에 꼭 끼우고 단단히 접속을 시킨다.

왼손으로 에어 개방 핸들을 잡고 오른손으로 자루에 붙은 해머와 가까운 부분을 단단히 잡고 해머의 날끝을 소재 표면에 가깝게 하여, 왼손으로 에어 개방 핸들을 좌로 돌려 해머를 작동시킨다.

상하운동을 하는 해머의 날끝을 녹 부분에 대고 정성들여 두들겨서 녹을 제거시킨다. 소재의 가장자리, 구멍 등에 사용할 때에는 조심하여야 한다. 좀처럼 떨어지지 않는 녹은 경사지게 두들기는 것이 좋다.

ⓛ 프레임 클리너(frame cleaner) : 아세틸렌의 화염 등의 버너로 소재면을 국부적으로 가열시켜 물로 급랭시켜 금속부분과 녹부분의 팽창계수의 차로 가는 금을 담그어 그것을 와이어 브러시나 튜브 클리너 등으로 깎아 떨구는 방법으로서 흑피에는 효과적이다.

그러나 박강판(3.2mm) 이하에 사용하면 변형, 변화하는 결점이 있으므로 주의해야 할 것이다. 간단한 방법으로는 토치 램프의 버너를 사용하여, 1분간 250cm 정도의 속도로 이동시켜 프레임이 움직인 다음 스케일이나 녹이 느슨해지므로 느슨해진 녹을 앞에서 설명한 공구를 사용하여 긁어서 제거하는 방법이 있다.

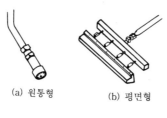

(a) 원통형   (b) 평면형

「사용연료」
• 산소 : 아세틸렌
• 산소 : 수소

그림 7-9 버너의 형태

처리방법		장 점	단 점	단점의 해결책	시행시기	소지의 정도
녹의 제거	샌드블라스트 건식	흑피, 녹, 오염물질이 완전히 제거됨. 복잡한 형상의 물건도 처리됨	모래, 먼지의 비산이 많음	주변의 물건에 덮개를 한다. 영향을 주지않는 시간(야간)에 작업함	임의로 할 수 있음	A
	습식	흑피, 녹, 오염물질이 완전히 제거됨. 먼지의 비산이 적음. 복잡한 것도 처리됨	물을 사용하므로 처리 후에 녹이 생기기 쉬움. 건식법과 비교해서 능률이 저하됨	사용하는 물에 방청제를 섞거나 처리 직후에 방청제를 도포함	임의로 할 수 있음	B
녹의 제거	vacuum blast	흑피, 녹, 오염물이 완전히 제거되고 먼지의 비산이 적음	요철이 심한 곳, 각이 진 부분은 먼지의 제거흡수가 충분치 않음		임의로 할 수 있음	A
	shot blast (자동 shot 장치)	흑피, 녹, 오염물이 완전히 제거되며 작업중 손을 댈 필요가 없다. 위생적이고 대량 처리 할 수 있음	평판(plate) 이외에는 처리할 수 없음		곡면은 처리할 수 없음	A
	flame cleaner	흑피, 유기질 오염물의 제거가 간단하다. 처리직후 도장하면 피도면의 온도가 올라가 있으므로 건조가 빠름	얇은 흑피 및 녹은 제거하기 어려움		임의의 시기 도장 직전	C
	tube cleaner	소지의 상태에 따라 끝부분의 기구를 바꾸면 능률적으로 탈청할 수 있다. 먼지가 적고 비교적 간단해서 누구라도 할 수 있음	상기 방법보다 능률이 나쁨	조업중인 기계 등의 탈청·운전중인 기계 등의 소지조정 등 부분적인 시공에 쓰임	도장직전	C
	disc-sander wire-wheel	비교적 간단하며 능률적인 탈청이 가능함	오목부분의 녹과 흑피의 제거가 곤란함	디스크 샌더와 wire wheel을 병용함	도장직전	C
	wire brush	요철이 많은 면을 간단히 처리할 수 있음	탈청은 완전하게 되지않음. 흑피도 제거 안됨	응급적용도, 부분의 보수에만 적당함	도장직전	C
	scraper	단단하게 부착되어 있는 녹이나 오물을 가볍게 제거할 수 있음	요철이 많은 부분은 부적당함. 커다란 면적에의 실시는 곤란	응급적용도, 부분의 보수에만 적당함	도장직전	D
	hammer	극히 단단한 녹, 구도막 등의 제거에 적합함	큰 면적은 실시곤란, 유연한 녹 등은 제거할 수 없음	응급적용도, 부분의 보수에만 적당함	도장직전	D

녹 의 제 거	자연방치 (흑피제거)	흑피가 제거되고 철재면이 안정되게 되어 부착력이 증진함	장기간을 요하므로 넓은 야적장이 필요하고 녹의 발생이 많음	흑피는 10개월간 옥외방치하면 약 75% 제거됨	도장직전	D
	산 세 척	흑피, 녹이 완전히 제거됨	처리된 강재면을 중성화시켜야 한다. 커다란 철판은 처리불가능함		단위철강재중 일부	B

* 소지조정도 A: 아주 좋음, B: 좋음, C: 그런대로 좋음, D: 효과가 불충분함

④ **화학적 제청** : 일반적으로 산은 철의 산화물을 녹이는 작용이 철녹의 제거에 사용되고 있다. 산은 철바탕의 일부를 녹여 수소가스를 발생하고 수소가스의 기계적 힘과 함께 녹을 철면으로부터 벗기는 작용을 한다. 특히 흑피 등은 산에 해를 입히기 쉬우므로 철면을 녹여 흑피를 벗기는 것이다.

㉮ 산의 종류 : 산으로는 염산, 황산, 질산, 인산, 불산 등이 있다. 이 중에서 염산은 산화물을 용해시키는 능력이 크고, 황산은 수소 가스(gas)로 인한 기계적 작용이 크다. 가격이 싸기 때문에 철강이 제청에 흔히 사용된다. 일반적으로 염산을 사용하면 산세의 속도는 빠르다.

질산과 불산은 주로 알루미늄, 다이케스트 등의 산화 피막제거에 사용된다. 인산은 염산, 황산에 비해 제청능력이 떨어지나 철강 표면과 반응하여 인산 제2철의 엷은 층을 표면에 형성시켜 생성물이 물에 불용성이기 때문에 세척 후 공기중에 놓아도 철강 표면에 다시 산화물이나 수산화물이 생성되지 않는 장점이 있다.

㉠ 염산(HCI) : 황산과 더불어 산세에 흔히 사용되는 산으로서 농도 10~52% 상온에서 사용된다. 온도를 올린다 하여도 30~40℃ 이하이다. 그 이상 온도를 올리면 염화수소로 증발하여 산증기가 심하여 인체에 해를 주며 작업도 곤란하다.

㉡ 황산(H₂SO₄) : 다른 산에 비하면 저렴하기 때문에 산처리에 일반적으로 흔히 사용되어 왔다. 보통 5~11% 정도의 농도로 하여 사용되어 철의 바탕 일부를 녹여서 수소가스를 발생하며, 수소가스의 기계적인 힘과 같이 합세하여 녹을 철 표면에서부터 벗기는 작용을 한다. 때문에 철바탕에 수소의 침투가 크게 되어 현저한 비뚤어짐을 나타낸다.

탈청능력은 산의 농도와 온도(60~80℃)에 의존하는 경우가 크다. 그러나 황산은 염산에 비하여 처리시간이 길고, 침식도 크게 되므로 산세의 억제계를 사용하는 것이 이상적이다.

㉢ 인산(H₃PO₄) : 황산, 염산에 비하여 값이 비싸 많은 이점을 갖고 있으면서도 산세에 잘 사용되고 있지 않다. 그러나 도장 전처리 작업으로서 인산으로 세척시에는 일시방청의 막형성 및 도료의 밀착성을 좋게 하기 때문에 최근에는 그 수요가 높아져 가고 있다.

인산은 보통 15~20%의 농도에서, 온도 40~80℃에서 사용하는 것이 바람직하다. 온도와 처리시간의 영향이 크나 금속바탕의 침식은 황산에 비하여 적으며 찌꺼기가 슬러지의 부착이 생긴다.

그러나 인산은 염산이나 황산에 비하여 녹의 용해능력은 뒤지나 철강면과 반응하여 인산 제2철의 엷은층을 생성하고, 이 생성물에 불용성이므로 세척 후에 공기나 습기에 닿아도 철강면에 산화물이나 수산화물을 생성할 염려가 없다.

㉣ 질산(HNO_3) : 질산과 플루오르(불소)산은 주로 알루미늄 다이케스트 등의 산화피막의 제거에 사용된다.

표 7-6 스케일의 모델과 산세와의 관계

스케일 / 조성	고 온 스 케 일	저 온 스 케 일
열처리 온도	575℃ 이상	575℃ 이하
모 델 도	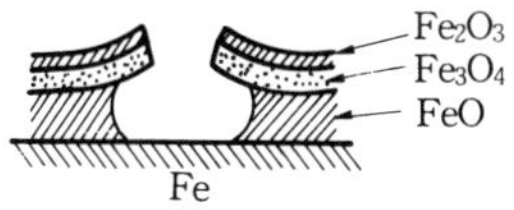 FeO층은 Fe와 Fe_3O_4의 공정	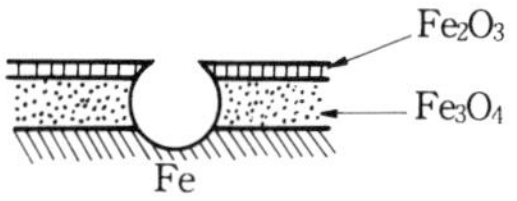
특 징	FeO층이 많다. 크리크가 많다.	FeO층이 존재하지 않고 대부분이 Fe_3O_4층이다. 크리크가 적다.
산세에 대하여	저온 스케일에 비하여 탈스케일이 비교적 쉽다.	탈스케일은 곤란하고 비교적 장시간을 요한다.

표 7-7 착색제의 조합과 용법

착색제	조 합	색상	염기성 염료	산 성 염 료	직 접 염 료
① 수성착색제	① 목재에는 보통온수 (40~50℃) 1l에 대해 염료 1.0~10gr을 녹여서 쓴다. ② 염료의 종류와 내광성은 오른쪽표와 같다. a. 최견뢰, b. 약간 견뢰, c. 퇴색하기 쉬움	적	로우더민(진한홍색) c 마젠타(빨간홍색·흑색) c 사프러닌 c	에오신(황도색) 록세린 b	다이렉트 스칼릿 ab 패스트렛 ab
		등색	클리소이진 c	오렌지 ab	다이렉트오렌지 ab
		황	오라민 bc	메타닐옐로 a	클리소페닌 a

표 7-7 계속

착색제	조합	색상	염기성 염료	산성 염료	직접 염료
① 수성착색제	③ 사용할 때는 원색 3~5색을 택해서 혼합한다. 단 직접 염료와 산성 염료는 녹으나 직접과 염기성 및 산성과 염기성은 유리하므로 혼합하지 않는다. ④ 목재표준색의 혼합예는 아래표와 같다. (단, 온수 1l 당)	녹	맬래카이트그린 (청축) c 블리모사이아닌 c	브릴리언트미일링 옐로 bc	다이렉트그린 ab 다이렉트다크그린 b 다이아몬드그린 c
		청	메틸렌블루 c 빅토리아블루 c	솔블 블루 b	다이렉트블루 b 다이렉트패스트블루 ab
		자색	메틸바이올렛 c 클리스탈바이올렛 c	어시드바이올렛 c	쟈바놀바이올렛 ab 아이젠클리언트바이올렛 b
		갈색 흑	비스마아크브라운 (베스빈·페닐렌브라운·먼체스터브라운·차분) c 슈트블랙	어시드브라운 a 레졸신브라운 a 니그로신 a	다이렉트브라운 a 쟈바놀브라운 a 다이렉트블랙 ab 다이렉트패스트블랙 a

	색 상	수성염료의 종류와 혼합비율(gr)		색 상	수성염료의 종류와 혼합비율(gr)	

오크제	담갈색 (라이트 오크)	① 다이렉트브라운
		  다이렉트블랙
		② 어시드브라운
			1.0
			0.5
			1.0
				실버그레이계	녹담회색	① 다이렉트다크그린
						  다이렉트블랙
						② 다이렉트다크그린
						  다이렉트블랙
						  클리소페닌
							0.2
							0.5
							0.7
							0.5
							0.2

	황갈색	다이렉트브라운 클리소페닌	3.0 1.0		청회색	다이렉트다크그린 다이렉트블랙	0.5 0.5
	갈 색	① 다이렉트브라운 ② 어시드브라운	5.0 3.0		회 색	① 다이렉트블랙 ② 다이렉트블랙 다이렉트다크그린	1.0 1.0 0.1
	암갈색(다크 오크)	① 다이렉트브라운 다이렉트블랙 ② 어시드브라운	5.0 1.0 6.0				

계	색	염료 조합	계	색	염료 조합
월너트계	자담갈색	어시드브라운 1.0 다이렉트패스트블랙 0.5	실버그레이계	황회색	어시드브라운 2.0 다이렉트다크그린 0.5
	회갈색	① 어시드브라운 1.0 　다이렉트블랙 0.5 ② 다이렉트브라운 2.0 　다이렉트블랙 0.5 ③ 어시드브라운 3.0 　다이렉트다크그리인 0.5		암회색	다이렉트블랙 2.0 다이렉트다크그린 0.5
	자갈색	① 쟈바놀브라운 2.0 　다이렉트패스트블랙 1.0 ② 쟈바놀브라운 3.0 　다이렉트패스트블랙 0.5 ③ 어시드브라운 4.0 　다이렉트패스트블랙 1.0	마호가니계	적갈색	① 쟈바놀브라운 1.0 　다이렉트패스트블랙 0.5 ② 쟈바놀브라운 4.0 　다이렉트패스트블랙 1.0 ③ 쟈바놀브라운 5.0
				적암갈색	① 쟈바놀브라운 5.0 　다이렉트스카렛 1.0 ② 쟈바놀브라운 6.0 　다이렉트패스트렛 1.0
				자암갈색	① 쟈바놀브라운 7.0 　다이렉트패스트렛 2.0 ② 쟈바놀브라운 7.0 　다이렉트패스트블랙 2.0

②유성착색제
① 유성바니시를 혼입할때가 있음
② 유성착색위에 직접 줄메꿈료나 바니시를 칠하지 않고 래크니스를 1회칠함
③ 염료종류는 오른쪽표와 같음
④ 조합한 상품이 있음

적	황	녹	자색	흑
오일렛	오일옐로	오일그린	오일바이올렛	오일블랙

③알콜성 착색제
① 알콜성 바니시와 섞어서 착색바니시(바니시스테인)로 사용할 때가 있다.
② 가구에는 별로 쓰이지 않고 엷은판 착색이나 착색바니시로써 착색보수에 쓰일 때가 있다.

④화학착색제
① 목재는 니그닝·색소·탄닌 등을 함유하고 있으므로 약제에 따라 심한 착색 반응을 나타낸다.
② 조합과 사용 순서의 예는 오른쪽표와 같다.

색상	착색계의 종류와 사용 순서
갈색계	① 중크롬산가리10g 물100cc → 암모니아수 (황갈색) ② 과망간산가리 5g 물100cc　　　　　　(적갈색) ③ 아선15~30g 물100cc → 중크롬산가리10g 물100cc ④ 아선15g 물100cc → 명반10g 물100cc
자단색	① 비스마크브라운 3g 물100cc → 중크롬산가리10g 물100cc → 로그드에스 5g 물100cc ② 중크롬산가리10g 물100cc → 로그드엑스 5g 물100cc
회색계	황산철 10g 물100cc → 로그드엑스 5g 물100cc

착색제	조합	색상	착색계의 종류와 사용 순서			
④ 화학착색제		흑색계	①황산철 4g 황산동 4g 과망간산가리 8g 물 100cc	→	아닐린 12g 염산 18g 물 100cc	
			②황산동 20g 염산가리 10g 물 120cc	→	염화아닐린 20g 염화암모니아 80g 물 100cc	
⑤안료착색	①카본블랙·언버 등을 숫돌가루와 섞어서 물 또는 감습으로 반죽하여 쓴다. ②안료는 불투명이며 소재가 보이지 않고 탁한 느낌을 주므로 고급용에 적당치 않다.					

표 7-8 산의 특징

산의 종류	산세의 속도	일반조건	스머트	비 고
HCl	빠르다	10~20%, 실온	적 다.	—
H_2SO_4	염산 다음으로 빠르다.	10~20%, 50~70℃	많 다.	NaCl첨가(2~10%)로 산세효과는 상승 또는 스머트가 적게 된다.
H_3PO_4	황산 다음으로 빠르다.	15~20%, 40~60℃	황산보다 적다.	인산계 클리너, 인산철 피막을 형성한다.
HNO_3	낮 다.	15~20%, 실온	—	하지 철면이 거칠어진다. 단독 사용은 안한다.
HF	—	황산에 첨가 3~5%	—	핏크링크의 촉진, 주물의 모래빼기, 3~5% H_2SO_4를 첨가한다.

(나) 유산, 염산 세정 : 산세정으로서 일반에 널리 사용되고 있는 것으로,

㉮ 간편하게 처리되며 설비나 약품도 싸게 든다.

㉯ 녹제거 능력이 큰 특징이다.

㉰ 철바탕에 대하여 작용이 고르지 못해 표면이 거칠거나 피트(pit), 스머트(smut)가 생기기 쉽다.

㉱ 녹제거가 어려운 때 시간이 오래 걸리면 철바탕이 망그러진다.

㉲ 수소가스의 발생으로 산무(산 안개 현상)가 생겨 작업 또는 위생적으로도 곤란한 결점이 있다.

이 결점을 보완하기 위해 산세정 억제제(inhibitors)를 사용하며, 그 효과는 산의 무익한 작용을 막고 작업성을 개선하는 것, 스머트를 형성하지 않는 것 등이다. 그러나 너무 많이 넣으면 오히려 산세정의 속도를 저하시키고 수세하여도 남아 있어 도장에 나쁜 영향을 끼치는 경우가 있다.

유산은 25%인 때 가장 녹제거의 힘이 강하나 철바탕도 심하게 침식하므로 20% 이상의 노도로 사용하는 경우는 없다. 보통은 5~10% 정도에서 65℃ 전후로 가온하여

사용한다. 산세정중에 산액속에 철분이 6%정도 녹으면 산세정의 능력이 급격히 떨어지고 산을 보급하여도 아무 효과가 없다. 이때는 그 철분을 유산철이나 산화철로 하여 제거하고 유산을 회수한다. 염산은 20%일 때가 가장 효력이 있으나 보통은 10~15%로서 상온에서 사용한다. 액의 온도를 높이면 산세정의 속도는 늘어나지만 염산은 고온이 되어 산무가 심하여 작업이 곤란하므로 30~40℃ 이하로 사용한다. 또 산세정의 속도를 빠르게 하거나 스머트의 부착을 방지하기 위하여 초산을 섞어서 사용하는 경우가 있고 주물 등의 모래를 제거하기 위해 불산을 2% 정도 혼합하는 수도 있다.

㈐ 인산계정 : 가벼운 녹이나 얇은 흑피를 제거하고 동시에 도장 밑바닥용의 인산염 피막을 만드는데 사용하는 것으로서 인산에 활성제나 용제, 억제제 등을 배합하고 있다.

이 방법은 특징은 다음과 같다.

- 탈지, 녹제거, 화성피막처리가 한 공정에서 이루어지고 상온에서 처리된다.
- 철바탕은 얇은 인산철을 만들어서 녹 방지력이 있는 도장 밑바닥이 형성된다.
- 이음새에 인산이 남아도 녹이 없으므로 유산이나 염산세정의 뒷처리에 좋다.
- 중화하지 않아도 좋고, 작업성이 좋으며 위험도 없다.
- 철바탕의 침식이나 거칠은 표면이 없으며 침지, 브러시세정, 스프레이 등에 사용할 수 있다.

그 반면에 녹제거 능력이 적어서 오랜 시간이 걸리고, 가격이 비싼 결점이 있다. 보통은 10~20%의 농도로 사용되고 40~50℃로 가온하는 수도 있다. 기름이 많이 부착한 물체는 완전탈지가 불가능하므로 브러시 손작업을 필요로 한다. 또 형성된 산철피막은 얇기 때문에 녹방지 효과가 다른 것에 비하여 적다. 가격이 비싸서 이온교환 수지를 사용하여 철분을 없애고 인산을 회수할 필요가 있다. 또 유산이나 염산세정에서 대부분의 녹을 제거하여 3~10%의 인산으로 깨끗이 하는 방법이나 후처리로서 1~3%의 인산액으로 처리하는 것도 경비절약의 한 방법이다.

㈑ 기타 세정과 첨가제의 작용 : 유산, 염산세정시에 녹제거 시간을 빠르게 하기 위해 전해족을 제거하는 수가 있다. 이것은 납이나 철판을 극판으로 하여 전류를 통하는 방법이며 물체를 양극으로 하는 경우와 음극으로 하는 경우가 있다. 양극인 때는 산소가 나오므로 물체의 표면이 에칭되며 장시간 처리하면 침식이 심하다. 음극인 때는 수소가스가 발생하고 물체에 수소취성을 주는 수가 있다. 보통 5~10A/dm², 2~6V, 10~20분, 20~60℃로 처리한다.

또 큰 고정 건축물이나 일정한 크기의 물체에 대하여는 샌드블라스트 대신 스프레이식 녹제거가 사용되는 경우가 있다. 이 방법은 적당한 산액을 펌프로 노즐에서 분사시켜 물체의 녹을 없애므로 컨베이어 방식에도 사용된다. 고정된 건축물은 염화비닐 등의 플렉시블파이프를 사용하여 액을 분출시키고 아래에 받이통을 놓고 액을 회수한다. 어느 경우도 녹제거 후의 수세와 후처리가 중요하며 이것이 불충분하면 황색 녹이 나오는 경우가 많다.

산세정액에는 여러 가지 종류의 첨가제가 들어 있다. 억제제는 철바탕면에 흡착되며 철면이 심하게 녹는 것을 방지하고 또 철을 녹일 때 나오는 수소가스의 발생을 억제하여 수소취성을 억제하는 효과가 있다. 계면활성제는 표면장력을 적게 하여 녹 속에 산액이 젖어 들어가도록 하거나 유분을 유화하여 제거하는 작용이 있다. 환원제는 녹 제거의 능률을 향상시키고 억제제의 효력도 돕는다.

㈐ 산세후의 처리 : 산액 탱크에서 꺼낸 철강제에는 산액이 묻어 있기 때문에 온수로 충분히 세척하여 산을 완전히 제거시키지 않으면 안된다. 산분이 남아 있으면 산은 즉시 산화작용을 일으켜 산화물을 또 생성시키므로 다시 산세를 하게 된다.

산을 철강물에서 제거시키기 위해서는 희박한 알칼리 용액으로 중화시켜, 중화 반응으로 생성된 염을 다시 수세시켜 제거한다.

이렇게 제청된 철강제를 그냥 방치하여 두면 또다시 녹이 발생하므로 즉시 화성 피막을 하든가, 희박한 인산이나 크롬산 용액으로 다시 세척하여 두면 괜찮다. 철강 표면에는 엷은 피막이 생겨 바탕을 보호하기 때문이다.

(6) 화성처리

화학적으로 금속 표면을 처리하여 철강 표면에 피막을 화성시키는 방법을 우리는 화성 피막처리라고 한다.

금속 도장이란 미관 이상으로 피도장물을 보호하는데 더욱 역점을 두게 되었다. 특히 금속에 내식성을 주기 위하여는 물에 녹지 않는 불용성 염류의 피막을 금속바탕에 화성시켜 그 위에 도장을 함으로써 도료의 밀착성을 좋게 할 뿐만 아니라 동시에 내식성을 주어 도장 효과를 상승시킨다.

일반적으로 도막은 약간이나마 수분을 투과시킴으로 그 수분이 금속바탕과 작용하여 산화물을 상승시킨다. 이것이 도막의 부풀음이 되어 산화물이 증대해짐에 따라 균열이 되어 도막은 떨어져 나가게 되므로 도장 작업시에는 반드시 화성 피막처리를 하지 않으면 안된다.

① 인산염 피막 : 도료 종류나 도장 방법에 따라 도장 전처리의 인산염 피막에 대하여 특정한 성능을 요구할 때가 있으나 대부분은 박막으로 치밀한 인산염 피막이다. 결정질계 인산아연계 피막, 인산아연칼슘계 피막과 비결정질의 인산철계 피막을 적용하는 일이 많다. 기타의 인산염 피막으로 망간계, 알루미늄계 피막 등이 있으나 각종의 이유에서 적용하는 것은 별로 없다.

인산염 피막의 특징은 다음과 같다.

- 브러시 도장이나 침지 등의 간단한 방법으로 용이하게 처리할 수 있다.
- 설비가 간단하고 처리 조건도 쉬우므로 대량생산에 적합하다.
- 물체에 물리적인 변화를 주지 않고 복잡한 모양의 것도 고르게 피막을 붙일 수 있다.
- 재질이나 목적에 따라 여러 가지 품종을 선택할 수 있다.
- 내식성이 있고 마모성도 강하다.

• 피막은 전기를 통하지 않고 녹이 번지는 것을 막는다.

또 그 반면에 피막이 평탄하면서 약하므로 화성처리 후 가공이 불가능하고 도장하지 않은 채 방치하여 두면 녹이 슬기 쉽다. 피막은 강한 산이나 알칼리에는 해를 입으며 처리중에는 물을 사용하므로 조작에 주의하지 않으면 황색녹이 나온다.

표 7-9 인산염 피막 종류와 특징

인산염 피막종류	대상금속	피막조성	대표적 인산염 처리액 성분	특 징	용 도
인산 아연계 피막	강 판	$Zn_3(PO_4)_2 \cdot 4H_2O$ 호파이트 $Zn_2Fe(PO_4)_2 \cdot 4H_2O$ 호스포 피라이트	A : Zn^{2+}, Fe^{2+}, Na^+, $H_2PO_4^-$, NO_3^- B : Zn^{2+}, $Ni^{2+}(Mn^{2+}, Co^{2+})$, Na^+, H^+, $H_2PO_4^-$, NO_3^-, NO_2^- C : Zn^{2+}, $Ni^{2+}(Mn^{2+}, CO^{2+})$, Na^+, H^+, $H_2PO_4^-$, ClO_3^- (NO_3^-, No_2)	피막 중량 1~5g/m², 회흑색 결정성 피막, 침지, 스프레이, 솔칠 처리, 상온~65℃, 90 ~180초, 내식성 양호, 산세척공정포함시, 표면조정 필수	자동차, 차량, 가전기기, 가구, 건축재
	아연, 기타 합금 도금, 강판	$Zn_3(PO_4)_2 \cdot 4H_2O$	D : Zn^{2+}, $Ni^{2+}(Mn^{2+}, CO^{2+})$, Na^+, H^+, $H_2PO_4^-$, $F^-(BF_4^-$, $SiF_6^{2-})$, NO_3^-, NO_2^-, ClO_3^- E : A(B·C·D)+시트르산(유기물)	피막 중량0.5~4g/m², 회색 결정성 피막, 침지, 스프레이, 도막 부착성, 내식성 양호 상온~65℃, 2~180초	컬러 함석, 자동차, 가구, 가전기기, 건축재
인산 아연 칼슘계 피막	강 판	$Zn_3(PO_4)_2 \cdot 4H_2O$ $Zn_2Fe(PO_4)_2 \cdot 4H_2O$ $Zn_2Ca(PO_4)_2 \cdot 2H_2O$ 숄타이트	A : Zn^{2+}, Ca^{2+}, Na^+, H^+, $H_2PO_4^-$, NO_3^- (NO_2^-) B : Zn^{2+}, Ca^{2+}, Na^+, H^+, $H_2PO_4^-$, NO_3^- (NO_2^-), Ni^{2+} (Mn^{2+}, Co^{2+})	피막 중량 1~3g/m², 회백색 결정성 피막, 침지, 스프레이, 내식성 양호, 70~90℃, 90~180초, 표면 조정제 불필요(산세척 공정 포함에 적합함)	자동차, 부품, 가전기기
인산 철계 피막	강 판	$FePO_4 \cdot 2H_2O$ $\gamma\ Fe_2O_3$	A : $Na^+(NH_4^+)$, $H_2PO_4^-$, NO_3^- B : $Na^+(NH_4^+)$, $H_2PO_4^-$, 계면활성제	피막 중량 0.2~1g/m², 간섭색 비결정질 피막, 침지, 스프레이, 롤코트, 고광택 40~70℃, 30~120초	원 코트 도장용 바탕에 적합함

㈎ 브러시도법(핸드스프레이) : 철탑, 교량, 탱크 등 큰 것은 다른 방법이 없으므로 브러시 도장이나 핸드스프레이로 처리를 한다. 또 설비를 하는 것이 비경제적이거나 부분적 보수 등에 사용된다. 탈지나 녹제거도 용제를 라스트나 클린(clean), 샌드페퍼 등의 손작업으로 하는 것이 보통이다.

처리제는 촉진제를 넣은 특수 배합물을 사용하고 나이론 브러시나 스프레이건을 사용하여 물체에 발라 붙인다. 그래도 5~10분 정도 인산피막이 될 때까지 방치하여 호스 등으로 불을 스프레잉하여 씻어낸다. 처리액을 40℃ 정도로 가온하면 처리시간이 늦어진다.

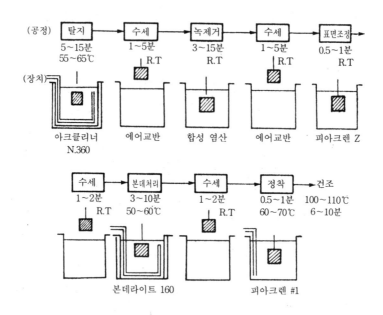

그림 7-10 철강용 본데처리

㈏ 침지법: 소·중형의 물체로 쉽게 운반할 수 있는 물체에 가장 많이 사용되는 방법으로서 이용범위가 넓고 다량의 물체를 연속적으로 처리할 수 있다. 또 두꺼운 피막을 붙인 때나 샤워식이 채택되지 않았을 때 사용된다.

이 방법은 작업이 쉽고 화성처리가 충분히 행해진다. 녹이 없을 때에는 탈지만 하여 침지한다. 수세시에는 계속 오버플로시킨다. 처리 후는 가급적 빠르게 건조하고 도장도 빠르게 한다.

처리상 수세를 충분히 하고, 먼저의 액을 사용하지 않는다. 처리액을 퍼내는데 주의해야 하고, 액분석을 정확하게 하여야 한다. 액의 보급을 확실히 하고 슬러지도 때때로 제거한다. 사용하지 않을 때에는 가열하지 않고 처리온도에 주의해야 한다. 또 겸용처리제로서 탈지-화성, 녹제거-화성 등을 겸용하는 처리제가 있으나 어느 곳에 중점을 두었는가를 살펴서 그 성질을 잘 파악하여 사용한다.

㈐ 스프레이법: 자동차차체 등의 대형품에 사용되고 전후의 처리도 스프레이 부스속에서 한다. 스프레이법으로 대표적인 인산철계의 처리는 피막이 비결정질로 극히 얇기 때문에 도장 후의 가공성도 좋다. 처리제의 소비량이 적고 가스발생도 적으며 처리농도 역시 낮으므로 경제적이라는 이유에서 최근에는 종래의 처리법으로 대체하는 곳이 많다.

다만 문제가 되는 점은 마무리 색조에 변화가 많고 1회 칠마무리로는 무리며 피막의 녹방지력이 약하다.

㈑ 후처리 : 피막 화성 후에 수세하여 즉시 얇은 크롬산의 열용액으로 처리하는 것으로 일시적으로 녹을 막고 건조를 돕는 것이다. 또 이 후처리에 의해 피막처리의 효과는 완전한 것이 되므로 너무 생략하지 않는다.

표 7-10 공정별 시간

① 탈지 → ② 수세 → ③ 산세정 → ④ 수세 → ⑤ 표면조정 → ⑥ 수세 → ⑦ 화성처리 → ⑧ 수세 → ⑨ 후처리 → ⑩ 건조 → (도장)

	종 류	처리액(%)	온도(℃)	시간(분)
1. 탈지	알칼리	3~5	60~90	4~10
	에멀션		20~30	3~5
	트리크렌		87	4~10
2. 수세	온수		60~80	0.5~1
3. 산세정	염산	5~15	20~30	3~10
	유산	5~15	50~70	5~15
	인산	5~25	40~70	5~10
4. 수세	냉유수		20~30	0.5~1
5. 표면조정	수산등	1~2	20~30	0.5~1
6. 수세	냉유수		20~30	0.5~1
7. 화성처리	저온형	6~8	20~30	3~5
	중온형	5~6	40~70	4~6
	고온형	3~4	70~90	10~40
8. 수세	냉유수		20~30	0.5~1
9. 후처리	크롬산이나 중크롬산염	0.03~0.06	50~80	0.5~1
10. 건조	열풍이나 적외선도		90~120	4~10

㈒ 액관리 : 화성 피막처리에서는 처리액의 관리는 품질을 균일하게 하기 위해서나 작업을 하기 위해서 중요하다.

액관리에는 액분석과 액조정이 있고 액조정에는 처리액과 약액의 보급이 포함된다. 액분석은 처리액의 농도를 측정하는 것으로 일산염 피막처리에서는 탈지액의 알칼리도, 화성액의 전산도와 유리산도, 후처리액의 농도 등을 처리전에 분석한다.

분석방법은 적정법으로 예를 들면 전산도에서는 처리액의 10ml를 피페트로 비커에 끌어 들인다. 지시약에 의해 페놀프타렌을 1~2방울 가하고 N-10가성소다 용액으로 뷰렛에 적정한다. 액이 핑크색이 된 때를 중점으로 하여 그때까지 사용한 가성소다 용액의 ml수를 살핀다. 이와 같은 순서로 분석이 행해진다.

이 ml수를 포인트라고 하며 처리액의 농도가 정하여진 포인트 범위에 있으며 그대로 작업을 하고 농도가 낮아지면 약액을 보급한다. 약액의 보급량은 포인트와 탱크의 용량으로부터 계산하는 것으로 스플러본데처리와 같이 연속한 작업에서는 2~3시간마다 액의 분석과 보급이 되고 있다.

액의 농도는 처리제에 따라 일정한 범위가 있고 일반적으로 낮고 엷은 불균일한 회색피막으로 되고 너무 높으면 검고 거칠은 결정으로 된다.

② 알루미늄의 화성처리

㈎ 양극 산화법 : 양극 산화는 애노드 산화 또는 알루마이트 처리라고도 부르며 알루미늄의 방식법(防蝕法)과 착색법의 주류로서, 도막과의 복합 피복을 만들 경우에도 전공정(前工程)으로서 실시되고 있다.

피막에는 표면으로부터 수직으로 지름 10~20nm의 가는 구멍이 있으며 구멍 수는 표면적 1mm²당 수 억개 존재한다. 따라서 다공도(多孔度)는 피막 부피의 10~20%를 차지하고 있다. 이 구멍에 염료를 흡착시키거나 또는 금속의 초미립자를 전해 석출함으로써 다채로운 착색을 할 수 있다. 고순도 알루미늄을 베이스로 한 광휘(光輝) 알루미늄 합금의 표면에 전해 연마나 화학 연마에 의해 고광택을 주고 그 후에 양극산화, 착색, 클리어 도장을 실시하는 순서로 메탈릭 컬러(metallic color)면을 만들 수 있다.

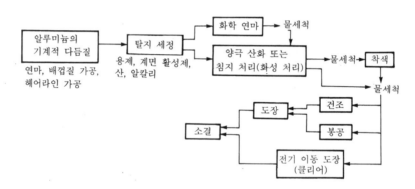

그림 7-11 알루미늄의 전처리 공정도

가는 구멍이 뚫린 상태 그대로라면 오존이나 공기 중의 수분을 흡착하기가 쉬우며 내식성도 나쁘게 된다. 따라서 양극 산화에 이어 끓는 물 안에서 봉공 처리(封孔處理 ; 실링(sealing))를 하면 피막은 결정화하여 베마이트(boehmite) AlO(OH)가 발생하는 동시에 흡착성이 상실되며 내식성이 증가한다. 물론 봉공은 착색 후에 실시한다.

봉공을 하지 않고 아크릴계의 수용성 전착 도장을 실시하여 도막을 소결하면 가는 구멍의 내부가 도막에 의해 충전된다고 한다.

양극 산화한 알루미늄은 산이나 알칼리의 수용액에 의해 침해당한다. 즉 식초, 포도주 및 시멘트 모르타르에 의해 피막은 용해된다. Cu, Ni, Sn과 같이 Al보다 전기 화학적으로 귀금속인 염류(鹽類)의 수용액에 의해 피막 자체는 변화하지 않으나 피막의 결함을 통하여 알루미늄 바탕이 침범되어 점식(點蝕)이 생긴다. 피막 위에 도장하면 당연히 내식성은 향상되나 도막에 물이 침투하는 동시에 결함 부분을 물이 통과함으로써 알루미늄이 부식될 가능성이 있다.

전해액으로는 산업적으로 크롬산, 황산 및 수산 등 산소의 발생이 쉬운 약품이 사용된다. 양극 산화법으로는 크롬산법, 황산법, 수산법 등이 있다.

(나) 화성피막 처리법 : 침지 처리라는 것은 전해에 의하지 않고 화학 처리만으로 피막을 만드는 처리를 말하며, 화성 처리 또는 화학 피막 처리라고 부른다. 일반적으로 알루미늄의 화성 처리는 도장 바탕 및 방식을 위하여 실시하며 그 종류로는 표 7-11과 같은 방법들이 있다.

표 7-11 알루미늄의 화성처리 방법

명 칭	처 리 액(%)	온도(℃)	시간(min)
베마이트	순수에 트리에탄올아민 등의 약염기성 물질을 첨가하여 pH 7~9로 한다.	끓 임	1~30
알칼리·크롬산염법 (MBV, EW, Alrock 등)	Na_2CO_3 2~5 Na_2CrO_4 1~2	> 90	5~30
인산·크롬산법	H_3PO_4 2~5 CrO_3 1, NaF 0.5	20~50	1~10
인산아연법	$Zn(HPO_4)_2$ 3, H_3PO_4 2 CrO_3 1, Ni, F, NO_2	50~60	2~5
인산알콜	H_3PO_4 1, n-부틸알콜 4 i-프로알콜 3, H_2O 2	10~40	15~30
크로메이트법	$Na_2Cr_2O_7$ 0.3, CrO_3 0.4, NaF 0.1, $Fe(CN)_6^{3-}$ 소량	30	0.5~5

M.B.V(개량 파워아, 포겔), B.V, E.W의 각 법은 다 고온처리일 뿐만 아니라 시간도 비교적 길고, 재질을 손상시키기 쉬운 단점이 있었으나, 최근에는 크롬산계 또는 크롬산인산계 처리제를 사용하여 저온(20~40℃)에서 단시간(2분 이하)으로 박막(薄膜)이기는 하지만 내식성, 밀착성 등의 성능이 우수한 처리도 가능하게 되었다.

크롬산계, 인산계 처리제는 인산 및 인산염 외에도 알루미늄의 산화물의 제거나 방식성의 점에서 불화물을 함유하고 있어 생성 피막중에 인산 알루미늄 외에도 크로메이트를 함유하고 있다.

㉮ 아로진법, 아로크롬법, A.C.P법 : 아로진법(미국), 아로크롬법(영국), A.C.P법(일본)은 거의 같은 처리법으로서, 인산과 불화물과 크롬산의 혼합액 또는 중인산 소다와 불화물과 중크롬산 소다의 혼합액으로서 알루미늄과 크롬의 산화물에서 형성되는 피막을 형성시키는 방법이다.

처리시간이 매우 단축되고 가열시켜 탈수시키면 내식성이 향상된다. 처리는 실온에서 5분, 50℃에서는 15분으로, 처리 후에는 10~15초 수세하고, 그 후 10~15분 크롬산(0.05%) 또는 인산에 침적시켜 40~50℃로 건조시킨다.

피막의 색상은 엷은 감청색 등을 함유한 합금일 경우에는 청자색이 된다.

　㉯ 인산 크롬산법 : 미국의 파카사의 특허로 피막은 산성의 인화물로서 철강이나 아연과 알루미늄이 공존하는 소재를 그대로 처리할 수 있는 이점이 있다. 액조성을 예를 들면 다음과 같다.

망간=수소인산화물	85g/l		
규불화 망간	500g/l		
불화알칼리	40g/l		
인산(H$_3$PO$_4$)　75%	64g/l	12g/l	24g/l
불화소다	5g/l	3g/l	5g/l
크롬산	10g/l	3.6g/l	6.8g/l
중인산 소다(NaH$_2$PO$_4$　H$_2$O)	31.8g/l		66.5g/l
불화 소다 또는 불화 알루미늄	5g/l		—
염　　산	4.6~4.8g/l		—
크　롬　산	—		4.2g/l
중크롬산 소다	—		14.7g/l
황　　산	—		4.8g/l

(7) 전처리 피막평가

　전처리의 평가는 그 자체 특성이 목적에 적합한가를 판단하기 위하여 실시하는 것으로,

　첫째로는 도장시의 트러블을 피하기 위한 공정 관리를 하기 위한 것이고, 둘째로는 도장 후의 종합 도막계로서의 품질을 확보하기 위한 것이다.

　전처리의 평가에서 무엇을 시험하는가를 생각하기 이전에 도장 전처리의 기능에 대하여 간단하게 알아보기로 한다. 즉 도장 후의 성능을 향상하는 것이 전처리의 목적이며 이를 위해서 전처리의 일로서는 주로 다음 2가지를 생각할 수 있다.

　첫째로 전처리에 의해 바탕 금속 표면의 불균일한 성질을 평균화하는 일이다.

　둘째로 전처리 피막이 바탕 금속과 도막 사이에 존재하여 도막을 투과하여 오는 물, 산소 및 염분 등에 의한 부식성 물질의 생성을 저지하기 위한 배리어로서 작용을 하는 것이다.

표 7-12 화성 피막의 특성

도장 후의 성능 / 화성 피막 특성	내 식 성	밀 착 성
외관·색조 균일성	균일할수록 양호함	균일할수록 양호함
결 정 크 기*	약제에 따라 적당한 범위가 있음. 원칙적으로는 미세한 것이 양호함	약제에 따라 적당한 범위가 있음
피 막 중 량	도료에 따름. 적당한 범위 있음. 질에 변화가 없다면 많은 것이 좋음	도료에 따름. 적당한 범위 있음. 원칙적으로는 적은 편이 양호함
피 막 조 성	약제에 따라 적당한 범위 있음. 아니온 종류(SO_4^{2-})는 유해함	약제에 따라 적당한 범위가 있음
결 정 구 조*	전착 도료의 경우는 중요. 호스호피라이트 함유율이 클수록 습윤 내식성이 양호함	전착 도료의 경우는 2차 밀착성에서 중요. 왼쪽과 같음
내 열 성	분체 도료의 경우는 중요. 강한 편이 좋음	왼쪽과 같음
유 공 도	작은 것이 양호함	—
내 화 학 성 (내알칼리·내산)	피막 조성·피막 중량에 의함. 강한 편이 양호함	—

* 결정 크기, 결정 구조는 인산아연계 피막만의 특성

표 7-12는 전처리 화성피막의 특성과 도장계의 성능관계를 나타낸 것으로 앞에서 설명한 바와 같다.

① 특성평가 방법

㈎ 피막 중량 측정법 : 일정 면적의 시험판에 전처리 피막을 화성처리한 후 정확하게 중량을 잰 다음 박리액에 피막을 박리하여 박리 전후의 중량차이를 시험판의 면적으로 나누어 피막 중량을 구한다.

$$피막 중량\,(g/m^2) = \frac{처리 후의 중량(g) - 박리 후의 중량(g)}{시험편의 면적(m^2)\,(양면)}$$

㈏ 비파괴 분석법 : 실험실은 물론 산업적으로는 광범위하게 사용되고 있는 방법이다. 인산아연 피막의 경우는 적외 분석(赤外分析)에 의해 측정할 수 있으며 이동식 측정 장치도 시중에서 판매되고 있다. 또한 형광 X선 분석으로 Zn, P를 측정함으로써 인산아연 피막량을 측정할 수 있다. 동일하게 형광 X선 분석법에 의해 크로메이트 피막의 크롬량을 측정하는 것은 광범위하게 실시되고 있다.

㈐ 피막의 유공도(有孔度) 측정 : 결정성 인산염 피막의 형성 과정은 전기 화학 반응으로서 설명되고 있으며 결정 입자 사이에 미세한 구멍이 존재하고 있다. 이것은 소위 포로시티(porosity)라고 하는 것으로, 측정하는 방법으로서는 페로 테스트가 간편한 방법이라고 일컬어진다.

그 방법은 4.0% NaCl + 3.0% $K_3Fe(CN)_6$ + 0.1% 플루오르계 활성제의 수용액을 부식

액으로 하고 그것에 1인치각(角)의 크로마토그래프(chromatograph)용 거름종이를 담그어 인산염 피막 화성한 시험편에 1분간 부착시켜 거름종이에 나타난 청색의 착색 정도로써 내식성을 평가한다. 또다른 신속 측정법으로서 폴라로그래프(polarograph)를 사용한 전기 화학적 측정법이 개발되어 있다. 이 방법은 알칼리 용액 중에서 측정된 산소 환원 전류의 크기에 따라서 평가하는 것이다.

(라) 외관 검사 : 육안에 의한 피막의 색과 균일성의 관찰은 실제적인 평가 방법으로서 중요하다. 결정 피막의 경우는 주사형 전자 현미경(SEM)에 의해 결정의 형상, 치밀 정도 및 결정 크기 등을 볼 수 있다.

② **도장 후 평가 방법** : 도장 후의 종합 성능을 알아봄으로써 전처리 피막의 양부(良否)뿐만 아니라 도장계에 대한 기여도도 평가할 수 있다.

표 7-13 도장 후의 내식성 시험방법

시 험 항 목	방 법 개 요
염 수 분 무 시 험	5% 식염수를 35%℃, pH 7의 조건에서 시험편에 분무한다. 도료에 따라 소요 시간은 160~1000 시간 정도 필요하다. 시험편은 필요에 따라 스크래치 마크를 넣는다.
습 윤 시 험	온도 50℃, 습도 98±2%의 분위기내에 시험편을 노출한다. 보통 100~500시간이 필요하다.
침 수 시 험	40℃, 탈이온수에 시험편을 담근다. 100~500 시간이 필요하다.
염 수 침 지 시 험	일반적으로 온도 40~50℃, 3~5% 식염수, 액의 유동 있음/없음 등의 조건에서 비교 시험을 실시한다.
옥 외 노 출 시 험	규격에 따라 각지에 만들어져 있는 내후 시험장에서 시험편을 노출한다. 필요에 따라 스크래치를 넣거나 칩 상처를 만든다. 3개월~1년이 필요하다.

표 7-14 도막의 밀착성 시험방법

시 험 항 목	방 법 개 요	판 정 방 법
굴 곡 시 험	(맨드릴법) 도막면을 외측으로 하고 시험편을 일정한 지름을 가진 심봉을 중심으로 약 1초간에서 180℃ 접는다.	굴곡부의 도막 균열, 박리의 상황을 비교 판정한다.
	(하제 접는 법) 도막면을 외측으로 하여 동일한 재질의 시험편을 끼워서 180℃ 접은 후에 다시 바이스로 조인다.	겹친 부분에 점착 테이프를 붙이고 급격하게 벗긴후 도막의 균열, 박리 상황을 비교 판정한다(끼운 시험편의 매수에 따라서 0T, 1T, 2T 겹침이라고 한다).
충 격 시 험	지름 0.5인치의 볼을 거리와 중량(cm-g)으로 규정한 일정한 힘으로 시험편의 도막 표면 또는 강재료측으로 떨어뜨린다(표면 타격, 뒷면 타격).	도막의 변형(균열, 박리)을 비교 판정한다.

에릭센시험	도막면을 외측으로 한 시험편을 에릭센 시험기에 걸고 끝이 10mm 지름의 펀치로 압출한다(디프 드로잉 변형).	도막이 균열될 때까지 압출하여 거리 (mm)를 판독하는 판정법과 일정 거리를 사전에 압출했을 때의 도막의 변형을 비교 판정하는 방법이 있다.
바둑눈시험	도막면에 예리한 날끝을 사용해서 1mm ×1mm의 바둑눈을 100개 만든다.	도막이 박리된 개수에 따라서 판정한다 (점착 테이프를 압착하여 급격하게 박리한 후에 판정할 때도 있다).
2차 밀착 시험	습윤 시험 (400~500h). 또는 침수 시험 (240~500h). 끓는 물 침지(2~4h)를 한 후에 바둑눈 시험을 실시한다(2mm 또는 1mm 각).	판정은 1차 바둑눈 시험과 동일하다.

2. 도장 공정

(1) 바탕 조정

피도물과 도막과의 부착을 결정하는 요인에 대하여 여러가지로 생각할 수 있다. 먼저 샌드 블라스트, 또는 연마지 등으로 피도물의 표면을 거칠게 하여 도료의 발판을 튼튼하게 하는 효과, 원자나 분자의 영역에서 본다면 분자간의 인력, 정전기력(靜電氣力), 또는 분자의 확산에 따르는 힘이 좌우한다는 등의 여러 설이 있다. 이 중에서 분자간의 인력(引力)이 밀착을 결정짓는 요인이라는 설이 가장 유력하다.

분자간의 인력은 분자간 거리의 6승에 반비례하고 분자간이 접근, 즉, 피도물과 도막과의 다른 이물질이 묻어 있지 않을 때 피도물과 도막 분자가 충분히 접근되었을 때가 가장 충분한 부착효과를 올릴 수 있게 되는 것이다. 그러나 실제적으로 피도물의 표면에는 유지분으로부터 시작하여 여러 이물질이 묻어 있는 경우가 대부분이다.

특히 금속 표면에는 반드시 산화물(酸化物 ; 녹 등)이 부착되어 있다고 생각할 수가 있다. 따라서 이러한 불순물들을 제거시키기 위해서는 샌드 블라스트나 샌딩 등의 물질적인 방법이나 화학처리를 채용한다. 이런 작업을 통틀어 우리는 금속의 바탕 조정 또는 전처리(금속 표면처리)라고 한다.

금속 표면에는 각종 방청유, 압연시에 사용하는 윤활유, 가공시에 사용되는 절삭유, 프레스유, 열처리유, 연마제 취급 중에 묻는 손때 등 유지류가 많기 때문에 우리는 유지류의 종류와 성질을 이해하고 능률적인 탈지 작업을 하여야 한다.

금속은 또 산화작용을 갖고 있으므로 이산화물(금속의 부식물)은 금속 표면의 전위차(電位差)로 전기의 흐름으로 생기기 때문에 그 위에 도장하여도 내부로부터 부식이 계속 진행된다. 때문에 이러한 산화물을 제거시키지 않으면 안된다.

철강을 예로들면 압연시나 열가공시에 생기는 산화철을 주성분으로 하는 흑피(밀 스케일)

와 수분이 부착되어 생기는 수산화철을 주성분으로 하는 붉은 녹이 있다. 또 녹 중에도 알루미늄처럼 산화물이 표면을 치밀하게 감싸므로 녹이 내부에서 진행되는 것을 방지하는 보호녹도 있다. 따라서 도장시에는 이 녹을 제거시켜야만 된다.

제거시키는 방법을 크게 나누면 물리적 방법과 화학적 방법으로 나눈다.

(2) 하도(primer)

탈지, 제청, 화성 피막처리가 끝나 수분이 완전히 건조되면 방청도장을 하게 된다. 이것을 하도 도장이라 한다. 하도에는 주로 철강 바탕에 각종의 프라이머를 도포한다.

① 오일 프라이머(oil primer) : 유성 바니시를 전색제로한 프라이머를 총칭하여 부르는 말로서 그 중에서도 유성 바니시에 산화철, 아연화 등의 안료를 넣는 것을 일반적으로 오일 프라이머라고 부른다.

오일 프라이머는 건조성이 늦으나 내후성, 부착성이 우수하고, 값도 싸기 때문에 오일 퍼티나 오일 서피서와 같이 널리 사용되고 있다. 도장시에는 너무 두껍게 도포하면, 겉 마르기를 하여 내부는 좀처럼 건조가 안되어 주름현상이 생기기 쉽다. 또 신너로의 희석이 지나치면 흐르기 쉽다.

분무 도장시에는 오일 프라이머 80에 신너는 20정도 희석시키는 것이 적당하다. 건조시간은 12~20시간 정도이다.

② 래커 프라이머(lacquer primer) : 전색제에 래커를 사용한 프라이머의 총칭이다. 일반적으로 안료는 산화철, 산화티탄을 사용한 것이다.

래커 프라이머는 내후성, 부착성은 떨어지나 건조가 빠르고 손쉽게 도장할 수 있기 때문에 래커 서피서와 더불어 널리 사용되고 있다. 분무 도장시에는 래커 프라이머 55에 래커 신너 45로 희석시켜 살붙임이 좋지 않기 때문에 2회 정도는 겹칠하는 것이 좋다. 건조시간은 1~2시간 정도이다.

③ 징크 크로메이트 프라이머(zinc chromate primer) : 도료중에 징크 크로메이트를 배합하여 징크 크로메이트의 방청효과를 이용한 것이다. 전색제에 따라 래커계, 오일계, 알키드계, 페놀계, 아미노 알키드계, 염화비닐계, 에폭시계 등으로 나누며, 자연 건조형, 가열 건조형 등 여러 종류가 있다.

④ 광명단 프라이머(red lead primer) : 연단(광명단)이 그 주성분이기 때문에 흔히 광명단 도료라고도 한다. 연단 이외도 산화연을 함유시킨 것으로 철강의 방청을 목적으로 한 녹막이 도료이다. 알루미늄이나 비철 합금은 연단을 금속연(金屬鉛)으로 환원시키는 경향이 있기 때문에 사용되지 않는다.

연단 프라이머는 전색제에 따라 오일계, 알키드계, 비닐계, 에폭시계 등이 있으며, 철골구조물, 선박, 차량 등의 고도의 방청도료로서 사용되고 있다. 도장 방법은 에어리스 스프레이, 에어 스프레이, 붓 도장이 일반적이다.

⑤ 징크 더스트 프라이머(zinc dust primer) : 알루미늄 분말을 방청 안료로 한 것으로

서, 일반적으로 아연말과 아연화를 혼합하여 사용한 것과, 아연말을 주체로 한 징크 리치 프라이머의 두 종류가 있다. 특히 징크 리치 프라이머는 근년에 개발된 것으로서 방청효과도 크고, 고도의 방청처리가 필요한 철구물(鐵構物), 선박, 차량 등에 흔히 사용된다.

도장 방법은 다른 프라이머와 같이 붓, 에어 스프레이, 에어리스 스프레이가 일반적으로 사용된다.

⑥ 합성수지 프라이머(synthetic resin primer) : 각종의 합성수지를 전색제로 하여 방청안료를 넣은 것으로서 주된 것은 프탈산 프라이머, 아미노 알키드 프라이머, 에폭시 프라이머, 우레탄 프라이머, 비닐 프라이머, 염화고무 프라이머 등이 있다. 이중에서 아미노 알키드 프라이머, 에폭시 프라이머는 가열시켜 사용하며, 프탈산 프라이머는 조성에 따라 가열형과 자연 건조형으로 나누어진다.

우레탄 프라이머, 비닐 프라이머, 염화고무 프라이머는 자연건조로 사용된다. 합성수지계 프라이머는 그 조성에 따라 여러가지 성능을 나타내므로 피도물의 용도나 상도 도료에 따라 선택하여 사용하면 된다.

특히 가열 도장에서는 가열형 합성수지 프라이머가 없어서는 안될만큼 중요하다.

(3) 퍼티(putty)

하도 연마가 끝나면 표면의 凹凸, 홈, 용접부위 또는 판금부족 등으로 생긴 표면의 홈을 퍼티로 도포하여 평활하게 할 필요가 생긴다. 도포 방법으로는 점도를 낮게 하여 붓 도포, 스프레이 도포를 하는 경우도 있지만, 대부분은 주걱으로 도포하게 된다. 주걱은 피도물의 형태, 재질, 크기에 따라 나무 주걱, 쇠 주걱, 플라스틱 주걱, 고무 주걱 등을 사용한다.

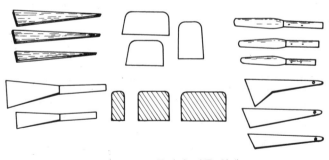

그림 7-12 주걱의 각종 형태

퍼티 작업이란 어디까지나 외관의 미장이 주목적이므로 도장전의 공정, 즉 프레스, 판금, 가공 등의 작업 공정에서 가급적이면 도장 공정에서의 퍼티 도포작업이 없도록 미리 잡아주는 것이 원칙이다. 왜냐하면 퍼티 작업이란, 도장 공정에서는 없는 것으로 간주하여야 도장공정에 넣으면 품질상, 공수상, 원가상 오히려 마이너스이기 때문이다. 부득이한 응급조치가 퍼티작업이라고 이해하는 것이 좋다.

퍼티의 성능으로서는 살갗임이 좋고 주걱 작업성이 좋으며, 연마 작업성이 좋아야 한다. 이러한 성능을 만족시키려고 하면 필연적으로 안료 농도가 높아져 탄성(彈性)이 낮아지고, 금이 가고, 터지든가, 박리, 핀홀, 광발 소실 등의 결함이 발생되기 쉽다.

또 퍼티를 두껍게 도포하면 부착력이 나빠지고, 가열 건조시에는 내부에 잔류된 공기가 팽창되어 부풀음, 핀홀, 균열 등이 생기는 원인이 되기도 한다.

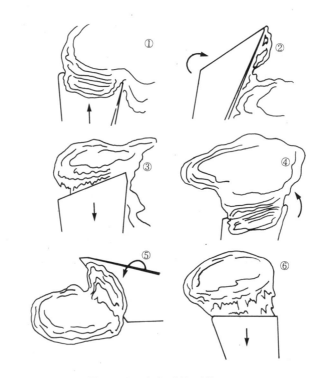

그림 7-13 퍼티 배합 방향

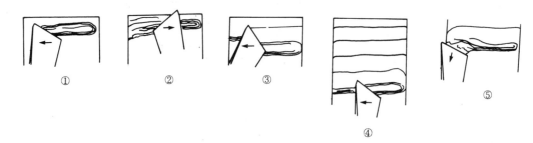

그림 7-14 평면 퍼티 작업

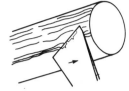

그림 7-15 곡면의 퍼티 작업

① 오일 퍼티(oil putty) : 콜드사이즈나 유성 페놀수지 바니시를 주성분으로 하는 유성 바니시에 체질안료, 아연화(산화 아연이라고 한다). 연백(鉛白 ; 백연, 당사, 침탄 산연이라고도 한다) 등을 넣어 반죽시키는 것으로서 유성도료의 오일 프라이머, 오일 서피서와 같이 사용된다. 내후성, 부착성이 좋으며, 가격도 싸기 때문에 널리 사용된다.

　그러나 건조가 늦고 지나치게 두껍다든가 충분히 건조되기 전에 재벌 도포하면 균열이 생기든가 주름이 생기기 때문에 충분히 조심하지 않으면 안된다. 오일 퍼티의 두께는 0.2~0.4mm 정도가 표준이며, 여러 번 재벌 도포하여야 할 때에는 매회마다 충분히 건조시킨 후에 재벌에 들어가야 한다.

② 래커 퍼티(lacquer putty) : 래커를 전색제로 하여 아연화, 카오린, 변성 마레인산, 수지 등을 넣어 반죽시킨 것으로서 래커 프라이머, 래커 서피서와 같이 사용된다.

　내후성, 부착성은 약간 떨어지고 살붙임이 나쁘다는 결점은 있으나 건조가 빠르고, 도면도 평활하게 마무티되며, 굳어도 용제로 용해되므로 자동차 등의 부소용으로 흔히 사용된다.

③ 폴리에스테르 퍼티(polyester putty) : 합성수지 퍼티의 일부로서 불포화(不飽和) 폴리에스테르와 스틸렌, 모노머(monomer : 중합체를 구성하는 기본분자 즉 스틸렌, 초산 비닐 등)를 전색제로 하고 거기에 티탄화이트나 미분말 무수 규산 등 안료를 넣어 반죽시킨 것으로서 폴리에스테르 퍼티는 불포화 폴리에스테르과 용제의 역할을 하는 스티렌 모노머가 중합 개시제나 촉매의 작용으로 화학반응을 일으켜서 경화되는 것으로서 용제의 휘발이 없고 거의 100%가 도막이 된다. 때문에 도막(퍼티면)이 수축되지도 않고, 도막 두께도 두껍게 올릴 수 있으므로 작업공정을 단축시킬 수가 있다.

　그러나 결점도 있다. 중합 개시제나 촉매작용으로 경화시키므로 가사시간(可使時間 : 혼합 후의 사용할 수 있는 시간)이 짧고, 계절에 따라(하절과 동절) 다소의 차가 생기므로 온도 20℃, 습도 75%의 표준 기후에서 15~20분에서 경화되므로, 그 동안에 경화제를 넣은 퍼티는 남겨두면 굳어버리기 때문에 다 사용해야 된다.

　또 용제성이 나쁘므로 자연 건조형의 아크릴 수지 도료 등의 도막위에 폴리에스테르 퍼티를 도포하면, 아래 칠이 폴리에스테르 퍼티에 침식되어 퍼티를 도포한 부분에 균열이나 주름이 되어 나타나는 경우도 생긴다.

④ 아미노 알키드 퍼티(amino alkyd putty) : 아미노 알키드 수지를 전색제로한 열경화형이 퍼티로서 가열형도료 즉 아미노 알키드 프라이머, 아미노 알키드 서피서, 아미노 알키드 에나멜과 같이 사용된다.

가열형 도료이므로 퍼티 도포시 공기가 혼입되든가 틈이 있으면 가열시 공기의 팽창으로 도막중에 기포가 발생할 우려가 많다. 따라서 가열형 퍼티는 틈새가 생기지 않게 허리가 강한 주걱으로 강하게 누르면서 주걱을 각방면으로 왕복시키면서 도포하는 것이 좋다. 두껍게 바르면 그만큼 공기가 섞이게 되므로, 엷게 여러 번 도포하는 것이 좋다.

이 퍼티는 단단하여 연마하기도 힘드니 엷고 곱게 올리는 것이 좋다. 깊은 상처에는 적당하지 못하다.

⑤ 퍼티 연마 : 퍼티 갈기는 마른 갈기나 물갈기 어느 쪽이든 최초에는 80#~150# 정도의 거친 연마포나 연마지를 사용하고, 도막의 평활도에 맞추어 240#~320#으로 번수를 올려가며 평활한 도면을 만들어야 한다.

받침 나무나 받침 고무를 반드시 사용하여 연마지나 연마포를 단단히 받침판에 대고 도면에 수평으로 누르며, 도면의 형태에 따라 연마한다. 또 샌더를 사용하면 한층 작업 능률을 올릴 수 있다.

샌더에는 전동식과 공기압을 이용한 에어 샌더가 있다. 전동식은 전원만 넣으면 사용할 수 있으나 중량이 있고 물갈기 시에는 누전의 위험이 있을 수 있다는 결점을 가지고 있다.

에어 샌더는 에어를 배관시켜야 하는 수고가 있는 대신 가볍고 효율도 좋다. 퍼티갈기의 방법으로서는 손으로 갈 때와 같은 연마포나 연마지를 최초에는 거치른 것으로 사용하고 차츰 고운 것으로 바꿔간다.

사포 고정장치에다 단단히 고정시켜 도면에 가볍게 접촉시키면서 어느 정도까지 갈고 최후에는 구석진 곳은 손으로 마무리 작업한다.

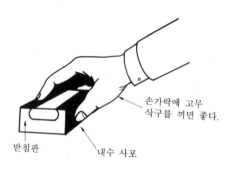

손가락에 고무 삭구를 끼면 좋다.

받침판

내수 사포

그림 7-16 고무정반

⑷ 중도(surfacer)

하도 갈기, 퍼티 갈기가 끝나면 마지막으로 도면의 평활도를 조정한다든가 외적 충격에서 하지를 보호시킨다든가, 상도시의 상도 도료의 용제의 침투를 막기 위하여 퍼티나 프라이머를 보호시키는 목적으로 서피서를 도포한다.

서피서란 일반적으로 살붙임, 부착성, 연마성이 좋고 흡수성이 적으면서 상도에 평활성을 주어야 하므로 안료와 전색제의 선택이 중요하다. 도료 종류에 따라 성능도 다소 다르다.

서피서에도 프라이머나 퍼티처럼 래커계, 유성계, 합성수지계의 3종류로 나눠지며, 합성수지계 중에는 아미노 알키드 수지계와 같은 가열 건조형도 포함되어 있다. 또 서피서 성분중에는 방청을 목적으로 하는 방청성분을 혼합시킨 프라이머 서피서란 것도 있으며, 퍼티작업이 없는 도장시에는 프라이머와 서피서를 겸하여 프라이머 서피서로 도포하는 경우도 있다.

서피서의 도장 방법은 일반적으로는 스프레이, 에어리스, 정전 도장, 전착 도장이 사용되며, 건축과 공예 도장의 중도에는 붓으로 도포되기도 한다.

서피서의 점도는 일반 에나멜보다 포드컵 #4로 3~5초 정도 높게 조정하여 사용되며, 분무 방법도 퍼티 도면위를 위하여 첫회에는 거리를 약간 멀게 하고 전체를 엷게 서피서로 친숙해 지게 하고 나서 가로, 세로 2회, 약간 두껍게(40~50μ 정도) 도포한다.

① 오일 서피서(oil surfacer) : 유성 바니시를 전색제로 하여 체질 안료, 아연화, 연백 등을 반죽시킨 것으로서 오일 프라이머, 오일 퍼티와 같이 널리 사용된다. 오일 서피서는 건조만 잘 시키면 래커, 프탈산, 아미노 알키드계 등의 상도 도장이 가능하다. 그러나 다른 유성계 도료와 마찬가지로 건조시간이 긴것이 단점이다. 이것을 개선시키기 위해서는 건조로를 사용하여 80℃ 이상의 온도로 상승시키지 말고 강제 건조시켜 사용하면 좋다.

② 래커 서피서(lacquer surfacer) : 래커를 전색제로 하고 아연화, 도토(陶土 ; 유산 알루미늄을 주성분으로 하는 백색흙) 등을 반죽시킨 것으로서 래커 프라이머, 래커 퍼티와 같이 널리 사용된다. 래커 서피서는 다른 래커계의 도료와 같이 건조는 빠르나, 살붙임이 좋지 않다는 결점을 갖고 있다.

③ 아미노 알키드 서피서(amino alkyd surfacer) : 아미노 알키드수지를 전색제로 하고 거기에 바라이드, 리도폰, 탈크, 가오링 등 안료를 넣어 반죽시킨 것으로서 열경화형의 가열용 서피서이다.

가열형 퍼티를 도포한 위에 도포되는 중도 도장에서는 빠뜨릴수 없는 도료이다. 최근에는 프레스나 용접, 판금기술의 발달로 가열형 퍼티를 같이 도포하지 않게 되어 프라이머와 서피서의 역할을 겸한 프라이머 서피서로 이용되고 있다.

④ 연마 : 연마 방법에는 수연(水研), 마른 연마(空研摩), 가솔린 연마 등이 일반적으로 쓰이고 있다. 도장 공정중에 중간 공정에 속하며, 연마의 대상은 퍼티 연마, 중도 연마이다. 연마의 목적은 도막면을 평활하게 하는 동시에 도막면에 적은 홈을 주어 다음에 도포되는 도료의 접착을 돕는 중요한 작업의 하나이다.

㈎ 수연 : 내수 연마지에 물을 적시면서 연마하는 방법이다. 연마지의 경우 퍼티 수연은 #240~320 정도가 적당하며, 중도 수연은 #320~400 정도가 좋다. 또 상도를 수연할 때는 #600 정도의 내수 연마지를 쓴다. 고급 도장을 필요로 하는 제품에 수연을 한다. 물 외에 비눗물을 적시면서 수연을 하면 바닥 칠이 깨끗하고 좋은 면이 된다. 물을 스폰지 (sponge)에 적셔 손가락으로 가볍게 눌러 짜면서 물을 흘려 수연을 하는 것이 좋다.

수연 방법으로는 손으로 하는 연마와 기계로 하는 연마가 있다. 수연 방향은 왕복 운행, 또는 회전 운행을 하는 경우가 있다. 어느 것이든 피연마품의 형상 상태에 따라 수연 시작, 수연 마무리, 평면 곡면 등을 고려하여 사용하는 것이 좋다.

㈏ 마른연마 : 연마지, 연마포, 숫돌 등을 쓴다. 물을 사용하지 않고 연마하는 방법으로서 바탕이나 하도(下塗) 도포의 조정, 요철이 많은 면의 퍼티를 도포한 부위를 거칠게 연마하여 주고, 또는 중도를 붓으로 도포하였을 때 붓자국, 귤피(orange peel) 자국, 먼지 등을 제거한다. 그 외 전기적 절록성(전기연마기)을 요하는 기계 기구 등의 수연은 적당하지 않으므로 마른 연마를 하는 것이 좋다. 유성계 퍼티에 체질 안료를 혼합한 퍼티를 사용하였을 경우에는 마른 연마를 쓸 때도 있다.

㈐ 가솔린 연마 : 물을 피하는 제품, 절록성(絕綠性) 또는 정도를 필요로 할 때 쓰는 경우와 도료의 성질상 도막이 단단할 때 등 작업성에 의해 하는 경우가 있다. 연마지에 묻혀진 휘발유(gasoline)는 건조가 빠르므로 연마 운행을 빠르게 하면서 연삭 찌꺼기가 마르지 않도록 자주 휘발유를 묻혀주면서 연마하는 것이 중요하다.

㈑ 연마지 사용방법 및 보관상 주의 : 내수 연마지, 연마포는 다습한 계절에는 연마제의 입자가 떨어져 사용하지 못할 경우가 생기게 되므로 항상 습도가 낮은 장소에 보관하는 것이 필요하다. 또 손으로 연마하는 방법은 연마지를 손에 쥐고 작업을 하는 방법으로 연마지를 4등분으로 잘라서 엄지 손가락과 약지 손가락을 아래로 다른 손가락을 위로하여 연마지를 손가락 사이에 끼고 위에 손가락을 정반으로 생각하여 손의 속도, 운행 방법, 손의 힘을 생각하면서 적당히 조절하여 연삭한다. 또 연마품의 상태에 따라서 고무 정반이나 나무 정반을 사용하여 연마해도 된다.

⑤ 상도(top coating) : 하도 도장, 중도 도장이 끝난 후 도면 최후의 도장 공정이다. 상도 도장은 그 도장에 요구되는 조건을 잘 생각하여 이것에 적합해야 한다. 특히 색채, 광택, 경도, 내마모성, 내약품성 등을 고려하여 선정하는 것이 중요하며, 그 도막이 표면에 나타나 사람의 시각에 직접 보이게 되므로 미적 효과를 위한 역할이 크다.

마무리 도장을 할 경우 신중히 하는 것이 필요하므로 도료의 점도, 공기 압력, 분무 거리, 운행 속도, 각도 등을 적정하게 하였는가에 따라 도장 가치가 결정된다. 도장을 여러 번 함으로 좋은 도막면을 얻게 되지만 능률, 경제성을 생각하여 작업 방법을 결정해야 한다.

색채, 광택이 좋고 먼지가 없는 깨끗한 도막이 필요하다. 따라서 도장시에도 도료를 여과시키고 먼지가 없고 통풍이 잘되는 곳에서 도포하여 건조시킨다.

보통 세로, 가로로 겹쳐 도포하고 반 건조시켜 가볍게 600~800번으로 연마지로 갈고 (물갈기시에는 비눗물로) 또 광택을 한층 높게 하기 위한다든가, 메탈릭 도장을 할 경우에는 2회 도장시에 클리어를 첨가하여 상도한다.

부분 보수도장시 조색하여 색을 맞춘 후 도포하여도 실제적으로 똑같게 도포한다는 것은 곤란하나 샊이 어느 정도 맞았다 하더라도 도포하는 방식으로 경계가 생기든가 하여 눈에 나타나는 경우가 있다.

부분 보수도장을 적절히 하기 위해서는 상도시 도포된 경계의 처치는 우선 경계면을 중목이나 세목정도의 콤파운드로 갈고 층계가 없게 한 다음 조색된 도료를 도포한다.

도포시 경계면에서는 선염(宣染) 법으로 칠하고 선염시킨 부분은 조색된 색에 클리어를 반반정도 넣어 점도를 포드컵 No.4로 16~18초로 하여 경계를 10~20cm 폭으로 다시 선염시킨다. 이래도 나타날 때에는 신너만으로 분무시켜 안개자국을 없애고 건조시킨다.

(가) 유성도료의 상도 : 유성도료는 건축물, 선박, 차량, 교량의 내외부에 흔히 사용되고 있다. 유성도료의 상도에는 서피서 위에 붓, 에어 스프레이, 에어리스 스프레이로 도포되는 경우가 많다. 비교적 살붙임이 좋기 때문에 상도를 1~2회로 마무리한다. 덧칠할 경우에는 15~24시간 정도 건조시킨 후에 덧칠을 해야지 그렇지 않으면 주름이 생길 우려가 있다.

건조를 촉진시키기 위하여 연(鉛) 비누계, 망간 비누계, 코발트 비누계통의 건조제를 2~3% 혼합시키면 좋다. 상도용의 유성도료는 되게 반죽·착색한 것을 보일유로 적당히 조합시켜 사용하는 견련 페인트(되게 반죽한 페인트)와 내부용, 외부용이 있으며, 용도에 따라 모든 것을 조합시킨 조합 페인트가 있다. 조합 페인트 중에도 프탈산수지 등의 합성수지가 혼합된 합성수지 페인트가 있어 이것이 요즈음에는 일반화되어 있다.

그러나 조합 페인트라고 하여 점도를 완전히 조정한 것이 아니기 때문에 필요에 따라 보일유나 용제로 점도 조정을 하여야 한다. 점도는 붓으로 도포시에는 No.4 포드컵으로 60초 정도가 표준이다. 분무도포시에는 20초 전후로 하는 것이 표준이기는 하나 유성계 도료는 매우 잘 흐르기 때문에 30~40초 정도에서 4~5kg/cm^{2}의 높은 압력으로 오렌지 필이 약간 있을 정도로 분무시키는 것이 좋다.

유성도료는 평활성(레버링)이 좋기 때문에 다소의 오렌지필이나 붓자국은 시간이 가면 없어지기 때문이다. 에어리스에서도 점도를 높여서 사용하는 편이 좋은 결과를 가져온다. 도장후의 건조시간은 24시간 정도로 오래 걸리므로 접촉이나 먼지 등의 부착이 없도록 배려하여야 한다.

(나) 래커계 도료의 상도 : 래커계 프라이머, 퍼티, 서피서와 같이 사용된다. 래커는 살붙임이 없고 금속면과의 부착도 별로 좋지 않은 단점은 있으나 건조가 빠르고 먼지가 덜 타며, 단단하고 광택이 있는 도막을 얻을 수가 있다. 때문에 현재 합성수지가 출현되어도 래커는 건재하고 있는 것이다. 붓 도장에는 적합하지 않아 보통 에어 스프레이로 도포한다.

점도는 래커 신너를 혼합하여 No.4 포드컵으로 20초 전후에서 분무 압력은 3.5~4.5kg/cm², 분무거리는 15~20cm, 분무 운행속도는 거리에 따라서도 다르나 50cm/초로 운행시키는 것이 표준이다.

표준이란 어디까지나 기본으로 하여 기능자의 기능, 피도물, 기상 등에 따라 적당히 변화시켜 도포하기 쉬운 방법으로 하면 되는 것이다.

래커 상도시의 주의사항은 래커란 도막이 얇기 때문에 표준 상태로 도포하여도 1회 도포로서 15μ의 도막이 되나마나 하며, 그것도 도장 직후 건조되면서 크게 줄어간다. 따라서 도장 직후에는 광택도 있고 아름답게 보이나 건조되면 크게 달라진다. 때문에 래커는 살붙임 개선책으로 여러 방법이 연구되고 있다. 그 중의 하나가 하이솔리드 래커를 상도에 사용하는 것이다. 하이솔리드 래커는 알키드수지 등의 합성수지가 래커와 상용(相溶)되어 있어 수지분이 잔류하기 때문에 살붙임이 개선된다.

현재 도료 메이커에서 제조되는 래커는 질화면(하이솔리드 셀룰로스) 단독으로 제조되는 경우는 거의 없고 수지분을 상용시킨 하이솔리드 분으로 되어 있다. 또 한가지 방법으로는 핫 래커로 하여 상도하는 방법이다.

래커의 살붙임이 나쁜 원인은 점도를 낮추기 위하여 신너를 사용하나 래커는 휘발 건조이기 때문에 신너분은 전부 휘발하고 도막에는 남아 있지 않게 된다. 때문에 래커를 신너 대신 가열하면 점도가 낮아져 작업하기 용이하게 되므로 휘발하는 신너를 조금 덜 넣고 데워서 도포하면 살붙임이 좋게 되는 것이다. 폭발이나 연소의 위험이 없는 80℃ 이하에서 도장하는 방법이 핫 래커이다.

그 다음 방법은 일반적으로 채용되고 있는 방법으로서 상도 도포의 횟수를 많이 하여 살붙임을 좋게 하는 것이다. 보통 도료는 가로, 세로 분무를 1회로 하여 2~3회 분무시키면 마무리되나, 래커와 같은 살붙임이 나쁜 도료는 다시 건조시켜 갈기하고, 다시 2~3번 도포해야 마무리된다. 래커처럼 건조가 빠른 도료의 상도시 주의해야 할 것은 백화현상이다.

백화현상이 발생하면 상도의 아름다운 광택이나 색채는 상실된다. 이것을 방지하기 위하여는 우선 습도가 높을 때의 분무작업은 중지해야 하나 작업상 불가능할 경우가 종종 있으므로 제습기로 제습시키거나 기온을 올리기도 한다. 그러나 가장 좋은 방법은 래커 신너에 10% 정도의 논브러싱 신너(리다더 신너)를 첨가하여 도포하는 것이다.

논브러싱 신너는 건조를 늦게 시키는 역할을 하기 때문에 급랭을 피하고 브러싱을 방지할 수가 있다. 그러나 이것을 지나치게 넣으면 건조가 나쁘게 되고 작업에 악영향을 미치게 되므로 주의하여야 한다. 또 공기중의 수분만이 아니라 컴프레서에서 수분이나 유분이 혼입되어 스프레이건으로 나와 도막에 결함을 주는 경우가 있으므로 자주 배설밸브(드레인밸브)를 열어 배출시키고 공기 여과장치(에어 클리너, 에어 트랜스포머)를 하고 상도 도장을 하는 것이 원칙이다.

㈐ 아크릴수지 도료의 상도 : 아크릴수지 도료를 상도로 사용하기 위해서는 열가소성(熱

可塑性)의 아크릴수지를 자연 건조형으로 사용할 경우와 여기에 니트로셀룰로스를 첨가하여 변성 아크릴 래커로 사용할 경우와 아미노수지, 에폭시수지 등으로 치환(置換)시켜 열경화성으로 하여 아크릴 가열형 도료를 사용할 때와 3가지의 경우가 있다.

자연 건조형 아크릴수지 도료는 전용 신너를 사용하는 외에는 다른 래커와 거의 같은 도포법으로 도장한다.

래커보다 황변(黃變)이 적고, 광택과 내후성이 좋아 자동차의 보수용 차량 등 널리 사용되고 있다. 그러나 내용제성이 나빠 신너와 가솔린에 묻으면 변색 또는 벗겨지기도 한다.

또 자연 건조형 아크릴수지 도료를 도포한 면에 폴리 퍼티를 도포하든가 래커계의 도장을 하게 되면 아크릴의 도막이 침범되어 균열이나 주름 등의 형상이 생기기 쉬우므로 조심해야 한다.

자연 건조형 아크릴수지 도료 중에서도 니트로셀룰로스와 상용시킨 것은 래커와 아크릴 도료의 중간 성능이 있으며, 광택은 떨어지나 내용제성, 건조성은 개선된다.

또 이 래커 변성 아크릴수지 도료와 일반 래커는 무제한으로 상용되기 때문에 원색 등의 불충분을 보충하기 위하여 혼합하여도 무방하다. 그러나 지나치게 혼합량을 많게 하면 각각의 성질을 상실하게 되므로 가급적이면 피하는 것이 좋다. 그러므로 자연 건조형 아크릴수지 도료는 래커처럼 자동차 등의 보수 도장에는 가장 적합하다.

자연 경화형 아크릴수지 도료에 비하면 열경화형 아크릴수지 도료는 자동차, 차량 등의 신차의 상도에 널리 사용되고 있다.

가열형 프라이머, 프라이머 서피서, 퍼티 서피서와 더불어 사용되며, 가열온도는 150~180℃에서 20~30분이 표준이다. 전용의 신너를 사용하는 외에는 아미노 알키드수지 가열형과 대체적으로 같은 도장법을 채택하면 된다. 아크릴수지의 가열형 도막은 단단하고 여물며, 광택이 좋고 황변이 적다.

㈒ 알키드수지계 도료와 상도 : 일반적으로는 알키드수지의 일종인 프탈산수지를 건성유나 반건성으로 변성시켜 속건성 프탈산수지 도료로서 사용되고 있다. 도장 방법은 붓, 에어 스프레이, 에어리스 스프레이 등으로 사용되며, 신너도 도료용 신너를 사용하며, 거의 유성계 도료와 같이 도장된다.

유성계 도료와 비교하면 건조가 8~12시간으로 빠르고, 도막도 광택이 있고 튼튼하다. 그러나 붓 도포의 작업성은 건조가 빠르고, 점착성(點着性)이 있어 떨어진다.

㈓ 아미노 알키드수지 도료의 상도 : 아미노 알키드수지 도료에는 산촉매로의 자연 건조형도 있으나, 일반적으로 금속에는 가열형 도장이 채택된다.

아미노 알키드수지 도료의 가열형은 가열형이 주체를 이루는 것으로서 자동차, 철도 차량, 항공기, 가전품 등 각 방면에 널리 사용되고 있다.

가열형 프라이머, 프라이머 서피서, 퍼티 서피서와 같이 사용되며, 도장 방법은 에어 스프레이 정전도장이 사용되며, 신너도 고온도에서 위험성이 없는 전용 신너를 사용하

며, 가열온도는 100~120℃에서 20~30분의 저온용과 120~150℃의 중온용, 150~200℃
의 고온용 등 여러 종류가 있다. 일반적으로는 중온용이 많이 쓰인다(아미노 수지를
도료용에서는 멜라민 또는 요소수지라 한다).

(바) 에폭시수지 도료의 상도 : 에폭시수지 도료에는 건성유 지방산으로 에스테르화시켜 사
용하는 자연 건조형의 에폭시수지 도료와 페놀수지나 아미노수지 등을 배합시킨 가열
형 에폭시수지 도료가 있다. 에폭시수지 중에 함유되어 있는 강직한 비스 페놀환을 가
지고 있기 때문에 부착성, 내약품성이 우수하며, 튼튼한 도막을 만들 수가 있다.

자연 건조형의 에폭시수지 도료의 상도용 전용 신너를 사용하면 유성계 도료와 거
의 같은 방법으로 도포하면 된다. 퍼티, 서피서 프라이머도 전용의 것을 사용하는 것
이 좋다.

고도의 방청, 부착성, 내약품성을 필요로 하는 교량, 선반, 철구조물의 상도에 사용
된다. 또 가열형 에폭시수지 도료도 매우 튼튼하고 부착성, 내약품성도 우수하여 화학
공장, 기계부품, 측정기기 등에 사용된다.

가열형 에폭시수지 도료도 자연건조와 마찬가지로 전용의 신너 프라이머, 프라이머
서피서, 퍼티 서피서와 같이 사용하며 다른 가열형 도료와 동일한 도장법으로 실시한
다. 단지 가열온도는 150~200℃에서 20~30분의 고온 가열이 필요하다.

(사) 실리콘수지 도료 상도 : 화학공장 등에 강한 내열성, 내약품성, 내용제성을 필요로 하
는데에 실리콘수지 도료를 도포한다. 실리콘수지 도료도 하도용과 상도용이 있다. 하
도용은 프라이머를 겸한 것으로 방청안료가 사용되며, 상도용에는 알루미늄분(은분)을
사용한다. 자연 건조형과 가열 건조형이 있다.

가열 건조형은 230~250℃의 고온에서 1~4시간 가열한다. 도장법은 전용 신너로 점
도를 조정하여 일반적으로는 붓, 스프레이로 도장한다.

내열성은 경질수지를 사용한 것은 300℃에서 견디나 장기간 사용에는 견디지 못한
다. 연질수지를 사용하는 것은 250℃에서 수천 시간 견딘다. 또 알루미늄분을 사용한
실리콘수지 도료는 600℃ 이상의 고온에서 철강 표면의 산화를 방지할 수가 있다.

⑥ 폴리싱(polishing) : 최근에는 좋은 도료의 개발에 의하여 폴리싱 작업이 감소되고 있
다. 자동차에는 미관을 필요로 하기 때문에 연마(polishing) 작업을 하고 있다. 연마제로
는 보통 폴리싱 콤파운드(polishing compound), 왁스(wax)를 사용한다. 도막 표면의 귤
피 현상을 제거하기 위하여 내수 연마지 #600~800 정도로 거칠게 연마할 경우도 있다.
폴리싱 콤파운드를 부드러운 융, 또는 메리야스 천에 묻혀 거칠게 연마한다. 다음 왁스
를 평균하게 칠한 다음 표면을 보아 가면서 폴리싱 콤파운드를 쓰던 천으로 가볍게 왕
복 또는 돌려가면서 연마한다. 폴리셔(polisher) 연마 방법도 있으나 그 경우 폴리셔의
회전속도에 주의하지 않으면 누렇게 태우는 수가 있으므로 충분히 조정한 후에 하는 것
이 좋다.

3. 도료별 도장 공정

(1) 금속 바탕

① 알키드수지 도료

㈎ 용도 : 차량, 건축물, 교량, 선박, 강철재 가구, 농기구 등

㈏ 도장 방법 : 어떠한 도장 방법으로도 도장할 수 있다. 일반 도료와 마찬가지로 두텁게 도포하면 흘러내리고, 표면만이 건조되고 속까지는 건조되지 않으므로 너무 두텁게 도장되지 않게 한다.

㈐ 도장 공정

㉮ 프탈산 수지(가열형) 에나멜(상도) 도장 공정

공 정		재 료	도장 횟수	도 포 량 (kg/cm^2)	건 조 시 간	비 고
1	바탕조정					피도면의 녹 유지, 기타 이물들은 제거시킨다.
2	하도도장	프탈산 수지(가열형) 프라이머 및 디너	1	0.12~0.14	120℃ 40분~1h	프라이머 100 : 디너 20~ 30 스프레이 도장
3	퍼티도포	프탈산 수지(가열형) 퍼티 및 디너			120℃ 40분~1h	하지의 요철 정도에 따라 퍼티 도포
4	갈 기	150~240연마지				맑은 갈기 또는 물갈기
5	중도도장	프탈산 수지(가열형) 중도 및 디너	1 ～ (2)	0.13~0.15	120℃ 40분~1h	중도 도료 100 : 디너 15 ~25 스프레이 도장
6	갈 기	320 연마지				물갈기
7	상도도장	프탈산 수지(가열형) 에나멜 및 디너	1 ～ (2)	0.11~0.13	120℃ 40분~1h	에나멜 100 : 디너 20~30 스프레이 도장

* 각 공정의 가열 건조할 경우 도장 후 20~30분 상온에서 방치(setting)한 후 가열·건조한다.

㉯ 자연 건조형 프탈산수지 에나멜(상도) 도장 공정

공 정	재 료	도장 횟수	도 포 량 (kg/cm^2)	건조 시간	비 고
1 바탕조정					피도면의 녹 유지, 기타 이물들은 제거시킨다.
2 하도도장	유성계 프라이머 및 디너	1	0.12~0.14	8h 이상	프라이머 100 : 디너 20~30 스프레이 도장
3 퍼티도포	유성계 퍼티 및 디너			15h 이상	하지의 요철 정도에 따라 퍼티 도포
4 갈 기	150 연마지				말은 갈기
5 퍼티도포	유성계 퍼티 및 디너			15h 이상	전면 퍼티 도포
6 갈 기	150~240 연마지				말은 갈기 및 물갈기
7 중도도장	유성계 중도 및 디너	1	0.13~0.15	8h 이상	중도 도료 100 : 디너 15~25 스프레이 도장
8 갈 기	240~320 내수 연마지				물갈기
9 상도도장	프탈산수지 에나멜 및 디너	2	각 0.11~0.13	각 10h 이상	프탈산 수지 에나멜 100 : 디너 20~30 스프레이 도장

*상도 도장을 2회 할 경우 상도 1회 도장한 후 물갈기(내수 연마지 400)

② 래커 에나멜 도료

㈎ 용도 : 자동차, 가구 등 금속 제품의 도장에 널리 사용되고 있다.

㈏ 도장방법 : 스프레이 도장, 정전 도장, 플로 코팅(flow coating) 등 어느 방법도 적용된다. 붓 도장도 가능하나 숙련이 필요하다.

㈐ 도장공정

㉮ 래커 에나멜 도장 공정

공 정	재 료	도장 횟수	도 포 량 (kg/cm^2)	건조 시간	비 고
1 바탕조정					피도면의 녹 유지, 기타 이물들은 제거
2 하도도장	오일 프라이머 디너	1	0.08	10h 이상	오일 프라이머 100 : 디너 25~30
	래커 프라이머 디너			1h 이상	래커 프라이머 100 : 디너 100~150
3 퍼티도포	오일 퍼티 및 디너	2	0.20~0.25	16h 이상 각회 0.5~2h	주걱 도포 및 스프레이 도포
	래커 퍼티 및 디너				
4 갈 기	180~240 내수 연마지				물갈기
5 중도도장	오일 서피서 및 디너	2	0.12	12h 이상	중도(오일) 100 : 20~25 스프레이 도장
	래커 서피서 및 디너	2~3		1h 이상	중도(래커) 100 : 150 스프레이 도장

6	갈 기	400 내수 연마지				물갈기
7	상도도장	래커 에나멜 및 디너	2 ∼ 3	0.30∼0.40	각회 0.5h 최종 12h이상	래커 에나멜 100 : 디너 100∼150 스프레이 도장
8	갈 기	400∼600 내수 연마지				물갈기
9	상도도장	래커 에나멜 및 디너	2	0.20∼0.30	각회 0.5h 최종24h	래커 에너멜 100 : 디너 150 스프레이 도장
10	갈 기	600 내수 연마지				물갈기
11	폴 리 싱	폴리싱 콤파운드				

* 1. 상도 도장할 때 습도가 높아 도면에 백화(브리싱) 현상이 생길 경우에는 적외선 등으로 실내 온도를 높여준다. 또는 리다다 디너를 10∼15%를 첨가한다.

  2. 암색의 경우 광택을 필요로 할 때는 마무리 도장 때 에나멜 20% 이내를 적게 하고, 투명 래커를 넣어서 도장하면 좋다.

③ 아미노 알키드수지 도료

  ㈎ 용도 : 자동차, 가전 제품(냉장고, 세탁기, 선풍기), 그 외 일반 금속 제품

  ㈏ 도장방법 : 스프레이 도장, 정전 도장, 침적 도장 등 어느 방법으로도 좋다.

아미노 알키드수지 도료의 가열 경화 조건은 일반적으로 다음과 같다.

  180∼200℃…… 3∼10분

  135∼150℃……15∼25분

  100∼120℃……30∼90분

  ㈐ 도장 공정

공 정		재 료	도장 횟수	도포량 (kg/cm²)	건조 시간 (h)	비 고
1	바탕조정					피도면의 녹 유지, 기타 이물들은 제거시킨다.
2	하도도장	멜라민 수지계 프라이머 및 디너	1	0.10	120℃ 30분	프라이머 100 : 디너 40 스프레이 도장
3	퍼티도포	멜라민 수지계 퍼티 및 디너	2 ∼ 3		120℃ 40분	하지의 요철 정도에 따라 퍼티 도포
4	갈 기	280 내수 연마지				물갈기
5	중도도장	멜라민 수지계 중도 및 디너	1	0.13	120℃ 30분	중도 100 : 디너 30 스프레이 도장
6	갈 기	320∼400 내수 연마지				물갈기
7	상도도장	멜라민 및 수지 에나멜 및 디너	2	0.12	120∼150℃ 20∼30분	에나멜 100 : 20∼30 스프레이 도장

* 1. 퍼티를 두텁게 도포할 경우에는 갈라지게 되므로 각 회마다 건조시킨다.

  2. 상도 도장은 2회 도장함으로 1회 도장 후 물갈기(내수 연마지 400) 공정을 할 것

3. 방치(setting) 시간 : 20~30분

④ 아크릴수지 도료

㈎ 용도 : 자동차, 가전제품, 철도차량 등에 사용된다.

㈏ 도장방법 : 스프레이 도장, 정전 도장, 침적 도장 등 어느 방법으로도 가능하다.

㈐ 도장 공정

㉮ 가열형 아크릴수지 에나멜 도장 공정

공 정		재 료	도장 횟수	도막 두께 (mm)	건조 시간 (h)	비 고
1	바탕조정					피도면의 녹 유지, 기타 이물들은 제거
2	하도도장	아크릴 수지 프라이머 서피서 및 디너	1	0.030	160℃ 30~40분	
3	갈 기	400 내수 연마지				물갈기
4	퍼티도포	변성 알키드수지 퍼티 및 디너		0.10 이하	160℃ 30~40분	주걱으로 도포한다. (필요에 따라)
5	갈 기	320~360 내수 연마지				물갈기
6	하도도장	아크릴 수지 프라이머 서피서 디너	1	0.025	160℃ 30~40분	필요에 따라 퍼티면을 도포하여 준다.
7	갈 기	400 내수 연마지				물갈기
8	상도도장	아크릴 수지 에나멜 및 디너	1	0.025	160℃ 30~40분	에나멜 100 : 디너 30~40 스프레이 도장
9	갈 기	600 내수 연마지				물갈기
10	상도도장	아크릴수지 에나멜	1	0.025	160℃ 30~40분	에나멜 100 : 디너 30~40 스프레이 도장

* 1. 방치 시간 20~30분

2. 공정 중 ( )는 정도에 따라 한다.

㉯ 아크릴 래커 에나멜의 도장 공정

공 정		재 료	도장 횟수	도막두께 (mm)	도장간격 (h)	비 고
1	바탕조정					피도면의 녹 유지, 기타 이물들은 제거시킨다.
2	하지처리	워시 프라이머	1		1h 이상	두껍게 도장해서는 안된 다.
3	퍼티도포	폴리에스테르 퍼티	2 ~ 3	0.60~1.0 이하	2~3h	하지의 요철에 따라 수회 도포하는 사이에 말은 갈 기를 한다.

4	갈 기	180~240 내수 연마지				물갈기
5	하도도장	래커 프라이머 서피서 및 디너			0.5 이상	프라이머 서피서 100 : 디너 150 스프레이 도장
6	퍼티도포	래커 퍼티			2h 이상	작은 구멍, 작은 홈집을 퍼티 도포한다.
7	갈 기	240~320 내수 연마지				물갈기
8	하도도장	래커 프라이머 서피서 및 디너	2 ~ 3	0.025~ 0.035	1h 이상	프라이머 서피서 100 : 디너 150 스프레이 도장
9	갈 기	400 내수 연마지				물갈기
10	중도도장	중도 도료	1		0.5	필요하면 한다.
11	상도도장	아크릴 래커 에나멜 및 디너	3 ~ 4	0.050~ 0.060	각회 0.5h	아크릴 래커 에나멜 100 : 디너 150 스프레이 도장
12	폴 리 싱	폴리싱 콤파운드				

* 1. 이 공정은 자동차 보수 도장 등에 사용되고 있다.
　 2. 상도 도장은 80℃~30분 강제 건조해도 좋다.

(2) 경금속 바탕

① 폴리우레탄 도료

㈎ 용도 : 철도 차량, 전기 기기, 알루미늄 섀시 등이 있다.

㈏ 도장방법 : 스프레이 도장, 붓도장, 플로 코팅 등이 있다.

　 2액형은 주재와 조재를 혼합하여 사용한다. 도료를 혼합한 후의 가시 시간은 일반적으로 약 8시간(20℃)을 유지하므로 필요한 양을 정확히 판단하여 사용한다. 혼합한 도료가 남았을 경우에는 다음과 같은 방법으로 사용 시간을 연장시킨다.

㉮ 디너를 넣어서 용제를 과다한 상태로 한다. 다음 날 이것을 주재와 조재를 섞어서 사용하면 된다.

㉯ 냉장고에 넣어 0~5℃ 정도로 보존하면 2~3일간 보존이 가능하다.

㉰ ㉮와 ㉯를 변용하면 가사 시간을 연장할 수 있다.

(다) 도장 공정

폴리우레탄수지 도료의 도장 공정

공 정	재 료	도장 횟수	도 포 량 (kg/cm^2)	건조 시간	비 고
1 바탕조정					용제로 닦아낸다.
2 갈 기	120~180 연마지				
3 하도도장	에칭 프라이머	1	0.005	1h	두텁게 도장하면 안된다. 2~4시간 내에 다음 고정에 들어간다.
4 하도도장	폴리우레탄 수지 프라이머 디너 / 에폭시수지 프라이머 디너	1	0.025	16	프라이머 100 : 디너 30~40 스프레이 도장
5 퍼티도포	불포화폴리에스테르 퍼티		0.60이하	6	필요에 따라 행한다.
6 갈 기	180~240 연마지				말은 갈기 및 물갈기
7 중도도장	폴리우레탄수지 서피서 및 디너	1	0.030	8	서피서 100 : 디너 30~40 스프레이 도장
8 갈 기	320 내수 연마지				물갈기
9 상도도장	폴리우레탄수지 에나멜 및 디너	1	0.025	16	에나멜 100 : 디너 30~40 스프레이 도장
10 갈 기	400 내수 연마지				물갈기
11 상도도장	폴리우레탄수지 에나멜 및 디너	1	0.025	16	에나멜 100 : 디너 30~40 스프레이 도장

* 강제 건조 : 70~120℃/10~30분

② **아크릴수지 도료** : 도장의 대상이 되는 경금속은 알루미늄 아연의 대부분이다. 이것은 도료의 부착이 나빠 도장하기 어려운 바탕이다. 그러므로 이러한 물체를 도장하기 위해서는 도장 전처리에 특히 조심해야 한다.

　철강면의 도장과 다른 것은 경금속 바탕과 도료와의 부착을 좋게 하기 위하여 금속 전처리 도료, 즉 에칭 프라이머를 사용하는 것이다.

㈎ 작업공정

공 정		재 료	도장 횟수	두막두께 (mm)	건조 시간 (h)	비 고
1	바탕조정					용제로 닦아낸다.
2	갈 기	120~180 연마지				
3	하지처리	에칭 프라이머	1	0.005	1h	두텁게 도장하면 안된다. 2~4시간 내에 다음 공정에 들어간다.
4	하도도장	아크릴수지 프라이머, 서피서, 디너	1	0.030	160℃ 30~40분	프라이머 서피서 100 : 디너 30~40 스프레이 도장
5	갈 기	400 내수 연마지				물갈기
6	퍼티도포	변성 알키드수지 퍼티 및 디너		0.10 이하	160℃ 30~40분	필요에 따라 한다.
7	갈 기	320~360 내수 연마지				퍼티면 갈기
8	하도도장	아크릴수지 프라이머, 서피서 및 디너	1	0.030	160℃ 30~40분	필요에 따라 퍼티면에 도장한다.
9	갈 기	400 내수 연마지				물갈기
10	상도도장	아크릴수지 에나멜 및 디너	1	0.025	160℃ 30~40분	에나멜 100 : 디너 30~40 스프레이 도장
11	갈 기	600 내수 연마지				물갈기
12	상도도장	공정 10과 같음				

* 1. 방치 시간 : 20~30분
   2. 공정 중 ( )는 나쁜 상태일 때 한다.

4. 도 장 방 법

(1) 붓 도장

　붓도장은 가장 일반적으로 행해지고 있는 손쉬운 도장 방법의 하나로 누구나 손쉽게 장소 및 피도물에 구애받지 않고 도장할 수 있는 방법이다.

　도포하는 순서는 칠하기 곤란한 곳부터 처음에는 작은 붓으로 바르고 나중에는 큰 붓으로 평평한 곳을 도포해 나가는 것이 일반적이다.

　도료를 품게 하는 방법은 붓털의 기장 80% 정도까지 도료를 듬뿍 붓에 품기고 그냥 붓을 올리면 도료가 흐르므로 페인트 들통 내벽에서 가볍게 순간적으로 두들기든가 적당히 훑으면서 들통은 도포하는 부위의 최단거리로 가져온다. 실제 도포 작업시에는 비교적 건조가 늦은 유성계 도료와 건조가 빠른 래커계 도료와는 다소 다르나, 유성계 도료로 도포할 때 제1단계에서는 도료를 피도물에 묻혀 놓고, 제2단계에서는 묻혀놓은 칠로 평활하게 고르며, 제3

단계에서는 붓자국을 고른다. 3단계는 손이 닿는 범위에서부터 도포하며 연결해 나간다.

건조가 빠른 래커계에서는 3단계로 도포할 시간적 여유가 없으므로 한번에 붓의 폭 1/3 정도씩 붓자국을 겹쳐 도포를 연결하는 방법이 좋다.

붓 도장에서는 좁고 가는면을 인접한 타면에 도료를 묻히지 않게 도포하는 것이 중요하다. 이것은 도포면에 따라 붓의 크기를 선택하고 털끝이 가지런하고, 잘 길들여진 붓을 사용하여야 한다.

① 붓도장 순서

㈎ 일정 면적에 필요한 도료를 적당히 도포한다.

㈏ 도포한 도료를 재빨리 전면적으로 균일하게 넓혀 칠한다.

㈐ 얼룩이 생기지 않도록 주의한다(얼룩고치기).

이상의 3단계에 의해서 붓 도장은 완료되지만 특히 「얼룩고치기」는 도막을 균일하게 하는 목적외에 도장면의 구석구석까지 충분히 부착시키는 효과를 갖고 있기 때문에 방청도료의 도장에는 특히 중요한 과정으로 전체면적을 고루 도포시켜야 한다. 마지막으로 표면의 미관을 고려하여 균일하게 된 도막을 일정방향으로 얼룩고치기를 하여 「다듬질칠」을 한다.

붓 도장의 경우 도료의 도막성능도 중요하지만 그 작업성의 양부와 도장의 순서가 중요함은 말할 필요가 없다.

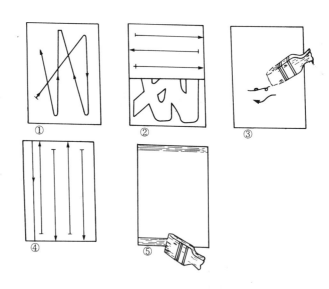

그림 7-17 유성계 도료의 도장방법

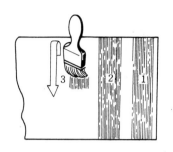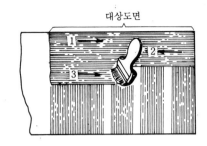

그림 7-18 래커계 도료의 붓도장

유성계 도료 도장 방법은 그림 7-17에서와 같은 방법으로 도장을 하는데 붓을 도료용기에 2/3 정도 담근 후 과다한 양의 도료가 붓에 품어 있을 때 주변에 흐르는 것을 방지하기 위하여 용기의 내부에서 가볍게 훑어준 후 왼쪽 아래에서 오른쪽 상부로, 다시 W자 형태를 그리는 것과 같이 붓을 빨리 움직여 피도면 전체에 도료가 골고루 배치되게한 후 좌우로 위에서부터 아래로 칠을 한다. 그 후 붓을 세로로 세워서 도료가 묻지 않는 부분이나 핀 홀 등을 메워주고 다시 상하로 붓을 움직여 도면을 매끄럽게 한 후 상하를 가로 방향으로 훑어주어 도료가 흐른 것을 정리해 주어야 한다.

특히 붓을 움직일 때 경사 각도에 따라 도료가 피도물에 도포되는 두께가 달라지는데각도가 낮아질수록 도료는 두껍게 도포된다. 그리고 모서리 부분의 도장은 붓을 끝에서부터 움직이면 도료가 측면으로 흐르기 때문에 그림 7-19에서와 같이 안쪽에서 밖으로밀어서 도료가 피도물에 묻게한 다음 칠하는 것이 좋다. 건조가 빠른 래커계 도료는 유성계 도료와 같이 도장을 할 경우 오렌지필 등 도막에 크레임이 생길 염려가 있어 그림7-18에서와 같이 2단계를 거쳐 칠하는 것이 좋다.

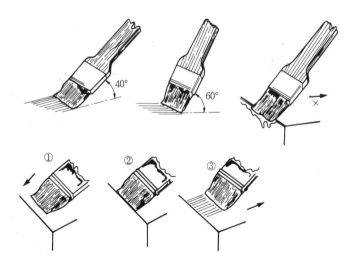

그림 7-19 붓의 경사각도와 모서리 칠 요령

② 붓의·관리 : 길이 잘든 붓은 작업의 능률을 높이고 도막을 깨끗하게 하는데 있어서 매우 중요한 역할을 하기 때문에 세심한 관리가 필요하다.

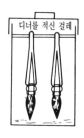

그림 7-20 붓 보존법

㈎ 털을 매단 부분을 굳힐 때 요소 칠감 및 폴리에스테르수지 칠감을 충분히 적셔서 빠지는 것을 방지한다.

㈏ 새 붓은 처음에 초벌 칠하기를 할 때 사용하여, 어느 정도 길이 든 다음에 끝손질 칠을 하는데 사용하면 좋다.

㈐ 유성 칠감에 사용한 붓을 장기간 보존할 경우에는 칠감용 디너로 완전히 세척하여 반건성유 속에 매달아 보관한다.

㈑ 유성 칠감에 사용한 붓이 일시적으로 굳어지는 것을 방지하기 위해서는 생아마인유를 물속에 매달아 놓는다.

㈒ 에멀션 칠감 및 수성 칠감에 사용한 붓이 일시적으로 굳어지는 것을 방지하기 위해서 물속에 넣어서 매달아 놓는다. 장시간 보존할 경우 물로 완전히 씻어서 말린 뒤에 방충제를 넣어서 건조한 용기에 보관한다.

③ 붓도장 주의점 : 붓도장의 작업은 간단한 반면, 그만큼 어렵다고 생각해도 과언은 아니다. 도료는 하도에서 도막의 두께를 구하는 것과 소재와의 밀착, 상도하는 칠과의 악영향이 미치지 않는 것이 필요하며, 이 때문에 하도에는 유동성이 적은 도료가 많으므로 붓칠할 때도 어려운 때가 많다. 따라서 용제나 기타의 희석재(디너), 하도용 보일류 등을 그 때의 온도, 습도, 통풍 등에 따라 조절하지 않으면 안 된다. 중도 및 상도는 똑같은 칠을 할 때가 많고, 유동성도 상도에 적합한 도료 점도로 하고 있으니 하도보다도 칠하기 쉽다고 본다. 붓은 올바른 방법으로 취급하지 않으면 털에 변형이 생기고 칠하는데 어려운 것이 되므로 취급 방법, 붓의 사용 후 등의 보존 방법을 바르게 지키지 않으면 안된다. 이 때문에 제품에 따라서나 하도, 상도에 대해서, 또는 도료의 종류, 색채에 의해서도 구분하여 사용하지 않으면 안 된다. 붓칠할 때 있어서는 도료의 점도가 도장면에 크게 영향을 미친다. 도료의 대부분은 고분자 물질이나 안료 등을 혼합한 것이며 액상이나 도료의 내부에서는 일정한 운동(분자의 운동 상태)이 있어 그 때문에 온도 등의 외부

에서의 조건에 따라 미묘하게 변한다. 이 때문에 붓도장하는 것뿐만 아니라 도장에 있어서도 도료의 점도(點度)에 따라서 도장하는 방법을 변화시키지 않으면 안된다.

④ 붓도장의 장·단점

　(개) 장점

　　㉮ 누구나 손쉽게 도장할 수가 있다.

　　㉯ 소재의 구석구석까지 칠할 수 있다.

　　㉰ 옥외, 옥내를 불문하고 피도장물의 대소에 관계없이 칠할 수 있다.

　　㉱ 뒷마무리가 쉽다.

　(나) 단점

　　㉮ 붓 자국이 남는다.

　　㉯ 속건성 도료는 붓을 반복하여 칠할 수 없다.

　　㉰ 도막을 균일하게 다듬기 어렵다.

　　㉱ 경비, 시간이 걸려 비능률적이다.

(2) 스프레이 도장

뿜어붙임칠은 스프레이칠 또는 분무도장이라고도 한다. 이 도장방법은 건조가 빠른 래커도장을 위한 방법으로서 발달한 것이며, 도료를 압축공기의 분무상으로 하여 피도장물에 뿜어붙임 도장을 하는 방법이다.

뿜어붙임칠은 압축공기의 분출에 의해 도료를 무화하는 것이다. 압축공기는 분출 후 직진하므로 무화된 도료, 즉 도입은 직진하는 공기의 흐름을 타고 피도장물에 부착한다.

뿜어붙임칠을 하는 경우에 필요한 기기부품은 스프레이건, 컴프레서, 도료 탱크, 트랜스 호마, 도료호스, 에어호스가 있어야 도장작업을 할 수 있다.

에어컴프레서에 의해 뿜어 칠하는데 필요한 공기를 압축하여 에어 탱크에 보내고 압축공기의 파동을 평균화하고 또 도장중의 압력이 저하하지 않도록 일단 저장한다. 그리고 압축공기의 압력을 조절하는 동시에 수분, 유분을 여과하기 위해 에어트랜스포머를 에어 탱크와 스프레이건의 사이에 설치한다.

능률이 대단히 좋고 균일한 도면이 얻어지므로 래커 이외의 각종 도장에 이용된다.

① 에어스프레이건 조절

　(개) 공기 압력 조절 : 스프레이건의 종류에 따라 표준 사용 공기 압력이 정해져 있다. 공기압이 높으면 분무 미립자는 잘게 되나 지나치게 높으면 도료의 비산(飛散)이 많아져 도료의 손실도 많아진다. 그 반대로 공기 압력이 지나치게 낮으면 분무되는 입자가 거칠어지므로 귤피, 핀 홀과 같은 도장된 면에 결함이 생기는 원인이 된다. 그 스프레이건의 특성과 피도장면과의 관계를 살리고 적성의 압력으로 조정할 필요가 생긴다. 또 사용공기 압력이 중요한 것은 압축기의 능력문제가 있다. 충분한 압축기를 사용하여 스프레이 작업중에 압력이 저하되지 않도록 하여야 하기 때문이다.

⒁ 패턴폭 조절 : 패턴의 조정은 평행 분무시 타원형의 장경에 의하여 나타내나 일반적으로는 도료 분출량이 많은 스프레이건일수록 패턴의 넓이도 크게 되어 있다. 패턴의 조정 장치에 따라 둥근형 또는 평형으로 조정이 가능하므로 패턴이 넓은 것이 적성 조건에 조정 가능하므로 유리하다. 패턴의 생긴 꼴은 원형으로써 도막 두께의 분포는 타원형 장경의 장단이 약간 얇게 입혀지므로 건 운행시 얇은 쪽을 고려하여 겹칠시키는 것이 균일한 도막을 얻기가 쉽다.

패턴 조정은 피도물의 형상에 따라 적절하게 조정해 놓지 않으면 오버 스프레이가 많아져 도료의 손실이 많아지므로 충분히 유의하여야 한다.

⒟ 도료 분출량 조절 : 도료 분출량은 작업성에서 생각하면 많을수록 좋으나 공기 사용량에 의하여 제한을 받게 된다.

흡상식, 중력식에서는 한계가 있기 때문에 분출량을 줄여 안개를 잘게 할 수는 있으나 분출량을 크게 하기는 곤란하다. 따라서 거의 전개하다시피 열어 놓고 사용하며 조건이 다를 때 조정한다.

그림 7-21 에어스프레이건

압송식에서는 도료 압송 탱크 압력 1.0~2.0kg/cm로 분출량을 조정하여 놓고 그 후 약간의 조절은 도료 조정 장치로 한다. 이 조정은 안개의 미립자가 도장상 적당한가 나쁜가에 따라 결정한다.

표 7-15 도료공급 방식에 따른 스프레이건 종류

도료 공급 방식	내 용
흡 상 식	대형 스프레이건에 속하며, 피도물의 형태로는 도료의 공급이 쫓기게 되므로 중심(重心)이 안전하고 용량도 1*l*까지가 있다.
중 력 식	체인지가 흔할 때 소량이며 다양한 도장 작업에는 용량 1*l* 이하의 중력식이 이상적이다.
압 송 식	체인지가 거의 없고, 대량 연속작업이면 압송식이 가장 좋다. 용량도 5~120*l*까지는 선택이 되며, 스프레이건의 중량도 가볍고 피도물 상하, 좌우 등 방향에 관계없이 분무가 가능하다.

표 7-16 크기에 따른 스프레이건의 용량

몸체의 크기	도료공급방식	노즐의 지름	도료분출량	도료점도	피도물
소 형 스프레이건	흡상식	1.0	소	저	소형 부품 도장
		1.3	중	중	소형 일반 도장
	중력식	1.5	대	중	
	압송식	0.8	임의	중	체인지 없는 소형 물의 다량 도장
대 형 스프레이건	흡상식	1.5	소	저	대형 상도용
		2.0	중	중	대형 일반용
	중력식	2.5	대	고	대형 하도용
	압송식	1.2	임의	중·고	체인지 없는 대형 일반 다량 도장

* 용도에 따라 전용(專用) 스프레이건이 있으므로, 그 종류와 특징을 알아둘 것. 도료 노즐의 지름은 크면 클수록 그만큼 도료 분출량이 많게 되며, 도료 점도가 높아지면 높을수록 그 비율은 급격히 변화한다. 따라서 하도용에는 도료 노즐의 지름이 큰 것을 선택하고, 상도용에는 중 이하를 선택하는 것이 좋다. 하도용이라 하여도 낮은 점도이면 지름은 중 이하가 좋다.

② 에어스프레이건 작업 요령

㉮ 분무 거리 : 대형 스프레이건에서는 20~30cm, 소형 스프레이건에서는 15~25cm가 일반적이다. 분무 거리가 가까우면 도막은 두껍게 오르며 흐르기도 쉽다. 분무 거리가 멀면 도막이 엷어지며 도료 손실이 많아진다. 극단의 경우에는 도막의 광택도가 없어진다.

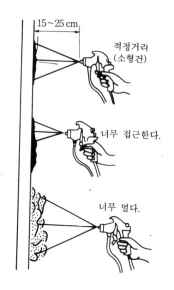

15~25cm

적정거리
(소형건)

너무 접근한다.

너무 멀다.

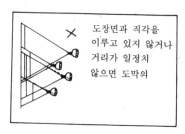

도장면과 직각을
이루고 있지 않거나
거리가 일정치
않으면 도막의

그림 7-22 스프레이 거리

㈏ 분무 속도 : 스프레이건을 움직이는 속도로 빨리 움직이면 도막이 엷어지고 천천히 움
직이면 두꺼운 도막이 된다. 가장 좋은 상태는 30~60cm/sec 정도로서 너무 빠르면
도막으로서 중요한 젖은 막을 얻을 수 없고 너무 늦으면 흐르고 만다.

㈐ 분무방향 : 물체에 직각(90°)으로 분무가 되도록 한다. 또 스프레이건의 운행은 손목만
으로 움직여서는 안된다. 건의 운행은 반드시 팔로 하지 않으면 균일한 도막을 얻을
수 없는 것이다.

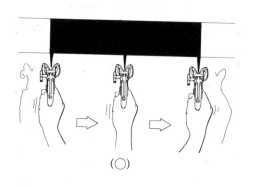

(○)

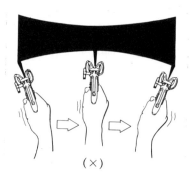

(×)

그림 7-23 분무방향

㈑ 부분도장 : 부분도장일 경우나 색상이 잘 맞지 않을 경우 숨김도장을 해야 하는데 이때의 도장 방법은 구도막과 표시나지 않도록 도막의 두께가 얇아져야 하므로 숨김도장부분만 건을 살짝 들어 도막을 엷게 해준다.

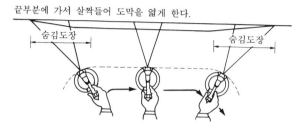

끝부분에 가서 살짝들어 도막을 엷게 한다.

숨김도장   숨김도장

그림 7-24 부분도장 요령

㈒ 겹침도장의 간격과 모서리 도장 : 도료패턴은 스프레이건의 모서리부분의 공기를 조정함으로써 원형, 타원형, 장방형 등으로 한다. 각각 패턴의 겹침도장간격은 원형패턴으로 1/2의 폭을 겹쳐 바르고 타원형 패턴은 2/3장방형 패턴에서는 3/4을 겹쳐 도장한다.

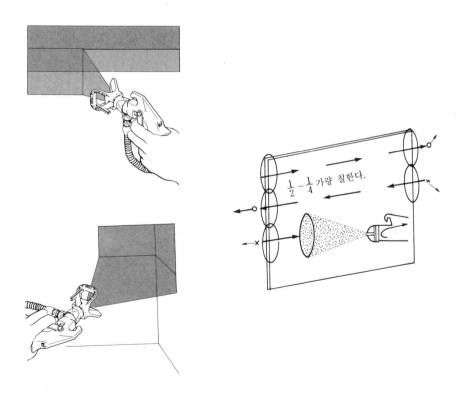

$\frac{1}{2} - \frac{1}{4}$ 가량 칠한다.

그림 7-25

(바) 불완전 패턴의 원인과 대책

현 상	원 인	대 책
분무시에 도료가 쉬막힌다.	① 도료 통로로 공기가 들어감 ② 도료 용기 속의 도료 부족 ③ 도료 조인트의 풀림 또는 파손 ④ 도료 통로의 막힘 ⑤ 도료 노즐의 파손 또는 취부 불완전 ⑥ 니이 조정 패킹의 파손, 느슨해짐 ⑦ 도료 점도가 높음 ⑧ 도료 용기의 공기 구멍이 막힘	① 도료 통로로 들어가는 공기를 들어가지 못하도록 한다. ② 도료를 보급한다. ③ 조인다, 교환한다. ④ 말라 붙은 도료를 제거한다. ⑤ 조인다, 교환한다. ⑥ 조인다, 교환한다. ⑦ 희석한다. ⑧ 막힌 것을 뚫는다.
패턴의 생긴 꼴이 불완전하다.	① 공기 캡의 구멍 뿌리가 막혔다. ② 도료 노즐의 구멍 한 쪽에 먼지가 있다. ③ 공기 캡 중앙의 구멍과 도료 노즐 사이의 한 곳이 막혔다. ④ 공기 캡과 도료 노즐과의 접촉면에 먼지가 묻어 있다. ⑤ 공기 캡 또는 도료 노즐의 어느 면에 흠이 생겼다.	당김쇠를 한 번 당겨 패턴의 현상을 보고, 공기 캡의 위치를 180° 회전시켜 다시 당김쇠를 당겨 패턴을 비교하여 본다. 패턴의 생긴 꼴이 같으면 노즐의 불량, 패턴이 반대로 되면 공기 캡의 불량이다. ① 막힌 이물질 제거 ② 먼지 제거 ③ 막힌 이물질 제거 ④ 먼지 제거 ⑤ 교환
한쪽이 크고 길게 나타난다.	① 공기 캡과 도료 노즐과의 간격에 부분적으로 도료가 고착되어 있다. ② 공기 캡이 느슨해졌다. ③ 공기 캡과 도료 노즐과의 간격에 먼지 또는 도료가 고착되어 있다. ④ 도료 분출량이 적다.	① 먼지 또는 고착된 도료 제거 ② 조임 ③ 교환
중앙이 졸라 맨 것처럼 가늘고 양 끝이 길다.	① 부분 압력이 높다. ② 도료 점도가 낮다. ③ 공기캡과 도료 노즐과의 간격에 먼지 또는 도료가 고착되어 있다. ④ 도료 분출량이 적다.	① 압력 조정 ② 도료 점도를 높임 ③ 먼지 또는 고착된 도료를 제거 ④ 도료 분출량을 많게 함
분무화 불충분	① 도료 점도가 지나치게 높다. ② 도료 분출량이 많다.	① 희석 ② 도료 분출량을 적게 함
스프레이건에 도료가 새어나올 때	① 니들패킹이 마모되어 있다. ② 노즐에 이물질이 부착되어 있다.	① 조이거나 교환 ② 이물질을 제거

도면에 흐름이 생길 때	① 점도가 낮을 때 ② 도료 분출량이 많을 때 ③ 도면의 상태불량으로 흡착이 충분치 않을 때 ④ 기온이 낮아 표면에 이슬이 생길 때	① 점도의 규정조건 ② 분출량이 적은 노즐을 선택해 사용 ③ 점도를 상승시켜 도장 ④ 온도를 상승시키거나 작업 중단
도막에 기포가 남아 있을 때	① 스프레이 건과 피도물의 거리가 너무 가까울 때 ② 분출량이 많을 경우 ③ 용제의 증발속도가 빠를 때	① 적당한 거리를 유지 ② 노즐팁을 분출량 적은 것으로 교환 ③ 다른 문제점과의 연관성을 고려하여 증발속도 분포가 완만한 신너를 사용

(사) 스프레이건의 손질

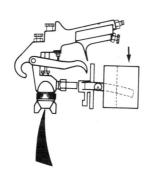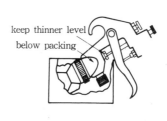

그림 7-26

㉮ 세척액을 도료 용기에 넣어 도장 작업과 같은 세척액을 분사시켜 도료 통로를 세척시킨다.

㉯ 공기 캡, 도료 노즐, 기타 몸체를 브러시로 닦는다.

㉰ 도료, 노즐, 데파부, 기타 니들, 당김쇠 등의 마찰 부분에는 기름칠을 한다.

㉱ 니들 조정 패킹, 공기 조정 패킹 등의 패킹 부위부터 점검하고 새는 곳이 있으면 조임을 더한다.

③ 에어리스 스프레이건 도장 : 에어 스프레이처럼 압축공기로 도료를 분무시켜 미립화시키는 것이 아니라 도료에 직접 압력을 가하여 적은 구멍으로 도료를 미립화시켜 분출시키는 것. 즉 물총과 같은 원리인 것이 에어리스 도장기이다.

㉮ 안개 같은 미립자의 비산(飛散)이 적기 때문에 도료 손실 및 도장실의 오염도가 적다.

㉯ 도료 분출량, 패턴의 벌림이 크기 때문에 작업 능률이 좋다.

㉰ 한번에 두껍게 도료를 도포할 수 있다는 장점이 있기 때문에 그 용도는 확산되고 있다.

㈎ 구조

㉮ 플랜저 펌프 : 이것은 도료에 압력을 주기 위한 펌프로서 압축공기로 왕복운동을 하는 에어 모우터와 도료를 고압력으로 하기 위한 플랜저 몸체로 이루어진다.

에어 모터부의 유효 단면적과 플랜저 몸체의 유효 단면적(有效斷面績)과의 비(比)를 배율이라고 한다. 펌프의 배율은 일반적으로 $1:20\sim1:40$의 비율로 되어 있다. 예를들어 펌프의 배율이 20이라면 $5kg/cm^2$의 압축공기로 공급시켰을 때 도료 압력은 $100kg/cm^2$이 된다.

㉯ 도료 채임버(chamber) : 플랜저 본체에서 고압화된 도료의 맥동(脈動)을 컨트롤하기 위하여 있는 것으로서 채임버의 용량이 클수록 맥동에 대한 안전성이 좋으며 도료 채임버의 용량이 적을수록 맥동의 컨트롤이 불완전하다. 분무중 패턴의 크기가 불완전하게 된다는 것이다.

㉰ 도료 호스 : 도료 호스는 내용제성, 내고압성이 필요로 하기 때문에 나이론 또는 테프론 튜브의 외측에는 스테인리스 강선을 피복시킨 1/4〃 또는 3/8〃의 호스가 일반적으로 사용된다.

㉱ 에어리스 스프레이건 : 외관상으로는 보통 스프레이건과 별 차이가 없으나 선단(先端)에는 노즐팁만 있고, 각 조절장치(토출량, 에어량, 패턴 조장 등)나 공기 통로가 없다.

노즐 팁은 초경도 재질로 만들어지며, 패턴의 크기 및 도료 분출량은 노즐 팁으로 결정되므로 노즐 팁의 선택에는 세심한 주의가 필요하다.

㉠ 노즐 : 팁의 선택은 에어리스 스프레이건에서는 적당한 패턴의 넓이나 도료 분출량의 조정이 불가능하므로 작업 조건이나 피도물의 형태 또는 도료에 따라 적정한 팁을 선택하여 사용하여야 한다.

㉡ 노즐 팁의 선정 조건

• 패턴의 벌림은 보통의 평면 대량 도장시에는 30~40cm, 비교적 크고 凹凸이 있는 피도물의 대량 도장시에는 20~30cm, 일반적으로 소형 피도물에는 15~25cm 정도이다.

• 도료 분출량 : 안료분이 많은 도료나 팁의 필터가 비교적 자주 막히는 도료에는 분출량이 많은 팁을 선택하여야 한다. 일반적으로 그런 도료는 도포량이 많고 점도를 높여서 스프레이 한다. 따라서 분출량의 선정 기준에 대해서는 비교적 점도가 낮고, 또는 비중이 가벼운 도료에 대해서는 단위(單位) 분출량이 적은 팁을 선정하여 사용한다.

• 도료 노즐과 팁의 관계 : 도료의 성질에 따라 노즐 팁에서 분사되는 패턴의 모양이 달라지고 패턴의 벌림이나 분출량이 달라지든가, 또는 도장상 지장을 초래하는 "텔"이 발생한다든가, 또는 노즐의 마모가 지나치게 심할 경우가 생긴다.

래커계 도료는 비교적 문제가 덜하나 멜라민수지, 아크릴수지 등의 합성수지

가열형 도료에서는 비교적 "텔"이 발생하기 쉽다. 또 프라이머, 서피서 등의 하도, 중도용 도료에는 팁의 마모가 심하다.

(내) 펌프의 성능 : 일반적으로는 공기의 소비량이 적고 토출압력이 높으며, 토출량이 많을수록 펌프의 성능은 좋다.

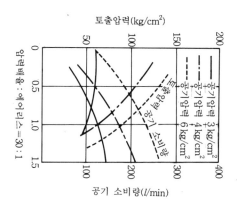

그림 7-27 펌프의 성능 곡선

(다) 스프레이 조건

㉮ 스프레이 패턴 : 에어 스프레이처럼 한 개의 노즐로 스프레이 패턴을 둥글게 또는 타원형을 변화시킬 수 없기 때문에 패턴의 넓이를 변경시키려면 노즐 팁을 교환한다. 패턴의 벌림은 도료 압력 변화에 대하여 그림 7-28과 같이 별로 변화하지 않는다.

스프레이 조건으로서 분무거리는 30~40cm, 도료 압력은 80~120kg/cm^2 정도가 적당하다.

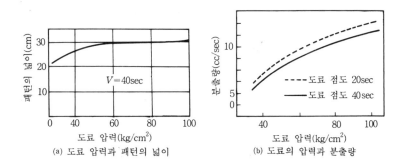

(a) 도료 압력과 패턴의 넓이 (b) 도료의 압력과 분출량

그림 7-28 도료의 압력 변화

㉯ 도료 분출량 : 도료 압력이 높을수록 도료 분출량은 증가하나 거기에 비교하면 패턴의 벌림은 앞에서 설명한 바와 같이 도료 압력의 변화와는 관계가 없으므로 도료 압력이 높을수록 도막의 두께는 두껍게 오른다.

㉰ 도료 입자의 크기 : 그림과 같이 도료 압력이 높아질수록 평균 입자의 지름은 적게 되며, 도료 점도에 대하여는 고점도로 될수록 패턴의 중심과 입자의 지름 차이는 크게 되어 있다. 따라서 점도가 높을 경우에는 낮은 점도 때보다 도료 압력을 높게한 쪽이 균일한 입자의 패턴을 얻을 수 있다.

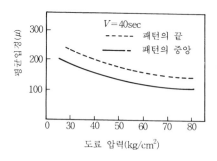

그림 7-29 도료 입력과 입경

㉱ 도료 손실 : 에어 스프레이시와 같이 분무거리가 멀면 멀수록 도료 손실은 크다. 따라서 도료분출량이 에어 스프레이보다 많기 때문에 에어 스프레이 때보다 분무거리를 멀리하고 건의 운행속도는 빨리하지 않으면 도막이 너무 두껍게 흐르는 수가 있으므로 주의할 필요가 있다.

㉲ 도료별 상용 점도 및 도료 압력 : 에어리스 도장에 사용되는 도료의 종류와 상용 점도 및 도료 압력은 다음과 같다.

도 료 의 종 류	상용점도 포드컵 No.4(sec)	도료압력 (kg/cm^2)	비 고
유성 조합 페인트	60~80	100~120	"텔"(패턴의 양단이 끊어지는 현상)이 생
합성 조합 페인트	50~70	100~120	기기 쉽다. 또 노즐도 막히기 쉽다.
합성수지 에멀션 페인트	30~40	100~120	
프탈산 수지 도료	30~40	90~110	
멜라민 수지 도료	30~40	90~110	
래 커	20~30	80~100	
유성 하지 도료	25~35	120 이상	
아크릴 래커	20~35	90~110	기포가 생기기 쉬우므로 용제에 주의
열 경화성 아크릴수지 도료	15~25	100~120	기포가 생기기 쉬우므로 용제에 주의
방 청 도 료	50~80	120 이상	
유성 선박용 도료	50~80	120 이상	노즐 팁이 막히기 쉽다.

ⓑ 사용상의 주의 사항 : 에어리스 도장기를 사용할 때 특히 조심하여야 할 사항을 들면 다음과 같다.

ㄱ 패턴의 넓히기와 분출량의 관계는 에어 스프레이건처럼 조절장치가 없고, 모든 조절은 노즐 팁으로 정해지므로 사용할 도료에 적합한 노즐 팁을 선택해야 한다.

ㄴ 고압력이기 때문에 각 연결부에서 새는 경우가 있으므로 연결면은 충분히 주의하여 조인다.

ㄷ 펌프가 작동 중에는 도료 호스, 스프레이건에 매우 높은 압력이 걸려 있으므로 인체, 특히 노출된 피부에 분사되면 위험하다. 절대 사람이 있는 방향에서 당김쇠를 당기지 않는다.

ㄹ 도료 호스가 꺾였을 때 반지름 50mm 이하가 되면 호스 내벽의 나이론 호스는 상하게 되므로 반지름 50mm 이하로는 꺾지 않는다.

ㅁ 도료가 고속 분사되면 정전기가 발생하므로 정전기가 축적되지 않게 반드시 에어리스 세트를 접지시켜야 한다.

도장시에 야기되는 문제점과 처치

현　　상	원　　인	처　　치
도료 압력이 오르지 않는다.	① 에어 밸브를 열지 않았다. ② 도료 압력계가 파손되었다. ③ 사용후의 청소가 불충분하여 작동장치에 도료가 고착되어 있다. ④ 도료 통로 중으로 공기가 들어가 있다. ⑤ 도료가 부족하다. ⑥ V형 패킹이 마모되었다.	① 에어 밸브를 연다. ② 압력계를 교환한다. ③ 신너로 세척한다. ④ 스프레이건의 당김쇠를 당기면서 펌프를 가동시킨다. ⑤ 도료를 보충한다. ⑥ V형 패킹을 교환한다.
펌프는 정상이나 분무상태가 고르지 못하다.	① 압축공기가 부족하다. ② 압축공기의 공급 파이프가 가늘다. ③ 공기 압력이 낮다. ④ 노즐 팁이나 필터에 먼지로 막혔다. ⑤ 사용 도료가 적당치 못하다.	① 공기량을 올린다. ② 공급 파이프를 굵은 것으로 대치한다. ③ 압력을 올린다. ④ 먼지를 제거한다. ⑤ 도료 압력을 올리고 도료 검토, 다른 도장법을 취한다.
작업중에 도료가 분사 안된다.	① 노즐 팁이 막혀 있다. ② 필터가 막혀 있다. ③ 도료 호스가 막혀 있다.	① 120 메시 정도의 망으로 도료를 여과한다. ② 세척용 신너를 통과시킨다.
스프레이건으로 도료가 샌다.	① 니들 패킹이 마모되어 있다. ② 노즐 연결면에 이물질이 부착되어 있다.	① 니들 패킹을 다시 조이거나 교환한다. ② 먼지제거를 한다.

5. 도장 결함의 원인과 대책

(1) 발포(bubbling popping pinhole)

① 현상 : 도막 건조시 용제의 증발 및 공기의 팽창에 의해 도막에 구멍이 발생한다.

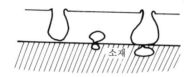

② 원인 : 도장 조건이 부적합, 피도물이 발포체의 경우에 도막의 건조 과정에서 용제 가스 및 공기가 도막을 뚫고 구멍을 발생시킨다.

③ 대책

㉮ 도장 조건을 적정하게 한다. → 점도를 낮춘다. 세팅을 길게 한다. 건조온도를 낮춘다.

㉯ 신너의 증발 속도를 느리게 한다. → 지건신너 첨가

㉰ 도장 막후를 낮춘다.

㉱ 발포형성 소재를 고친다. → 표면에 구멍이 나지 않게 한다.

(2) 오렌지 껍질 형태의 도막(orange peel)

① 현상 : 도막이 평활하게 되지 않고 오렌지의 껍질과 같이 오목볼록이 생기는 것을 말한다.

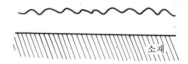

② 원인 : 도장 조건이 부적합하여 발생하는 경우가 많다.

㉮ 점도가 높다. 토출량이 적다. 에어압이 높다. gun거리가 멀다.

㉯ 신너의 증발 속도가 빠르다.

㉰ 부스의 환경 풍속이 빠르다. 습도가 높다.

③ 대책

㉮ 도장 조건을 적정 조건으로 한다.

㉯ 신너의 증발 속도를 느리게 한다. → 지건신너 첨가

㉰ 환경 온도를 낮춘다.

(3) 색상차이(color difference)

① 현상 : 도장면의 색상이 요구한 대로 나오지 않는다.

② 원인

㈎ 표준이 틀려 있는 경우

㈏ 메이커와 user의 뉘앙스가 틀린 경우

㈐ 경시변화로 인하여 색상이 변색한 경우

㈑ 메이커와 user의 도장조건 불일치

㈒ 도료 사용시의 교반 부족

③ 대책

㈎ 표준판 및 색상 한도 폭을 명확히 한다.

㈏ 도장 조건을 조사하고 적정 조건을 찾는다.

㈐ 도료 사용전에 충분히 교반한다.

(4) 이물질(seediness bittiness grainning)

① 현상 : 도막 표면에 이물질의 덩어리가 나타난다.

② 원인

㈎ 도료중의 이물질이 그대로 도막 표면에 나타난다.

㈏ 도장 환경중에서 먼지, 티 등이 도막 표면에 부착했다.

㈐ 스프레이건에 부착되어 있는 샌딩 가루가 세정부족으로 도장 표면에 부착했다.

㈑ 도료중 용해성분이 재결정된다.

③ 대책

㈎ 도료 교반과 여과를 행한다.

㈏ 도장 환경을 청결하게 한다.

㈐ 스프레이건의 세정을 행한다.

㈑ 용해력이 강한 신너를 사용한다.

(5) 흡입 불량(soak in)

① 현상 : 도장했을 때 소지 및 하도 도막에 도료가 적당히 흡수된다. 이 때문에 상도의 광택이 없어지기도 하고 육지감이 없이 얇은 도막으로 보인다.

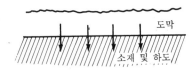

② 원인 : 안료량이 높은 도막상에 도장했을 때 하도의 도막에 수지분이 흡수되어 발생한다.

㈎ 도장 막후가 얇다.

㈏ 신너의 희석률이 높다.

③ 대책

㈎ 상도를 두껍게 한다. 또는 상도 도장을 2번 하여 아래에의 흡수를 방지한다.

㈏ 도장 점도를 높게하여 아래에의 흡수를 방지한다.

(6) 실날림 현상(cobwebbing silking)

① 현상 : 높은 분자량의 도료를 스프레이 하려고 할 때 미립화되지 않고 실상으로 되어 도포되고 피도물에 실모양의 현상이 나타나는 현상이다.

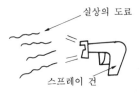

② 원인 : 희석 신너가 부적합하여 신너가 빨리 비산하여 고형에 가까운 상태로 공기중에 부유하기 때문에 발생한다.

㈎ 희석신너가 너무 빠른 경우

㈏ 고점도로 토출량이 적고 토출압이 높은 경우

③ 대책

㈎ 수지의 저분자량화

㈏ 신너의 증발 속도를 느리게 한다. → 지건 신너 첨가

㈐ 희석률을 올린다.

㈑ 용해력이 있는 신너를 사용한다.

(7) 광택 얼룩(light scattering)

① 현상 : 반광 및 무광 도막으로 부분적으로 광택이 틀린 부분이 보인다.

② 원인 : 신너의 선택이 나쁜 경우, 도장 막후가 극단적으로 얇은 경우, 건조로의 풍속이 차이가 있는 경우에 도막두께 차이, 건조 차이에 의한 광택 얼룩이 발생한다.

광택차가 있다.

③ 대책

㈎ 도장 막후를 두껍게 한다.

㈏ 적정한 신너를 선택한다.

㈐ 건조로의 풍속차가 없게 한다.

(8) 칠부족(low-hiping)

① **현상** : 도막의 은폐력 부족으로 상도를 통해 소재와 하도 표면이 보여 본래의 색에 맞지 않는다.

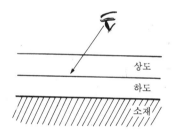

② 원인

㈎ 도료의 은폐력 부족하다.

㈏ 막후가 얇다.

㈐ 착색력이 없는 안료를 사용했다(예를 들면 pearl, mica).

③ 대책

㈎ 도장막후를 두껍게 한다.

㈏ 안료량을 높게 한다.

(9) 가스 체킹(gas checking)

① **현상** : 도막 건조시에 도막 표면이 너무 빨리 경화하여 내부와 뒤틀림을 일으켜 도막 표면에 주름 현상을 발생시킨다.

② 원인

 ㉮ 도막 형성시 산성 분위기 하에서 도막 표면이 너무 빨리 경화하기 때문에 발생한다.

 ㉯ 도장 막후가 너무 두꺼울 때 표면과 내부에 뒤틀림을 일으켜 발생한다.

③ 대책

 ㉮ 건조로 내에 신선한 공기를 넣어 보낸다.

 ㉯ 도장 막후를 낮춘다.

 ㉰ 경화 촉진제를 없앤다.

(10) 크레타링(creters fisheyes)

① 현상 : 평활한 도면에 작은 콩알 만한 크레타링이 발생한다.

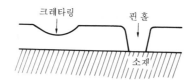

② 원인 : 도막면과 그 표면에 부착된 오염물질과의 표면장력의 차이에 의하여 발생한다.

 ㉮ 피도물에 원인 물질(유계)이 부착해 있고 그 위에 도장된 경우

 ㉯ 원인물질이 도료에 혼입된 채 도장된 경우

 ㉰ 도장후 도막면에 원인 물질이 낙하한 경우

③ 대책

 ㉮ 도장 환경을 청결히 하고 분진 혼입을 피한다.

 ㉯ 스프레이 에어중의 수분, 유분을 제거한다.

 ㉰ 동일 도장라인에서 다른 종류의 도료의 더스트가 날리지 않도록 한다.

 ㉱ 피도물상의 유분, 먼지 등을 제거한다.

(11) 브론즈 현상(bronzing)

① 현상 : 도막이 비단벌레같은 특유의 금속광택을 나타낸다.

수면에 기름을 흘린 것 같이 된다.

② 원인 : 안료가 도료 내부에서 외부로 이행해서 생긴 것이라고 생각된다. 브론즈 현상은

계면 브론즈, 간섭 브론즈로 분류된다. 계면 브론즈는 안료가 수지중에 다량으로 분산된 경우에 일어난다. 즉 안료와 수지의 굴절률의 차이가 크고 부산 부족의 경우에 일어나기 쉽다. 간섭 브론즈는 백아화를 일으킨 도막이 보는 방향에 따라 광이 간섭하는 반사광 때문에 색상의 변화를 일으킨다.

이 현상은 무기계 안료(산화티탄, 산화철 yellow 등)에서 유기계 안료(카본블랙, 프탈로시아닌계 등)를 포함한 도료에 일어나기 쉽다.

③ 대책

㈎ 분산을 충분히 한다.

㈏ 양호한 용제를 선택한다.

㈐ PVC를 감량한다.

㈑ 안료를 변경한다.

⑿ 백화 현상(blushing)

① 현상 : 도막면이 하얗게 되어 희망하는 색과 광택이 나지 않는다.

② 원인 : 도막면의 용제가 급격히 증발하므로 공기중의 수분이 응집해서 도막면에 수분이 부착하여 그대로 도막을 형성하므로 광택이 없어진다.

㈎ 고온, 다습시 증발속도가 빠른 신너를 사용했다.

㈏ 신너의 용해력 부족, 특히 래커 형의 도료에 발생하기 쉽다.

③ 대책

㈎ 신너 증발 속도를 느리게 한다.

㈏ 열을 집어 넣어 습도를 낮춘다.

㈐ setting time을 단축한다.

⒀ 밀착 불량(poor adhesion adhesion loss)

① 현상 : 피도물과 도막이 박리되는 현상이다.

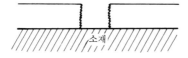

② 원인

㈎ 피도물과 도료가 맞지 않는다.

㈏ 도료의 밀착을 저해하는 유지류가 부착되었다.

㈐ 피도물 도막간의 내부응력이 있다.

㈑ 신너의 피도물에 대한 용해력이 부족하다.

③ 대책

㈎ 피도물을 깨끗이 탈지한다.

㈏ 피도물에 대하여 용해력이 강한 신너로 바꾼다.

㈐ 표면처리를 한다(표면에 요철 효과).

㈑ 도료의 내부응력을 강화시킨다. 또는 도료를 변경한다.

⒁ 쇼크-프리(shock-free)

① 현상 : 도막표면의 저항치가 낮고, 표면에 전류가 흘러 도막에 손을 댈 경우 손에 쇼크를 일으킨다.

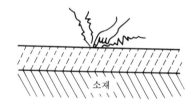

② 원인 : 도전성 물질이 최밀 중진하여 연속적으로 연결되어 전류가 흐른다.

㈎ 막후가 두껍다.

㈏ 도장점도가 낮다.

㈐ 세팅시간이 극단적으로 길다.

㈑ 알루미늄이나 카본 블랙이 침강한 도료를 뿌린다.

③ 대책

㈎ 도장막후를 얇게 한다.

㈏ 도장점도를 올린다.

㈐ 세팅시간을 적정하게 한다.

㈑ 도료를 균일한 상태로 도장한다.

⒂ 갈라짐 현상(cracking crazing checking)

① 현상 : 도막 및 소재에 갈라짐 현상이 일어난다.

㈎ 큰 갈라짐 → 크래킹

㈏ 미세하게 많이 갈라짐 → 크레이징

② 원인

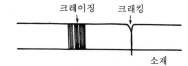

(개) 희석신너의 부적합 → 피도물에 대하여 강용제를 사용했다.

(내) 도막과 피도물과의 내부응력 차이 → 도막이 딱딱하다.

(대) 성형품이 불량 → 성형품의 내부 뒤틀림이 크다.

③ 대책

(개) 도장 막후를 낮춘다.

(내) 희석 신너를 변경한다.

　　• 피도물에 대해 약용제를 사용한다.

　　• 증발속도를 빠르게 한다.

(대) 성형품을 아닐링 한다(60℃×30분~1시간).

(래) 성형 조건을 바꾼다.

(16) 메탈릭 얼룩(burnishing)

① 현상 : ME. 도료를 도장했을 때 금속분이 균일하게 배열되지 않고 부분적으로 뭉쳐 얼룩져 보이는 현상이다.

② 원인 : 도장 조건이 부적정 하여 발생하는 경우가 많다.

(개) 도장 조건이 부적합하다.

(내) 신너의 증발속도가 늦다.

③ 대책 : 도장 조건의 수정, 증발속도가 빠른 신너를 사용한다.

(개) 에어압을 높게 한다.

(내) 토출량을 작게 한다.

(대) 점도를 높게 한다.

(래) gun을 멀리 한다.

(매) 운행속도를 빠르게 한다.

⑴ 색분리(floating vs strike in)

① **현상** : 도막중의 성분안료의 입자경, 비중, 응집력이 틀리므로 도막 건조 과정에 있어서 안료의 분포가 불균일하게 되고 도막표면과 하층의 색이 틀린다.

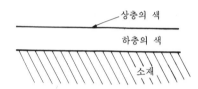

② **원인** : 백과 흑, 청과 백의 조합이 일어나기 쉽다.

  (가) 도료중 혼합안료의 비중이 현저히 틀리거나 안료/수지의 분산이 불충분하기도 하고, 용제의 배합이 부적당한 경우에 일어난다.

  (나) 도장 조건으로서 첨가 신너가 많거나, 신너의 증발 속도가 느리거나, 막후가 높을 때 일어난다.

③ **대책**

  (가) 안료 조성을 변경한다.

  (나) 표면 조정제를 첨가(색분리방지제)한다.

  (다) 적정 신너를 사용한다.

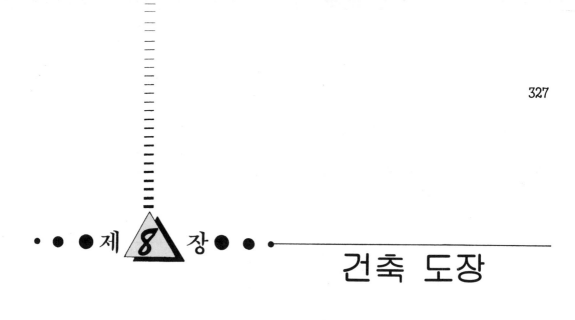

건축 도장

건축 도장의 목적은 건축물의 미장과 보호에 있으나 실제의 도장계와 지시에는 건축물의 목적과 입지조건, 그 사용재료의 재질에 대하여 색채의장의 정도와 보호를 포함하여 그 밖의 특별한 성능을 요구하는 것들을 종합한 적절한 도장을 할 필요가 있다. 요즘의 건축은 새로운 공법과 재료의 개발들을 포함한 건축기술의 발전이 눈부시게 이루어졌고 도장 완성에 있어서도 새로운 건축 도장 시스템이 차례로 출현해서 현재에 이르고 있다. 또한 건축 도장은 현지도장과 공장도장의 조립에 의한 건축물의 개성과 시대의 요구변화에 대응해서 방식성을 중시하고 미장의 내용 연수와 증대에 많은 방법을 연구하지 않으면 안되게 되었다.

- 도장 목적 : 물체의 보호, 미관, 색채조절, 안전표식
- 보호 : 방청, 내수, 내약품, 내마모, 내유 등의 특성을 이용하여 물체를 보호
- 미관 : 환경을 연결한 색채로 물체를 도장해서 미관을 강화
- 색채 조절 : 기계, 건물 등의 색채계획을 설계해 인체의 피로를 경감시키고 작업환경을 개선
- 안전표식 : 산업안전(관료, 전기회로, 난간 등의 표식), 교통안전, 항공장애표식 등 재해방지표식

1. 건축 도장 개요

(1) 건축물의 피도장물 종류

건축물은 그 범위가 대단히 넓으며 그 주된 것을 표 8-1에서 보는 것과 같이 일반 주택건축에서 각종 공장까지 많은 종류가 있다. 또한 하나의 건물에서도 내외벽을 비롯하여 지붕, 천장, 바닥, 문, 창 등 각각 다른 것과의 조합, 냉각탑이나 배관, 물탱크 및 연통 등 그 부대설비를 포함하면 종류는 보다 광범위해지고 증가하게 된다.

피도장물의 재질도 철·아연 도금·알루미늄·구리·스테인리스 등의 금속 종류, 목재·합판·각
종 섬유판, 석고 보드·석면판·파티클 보드·톱밥 시멘트판 등의 각종 보드 종류 이외에 콘크
리트·모르타르·플라스터·경량 기포 콘크리트·콘크리트 블록 등과 또한 플라스틱 종류도 포
함하여 다양한 종류가 있다.

표 8-1 건축물의 종류

주택	단독 주택, 테라스 하우스, 집합 주택(민간, 공공)
숙박 시설	호텔(도시, 온천, 리조트, 한랭 산간부)
정부 청사 건물, 공공 시설	정부 청사, 우체국, 관영 및 사설 철도 역사, 공항 빌딩 시설, 방송국 사옥, 발전소(화력, 수력, 원자력), 도시 가스 시설
교육 시설	학교 교사, 도서관, 체육관, 공공 복지관, 미술관
병원 시설	종합 병원, 진료소
종교 시설	교회, 사찰, 종교 시설
오피스 빌딩	
상업 빌딩	백화점, 슈퍼마켓, 상점, 지하 상가, 음식점
오락 시설	영화관, 경마장, 경기장, 유원지, 풀 시설
화학 공장	화학 비료, 무기 화학 제품, 유기 화학 제품, 농약, 석유 화학, 펄프 제지
기계·차량 공장	자동차, 일반 기계, 정밀 기계
제철·금속 공장	
전기·전자 공장	가정 전기, 중전기, 반도체
창고	자가용, 일반 영업, 냉장, 항온 항습

(2) 건축용 도료

건축 내외장용 도료의 주종을 이루고 있는 것은 에멀션계(에멀션 페인트, 후막형 에멀션
페인트)와 알키드 수지계의 합성 조합 페인트이다. 또한 외장 마무리 도장 재료로서는 합성
수지 에멀션계 복층(複層) 마무리 도료(스프레이 타일 E)와 합성수지 에멀션계 얇은 마무리
용 도장 재료가 많다. 건조 시간이 느릴수록 작업성면에서 사용량은 감소하는 경향이 있으나
유성 도료로 계속하여 사용되고 있다.

벽면용에 염화비닐계나 아크릴 수지계 도료를, 내식성이나 내약품성이 요구되는 장소에는
징크리치 페인트나 타르 에폭시 수지계도 포함하여 에폭시수지 도료를 도장한다.

또한 프리패브(prefab)나 프리코트 메탈 등의 공장 도장도 증가함에 따라서 폴리우레탄 도
료나 아크릴수지 도료, 소결 경화형의 아미노 알키드수지 도료, 플루오르수지 도료 등도 간접
적이나마 건축 도료로서 사용된다.

다채 무늬 도료, 살충 도료, 결로 방지 도료, 방균(防菌) 방곰팡이 도료, 내산·내알칼리성
도료, 내열 도료 등의 특수 도료, 기능성 도료도 각 장소에 사용된다.

건축물과 그 부속물의 메인티넌스(정비)와 도장 주기의 연장이 중요시되며 해안지대나 화
학 공장 등의 건물의 금속 부분에는 중방식(重防蝕) 겸용 도장을 실시한다.

표 8-2　소재별 도료의 종류

도료 종류		지붕: 요업계(시멘트 기와)	지붕: 요업계(신생 기와)	지붕: 컬러 함석	외벽: 요업계(규산 칼슘 외)	외벽: 컬러 함석	외벽: 복합재료(Al 목질·요업)	외벽: 하드보드	내벽: 요업계(규산 칼슘의 석고)	내벽: 합판	내벽: 플라스틱	바닥: 합판	구조재: 철골	구조재: 목질	주택설비·기기: 목질	주택설비·기기: 플라스틱	주택설비·기기: 금속계
용제계 에나멜	아크릴수지	○			○												○
	염화비닐수지 도료			○(졸)	○	○(졸)											
	우레탄수지 도료	○			○			○		○					○	○	
	폴리에스테르수지 도료			○	○										○		
	실리콘·폴리에스테르수지 도료			○	○												
	플루오르수지 도료			○	○											○	
	에폭시 멜라민수지 도료			○	○												○
용제계 클리어	아미노 알키드수지 도료									○		○			○		
	우레탄수지 도료								○	○		○			○		
	폴리에스테르수지 도료									○		○					
수계	에멀션 도료	○	○		○			○				○					
	리신 도료							○									
	복층 무늬 도료							○									
	에멀션 시멘트 복합 도료	○			○												
기타	전착 도료												○				
	분체 도료												○				
	UV 도료										○				○	○	
	목재 보존제													○			

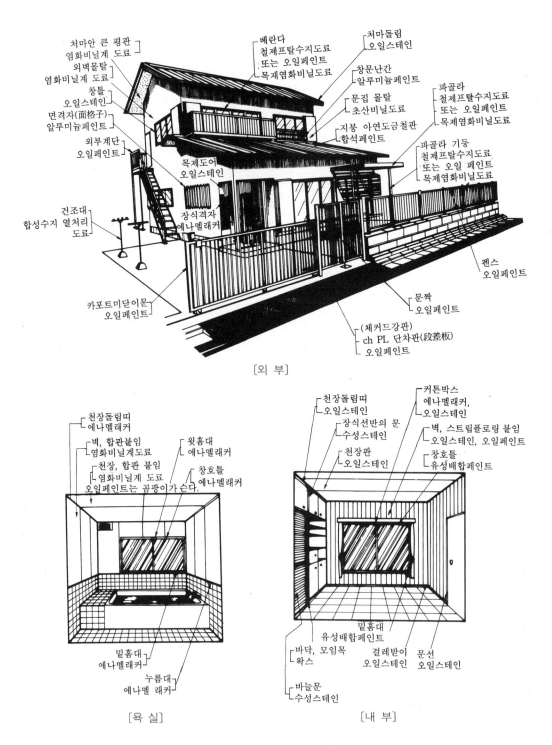

처마안 큰 평판
염화비닐계 도료
외벽몰탈
염화비닐계 도료
창틀
오일스테인
면격자(面格子)
알루미늄페인트
외부계단
오일페인트

베란다
철제프탈수지도료
또는 오일페인트
목재염화비닐도료
창문난간
알루미늄페인트
문집 몰탈
초산비닐도료
지붕 아연도금철판
합석페인트

처마돌림
오일스테인
파골라
철제프탈수지도료
또는 오일페인트
목재염화비닐도료
파골라 기둥
철제프탈수지도료
또는 오일 페인트
목제염화비닐도료

건조대
합성수지 열처리
도료

목제도어
오일스테인

장식격자
에나멜래커

펜스
오일페인트

카포트미닫이문
오일페인트

문짝
오일페인트

(체커드강판)
ch PL 단차판(段差板)
오일페인트

[외 부]

천장돌림띠
에나멜래커
벽, 합판붙임
염화비닐계도료
천장, 합판 붙임
염화비닐계 도료
오일페인트는 곰팡이가 슨다.

윗홈대
에나멜래커
창호틀
에나멜래커

밑홈대
에나멜래커
누름대
에나멜 래커

[욕 실]

천장돌림띠
오일스테인
장식선반의 문
수성스테인
천장판
오일스테인

커튼박스
에나멜래커,
오일스테인
벽, 스트립플로링 붙임
오일스테인, 오일페인트
창호틀
유성배합페인트

바닥, 모임목
와스
바늘문
수성스테인

밑홈대
유성배합페인트
걸레받이
오일스테인
문선
오일스테인

[내 부]

그림 8-1 주택의 일반도료 사용 예

① 도료의 종류

㈎ 합성수지 에멀션 도료 : 물로 희석되는 도료로서 기존의 수성 도료와는 달리 아크릴 수지나 초산 비닐수지를 주성분으로 하고, 물이 증발함으로써 도막이 형성된다. 일단 건조된 도막은 물에 녹지 않는다. 도막은 일반적으로 광택은 없으나 최근에는 광택이 있는 도료도 있다.

알칼리성에 대하여 비교적 강하고, 냄새도 별로 없어 실내의 콘크리트나 모르타르, 보드 등의 벽, 천정의 도장에 흔히 사용된다. 외부용도 있어서 외벽도장에 사용된다. 결점으로는 습도가 높은 곳에서는 곰팡이가 발생되기 쉽고 때가 묻으면 닦기가 곤란하다. 또 못 같은 철재에 칠하면 녹의 발생이 빠르다.

㈏ 오일 페인트 : 옛부터 사용되어 온 도료로서 식물유를 끓여서 만든 보일유에 안료, 건조제(드라이어) 등을 섞은 것으로서 공기중의 산소와 반응되어 건조된다. 이것을 산화 중합이라고 한다.

전에는 도장 기능사가 원료를 직접 혼합하여 도료를 만들어 사용하였으나 현재는 즉시 사용하기 좋게 배합된 조합 페인트를 도료 공장에서 생산하고 있다. 현재에는 합성수지를 첨가시켜 성능을 향상시킨 합성수지 조합 페인트로 탈바꿈하고 있다.

유성 바니시를 천연수지와 건성유를 가열시켜 반응시킨 것을 주성분으로 하고 약간의 황색기가 있는 투명 도료이다.

㉮ 유성 바니시 : 수지와 건성유의 혼합 비율에 따라 성질이 달라진다. 수지보다 기름의 비율이 많은 것을 장유성(長油性) 바니시라 하고, 그 반대로 기름의 비율이 수지보다 적은 것을 단유성(短油性) 바니시라고 하며, 그 중간 것을 중유성(中油性) 바니시라 한다. 유성 바니시에는 아래와 같이 3종류로 구별된다.

• 장유성 바니시 : 이것을 스파 바니시라고 한다. 기름이 많으므로 건조는 늦으나, 도막에 유연성이 있고 내후성이 좋기 때문에 외부용으로 흔히 쓰인다.

• 중유성 바니시 : 코펄 바니시라고 한다. 장유성 바니시와 단유성 바니시 중간의 성질을 가지고 있으며, 내부용으로 사용된다.

• 단유성 바니시 : 골드 사이즈라고 한다. 수지분이 많기 때문에 건조가 빠르고 단단하나, 무르고 내후성(耐候性)이 떨어지므로 내부용 목재의 하지용으로 쓰인다.

유성 바니시에 안료(빨강, 노랑, 파랑 등)를 넣어 반죽시킨 것을 유성 에나멜이라고 한다.

유성 바니시에 안료로 알루미늄 가루를 배합시킨 것을 알루미늄 페인트 또는 은분 페인트라고 한다.

㈐ 주정 바니시 : 용제에 알콜(에틸 알콜을 주정이라고 한다)을 사용하기 때문에 주정 바니시라고 부른다. 그 대표적인 것이 셀락이란 천연수지를 알콜에 녹인 것, 즉 셸락 니스 또는 래커 니스라고 하는 것으로서 약간 붉은기가 있는 투명 도료이나 표백시킨 셸락 니스도 있다.

용제가 증발하기만 하면 경화되기 때문에 건조는 빠르나 단단하고 내후성, 내수성 등은 좋지 않다. 알콜 이외의 용제에는 잘 녹지 않기 때문에 주로 목재 도장시 나무 진막이나 흡수막 등의 하도로 쓰인다.

㈔ 프탈산 수지 도료 : 원명은 유변성(油變性) 알키드수지라고 하나, 알키드수지의 원료에 무수 프탈산을 사용하기 때문에 프탈산수지 도료라고 한다. 프탈산수지 도료속에 함유 되는 기름의 양에 따라 장유성, 중유성, 단유성으로 나눈다.

일반적으로 사용되는 것은 중유성(中油性) 또는 장유성(長油性)으로서 내수성, 내알 칼리성은 떨어지나 작업성이 좋고 밀착성, 내후성, 광택, 경도 등이 좋으므로 일반 건 축물로부터 교량, 선박, 철골 구조물 등에 널리 사용되고 있다.

㈕ 래커 : 건조가 빠른 도료로서 용제가 휘발하면 10~40분으로 경화된다. 도막은 균일하 고 단단한 감을 주나, 도막의 두께가 없고 열에 약하다. 경화된 도막도 신너를 떨어뜨 리면 녹아버리니 주의해야 한다. 래커에는 투명한 클리어 래커와 착색시킨 래커 에나 멜이 있다.

래커는 당초에는 니트로셀룰로스를 주성분으로 하였으나(NG 래커 또는 초화면 래 커, 질화면 래커라고도 불린다) 최근에는 아크릴수지나 알키드수지를 넣어 성능을 향 상시킨 아크릴 래커나 하이 솔리드 래커도 있다. 건축 도장에서는 주로 내부의 고급 마무리에 사용된다.

래커의 용제는 특히 래커 신너라고 하며, 용해력이 강하고 건조가 빠르기 때문에 스 프레이로 도포하는 경향이 많아졌다.

㈖ 염화비닐수지 도료 : 이 도료는 내수성, 내약품성이 우수하기 때문에 약품을 취급하는 공장이나 주택의 목욕탕 등에 사용된다. 결점으로는 냄새가 강하고, 도료에 끈적기가 있어 작업성이 나쁘며 도막도 엷다.

㈗ 아크릴수지 도료 : 아크릴수지 도료는 경화 방식에 따라 여러가지 도료가 있다. 건축 현장에서는 상온에서 경화되는 형의 도료이다.

내후성이 우수하기 때문에 외부 벽면의 도장에 많이 사용된다. 클리어와 에나멜이 있으며 클리어는 투명도가 높다.

㈘ 우레탄수지 도료 : 우레탄수지 도료는 금속, 목재, 콘크리트 등에 대한 밀착성이 좋고 내후성, 내약품성도 우수하다. 도막은 두껍고 깊이가 있는 광택을 내며 단단하다. 주로 외부의 금속 판넬이나 내부의 가구, 건구 등의 고급 마무리, 마루 등에 사용된다.

우레탄수지 도료에는 1액형과 2액형이 있다. 2액형은 주제와 경화제로 나뉘며, 이 두가지를 혼합시키지 않으면 도료가 경화되지 않는다. 혼합비율도 상품에 따라 다르 나, 회사마다의 지시에 따라 적량을 혼합시키지 않으면 안된다. 경화나 가사시간에 큰 영향을 미치게 되기 때문이다.

주제와 경화제는 혼합되는 순간부터 반응이 시작되며, 일정 시간이 지나면 경화되어 버리므로 미리 혼합된 도료가 도장되는 상태의 시간(가사시간 또는 포트라이프)을 조사하고 그 시간내에 전부 사용할 수 있는 양만을 만든다는 것이 중요하다.

1액형에서 유변성(油變性)과 습기 경화형이 있으며, 주로 목재 도장에 쓰인다. 2액형이 1액형 도료보다 모든 성능이 좋다.

㉠ 에폭시수지 도료 : 에폭시수지 도료는 다른 도료에 비해 밀착성이 우수하며, 내약품성, 내수성도 좋다. 결점으로는 내후성이 떨어지기 때문에 외부의 하도나 일광이 쪼이지 않는 장소, 약품을 취급하는 바닥 등에 사용된다. 1액형과 2액형이 있고 저수 탱크의 내부에 흔히 사용되며, 탈 에폭시 도료는 에폭시 수지에 역청질의 탈을 섞은 것으로 도막의 두께가 두껍게 오르고 내수성이 우수하다.

㉡ 특수 도료 : 어떤 특수한 목적을 위하여 제조되는 도료를 특수 도료로 구별한다.

㉮ 방청 도료 : 녹방지 도료라고도 하며, 철에 녹이 나는 것을 방지하기 위한 도료로서 녹막이 효과를 갖는 안료를 함유시키기 때문에 방청 도료는 흔히 녹막이 효과를 가지고 있는 안료에 따라 구별되어 각기 성능을 달리하고 있다. 흔히 유성계 도료와 합성수지계 도료의 2종으로 나눈다. 도장 조건에 따라 선택하여 사용한다.

㉯ 방화 도료 : 건축물의 방화상 화재로부터 건축물을 지키는 역할을 하게 된다. 보통 도료는 기름이나 수지를 함유하고 있기 때문에 연소되기 쉬우나, 방화 도료는 잘 타지 않는 수지나 불연성(不燃性)의 안료를 사용하는 것으로서 2가지의 종류가 있다.

• 난연성(難燃性) 도료 : 금속이나 콘크리트 등의 불연성 피도물에 도포하여 도막으로 인한 연소(延燒)를 방지하는 도료이다.

• 발포성 도료 : 화재로 인한 열이 고온이 되면 도막의 성분이 분해되어 불연성 가스를 발생시켜 거품처럼 부풀어 오르는 것으로서, 목재와 같은 타기 쉬운 피도물에 도포하여 열을 발포층(發泡層)으로 방지하는 역할을 한다.

㉰ 곰팡이 막이 도료 : 욕실이나 부엌처럼 고온 다습한 장소에서는 곰팡이가 발생되기 쉽다. 이 곰팡이의 발생을 방지하기 위한 도료로서 살균제나 방곰팡이제를 함유시킨다.

㉱ 스트립퍼블 페인트 : 물체의 표면을 더럽히지 않게 하는 일시적 보호 도료로서 잘 벗겨지게 만들어져 있으며, 용제형과 수술형이 있다. 용제형을 사용할 때에는 피도물이 용제에 침식되지 않게 조심하여야 한다. 또 두껍게 도포하여야 하며, 얇으면 나중에 벗기기가 곤란하다.

㉲ 트래픽 페인트 : 도료용 도료를 말하며 아스팔트나 콘크리트의 도로에 선이나 글자를 쓰는데 사용된다.

㉳ 발광 도료 : 형광 도료와 야광 도료가 있다.

㉴ 방사선 방어 도료 : 원자력 발전소 등에서 방사선을 맞는 방에 사용된다.

㉵ 발수(撥水) 도료 : 실리콘계와 비실리콘계가 있다. 콘크리트나 목재에 침투하여 물을 튀기는 도료이다.

㉶ 바닥용 도료 : 콘크리트 바닥 등에 도포되며, 방진(防塵) 도료로도 사용된다. 아크릴

수지나 에폭시수지 등이 사용된다.

   ㉧ 내열 도료 : 스팀, 스토브, 보일러의 배기관처럼 고온이 되는 부품에 도장된다. 일반 도료는 고온이 되면 변색이나 균열이 생긴다. 내열 도료는 실리콘계수지나 에폭시 수지계, 페놀 수지계 등이 있으나, 일반 실내의 스팀난방, 방열판 또는 그 이상의 고온이 안되는 것에는 장유성 알루미늄 페인트를 사용하는 것이 일반적이다.

㉯ 변형 도료

   ㉮ 무늬 코트 : 다채 무늬 도료라고도 한다. 한 도료속에 2색 이상이 입자상으로 혼합되어 있다. 죠라 코트란 상품명이다. 모르타르와 같은 전용 스프레이건으로 도포한다. 용제형과 수성형이 있다.

   ㉯ 스테이플 도료 : 스테이플(staple)로 마무리 하기 위하여 조합된 도료로서 유성, 수성의 두 종류가 있다.

   ㉰ 컬러 클리어 : 아크릴수지 도료나 우레탄수지 도료, 래커 등의 클리어(투명)에 염료를 넣어 착색시킨 도료로서, 착색 유리와 같이 투명도가 있어 건축물의 마무리에 사용되고 있다.

   ㉱ 해머톤 도료 : 금속의 표면을 해머로 두들긴 것 같은 무늬가 나타나는 도료이다. 금속에서 캐비닛 같은 곳에 도색된다.

   ㉲ 메탈릭 도료 : 은분 또는 금분 도료라고도 한다. 알루미늄 가루가 도료중에 함유되어 있어 금속적인 마무리가 된다. 외부의 물탱크와 같이 태양열을 많이 받는 구조물에 사용된다.

   ㉳ 펄 도료 : 진주와 같은 광택이 난다하여 진주박이라고도 불린다. 이산화티탄을 코팅한 운모나 탄산염 등이 혼합되어 있다.

   ㉴ 리싱, 분무 타일(폰 타일)이라고도 불리는 건축용 마무리 도장으로서 전에는 시멘트를 주체로 하여 미장공사 중에 속해 있었으나, 합성수지를 사용하여 스프레이제가 개발되면서 도장분야에서 취급하게 되었다. 공법으로서는 보통 스프레이를 이용하기 때문에 이러한 재료를 스프레이 재(材) 또는, 롤도장용일 때는 롤재를 사용하여 마무리한다.

      • 분무재(스프레이제) : 시멘트나 합성수지 에멀션, 에폭시수지 등의 "베이스"에 석회(탄산석회), 질석, 규석, 페라이트 등의 골재 및 체질 안료, 착색 안료 기타 첨가제를 넣어 혼합되어 있다.

      • 리싱 : 피도물 바탕을 거칠게 하는 재료로서 석회나 페라이트, 모래 등을 합성수지 에멀션 도료와 섞어 분무 도장된다.

      • 분무 타일 : 타일을 붙인 것과 같은 감을 주는 마무리로서, 한번에 5~10mm 정도가 도포되므로 공정의 단축에 큰 역할을 하기 때문에 콘크리트 면의 내외장 마무리재로 흔히 사용된다. 무늬색도 여러 종류가 있다.

        분무 타일은 합성수지 에멀션, 에폭시수지를 베이스로 한 것이 많으나 우레탄

수지 등으로 탄력성이 있는 도막을 만드는 분무재도 있다. 이것은 하지의 균열 등에 추종(追從)시키기 위하여 도막에 균열이 없기 때문에 외부 방수용으로도 좋다. 탄성을 갖는 분무 타일로서 사용된다. 단, 도막에 거친 오목이 심하면 때를 잘 탄다는 결점도 있다.

㉮ 마스틱 페인트 : 건물의 내외장용으로 개발된 도장 재료로서, 시멘트를 주체로 한 것과 합성수지 에멀션을 주체로 한 것이 있다. 분무용이 아니고 전용의 스폰지 롤러 마무리를 특징으로 하고 있다.

㉯ 퍼티 : 퍼티는 피도물의 흠이나 구멍, 이지러진 곳을 없애기 위한 재료이다. 퍼티는 도료와 달라 체질 안료나 골재 등을 많이 함유시킨 것이므로 부착성 등이 떨어진다. 때문에 퍼티는 가급적 두껍게 도포하지 말 것이며, 특히 외부에는 퍼티의 사용한도를 극히 줄이는 것이 좋다.

퍼티의 종류에는 다음과 같은 것이 있다.

• 수성 에멀션 퍼티 : 아크릴수지나 초산 비닐수지의 에멀션에 각종 골재나 체질 안료를 섞은 것으로써 주걱 운행이 쉽고 연마하기 쉬워야 한다.

• 오일 퍼티 : 유성계 퍼티로서 주걱(헤라) 운행이 편하고 살 야윔도 적으나 건조가 늦고 두껍게 도포하지 못한다는 결점이 있다.

• 캐슈 퍼티 : 오일 퍼티와 같은 유성계의 퍼티로 작업성이 좋고, 살 야윔도 적으나 건조성이 늦다. 나전칠기 도장에서 흔히 쓰인다.

• 염화비닐 퍼티 : 속건성의 퍼티이기 때문에 취급이 곤란하나, 내약품성이 있기 때문에 특수한 장소에서 사용된다.

• 래커 퍼티 : 속건성의 퍼티이고, 적은 흠의 보수용에 쓰인다. 살 야윔이 많기 때문에 두껍게 도포하는 데는 적당하지 못하다.

• 불포화 폴리에스테르 퍼티 : 보통 주제와 경화제를 일정 비율로 반죽시켜 사용하는 것이 많다. 살 야윔이 거의 없고 두껍게 도포할 수 있어 깊은 흠의 보수에 적당하다. 그러나 경화되면 단단하여 연마하기가 쉽지 않다.

이 퍼티는 2액형 도료 때와 같이 반죽하고나서 사용시간에 제한이 있으므로 알맞게 혼합하여 사용한다는 것이 하나의 요령이다. 주로 철강으로된 문짝이나 판넬의 凹부를 보수하는데 사용된다. 콘크리트처럼 알칼리성이 강한 장소에서는 열화(劣化)되기 쉽다.

(3) 건축재료

표 8-3 건축재료의 분류 및 성질

재 료		정 의	재료에 요구되는 성질	종 류	비 고
구 조 재 료		건축 구조물의 뼈대를 구성하는 재료	• 재질이 균일하고 강도가 큰 것이어야 한다. • 내화, 내구성이 큰 것이어야 한다. • 가볍고 큰 재료를 용이하게 얻을 수 있는 것이어야 한다. • 가공이 용이한 것이어야 한다.	목재, 석재, 시멘트, 콘크리트, 금속재료	강도가 우선적으로 요구된다.
수 장 재 료	지붕재료	구조재료에 첨가하거나 건축물을 완성시키는 재료	• 재료가 가볍고 방수, 방습, 내화, 내수성이 큰 것이어야 한다. • 열전도율이 작은 것이어야 한다. • 외관이 좋은 것이어야 한다.	지붕재료 내·외장 재료 유리·채광 재료 창호재료 도장재료	
	벽, 천장재료		• 열전도율이 작은 것이어야 한다. • 흡음이 잘 되고 내화, 내구성이 큰 것이어야 한다. • 외관이 좋은 것이어야 한다. • 시공이 용이한 것이어야 한다.		
	바닥, 마무리 재료		• 탄력성이 있고 마멸이나 미끄럼이 작으며, 청소하기가 용이한 것이어야 한다. • 외관이 좋은 것이어야 한다. • 내화, 내구성이 큰 것이어야 한다.		
	창호, 수장재료		• 외관이 좋은 것이어야 한다. • 변형이 작고, 가공이 용이한 것이어야 한다. • 내화, 내구성이 큰 것이어야 한다.		
설 비 재 료		건축물에 첨가하여 건축물의 사용 능률을 보완하거나 향상시키기 위한 재료		엘리베이터, 에스컬레이터, 위생설비, 냉·난방 설비	
가 설 재 료		건축물을 신축하거나 보수하는 데에 필요한 것으로 완성한 다음에는 철거해야 하는 재료		비계용 강판 흙막이용 강판	

① 금속 및 비철금속

㈎ 철강

㉮ 제철

㉠ 제철과정 : 산화철을 주성분으로 하는 철광석(적철광(Fe_2O_3), 자철광(Fe_3O_4), 갈철광($2Fe_2O_3$))과 코크스(환원제), 석회석(용제)을 넣고 용광로 밑에서 1500℃ 이상의 열풍을 불어 넣으면 코크스가 연소되면서 일산화탄소가 생겨, 이 가스(일산화탄소)가 용광로 위로 빠져 나갈 때 철광석 속의 산소와 결합하여 철분으로 환원된다. 이와같이 얻어진 상태의 철을 선철(용선)이라고 한다.

㉡ 선철의 종류

• 백선 : 용광로속의 선철이 급랭하여 생긴 것으로, 탄소와 철이 화학적으로 결합하여 시멘타이트가 되었다. 질이 좋고 부서지기 쉬우며 단면이 은백색이다.

• 회선 : 고열인 선철이 천천히 냉각하여 탄소의 대부분이 흑연 모양으로 유리되어 회색으로 보이게 된 것으로 질이 연하고 절삭하기 쉬우며, 수축이 작아서 주조에 적당하다.

㉢ 선철의 용도 : 용융상태에서 강철의 원료로 하거나 냉각시켜서 주철의 원료로 한다.

㉯ 제강 : 용광로에서 얻어진 선철은 탄소량이 많으므로 다음과 같은 방법으로 제강한다.

구분\n종류	제 강 방 법	특 성
전로법\n(bessemer)	선철을 전로에 넣고, 위쪽에서 노속에 내린 관을 통하여 고압, 고순도의 산소를 불어 넣어 용선속에 포함된 철 이외의 불순물을 산화 연소시킨다.	• 인과 황의 함유량이 많다.\n• 평로에 비하여 건설비, 제강비가 싸게 든다.\n• 제강시간이 짧다.\n• 수시로 소량을 제조할 수 있다.\n• 품질이 평로 제품보다 낮다.
평로법\n(siemens martin)	평로 속에 선철과 함께 폐철, 철광석, 석회석 등을 넣어 좌우의 축열실에서 번갈아 가열된 가스와 공기의 혼합기체를 보내어 철 이외의 불순물을 산화, 연소시킨다.	원료나 제품의 조정이 자유롭고, 품질도 우수하다.
전기로법	전열을 이용하여 원료를 용융시킨다.	불순물이 충분히 제거되므로 합금강의 제조에 적합하다.
도가니법	점토와 흑연으로 만든 도가니를 사용한 것으로 과거에 많이 사용한 방법이다.	질이 좋은 강을 얻을 수 있으나 대량 생산이 적합하지 않다.

㈏ 주철

㉮ 종류 : 탄소의 함유량이 2.11~6.67%인 철을 주철이라 하고 보통 사용하고 있는 것은 탄소량이 2.5~3.5%이다.

ㄱ 보통 주철 : 선철에서 만든 주철로 창의 격자, 장식 철물, 계단, 교량의 손잡이, 방열기, 주철관, 하수관 뚜껑 등에 쓰인다.

ㄴ 가단 주철 : 백선을 고온(700~1,000℃)으로 오랜시간 풀림을 하여 전성과 연성을 증가시킨 것이다.

• 탄소 함유량 : 2.4~2.6%

• 용도 : 뒤벨, 창호의 철물, 파이프 이음

표 8-4 보통 주철의 성질

종류	색	비 중	융해점	경 도	인장강도	수 축	세로탄성계수
백선	은백색	7.5~7.7	1,100℃	주철 중에서 최대	비교적 크다.	2% 정도, 주조 곤란	$(1.71 \sim 1.87) \times 10^4 kg/mm^2$
회선	회 색	7.0~7.1	1,225℃	연하여 가공하기 쉽다.	비교적 작다.	0.5~1.0% 주조하기 쉽다.	$(1.0 \sim 4.0) \times 10^4 kg/mm^2$

ㄷ 비철금속

표 8-5 비철금속의 종류 특성 및 용도

종류 \ 구분		제 법	특 성	용 도	비 고
구 리		• 황동광의 원광석을 용광로 또는 전로에서 거친 구리물로 만들며 이것을 전기 분해에 의하여 구리로 정련한다.	• 연성과 전성이 크다(선재나 판재로 이용). • 열이나 전기 전도율이 크다. • 건조한 공기중에서는 변화하지 않는다. • 습기를 받으면 이산화탄소와 부식하여 녹청색이 된다. • 알칼리성(암모니아) 용액에 침식이 잘된다. • 산성(아세트산, 진한 황산) 용액에 잘 용해된다.	• 지붕이기 • 홈통 • 철사 • 못 • 철망	
구리합금	황 동	• 구리에 아연(Zn) 10~45% 정도를 가하여 만든 합금	• 구리보다 단단하고 주조가 잘 되며, 가공하기 쉽다. • 내식성이 크고, 외관이 아름답다.	• 창호철물	• 색깔은 주로 아연의 양에 따라 정해진다.
	청 동	• 구리와 주석(Sn) 4~12% 정도의 합금	• 황동보다 내식성이 크고, 주조하기가 쉽다. • 표면은 특유의 아름다운 청록색이다.	• 장식철물, 공예재료	• 성질은 주석의 양에 따라 달라진다.

구리합금	포 금	• 주석 10%에 아연, 납, 구리의 합금	• 강도와 경도가 크다.	• 기계, 톱니바퀴, 건축용 철물	
	인청동	• 인(P)을 포함한 청동	• 탄성과 내마멸성이 크다.	• 금속재 창호의 가동부분	
	알루미늄 청동	• 구리에 알루미늄 5~12% 정도를 가하여 만든 합금	• 색깔이 변하지 않고, 황금색이다.	• 장식 철물	
알루미늄		• 원광석인 보크사이트로 순수한 알루미나(Al_2O_3)를 만들고 이것을 다시 전기 분해하여 만든 은백색의 금속	• 전기나 열전도율이 높다. • 비중에 비하여 강도가 크다. • 산화막이 생겨 내부를 보호한다. • 전성과 연성이 풍부하다. • 가공이 용이하다. • 산, 알칼리에 약하다.	• 지붕이기 • 실내장식 • 가구 • 창호 • 커튼 레일	• 전해법에 의하여 알루미늄 표면에 산화알루미늄의 치밀한 피막을 만들어 방식처리를 한다.
알루미늄 합금	두랄루민	• 알루미늄에 구리(4%), 마그네슘(0.5%), 망간(0.5%)의 합금	• 보통온도에서 균열이 생기고, 압연이 잘 되지 않는다. • 430~470℃에서 쉽게 압연이 되고, 한번 가공한 것은 보통 온도, 고온에서 박판이나 가는선으로 제조한다. • 열처리를 하면 재질이 개선되며, 시일이 경과함에 따라 강도와 경도가 커진다. • 염분이 있는 바닷물 속에서 부식이 잘 된다.	• 비행기 • 자동차 • 건축용 판재	
주 석			• 전성과 연성이 풍부하다(상온에서 얇은 강판제조, 철사로는 부적당하다). • 내식성이 크다. • 산소나 이산화탄소의 작용을 받지 않는다. • 유기산에 거의 침식되지 않는다. • 공기중이나 수중에서 녹이 나지 않는다. • 알칼리에 천천히 침식된다.	• 생철판(철판에 도금) • 청동(구리와 주석의 합금) • 방식피복재료(식료품, 음료 수용금속재료) • 땜납(주석과 납의 합금)	
납			• 금속 중에서 가장 비중이 크고 연하다. • 주조 가공성 및 단조성이 풍부하다. • 열전도율이 작으나 온도 변화에 따른 신축이 크다.	• 송수관 • 가스관 • X-선실	

납		• 공기중에서 탄산납의 피막이 생겨 내부를 보호한다. • 내산성은 크나 알칼리에는 침식된다.	• 송수관 • 가스관 • X–선실
아 연		• 강도가 크다. • 연성 및 내식성이 양호하다. • 공기중에서 거의 산화하지 않는다. • 습기나 이산화탄소가 있을 때 표면에 탄산염이 생겨 내부의 산화 진행을 막는다.	• 철강의 방식용 피복재 • 함석판 • 지붕이기 • 홈통 • 얇은 판 ·선 ·못
니 켈		• 전성과 연성이 크다. • 청백색의 광택이 크다. • 내식성이 커서 공기나 습기에 대하여 산화가 잘 되지 않는다.	• 장식용(도금을 해서 사용) • 합금용
양은(화이트 브론즈)	• 구리, 니켈, 아연의 합금	• 색깔이 아름답다. • 내산, 내알칼리성이 있다. • 마멸에 강하다.	• 문장식 • 전기기구

② **시멘트** : 오늘날의 시멘트는 어떤 석회석에 포함되어 있는 점토질의 수경성이 크다는 것이 알려진 후, 영국의 벽돌공인 조셉 애습딘이 1791년에 경질 석회석을 구워서 얻은 생석회와 물을 가하여 얻은 소석회에 점토를 혼합하여 만든 시멘트를 포틀랜드 시멘트라하여 사용하게 되었다. 그 후 소성로, 분쇄기와 같은 기계의 출현, 그리고 배합, 소성, 냉각 기술의 발전으로, 오늘날과 같은 용도별로 그 특수성에 적응한 다양한 특수 시멘트가 제조되기에 이르렀다.

표 8–6 시멘트의 종류

분류 \ 종류	종 류	비 고
포틀랜드 시멘트	보통 포틀랜드 시멘트, 중용열 포틀랜드 시멘트, 조강 포틀랜드 시멘트, 백색 포틀랜드 시멘트	
혼합 시멘트	슬래그 시멘트, 플라이애시 시멘트, 포졸란 시멘트	
특수 시멘트	알루미나 시멘트, AE포틀랜드 시멘트, 초조강 포틀랜드 시멘트, 팽창 시멘트	

⑺ **제법** : 시멘트의 제조에는 원료 배합, 고온 소성, 분쇄의 세가지 공정이 있다. 원료로는 석회석과 점토를 쓰며, 시멘트의 응결 시간을 조정하기 위하여 석고를 보통 시멘트 클링커의 2~3% 정도가 쓰인다.

　⑦ 원료 배합

　　㉠ 건식법 : 건식법은 각 원료를 개별적으로 함수량 1% 이하로 건조하여 균일하게 분쇄, 배합하여 소성하는 방법이다.

　　㉡ 습식법 : 습식법은 각 원료를 건조시키지 않고 그대로 분쇄, 배합을 하며, 동시에

원료 전체에 약 36~40%의 물을 첨가하여 재분쇄, 혼합한 다음 진흙(sludgy)을 만들어 원반형 여과기(slurry filter)의 과잉 수분을 제거하고 수분의 함유량을 약 20%의 진흙형 케이크(sludgy cake)로 하여 회전로에 넣어 소성하는 방법으로, 건식법에 비하여 여러 가지의 비경제적인 점도 있으나, 원료 배합이 매우 우수하여 고급 시멘트(조강 포틀랜드 시멘트)의 제조에 쓰인다.

　　ⓒ 반습식법 : 반습식법은 노 뒤에 장치되어 있는 조립기 내에서 건식 배합 원료에 10~20%의 물을 가하여 원료를 소립자의 모양으로 만드는 것이 특징이며, 조립기에서 나온 원료 입자를 다시 예열실에 보내어 1,000℃로 열처리를 하여 회전로에 넣어 소성하는 방법이다.

　ⓑ 고온 소성 : 소성은 모두 회전로에 의해서 구워지고, 1,400~1,500℃의 온도하에서 거의 용융될 무렵까지 소성을 하면 원료는 작은 클링커로 된다.

　ⓒ 분쇄 : 클링커에 무게비 3% 이하의 석고를 첨가하여 분쇄기로 미분쇄하면 포틀랜드 시멘트를 얻을 수 있다.

　(나) 성질

　　ⓐ 비중 : 시멘트의 비중은 보통 3.05~3.15이며, 소성온도, 성분 등에 따라 다르고 같은 시멘트에서도 풍화한 것일수록 비중이 작아진다.

　　　㉠ 풍화 : 시멘트가 공기 중의 습기를 받아 천천히 수화반응을 일으켜 작은 알갱이 모양으로 굳어지고, 결국에는 큰 덩어리로 굳어지는 현상이다.

　　　㉡ 시멘트의 단위 용적 무게는 채우는 방법에 따라 달라지나, 편의상 1,500kg/m³로 한다.

　　　㉢ 시멘트의 비중을 측정하는데 르샤틀리에(Le Chatelier) 비중병이 사용된다.

　　ⓑ 분말도 : 시멘트의 분말도(fineness)는 수화 속도에 큰 영향을 준다.

③ 점토 제품

표 8-7 점토의 분류와 성질

제품명	원　료	소성온도	바닥의 투명도	특　　성	흡수율(%)	용　도
토 기	전답의 흙	790~1000℃	불투명한 회색, 갈색	흡수성이 크고 깨지기 쉽다.	20	기와, 벽돌, 토관
석 기	유기 불순물이 섞여 있지 않는 양질의 점토(내화점토)	1,160~1,350℃	불투명하고 색깔이 있다.	흡수성이 극히 작다. 경도와 강도가 크다. 두드리면 청음이 난다.	3~10	경질기와, 바닥용 타일, 도관
도 기	석영, 운모의 풍화물(도토)	1,100~1,230℃	불투명하고 백색	흡수성이 있기 때문에 시유한다.	10	타일 위생도기
자 기	양질의 도토와 자토	1,230~1,460℃	투명하고 백색		0~1	자기질 타일

⑺ 벽돌

　㉠ 보통 벽돌 : 논, 밭에서 나오는 점토를 원료로 소성가마(등요, 터널, 호프만 가마)에서 만들어지는 벽돌이다.

　㉡ 이형 벽돌 : 특수한 용도에 사용하기 위해서 특수한 모양으로 만든 것이다.

표 8-8 벽돌의 특성

분　류		형　태	흡수율	압축강도	흡　음	용　도
1급품	1호	형상이 바르고 갈라짐이나 홈이 극히 적은것	20% 이하	150kg/cm² 이상	청　음	구조재 수장재
	2호	형상이 보통이고 심한 갈라짐이나 홈이 없는 것				
2급품	1호	형상이 바르고 갈라짐이나 홈이 극히 적은 것	23% 이하	100kg/cm² 이상	탁　음	내력벽 간이구조재
	2호	형상이 보통이고 심한 갈라짐이나 홈이 없는 것				
과　소　품		모양이 나쁘고 색이 짙은 것 지나치게 높은 온도로 구워낸 것 흡수율이 매우 작고 강도가 큰 것	15% 이하	200kg/cm² 이상	금속음	기초쌓기 특수장식용

⑷ 기와의 원료 : 논밭에서 나오는 저급 점토로 만든 것으로, 유약의 종류에 따라 기와의 색이 달라진다.

⑸ 타일

　㋐ 원료 : 자토, 도토 또는 내화 점토

　㋑ 타일의 분류

　　㉠ 모양에 따른 분류

　　　• 보더 타일 : 길이가 폭의 3배 이상인 타일

　　　• 스크래치 타일 : 표면에 파인 홈이 나란하게 되어 있는 타일

　　　• 모자이크 타일 : 각 또는 지름이 50mm 정도의 타일

　　　• 이형 타일 : 마감을 정밀하고 미려하게 마무리하기 위한 타일

　　㉡ 바탕질에 따른 분류

　　　• 도기질 타일 : 실내에 사용

　　　• 자기질, 석기질 타일 : 외부에 사용

　　㉢ 테라코타 : 버팀벽, 주두, 돌림띠 등에 사용되는 장식용 점토 제품으로서, 석재 조각물 대신에 사용된다.

④ 목재 및 합판 : 목재는 옛부터 건축재로 중요한 역할을 하고 있다. 무엇보다도 가공하기 쉽고, 목재 고유의 자연색 등의 특징 때문일 것이다. 그러나 목재는 재질에 얼룩이 있고 수분을 잘 흡수하기 때문에 틀어지기도 하고 쪼개지기도 하며, 부식되기도 하는 결점이 있다.

목재의 종류를 크게 나누면 노송나무, 삼목, 소나무 등의 침엽수와 졸참나무와 같은 광엽수로 구별되나, 최근에는 나왕, 아피톤과 같은 수입 목재가 널리 건축자재로 사용되고 있다.

침엽수는 나무조직이 치밀하나 광엽수나 나왕 등 남양지방의 목재는 도관(導管)이 크고 나무결이 거칠다.

합판은 목재 재질의 차가 적고, 얇은 판자는 여러 겹 나무결을 교차시켜 접착시킨 것이므로 균열이나 비틀어짐이 적다.

⑤ **콘크리트, 모르타르** : 이것들은 시멘트를 주체로 한 피도물로서, 물과 시멘트의 화학반응으로 경화되는 것이다. 콘크리트는 시멘트에 모래나 자갈을 섞어 물로 혼합시켜 경화시킨 것으로서 물이나 불에 견디며, 단단하고 튼튼하기 때문에 건축 구조에 사용된다. 모르타르는 시멘트와 모래를 물에 섞어 혼합시킨 것으로서 주로 기둥, 벽의 마무리제로 사용된다.

콘크리트나 모르타르와 같이 시멘트를 원료로 하는 재료는 알칼리성이 강하기 때문에 도료에 나쁜 영향을 미친다. 그 알칼리성은 공기중의 이산화탄소로 중화되어가나 도장이 가능하기까지는 약 3주간 정도의 건조기간이 필요하다.

⑥ **플라스터 종류** : 소석고나 무수석고를 주 원료로 하여 만들어진 것을 석고 플라스터라고 하며, 건물의 벽 재료로 쓰인다. 또 생석회(소석회)를 주원료로 한 것이 식구이(식구이는 일본어이고 석회와 찰흙을 풀가사리의 액체로 반죽한 것), 또 마그네시아 석회를 주성분으로 한 도로마이트 플라스터도 있다. 플라스터 종류는 알칼리성이 강하기 때문에 도장하기 위해서는 콘크리트와 같은 건조기간이 필요하다.

⑦ **보드** : 벽이나 천장에 하지재(下地材)로 또는 그냥 사용하기도 한다. 취급하기 쉽고 최근에는 불연성 재료로서 흔히 사용된다. 건축용 보드는 석고계와 목질(木質) 섬유계, 시멘트계로 구별된다.

㈎ 석고계 보드 : 석고를 심(芯)으로 하고, 양면에 두꺼운 종이로 끼워 성형시킨 것을 석고 보드라고 한다.

석고 보드는 표면에 많은 구멍을 뚫은 것은 흡음(吸音) 보드라고 한다. 석고계 보드는 두꺼운 종이가 흡수성이 크기 때문에 도장시에는 흡수막이 도료를 도포할 필요가 있다. 석고 보드의 단면에서 보아 양단에 경사가 된 댐퍼보드와 평면의 2종류가 있다.

㈏ 목질섬유 보드 : 목재나 짚 등을 섬유상태로 하여 합성수지로 가열, 압축, 성형시킨 헤드보드와 목재의 작은 조각을 연결시켜 성형한 것으로 파티클 보드가 있다.

㈐ 시멘트 섬유계 보드 : 석면 슬레이트판, 목편 슬레이트판 등이 있다.

석면 슬레이트판은 석면과 시멘트와 물을 혼합시켜 압축 성형시킨 판으로, 파도형 슬레이트판은 지붕 벽제로 흔히 사용된다.

목편 슬레이트판은 나무를 잘게 깎아 시멘트와 물을 같이 혼합시켜 성형시킨 것으로서 주로 내부의 하지재로 사용된다. 이런 종류의 보드가 알칼리성이 강하다.

2. 건축 도장의 소지조정

(1) 시멘트계의 소지조정

도료는 피도물상에 칠해져 목적하는 성능을 발휘하는 것이므로 피도물 재질의 특성을 수기한 후 적절한 재료를 선택하고 정확한 하지처리와 시공을 하는 것이 중요하다.

① 시멘트계 하지의 종류와 특성 : 건축물에 사용되는 주된 시멘트계 하지와 그 특성은 표 8-11과 같다. 이 소재를 조합한 복합재료, 예를 들면 ALC의 양면을 flexible board로 붙인 pannel 등도 많이 사용된다. 표 8-11은 시멘트계 하지와 그 특성을 나타내고 있다.

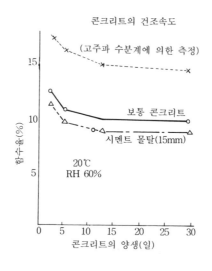

그림 8-2 콘크리트의 건조속도

② 하지조정의 방법과 관리 : 시멘트계 하지는 시멘트와 다량의 물을 사용하기 때문에 시공 후 어느 정도의 기간중에는 상당히 많은 수분을 함유하고 또 알칼리성을 띠는 것이 금속계, 목계 등의 소지와 크게 다른 점이다.

하지의 수분은 기온, 온도, 통풍 등의 환경, 조건, 건물의 구조, 부위에 따라 다르고 시공후 며칠이 지나면 도장이 가능하게 되나 일방적인 단정은 곤란하다.

특히 최근과 같이 뒷면에 단열재를 붙이게 되면 수분의 증발이 매우 느려지게 된다. 일반적으로는 함수율 10% 이하가 바람직하고(최적은 8%) 수분이 많으면 도막의 부풀음, 연화, 박리, 변색 등의 결함이 생기는 수가 있다. 도장 가능하다고 판단되는 양생기간은 표 8-9와 같다.

그림 8-4은 콘크리트 및 모르타르에 대한 건조속도를 측정한 실험 예를 나타낸 것이다.

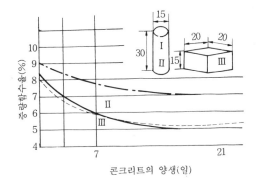

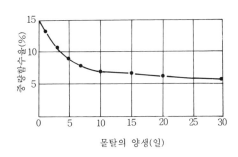

그림 8-3 콘크리트의 건조속도   그림 8-4 콘크리트 모르타르의 건조속도

다음에 시멘트계 하지에는 알칼리 함량도 문제가 된다. 알칼리는 그림과 같이 경시적으로 없어지게 된다.

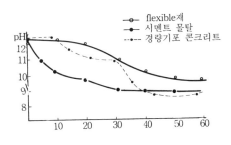

그림 8-5 알칼리성 소실속도

일반적인 도장조건으로서는 pH 10 이하로 관리하는 것이 필요하고 알칼리도가 높으며 도막의 연화, 박리, 변색 등의 결함이 생기는 수가 있고 백화현상을 일으키기 쉽다.

표 8-9 하지에 따른 도장가능 양생기간

하지의 종류 기간	콘크리트	모르타르	경량 콘크리트	수지를 넣은 모르타르칠 의 부분 보수부
하 기	14일	7일	21일	5일
동 기	21일	14일	28일	8일

표 8-10 시멘트계 하지의 처리항목과 처리방법

처 리 항 목	처 리 방 법
흠 손	합성수지 에멀션을 넣은 모르타르로 보수한다.
crack	크랙의 폭이 약 0.3mm 이상의 갈라짐은 V 컷 또는 U 컷한 후 에폭시 수지계 sealer 처리 후 합성수지 에멀션이 들은 모르타르로 성형보수한다. 폭이 0.3mm보다 작을 경우에는 시멘트 필러로 처리한다.
백 화	스크래퍼, 와이어 브러시 등으로 제거한다.
이형제, 유지	래커 신너, 페인트 신너 등으로 제거한다.

표 8-11 시멘트계 하지와 특성

소 지	주 성 분		특 성
콘크리트 (레미콘)	시멘트 사(砂) 사리(砂利)	건조 알칼리성	늦고 두께와 구조에 지배된다. 강하고 중화에 장시간을 요한다. 내부로부터의 수분은 알칼리성을 띤다.
		표면상태	흡입이 크다. PFI법, MFI법 등이 있고 MFI법의 면은 평활하다.
경량 콘크리트	시멘트 경량골재 (사)	건조 알칼리성	늦고 두께와 구조에 지배된다. 강하고 중화에 장시간을 요한다. 내부로부터의 수분은 알칼리성을 띤다.
		표면상태	흡입이 특히 크다.
성형 콘크리트 (PC)	시멘트 사(砂) 사리(砂利) 경량골재	건조 알칼리성	늦고 두께에 지배된다. 강하고 중화에 장시간을 요한다. 내부로부터의 수분은 알칼리성을 띤다.
		표면상태	흡입이 크다.
경량기포 콘크리트 (ALC)	시멘트 규사 발포제 석회	건조 알칼리성 표면상태	흡수 현상이 크므로 주의를 요한다. 중정도 흡입이 크다. 표면강도가 작고 손상을 받기 쉽다.
모르타르	시멘트 사(砂)	두께 건조	10~25mm 표면건조는 빠르나 내부함수율은 구조체의 작용을 받는다.
		알칼리성 표면상태	강하고 내부로부터의 수분은 알칼리성을 띤다. 마무리 방법에 따라 다르다.
석면 시멘트판 (flexible board)	시멘트 석면	알칼리성 표면상태	높고 중화가 늦다. 재질이 불균일하고 흡입얼룩이 크다.
규산칼슘판	석탄 규사산 석면 시멘트	알칼리성 표면상태	중성-알칼리성을 띤다. 무르고 흡입이 비상히 크다. 비중에 따라 종류가 여러가지다.

석고 보드	소석고 두터운 종이	표면상태	양면지의 흡입이 비상히 크다.
석고 플라스터	혼합석고 소석고 소석회 벽토에 섞는 여물	두께 건조 알칼리성 표면상태	12~18mm 빠르나 하지의 영향을 받기 쉽다. 알칼리성이 강하다. 갈라짐이 적다.
돌로마이트 플라스터	토(土) 소석회 벽토에 섞는 여물 백색 시멘트	두께 건조 알칼리성 표면상태	12~19mm 비상히 늦다. 높고 중화에 장시간을 요한다. 갈라짐이 많다.

(2) 철강재의 소지조정

철강의 바탕 조정이 도막의 내구성에 미치는 영향은 도장 공정 중에서는 가장 크며, 도막 성능의 확보는 바탕 조정에 의해 결정된다고 하여도 과언이 아닐 정도이다. 도막 성능 특히 방식성의 기본은 도막의 바탕에 밀착하는 것이며 이 때문에 철강에 부착되어 있는 밀 스케일 (흑피)이나 붉은 녹, 먼지, 유지류 및 수분 등의 오손을 충분히 제거하여 건조하고 청정한 철 표면으로 하는 것이 중요하다.

① **물리적 바탕 조정** : 건축물에 사용되는 바탕 조정의 대부분이 이 방법이다. 물리적인 방법은 수동 공구에 의한 방법, 동력 공구에 의한 방법 및 블라스트 공법 등으로 크게 구분된다. 수동 공구로서 사용되는 것에는 그림 8-6과 같이 스크레이퍼, 가는 끌, 해머 등 이외에 보조 공구로서 마무리를 하기 위한 와이어 브러시나 더스트 솔도 있다. 동력 공구에는 그림 8-7과 같은 형식의 것을 사용하며 이것에는 전동식, 압축 공기식, 가솔린 엔진식 등이 있고 환경 조건에 따라서 구분하여 사용한다.

표 8-12 바탕조정의 종류

목 적	방 법	처리와 공구 등
녹 의 제 거	물리적 방법	샌드 블라스트, 쇼트 블라스트, 그릿 블라스트, 튜브 클리너, 파워 브러시, 디스크 샌더, 와이어 브러시, 치핑 해머, 스크레이퍼, 에머리 클로스 등으로 충격을 주어 연마한다.
	화학적 방법	염산·황산·인산 등으로 산세척하고 물세척 후 중화하여 건조한다.
탈 지	알 칼 리 법	중성 세제, 비누, 3% 가성 소다, 3% 메타규산 소다, 3~5% 인산 소다에 담그거나 끓인다.
	용 제 법	등유, 트리클로로에틸렌, 퍼클로로에틸렌, 솔벤트, 나프타 기타 유기 용제에 담그거나 증기로 세정한다.
방식성 부여	화학적 방법	인산염, 크롬산염 등으로 처리하거나 에칭 프라이머를 도포한다.

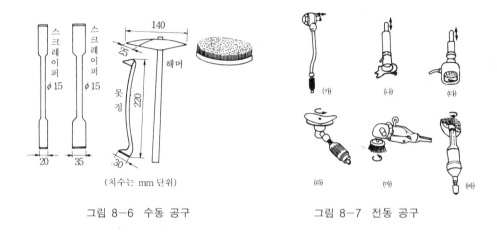

그림 8-6 수동 공구   그림 8-7 전동 공구

블라스트 공법에는 건축 현장에서 주로 사용되는 건식 샌드 블라스트나 습식 샌드 블라스트, 공장에서 실시되는 쇼트(강구) 또는 그릿(광물 파쇄나 컷 와이어) 블라스트가 있다.

블라스트 공법에서 발생하는 특수한 문제로 블라스트 후의 표면 거칠기가 있으며 그 거칠기는 대략 $70\,\mu m$ 이하로 규정되어 있다. 이것은 표면의 요철이 크면 볼록 부분 꼭지점의 도막이 얇게 되므로 도막의 방녹성에 나쁜 영향을 주기 때문이다.

(3) 목질계의 소지조정

목재의 경우도 선택한 도장계가 본래의 성능을 충분히 발휘할 수 있는가의 여부는 지금까지의 다른 소재와 동일하게 바탕 조정에 의존하는 바가 크다. 특히 표면의 구조가 다공성으로 복잡하고 미관을 중요시하는 나무 부분의 도장은 공정수가 많은 복잡한 시방으로 되어 있다.

목재의 바탕 조정은 표 8-13과 표 8-14와 같이 불투명 마무리용과 투명 마무리용으로 크게 구분된다. 불투명 마무리는 내후성이 필요하나 근시안적인 미관을 별로 중요시하지 않는 외부용에 사용되는 경향이므로 바탕 조정의 공정수도 내부와 비교하여 약간 적다.

또한 바탕의 평활함에 따라서 1~3종류로 구분되는데, 마무리에 관한 기본적인 사고방식은 동일하여 평활한 소재일수록 당연히 공정수는 적어진다. 그리고 실제로는 송진이나 옹이가 없는 소재에는 송진 처리나 옹이 손질 공정을 생략할 수 있으므로 필요에 따라서 공정의 조정을 실시할 수 있다.

표 8-13 불투명 도료 마무리의 바탕 조정

	공 정	재 료	조 치 방 법
1	건 조		도장에 지장이 없는 건조 상태이다.
2	오 염 의 제 거		오염·유류를 휘발유로 제거
3	송 진 처 리		절단 제거, 인두 소결, 휘발유로 제거
4	연마지로 연마	연마지 #100~200	대패자국, 반대결, 거스러미를 연마지로 연마
5	마 디 충 전	셀락 바니스	마디와 그 주변에 1~2회 도장
6	구 멍 메 우 기	구멍 메우기용 퍼티	못 머리, 균열, 틈새, 오목부 등의 구멍을 메운다.
7	퍼 티 손 질	합성 수지 에멀션 퍼티	도관부 등의 홈 충전
8	바 탕 손 질	바탕용 퍼티	부재의 변형, 오목부의 바탕 손질
9	연마지로 연마	연마지 #120~240	여분의 퍼터 제거와 평활화
10	바 탕 손 질	바탕용 퍼티	전면에 바탕 손질
11	물 연 마	내수에 연마지 #120~240	여분 퍼티의 제거와 평활화

표 8-14 투명 도료 마무리의 바탕 조정

	공 정	재 료	조 치 방 법
1	건 조		도장에 지장이 없는 건조 상태로 한다.
2	오 염 제 거		오염, 유류를 휘발유로 제거
3	연마지로 연마	연마지 #130~240	대패 자국, 반대결, 거스러미를 연마지로 연마
4	물 연 마	내수 연마지 #180~240	연마지로 연마 후에 물로 연마
5	오 일 연 마	내수 연마지 #180~240	연마지로 연마 후에 오일로 연마
6	송 진 처 리	셀락 니스	절삭 제거, 인두 소결, 휘발유로 제거, 니스 칠
7	표 백	표백제	재질의 차이에 따르는 목재 색차를 정리한다.
8	얼 룩 손 질	착색제	표백부의 재수정
9	타 박 상 처 수 정		따뜻하게 적신 천으로 부풀어 오를 때까지 손질
10	흡 입 방 지	셀락 니스	연질 재료로 착색 얼룩이 생길 때에 도포함
11	착 색	착색제	솔칠 또는 스프레이
12	홈 방 지	홈 충전	도관부 등의 홈 충전
13	보 수	착색제	색 얼룩, 마디, 상처, 결 수축 보수
14	바 탕 가 압	우드 실러	침투, 흡입의 방지

오염의 제거는 스케일러, 연마지, 더스트 솔 등의 공구로 바탕을 손상하지 않게 조심하여 실시한다. 유지류는 천으로 닦아낸 후에 휘발유로 세척하여 충분히 건조한다. 투명 마무리를 할 때에 얼룩은 희석한 옥살산으로 제거한다.

송진 처리는 표면의 송진은 깎아내고 내부의 송진은 인두로 가열해서 빠져나오게 하여 휘발유로 닦아낸 후에 셀락 니스를 칠한다.

연마지 연마는 평탄한 나무 조각에 연마지를 붙여 나뭇결에 평행하게 한다. 국부적으로 연마 자국이 남지 않게 하고 마지막으로 나뭇결에 연마 찌거기가 남지 않게 충분히 청소한다.

물연마는 표면을 가볍게 물을 적시고 부풀, 얼룩, 상처 및 오염을 제거하도록 연마한다.

기름 연마는, 수용성 탄닌이 많은 목재를 물로 연마하면 탄닌의 얼룩이 확대되므로 이때에 는 물 대신에 백등유(白燈油)를 사용한다.

타박 상처의 수정은 따뜻하게 적신 천으로 찜질해서 팽창시켜 원래의 상태가 될 때까지 반 복한다. 큰 균열은 동일한 재료로 메워서 보수하고 가는 균열이나 구멍은 동일한 재료의 톱 밥을 반죽하여 메우고 건조 후 연마지로 연마하여 평활하게 한다.

착색은 나뭇결의 아름다운 모양을 보다 빛나게 하기 위하여 실시하는 것으로서 미관상 중 요한 공정이다. 착색제에는 염료계(染料系)의 수성 스테인(stain), 유성 스테인, 알콜 스테인, NGR 스테인과 안료계의 유성 스테인, 수성 스테인이 있으며 각각의 특징과 그 용도를 확인 하여 잘못 사용하는 일이 없도록 한다.

착색제의 도장 방법은 칠솔 또는 스프레이로 칠한 후에 색 얼룩이 생기지 않게 부드러운 천으로 충분히 닦아내고, 새로운 천으로 마무리 닦기를 한다. 건조가 신속한 착색제 도장이나 도막 착색제에 의한 바탕(shading) 도장에는 스프레이를 사용한다. 건조가 신속한 착색제를 칠솔 도장할 때에는 희석률을 보통보다 많이 하여 약 30% 정도로 한다.

마디 충전은 송진이 삐져나온 마디 둘레에 셸락 니스를 1~2회 칠하여 삐져나오는 것을 억 제한다.

구멍 메우기는 균열, 구멍, 틈 사이에 각종의 퍼티를 충전하고 건조 후에 연마지로 연마하 여 평활하게 한다. 깊은 구멍은 충전과 건조를 몇 번이고 반복하여 평활하게 한다.

퍼티로 칠하는 작업은 구멍에 퍼티 뭉치를 매립한 후에 전면에 다시 퍼티를 도포하고 쇠주 걱으로 도관(導管)에 밀려들어가도록 가급적 얇게 칠하며, 건조 후에 과잉의 퍼티를 연마지 연마로 제거하여 평활하게 한다.

도장 표면의 마무리 작업은 고도의 평활도가 필요하며 구멍 메우기, 퍼티칠을 한 후에 실 시하며, 변형된 부분이나 요철 부분을 국부적으로 퍼티칠로 손질하여 건조 후에 물연마로 평 활하게 하고 다시 전면에 퍼티칠을 한 후에 물연마를 반복하여 필요한 평활도를 얻는다.

홈(오목 부분) 충전은 수성 홈 충전 또는 유성 홈 충전제를 사용하여 솔 또는 나무주걱으 로 도관부에 밀려들어가도록 도장하며, 여분의 홈 충전제가 남지 않게 제거하고 건조했을 때 에 다시 목면 등으로 도관 내로 문질러 들어가게 한 후에 부드러운 명주천으로 닦아낸다.

보수는 홈 충전 처리 후에 국부적인 착색 얼룩, 표면의 미세한 요철, 나뭇결의 은폐, 상처 를 다시 보수한다. 착색 얼룩은 염료를 희석한 것으로 수정하고 표면의 미세한 요철은 홈 충 전 공정을 반복하며 또한 나뭇결의 은폐는, 가벼운 연마지로 연마하면서 착색 얼룩의 수정을 실시한다. 손상된 부분도 타박 상처의 수정과 착색 얼룩의 수정을 반복하여 보수한다.

바탕의 정리는 홈 충전제의 흡입 방지, 착색제의 블리드 방지 등의 목적에서 우드실러 (wood sealer)를 도포하거나 엷게 희석하여 충분히 침투하게 한다.

3. 도료별 도장 공정

(1) 조합 페인트 도장

조합 페인트에는 유성 조합 페인트와 합성수지 페인트가 있으며 다시 각각 실내용, 옥외용으로 구분한다. 이러한 품질등급은 A종, B종과 아연 도금면용의 C종이 있으며 이것을 구분하여 사용한다. 나무 부분의 바탕 도장용에는 도장막이 간단하고도 연마하기 쉽게 만든 나무 부분 바탕 도장용 조합 페인트가 산업 규격에 의해 준비되어 있다. 일반적으로 건조가 빠르고 도장막이 단단하고도 작업성이 좋으므로 합성 수지 조합 페인트를 많이 사용한다. 다음에 합성 수지 조합 페인트를 사용하는 나무 부분 칠의 공정을 표시하면 표와 같다.

표 8-15 목재부 합성수지 조합 페인트 칠의 공정

공 정		도료기타	조합비율 (중량비)	면 처 리	방치시간 (h)	도장량 (kg/m^2)
바 탕 칠	3	나무 부분 바탕칠용 조합 페인트 B종	100	KS에 의함	24 이상	0.10
		메 우 기 액	(0~10)			
결 손 질[1]	51	합성수지 에멀션 퍼티		주걱으로 문질러서 제거 (KS에 의함)	5 이상	
퍼 티 뭉 치	16	퍼 티 뭉 치 용 퍼 티 A 종		凹면과 결의 차이에 퍼티 뭉치 (KS에 의함)	24 이상	
연마지로 연마 또는 물 연마		연마지 #180 또는 내수 연마지 #180~240		KS에 의함		
중벌칠 1회째	1	조 합 페 인 트	100	KS에 의함	24 이상	0.09
		메 우 기 액	(0~5)			
연마지로 연마 또는 물 연마 3회째		연마지 #180~240 또는 내수 연마지 #280~320		KS에 의함		
중벌칠 2회째[2]		1의 항목에 동일함				
연마지로 연마 또는 물 연마		연마지 #240~280 또는 내수 연마지 #280~320		KS에 의함		
상 벌 칠		중벌칠 1회째의 항목과 동일함			-	1.08

* (1) 나왕 등의 경우에 한정함
  (2) 도장 종별 A종의 경우에 한정함

철 표면의 조합 페인트 칠도 나무 부분에 준하나 나무 부분 바탕칠용 조합 페인트 대신 철 표면의 바탕 칠 조합 페인트는 앞의 표 8-15와 같은 각종 녹방지용 페인트가 준비되어 있으므로 이것을 구분하여 사용한다.

합성수지 조합 페인트로서의 도장 공정은 표 8-16과 같으며 바탕 칠의 녹 방지 도료는 이러한 종류 중에서 적당한 것을 선택한다.

아연 도금면에 유성 조합 페인트 칠을 할 때에는 어떠한 경우에도 바탕 칠 녹 방지를 하기 이전에 에칭 프라이머를 칠하여 표면의 화학 처리를 실시하여야 한다. 그리고 중벌 칠, 상벌 칠 도료에는 아연 도금면용 도료를 사용한다.

표 8-16 철면 합성수지 조합 페인트 칠의 공정

공 정		도료기타		조합비율 (중량비)	면 처 리	방치시간 (h)	도장량 (kg/m²)
바탕 칠 1회째 (녹 방지 도료 칠)	6	녹방지 도료	A류 2종		KS에 의한 가공 공장에서 1회 칠	24 이상	0.10
			B류 1종			48 이상	0.14
			C류 1종			48 이상	0.19
			2종			24 이상	0.14
			D1류 1종			48 이상	0.11
			2종			24 이상	0.10
			D2류 1종	100		48 이상	0.11
			2종			24 이상	0.10
			D3류 1종			48 이상	0.11
			2종			24 이상	0.10
			E류 1종			48 이상	0.11
			2종			24 이상	0.10
			G류 2종A			28 이상	0.09
			메우기액	(0~5)			
연마지로 연마[1]		연마지 #120~150			KS에 의함		
바탕 칠 2회째 (녹 방지 도료 칠)		바탕 칠 1회째의 항목과 동일함			KS에 의함. 현장에서 1회 칠	바탕 칠 1회째의 항목과 동일함	
구멍메우기 및 퍼티 뭉치	14	구 멍 용 퍼 티			구멍, 손상, 틈 등의 구멍 메우기와 凹부분에 퍼티 뭉치(KS에 의함)	48 이상	
	29	바 탕 퍼 티					
연마지로 연마 또는 물연마 1회째[1]		연마지 #180 또는 내수 연마지 #180~240			KS에 의함		
중벌 칠 1회째	1	조 합 페 인 트		100	KS에 의함	24 이상	0.09
		메 우 기 액		(0~5)			
연마지로 연마 또는 물 연마 2회째		연마지 #180~240 또는 내수 연마지 280~320			KS에 의함		

중벌 칠 또는 물 연마 2회째[1]	중벌 칠 1회째의 항목과 동일함		
연마지로 연마 또는 물연마 3회째[2]	연마지 #240~280 또는 내수 연마지 #280~320	KS에 의함	
상벌 칠	중벌 칠 1회째의 항목과 동일함		0.08

* (1) 특히 미장이 필요한 경우 이외에는 계원의 승인을 얻어서 실시하지 않아도 무방하다.
  (2) 도장 종별 A종의 경우에 한함. 광택 무인 페인트 칠의 마무리인 경우 바탕 칠 2회째 (녹 방지 도료 칠)의 방치 시간은 상기 방치 시간의 2배로 한다.

(2) 프탈산 에나멜 도장

유성 도료와 비교하여 프탈산 에나멜은 도장막이 얇으나, 단단하고도 치밀하여 아름다운 광택이 있으므로 갑판이나 가구 손잡이 등의 손이 많이 닿는 곳에 사용한다. 치밀하고 아름다운 도장막의 표면을 나타내기 위해서는 나무 부분이나 철면에서도 바탕 퍼티로써 평활한 소지면을 만들고 이것에 마무리 칠을 실시한다.

표 8-17 목재부 프탈산 에나멜 도장 공정

공 정		도료기타	조합비율(중량비)		면 처 리	방치시간 (h)	도장량 (kg/m²)
바 탕 칠	3	나무 부분 바탕칠용 조합 페인트 B종	100		KS에 의함	24이상	0.10
		메 우 기 액	(0~10)				
연마지 연마		연마지 #150~180			KS에 의함		
바탕퍼티에 납땜[2]	29	바 탕 퍼 티	100		KS에 의함	각회 24이상	
		메 우 기 액	(0~5)				
물연마 1회째[2]		내수 연마지 #180~240			KS에 의함		
중벌 칠 1회째[1]	31		칠솔질	분무질	KS에 의함	24이상	0.14
		오 일 서 피 서	100	100			
		메 우 기 액	(0~15)	(20~25)			
물연마 2회째		내수 연마지 #280~320			KS에 의함		
중벌 칠 2회째	27	프 탈 산 에 나 멜	100		KS에 의함	24이상	0.08
		메 우 기 액	(0~10)				
물연마 3회째[3]		내수 연마지 #320~400			KS에 의함		
중벌 칠 3회째		중벌 칠 2회째의 항목과 동일함					
물연마 4회째		내수 연마지 #400			KS에 의함		0.07
상 벌 칠	27	프탈산 수지 에나멜	100		KS에 의함		
		메 우 기 액	(0~5)				

* (1) 중벌 칠 1회째(오일 서피서 칠)에 의한 분무 도장을 실시해도 좋다.
   (2) 소지 표면 상태와 시험 도장에 사용한 견본판의 마무리의 정도에 따라서 퍼티 부착 및 물 연마의 칠의 횟수를 결정한다.
   (3) 도장 종별 A종의 경우에 한정한다.

(3) 오일 스테인 도장

건축의 목재 부분은 점차 현장에서 도장하는 일이 감소하게 되어 공장 도장 작업으로 이행하고 있다. 가구, 칸막이 패널, 바닥 재료 등이 이러한 것이다. 그러나 문이나 천정과 벽면의 주변 동양식 실내에서 나무 부분 등은 스테인 칠을 할 때도 있다. 스테인 칠은 목재의 질감을 그대로 표현하는 의장적(意匠的) 가치가 높고 각 종류의 방법을 사용하나 여기에서는 일반적으로 근시채용(近時採用)하고 있는 방법을 표시하는 것으로 한다. 실내 장식적인 가구 등은 휘발성 용제를 사용한 착색재로서의 기조합(旣調合)의 스테인이 시중에서 판매되고 있으므로 그것을 많이 사용하고 있으나, 건축물은 내외부에 다같이 내기후성이 요구되므로 종전부터 유성 안료 착색재를 현장 조합하여 사용한다.

표 8-18의 공정은 주로 외부 시방으로서 사용하며 또한 표 8-19는 내부의 마무리에 적합하다. 내부에서의 흡입 방지제로서 래크 니스, 클리어 래커 등을 사용하며 색 억제로서는 클리어 래커를 많이 사용한다. A종 공정의 닦아내기로서는 보일유를 충분하게 침지시키기 위하여 10~20분 정도 방치한 후에 전면을 칠의 얼룩이 없게 헝겊으로 가볍게 닦는다. B종 공정의 왁스 닦기는 칠솔, 스프레이 건, 롤러 브러시 등을 사용하여 칠하고 그것을 20분 이상 방치한 후에 헝겊 또는 폴리시 등으로 칠한 면을 닦는다.

표 8-18 오일 스테인 칠 A종의 공정

공 정		도료기타	조합비율(중량비)	면 처 리	방치시간 (h)	도장량 (kg/m²)
착 색	24	유성착색제	100	KS에 의함	24 이상	0.05
		메 우 기 액	(0~40)			
색 얼 룩 손 질	24	유성착색제	100	KS에 의함	24 이상	
		메 우 기 액	(0~40)			
보 일 유 칠 1회 째	9	보 일 유	100	KS에 의함	10~20	0.03
		메 우 기 액	30~40			
제 거	제 거			KS에 의함	24 이상	

보 일 유 칠 2회 째	보일유 칠 1회째의 항목과 동일함				
제 거	제 거		KS에 의함		

표 8-19 오일 스테인 칠 B종의 공정

공 정		도료기타	조합비율(중량비)	면 처 리	방치시간 (h)	도장량 (kg/m²)
흡 입 방 지	26	흡입방지제		KS에 의함	10이상	0.03
착 색	24	유성착색제	100	KS에 의함	24이상	0.05
		메 우 기 액	(0~40)			
색 얼 룩 손 질	24	유성착색제	100	KS에 의함	24이상	
		메 우 기 액	(0~40)			
색 억 제	25	색 억 제		KS에 의함	24이상	0.05
왁 스 제 거		액 상 왁 스		KS에 의함		

(4) 기름 바니시 도장

건축물에 목재를 사용하는 것은 감소되었으나 건구(建具), 칸막이, 걸레받이, 벽판자 등에는 슈퍼 바니시 칠이나 프탈산 바니시 칠을 많이 하며, 바닥 마무리나 계단, 현관 벽, 갑판 등에는 도장막이 두꺼운 1액형 우레탄 바니시 칠 또는 2액형 우레탄 바니시 칠로써 시공한다.

도장 공법은 다른 각종 바니시에서도 대략적으로 다음의 공정과 같이 시공한다. 이러한 공정에서 주의하여야 할 것은 소지 만들기이며, 견목 종류(堅木種類)는 나뭇결 손질 작업을 실시할 것과 스파 바니시 칠, 프탈산 바니시 칠 및 1액형 우레탄 칠은 각각 유용성도료이므로 착색제 및 결 손질제도 유성의 것을 사용하여야 한다. 그리고 2액형 우레탄이나 다른 합성수지 바니시 칠의 경우에는 알콜성의 착색제, 합성수지 착색 결 손질제를 사용하여야 한다

① 스파 바니시 칠, 프탈산 바니시 칠, 1액형 우레탄 바니시 칠의 바탕 만들기 공정 : 2종의 공정으로서 유성 착색 결 손질재를 사용하여 착색과 결 손질을 동시에 실시하는 방법이 제정되어 있다. 여기에 노송나무, 삼목, 소나무 종류로 나무결 손질이 필요없는 경우를 3종류로 하여 흡입 방지, 색 억제의 공정과 바탕 만들기를 실시하는 것이 일반적이다.

② 바니시 칠의 공정 : 2액형 우레탄 바니시는 주제(主劑)와 경화제로 구분한다. 사용할 때에는 각 메이커가 지시하고 있는 비율과 같이 혼합하고 사용 가능 시간내에 사용이 끝나야 한다. 혼합 이전의 경화제는 공기 중의 수분과 반응 경화하므로 사용 후에는 완전히 밀봉하여 습기가 적은 장소에 저장한다.

바니시의 칠 방법에서 주의할 것은, 칠 작업 중에

도료 용기 안에서 무작정 혼합하거나 또는 칠 작업 중에 몇 회라도 동일한 장소에서 칠솔을 움직이거나 아니면 같은 곳에 칠솔을 연속적으로 사용하면 도장막에 기포가 생겨서 핀 홀이 생기는 원인이 되므로 주의한다. 바니시 칠의 도장막이 경화한 후의 마무리 방법에는 몸통 연마 마무리와 광택 소거 마무리가 있으며 전자를 전부터 연마 마무리라고 부르고 있다.

몸통 연마 마무리는 상벌 칠 도장막이 충분하게 건조한 후에, 슈퍼 바니시의 경우에는 내수 페이퍼를 사용해서 물 연마하여 평활면을 얻은 연후에 황토가루를 부드러운 목면 천으로 싸서 유채유나 동백유에 침지한 후에 연마한다. 프탈산 바니시나 우레탄 바니시의 경우에는 도장막이 단단하므로 폴리싱 컴파운드를 펠트 등에 싸서 붙이고 액상 왁스를 사용하여 이것을 연마한다.

광택이 없는 마무리를 하려면 상벌 칠의 도료에 광택 없는 바니시를 사용하여 칠하거나 황토가루나 뿔가루를 백등유에 반죽한 것으로 연마하고 이것을 백등유로 청소한 후에 변성(變性) 알콜과 물을 절반 혼합한 액으로 닦아낸다.

표 8-20 스파 바니시 칠, 프탈산 바니시 칠 및 1액형 바니시 칠의 바탕 만들기의 1종류의 공정

	공 정		도료기타	면 처 리	방치시간(h)	도장량(kg/m²)
수목류로서 유착성 색제를 사용할 경우	착 색	24	유성착색제	KS에 의함	10 이상	0.05
	색 얼 룩 손 질	24	유성착색제	KS에 의함	10 이상	
	색 억 제	25	색 억 제	KS에 의함	2 이상	0.05
	결 손 질 1 회 째	22	유성결손질제	KS에 의함	72 이상	
	결 손 질 2 회 째	결손질 1회째의 항목과 동일함				
	결 손 질 억 제	25	결 손 질 억 제	KS에 의함	2 이상	0.05

* 계원이 승낙할 경우에 착색과 결 손질의 순서를 역으로 할 수 있다. 이 경우에는 결 손질 억제를 생략할 수 있다.

표 8-21 스파 바니시 칠, 프탈산 바니시 칠 및 1액형 우레탄 바니시 칠의 공정

공 정		도료기타		조합비율(중량비)	면 처 리	방치시간 (h)	도장량 (kg/m²)
바 탕 칠	18	스 파 바 니 시			KS에 의함	24 이상	0.05
		메 우 기 액		100			
	27	프 탈 산 바 니 시		(0~10)			
		메 우 기 ' 액		100			
	52	1액형 우레탄 바니시		(0~10)			
		메 우 기 액		100			
연마지로 연마 1회째		연마지 #180		(0~10)	KS에 의함		
중벌 칠 1회째	18	바탕칠의 항목과 동일함			KS에 의함	72 이상	0.05
	27					48 이상	
	52						
연마지로 연마 2회째		연마지 #180~240			KS에 의함		
중벌 칠 2회 째		중벌칠 1회째의 항목과 동일함					
물 연 마[(2)]		내수연마지 #320~400			KS에 의함		
상 벌 칠	18	중벌칠 2회째의 항목과 동일함				95 이상	0.05
	27					72 이상	
	52						

(5) 합성 수지 에멀션 페인트 도장

합성수지 에멀션 페인트는 유성 천연수지 도료로 대치되어 건축용도료에 사용하는 비율로 가장 높게 되어 있다. 건축물이 콘크리트의 구조가 되거나 건축 재료의 대부분에 각종 시멘트 제품이 사용되고 있을 뿐만 아니라 각종 합성 패널종류가 증가하고 있는 현황에서는 이 종류의 도료의 도장 공법이 내알칼리성, 난연성 및 용제의 물에 의한 안전성과 작업이 용이한 점의 특징을 발휘하기 때문에 많이 보급되어 있다. 이 종류의 도료의 도장은 천장, 벽, 칸막이 등 건축 도장에서 채용하고 있는 대면적을 구성하는 콘크리트, 모르타르, 플라스터, 석고 보드면 및 나무 부분 등의 광범위한 소재에 사용되고 있다.

표 8-22 합성수지 에멀션 페인트 칠의 공정

공 정			도료기타	조합비율 (중량비)	면 처 리	방치시간 (h)	도장량 (kg/m²)
소지억제[1]	51		합성수지 에멀션 클리어	100	소지의 흡수성 KS에 의함	5 이상	
			물	제조소의 지정에 의함			
퍼티뭉치[2]	51		합성수지 에멀션 퍼티		KS에 의함	2 이상	
연마지로 연마 1회째[3]	연마지		#120~180		KS에 의함		
바 탕 칠	칠의 솔경 칠우	51	합성수지 에멀션 페인트	100	KS에 의함	5 이상	0. 10
			물	5~10			
	분의 무경 칠우	51	합성수지 에멀션 페인트	100	KS에 의함		
			물	(0~10)			
연마지로 연마 2회째[1]					KS에 의함		
중 벌 칠[4]	바탕 칠의 항목과 동일함						
연마지로 연마 3회째[4]	연마지 #180~240				KS에 의함		
상 벌 칠	바탕 칠의 항목과 동일함					−	0.10

* (1) 플라스터, 석고 보드면, 나무 부분 등에서 소지의 흡수성이 심할 경우나 흡수에 얼룩이 있는 경우에 실시한다. 칠 횟수에 대해서는 계원의 지시에 따른다. 사용하는 합성수지 에멀션 클리어는 바탕 칠, 상벌 칠에 사용하는 도료의 제조소에서 지정하는 제품으로 한다. 단 소지의 종류 및 상태에 따라 바탕 칠과 상벌 칠에 사용하는 도료에는 지정하는 벽용 실러를 사용하여도 무방하다.
  (2) 옥외 콘크리트의 경우는 시멘트 혼입용 합성수지 에멀션을 혼입하여 혼합 반죽한 시멘트 페이스트와 시중에 판매하고 있는 시멘트계 필러 등을 사용한다.
  (3) 소지 상태와 도료 시험에 사용한 견본판의 마무리 칠 정도에 따라서 계원의 승낙을 얻지 않고 실시하여도 무방하다.
  (4) 도장 종별 종류의 경우에 한정한다.

(6) 에폭시계 에나멜 도장

에폭시계 도료는 축합형(縮合形) 건조 기구를 갖고 있으므로 다른 일반 도료와 비교하여 혼합도장이 가능하며 또한 부착력이 양호하고 내산, 내알칼리성이 풍부하며 내수성도 양호하므로 철면에 많이 사용한다. 에폭시계 에나멜은 그 종류도 많으므로 표 8-23과 같이 사용 목적에 따르는 도료의 선택과 시공이 필요하다.

표 8-23 에폭시계 에나멜 칠의 도장 종별

도료종류	사용목적	소지종류	도장회수		
			바탕칠	중벌칠	상벌칠
에폭시 에스테르 에나멜	경도의 내산, 내알칼리를 목적으로 하여 사용할 경우	철 표 면	3	1	1
2액형 에폭시 에나멜	내산, 내알칼리, 내수를 목적으로 하여 사용할 경우	철·아연 도금면	3	1	1
		콘크리트, 모르타르면	2	1	1
2액형 후막 에폭시 에나멜		철·아연 도금면	1	1	1
		콘크리트, 모르타르면	1	1	1
2액형 타르 에폭시 도료	내수, 내해수를 목적으로 하여 사용할 경우	철 표 면	2	1	1
		콘크리트, 모르타르면	1	1	1

표 8-24 철·아연 도금면 2액형 에폭시 에나멜 칠의 공정

공 정	도료 기타			조합비율 (중량비)	면 처 리	방치시간 (h)	도장량 (kg/m³)
바탕칠 1회째(녹 방지 도료 칠)	칠솔 칠의 경우	56	2액형 에폭시 프 라 이 머[1]	100	KS에 의함 가공장에서 1회 칠	24 이상 7일 내	0.15
			메 우 기 액	(0~15)			
	분무 칠의 경우[3]	56	2액형 에폭시 프 라 이 머	100			
			메 우 기 액	(0~40)			
바탕 칠 2회째(녹 방지 도료 칠)	바탕 칠 1회재의 항목과 동일함					24 이상 7일 내	0.15
연마 손질[4]	연마지 #150~180				KS에 의함 현장에서 실시		
퍼티 뭉치[2]	2액형 에폭시 퍼티				소지의 상황에 따라 0~2회 KS에 의함	24 이상	
퍼티 부분 연마지로 연마[2]	연마지 #150~180				KS에 의함		
바탕 칠 3회째(녹 방지 도료 칠)	56		2액형 에폭시 프 라 이 머	100	KS에 의함	24 이상 7일 내	0.15
			메 우 기 액	(0~15)			
중 벌 칠	56		2액형 에폭시 프 라 이 머	100	KS에 의함	24 이상 7일 내	0.13
			메 우 기 액	(0~15)			
상 벌 칠	중벌 칠 도료와 동일함						0.12

* (1) 2액형 에폭시 프라이머는 금속면용으로 한다

(2) 계원의 승낙을 얻어서 생략할 수 있다.

(3) 분무 칠은 에어 스프레이 또는 에어리스 스프레이의 어느 것도 좋다.

(4) 연마지 다음의 공정 직전에 실시한다.

(7) 분무재 도장

건축물이 거대화되고 양산화되었고 또한 그 소재가 콘크리트 재질로 변하였으므로 이러한 것에 적응하는 마무리 재료의 개발이 진전되어 많은 후막 도장의 마무리 공법이 보급되었으며, 이러한 재료 공법은 종래의 도료 도장법과 그 취지가 변하였으므로 건축 분무재 및 도장 공법을 전문으로 하는 업자가 개업하게 되었다. 그러나 이것은 도료인 동시에 도장 작업인 것에는 변함이 없다.

분무재로 하고 있으나 시공상에서는 도료가 밖으로 비산되어 공해로서 클레임(상품의 결함)에 관계되므로 마스틱 도장 재료와 같이 특수한 롤러 브러시로 시공하고 있는 도장재라도 분무 도장에 의하지 않는 분무 재료도 적지 않다. 재질적으로 시멘트 등의 무기질을 주재료로 하는 분무 재료와 합성 수지를 주로 한 유기질계 재료로 구분한다.

따라서 시공시에 무기질 재료는 시멘트가 경화해 가는 과정을 충분하게 이해하여 시공할 것을 잊어서는 안된다. 시멘트계 도료 재료는 공장에서 조합하는 것이 아니고 사용 직전에 현장에서 조합하는 것이 특색이며, 또한 소재에 적당한 습도가 필요한 동시에 도장 후에도 급속하게 건조하여 수화(水和)반응이 불량하게 되지 않게 물 양생(養生)이 필요하다.

① 화장용 시멘트 분무재의 칠 : 화장용 시멘트 분무재는 습기가 적은 장소에 보관한다. 재료의 조합은 상벌 칠은, 믹서 등의 기계를 사용하고 소요량의 절반의 물을 가하여 반죽이 될 정도로 충분하게 반죽하고 그 남은 것은 물을 가하여 칠하기 쉽게 조절한다. 반죽한 도장 재료는 2시간 이내에 사용할 정도의 양으로 하는 것이 중요하다. 합성 수지 에멀션계 혼화제를 사용할 경우에는 사전에 사용할 물과 합성수지 에멀션계 혼화제를 혼합하고 이 화합액으로 반죽을 한다.

표 8-25 화장용 시멘트 분무 재료 도장의 공정

공 정		도 료 기 타	조합비율(중량비)	면 처 리	방치시간(h)	도장량(kg/m²)
바 탕 칠	61	화장용 시멘트 분무재 2종	분말 100	KS에 의함	(3)	0.50
		골 재	30~70			
		수	30~70			
		합성수지 에멀션계 혼화제	(0~5)			
상 벌 칠	61	화장용 시멘트 분무재 1종 또는 3종	분말 100	KS에 의함		0.05 내외
		골 재	50~100			
		물	60~85			
		합성수지 에멀션계 혼화제	(0~5)			

* (1) 골재의 조합 비율은 제조소에서 가한 것을 포함함
  (2) 도장량은 골재, 물, 합성수지 에멀션계 혼화제를 제외한 분말만의 중량이다.
  (3) 방치 시간은 표면이 건조하고 소지가 습한 정도가 되는 시간으로 일반적으로 약 2시간이 적당하다.

4. 건축 현장의 도장 안전사항

건축 도장은 현장을 주로 하여 도장 작업을 실시한다. 공사 현장의 작업을 개시하기 이전에 공사 현장에 관리 사무소를 설치하는 동시에 법규에 의해 위험물 취급 책임자, 유기 용제 취급 책임자를 선임하고 소방법, 위험물 취급 규칙, 유기 용제 취급 규칙 등의 법규에 준한 조치는 완전하게 실시하며 또한 현장 소장이나 관계 부서 책임자는 작업 인원의 교육과 취급 관리 등 세심하게 준비해야 한다.

(1) 재해의 예

① 지하실의 방수 도장이 끝난 다음 날 아침에 아무것도 모르는 다른 부서 직원 두 사람이 담뱃불의 인화로 폭발하여 폭사하였다.

② 아파트의 옥외 베란다 벽을 두 사람이 염화비닐 도료로 도장하고 있는 사이에 두 사람 모두 중독 증세를 일으켜 한 사람이 사망하였다.

현장 작업장은 보통 협소한 장소이며 각종 부서의 작업이 혼합 진행되므로 도료 및 신너 종류의 취급을 법규대로 완전하게 보관 설비를 하는 것은 대부분 불가능하다. 그러나 작업 현장마다 조건이 다르지만 이러한 좁은 토지, 실내를 잘 연구하여 사용 도료 및 보조 재료, 기계 공구의 임시 보관 장소와 도료 신너 등의 유기성 재료의 보관은 특별히 구별하여 보관 하여야 한다. 작업자의 휴식·탈의 장소와 재료 보관 장소는 별도로 구별하고 화기의 취급을 엄격하게 하는 동시에 보관 장소에는 명확한 표시를 하고 소화기 등의 방화 설비를 설치한 다.

(2) 도료 재료의 보관 설비를 설치하는 것이 곤란한 작업장이라도 다음과 같은 조치는 반드시 실시하여야 한다.

① 도료 신너 종류는 그날의 작업에 지장이 없을 정도로 소량을 작업장에 가져가고 부득이 작업장에 보관할 경우에는 방화 성능이 있는 금속제 로커 등을 설치하여 자물쇠로 잠가두고 일반 도료와 멀리 떨어지도록 보관한다.

② 규정의 소화기를 설치하고 화기 엄금의 표시를 한다.

③ 좁은 장소에서 도료 재료를 보관하려면 도료의 종류와 색 구분을 명확하게 해두고, 개봉한 도료 용기는 작업 종료시 반드시 밀봉한다. 또한 도료의 종류가 많고 잘못 사용하는 것을 방지하기 위해서는 각 용기에 사용 장소명을 명기한다. 사용 후의 빈 통과 불필요한 물품은 실외로 반출하는 등 정리 정돈에 힘쓴다.

④ 작업자의 탈의, 휴게소는 도료 재료 보관소와 격리된 장소로 하고 담배, 난방 설비에 주의하며 화기 취급에 엄격한 통제를 가한다.

⑤ 사용이 끝난 도료 용기 및 작업에 의해 오손된 것과 먼지 등을 산업 폐기물 집적소로 옮기거나 그날의 작업이 종료한 후에 별도의 처리 장소로 옮긴다.

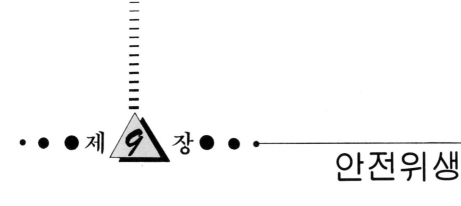

안전위생

1. 산업안전의 개념

산업안전이란 근로자가 생산작업 현장에서 인간을 존중하며 인간이 기계, 기구, 설비를 사용하여 이동, 가공하는 과정에서 일어날 가능성이 있는 여러가지 재해로부터 근로자를 보호하는 업무라 말할 수 있으며, 특히 I.L.O에서는 「산업재해란 근로자가 물체나 물질 또는 타인과 접촉하였기 때문에 그 물체나 작업조건 속에 몸을 둠으로 인하여 작업자의 작업동작 때문에 인간에게 상해를 주는 사건이 일어나는 것을 말한다」라고 정의하고 있다.

그러므로 산업안전이란 「외부적인 위험과 재해로부터 인간의 생명보존과 상해의 감소를 이루며 재산보호는 물론 사고방지와 관련하여 인간의 복지향상을 추구하는 것」이라고 할 수 있는 것이다.

재해가 발생하는 일반적인 과정을 살펴보면 다음과 같은 순서로 발생되는 것을 볼 수 있다.

① 사회적 환경
② 인간의 성격상 결함
③ 불안전한 행위와 불안전한 상태
④ 사고
⑤ 재해

(1) 안전제일

오늘날 "안전제일"이라는 표어를 모르는 사람은 거의 없을 것이다. 이 표어는 1901년도에 미국의 U.S 스틸(Steel)회사에 캐리(Garv)사장이 부임하면서 사훈으로 "생산제일", "품질제이", "안전제삼"으로 하여 회사를 운영하였다. 1906년에 이르러 회사가 재정적으로 운영난을 겪게 되어 이를 세밀하게 연구분석한 결과, 생산현장에서 재해사건이 너무 많아 그 수습비용이 너무 많이 지출되었고 이로 인한 종업원들의 극도의 사기저하로 생산실적이 감소되었다. 다시 사훈을 "안전제일", "품질제이", "생산제삼"으로 고쳐 먼저 안전작업을 하여야 하겠다고 결심하고 과거 5년간의 재해사건을 총정리하면서 가장 많은 재해사건유형부터 예방조치를 한 결과 재해가 눈에 띄게 줄어들 뿐만 아니라 종전보다 품질도 좋아지고 생산고도 올라가서 회사는 더욱 번창하게 되었다. 미국의 많은 기업들이 이를 본받게 되고 미국에서는 "안전제일"이라는 말이 크게 유행하게 되어 이것이 유럽으로 전파되고 동양으로 건너와 오늘에 있어서는 세계적으로 등장하게 되었던 것이다.

한편 "안전"이라는 말만큼 낡고도 새로운 것은 없을 것이다. 안전이라는 말 자체는 상당히 오래전부터 존재하고 있었으나 내용면에서 보면 오늘날 여러 가지 새로운 국면에 당면하고 있으며 앞으로도 계속 그러할 것이다. 이와 같이 항상 새로운 과제에 대처하지 않으면 안될 "안전"은 그야말로 낡고도 새로운 과제라 하지 않을 수 없다.

(2) 산업안전의 중요성

기업주가 안전업무에 많은 관심을 가지고 안전관리에 철저를 기한다면 안전사고는 사전에 예방할 수 있을 것이다. 안전사고가 없는 근로환경은 근로자(종업원)의 사기를 진작시킬 수 있는 것이다.

안전사고가 기업에 미치는 영향을 살펴보면 다음과 같다. 안전사고의 예방은 생산능률을 향상시켜 주므로 국가와 기업주에 대한 근로자의 간접적인 보답이 된다.

사고예방은 대외여론과 기업활동상 커다란 효과를 불러오게 되며 재해사고가 자주 발생하였을 경우에는

- 사상자에 대한 보상관계
- 기업의 선입감이 좋지 않은 점
- 선전효과, 고용난, 회사제품의 품질저하 등의 현상이 초래되는 점
- 대형사고 결과는 사회문제로 발전될 수도 있으며 이러한 사고가 주는 영향은 생산, 활동에 많은 문제점을 야기시키게 된다.

2. 산업재해의 원인

(1) 산업재해 발생 원인

① 산업재해의 정의(법 2조 1항)

  ⑦ 법적 정의 : 근로자가 업무에 관계되는 건설물 설비·원재료·가스·증기 분진 등에 의하거나 작업 기타 업무에 기인하여 사망 또는 부상하거나 질병에 이환되는 것을 말한다.

  ⑭ 1962년 국제노동기구(International Labor Organization ; ILO)의 정의 : 사고란 사람이

물체나 물질 또는 타인과의 접촉에 의해서 물체나 작업조건 속에 몸을 두었기 때문에 또는 근로자의 작업 동작때문에 사람에게 상해를 주는 사건이 일어나는 것을 말한다.

(다) 미국 안전보건법(Occupational Safety and Health Act ; OSHA)정의 : 산업재해의 발생은 어떤 단순한 것이 아니고 직접원인과 간접원인의 복합적인 결합에 의하여 사고가 일어나고 그 결과 인적피해나 물적피해를 가져온 상태를 재해라고 말한다.

> **참고** : 미국－상해 한국·일본－재해
> ① 불완전한 행동의 요인 : 88%
> ② 기계설비의 결합(불완전한 상태) : 10%
> ③ 천재지변 : 2%

② 재해발생 과정

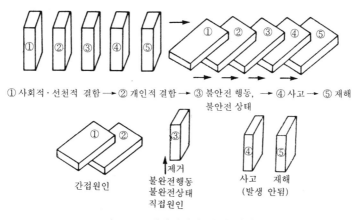

그림 9-1 재해발생의 연쇄 상관성

미국의 하인리히(H. W. Heinrich)는 재해 발생과정을 재해방지의 기본원리인 도미노(Domino)이론을 인용하여 사고의 연쇄관계를 다음과 같이 5개의 골패를 세워놓고 이 다섯개의 골패중 하나의 골패가 넘어지는 것으로 인하여 나머지 골패가 연쇄적으로 넘어지면서 재해가 발생한다고 설명하였다.

재해가 발생되기까지는 ①번에서부터 일정한 간격을 두고 골패를 세웠을 때 ①이 넘어지면 연속해서 ②～⑤까지 넘어진다는 이론이다. 이때 중요한 요인은 ③번으로 불안전한 행동과 불안전한 상태가 결합하는 데서 사고가 발생하는 것이므로 ③번을 제거하는 것이 바람직하다.

(가) 사고발생의 상관성

㉮ 가정 및 사회적 환경의 결함(선천적 결함요소) : 가정불화·거친성격·나쁜 생활환경

㉯ 개인적인 결함(인간의 결함) : 개인적인 성격의 결함·격렬한 기질·신경질·흥분성·무분별·나쁜 태도·부족한 지식·근심·정신상 육체상의 결함·기술적인 결함·교육적인 결함·관리상의 결함요인 등

㉰ 불안전한 행동, 불안전한 상태 : 시설상의 결함·안전조치 미비·불충분한 환경·조명·

소음·진동·분진·습도·온도

㉞ 사고(accident) : 직접원인인 불안전한 행동이나 불안전한 상태로 발생된 사건

참고 사건(event) – 예상치 않았던 일이 돌발적으로 발생한 것

㉝ 재해(injury) : 사고로 인하여 물적인 피해나 인적인 피해를 가져온 결과

표 9-1 상해 형태별 분류

분류 항목	세 부 항 목
① 골절	뼈가 부러진 상해
② 동상	저온물 접촉으로 생긴 동상 상해
③ 부종	국부의 혈액 순환의 이상으로 몸이 퉁퉁 부어 오르는 상해
④ 자상	칼날 등 날카로운 물건에 찔린 상해
⑤ 좌상	타박, 충돌, 추락 등으로 피부 표면보다는 피하 조직 또는 근육부를 다친 상해(삔 것 포함)
⑥ 절상	신체 부위가 절단된 상해
⑦ 중독, 질식	음식, 약물, 가스 등에 의한 중독이나 질식된 상해
⑧ 찰과상	스치거나 문질러서 벗겨진 상해
⑨ 창상	창, 칼 등에 베인 상해
⑩ 화상	화재 또는 고온물 접촉으로 인한 상해
⑪ 청력 장애	청력이 감퇴 또는 난청이 된 상해
⑫ 시력 장애	시력이 감퇴 또는 실명된 상해
⑬ 기타	⑪~⑫항목으로 분류 불능시 상해 명칭을 기재할 것

표 9-2 재해 형태(발생 형태)별 분류

분류 항목	세 부 항 목
① 추락	사람이 건축물, 비계, 기계, 사다리, 계단, 경사면, 나무 등에서 떨어지는 것
② 전도	사람이 평면상으로 넘어졌을 때를 말함(과속, 미끄러짐 포함)
③ 충돌	사람이 정지물에 부딪힌 경우
④ 낙하, 비래	물건이 주체가 되어 사람이 맞은 경우
⑤ 협착	물건에 끼워진 상태, 말려든 상태
⑥ 감전	전기 접촉이나 방전에 의해 사람이 충격을 받은 경우
⑦ 폭발	압력의 급격한 발생 또는 개방으로 폭음을 수반한 팽창이 일어난 경우
⑧ 붕괴, 도괴	적재물, 비계, 건축물이 무너진 경우
⑨ 파열	용기 또는 장치가 물리적인 압력에 의해 파열된 경우
⑩ 화재	화재로 인한 경우를 말하며, 관련 물체는 발화물을 기재
⑪ 무리한 동작	무거운 물건을 들다 허리를 삐거나 부자연한 자세 또는 동작의 반동으로 상해를 입은 경우
⑫ 이상 온도 접촉	고온이나 저온에 접촉한 경우
⑬ 유해물 접촉	유해물 접촉으로 중독이나 질식된 경우
⑭ 기타	①~⑬항으로 구분 불능시 발생 형태를 기재할 것

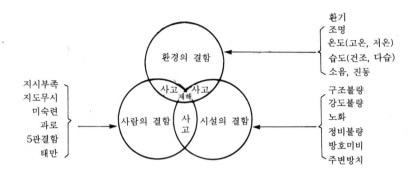

그림 9-2 재해의 복합 발생 요인 구조

③ 재해 원인

㈎ 선천적인 원인 : 신체적 기능인 내장·골격·근육, 지속력·운동력의 5관, 정신적(지능, 성격, 판단력)

㈏ 후천적인 원인 : 기능적인 능력, 기량이 불충분(작업동작 불량), 지식 불충분, 불량한 태도 등

㈐ 불안전한 동작이 일어나는 원인

　㉮ 착각을 일으키기 쉬운 외부조건이 많을 때

　㉯ 감각기능이 정상을 이탈했을 때

　㉰ 올바른 판단을 갖는데 필요한 지식이 부족할 때

　㉱ 두뇌의 명령에서 근육 활동이 일어날 때까지 전달하는 신경계의 저항이 클 때

　㉲ 시간적이나 수량적으로 세밀한 능력을 발휘하는데 필요한 신경계의 저항이 줄 때

　㉳ 의식동작을 필요로 할 때까지 무의식 동작을 행할 때

㈑ 불안전 행동의 원인

　㉮ 무지에 의해 일으키는 경우

　　㉠ 올바른 방법을 가르치지 않았을 때

　　㉡ 올바른 방법을 가르쳐 주었으나 교육방법이 나빠서 이해를 못했을 때

　　㉢ 가르쳐준 방법의 내용이 어려워서 이해를 못했을 때

　　㉣ 개인적으로 소질이 없어서 기억하려는 의욕이 없을 때

　　㉤ 일시적으로 안전의식이 희박했거나 적절한 홍보활동이 없어서 잊어버렸기 때문에 발생할 때도 있다.

　㉯ 올바른 행동을 할 수 없기 때문에 불안전한 행동이 발생할 때

　　㉠ 작업에 대한 기능 미숙

　　㉡ 기능에 대한 업무내용이 어려웠거나 너무 양이 많았을 때

      ⓒ 팀 구성이 나빠 공동작업에 마음이 맞지 않았기 때문

    ㉯ 올바른 행동을 안하는 경우

      ㉠ 경험에 의한 자신감이 과잉되어 있기 때문에

      ㉡ 욕구불만이 있어 그 해소책으로 반항적인 불만을 과시하려고 할 때

      ⓒ 동료나 선배가 안전한 방법을 생략하는 경우

④ 재해발생 비율

  ㉮ 하인리히의 재해구성 비율(하인리히 법칙)

    ㉮ 1 : 29 : 300의 법칙 : 330회의 사고 가운데 중상 또는 사망 1회, 경상 29회, 무상해 사고 300회의 비율로 사고가 발생한다는 것을 나타낸다.

    ㉯ 재해의 발생 : 물적 불안전 상태＋인적 불안전 상태＋α ＝설비적 결함＋관리적 결함＋α

• 물자체의 결함	• 방호장치의 결함
• 작업장소의 결함	• 보호구 복장의 결함
• 작업환경의 결함	• 자연적 불안전 상태
• 작업방법의 결함	• 기타

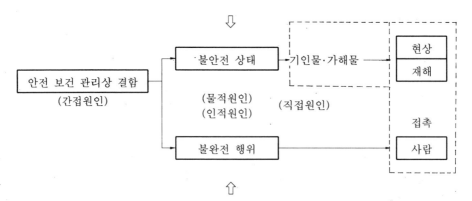

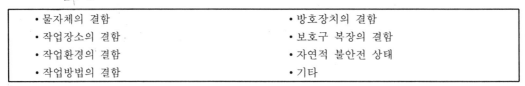

• 안전장치의 제거론 무효화	• 위험장소의 접근
• 안전조치의 불이행	• 운전의 실수
• 불안전한 방치	• 방호보호구 미착용
• 위험한 상태 조작	• 잘못된 동작·자세
• 운전중 기계 주유 청소, 수리점검	• 불안전한 속도 조작

표 9-3 재해원인과 재해발생 과정

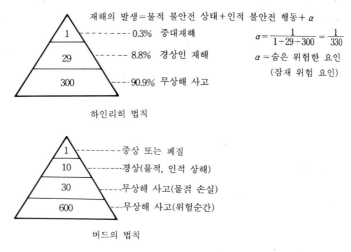

재해의 발생=물적 불안전 상태+인적 불안전 행동+α

1 ------ 0.3% 중대재해

29 ------ 8.8% 경상인 재해

300 ------ 90.9% 무상해 사고

$$\alpha = \frac{1}{1+29-300} = \frac{1}{330}$$

α = 숨은 위험한 요인

(잠재 위험 요인)

하인리히 법칙

1 ------ 중상 또는 폐질

10 ------ 경상(물적, 인적 상해)

30 ------ 무상해 사고(물적 손실)

600 ------ 무상해 사고(위험순간)

버드의 법칙

그림 9-3 하인리히 법칙과 버드의 법칙

(내) 버드의 재해구성 비율 : 중상 또는 폐질 1, 경상(물적 또는 인적 상해) 10, 무상해 사고
(물적손실) 30, 무상해 무사고 고장(위험순간) 600의 비율로 사고가 발생한다는 이론
이다.

3. 재해 통계

(1) 재해 통계의 종류

① 산업재해 통계 작성시 유의점

(가) 재해 통계의 내용은 그 활용목적에 충족할 수 있을 만큼 충분해야 한다.

(내) 재해 통계는 구체적으로 그 사실을 정확하게 읽어 보고 이해하여 판단해야 한다.

(대) 재해 통계는 안전활동을 추진하기 위한 자료로서 시간낭비나 경비의 낭비가 없도록
알차게 작성되어야 한다.

② 재해율 측정(1947년 제6회 국제노동기구(ILO)에서 정함)

(가) 국별, 시기별, 산업별 비교를 위하여 도수율이나 강도율로 나타낸다.

(내) 도수율은 재해의 건수를 연근로시간으로 나누고 100만 시간당으로 환산한 것이다.

$$\text{도수율(Frequency Rate of Injury)} = \frac{\text{산업재해건수(N)}}{\text{연근로시간(H)}} \times 10^6$$

(대) 강도율은 총손실 근로일수를 연근로시간으로 나누고 100시간당으로 환산한 것이다.

$$강도율(\text{Severity Rate of Injury}) = \frac{총손실일수(N)}{연근로시간수(H)} \times 10^3$$

③ 재해율의 산출이용

㈎ 천인율 : 천인율은 일정한 기간에 근무한 근로자의 평균 근로자수에 대한 재해자수를 나타내어 1,000배한 것이다. 즉 평균 재적 근로자 1,000명에 대하여 발생한 재해자수를 말한다.

$$\therefore 천인율 = \frac{재해건수}{평균근로자수} \times 1,000$$

예제 1. 평균 근로자가 200명인 직장에서 8명의 재해자가 발생했다. 천인율은 얼마인가?

풀이 천인율 $= \frac{8}{200} \times 1,000 = 40$

즉, 이 사업장에는 근로자수 1,000명당 40명의 재해자가 발생했다는 뜻이다.

㈏ 도수율(F.R)

㉮ 도수율은 일정한 시간동안에 발생한 재해빈도를 나타내는 것이다.

㉯ 재해빈도를 측정하는 척도로써 사용되고 있는 것이 도수율이다.

㉰ 연근로시간은 정확한 취업기록시간에 의하여 산정한다.

㉱ 확실한 기록이 어려울 때는 1일의 근로시간을 8시간으로 간주하고 1개월간의 근로일수를 25일로 산정하여 1년은 300일로 계산한다.

$$도수율(F.R) = \frac{재해발생건수}{연근로시간수} \times 10^6$$

즉, 도수율은 연근로시간 100만 시간당 재해가 발생한 건수를 말한다.

예제 2. 350명의 근로자가 근무하고 있는 공장에서 연간 15건의 재해가 발생하였다. 1일 8시간 연간 300일 근무한다면 도수율은 얼마인가?

풀이 도수율을 구하기 위해서는 연근로 시간수를 구해야 한다.

연근로 시간수 = 350명 × 8시간 × 300일 = 840,000시간

재해도수율 $= \frac{15}{840,000} \times 10^6 = 17.86$

㈐ 도수율과 천인율의 관계 : 천인율과 도수율과는 그 기준이 다르기 때문에 정확하게 환산하기는 어려우나 재해발생률을 서로 비교하려고 했을 때 천인율도 도수율도 근로자 1인당 연간 2,400시간이라고 가정하면 다음과 같다.

$$\therefore 천인율 = 도수율 \times 2.4$$

$$\therefore \text{ 재해도수율} = \frac{\text{천인율}}{2.4}$$

(라) 강도율(Severity Rate of Injury)

㉮ 산업재해의 경중의 정도를 알기 위한 재해율로 강도율이 많이 이용된다.

㉯ 강도율도 재해자수나 재해발생 빈도에 관계없이 그 재해의 내용을 측정하는 척도로 사용되고 있다.

㉰ 근로시간 1,000시간당 재해로 인하여 근무하지 않고 총손실일수를 말한다.

$$\text{강도율(S.R)} = \frac{\text{근로손실일수}}{\text{연근로시간}} \times 1,000$$

㉱ 근로손실일수의 산정기준

　㉠ 사망 및 영구 전노동불능(신체장애 등급 1~3급) : 7,500일

　㉡ 영구, 일부노동불능

　㉢ 일시 전노동불능은 휴업일수에 $\dfrac{300}{365}$ 을 곱한다.

　㉣ ㉠㉡의 경우 휴업일수는 손실일수에 가산되지 않는다.

(마) 도수율과 강도율의 관계 : 도수율과 강도율은 1923년 국제노동기구(ILO)에 의하여 채택되어 공통적으로 이용되고 있다. 연근로시간을 10만 시간으로 하고 이 기본 10만 시간당 재해건수를 F, 근로손실일수를 S로 환산하여 계산하면 환산도수율은 한사람이 직장에서 10만시간 일하는 동안에 재해를 입는 평균일수가 되며 환산강도율은 근로하는 동안에 재해로 인한 근로손실일수를 알 수 있다.

　　근로자 1인당 근로가능시간=1일 근로시간×연가동일수×가능근로년수

$$\therefore \text{ 환산도수율(F)} = \frac{100,000\text{시간}}{1,000,000\text{시간}} \times \text{도수율} = \frac{\text{도수율}}{10}$$

$$\therefore \text{ 환산강도율(S)} = \frac{100,000}{1,000} \times \text{강도율} = 100 \times \text{강도율}$$

(바) 종합재해지수

㉮ 기업의 재해 빈도와 상해의 정도를 종합하여 나타내는 종합재해지수는 직장과 기업의 성적지표로 보다 값지게 사용하는 경우도 있다.

㉯ 지수분포를 열체감률 도표로 도시하면 문자 그대로 통계의 글자 뜻으로 압축하여 한눈으로 이것을 본다라는 뜻으로 간단히 나타낼 수 있다.

$$\text{종합재해지수} = \sqrt{\text{도수율} \times \text{강도율}}$$

(사) 안전활동률 : 미국의 브랙크(R. P. Blake)가 제안했다.

$$\text{안전활동률} = \frac{\text{안전활동건수}}{\text{연근로시간수} \times \text{평균근로자수}} \times 10^6$$

　(안전활동건수에 포함되어야 할 항목)

㉮ 실시한 안전개선 권고수

㉯ 안전 조치한 불안전 작업수

㉰ 불안전 행동 적발수

㉱ 불안전한 물리적 지적 건수

㉲ 안전회의 건수

㉳ 안전 홍보 건수

㉴ 근로장비율 및 설비 증가율

$$근로장비율 = \frac{설비총액}{기준평균인원}$$

$$설비증가율 = \frac{금기말의 \ 사용총설비}{전기말의 \ 사용총설비} \times 100$$

4. 도장의 안전

(1) 화재

① **연소의 정의** : 연소란 일반적으로 「발열과 빛이 따르는 급격한 산화현상」이라 정의되고 있다. 즉 연소란 산화현상 중에서도 발열산화현상으로서 그 발열반응에 의해 온도가 높아지고, 온도가 높아진다는 것은 그만큼 원자 또는 분자가 운동하고 있는 것을 의미하며, 이 운동에 의해 그 온도에 적응하는 열복사선이 방출된다. 온도가 계속 상승하면 열복사선의 파장은 점점 짧아지면서 가시광선의 파장에 이르게 되고 우리의 눈에 발광반응을 느끼게 한다.

첫째, 연소란 산화현상중에서 반응속도가 빨라서 반응열을 발생시키는 발열산화현상을 뜻한다. 즉 탄소와 산소가 결합하여 산화반응이 일어나면 완전히 연소될 경우에 94.1 kcal/mol의 연소열이 발생한다.

㉠ ① 완전연소의 경우

$$C + O_2 \rightarrow CO_2 + 94.1 \ kcal/mol$$

② 불완전연소일 경우

$$C + \frac{1}{2} O_2 \rightarrow CO + 26.4 \ kcal/mol$$

$$C + \frac{1}{2} O_2 \rightarrow CO_2 + 67.7 \ kcal/mol$$

그리고 연소열이란 물질 1gr분자(혹은 1mol)가 완전히 연소하였을 때에 발생하는 열량을 뜻한다.

1mol = 기체의 1gr분자

둘째, 연소의 결과 빛이 발생한다. 연소에 의한 빛은 온도가 높아짐으로써 생기는 것이며 500℃ 부근에서 적열상태가 되고, 1,000℃를 넘으면 자연상태가 된다. 빛의 색과 온도의 관계는 표 9-4와 같다.

표 9-4 빛과 색의 온도

빛의 색	온 도	빛의 색	온 도
담 암 적 색	522℃	백 적 색	1,100℃
암 적 색	700℃	백 적 색	1,300℃
적 색	850℃	회 백 색	1,500℃
회 적 색	950℃		

② **연소의 3요소** : 연소가 일어나려면 발연산화반응이 쉽게 일어날 수 있는 가연성 물질, 가연성 물질을 산화시키는 산소공급원, 가연성 물질과 산소공급원을 활성화시키는데 필요한 에너지인 점화원 이들 세 가지 요소가 반드시 필요하다.

따라서 위의 연소의 3요소가 충족될 때에만 연소가 일어나고, 반대로 이 3요소의 어느 한가지라도 빠지면 연소반응은 계속되지 못한다. 즉 연소의 3요소는 아래와 같다.

㈎ 가연물 : 산소와 반응하여 대량의 반응열(연소열)을 발생하는 것이다.

㈏ 산소 : 산화반응을 일으키는 물질로서 공기 속에는 약 21%가 함유되어 있으므로 공기를 3요소의 하나로 치는 때도 있다.

㈐ 점화원 : 연소반응에 필요한 에너지를 공급하는 에너지원이다.

㉮ 가연물 : 가연성 물질이란 산화되기 쉬운 물질을 뜻하는데, 가연물로 간주되는 대부분의 물질들은 탄소(C), 수소(H), 산소(O_2) 등을 혼합적으로 포함하고 있다. 목재, 종이, 선, 면 등은 모두 셀룰로스(cellulose)를 포함하고 있는데, 그 분자식은 $C_6H_{10}O_5$이다. 석유류-인화성 액체는 탄화수소로 알려져 있는데, 그것은 수소와 탄소의 원자로 구성되어 있다. 가솔린은 C_6H_{12}에서 C_9H_{20}까지 여러 구조로 변화할 수 있다.

인화성 액체와 가스는 모두 탄소와 수소를 포함하고 있다. 예를들어, 에탄은 C_2H_6, 프로판은 C_3H_3, 부탄은 C_4H_{10}으로 구성되어 있다. 가연물이 포함하고 있는 원소 중 산소(O_2)는 가연성 물질은 아니지만 가연성 물질을 산화시키는 지연물이며, 수소(H)와 탄소(C)는 가연물로 고려되는 가장 일반적인 요소이다. 탄소와 수소는 산화 반응할 때에 가장 많은 열을 발생하기 때문이다.

$$H_2 + \frac{1}{2}O_2 \rightarrow H_2O + 57.8 \text{ kcal}$$

$$C + O_2 \rightarrow CO_2 + 94.1 \text{ kcal}$$

가연물이 되려면 우선 산소와 화합할 때 생기는 연소열이 많아야 하며, 열전도율이 적고 산소와 화학반응을 일으키는데 필요한 활성화에너지가 적어야 한다. 가연물의 수는 대단히 많으며, 유기화학물의 태반을 차지한다.

  ㉠ 가연성 고체 : 종이·합판·목재·셀룰로스·석탄 등

  ㉡ 가연성 액체

   • 인화점 60℃ 이상의 가연성 액체

   (상온에서 일반적으로 안전하게 취급 가능함. 가열시에는 위험하다.)

   • 벤질알콜($C_6H_5CH_2OH$)

   Lard Oil, Mineral Oil

  ㉢ 인화성 액체 : 인화점 60℃ 이하의 가연성 액체

   • 제1석유류 : 인화점 21℃ 미만(아세톤, 톨루엔, 키실렌, 벤젠, 가솔린)

   • 제2석유류 : 인화점 21℃~70℃(경유(디젤유), 등유류, 개미산, 초산(빙초산), 테레핀유)

   • 제3석유류 : 인화점 70℃~200℃(등유, 글리콜, 글리세린, 니트로벤젠, 아닐린)

 ㉯ 산소 : 우리들 주위에 있는 공기는 산소(21%)와 질소(약 79%)로 구성되어 있다. 즉 공기속에서는 1/5의 산소와 4/5의 질소가 섞여 있다.

  산소가 있기 때문에 모든 것이 변한다. 종이는 오래되면 누렇게 변하고, 철도 오래되면 빨갛게 녹이 슨다. 그것을 우리는 산화과정이라 한다. 그러나 그러한 산화과정은 천천히 이루어진다. 만약 종이나 목재와 같은 가연성 물질이 빠른 산화작용을 한다면, 그것이 바로 연소인 것이다. 따라서 화재나 연소는 물질의 빠른 산화과정(rapid oxidation process)으로서 빛(light)과 열(heat)과 불꽃(flame)을 발생시키는 현상이라 할 수 있다. 만약 불꽃이 없으면 그 화재는 불활성 단계에 있다고 해야 할 것이다.

 ㉰ 점화원 : 가연물이 산소와 화합하여 연소하는 데에는 열(heat)이 필요하다. 불을 일으킬 수 있는 열을 점화원, 또는 점화에너지라고도 한다. 점화원이란 활성화 에너지를 주는 것이다. 점화원으로서는 접염 가열 등의 열에너지가 점화원으로 되는 것이 가장 많고 누전, 과전류, 전기불꽃, 정전기불꽃 등의 전기적 에너지에 의한 것도 더러 있으며 마찰, 충격에 의한 불꽃, 고열물, 단열압축, 자연발화의 원인인 산화열 등이 있다. 점화원을 정리하면 아래와 같다.

  ㉠ 화기·고열물

   • 흡연 : 담배꽁초, 성냥, 라이터

   • 난방기구 : 스토브, 화로

   • 용접·용단 : 아세틸렌 가스 발생장치의 폭발 및 이에 수반되는 발화, 용접, 용단 시 발생하는 불꽃

   • 굴뚝·연도(煙道)

   • 건조설비의 전열, 가열증기, 열풍, 기타

  ㉡ 전기기기 배설

   • 변압기 : 기기자체의 결함·공정상의 결함·번개로 인한 이상전압·단락 등

- 전동기 : 운전중 슬립링이나 정류자와 브러시 사이에서 스파크 생김
- 전등 : 파괴시의 필라멘트
- 옥내배선·코드 : 과부하, 접속불량, 단락 등에서 오는 배선자체의 발열과 절연저
  하에서 오는 누전

ⓒ 정전기 : 정전기로 인한 발화의 원인은 정전기의 스파크이며, 이것에 의해서 발화할 위험성이 있는 것으로는 가연성 가스, 인화성 액체증기 및 분진을 들 수 있다. 특히 가연성 가스나 인화성 액체(휘발유 삼류화탄소, 벤젠, 톨루엔, 키실렌 등)는 스파크로 착화될 위험성이 클 뿐 아니라 다른 물질과의 마찰로 스스로 대전의 원인이 되므로 대단히 위험하다. 정전기가 방전될 때의 방전에너지는 다음과 같다.

$$E = \frac{1}{2} CV_2 = \frac{1}{2} QV$$

여기서, C : 정전용량, V : 대전전압, Q : 정전기량

표 9-5 도료의 위험물 분류

품 명	구 분
기름 바니시	제 3 석 유 류
유성 바탕 도료	제 3 석 유 류
기름 에나멜	제 3 석 유 류
합성수지 클리어 도료	제 2 석 유 류
합성수지 에나멜 도료	제 3 석 유 류
유성 페놀수지 바니시	제 3 석 유 류
주정 도료	제 2 석 유 류
질화면(窒化綿) 클리어 래커	제 2 석 유 류
질화면 래커 에나멜	제 2 석 유 류
질화면 바탕 도료	제 2 석 유 류
역청 바니시	제 3 석 유 류
아스팔트 프라이머	제 2 석 유 류
석유계 신너	제 2 석 유 류
주정계 신너	알 콜 류
래커 신너	제 1 석 유 류
리타더 신너	제 2 석 유 류
합성수지 도료용 신너	제 2 석 유 류
액상 드라이어	제 3 석 유 류
박리제	제 2 석 유 류

(2) 도장과 재해

① **도장설비와 관련된 화재** : 도장에서 취급하는 도료 및 희석제는 모두가 화재의 위험이 매우 높은 인화물질로 도장 공정에서 발생하는 화재의 건수가 매우 높은 편이다.

표 9-6 비정전 도장의 발화원인

	원 인	비 율
1	도료 가스의 자연 발화	28
2	불꽃을 발생하는 기기(용접, 용단기, 그라인더 등)를 사용한 영선 작업	26
3	전기 설비(고장, 도장 작업장 가까이에서 비방폭형(非防爆型)의 기기를 사용	25
4	마찰(배기 팬과 배기 덕트 내에 부착된 도료 가스와의 접촉, 베어링의 윤활 불량)	15
5	담배	6
	합 계	100

표 9-6에서와 같이 도장 설비에서 기인되는 화재의 원인별 발화 순서는 다음과 같이 정리된다.

㈎ 도료 가스 등의 산화열에 의한 자연 발화

㈏ 용제 등 취급 중의 정전기 발화

㈐ 전기 설비의 취급 부적당, 고장에 의한 동전기(動電氣) 불꽃

㈑ 영선(營繕) 작업 중의 불꽃

㈒ 도료 가스 등과 회전부분과의 마찰열에 의한 발생

② **자연 발화** : 도료 가스 등에 의한 자연 발화는 도료 중에 포함된 불포화 이중 결합에 산소가 결합할 때에 생기는 산화열에 의한다. 특히 불포화기(不飽和基)를 많이 보유하는 속건성(速乾性) 자연 건조형 도료의 위험성이 높다. 또 도료 중의 건조제, 어떤 종류의 안료가 이것을 촉진한다. 도장 부스의 오염 가스, 더러워진 기름 걸레·장갑, 여과재 가스 등의 포러스(porous)에 공기와의 접척 면적이 큰 것이 축열(蓄熱)되기 쉬운 상태에 놓여졌을 때 수십 시간 후에 발화에 이르는 때가 많다. 그러므로 불필요한 것은 물을 넣은 금속 용기에 버리고 뚜껑을 덮어두며 장갑 등 다시 사용하는 것은 철망 위에 펼쳐 놓아 축열을 방지한다.

또 2액형 도료의 경화제, 촉진제로 유기 과산화물을 함유하는 것은 환원성 물질인 탄화수소나 유기물(종이나 목재)에 접촉되었을 때 자연 발화의 위험이 있으므로 엎질렀을 때에는 세정하고 더러워진 것은 물에 담가 둔다.

③ **정전기** : 용제나 도료를 파이프 수송, 분출, 교반, 여과 등의 운동을 시켰을 때 정전기가 발생되어 경우에 따라서는 공기중에서 불꽃을 날려 가연물에 인화된다. 이것은 모든 이 물질이 접촉되었을 때 접촉면 쌍방에 양(+) 음(-)의 전하가 생기는 성질이 있기 때문이다.

발생된 정전기는 그 물질의 전도성에 의해 시간의 경과와 함께 누설되고 발생량이 누

설량보다 많을 때 정전기의 축적이 일어난다. 발생량은 시간당 접촉 표면적에 비례하므로 격렬한 운동을 하면 할수록 정전기는 많이 발생한다. 한편 누설량은 그 물질의 전기 저항의 대수(對數)에 반비례하므로 고유 전기 저항이 높은 유기 용제는 정전기가 축적되기 쉽다.

고유 전기 저항이 $10^{11} \sim 10^{13} \Omega \cdot cm$ 이상의 고저항 용제는 정전기가 축적하기 쉬우므로 위험하지만, $10^9 \Omega \cdot cm$ 이하는 누설하기 쉬우며 비교적 안전하다고 일컬어지고 있다. 미네랄 스플릿, 톨루엔 등의 지방족·방향족 탄화수소는 비극성 용제이며 고유저항이 높아 위험하지만 알콜류, 케톤류와 같은 극성 용제는 안전하다. 그러나 극성용제에서도 트리에틸아민은 $7.7 \times 10^{11} \Omega \cdot cm$의 고저항이며 재해 사례가 보고되어 있으므로 주의를 요한다. 사업소에서는 아세트산에틸($1.7 \times 10^7 \Omega \cdot cm$)의 정전기라고 생각되는 사고도 있으므로 방심할 수가 없다.

대전체(帶電體)가 방전할 때의 에너지 E는 다음 식으로 구할 수 있다.

$$E = 1/2 QV = 1/2 CV^2$$

여기서, E : 방전 에너지(줄), Q : 대전 전하(쿨롱),
V : 대전 전압(볼트), C : 정전 용량(패러드)

한편 유기 용제가 착화하는 데 필요한 최소 착화 에너지는 용제의 종류, 혼합비, 온도 등으로 다르나 보통 0.2~2.0mJ라고 한다. 예를들면 0.2mJ라고 할 경우 인체의 정전 용량은 200pF 정도이므로 대전 전압이 1.5kV를 넘으면 착화의 가능성이 생긴다. 인체가 절연 상태에 있으면 4~5kV의 대전은 간단하게 일어나므로 위험 장소에서는 인체 대전에 주의해야 한다.

정전기 재해 방지를 위해 다음의 처치를 강구한다.

㈎ 접지 : 유동하는 액체가 접촉하고 있는 금속 도체는 접지하여 대지와 같은 전위로 하지 않으면 안 된다. 예를들면 용제가 흐르는 파이프, 호스 양끝의 금속부, 받이기, 여과천에 접촉되는 금속부, 금속제 깔때기, 펌프, 교반기 등이 있다. 고정 접지 단자의 경우는 압착 단자 등의 접속 기구를 사용하여 너트로 헐거워지지 않도록 고정한다. 이동 단자의 경우는 「클립」이나 「클램프」 등을 사용하여 접지 단자에 물린다. 도막 위에 설치하거나 더러워진 클립에는 접지 효과가 없으므로 금속면을 노출시켜야 한다. 파이프와 파이프의 접속부는 본딩하여 전기적으로 떠오른 부분을 만들지 않는다.

㈏ 인체 대전 방지 : 플라스틱 밑창과 같이 절연된 구두를 신었을 때는 인체가 절연 상태로 되어 대전된다. 위험물 분위기에서 작업할 때에는 면양말을 신고 정전 안전화를 사용한다. 바닥면이 도장되거나 현저하게 더러워졌을 때는 정전화의 효과가 없으므로 $10^8 \Omega$ 이하의 바닥 도통(導通)을 확보해야 한다. 면 작업복은 습도 60% 이상인 경우 정전기가 누설되기 쉬우나 습도가 낮아지면 위험한 때도 있다. 특히 위험한 분위기에서 작업하는 경우에는 정전 작업복을 착용한다.

(3) 폭발

① 폭발의 정의 : 연소를 정상연소와 비정상연소로 나눌 수 있는데, 정상연소란 가연성 기체가 연소할 때 불꽃의 위치라든가 그 모양이 연소가 계속되는 동안 변하지 않는 경우를 말하는데, 그것은 현재 연소가 일어나고 있는 곳에 있어서 열의 발생속도와 열의 일산속도가 서로 균형을 이루고 진행되고 있는 것이라 할 수 있다. 비정상연소란 연소에 의한 열의 발생속도가 열의 일산속도를 능가하는 현상으로서, 폭발은 이 경우에 속한다.

폭발이란 말은 화산의 폭발, 보일러의 폭발과 같이 위의 화학변화에 의하지 않는 경우도 포함하여 광범위한 의미로 사용된다. 정의로서는 「폭발이란 급격한 압력의 발생 또는 해방의 결과로서 격렬하거나 또는 음향을 발하여 파열되거나 팽창하는 현상이다」라고 말할 수 있다.

압력용기의 파열은 단순히 압력이 해방되는 것 뿐인 물리적 폭발이지만 화학변화, 특히 분해 또는 연소 등의 반응에 의한 폭발은 화학적 폭발이다. 고압가스의 폭발에서는 용기 중에서 화학적 폭발이 일어나 용기를 파열시킬 경우와 처음 용기가 물리적 파열을 일으켜, 그후 화학적 폭발이 공기중에서 일어날 경우의 두가지가 있다.

일반적으로 폭발이라고 말하는 현상은 연소의 한 형태로 격렬한 연소를 의미하는 것이라고 생각해도 좋다. 가스폭발 및 분진폭발을 일으키는 것은 일반적으로 그것은 가연물이 아니고서는 안된다. 이와같은 물질이 공기 혹은 산소와 접촉하더라도 접촉만으로는 화학반응이 일어나지 않으며 그것에 어느 정도 이상의 열 에너지가 존재하게 되면 그것을 매개로 해서 양자의 사이에 화학반응이 일어나고 그 화학반응으로부터 다시 주위에 있는 가스, 증기, 분진에 대해서 점화원으로 전범하게 된다. 그 전범하는 속도가 매초당 1,000~3,500m/sec라는 빠르면서도 순간적인 에너지를 일으키며, 이때 현저하게 용적을 증대시키는 동시에 빛과 열을 수반하는 현상으로 된다. 이것이 곧 폭발현상인 것으로서 이와같은 현상에 의해서 순간적으로 화학에너지가 열에너지 또는 기계에너지로 변화되어서 사방으로 전달되는 결과를 가져오게 되며, 그 거대한 에너지의 순간적 발산이 인적 및 물적으로 큰 손상을 주게 된다.

이상에서 폭발현상 혹은 폭발의 정의에 관한 일반적인 정의를 열거한 바 있으나, 폭발의 본질은 과연 무엇인가에 대한 대답으로는 아직 미흡하다.

폭발의 본질은 「압력의 급상승 현상」이라 할 수 있다. 그리고 압력의 급상승 현상은 반드시 화학적인 원인에 의해서 생기는 경우를 말한다. 이 때에 압력의 급상승은 부피의 급격한 증가에 의하여 생긴다.

화학적 변화에 의한 부피의 급격한 증가는 다음 두 경우에 생긴다.

첫째, 화학반응(연소반응, 분해반응, 중합반응, 폭연반응)에 의한 반응열, 또는 이상 이전에 있어서의 발열에 기인한 기체의 부피가 급격하게 팽창한다.

둘째, 응상체(고체 또는 액체)에서 기상체로의 이상변화에 기인한 부피의 급격한 증대,

따라서 "폭발이란 화학반응 또는 이상변화에 의해서 생기는 압력의 급상승 현상이다."라고 정의할 수 있다. 폭발은 그 급격한 압력상승의 결과로서 파괴작용을 유발하고 폭음을 내며 고온의 폭발생성물을 방출하여, 그 때문에 화재를 발병시키는 일이 많다. 이같은 파괴, 폭음, 고열 등은 어느 것이나 폭발의 결과로서 어떤 조건하에 폭발현상에 수반되어 나타나는 것이다.

② 폭발의 종류

(개) 기상폭발

㉮ 혼합 가스 폭발 : 가연성 가스와 지연성 가스의 적당한 농도의 혼합 가스안에서의 연소파 또는 폭연파의 전파에 의해서 생기는 폭발이다.

　　예 공기 및 수소 가스, 프로판 가스, 에테르 증기 등의 혼합 가스의 폭발

㉯ 가스의 분해폭발 : 단일 가스의 분해반응의 반응열이 클 때에 나타나는 가스폭발이다.

　　예 아세틸렌, 에틸렌, 산화에틸렌 등의 분해에 의한 가스폭발

㉰ 분진폭발 : 공기중에 분산된 가연성 분진의 급속한 연소에 의한 폭발이다.

　　예 공기중에 분산된 황산가루, 밀가루, 알루미늄가루 등의 분진폭발

㉱ 분무폭발 : 공기중에 무상(霧狀)으로 분출된 가연성 액체의 액적(液滴)의 급격한 연소에 의한 폭발이다.

　　예 유압기 기름의 분출에 의한 유적(油滴)의 폭발

(내) 응상폭발

㉮ 혼합위험성 물질의 폭발 : 산화성 및 환원성물질 및 그 밖의 여러가지 혼합에 의한 혼합위험에 따른 폭발이다.

　　예 질산암몬과 유지, 액체산소와 탄소분, 과망간산칼리와 농황산, 무수마레인산과 가성소다 등의 혼합에 의한 폭발

㉯ 폭발성 화합물의 폭발 : 유기과산화물, 니트로화합물, 질산에스테르 등의 분자내 연소에 따른 폭발 및 흡열화합물의 분해반응에 따른 폭발이다.

　　예 트리니트로톨루엔, 니트로글리세린 등의 폭발, 아지화연, 아세틸렌동 등의 폭발

㉰ 증기폭발 : 과열액체의 생성에 따른 급속한 증발현상에 따른 폭발이다.

　　예 알루미늄도선의 전류에 의한 폭발

㉱ 고상전이에 의한 폭발 : 고상간의 전이열에 따른 공기의 팽창에 기인한 폭발이다.

　　예 무정형 Antimon이 결정형 Antimon으로 전이할 때의 발열에 따른 폭발

③ 분진폭발 : 가연성 고체의 미분 또는 가연성 액체의 안개모양 방울이 어떤 농도 이상으로 공기 등 지연성 가스 중에 분산된 상태에 놓여 있을 때에는 폭발성 혼합기체와 같이 에너지를 주므로 해서 폭발한다. 이처럼 분말상인 고체와 공기와의 혼합물의 폭발을 분진폭발이라 한다. 석탄분, 옥분, 전분, 알루미늄분 등도 적당한 비율로 공기중에 떠있을 때 점화원에 의해서 분진폭발한다.

가연물이 연소하기 위해서는 그것이 착화온도 이상으로 되고 또 연소에 필요한 공기와도 접촉하지 않으면 안된다. 이와같은 조건을 갖추어서 미립이 공기중에 흩어져 무상이 되면 아주 적은 열에너지를 주어도 착화하고 연소하며 더욱이 이것이 미립인 것이기 때문에 그 열에너지가 옆에 있는 입자에 연쇄반응적으로 전달되어서 연소가 순간적으로 이루어지면 여기에 분진폭발이라는 현상이 일어나는 것이다.

이와 같은 미립가연물이 순간적으로 연소를 해서 열과 빛을 내게 되고, 또 열에너지에 의해서 분자속도를 급속하게 증대하게 되어서 장치, 용기 그 밖에 물을 파괴하게 된다. 분진폭발은 가스폭발에 비해서는 입자가 크며 더구나 그 크기는 균일하지 않다. 분진폭발에서는 일부에 소폭발이 일어나게 되면 그 주변에 쌓여 있던 분체가 날아다니며 그것에 의해 2차폭발을 일으키고, 보다 큰 파괴를 일으키게 된다. 따라서 최대 폭발압력에 이르기까지 가스 폭발에 비해 많은 시간을 소요하게 되고 또 에너지도 크다. 분진폭발을 일으키는 분진에는 여러 가지 있으나 다음과 같이 정리할 수 있다.

㈎ 금속 : 알루미늄, 마그네슘, 철, 망간, 규소, 주석

㈏ 분말 : 티탄, 바나듐, 아연, 지르코늄, DOW합금, 페로실리콘

㈐ 플라스틱 : 아릴알콜레진, 카제인, 질산 및 초산셀룰로스, 크마론인덴레진, 리그닌레진, 메틸메타아크레드, 펜타엘리슬리톨, 페놀레진, 프탈산무수물, 헥사메틸렌데트라민, 폴리에틸렌, 폴리스티렌, 쉐라크, 합성고무, 요소 성형수지, 비닐브틸탈

㈑ 농산물 : 밀가루, 전분, 솜, 가릿트, 쌀, 콩, 땅콩, 코코아, 커피, 담배

㈒ 기타 : 스테아린산알루미늄, 석탄, 코울타르핏치, 황, 비누, 목분, 매연

분진입자가 너무 크면 폭발하지 않으며, 여러 가지 크기의 입자가 섞여져 있어서 간단히 결정하기는 힘들지만 공기중에 부유할 수 있는 크기라야 한다. 일반적으로 100미크론 이하가 되면 폭발의 위험성이 있다고 보고 있으며 미립일수록 폭발하기 쉽다.

④ **방폭대책** : 가스 혹은 분진폭발의 위험성을 배제하기 위해서는 가스 혹은 분진과 공기와의 혼합비율이 폭발한계 밖에 있도록 하고 또 동시에 점화원이 될 수 있는 것을 생산설비속에서 철저히 배제하며, 또 기계류의 과열이라든가 불꽃의 발생을 관리 혹은 작업행동에 의해서 일어나지 않도록 한다.

㈎ 혼합가스의 조성을 폭발범위 안에 들지 않도록 하기 위한 조건으로서, 혼합가스 조성을 폭발하한계 이하로 할 것, 또는 불활성 가스로 공기를 치환해서 산소농도를 한계치 이하로 할 것 등이 있다. 그를 위해서 가연성 가스의 공기속으로의 누설방지, 가연성 가스 안으로서의 공기 침입방지, 혼합 가스 조성의 제어의 감시, 불활성 가스 치환 등의 조치가 필요해짐과 동시에 가스 조성이 위험한계에 가까와졌을 때의 경보장치가 필요하다.

㈏ 가연성 가스, 증기류가 생산설비의 어떤 곳에선가 새어나오는 일이 없는가, 또 이것이 축적되기 쉬운 곳은 없는가, 이러한 상태를 계기에 의해서 측정하고 그것이 폭발한 계내에 있는 일이 없도록 점검, 정비해야 한다.

㈐ 가스, 증기 등이 새기 쉬운 곳이나 축적될 염려가 있는 곳에는 알맞는 환기설비를 갖추어야 한다.

㈑ 가연성 가스가 생성하거나 생성할 우려가 있는 장치내에서 수리하거나 가연성 가스가 들어 있었던 드럼통을 절단할 때에는 미리 가스를 확실히 배제, 확인하고 난 뒤에 시행해야 한다.

㈒ 점화원에 관해서는 일반적으로 충격, 마찰, 나화(裸火), 고온표면, 단열압축, 자연발화, 전기불꽃 및 열선광면의 8종의 발화원이 있는데, 그 발생조건을 검토해서 그 조건'이 충족되지 않도록 하는 대책을 강구해야 하며, 특히 전기불꽃 발생시키는 개폐기, 전동기, 조명기구 등은 반드시 방폭전용의 것을 사용해야 한다. 또 정전기의 발생 우려가 있는 곳에는 접지를 해서 그것이 축적하지 못하도록 하고, 또 기계의 마찰부는 과열하지 않도록 한다.

이상에서 일반적인 방폭대책에 논술하였으나, 특히 폭발사고가 현저히 많이 발생하는 화학산업에 있어서는 생산공정의 계획설계단계에 있어서 미리 안전공학상의 전문지식을 도입해서 상세한 대책을 미리 강구해 두는 일이 방폭대책을 위해 가장 확실한 일이다. 즉 공정건설에 앞서서 제조공정도를 기초로 하여 원료, 재료, 중간품, 제품, 폐기물의 모든 계통에 걸쳐서 온도, 압력, 조성, 불순물, 유속, 밸브조작, 계측, 제어, 세정수리 그 밖의 각 요소에 관해 상세히 검토하고, 만약 폭발가능성이 발견될 때에는 계획단계의 레이아웃에 확실하게 방폭대책을 세워 넣어야 한다.

그러나 일단 폭발이 일어났다고 하면 될 수 있는대로 피해를 적게 내도록 피해의 국한 대책을 강구할 필요가 있다. 폭발 및 거기에 따르는 화재에 대한 국한대책으로서는 안전장치, 가연물의 집적방지, 공지의 보유, 방폭벽, 건물·설비의 불연화, 긴급조치 등이 있다.

㈎ 안전장치 : 안전장치는 일반적으로 저장, 반응조, 분쇄기, 집진장치, 보일러, 압력용기, 고압가스용기 등의 내압이 이상으로 상승해서 어떤 설정압력 또는 설정온도 이상으로 되었을 때 안전장치가 작용해서 이 압력을 외부로 방출시켜 용기나 설비의 파괴를 방지하는 것이 목적이다.

㈏ 가연물의 집적방지 : 폭발사고에 이어 화재가 발생하여 피해가 확대되는 경우가 가끔 있으므로, 폭발위험이 있는 현장의 부근에는 원료, 제품, 상품 기타 가연물을 다량집적해 두어서는 안된다.

㈐ 공지의 보유 : 폭발위험이 있는 작업장이나 저장소의 건물시설 주변에는 일정한 공지(空地)를 남겨두어 만약의 폭발에 대한 피해를 국한시킨다.

㈑ 방폭벽 : 고압실험, 설비 기타의 주위에는 방폭벽으로 쌓고 그 외부에서 계기로 판독하거나 밸브의 개폐조작 등을 하도록 하며, 그 외에 폭발위험이 있는 설비, 건물의 주변에는 방폭벽, 장벽, 토담 등을 설치하여 폭발사고가 발생할 경우 파편의 비산과 폭풍에 의한 직접적인 압력을 저지하는 대책을 세워야 한다.

㈒ 건물·설비의 불연화 : 폭발위험이 있는 건물은 방화구조·내화구조로 하고 내부의 기

구, 부속품 등의 설비도 가능한 한 불연성의 재료를 사용한다.

㈐ 긴급조치 : 폭발사고가 났을 경우에는 그것이 타지(他地)로 파급되지 않도록 가열원이나 동력원을 차단하고 위험물을 옮기며 파괴당한 공장도 긴급히 가스, 액체 등의 누설방지를 위한 응급조치를 강구해야 한다.

5. 도장의 위생

(1) 유기 용제의 유해성

① **인체에 대한 영향** : 호흡 또는 피부에서 체내로 침입한 유기 용제는 그 화학 구조에 의해 특정의 장기(臟器)에 선택적으로 축적된다. 유기 용제는 신진 대사에 의해 서서히 체외로 배설되는데 침입량보다 배설량이 적으면 점차로 특정 장기에 축적되어 신경 장해, 조혈(造血) 기능 장해, 간·신장 기능 장해를 일으킨다. 피부, 눈 등의 점막에 부착하면 심한 자극으로 되고 다량 흡입하면 마취 작용을 일으킨다. 탱크 내에서 용제 작업을 할 때 정신을 잃고 넘어져서 그대로 사망한 예도 많다.

② **허용 농도** : 일본 산업 위생 학회에서는 약 100종류, ACGIH(미국 산업 위생 정부 전문관 회의)에서는 약 700종류의 유해물의 허용 농도 권고값을 발표하고 있다. 양자의 수치가 다른 것도 있으나 낮은 쪽의 수치를 참고로 하는 것이 좋다. 도료용 용제로 많이 사용되는 유기 용제의 허용 농도를 표 9-7에 나타낸다.

표 9-7 도료용 용제의 허용 농도

명 칭	허용 농도(ppm)	유기칙(有機則) 분류*
아 세 톤	1,000	제 2 종
이 소 프 로 필 알 콜	400	제 2 종
세 로 소 르 브	100	제 2 종
세 로 소 르 브 아 세 테 이 트	100	제 2 종
부 틸 세 로 솔 브	50	제 2 종
크 실 렌 *o* *m* *p*	100	제 2 종
아 세 트 산 에 틸	400	제 2 종
아 세 트 산 부 틸	150	제 2 종
톨 루 엔	100	제 2 종
1 부 탄 올	50	제 2 종
M I B K	100	제 2 종
M E K	200	제 2 종
미 네 랄 스 피 릿	—	제 3 종

*유기칙=유기 용제 중독 예방 규칙

일본 산업 위생 학회가 발표하고 있는 허용 농도의 정의는 「노동자가 유해물에 연일 노출되는 경우에 해당 유해물의 공기 중 농도가 이 수치 이하이면 거의 모든 노동자에게 악영향을 주지 않는 농도」이며 1일의 실노동 시간 내의 평균 농도로 표시하고 있다.

한편 ACGIH에서는 시간 하중 평균값(TWA), 단시간 노출 한계값(STEL) 및 상한값(C)의 3종류의 한계값을 발표하고 있다. 표 9-7의 TWA 값은 「1일 8시간, 1주 40시간의 평상 작업 중에 매일 반복하여 유해물에 노출되어도 거의 모든 작업자에게 건강 장해를 일으키지 않는다고 생각되는 시간 하중 평균값 농도의 한계값」이라고 정의하고 있다.

③ **도료 중의 유기 용제** : 도료나 신너에 함유되는 용제는 단일 용제인 것은 거의 없으며 각종 유기 용제의 혼합물이다. 도료의 특성에 맞추어 그 품종이나 조성을 배합하고 있으므로 일괄해서 말할 수는 없으나 주로 사용되고 있는 유기 용제에는 다음과 같은 것이 있다.

방향족 탄화수소(톨루엔, 크실렌 등), 지방족 탄화수소(미네랄 스플릿 특(特) 솔벤트 등), 알콜류(n-부탄올, IPA 등), 아세트산에스테르류(아세트산에틸, 아세트산부틸 등), 케톤류(MEK, MIBK 등), 글리콜 유도체(세로소르브, 에틸 세로소르브, 세로소르브 아세테이트 등) 등이다.

유기 용제의 인체에 대한 작용의 강도는 허용 한계값으로 표시되는 독성의 강도 외에 휘발성에 의한 것이 크다. 증기압이 높은 것일수록 휘발되기 쉽고 여름철은 겨울철보다 휘발되기 쉽다. 일반적으로 유성계, 프탈산계 도료용 용제보다 래커계, 합성 수지계 용제 쪽이 증기압이 높은 용제를 많이 사용하고 있으므로 용기의 덮개, 엎지를 때의 처치 등을 착실하고 신속하게 해야 한다.

노안법에서는 제품에 5% 이상 함유되는 유기 용제의 종류와 함유율을 용기에 표시하는 것을 의무로 규정하고 있다. 표시 의무가 있는 용제명은 표 9-7에 나타낸 것과 같으며 모든 종류는 아니나 대부분이 포함되어 있다. 도료, 신너를 사용할 때에는 미리 어떤 유기 용제가 함유되어 있는가를 아는 것이 중요하다.

(2) 유기 용제 중독 예방 규칙

노동자를 유기 용제에 의한 건강 장해로부터 지키기 위해 노안법, 동 시행령에 기초하여 1972년 9월에 유기 용제 중독 예방 규칙(이하 유기칙)이 공포되었다. 다음에 약간의 해설을 가한다.

① **「유기 용제」 이외의 용제의 취급** : 유기칙에서는 「유기 용제」로 54품종의 용제를 정의하고 있다. 그런데 세상에는 이른바 용제라고 일컬어지는 물질이 450종 존재하고 있다. 이 중에서 독성 강도, 건강 장해 발생 빈도, 소비량 등을 고려하여 선택한 것이 위의 54품종의 「유기 용제」이다. 따라서 유기칙에서 취급한 것 이외의 유기 용제도 독성이 없는 첫

이 아니므로 유기칙에 준한 취급이 필요하다. 「유기 용제」 이외에 많이 사용되는 것으로 각종의 모노머, 에폭시 화합물, 지방족 아민 등이 있다.

② 규제 대상이 되는 물질과 업무 : 유기 용제가 단일 품종으로 사용되는 것은 도료, 도장 관계에서는 거의 있을 수 없으며 54품종의 「유기 용제」만으로 되는 혼합물 및 「유기 용제」에 해당하는 것을 5W% 이상 함유한 것도 유기 용제 등으로 정의하여 규제 대상 물질로 되어 있다.

또 유기칙의 규제 대상으로 되는 업무를 유기 용제 업무로 하여 12업무를 정하고 있다. 이 중에서 도장에 관계되는 업무는 「유기 용제 함유물을 사용하여 행하는 도장 업무」, 「유기 용제 등을 넣은 일이 있는 탱크 내부에서의 업무」, 「유기 용제 등을 사용하여 행하는 세정 또는 불식 업무」의 3항목이 있다.

유기 용제는 유해성이 높은 순으로 제 1 종부터 제 3 종까지 분류되고 취급 방법이 구분되어 있다. 도료용으로 사용되고 있는 용제는 미네랄 스플릿으로 대표되는 지방족 탄화수소가 제 3 종이고 그 밖에는 대부분 제 2 종의 용제이다(표 9-7 참조).

③ 규제의 내용

㈎ 설　비 : 제 1 종 및 제 2 종 용제를 사용하는 실내 작업에서는 작업 장소에 유기 용제의 발산원을 밀폐하는 설비 또는 국소(局所) 배기 설비를 설치하여야 한다. 또 제 3 종 용제를 사용하는 탱크 내 작업의 경우에는 발산원을 밀폐하는 설비, 국소 배기 설비 또는 전체 배기 설비 중 어느 하나를 설치하여야 한다. 단, 그 작업이 분무 도장인 경우에는 밀폐 또는 국소 배기 중 어느 하나이며 전체 배기 장치는 인정하고 있지 않으므로 주의를 요한다. 이들 설비의 설치가 곤란한 경우에는 호흡용 보호구를 사용하여야 한다.

작업 장소의 공기 누적에 대하여 취급량이 적은 경우에는 용제의 종류에 따라 일정한 계산식에 의해 얻어지는 허용 소비량 이하의 용제 소비일 때 관할 노동 기준 감독 서장의 인가를 얻으면 유기칙 규제의 대부분에 대하여 적용이 제외된다.

㈏ 유기 용제 작업 주임자의 선임 : 유기 용제 작업 기능 강습 수료자 중에서 작업 주임자를 선임하여 작업 방법의 결정과 지휘, 장치의 일상 점검, 보호구 사용 상황의 감사를 시켜야 한다.

㈐ 국소 배기 장치의 정기 자주(自主) 검사 : 1년 이내에 1회 국소 배기 장치의 자주 검사를 실시하고 그 기록을 3년간 보관한다.

㈑ 게　시 : 작업 장소의 보기 쉬운 위치에 다음 사항을 게시한다.

㉮ 유기 용제의 인체에 미치는 작용

㉯ 그 취급상의 주의

㉰ 중독이 발생하였을 때의 응급 처치

㉱ 사용하는 유기 용제의 종류를 색으로 구분하여 표시, 제 1 종 유기 용제 적, 제 2 종 유기 용제 황, 제 3 종 유기 용제 청

㈐ 환경 측정 : 톨루엔, 크실렌, 메탄올 등 17품종의 유기 용제에 대하여 6개월 이내마다 1회의 정기적 유기 용제 농도의 측정 및 기록의 3년간 보관을 의무화하고 있다. 일본에서는 종래에는 측정만이고 환경 관리에 대하여는 기준이 마련되지 않았으나 1984년 2월에 노동성 노동기준 감시 국장 고시로 작업 환경의 평가와 관리에 관한 방침이 발표된 것을 계기로 점차 환경 관리에 중점을 두게 되었다.

㈑ 건강 진단 : 유기 용제 업무에 상시 종사하는 작업자에 대하여 고용시, 이 업무에 배치 전환시 및 그 후 6개월 이내마다 정기적으로 건강 진단을 하고 그 기록을 5년간 보관한다.

㈒ 보호구 : 유기 용제 중독 예방을 위해서는 국소 배기 장치 등의 환기 장치로 작업 환경 전체를 개선하는 것을 원칙으로 하고 있다. 따라서 보호 마스크 등의 사용은 환기 장치를 설치할 수 없는 장소나 불충분할 때의 보조 수단이다. 보호 마스크를 착용하였다고 해서 환기 장치는 필요없다고 생각하는 것은 잘못이다.

산소 농도 18% 미만의 산소 결핍 분위기에서도 공기를 보내는 마스크는 유효하나 방독 마스크는 효과가 없으므로 잘못 사용하지 않도록 주의한다. 방독 마스크의 흡수통에는 대상 가스에 따라 구별이 있으므로 유기 용제에는 유기 용제용 흡수통을 사용하지 않으면 안된다. 또 흡수통에는 유효 시간이 있으므로 사용 시간, 가스 농도에 따라 적절히 교환하여야 한다. 일반적으로 마스크는 개인별로 지급해야 하며 보관할 때 오손(汚損)된 것에 접촉하지 않도록 배려하여야 한다.

6. 보호구 및 안전표지

(1) 보호구의 개요

① 보호구에 대한 안전의 특성 및 정의 : 외계의 유리한 자극물을 차단하거나 또는 그 영향을 감소시키는 목적을 가지고 작업자의 신체일부 또는 전부에 장착하는 것을 보호구라 한다.

② 신체의 부위별 보호구의 작업 복장

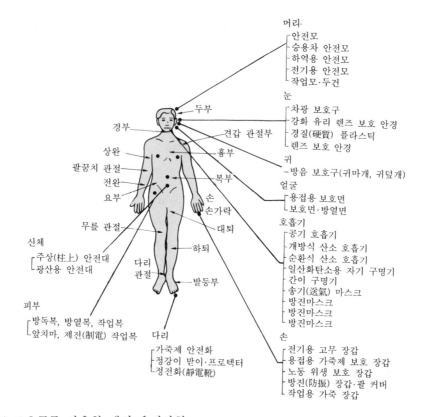

머리
├ 안전모
├ 승용차 안전모
├ 하역용 안전모
├ 전기용 안전모
└ 작업모·두건

눈
├ 차광 보호구
├ 강화 유리 렌즈 보호 안경
├ 경질(硬質) 플라스틱
└ 렌즈 보호 안경

귀
└ 방음 보호구(귀마개, 귀덮개)

얼굴
├ 용접용 보호면
└ 보호면·방열면

호흡기
├ 공기 호흡기
├ 개방식 산소 호흡기
├ 순환식 산소 호흡기
├ 일산화탄소용 자기 구명기
├ 간이 구명기
├ 송기(送氣) 마스크
├ 방진마스크
├ 방진마스크
└ 방진마스크

손
├ 전기용 고무 장갑
├ 용접용 가죽제 보호 장갑
├ 노동 위생 보호 장갑
├ 방진(防振) 장갑·팔 커버
└ 작업용 가죽 장갑

신체
├ 주상(柱上) 안전대
└ 광산용 안전대

피부
├ 방독복, 방열복, 작업복
└ 앞치마, 제전(制電) 작업복

다리
├ 가죽제 안전화
├ 정강이 받이·프로텍터
└ 정전화(靜電靴)

두부
경부
견갑 관절부
상완
흉부
팔꿈치 관절
전완
복부
요부
손
손가락
대퇴
무릎 관절
하퇴
다리 관절
발등부

㉮ 보호구를 사용할 때의 유의사항

㉠ 작업에 적절한 보호구를 설정한다.

㉡ 작업장에는 필요한 수량의 보호구를 비치한다.

㉢ 작업자에게 올바른 사용방법을 빠짐없이 가르친다.

㉣ 보호구는 사용하는데 불편이 없도록 철저히 한다.

㉤ 작업을 할 때에 필요한 보호구는 반드시 사용하도록 한다.

㉯ 안전보호구를 선택할 때에 알아두어야 할 사항은 다음과 같다.

㉠ 작업중 언제나 사용하는 것(예 : 안전모, 안전화), 작업중 필요한 때에 사용하는 것
   (예 : 보호안경), 위급한 때에 임시로 사용하는 것(예 : 방독 마스크) 등 사용 목적에
   적합하여야 한다.

㉡ 보호구 검정에 합격된, 품질이 좋은 것이어야 한다.

㉢ 사용하는 방법이 간편하고 손질하기가 쉬워야 한다.

㉣ 무게가 가볍고 크기가 사용자에게 알맞아야 한다.

㉰ 보호구의 구비조건 및 보관방법 : 보호장구는 인명과 직결되므로 여러가지 제약조건이
   있다. 신체에 직접적으로 미치는 위험 유해사항을 통제하기 위해서는 다음 사항이 필
   요하다.

⑦ 착용이 간편할 것

⑭ 작업에 방해가 안되도록 할 것

⑮ 유해 위험요소에 대한 방호성능이 충분히 있을 것

㉑ 보호장구의 원재료의 품질이 양호한 것일 것

㉒ 구조와 끝마무리가 양호할 것

㉓ 겉모양과 표면이 섬세하고 외관상 좋을 것

　　보호강구가 필요할 때 어느 때라도 착용할 수 있도록 청결하고 성능이 유지된 상태에서 보관되어야 한다. 각종 재료의 부식, 변질이 발생하지 않도록 보관해야 한다.

⑦ 광선을 피하고 통풍이 잘되는 장소에 보관할 것

⑭ 부식성, 유해성, 인화성 액체, 기름, 산 등과 혼합하여 보관하지 말 것

⑮ 발열성 물질을 보관하는 주변에 가까이 두지 말 것

㉑ 땀으로 오염된 경우에 세척하고 건조하여 변형되지 않도록 할 것

㉒ 모래, 진흙 등이 묻은 경우는 깨끗이 씻고 그늘에 건조할 것

　㉑ 보호구의 선정 조건

　　㉠ 종류 ㉡ 형상 ㉢ 성능 ㉣ 수량 ㉤ 강도

③ 보호구의 검정

　㉮ 검정대상 보호구(10종) : 영 28조

　　㉠ 안전대 ㉡ 안전모 ㉢ 안전화 ㉣ 안전장갑

　　㉤ 귀마개 또는 귀덮개 ㉥ 보안경 ㉦ 보안면 ㉧ 방진 마스크

　　㉨ 방독 마스크 ㉩ 기타 근로자의 작업상 필요한 것으로 노동부장관이 정하는 보호구

　㉯ 보호구 검정절차

　　㉠ 검정기관 : 한국산업안전공단

　　㉡ 검정시료 : 별표 9(시행규칙)

　　㉢ 합격표시 : 보호구나 포장에 표시

　　　㉠ 합격마크

　　　㉡ "한국산업안전공단 검정필"이라는 문자

　　　㉢ 수입검정 합격번호 및 합격 등급, 제조 연월일 및 합격 연월일

④ 보호구 사용을 기피하는 이유

　㉮ 지급기피

　㉯ 사용방법 미숙

　㉰ 이해부족

　㉱ 불량품

　㉲ 비위생적

(2) 안전표지

① 산업안전 표지의 목적 : 안전표지는 근로기준법의 적용을 받은 사업장에서 안전을 기하기 위하여 사용되는 산업안전의 표지, 표찰, 완장 등에 관하여 필요한 사항을 규정함을 목적으로 한다.

② 용어의 정의

 (개) 산업안전 표지 : "산업안전 표지"라 함은 사업장 위험시설, 위험장소 또는 위험물질에 대한 경고, 비상시의 지시나 안내사항 또는 안전의식을 고취하기 위한 사항 등을 표상한 그림, 기호 및 글자를 포함한 형채를 말한다.

 (내) 산업안전 색채 : "산업안전 색채"라 함은 산업안전 표지에 그 표시사항을 나타내기 위하여 사용하는 색채를 말한다.

 (대) 안전표찰 : "안전표찰"이라 함은 안전모 등에 부착하는 녹십자표지를 말한다.

 (래) 안전완장 : "안전완장"이라 함은 안전에 관하여 일정한 책임을 가진자가 그 직책을 표시하기 위하여 팔에 두르는 장식을 말한다.

③ 안전표찰은 다음과 같은 위치에 부착한다.

 (개) 작업복 또는 보호의의 우측어깨

 (내) 안전모의 좌우면

 (대) 안전완장

④ 산업안전 표지의 구분

 (개) 금지표지 : 특정의 행동을 금지시키는 표지(안전명령)

 (내) 경고표지 : 위해 또는 위험물에 대한 주의를 환기시키는 표지

 (대) 지시표지 : 보호구 착용을 지시하는 등 지시표지

 (래) 안내표지 : 위치(비상구, 의무실, 구급용구)을 알리는 표지

⑤ 산업안전 표지의 종류

 (개) 금지표지 : 총 8가지가 있으며 적색원형으로서 색상 5R, 명도 4, 채도 13의 색의 3속성을 기준으로 한다.

㉮ 출입금지 표지	㉯ 보행금지 표지
㉱ 차량통행금지 표지	㉰ 사용금지 표지
㉳ 탑승금지 표지	㉲ 금연표지
㉵ 화기금지 표지	㉴ 물체이동금지 표지

 (내) 경고표지 : 흑색 3각형의 황색표지로서 색상 2.5Y, 명도 8, 채도 12를 기준으로 하며 총 15종이다.

㉮ 인화성물질경고 표지	㉯ 산화성물질경고 표지
㉱ 폭발물경고 표지	㉰ 독극물경고 표지
㉳ 부식성물질경고 표지	㉲ 방사성물질경고 표지

㉠ 고압전기경고 표지   ㉑ 매달린 물체경고 표지

㉚ 낙하물경고 표지   ㉒ 고온경고 표지

㉛ 저온경고 표지   ㉓ 몸균형상실경고 표지

㉜ 레이저광선경고 표지   ㉔ 유해물질경고 표지

㉝ 위험장소경고 표지

㈐ 지시표지 : 청색원형바탕에 백색으로서 색상 7.5PB, 명도 2.5, 채도 7.5를 기준으로 하며 총 9종이 있다.

㉮ 보안경 착용 지시표지   ㉯ 방독마스크 착용 지시표지

㉰ 방진마스크 착용 지시표지   ㉱ 보안면 착용 지시표지

㉲ 안전모 착용 지시표지   ㉳ 귀마개 착용 지시표지

㉴ 안전화 착용 지시표지   ㉵ 안전장갑 착용 지시표지

㉶ 안전복 착용 지시표지

㈑ 안내표지 : 안내를 뜻하는 표지이며, 색상 5G, 명도 5.5, 채도 6을 기준으로 하며 녹색 4각형 표지로 안내를 뜻하는 내용이 그려져 있다. 총 7종이 있다.

㉮ "녹십자" 표지   ㉯ "들것" 표지

㉰ "비상구" 표지   ㉱ "우측비상구" 표지

㉲ "응급구호" 표지   ㉳ "세안장치" 표지

㉴ "좌측비상구" 표지

⑥ 색의 종류 및 사용 범위(KSP)

색 명	표시사항	사 용 범 위
1. 적	• 방 수	• 방수표지, 소화설비, 화약류
	• 정 지	• 긴급정지신호
	• 금 지	• 금지표시
2. 황적	위 험	보호상자, 보호장치 없는 SW 또는 위험부위, 위험장소에 대한 표시
3. 황	주 의	충돌, 추락, 층계, 함정 등 장소기구 주의
4. 녹	• 안전안내	• 안내, 진행유도, 대피소 안내
	• 진행유도	• 비상구 또는 구호소, 구급상자
	• 구급구호	• 구호장비 보관장소 등의 표시
5. 청	• 조 심	• 보호구 사용, 수리중 기계장소 또는 운전장치
	• 지 시	• 표지 SW 적자의 외면
6. 백	• 통 로	• 통로구획선, 방향선, 방향표지
	• 정리정돈	• 폐품수집소, 수집용기
7. 적자	방 사 능	방사능 표시

표 9-8 산업안전 색채의 종류, 색도기준 및 표시사항

종 류	기 준	표시사항	사 용 례
빨 강	5R 4/13	금 지	정지신호, 소화설비 및 그 장소, 유행행위의 금지
노 랑	2.5 Y 8/12	경 고	위험경고, 주의표지, 기계방호물
파 랑	7.5 PB 2.5/7.5	지 시	특정행위의 지시 및 사실의 고저
녹 색	5 G 5.5/6	안 내	비상구 및 피난소, 사람, 차량의 통행표시
흰 색	N 9.5		파랑, 녹색에 대한 보조색
검정색	N 1.5		문자 및 빨강, 노랑에 대한 보조색

1 금지표시	101 출입금지	102 보행금지	103 차량통행금지	104 사용금지	105 탑승금지	106 금 연
107 화기금지	108 물체이동 금지	2 경고표시	201 인화성 물질 경 고	202 산화성 물질 경 고	203 폭발물 경 고	204 독극물 경 고
205 부식성 물질 경 고	206 방사성 물질 경 고	207 고압전기 경 고	208 매달린 물체 경 고	209 낙하물 경고	210 고온 경고	210-1 저온 경고
211 몸균형상실 경 고	212 레이저광선 경 고	213 유해물질 경 고	214 위험장소 경 고	3 지시표시	301 보안경 착용	302 방독마스크 착 용
303 방진마스크 착 용	304 보안면 착용	305 안전모 착용	306 귀마개 착용	307 안전화 착용	308 안전장갑 착용	309 안전복 착용
4 안내표시	401 녹십자표지	402 응급구호표지	402-1 들 것	402-2 세안장치	403 비상구	403-1 좌측비상구
403-2 우측비상구	5 문자추가시범예	휘발유 화기엄금				

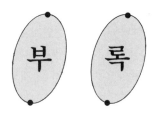

부 록

1. 도료 용어 해설(Glossary of Paint Terms)

한국산업규격(KOREAN INDUSTRIAL STANDARD)

■ 용어의 뜻

가교제 [Crosslinking agent] 열가소성 물질의 분자쇄와 화학적으로 반응하여 분자쇄를 상호 연결시키는 물질이다.

가교형 도료 건조후의 도막에서는 도막형성요소의 분자간에 가교 결합이 있는가의 여부에 따라 가교형 도료와 비가교형 도료로 구분되는데 가교형 도료는 아미노 알키드수지 도료, 열경화형 아크릴수지 도료, 폴리우레탄수지 도료, 에폭시수지 도료, 불포화 폴리에스테르수지 도료이다.

가박성 도료 [Peelable coating] 가박성 도료＝스트리퍼플코팅. 제품의 부식이나 마모를 방지하기 위해 일시적으로 칠하는 도료로 쉽게 박리할 수 있는 것으로 제품수송이나 저장중 부식이나 마모에서 보호하기 위해 침적법, 내뿜음법, 롤도부법(塗付法) 등에 의해 도장해서 필요시 박리함에 의해 사용에 이바지 한다. 현재 이 목적으로 주로 비닐계 공중합체, 에틸셀룰로스, 합성고무계 라텍스 등의 도료가 사용되고 있다.

가사시간 [Pot life, pot satability] 2액형 이상의 도료를 사용하기 위해 혼합했을 때 겔화, 경화 등이 일어나지 않고 사용하기에 적합한 유동성을 유지하고 있는 시간이다.

가소제 [Plasticizer] 도막에 강인성·유연성을 주어서 도막의 성능을 향상시킬 목적으로 도료를 만들 때에 가하는 물질. 도막 형성 요소와 상용성이 있는 비휘발성 또는 난휘발성인 액체 또는 고체의 물질. 주로 휘발 건조성 도료의 제조에 사용한다.

가솔린 연마 [Wet sanding with gasoline] 도막에 가솔린을 바르면서 연마하는 방법이다.

가스누출 검지장치 도장건조로에서 가스체연료를 사용할 때에는 연소실, 덕트, 노내 등에 가스누출검지기가 필요하다.

가스 버너 도장용의 건조로에서는 고온의 연소가스가 필요하지 않으므로 특별히 연소효율이 높은 버너는 필요없다. 연소열량의 폭이 넓고 또한 자동조절이 쉬운 것이 바람직하며 일반적으로는 로터리형을 주로 사용하고 있다. 이 형은 연소가스 온도가 비교적 낮기 때문에 연소로체가 간단하며 또한 내구성이 풍부하다. 연소로는 보통 오일버너의 경우는 철판의 케이스내에 내화재(내화벽돌)를 시공한 것을 사용하나, 연소가스 온도를 낮게 억제할 수 있는 버너를 사용할 때에는 내열금속으로 구성하는 것도 있다.

가스 버너를 사용할 때에는 대체적으로 가스체 연료의 연소가스 온도가 낮으므로 연소로에 특별히 내화재료를 사용하지 않을 때가 많다. 다공형 버너(라인 버너라고도 함)를 사용할 때에는 열풍순환장치계통의 덕트 내에 그대로 설치할 때도 있다.

가스 버너를 사용할 때에 주의할 것은 사용하는 가스의 종류에 따라서 단위량당 발열량에 차이가 있기 때문에 연소에 필요한 공기량이 대폭적으로 달라진다는 것이다. 특히 고칼로리 가스체의 경우 대량의 연소용 공기가 필요하므로 이러한 공급장치 및 조절에 주의하지 않으면 불완전연소를 초래하여 직접 대류형 노의 경우에는 먼지로 인한 불량의 원인이 된다. 가스연료는 액체 연료와 비교하여 연소가 쉽기 때문에 연소조절의 폭이 넓으므로(때에 따라서는 1:50 정도까지 가능) 생산량의 증감이 많은 건조로에 필요하다. 또한 공급압력을 가함으로써 기본 연소량도 증감 조정할 수 있는 장점이 있기 때문에 가스 버너의 사용은 급속하게 증가하는 추세이다.

가스수송용 내면도장 가스수송파이프 라인의 내면도장에 대해서는 1968년에 API(American Petroleum Institute)가 API규격(API RP 5 L2)을 제정하고 그 후에 영국의 Gas Council에서도 규격화되어, 천연가스의 장거리 수송 파이프 라인에서는 내면도장이 적용된 예를 볼 수 있다. 이 도장은 내면의 평활성 향상에 의한 수송효율의 증가(4~8%) 및 오염부착물의 감소가 주된 목적이다.

API 규격에 의하면 비스페놀 A타입의 에폭시수지와 아민 또는 폴리아미드경화제에 의한 2액형 도료이며, 방녹안료를 함유하고 있다. 도막물성이 요구되고 있고, 강관용 일시 방녹바니시보다도 높은 요구 품질이다. 또한 이것에는 상온경화형과 소결경화형이 있으며, 후자가 도장후에 소결로에서 소정의 온도로 유지되어 경화하기 때문에 일반적으로 우수한 성능을 나타낸다. 공장에서의 도장은 블라스트 처리 후에 선단에 스프레이 노즐을 부착한 폴 건을 강관에 삽입하여 에어리스 스프레이 도장을 실시하나, 막두께가 1.5~3.0mil(38~75μ) 정도로 얇으므로 1패스로 도장이 완료된다. 방식을 하기 위해서는 6~8mil(150~200μ) 이상이 필요하게 되나 수송효율의 증가 및 파라핀 등의 부착물 감소를 목적으로 할 경우에는 강관의 내면을 평활하게 하면 될 것이며, 1.5~3.0mil정도의 얇은 막두께를 채용한다.

가스적외선 히터 파장(5~15μ)이 불가시광선(不可視光線)이므로 암적외선로라고도 부른다. 일반적으로 전기 에너지의 경우는 대부분(90% 이상) 열선(熱線)이 되기 때문에 열효율은 높다. 열원표면은 일반적으로 적열(赤熱)하지 않으며 흑면(黑面) 그대로인 것이 보통이다.

근래 자기(磁器), 도기(陶器)를 일정온도(350℃) 이상으로 가열하면 장파의 적외선이 대량으로 발생한다고 하는 것이 알려진 이후에 특수한 용도에 사용하게 되었다.

전기에너지를 사용하는 것은 일정한 평면(내열섬유 또는 철판 등) 위에 특수점토 및 카본을 칠하여 그것을 시즈된 선으로 뒷면측에서 가열하는 것이 보통이다. 이 표준형치수의 면(面)히터를 근적외선로와 똑같이 주의하여 피도장물 형상에 알맞게 배열해서 건조로를 형성한다. 자동온도관리도 전구적외선로 등과 전적으로 동일하다.

원적외선 중에서 어떠한 영역의 파장은 액체의 분자운동을 활발하게 하기 위하여 그 운동마찰열에 의해서 수분 또는 도료가 가열된다. 그것을 이용하여 건조로는 대류형 건조로와 비교하여 가열시간은 대폭적으로 단축된다.

어떠한 예에서는(복사선의 흡수율이 높은 흑색도료 등) 대류건조로에서의 소결시간이 30분 정도 필요한 경우에 원적외선로로 대치하면 5분 이내에 소결이 가능하게 될 때도 있는데 단순한 평면구조의 제품인 물기빼기 건조에서도 현저한 효과가 있다. 단, 전구적외선로와 비교하면 정상상태에 도달할 때까지의 상승시간이 소요되어(10~15분 정도) 임시보수용이나 비연속 생산시에는 불편한 점이 있다.

가스 체킹 [Gas checking, gas crazing] 도료가 건조할 때에 연소 생성 가스의 영향으로 도면에 주름, 얕은 균열 등이 생기는 현상을 말한다.

가드너 색수 [Gardner color standards, gardner color scale] 기름, 유성 바니시, 투명 래커 등의 색의 농도(어둡기)를 표시하는 데에 사용하는 색 번호의 일종. 투명 도료와 색이 아주 닮은 염류 수용액의 농도를 바꿔서 색의 농도(어둡기)가 틀리는 색수 표준액을 만들어 각각 같은 지름의 유리관에 넣어서 번호를 붙여 1조로 한 것이다.

1조는 18개의 같은 지름, 같은 길이의 유리관에 시료를 넣고 병렬로 해서 비교하여 색의 농도가 같은 관의 번호를 읽고 시료의 색수를 안다(KS M 5444 참조).

가압부상 분리법 가압부상분리법의 처리에 적용하는 폐수는 응집물의 비중이 물보다도 적은 (가벼운) 것에 적합하다. 단, 이 경우 단순하게 물과의 비중 차이만으로의 분리(중력식 분리)가 아니라, 보다 부상효율을 향상시키기 위해서는 응집물에 세밀한 기포를 부착시켜 이것으로 겉보기 비중을 적게 하고 수면에 응집물을 부상케하여 스컴(scum : 응집물의 뭉치)을 제거하는 가압부상법이 편리하다.

이 방법은 3~5kg/cm²의 가압수를 만들어 공기를 포화 용해시켜서 응집물이 부유하는 수계(水系)로 개방하면 공기는 미세한 기포가 되어 방출하여 응집물에 부착한다. 겉보기 밀도가 저하한 응집물은 이것으로써 부상할 수 있다.

가압부상의 특징은 응집침전법과 비교하여 분리속도가 빠르고 효율이 양호하나 부상 스컴의 단단한 정도와 분쇄하기 쉬운 정도에 따라서 그 효율에 차이가 있다. 따라서 다소의 SS성분이 처리수 중에 남아 있기 때문에 뒤쪽에 여과장치를 설치할 경우가 많다.

가열 감량(휘발분) [Loss on heating, loss on heat, volatile content] 도료를 일정한 조건에서 가열했을 때에 도료 성분중 휘발 또는 증발되어 감소된 무게의 본래 무게에 대한 백분율 감량은 주로 수분·용제 등의 휘발 또는 증발에 따른다. 도료 일반 시험 방법에서 가열조건은 105±2℃에서 3시간으로 규정되어 있다(KS M 5427 참조).

가열 건조 [Baking stoving] 칠한 도료의 층을 가열해서 경화시키는 공정. 가열은 더운 공기의 대류, 적외선의 조사 등에 따른다. 가열하여 건조시켜서 얻은 도막은 일반적으로 단단하다. 보통 66℃(150°F) 이상의 온도에서 건조시킬 경우를 말한다.

도료를 도막으로 전화(轉化)시키는 공정을 건조라고 하는데 가열 건조는 다음과 같다.

적용할 수 있는 도료로는 소결형 도료로 열원으로는 열풍, 적외선 등을 사용하며 일정온도로 가열한다. 가열온도 및 시간은 도료에 따라서 다르나 80~180℃, 20~30분 정도, 프리코트메탈의 경우 200~300℃, 10~30초 정도가 좋다. 가열에 앞서 용제의 대부분을 휘발시키는 것이 좋으며, 이것을 세팅이라고 한다. 가열에 의해 변형, 변질하는 피도장물의 경우는 부적합하다. 직화가열은 피해야 한다.

가열 건조형 [Baking finish] 소지에 칠하고 나서 가열하여 도막이 형성되도록 만든 도료. 가열하는 온도는 보통 100℃ 이상으로 한다. ASTM, BS에서는 강제 건조(66℃ 이하)보다 높은 온도로 한다.

가열 잔분(불 휘발분) [Nonvolatile content, nonvolatile matter, solids content, heating residue] 도료를 일정한 조건에서 가열했을 때에 도료성분의 일부가 휘발 또는 증발한 후 남은 것의 무게의 본래 무게에 대한 백분율. 잔분은 주로 전색제 속의 불휘발분 또는 안료이다.

도료 일반 시험 방법에서는 가열 조건은 105±2℃에서 3시간으로 규정되어 있다.

가황 고무제품을 착색하는 방법은 대별하여 두가지로 나누어진다. 즉 고무의 배합·혼합시에 착색안료를 넣음으로써 가황(加黃)제품으로 착색하는 방법과 가황이 완료된 고무 탄성체의 표면에 무엇인가의 처리를 함으로써 착색하는 방법이다.

첫번째의 배합시에 안료를 넣어 착색하는 경우에는 고무재료 외에 각종 배합제가 사용되기 때문에 그들과의 반응 등에 고무의 재질이나 색이 변화되는 일이 있으므로 충분히 주의하여야 한다.

각종 스프레이건과 그 용도

- 자동 스프레이건 : 범용 스프레이건의 방아쇠조작을 에어 피스톤 조작으로 변경한 것으로 전자밸브나 작동 캠을 이용하여 에어 피스톤을 작동시켜 스프레이를 단속(斷續)한다. 자동 도장장치나 도장로봇에 장착되어 사용된다.
- 편각(片角) 스프레이건 : 치약튜브나 종이컵의 내면을 도장할 경우에 사용한다. 공기 캡의 각이 한쪽을 향하고 있으며, 스프레이 각도가 6~19°의 범위로 경사되어 있다. 굵기 6~12mm, 길이 90~180mm의 것이 시판되고 있다.
- 긴목 스프레이건 : 탱크의 내면이나 엔진룸 등의 손이 잘닿지 않는 곳을 도장할 경우에 사용한다. 목의 길이는 150~500mm, 선단부의 방향은 진직(眞直), 45°, 90° 등의 각도의 것이 시판되고 있다.
- 난사(亂絲)건 : 도료의 점성을 이용하여 난사상 또는 곰보모양의 분무무늬를 그려 내는

스프레이건이다. 도료점도를 50초(포드컵 No.4) 전후로 조절하여 도료를 가압공급하면 도료는 실모양으로 토출한다. 뒤쪽에서 저압의 에어를 분무하면 실모양의 도료는 흐트러진 실(난사)모양이 된다.

- 핸드 피스 : 핸드·피스는 인형, 조화, 날염(捺染), 회화(繪畵), 포스터 등의 미술공예의 분무나 에어브러시용에 사용된다. 노즐구경은 0.2~0.8mm까지 5종류의 것이 시중에서 판매되고 있다.

간접법 스크린 프로세스 인쇄에는 직접법과 간접법이 있는데, 이 간접법은 감광성 필름을 포지티브 필름과 밀착시켜 노광하여 현상한 필름을 스크린에 붙여 제판하는 방법으로, 직접법과 비교하여 유제막의 두께가 균일한 것과 가는 선의 재현이 쉬운 것 등의 장점이 있으나 내인쇄력이 낮은 것과 고가인 것이 단점이다.

제판작업의 순서로는 감광성으로 된 필름의 베이스면과 포지티브 필름의 막면을 밀착시켜 노광을 실시하고 다음에 1% 정도의 과산화수소수 속에 1~2분간 담그어 화상 이외의 부분, 즉 감광된 막을 경화시키고, 45℃ 정도의 온탕에 담그어 화상, 즉 미감광 부분이 용해하여 투명하게 되었으면 1분간 물로 씻어 유리판에 막판을 위로 하여 정지하고, 스크린을 올려놓아 수분을 제거하면서 압축하여 선풍기 또는 헤어 드라이어 등으로 건조한 후에 필름 베이스를 조심스럽게 벗기면 작업은 완료된다.

이 필름막의 접착력은 별로 강하지 못하기 때문에 견(絹) 이외의 합성섬유 스크린을 사용할 경우는 부착력의 향상을 위해 전처리제(前處理劑)에 의한 표면처리가 필요하다.

감청 [Iron blue, iron blue pigment, prussian blue, milori blue, berlin blue] 페로시안화 제2 철을 주성분으로 한 파란색 안료(KS M 5107 참조). 아름다운 청색으로 전기, 일광, 산에 강하고 착색력도 크나 비교적 은폐력은 작고 알칼리에도 약하기 때문에 시멘트, 플라스터, 수용성 도료에는 사용하지 못한다.

비중 1.8~1.98로 입도는 극히 작아 0.05~0.1μ라고 한다. 흡유량은 45~80%로서 열에 대해서는 그리 강하지 않다. 물에는 용해하지 않고 산, 알칼리에는 용해한다. 공기, 일광, 산에는 강하나 알칼리에는 약하고 퇴색한다.

갑판 페인트 [Deck paint] 선박의 갑판에 칠하는 도료이다.

강선 선저 도료 [Ship bottom paint for steel ship, steel ship bottom paint] 강선 선저 외면의 방청과 생물 부착 방지를 하기 위해서 사용하는 도료. 도막 형성 요소의 종류에 따라 유성 도료, 비닐 수지 도료 등으로 나누며, 사용 목적에 따라서 1호 도료, 2호 도료, 수선부 도료의 3종류가 있다. 1호는 방청용으로 하도와 중도로 사용되고, 2호는 생물 부착 방지를 위한 오염 방지용으로서 상도로 사용되며, 수선부 도료는 수선부의 오염 방지용 또는 내후성 내충격성을 위한 상도로 사용된다. 일반적으로 방청용은 방청 안료를 가해서 만들고, 오염 방지용은 오염방지 안료를 가해서 만들며, 생물부착 방지용은 생물부착 방지 안료 또는 오염 방지성 물질을 가해서 만든다.

강제 건조 [Forced drying] 자연 건조보다도 약간 높은 온도에서 도료의 건조를 촉진하는 것.

보통 66℃(150°F)까지 건조시킬 경우를 말한다.

강화용 안료 [Reinforcing Pigement]　강화용 안료, 플라스틱이나 고무 등의 성형품의 기계적 강도의 증가에도 도움되는 안료를 말한다. 예를 들면 고무에서의 카본 블랙이 그것이다.

강화 폴리에스테르수지 [Reinforcing polyester resin]　불포화 폴리에스테르수지를 사용해서 성형한 플라스틱. 폴리에스테르수지는 보통 저점도의 액상으로 유리섬유 등의 보강재에 함침하기 쉽고 또 상온, 상압에서도 성형되므로 대형 성형품이 많은 강화 플라스틱용으로 적합하다. 또 유리섬유와의 적층성형품은 두드러지게 강도가 높아 내수성·내약품성·내후성 등도 우수하므로 보트, 욕조, 약품조, 파판(波板), 헬멧, 각종 라이닝 등 다양한 용도로 사용되고 있어서 유리섬유 강화 폴리에스테르는 강화 플라스틱 중에서는 가장 중요한 위치를 차지하고 있다. ⇨ 유리섬유 강화 플라스틱 불포화 폴리에스테르수지, 강화 플라스틱

건성유 [Drying oil]　얇은 막으로 해서 공기속에 두면 산소를 흡수해서 산화하고, 이에 수반해서 중합이 생겨 고체화하여 도막을 형성하는 지방유. 요드값이 130이상인 기름을 말한다. 옥소가 측정은 유 속의 이중 결합 함유율을 아는 측정법의 하나로, 건성유에 대해서 옥소가가 낮은(100 이하) 것을 불건성유라고 한다.

　건성유는 불건성유와 달라 가열하거나 박막으로 해서 공기에 노출시키면 탄성을 가진 투명한 고체로 변화한다. 이 현상을 기름에서는 건조한다고 한다. 동유, 오이티시카유, 아마인유, 콩기름, 어유 등이 있다. 동유(桐油), 오이티시카유는 중합형이라고도 하여 공역 이중결합을 가지고 있으므로 공역이중결합을 가지지 않는 아마인, 콩기름, 어유 등보다 건조시간이 매우 짧다. 그 건조피막은 내수성, 내용제성이 우수하고 경도도 높다. 한편 공역(共役) 이중결합을 가지지 않는 기름은 산화형이라고 하여 건조를 촉진하기 위해 보디화해서 사용한다.

　이 건조피막은 중합형에 비해 내수성, 내용제성이 떨어지는데, 탄력이 있어서 튼튼하다. 속건성의 유변성 도료를 만들 때에는 중합형, 도막에 탄력성을 부여할 때에는 산화형의 기름이 사용된다. 리놀륨은 산화형의 기름인 아마인유에 건조제를 가해 49~52℃로 공기를 불어넣어 산화중합유를 만들어 이것에 수지나 충진재나 착색제를 섞어 압연, 건조해서 만든다. ⇨ 불건성유, 보디화

건성유 변성 알키드수지 [Drying oil modified alkyd resin]　아마인유, 동유 등의 건성유에서 변성한 알키드수지, 자연건조 도료로서 사용한다. ⇨ 알키드수지, 유변성 알키드수지

건성유 변성 에폭시수지 [Drying oil modified epoxy resin]　아마인유, 동유 등의 건성유에 의해 변성한 에폭시수지, 자연건조 또는 담금질 건조용 도료로 사용된다. ⇨ 에폭시에스테르 도료

건성유 지방산 [Drying fatty acid]　건성유를 가수분해해서 얻어지는 불포화지방산을 건성유지방산이라고 한다. 아마인유를 가수분해하면 리놀산[$CH_3(CH_2)_4-CH=CHCH_2CH=CH(CH_2)_7COOH$]이나 리놀렌산[$CH_3CH_2CH=CHCH_2CH=CHCH_2CH=CH(CH_2)_n-COOH$]이 얻어진다. 아마인유에 한정되지 않고 건성유 속에 이들의 지방산은 글리세리드형으로 널리 존재한다. 속건성의 동유를 가수분해하면 3개의 이중결합이 공역하고 있는 엘레오스테아린산

$[CH_3(CH_2)_3CH=CHCH=CHCH=CH(CH_2)_nCOOH]$이 얻어진다. 이와 같은 공역계 불포화 지방산은 비공역계의 것보다 산화되기 쉬우므로 속건성을 표시하는 것이다. 일반으로 건성유 지방산은 도료용 알키드수지 원료로서 사용된다.

건조 [Drying] 칠한 도료의 얇은 층이 액체에서 고체로 변화되는 현상. 도료 건조의 기구에는 용매의 휘발, 증발, 도막 형성 요소의 산화, 중합, 축합 등이 있고, 건조의 조건에는 자연 건조, 강제 건조, 가열 건조 등이 있다. 또, 건조 상태에 따라 다음의 용어로 구분한다.

(1) 지촉 건조(Set to touch) : 도막을 손가락으로 가볍게 댔을 때 접착성은 있으나 도료가 손가락에 묻지 않는 상태

(2) 점착 건조(Dust free)

　① 손가락에 의한 방법 : 손가락 끝에 힘을 주지 않고 도막면을 가볍게 좌우로 스칠 때, 손톱 자국이 심하게 나타나지 않는 상태

　② 솜에 의한 방법 : 탈지면을 약 3cm 높이에서 도막면에 떨어뜨린 다음, 입으로 불어 탈지면이 쉽게 떨어져 완전히 제거되는 상태

(3) 고착 건조(Tack free) : 도막면에 손끝이 닿는 부분이 약 1.5cm가 되도록 가볍게 눌렀을 때 도막면에 자국이 남지 않는 상태

(4) 고화 건조(Dry-hard) : 엄지와 인지 사이에 시험편을 물리되 도막이 엄지쪽으로 가게 하여 힘껏 눌렀다가(비틀지 않고) 떼어내어 부드러운 헝겊으로 가볍게 문질렀을 때 도막에 지문 자국이 없는 상태

(5) 경화 건조(Dry-throgh) : 도막면에 팔이 수직이 되도록 하여 힘껏 엄지 손가락으로 누르면서 90℃ 각도로 비틀어 볼 때, 도막이 늘어나거나 주름이 생기지 않고 다른 이상이 없는 상태

(6) 완전 건조(Full hardness) : 도막을 손톱이나 칼끝으로 긁었을 때 흠이 잘 나지 않고 힘이 든다고 느끼는 상태(KS M 5429 참조)

건조도 도막 건조도의 측정은 실험실적으로는 당기는 방법·테이프 방법 등이 있으나 현장에서는 적용하지 못하며, 현장적으로는 손끝 검사(도막에 손끝을 대어 도료의 점착(點着) 정도에 따라서 건조도를 점검하는 방법, JIS K 5400)에 의하는 때가 많다.

도막상태는 일부 계기측정(광택·백악화·핀홀 등)으로 확인하는 때가 있으나 대부분은 육안 관측을 이용한다. 즉 육안에 의해 도막에 주름·부풀음·균열·벗겨짐 등의 외관상 현저한 결함의 상태를 점검 확인한다.

건조색 [Dry color] 안료가 분말상태일 때의 색

건조시간 측정계 [Drying time recorder] 건조시간을 측정하여 기록하는 시험기

건조시간 [Drying time] 도료가 건조하는 데에 필요한 시간. 가열 건조에서는 가열장치에 넣고부터 건조 상태로 될 때까지의 시간. 건조 상태는 지촉, 점착, 고착, 고화, 경화, 완전 건조로 나누어서 나타낸다. 건조의 상태 및 시험 방법은 KS, BS, JIS 등에서 조금씩 차이가 있다(KS M 5429 참조).

건크 [Gunk] 유리섬유, 수지, 안료 충진재, 촉매 등 모든 배합제를 혼합한 프리믹스성형 재료를 이처럼 부를 경우가 있다. ⇨ 프리믹스

검 [Gum] 아라비아고무, 트라간트고무 등과 같이 식물에서 분비하는 일군(一群) 위의 다당류를 말한다. 순수한 것은 무색무정형으로 물에 녹이면 점조한 액으로 되어 산성을 나타낸다. 점착제, 에멀션 안정제, 섬유용 풀제 등에 사용된다. ⇨ 고무

검 로진 [Gum rosin] 생송지(生松脂)를 수증기로 증류해서 터빈기름을 채취한 것을 말한다. 송림, 송근 등의 세편(細片)을 증류해서 얻어지는 로진은 구별해서 우드로진이라고 한다. ⇨ 로진 변성수지

검정색 바니시 [Bituminous varnish, black varnish Japan, Japan black] 역청칠을 주요 도막 형성 요소로 해서 만든 바니시이다.

겔 코트 [Gel coating] 손을 쌓는 법이나 스프레이업법으로 강화 플라스틱의 성형품을 만들 때 표면의 미관과 보호를 목적으로 해서 하는 하나의 도장법, 형표면에 우성 유리섬유를 포함하지 않은 수지층(충진재를 첨가한다)을 형성시켜 겔화시킨다. 이 조작 또는 도막을 겔 코트라고 한다. 보통 도막의 겔화를 기다려서 소정의 적층성형을 한다. 겔 코트를 하지 않고 적층성형하면 유리섬유가 성형품 표면에 떠올라서 외관을 해칠 뿐 아니라 수분, 그 밖의 액체가 내부로 침투하기 쉬워진다.

　겔 코트용 수지에 요구되는 성질은 단단해서 연하지 않고, 내수성 또는 내약품성이 좋아야 한다. 예를 들면 폴리에스텔수지에서는 이소프탈산계의 것이 많이 사용된다. 또 흘러내림을 방지하기 위해 틱소트로 피부여제(搖變化劑)로서 미분상의 실리카를 첨가한다. ⇨ 스프레이업, 손으로 쌓는 성형, 틱소트로 피부여제

겔화 [Gel time, geling, livering] 액상인 것이 불용성의 제리상으로 되는 것. 도료에서는 용기 속에서 굳어져 희석제를 가하여 휘저어도 전색제가 고르게 녹지 않는 상태

　일반적으로 겔화는 ① 졸의 온도를 내린다(熱可逆겔). ② 비용매 또는 전해질을 가한다. ③ 졸의 분산제를 입자 속으로 흡수한다. ④ 입자를 화학반응에 의해 거대화한다 등에 의해 졸의 입자와 용매와의 친화성을 감소시킬 때 일어난다.

　①의 예로서 젤라틴의 수용액이 있고, ② 카복시메틸셀룰로스(CMC) 수용액에 염산 등의 산을 가하면 일어나고, ③은 가소제 속에 분산된 PVC 페이스트레진의 입자끼리 달라붙어서 일어난다. ④는 열경화성수지의 반응에 의해 일어난다. 예를 들면 페놀 1몰에 의해서 포름 알데히드를 1몰 이상 사용해서 반응시키면 겔화한다.

겔화 방지제 [Antigelling agent] ① 라텍스의 겔화를 방지하기 위한 물질. 예를 들면 암모니아 기타 염기성 물질이 사용된다. ② 합성고무가 자외선 등에 의해 겔화하는 것을 막기 위해 가하는 자외선 흡수제를 이렇게 부르기로 한다. ⇨ 라텍스

겔화 시간 [Gel time, gelation time] 열중합에서 겔화할 때까지의 시간. 동유의 겔화 시간은 280℃에서 12분 이내. 상온 경화형수지에서는 경화제를 혼입하고 나서, 가열 경화형 수지에서는 가열을 개시하고 나서 각각 수지가 겔상으로 될 때까지의 시간을 말한다. 불포화

폴리에스테르수지의 SPI겔화 시험에서는 폴리에스테르수지가 겔화 직후 발열을 시작하는 것에서 발열 개시점을 겔화점으로 정하고 있다.

PVC에 가소제를 가해 가열하에서 혼련(混練)할 때도 수지가 겔상으로 되기까지의 가열 혼련 시간을 겔화 시간이라고 하는 일이 있다. ⇨ 겔화, SPI 겔화 시험

견련 페인트 [Paste paint] 안료와 건성유 등으로 만든 페이스트상의 유성 페인트, 조합 페인트에 비해서 안료분에 대한·전색제분이 적다. 보일유를 가하여 액상으로 해서 사용한다.

결로 방지도료 버미큘라이트를 주체로한 에멀션 도료이며, 실내의 벽면 또는 천장면에 2~3mm의 두께로 칠하여 결로를 방지하는 것이다. 결로방지에 벽의 단열성을 높이는 것이 유효하며 2~3mm 두께의 버미큘라이트층의 단열성으로는 결로방지의 역할을 하지 못한다. 이 도료의 결로방지는 그 단열성에 있는 것이 아니라 버미큘라이트의 흡수(吸水)능력에 의한 것이다. 즉 도막표면에 응축된 물은 버미큘라이트에 흡수되어 벽이 따뜻하게 되거나 또는 실내의 수증기량이 감소되는 등 조건이 변하면 버미큘라이트는 흡수한 물을 방출 건조한다. 이와 같은 흡수·건조의 반복에 의해 벽의 표면결로를 방지하기 때문에 평상시 결로되는 조건이 있는 곳에서는 그 효력을 발휘할 수 없다.

결로 방지제 [Snti-fogging agent] 식품포장용, 농업용 등의 플라스틱 필름 내면의 결로에 의한 흐름을 방지하기 위한 첨가제

일반으로 흡수성(吸收性)이 큰 스테아린산 모노글리세리드나 그 유도체와 같은 수산기를 가진 화합물이나 발수성이 큰 불소계 계면활성제가 사용된다. 결로하면 식품포장의 경우는 내용물의 불선명화 뿐 아니라 부패를 촉진하고 또 농업용의 경우는 광선 투과율의 저하에 의해 작물성장을 저해하므로 결로를 방지해야 한다.

결정 바니시 [Crystallizing varnish, feather weave varnish] 결정 모양으로 마무리되는 바니시 중합이 불충분한 동유를 도막 형성요소와 주성분으로서 사용하여 연소 생성 가스를 함유한 공기 속에서 가열 건조시켜 마무리한다.

결정성 고분자 [Crystalline polymer] 적당한 조건을 주면 결정화할 수 있는 고분자를 말한다. 일반적으로 고분자가 결정성이기 위해서는 분자에 입체 규칙성이 있어서 분자의 대칭성이 좋고 측쇄가 작아서 갈라져 나옴이 없으며, 분자간 응집력이 큰 것 등의 제요소를 가급적 낮추고 있는 것이 바람직한 데 같은 화학구조식으로 표시되는 고분자에서 입체 규칙성이나 갈라짐점이 다른 것은 결정화의 난이도에 두드러진 차가 생긴다.

예를 들면 라디칼 중합으로 얻어진 어텍틱 폴리스티렌은 결정화하지 않는데 지글러·낫타 촉매로 중합해서 얻어진 아이소텍틱 폴리스티렌은 결정성 고분자이다. 결정성을 표시하는 시판 플라스틱의 예로서는 폴리에틸렌, 폴리프로필렌, 폴리아세탈, 폴리아미드, 폴리비닐알콜 등이 있다.

일반적으로 고분자는 결정화함에 의해 밀도, 융점(軟化點)이 높아져 내충격성은 저하하나 경도나 탄성률 등이 크고 또 화학적 성질 기타에 이방성을 표시하는 등의 특징이 나타나고 또 수분이나 염료, 가소제분자 등이 결점조직으로 들어가기 어려운 상위(相違) 등도

생긴다. 결정성 고분자로 되는 플라스틱재료는 보통 100% 결정화되어 있는 것이 아니고 국부적으로 결정, 준결정, 비정질을 형성하고 있어서 그 결정화도, 결정의 크기, 배향정도 등의 결정조직은 가공시의 결정의 생성조건에 좌우된다. ⇨ 결정화도 결정구조, 접음구조, 입체 규칙성 폴리머

경면 광택도 [Specular glass, specular reflection] 면의 입사광에 대해서 같은 각도에서의 반사광 즉, 거울면 반사광의 기준면에 있어서의 같은 조건에서의 반사광에 대한 백분율, 면의 광택 정도를 나타낸다. 광택도가 비교적 큰 도면에서는 법선에 대하여 입사각 60℃, 반사각 60℃에서 측정한다. 이것을 60° 거울면 광택도라 한다. 거울면 광택도의 기준면으로서 굴절률 1.567인 유리의 평면을 사용한다(KS M 5497 참조).

경질 모노머 비관능성 모노머로써 도막을 단단하게 하는 성질의 모노머이다. 스티렌, 메타크릴산메틸, 메타크릴산에틸, 메타크릴산 정 부틸, 메타크릴산 이소부틸이 있다.

경화 [Curing] 도료를 열 또는 화학적 수단으로 축합·중합시키는 공정. 구하는 성능의 도막이 얻어진다.

경화 시간 [Cure time] 큐어시간. 일반적으로, 열경화성 수지가 가교를 포함하는 화학반응의 진행에 의해 최적 강도를 발현하는데 필요한 시간을 말하며, 각 기술분야에서 정의상 다음과 같은 배리에이션이 있다.

① 압축, 트랜스퍼, 사출 성형에서 형체(型締)완료 또는 캐비티에의 재료 충진완료에서 형체 개시까지의 시간

② 불포화폴리에스테르 등의 액상열경화 수지의 주형에서 촉매 및 촉진제를 첨가하고 나서 최고 발열온도로 될 때까지의 시간

③ 접착에서, 접착부에 열을 가하고 나서 보통의 취급 또는 가공이 될 상태에 이르기까지의 시간

경화 온도 [Curing temperature] 열경화성수지를 경화시키는 온도. 일반적으로 경화온도가 높을수록 경화속도가 빨라서 경화도도 높아지는데 너무 높여도 열열화(熱劣化)나 불균일 경화를 일으키기 쉬워서 도리어 역효과를 가져온다. 각 수지에는 일단 적절한 경화온도가 정해져 있으므로 그 범위 내에서 경화시키는 것이 바람직하다. 물론 에폭시수지나 폴리에스테르수지와 같이 경화온도로써 온실이 설정되기도 한다.

경화제 [Hardening agent, hardener] 열경화성수지에 가해서 가공시 분자를 3차원화해서 수지를 경화시키기 위한 물질

이단법에 의한 페놀수지 제조의 경우, 헥사메틸렌 테트라민이 경화제로서 가해지고 에폭시수지에서는 유기산 무수물, 폴리아민 등이 경화제로서 작용한다. 이처럼 경화제는 사용하는 종류에 따라 여러 가지로, 폴리에스테르수지나 알릴수지의 경우에는 비닐중합의 개시제인 벤조일페록시드, 메틸에틸케톤페록시드 등도 경화제로 불릴 경우가 있다.

경화 촉진제 [Cure accelertor] 열경화성수지의 경화반응을 촉진시키는 약제로 수지 종류에 따라 각종의 것이 사용된다.

에폭시수지에서는 유기산 무수물로 경화시킬 경우 벤질디메틸아민이다. 디메틸아닐린 등의 방향족아민류가 또 폴리에스테르수지용에는 디메틸아닐린이나 나프텐산 코발트 등이 사용된다. 레졸계 페놀수지에서는 술폰산, 염산 등의 산류가 아미노수지에서는 염화암몬, 술폰산 아미드 등이 사용된다.

이들 중 폴리에스테르용 촉진제는 촉매인 유기과산화물의 분해를 촉진하는 작용이 있어서 엄밀히는 프로모터(promoter)라고 하고 있다. 그리고 레졸계 페놀수지와 아미노수지에서는 상기 경화 촉진제를 촉매 또는 경화제라고 하기도 한다. ➡ 촉진제

계면활성 저마찰성이 우수한 특이한 계면활성을 나타내는 플루오르 수지는 C-F결합의 강도에 의해 내열성, 내후성, 내약품성이 탁월하다. 또한 비점착성, 발수발유성 등을 나타낸다. 이러한 우수한 계면활성을 나타내는 플루오르수지의 특성은 단위결합당 C원자에 대한 F원자수의 비율이 많을수록(예를들어 폴리사플루오르화에틸렌) 현저하게 된다.

계면활성제 [Surface active agent, surfactant] 액체에 녹고 계면에 흡착해서 계면의 성질을 바꾸는 물질. 도료에서는 안료의 분산, 습윤, 기포제거 등을 조장하는 데에 사용한다. 그리고 분자속에 소수성의 탄화수소부분과 친수성원자단을 가진 화합물로 이를 소량 첨가함에 의해 액체(주로 물)의 계면장력을 저하시켜서 세정, 분산, 침투, 기포 등의 작용을 표시하는 것을 말한다.

액속에서 작용할 때 그 모체가 양이온, 음이온, 비이온의 어느 상태를 취하고 있느냐에 따라 각각 양이온 활성제, 음이온 활성제, 비이온 활성제로 분류되며 또, 같은 분자에서 양종의 이온상태를 취하는 것은 양성활성제라고 한다.

시판품의 종류, 생산량 모두 음이온 활성제가 가장 많고 비이온 활성제가 그 다음이고 다른 것은 적다. 각종 세정제, 분산제, 기포제 침투제로서 사용된다.

고무 [Rubber] 고무나무에서 얻어지는 고무상 탄성을 나타내는 천연물질을 말한다. 또 고무상 탄성을 보이는 화합물도 모두 고무라고 한다.

「rubber」란 말의 유래는 지우개로 사용된 것에서 나와서 「고무」라는 말은 당시 아라비아고무와 같은 직물고무질이라는 그릇된 생각에서 「탄성고무」라고 한 것에 유래가 있다.

골드 사이즈 [Gold size] 단유성 바니시의 한 종류로 유성 바니시 도장의 하도, 조합 페인트의 건조 촉진, 유성 하도용, 도료의 전색제 금박을 입히는 등에 사용한다.

골프클럽의 도장 골프클럽은 아이언과 우드클럽이 있으며, 아이언의 경우는 도장을 하지 않는다. 우드클럽의 재질은 파시몬이 주류인데 최근에는 탄소섬유 콤퍼짓에 의한 카본헤드가 골퍼 사이에서 커다란 화제로 되어 있다. 골프클럽의 도장도 다른 스포츠 용품의 도장과 같이 내충격성, 내후성, 특히 밀착성이 좋아서 상처가 잘나지 않고 탄성이 풍부한 도막 성능이 요구되기 때문에 도료로는 폴리우레탄 수지도료가 사용되고 있다.

스포츠용품은 그 성격상 언제나 가볍고 강한 것이 요구되기 때문에 종래 목재가 주류를 차지하고 있던 것이 점차 신소재로 바뀌고 있다. 소재의 전환과 함께 도료와 도장법도 바뀌지 않을 수 없게 되었으며 앞으로도 이 경향은 계속될 것으로 생각된다.

곰팡이성 [Mildew resistance] 페인트는 본래 곰팡이에 침해되지 않으나 페인트 재료에는 여러가지 첨가제가 가해져서 그들을 영양원으로 해서 곰팡이가 번식할 경우가 있다.

예를들면 연질염화비닐수지의 경우 가소제나 안정제가 영양원으로 될 수 있다. 또 페인트에 곰팡이 발육을 저해할 만한 성질은 없으며 깨끗한 표면에서도 경우에 따라서 곰팡이 오염을 받는 경우가 있다. 따라서 그 방지를 위해 방곰팡이제로서는 8-퀴놀린산동이 있다.

비스(트리부틸주석) 옥시도 등을 사용한다. 방곰팡이성의 시험방법은 JIS Z 2911에 규정되어 있다.

곰팡이 저항성 [Fungus resistance] 곰팡이가 잘 번식하지 않는 성질이다.

공업용 니트로셀룰로스 [Nitrocellulose(for industrial use)] 도료, 필름 등의 제조에 사용되는 니트로셀룰로스, 니트로셀룰로스 래커의 도막 형성 요소로서 사용된다.

공연마 [Dry sanding, dry rubbing] 도막에 물, 가솔린 등을 바르지 않고 연마재만으로 가는 방법이다.

광명단 [Red lead] 사삼산화납을 주성분으로 한 빨간 안료로 방청 안료로서 사용한다(KS M 5101 참조).

광명단 방청 페인트 [Red lead anticorrosive paint] 방청 안료로서 광명단을 사용해서 만든 철강의 하도용 방청 도료(KS M 5311 참조)

광명단 크롬산 아연 방청 페인트 [Red lead-zinc chromate anticorrosive paint] 방청 안료로서 광명단과 크롬산 아연을 사용해서 만든 하도용 방청 도료(KS M 5424 참조)

광택 [Gloss] 물체의 표면에서 받는 정반사광 성분의 다소에 따라서 일어나는 감각의 속성으로 일반적으로 정반사광 성분이 있을 때에 광택이 많다고 말한다. 도막에서는 광택도계를 사용해서 입사각, 반사각을 45°:45°, 60°:60° 등으로 하여 거울면 광택도를 측정해서 광택 대소의 척도로 한다(KS M 5497 참조).

광택 얼룩 [Flashing] 무광택 또는 반광택 상태의 도면에 부분적으로 광택이 나타나거나 광택 도면에 부분적으로 광택 부족이 일어나거나 하는 현상으로 하지의 흡수성의 불균등, 도면에 대한 수분이나 특정한 가스, 증기 등의 영향에 의해서 일어나는 수가 많다.

군청 [Ultramarine blue, ultramarine blue pigment] 백토, 황, 탄산나트륨 등을 원료로 하여 분쇄, 혼합, 소성해서 만든 파란색 안료로 옛날에는 청보석을 분쇄해서 만들었다.

규석분 [Silica, silicate pigment] 규석을 분쇄해서 만든 분말로 산이나 알칼리에 잘 침식되지 않는다. 눈메꿈용 안료나 연마재에 사용한다.

균열 [Cracking] 노화된 결과 도막에 사용하는 부분적인 절단, 균열의 상태에 따라서 분류된다.

① 헤어 크랙 : 가장 위층 도막의 표면에만 생기는 가느다란 균열. 모양은 불규칙하고 장소에 관계없이 생긴다(Hair cracking).

② 얕은 균열 : 가장 위층 도막의 표면에만 생기는 가느다란 균열로, 분산된 무늬가 되어

서 분포한다(Checking).

③ 크레이징 : 얕은 균열과 비슷하며 그보다도 깊고, 폭이 좁은 것(Crazing)

④ 깊은 균열 : 최소한 1층의 도막을 관통한 균열로 도막의 최종적인 결함의 하나 (Cracking)

⑤ 악어가죽 균열 : 깊은 균열이 심한 것. 악어가죽 무늬로 생긴 것(Alligatering, crocodiling)

긁힘 시험 [Scratch test] 도막 경도의 일부를 조사하는 시험으로 바늘 모양의 것으로 긁어서 도막의 상태를 조사한다.

긁힘 저항성 [Scratch resistance] 긁힘에 견디어 흠이 잘 생기지 않는 도막의 성질이다.

기포(도막의) [Bubble, bubbling] 도막의 내부에 생긴 거품으로 도료를 칠했을 때에 생긴 거품이 사라지지 않고 남아 있는 것이 많다.

기포 점도계 [Bubble tube viscosimeter, bubble viscometer] 거품이 액속을 상승하는 속도를 점도 표준액일 경우와 나란히 비교하여 액의 동점도의 개략적인 수치를 헤아리는 기구로 지름과 길이가 일정한 유리관을 사용한다.

길소 나이트 [Gilsonite] 미국, 유타주산 아스팔트의 상품명이며 경질, 역청질의 일종으로 질이 좋은 검정 바니시의 도막 형성 요소로서 사용한다.

난연 도료 [Nonflammable coating] 쉽게 불타지 않는 도막을 형성하는 도료

내광성 [Light fastness, light resistance, light stability] 안료나 도막의 성질로 특히 색이 빛의 작용에 저항해서 잘 변화하지 않는 성질이다.

내구성 [Durability] 물체의 보호, 미장 등 도료의 사용 목적을 달성하기 위한 도막 성질의 지속성이다.

내굴곡성 [Flexibility, elasticity] 도막을 접어 구부렸을 때 잘 말아지지 않는 성질로 굴곡시험에서는 시험편의 도막을 밖으로 해서 둥근 막대에 놓고 180° 접어 구부려 도막의 균열 유무를 조사한다.

판이 두꺼울수록 둥근 막대의 지름이 작을수록 도막에 주어지는 신장률과 도막에 일어나는 윗면에서 아랫면에 걸쳐서 신장률의 불균등성은 크다. 도막이 무르지 않고 신장률이 크면 내굴곡성이 우수하다고 판정된다.

내부용 보일유 [Boiled oil for interior use] 보일유의 1종으로 흰색 또는 담색의 페인트에 배합했을 때에 옥내에서 도막의 황변이 적도록 만든다.

내비등수성 [Boiling water resistance] 도막이 끓는 물에 잠겨도 잘 변화되지 않는 성질로 내비등수 시험에서는 시험편을 비등수에 담그고 도막의 주름, 팽창, 균열, 벗겨짐, 광택의 감소, 흐림, 백화, 변색 등의 유무와 정도를 조사한다.

내산 검정색 바니시 [Acid resistant black varnish] 역청질을 도막형성 요소로서 사용하여 만든 바니시로 도막의 내산성이 우수한 것이다.

내산성 [Acidproof, acid resistance] 산의 작용에 저항해서 잘 변화하지 않는 도막의 성질

내세척성 [Washability] 오염을 제거하기 위해서 세척했을 때, 도막이 쉽게 마모되거나 손상되지 않는 성질. 에멀션 페인트, 수성 도료 등에 의해서 시험을 한다.

내수성 [Water resistance, waterproof] 도막이 물의 화학 작용에 대해서 잘 변화되지 않는 성질. 내수시험에서는 시험편을 물에 담가서 주름, 팽창, 균열, 벗겨짐, 광택의 감소, 흐림, 변색 등의 유무나 정도를 조사한다.

내알칼리성 [Alkaliproof, alkali resistance] 알칼리의 작용에 대해서 잘 변화하지 않는 도막의 성질

내약품성 [Chemical resistance] 도막이 산, 알칼리, 염 등 약품의 용액에 잠겨도 잘 변화되지 않는 성질. 내약품 시험에서는 시험편을 규정된 용액에 담그고 도막의 주름, 팽창, 균열, 벗겨짐, 또는 색, 광택의 변화, 팽윤, 연화, 용출 등의 변화 유무를 조사한다.

내열성 [Heat resistance] 도막이 가열되어도 잘 변화되지 않는 성질로 내열시험에서는 시험편을 규정된 온도로 유지하고 도막에 거품, 팽창, 균열, 벗겨짐, 광택의 감소, 색의 변화 등의 유무나 정도 등을 조사한다(KS M 5496 참조).

내염수성 [Salt water resistance] 식염수의 작용에 대해서 잘 변화하지 않는 도막의 성질이다.

내용매성 [Solvent resistance] 도막이 용매에 잠겨도 잘 변화되지 않는 성질로 내용제 시험에서는 시험편을 규정된 용매에 침지하여 도막의 주름, 팽창, 균열, 벗겨짐 등 또는 색, 광택의 변화, 점착성의 증가, 팽윤, 연화, 용출 등의 변화와 액의 착색, 혼탁의 유무와 정도를 조사한다.

내유성 [Oil resistance, oil proof] 도막이 유류에 잠겨도 잘 변화되지 않는 성질로 내유성 시험에서는 시험편을 규정된 기름에 담가서 도막의 주름, 팽창, 균열, 벗겨짐 등 또는 색, 광택의 변화, 점착성의 증가, 팽윤, 연화, 용출 등의 변화와 기름의 착색, 혼탁의 유무를 조사한다.

내후성 [Weather resistance, weathering, weatherproof] 옥외에서 일광, 풍우, 이슬, 서리, 한란, 건습 등 자연의 작용에 저항해서 잘 변화하지 않는 도료의 성질이다.

내후성 시험 [Weathering test, weathering] 도막의 내후성을 조사하는 시험이다.

내후성 시험대 [Expolure rack] 도막의 내후성을 시험하기 위해서 도장 시험편을 부착시켜서 내놓는 대, 도막이 태양빛에 가능한 한 직면하는 것이 바람직하다. 자동적으로 직면하도록 한 것도 있지만 고정식인 것은 정남향이며, 도면이 상향으로 기울어져 있다.

내휘발유성 [Gasoline resistance] 휘발유의 작용에 대해서 잘 변화하지 않는 도막의 성질이다.

내충격성 [Impact resistance, shock resistance, chip resistance] 도막이 물체의 충격을 받아도 잘 파괴되지 않는 성질로 충격 시험에서는 시험편의 도면에 추를 낙하시켜서 균열, 벗겨짐 등의 유무를 조사한다.

냉동 안정성 [Freeze thaw stability, freeze thaw resistance, freeze thaw resistance] 도료가 동결·융해를 반복해도 상온으로 되돌리면 본래의 성능 상태로 되돌아가는 성질이다.

노화 [Aging, ageing] 시간의 경과에 따라서 도막의 성질, 성능, 외관이 열화하는 것으로 다만, 영어의 aging, ageing에는 이밖에 숙성(저장해서 품질이 향상된다)이란 뜻도 있다.

녹 [Rust] 보통은 철 또는 강의 표면에 생기는 수산화물 또는 산화물을 주체로 하는 화합물로 넓은 의미로는 금속이 화학적 또는 전기 화학적으로 변화해서 표면에 생기는 산화 화합물(붉은 녹)이다.

녹 제거 [Descaling] 기계적으로 밀 스케일을 제거하는 작업이다.

눈 패임 [Grain depression] 바탕면의 고저나 조직의 불균형 등에 의해서 마무리 도면에 가늘게 파이는 것으로 목재 도장에서 눈패임을 방지하려면 바탕 목재를 충분히 건조시킨 후, 노출 도관부를 메꾸고 건조시킨 후, 잘 연마해 두는 것이 중요하며, 목재도장, 금속 도장을 불문하고 겹으로 칠할 때마다 도막을 충분히 건조시키고 연마해야 할 필요가 있다.

니트로셀룰로스 [Cellulose nitrate, nitrocelloulose] 셀룰로스의 질산 에스테르(KS M 5319 참조)이다.

니트로셀룰로스(래커) [Nitrocellulose lacquer, nitrocellulose coating] 도막 형성 요소로서 니트로셀룰로스를 사용해서 만든 휘발 건조성의 도료로 용매의 증발로 단시간에 건조시킨다 (KS M 5319 참조).

니트로셀룰로스 용해성 [Solubility for nitrocellulose] 래커 신너의 래커에 대한 용해성 시험의 일종으로 도료용 질산 셀룰로스를 용해시키는 성능을 조사해서 판정한다.

다채무늬 도료 [Multicolor paint, multicolor coating] 2색 이상의 도료가 서로 용해 혼합되지 않도록 불용성 매체 속에 입자상으로 분산시켜 만들며, 1회의 분무 도포로 색분산 무늬의 도막이 생기는 도료이다.

단유성 바니시 [Short oil varnish] 유성 바니시의 일종으로 도막 형성 요소 중에서 수지분에 대해서 지방분이 적은 것이다.

담머(다마르) [Dammer, dammar resin] 천연수지의 일종으로 Dipterocar paceae과 나무의 분비물이 고체화 된 것이다. 담머 바니시를 만드는 데에 사용한다.

담머(다마르) 바니시 [Dammar varnish, daman varnish] 담머를 미네랄 스플릿에 녹여서 만든 휘발 건조성 바니시이다.

담색 [Tint, tint color, weak color] 흰색에 가까운 엷은 색으로 도료의 KS에서는 흰색 도료에 유색 도료를 혼합해서 만든 도료의 도막에 대해서 회색·핑크·크림색·엷은 초록·물색과 같은 엷은 색으로 KS A 0062에 따른 명도 V가 6 이상에서 채도가 크지 않은 색을 말한다.

덧칠 적합성 [Recoatability] 건조해서 생긴 도막 위에 같은 도료를 겹칠했을 때에 도장상의 지장이 생기지 않고, 정상적인 겹칠 도막층이 얻어지기 위한 도료의 성상이다.

도료 [Coating] 물체 표면의 보호, 겉모양·형상의 변화, 기타를 목적으로서 사용하는 재료의 일종으로 유동 상태에서 물체의 표면에 바르면 얇은 막이 되고, 시간의 경과에 따라서 그 면에 고착되어 고체의 연속적인 막이 되어 그 면을 덮는 것이다. 도료를 사용해서 물체의 표면에 퍼지게 하는 조작을 칠한다라고 말하고, 고체의 막이 생기는 과정을 건조라고 말하며, 고체의 피막을 도막이라고 한다. 유동상태란 액상, 융해성, 공기 현탁체 등의 상태를 포함하는 것이다. 안료를 함유한 도료를 페인트라고 말하는 경우도 있다.

도료표지용 도료 [Traffic paint, traffic marking paint]　교통 표지선을 그리는 데에 사용하는 노면용 도료로 상온 시공용과 융해 도장용이 있다(KS M 5322 및 5333 참조).

도막 [Film, paint film]　칠한 도료가 건조해서 생긴 고체 피막을 말한다.

도막의 겉모양 [Appearance of film]　육안으로 보았을 때의 도막의 상태로 도료 일반시험 방법에서는 도막을 확산 주광 빛에 의하여 견본품과 비교해서 색의 차이, 색 얼룩의 정도, 광택의 차이, 광택 얼룩의 정도, 두께의 불균형의 정도, 레벨링, 붓자국·오렌지필·주름·입자·움패임·구멍의 정도, 흐름·뭉침·거품·부풀음·균열·벗겨짐·백화의 정도를 조사한다.

도막 형성 요소 [Film forming agent, film forming ingredient, film former, film forming materal]　도막을 형성하기 위한 주성분이다.
　　예를들면 유성 도료의 건성유, 니트로셀룰로스 도료의 니트로셀룰로스, 셸락 바니시의 셸락 등이 있다.

도면 [Surface of paint film]　도막 또는 도막층의 표면이다.

도장 [Painting, coating finishing]　물체의 표면에 도료를 사용해서 도막 또는 도막층을 만드는 작업의 총칭으로 단순히 칠할뿐인 조작은 「칠」, 「칠하기」 등으로 말한다.

도장 간격 [Interval between coats]　도막을 겹치는 작업에서의 칠하는 시간간격을 말한다.

도장계 [Paint system, coating system]　도장의 목적·효과를 만족시키도록 만든 하도에서 상도까지를 거듭 칠한 도막의 짜맞춤의 총칭을 말한다.

도장 공정 [Painting process]　도장계를 만들기 위한 공정, 도장의 목적, 칠하려하는 물체의 바탕, 형상, 수, 사용하는 도료의 성질, 도장 장소의 조건 등에 의해 바탕의 처리, 도료를 칠하는 방법, 건조 방법, 도막 형성 후에 처리 방법 등을 선정해서 공정을 설계한다.

도포량 [Quantity for application]　일정한 면적에 칠하는 도료의 양. 보통 kg/m^2, l/m^2, 시험에서는 $g/100cm^2$, $ml/100cm^2$로 나타낸다.

도포 면적 [Spreading rate]　도료의 일정한 분량으로 칠할 수 있는 면적으로 m^2/l 또는 m^2/kg으로 나타낸다.

도프 [Dope]　직물이나 피혁에 칠하는 셀룰로스 래커의 일종으로 항공기의 날개에 칠하는 도료이다.

동유 [Tung oil, china wood oil, chinese wood oil]　중국종 오동의 열매에서 채취한 건성유로 공액 2중 결합을 가진 에레오 스테아린산의 글리세리드를 다량으로 함유하여 중합하기 쉬우며, 건조가 빠르다.

드라이어(건조제) [Drier, siccative]　유성 도료의 건조를 촉진시키기 위해 사용하는 물질로 주성분은 납, 망간, 코발트 등의 금속 비누(석검)이며 액상 건조제, 물모양의 드라이어가 있다.

등유 [Kerosene, kerosine]　석유 원유를 분해해서 얻은 휘발성 액체로 인화점 40℃, 증류 성상

95%, 유출 온도 270℃ 이하 또는 300℃ 이하이므로 유성 도료의 희석제로서 사용한다(KS M 2613 참조).

뜬 반점 [Floating] 안료가 건조되는 과정에서 안료끼리의 분포가 불균등해지고 도막의 색이 얼룩져 보이는 현상을 말한다.

래커 서피서 [Lacquer surfacer] 래커 에나멜을 도장할 때의 중도에 적합한 액상, 불투명, 휘발 건조성 도료로 니트로셀룰로스를 주요 도막 형성 요소로 하고, 자연 건조에서 단시간에 연마하기 쉬운 도막을 형성한다. 니트로셀룰로스수지, 가소제 등을 용제에 녹여서 만든 전색제에 안료를 분산시켜서 만든다(KS M 5303 참조).

래커 신너 [Lacquer thinner] 래커류의 희석에 적합한 투명, 휘발성의 액체로 니트로셀룰로스, 수지의 용제에 희석제를 혼합해서 만든다(KS M 5319 참조).

래커 에나멜 [Lacquer enamel] 금속면, 목재면의 유색 불투명한 도장에 적합한 액상, 휘발 건조성의 도료로 니트로셀룰로스를 도막 형성 요소로 하고 자연건조로 도막을 형성한다. 니트로셀룰로스, 수지, 가소제 등을 용매에 녹여서 만든 전색제에 안료를 분산시켜서 만든다.

래커 퍼티 [Lacquer putty] 래커 에나멜을 도장할 때의 하도에 적합한 페이스트상, 불투명, 휘발 건조성 도료로 니트로셀룰로스를 주요 도막 형성 요소로 하고, 주걱으로 발라서 자연 건조로 단시간에 연마하기 쉬운 도막을 형성한다. 니트로셀룰로스, 수지, 가소제를 용매에 녹여서 만든 전색제에 안료 등을 분산시켜서 만든다(KS M 5302 참조).

래커 프라이머 [Lasquer primer] 래커 에나멜을 도장할 때의 금속 하도 도장용으로 적합한 액상, 불투명, 휘발 건조성 도료로 니트로셀룰로스의 주요 도막 형성 요소로 하고, 자연 건조로 단시간에 도막을 형성한다. 니트로셀룰로스 수지, 가소제 등을 용제에 녹여서 만든 전색제에 안료를 분산시켜서 만든다(KS M 5301 참조).

레벨링 [Leveling] 칠한 후, 도료가 유동해서 평탄하고 매끄러운 도막이 생기는 성질. 도막의 표면에 붓칠자국, 오렌지필, 파도와 같은 미시적인 고저가 많지 않은 것을 보고 레벨링이 좋다고 판단한다.

레이크 레드 [Lake red, lake colour] 아조계 붉은색 안료의 일종. 레이크 레드 C, 레이크 레드 D가 있다.

로진 [Rosin, colophony, colophonium] 생송기 또는 소나무 부스러기를 수증기 증류해서 얻은 물질을 다시 증류시켜서 테레핀유를 유출 분리했을 때, 수지 모양의 잔류물. 주성분은 아비에틴산이다.

롤러 도장 [Application by roller, roller coating] 롤러 사이를 통과시켜서 도료를 칠하는 방법으로 평판 모양인 것에 사용한다. 또, 건물의 벽 등에 롤러를 사용해서 도료로 칠하는 방법이다.

루틸형 이산화티탄 [Rutile ritanium dioxide] 결점 구조가 루틸형인 이산화티탄을 주성분으로 하는 흰색 안료이다.

리무버 [Paint remover] 도막을 벗기기 위해 사용하는 도료이다.

리사지 [Litharge] 일산화납을 주성분으로 하는 분말이다.

리타더 신너 [Retarder, retarder solvent] 래커류의 도장을 할 때 도막의 흐려짐을 방지할 목적으로 래커 신너에 혼합해서 사용한다. 투명, 휘발성이 낮은 액체로서 니트로셀룰로스를 용해시키는 고비점 용매를 주원료로 해서 만든다.

리토폰 [Lithopone, lithopone pigment] 황화아연과 황산바륨의 결정이라고 생각되는 흰색 안료로 보통 황화아연을 27% 이상 함유한다.

리톨 레드 [Lithol red] p-나프틸아민디아조술폰산과 β-나프톨이 합성해서 형성되는 유기 안료이다.

리톨 레드 B [Lithol red B] 토비어스산과 p-나프톨의 바륨염을 주성분으로 하는 노란빛 도는 붉은 안료이다.

리프팅 [Lifting, raising, pick up, picking up] 도료를 칠했을 때 밑층의 도막이 연화해서 주름이 생기는 것으로 밑층 도막의 도막 형성 요소에 대한 상층 도료의 용매 작용에 의해서 일어난다.

리핑 [Leafing] 작은 비늘쪽 형상의 안료를 함유한 도료를 칠했을 때, 도막 형성시에 그 안료 조각이 평행해서 서로 겹쳐 도료막의 표면층에 배열되는 현상. 리핑형 알루미늄분을 스파 바니시와 혼합시켜서 만드는 알루미늄 페인트에서는 이 현상이 현저하고, 도면은 연속된 반짝이는 금속막처럼 보인다. 리핑은 안료와 전색제와의 양자의 성질 상호 작용에 의해서 도막 형성시에 일어난다.

마디 메꿈 [Knotting, killing] 목재 도장에서 처음에 마디 부분 등에 셸락 바니시 등의 속건 불투과성 도료를 칠하는 것. 수지분이 스며 나와서 도막층이 연화되거나 팽창이 생기거나 하는 것을 방지하기 위해서 한다.

마실유 [Hempseed oil] 대마 및 소마에서 채취한 반건성유, 생마실유, 정제마실유, 논브레이크 마실유 등이 있다.

먼셀 표색계 [Munsell system, munsell system of color] 색의 3속성에 의한 색표 배열에 따라서 먼셀(A·H·Munsell)이 고안한 표색계. 먼셀 휴(색상), 먼셀 밸류(명도), 먼셀 크로마(채도)의 3속성에 따라서 물체 색을 나타낸다.

1943년에 미국 광확회에서 표색계의 척도를 수정한 것을 먼셀 표색계라 한다.

메탈릭 에나멜 [Metallic enamel, metallic paint, metallic pigmeted paint] 도막 속에서 금속 광택이 임의의 방향에서 보이도록 만든 에나멜. 래커 에나멜, 아크릴 수지 에나멜, 아미노 알키드 수지 에나멜 등의 얼마간 투명성이 있는 것에 논리이핑형 알루미늄 페이스트 상을 혼입해서 만든다.

멜라민수지 도료 [Melamine resin coating, melamine coating] 멜라민과 포름 알데히드의 축합물 또는 이의 부틸 에테르화물을 도막 형성 요소로 하는 도료이다.

명도 [Value, lightness, shade, subjective brightness(for paint film)] 물체 표면의 반사율이 다른

것과 비교해서 많은가, 적은가를 판정하는 시각의 속성을 척도로 한 것으로 색의 밝기에 대해서 말한다.

목선 선저 도료 [Wooden ship bottom paint, ship bottom paint for wooden ship] 벌레 따위의 침식이나 생물의 부착을 방지하기 위해 목선의 선저에 사용하는 도료로 유성 바니시 등을 반죽해서 액상으로 한 것이다.

목재 필러 [Wood filler] 목재의 기초 도료에 사용하는 도장 보조 재료이다.

목재 하도용 조합 백색 페인트 [White wood primer] 목재면에 조합 페인트를 도장할 때의 하도로 적합하게 만든 도료. 도막의 조기 경화에 소용되기 위해 활성 안료와 보일유 또는 바니시를 반죽해서 만든다.

무광택 [Flat] 도막에 광택이 없는 것이다.

무광택 페인트 [Flat paint, flat oil paint] 도막의 광택이 극히 적은 도료이다.

무늬 도료 [Pattern finish] 색무늬, 입체 무늬 등의 도막이 생기도록 만든 에나멜, 크래킹, 래커, 주름 무늬 에나멜 등이 있다.

무채색 [Achromatic color] 백, 회색, 검정과 같이 색상을 갖지 않는 색이다.

물연마 [Wet sanding, wet rubbing] 내수 연마지, 숫돌, 연마숯 등을 사용해서 물을 뿌리면서 도막을 연마하는 방법이다.

뭉침 [Cissing, crawling] 도료를 칠하고 얼마 안되어서 도료가 뭉쳐서 바탕면에 부착하지 않게 되어 도막에 점모양의 불연속 부분이 생기는 것. 바탕면과 도료와의 사이에 표면장력의 불균등 등에 의해 생긴다.

미네랄 스플릿 [Mineral spirit, petroleum spirit] 원유를 분류해서 얻은 용매의 일종. 인화점 30℃ 이상, 증류 시험에서 50%, 유출 온도 180℃ 이하, 종말점 205℃ 이하이다.

밀 스케일 [Mill scale] 철제의 표면에 생기는 검은 껍질(흑피)이다.

바니시 [varnish] 수지 등을 용매에 녹여서 만든 도료의 총칭으로 안료는 함유되어 있지 않다. 도막은 대개 투명하다.

바라이트분 [Barytes] 중정색의 분말. 주성분은 황산바륨. 체질 안료로서 사용한다.

반 건성유 [Semidrying oil] 건성유만큼 빠르지는 않으나 공기 속에서 건조하는 성질이 있는 지방유로 보통 요드가 100~130인 것이며 면실유, 새플로워 등이다.

반점 [Mottle, mottling] 도면이 부분적으로 광택이 없거나 희미하거나 불규칙적인 무늬가 되거나 하는 것이다.

발광 도료 [Luminous paint, luminescent paint, luminescent coatings] 도막이 어두운 곳에서도 보이도록 발광 재료를 섞어서 만든 도료로 어두운 곳에서 사용하는 표지나 계기의 눈금, 바늘 등에 사용한다(KS M 5334 참조).

방균 도료 [Fungus resistant coating, fungicidal paint] 소지 또는 도막에 곰팡이가 발생하는 것을 방지하기 위해서 사용하는 도료로 방균제를 가해서 만든다.

방오성 [Antifouling property] 표면에 유해한 생물 등의 부착을 방지하는 도막의 성질로 주로 선저 도료의 도막에 세프로라, 갑각류, 군체, 해조 등이 부착하는 것을 방지하는 성질이다.

방청 안료 [Rust preventing pigment, rust inhibiting pigment] 금속에 녹이 발생하는 것을 방지하는 기능을 가진 안료이다.

방청 페인트 [Rust inhibiting coating, anticorrosive coating, anticorrosive paint, rust inhibiting paint, corrosion resistant, coating] 철강의 방청 도장에 사용하는 하도용 도료로 방청 안료와 도막형성 요소와의 상호 작용으로 방청 효과를 나타내는 것과 도막형성 요소 자체의 방청 효과에 따른 것이 있다. 전자에는 사용하는 방청 안료의 명칭을 붙여서 부르는 것이 통례이다.

방향족 탄화수소계 용매 [Aromatic hydrocarbons solvent] 용매로서 사용하는 방향족 탄화수소의 통칭으로 톨루엔, 크실렌, 솔벤트, 나프타 등이다.

방화 도료 [Fire retardant paint, fire retardant coating] 난연성의 도막 형성 요소를 사용하거나 가열했을 때에 도막이 거품을 일어 부풀어 올라서 단열층이 되도록 만든 도료(KS M 5328 참조)이다.

백락 바니시 [Bleached shellac varnish, bleached lac varnish] 표백셀을 알콜에 녹여서 만든 휘발 건조성 바니시이다.

백아 [Whiting] 한수석의 분말로 주성분은 탄산칼슘으로 물에 흔들어서 만든 것은 한수 크레이라고 말한다. 체질 안료로서 사용한다.

백아화 [Chalking] 도막의 표면이 분말상으로 되는 현상. 백아화의 정도를 조사하려면 손가락 끝, 펠트, 비로드 등으로 도막의 표면을 살짝 문질러서 분말상의 가루가 도면에서 떨어져 손가락 끝 등에 부착되는 정도를 보든가, 습윤 상태에서 표면을 점착성으로 한 사진 인화지를 일정한 압력으로 도면에 압착했을 때의 도면에서 떨어져 점착된 분말상 물체로 인한 인화지면의 오염도를 비교해 보든가 한다. 백아화의 정도를 백아화도라 한다.

백아화 저항성 [Chalk resistance] 도막이 광선 등의 작용에 저항해서 잘 백아화하지 않는 성질로 백아화 성질에서는 내후시험, 촉진 내후시험 등을 한 후, 도막 표면의 분말화의 유무 정도의 대소를 조사한다.

백화 [Blushing] 도료의 건조 과정에서 일어나는 도막의 변화 현상으로 용매의 증발에서 공기가 냉각되고, 그 결과 응축된 수분이 도료의 표면층에 침입하고 또는 용매의 증발중에 혼합 용제 사이의 용해력이 균형을 잃고, 도막 성분의 어느 것인가가 석출하기 때문에 일어난다.

　고온에서 일어나는 것을 moisture blushing이라 하고, 셀룰로스 유도체가 석출하는 것을 cotton blushing이라 하며, 수지가 석출하는 것을 gun blushing이라 한다.

벗겨짐 [Peeling] 도막이 부착성을 잃고 밑층에서 부분적으로 벗겨지는 것으로 벗겨진 면의 대소에 따라서 다음과 같이 분류된다.

　① 작은 벗겨짐 : 작은 비늘 모양의 벗겨짐(BS에서는 지름이 약 3mm 이하) ⇨ flaking

　② 큰 벗겨짐 : 큰 비늘 모양의 벗겨짐(BS에서는 지름이 약 3mm 이상) ⇨ scaling

변색 [Discoloration] 도막의 색의 색상, 채도, 명도 중 어느 하나 또는 하나 이상이 변화하는 것. 주로 채도가 작아지고, 또는 거기에 명도가 커지는 것을 퇴색이라고 한다.

보일유 [Boiled oil] 건성유, 반 건성유를 가열하고, 혹은 공기를 불어 넣어 건조성을 증진시켜서 얻은 기름

부분 도장 [Touch up] 도막의 흠 부분 등을 부분적으로 칠해서 보수하는 것

부착성 [Adhesive property, adhesion, adhesive strength] 도막의 하지면에 부착해서 잘 떨어지지 않는 성질

부풀음 [Blistering] 도막에 생기는 부풀음을 말하며 수분, 유분 성분의 용매를 함유한 면에 도료를 칠했을 때, 또는 도막 형성 후에 아래층 면에 가스, 증기, 수분 등이 발생 침입했을 때 생긴다.

부피(겉보기 비중) [Apparent density bulk] 단위 중량의 안료를 분산, 낙하해서 자연적으로 침강시켰을 때에 나타내는 체적을 말한다. 보통은 100g 당의 [ml]수로 나타낸다.

분산 [Dispersion] 하나의 상을 이루고 있는 물질 속에 다른 물질의 미립자상이 되어 산재해 있는 현상

불건유성 [Nondrying oil] 액상의 지방유로 공기중에서는 건조하지 않는 것. 요드가 100 이하인 것. 피마자유, 동백기름, 새해기름, 올리브유 등이 있다.

불비누화물 [Unsaponifiable matter] 유지, 밀납 등과 같은 주성분이 에스테르인 물질을 알칼리 용액에서 가수 분해를 했을 때에 비누화되지 않고 남는 물질. 대부분은 탄화수소 화합물

불점착성 [Print resistance] 도막 표면의 점착이 잘 안되는 성질. 대부분의 도료의 도막은 습도가 높을 때나 온도가 높을 때에 불점착성이 생긴다. 도료 일반 시험 방법은 도면에 가제를 놓고 추를 올려 놓아서 일정한 시간 방치했다가 가제를 벗겨서 점착의 정도와 도면에 생긴 천의 자국 정도를 조사하여 불점착성의 대소를 평가한다.

불점착시험 [Tack free test, print test] 도막에 불점착을 조사하기 위한 시험

불포화 폴리에스테르수지 도료 [Unsaturated polyester coating] 도막 형성 요소로서 불포화 폴리에스테르와 비닐 단량체를 사용해서 만든 도료. 불포화 폴리에스테르의 예로 무수 마레인산과 2가 알콜과의 축합물을 사용한다. 이 축합물은 가용 가융성이므로 스틸렌과 같은 비닐 단량체에 녹아서 액상이 되지만 가열하거나 과산화물의 작용으로 불포화기와 비닐기가 부가중합을 일으켜서 불용불융의 도막을 형성한다. 이 도료의 건조에는 용매의 증발이나 산소의 공급은 필요가 없고, 부생물의 방출이 없이 경화되기 때문에 두껍게 칠해도 단시간에 도막이 형성된다. 다른 도료에 비해서 특히 두껍게 칠하는 바니시나 퍼티도 좋다.

붓 [Brush] 도료를 칠하는 기구의 일종. 짐승털 또는 합성수지제 섬유를 묶어서 손잡이에 고정시킨 것. 털이나 섬유의 묶음에 도료를 찍어서 물체의 표면에 대어 이동하여 도료를 물체의 표면에 얇은 층으로 칠한다. 묶음의 형이나 각도에 따라서 곧은 붓, 둥근 붓, 평붓, 경사 붓이 있고, 사용하는 털에는 말털, 양털, 돼지털, 토끼털, 너구리털, 나일론 등이 있다.

붓 도장 [Brush application, brushing, brush coating] 붓으로 도료를 칠하는 방법

붓자국 [Brush marks, brush mark] 도료를 붓으로 칠했을 때에 붓의 운행 후에 도막에 생기는 고저의 선

브릴리언트 스칼릿 G [Brilliant scarlet G] 아조계의 홍적색 안료. 내열성 내유성은 우수하지만 은폐력은 뒤떨어진다.

브릴리언트 카민 6 B [Brilliant carmine 6 B] 아조계의 짙은 분홍색의 안료. 내광성, 내열성, 내유성이 비교적 우수하다.

블론 아스팔트 [Blown asphalt] 스트레이트 아스팔트를 가열하면서 공기를 불어 넣어서 만든다. 방수용, 전기절연용, 내약품용 등의 검정색 바니시에 사용한다.

블리딩 [Bleeding] 하나의 도막에 다른 색의 도료를 겹칠했을 때, 밑층의 도막 성분의 일부가 윗층의 도료에 옮겨져서 위층 도막 본래의 색과 틀린 색이 되는 것

비누화 [Saponification] 유지, 지방, 에스테르 등을 알칼리로 처리하면, 알콜과 산으로 분해되고, 이어서 알칼리염을 생성하는 반응. 산이 지방산일 때에 생성하는 알칼리염을 알칼리 비누라고 한다.

비누화 값 [Saponification value, saponification number] 유지 1gr을 비누화하는 데에 필요한 수산화칼륨의 [mg]수

비중점 [Specific gravity cup] 비중의 개략적인 수를 측정하기 위해서 사용하는 원통 모양의 용기

비튜멘(역청질) [Bitumen] 원래는 색, 경도, 휘발성 등이 일정치 않은 천연 탄화수소 화합물의 총칭. 현재에서는 석유 화학 공업, 석탄 화학 공업에서 생기는 타르, 아스팔트, 피치도 포함한 검은 다갈색의 액상 내지 수지 모양 물질의 총칭. 대부분은 이황화탄소에 녹는다.

새플라워유 [Safflower oil] 잇꽃의 종자에서 채취한 건성유. 페인트, 기름, 바니시의 도막 형성 요소로서 사용한다.

산 세척 [Acid pickling] 금속 제품의 밀 스케일이나 녹의 층을 제거하기 위해 산성 용액에 담궈서 바탕을 깨끗하게 하는 것

산화방지제 [Antioxidant, oxidant inhibitor] 산화에 의해 도막의 노화를 방지하기 위해서 사용하는 물질

산화철 노란색 [Yellow iron oxide, yellow iron oxide pigment] $aFeO \cdot OH$를 주성분으로 하는 황색 안료. 황색 제일철 용액을 가수분해 하든가, 알칼리로 중화시켜서 만든다.

산화철 검정색 [Black synthetic oxid, black iron oxide] 사삼산화철을 주성분으로 한 검정색 안료

산화 철분 [Brown iron oxide] 이삼산화철을 주성분으로 하는 적다갈색 내지 보라빛 다갈색의 안료. 황화철광의 제련 찌꺼기 등에서 만든다.

산화철 안료 [Iron oxide pigment] 산화철을 착색 성분으로 하는 안료. 산화철 빨간색, 산화철 노란색, 산화 철분 등이 있다(KS M 5102 참조).

삼출 [Sweating, exudation, come back] 도막의 내부에서 액상 물질이 스며 나오는 것, 또는 연마해서 광택이 없어졌던 도막에 광택이 나타나는 것

상도 도료 [Top coat] 도료를 여러 번 칠하여 도장 마무리를 할 때 상도로 사용되는 도료

상도 도장 [Over coating, top coat] 하도의 도막 위에 상도용의 도료를 칠하는 것

상도 적합성 [Over coatability] 어느 도료의 도막 위에 정해진 도료를 거듭칠했을 때에 도장하는 데 지장이 생기지 않고, 정상적으로 꾸며진 도막층을 지게 하기 위한 하도 도막의 성상

상도층 [Finish coat, finishing coat] 상도를 도장하여 얻어진 상도용 도료의 도막

상용성 [Compatibility, compatible] 2종류 또는 그 이상의 물질이 서로 친화성을 가지고 있어서 혼합했을 때에 용액 또는 균질의 혼합물을 형성하는 성질. 도료에 있어서는 2종류 또는 그 이상의 도료가 침전, 응고, 겔화와 같은 불량한 결과로 되지 않는 성질

새깅 [Sagging, run, curtaining] 수직면에 칠했을 때 건조까지의 사이에 도료의 층이 부분적으로 아래쪽으로 흘러서 두께가 불균등한 곳이 생겨 반원상, 고드름상, 액상 등이 되는 현상. 너무 두껍게 칠했을 때 도료의 유동 특성의 부적합, 대기 상태의 부적합 등에 의해서 일어나기가 쉽다.

색(도막의) [Color of film, colour] 도막에서 반사 또는 투과하는 빛의 색(KS M 5446, 5447)

색 분해(도막의) [Flooding] 도료가 건조하는 과정에서 안료 상호간의 분포가 상층과 하층이 불균등해져서 생긴 도막의 색이 상층에서 조밀해진 안료의 색으로 강화되는 현상

색상 [Hue] 빨강, 노랑, 초록, 파랑, 보라와 같이 특성 붙이는 색의 속성(KS M 5422 참조)

색수 [Color number] 보일유, 바니시 등의 색 농도를 나타내기 위해서 규정한 수치. 요드색수, 가드너색 수 등이 있다.

색수 표준액 [Standard color solution] 색수를 측정할 때, 색의 표준이 되는 액체. 측색의 값과 조성이 정해져 있다.

색 얼룩(도막의) [Mottled] 도막의 색이 부분적으로 불균등한 것이다. 도료의 결함, 도장의 결함, 도막 성분의 분해, 변질 등으로 생긴다.

색의 안정성(도막의) [Color stability, light stability, light fastness] 강한 빛에 쬐여도 변색·퇴색이 잘 안되는 도막의 성질

색 차 [Color difference] 색의 차이를 수량적으로 나타낸 것

샌드 블라스트 [Sand blasting, blast cleanking] 금속 제품에 모래 등의 연마제를 뿜어대어 표면의 녹을 제거하여 깨끗하게 하는 것

샌딩 실러 [Sanding sealer] 목재에 투명 래커 도장을 할 때, 중도에 적합한 액상, 반투명, 휘발 건조성의 도료로, 니트로셀룰로스를 주요 도막 형성 요소로 하여 자연 건조되어 연마하기 쉬운 도막을 형성한다. 니트로셀룰로스 수지, 가소제 등을 용매로 녹여서 만든 전색제, 스테아르산염 등을 분산시켜서 만든다.

선저 도료 [Ship bottom paint] 선저의 부식 방지, 생물 부착 방지, 생물 침입 방지 등에 사용

하는 도료. 강선 선저 도료와 목선 선저 도료가 있다(KS M 5330 참조).

세척성 시험기 [Washability apparatus] 도막의 내세척성을 시험하는 기계. 도막을 위 방향으로 시험편을 수평으로 고정시키고, 물, 비눗물 등으로 도막을 적시면서 솔로 문질러서 도막의 마모, 손상 또는 유리판으로부터 제거된 정도를 조사한다.

세팅 [Setting] 도료를 칠한 후 유동성이 없어질 때까지 방치하는 것(예비 건조)

셀룰로스 래커 [Cellulose lacquer, cellulosic coating] 도막 형성요소로서 셀룰로스 유도체를 사용해서 만든 도료

셸락 [Shellac, orange shellac] 라크 충(Taceardia Lacca)이 어떤 종류의 식물에 기생해서 나온 분비물 덩어리를 채취하여 정제한 수지 모양의 물질. 에틸알콜에 녹고, 셸락 바니시의 도막 형성 요소로서 사용한다.

셸락 바니시 [Shellac varnish] 셸락을 알콜로 녹여서 만든 휘발 건조성의 바니시. 목재의 투명 도장에 사용하며, 목재의 도장에 있어서는 수지가 스며 나오는 것을 방지하기 위해 마디 부분에 칠한다(KS M 5602 참조).

소광제 [Flatting agent] 도막의 광택을 소멸시키기 위해 도료에 가하는 재료

소지 [Original surface, surface to be coated, substrate, ground] 목재, 콘크리트, 강재 등의 도장에 착수하기 전의 물체, 주로 표면에 대해서 말한다.

소지 조정 [Surface preparation] 기름빼기, 녹 제거, 구멍 메꾸기 등 하도를 하기 위한 준비 작업으로서 소지에 대하여 하는 처리

송지 정성 시험 [Qualitative test for rosin(lieberman storch test)] 송지의 존재를 검출하기 위한 시험(KS M 5474 참조)

수선부 도료 [Boot topping] 선박의 수선부에 사용하는 도료. 도막 형성 요소의 종류에 따라서 유성계, 비닐 수지계 등이 있고, 용도에 따라서 오염 방지용과 내후용이 있다.

수성 도료 [Water paint, water base paint, distemper] 물에 용해하는 도료의 총칭. 수용성 또는 수분산성의 도막 형성 요소를 사용해서 만든다. 가루상 수성도료, 합성수지 에멀션 페인트, 수용성 가열 건조 도료, 산경화 수용성 도료 등이 있다.

수성 페인트 [Water base stain] 목재용의 수성 착색제. 수용성 염료를 물에 녹여서 만든다. 투명 도장을 할 때에 사용한다.

수성 필러 [Water base filler] 수용성의 목재용 눈메꿈용으로 수용성 전색제와 체질 안료, 착색 안료를 혼합 반죽해서 만든다.

수용성수지 [Water soluble resin] 분자내에 친수기를 많이 가진 수지상의 화합물이나 염기 중화물의 중합체로 물에 용해된다. 천연 수지와 합성 수지가 있다. 경화성의 합성 수지는 수성도료의 도막 형성 요소로서 사용된다. 축합, 중합 등으로 친수기를 잃고, 고분자화하면 경화되어서 불수용성이 된다.

수용성수지 도료 [Water soluble resin paint, water soluble resin coating] 도막 형성 요소로서 수용성 수지를 사용해서 만든 도료. 도막이 형성될 때에 수지는 경화하여 물에 불용성 도

막이 생기는 것이 많다.

스워드 로커 [Sward hardness rocker] 도막 위에서는 구르는 진동의 지속성에서 도막의 경도를 측정하는 시험기. 이 시험기의 왕복 구르는 진동이 일정한 감쇠에 이를때까지의 진동 횟수를 유리관일 경우에는 백분율로 나타낸다.

스칼릿 3 B [Pigment scarlet 3 B] 아조계의 붉은 안료의 일종. 내열성, 내광성, 내용제성은 비교적 좋으나 내약품성은 뒤떨어진다.

스탠드 유 [Stand oil] 건성유를 가열 중합해서 만든 점도가 높은 기름. 주로 유성 바니시의 도막 형성 요소로서 사용한다.

스테아르산 아연 [Zinc stearate] 스테아르산의 아연 비누, 안료의 분산제·침전 방지제로서 페인트류의 제조에 도막을 연마하기 쉽게 하기 위해서 샌딩 실러의 제조에 사용한다.

스테아르산 알루미늄 [Aluminium stearate] 스테아르산의 알루미늄 비누, 안료의 분산제, 침전 방지제로서 또는 도막의 광택 소멸제로서 도료를 제조할 때에 쓰인다.

스테인 [Stain] 바탕에 스며들어서 색을 내게 하기 위한 재료. 주로 목재의 착색제를 말한다. 염료 등을 용매에 녹인 것이 많고, 용매의 종류에 따라 알콜 스테인, 수성스테인 등이 있다.

스티렌화 알키드 수지 [Styrenated alkyd, styrenated alkyd, styrenated alkyd resin] 스티렌으로 변성한 알키드 수지. 속건 도료의 도막 형성 요소로서 사용한다.

스파 바니시 [Spar varnish] 에스테르고무와 중합 등유를 도막 형성 요소로 하는 장유성의 유성 바니시로, 다른 유성 바니시에 비하여 내수성, 내후성, 내비등수성이 우수하다. 선박의 돛대 등에 칠했기 때문에 이러한 이름이 있다(KS M 5603 참조).

스프레이 건 [Spray gun] 뿜어 칠하기에 사용하는 피스톨 형상의 기구. 압축공기를 뿜어내거나, 도료 자체를 가압해서 안개처럼 뿜어내서 칠한다. 후자를 에어리스 스프레이 건이라 한다.

스프레이 도장 [Spray coating] 스프레이 건으로 도료를 미립화하여 뿜어내면서 칠하는 방법

스프레이 부스 [Spray booth] 뿜어 칠할 때에 도료의 비산을 방지하기 위해서 사용하는 물. 송풍기를 비치하고 도료의 안개나 용매의 증기를 흡인해서 실외로 내보낸다. 울의 안벽에 물을 흐르게 해서 도료의 부착을 방지하고, 흡인 기류에 물을 분사시켜서 도료의 안개 등을 떨어뜨리게 된 것이 많다. 이 방식을 수세 부스라고 한다.

스프레이 비말 [Overspray splash] 뿜어 칠할 때에 칠하려는 물체에 붙지 않고 비산하는 여분의 도료 안개

시료 채취기 [Sampler] 시료를 채취하기 위한 기구

시아나미드 납 [Lead cyanamide] $PbCN_2$를 주성분으로 하는 녹방청 안료

시아나미드 납 방청 페인트 [Lead cyanamide anticorrosive paint] 방청 안료로서 시아나미드 납을 사용해서 만든 철강 방청 하도용의 도료

시험판 [Test panel] 도막을 시험할 때에 도료를 칠하기 위해서 사용하는 판. 유리판, 함석판, 연강판, 알루미늄 등

시험편 [Test piece specimen] 도막의 시험을 사용할 목적으로 시험판에 도료를 규정된 방법으로 칠해서 처리한 것

신너 [Thinner] 희석액 참조

실끌림 [Cobwebbing] 분무하며 칠할 때 도료가 실모양이 되어 분무기에서 나오는 현상

실러 [Sealer, sealing coat, size] 바탕의 다공성으로 인한 도료의 과도한 흡수나 바탕으로부터의 침출물에 의한 도막의 열화 등 악영향이 상도에 미치는 것을 방지하기 위해서 사용하는 하도용의 도료

실리콘 수지 [Silicone resin] 유기 실리콘 중합체를 주성분으로 하는 수지

실리콘 수지 도료 [Silicone coating] 도막 형성 요소로서 실리콘 수지를 사용해서 만든 도료

실킹 [Silking] 도면에 생기는 명주실 모양의 겉모양이 극히 가느다란 평행의 줄자국

아나티제형 이산화티탄 [Anatase titanium dioxide] 결정 구조가 아나티제형인 이산화티탄을 주성분으로 하는 백색 안료(KS M 5014 참조)

아닐린 점 [Aniline point] 탄화수소계 용매의 용해성을 나타내는 수지의 일종. 시료를 같은 용적의 아닐린과 혼합해서 냉각했을 때, 서로 용해할 수 없게 되어서 혼탁이 보이기 시작했을 때의 온도를 나타낸다(KS M 5014 참조).

아마인유 [Linseed oil] 아마의 열매에서 채취한 건성유. 건성유의 대표적인 것으로 생 아마인유, 정제 아마인유, 논브레이크 아마인유 등이 있다.

아마인유 혼화성 [Miscibility with linseed oil] 아마인유와 섞었을 때, 분리 또는 겔화되지 않고 잘 혼합되어 액상을 유지하는 성질. 액상 드라이어 품질의 하나

아미노 알키드수지 도료 [Aminoalkyd resin coating] 도막 형성 요소로서 아미노수지와 알키드수지를 사용해서 만든 도료로, 대개는 가열에 의해서 양수지의 공축 중합 반응으로 도막이 생긴다. 아미노 수지로는 요소, 멜라민 등과 알데히드와의 축합물 또는 이들의 부틸에테르 화학물이 사용된다. 가열 건조형인 것은 도막이 단단하고 광택이 좋다(KS M 5703 참조).

아산화납 [Lead suboxide] 금속납과 일산화납과의 중간 조성을 가진 납의 산화물. 검은 회색의 분말로 공기 중에서 산화하기 쉽다. 녹방지 안료로서 사용된다.

아산화납 방청 페인트 [Lead suboxide anticorrosive paint] 방청안료로서 아산화납을 사용해서 만든 것으로 철강의 방청용으로 소지에 칠하는 도료

아산화납 정성 시험 [Qualitative test for lead suboxide] 아산화납의 존재를 정성적으로 조사하는 시험. 시험을 가스 불꽃으로 태워서 암흑색이 산화에 의해 맑은 다갈색 또는 황색이 되면 아산화납이 존재했다고 한다.

아세틸 셀룰로스 투명 도프 [cellulose acetate clear dope] 도막 형성 요소로서 초산 셀룰로스를 사용해서 만든 항공기용의 투명 도료

아스팔트 [Asphalt] 경질 또는 휘발성의 성분이 증발해서 남은 복잡한 탄화수소 화합물의 혼합물. 검은 다갈색의 반고체. 이황산탄소, 아세톤, 톨루엔 등에 녹는다. 천연 아스팔트와 석

유 아스팔트가 있고, 석유 아스팔트에는 스트레이트 아스팔트와 블론 아스팔트가 있다. 검 정색 바니시의 도막 형성 요소로서 또는 유성 바니시로 오일 스테인의 착색제로 사용한다.

아연도 철판용 도료 [Paint for galvannized sheet] 아연 철판에 직접 원할 수 있도록 만든 도료.

아연말 [Zinc dust] 금속 아연을 주성분으로 한 회색 분말. 방청안료로서 사용한다.

아연말 방청 도료 [Zinc dust anticorrosive paint] 방청 안료로서 아연말과 아연화 등을 사용해 서 만든 것으로, 철가의 방청용으로 소지에 칠하는 도료(KS M 5325 참조)

아연화 [Zinc oxide] 산화 아연을 주성분으로 하는 백색 안료(KS M 5103 참조)

아크릴 수지 안료 [Acrylic coating, acrylic resin coating] 아크릴산, 메타크릴산의 유도체를 중 합하여 만든 수지를 도막 형성 요소로서 사용하여 만든 도료(KS M 5700 참조)

안료 [Pigment] 물이나 용매에 녹지 않는 무체 또는 유체의 분말로 무기 또는 유기 화합물 착색, 보강, 증량 등의 목적으로 도료, 인쇄 잉크, 플라스틱 등에 사용한다. 굴절률이 큰 것은 은폐력이 크다.

안료분 [Pigment contest] 도료 속에 함유된 안료의 도료 전체에 대한 두께의 백분율(KS M5425 참조)

안료 분산제 [Dispersing agent] 계면활성제의 일종. 전색제 중에서 안료의 표면에 흡착되어 서 안료의 전색제에 대한 습윤성을 증가시켜서 안료의 분산성을 조장시키는 약제

안료 체적율 [Pigment volume, pigment volume concentration(PVC)] 도막 성분 속에 함유된 안 료의 도막 성분에 대한 체적의 백분율. 동종의 도료간에 도막의 성질을 비교하는 데에 사용된다.

알루미늄분 [Aluminium flake powder, aluminium powder, aluminium pigment powder] 금속 알 루미늄의 비늘쪽 모양의 분말 은색 도료. 방청 상도용 도료, 메탈릭 에나멜 등에 안료로서 사용한다. 도막 형성시에 도료의 막 상층에 층모양으로 떠오르는 것과 뜨지 않는 것이 있다.

알루미늄 페이스트 [Aluminium flake paste, aluminium pase, aluminium pigment paste] 알루미 늄분을 미네랄 스플릿 등에 분산시켜서 페이스트 상으로 한 것. 도료를 사용할 때에 안료 의 분산이 용이하다(KS M 5604 참조).

알루미늄 페인트 [Aluminium paint, aluminium coating] 알루미늄분을 안료분으로 하는 에나 멜 페인트. 알루미늄분 또는 알루미늄분의 페이스트와 유성 바니시로 나누어 별도의 용기 에 넣어서 1세트로 한 것이 많다. 방청 페인트의 상도열선 반사 도장은 색도장 등에 사용한다.

알콜계 용매 [Alcohols (solvent)] 용매로서 사용하는 알콜의 총칭. 에틸 알콜, 부틸 알콜, 이 소 프로필 알콜 등

알콜 스테인 [Spirit stain, alcoholic stain] 목재용 알콜성 착색제 염료를 알콜 용매에 녹여서 만든다. 목재의 투명 도장을 할 때에 사용한다.

알키드 수지 [Alkyd resin] 다가 알콜과 다염기산을 축합해서 만든 수지 산성분의 일부로서, 지방산을 사용한 변성수지가 도료에는 많이 사용된다. 다가 알콜로 글리세린, 펜타에리트리톤 등, 다염기산으로서 프탈산 무수물, 마레인산 무수물 등, 지방산으로 아마인유, 콩기름, 피자마유 등이 사용된다. 수지 속에 결합한 지방산의 비율이 큰 것에서부터 작은 것 순으로 장유성 알키드, 중요성 알키드, 단유성 알키드가 있다.

알키드 수지 도료 [Alkyd coating, alkyd resin coating] 도막 형성 요소로서 알키드 수지를 사용해서 만든 도료. 알키드 수지에 함유된 지방산에는 산화형과 비산화형이 있다. 수지는 지방산 함유량의 다소에 따라서 장유, 중유, 단유로 분류된다. 산화형 장유 알키드 수지를 사용해서 만든 합성수지 조합 페인트는 건축, 선박, 철교 등의 상도 도장에 사용되고, 산화형 단유 알키드 수지 또는 산화형 중유 알키드 수지를 사용해서 만든 도료는 철도, 차량, 기계 등의 상도에 사용된다.

야자유 [Coconut oil] 코프라 야자유 열매에서 채취한 고체형 불건성유

어유 [Fish oil, marine oil] 멸치, 청어, 오징어 등의 어체 또는 내장에서 채취한 지방유. 고도 불포화 지방산이 함유되어 있다.

언더 코팅 [Under coating, primer coating] 중도용 도료나 상도용 도료를 칠하기 전에 하도용 도료를 칠하는 것

얼룩 [Stain, spot, spotting] 도면에 다른 부분과 틀린 색이 소부분 발생하는 것. 일종의 물질 혼입, 침입, 부착 등으로 생긴다.

에나멜 동선용 바니시 [Insulating varnish for copper wire] 에나멜 동선을 만들 때에 사용되는 전기 절연 바니시(KS C 2321 참조)

에나멜 페인트 [Enamel paint, enamel] 평활하고 광택이 있는 페인트가 될 수 있도록 만든 안료. 착색 도료(KS M 5701 참조)

에멀션 페인트 [Emulsion paint] 보일유, 기름 바니시, 수지 등을 수중에 유화시켜서 만든 액상물을 전색제로 사용한 도료

에스테르 값 [Ester value] 중성 시료를 비누화하는데에 소비된 수산화칼륨의 양. 시료의 비누화 값에서 산 값을 뺀다. 시료 1g에 대한 수산화칼륨의 mg수로 나타낸다.

에스테르계 용매 [Esters (solvent)] 용매로서 사용하는 에스테르류의 총칭. 초산 에틸, 초산 부틸, 유산 에틸, 낙산 에틸 등이 있다.

에스테르 고무 [Ester gum, resin ester] 송진을 다가 알콜로 에스테르화해서 만든 수지. 글리세린, 에스테르가 많다.

에어리스 스프레이 건 [Airless spray gun] 공기의 분무에 의하지 않고, 도료 자체에 압력을 가해서 노즐로부터 도료를 안개처럼 뿜어내서 칠하는 기구

에어리스 스프레이 도장 [Airless spraying, airless sprag application] 에어리스 스프레이 건을 사용해서 도료를 칠하는 것

에테르계 용매 [Esters (solvent)] 용매로서 사용하는 에테르의 총칭. 디브틸 에테르, 에틸렌

글리콜, 모노에틸 에테르 등이 있다.

에폭시 수지 [Epoxy resin] 분자 속에 에폭시기를 2개 이상 함유한 화합물을 중합하여 얻은 수지 모양 물질로 에피클로로히드린과 비스페놀을 중합하여 만든 것이 대표적이다. 에폭시 수지를 사용해서 만든 도료는 경화시간(건조시간)이 짧고, 도막은 화학적, 기계적 저항성이 대체로 크다.

연마 마무리 [Polishing] 래커 도장 등의 최종 공정에서 도막을 연마하는 것. 연마할 때에 폴리싱 콤파운드, 폴리싱 왁스 등을 사용한다.

연마 마무리 작업 [Flatting down, felting down, flatting] 도막 또는 도막층을 연마재로 연마해서 소정 상태까지 깎아내는 작업

연마 용이성 [Grindability] 도막을 연마지, 연마재로 갈 때에 가는 작업이 쉽고, 연마 면이 평평해 지는 것. 도막 시험 항목의 하나

연마지 [Abrasive paper, sand paper] 도막 등을 갈기 위한 연마 재료. 연마 입자를 종이에 부착시킨 것. 공연마용의 연마지와 물연마용의 내수 연마지가 있다.

연백 [White lead] 염기성 탄산납을 주성분으로 한 백색 안료

연백 혼화성 [Miscibility with white lead] 조합 페인트에 혼합해서 사용할 경우 보일유, 오일 바니시 등의 적합성의 일종. 혼합했을 때에 겔화, 경화가 발생하지 않아야 한다.

연화도 측정기 [Grind gauge, fineness gauge] 도료 속에 있는 알맹이 모양인 것의 존재와 크기를 판정하기 위하여 시험 기구 깊이가 직선적으로 연속해서 변화하고 있는 홈속에 직선 모양의 날 끝으로 직각 방향으로 훑어 도료의 표면에 입자 또는 입자가 이동할 수 있는 근이 나타난 곳의 홈 깊이로 임자의 크기에 대한 계략적인 수를 안다. 이 기구는 안료 분산 공정에서 분산 정도를 시험하는 데에도 사용한다(KS M 5463 참조).

열 가소성 [Thermoplastic, thermoplasticity, thermal plasticity] 열을 가하면 연해지고 냉각되면 단단해지는 것을 되풀이하는 성질

열 경화성 [Thermositting property] 수지 등이 가열하면 경화되어서 불용성, 불용성이 되어 본래의 연성으로 되돌아가지 않는 성질

염기성 안료 [Basic pigment] 금속의 산화물을 주성분으로 한 염기성 분말. 산가가 높은 기름, 유성 바니시 등과 반응해서 금속 비누를 만드는 성질이 있고, 유성 도료의 도막을 경화 시키는 효과가 크다. 아연화, 광명단, 연백 등

염기성 크롬산 납 [Basic lead chromate] 크롬산 납과 수산화납이 결합했다고 생각되는 화합물. 적황색의 분말로 방청 안료로서 사용한다.

염기산 크롬산 납 방청 페인트 [Basic lead chromate, anticorrosive paint] 방청 안료로서 염기성 크롬산 납을 사용해서 만든 철강의 하도용 방청 도료

염기성 탄산납 [Basic lead carbonate, basic carbonate white lead] 탄산납과 수산화납이 결합했다고 생각되는 화합물. 백색 분말로 연백의 주성분

염수 분무 시험 [Salt spray testing, salt test] 식염수 용액을 분무상으로 해서 뿜어 넣는 용기

속에 시험편을 넣고 금속 재료, 피복 금속 재료, 도장 금속 재료 등의 방식성을 비교하는 시험

염화비닐수지 도료 [Vinylchloride resin coating] 폴리염화비닐을 주성분으로 하는 수지상의 물질을 도막 형성 요소로서 사용해서 만든 도료. 내약품성이 우수하다. 염화비닐수지 바니시, 염화 비닐수지 에나멜, 염화비닐수지 프라이머가 있다.

염화 요드 시험 [Iodine chloride test] 도막 형성 요소에 함유된 고도 불포화 지방산을 검출하기 위한 정성 시험. 시료를 알칼리로 비누화한 후 염화 요드 용액을 가하여, 고도 불포화산 요드화물의 흰색 침전이 생기는지 어떤지를 조사한다.

오렌지 필 [Orange peel] 귤의 겉껍질과 같은 작게 움패임이 생긴 도막의 외관. 분무칠을 할 때에 도료의 유전성 부족으로 인해서 일어나는 도료, 또는 도장상의 결함, 증발이 늦은 용매를 첨가하거나 아주 묽게 하면 오렌지 필은 적어진다.

오일 스테인 [Oil stain] 목재형의 유성 착색제로 유용성 염료 등을 휘발성 용제에 녹여서 만든다. 목재를 투명 도장할 때에 사용한다.

오일 퍼티(빠데) [Oil putty] 래커 에나멜, 프탈산수지 에나멜 등의 포장을 할 때에 하도에 적합한 페이스트상, 불투명, 산화 건조성 도료로 건성유와 수지를 주요 도막 형성 요소로 한다. 주걱으로 바르고 자연 건조로 도막이 형성된다. 도막은 갈기 쉬운 것이 특징이다. 단유 바니시에 안료를 분산시켜서 만든다.

오일 프라이머 [Oil primer] 래커 에나멜, 프탈산수지 에나멜 등을 도장할 때에 하도에 적합한 액상, 불투명, 산화 건조성의 페인트로 건성유와 수지를 주요 도막 형성 요소로 하여 자연 건조로 도막을 형성한다. 유성 바니시에 페인트로 건성유와 수지를 주요 도막 형성 요소로 하여 자연 건조로 도막을 형성한다. 유성 바니시에 안료를 분산시켜서 만든다.

오일 프라이머 서피서 [Oil primer surfacer] 에나멜류의 도장을 할 때에 중도를 겸한 하도에 적합한 액상, 불투명, 산화 건조성의 도료로 건성유와 수지를 주요 도막 형성요소로 하고, 자연 건조로 도막을 형성한다. 도막은 비교적 갈기 쉬운 것이 특징이다. 유성 바니시에 안료를 분산시켜서 만든다.

오커 [Ochre] 철광석이 중화된 것을 포함한 황색의 흙안료

완구용 무연 도료 [Coating for toys(lead free)] 납 함유량이 0.1% 이하가 되도록 만든 장난감의 도장에 사용하는 도료

요소 수지 도료 [Ured resin coating] 도막 형성 요소로서 요소와 포르말린과의 축합물, 또는 에텔 화합물을 사용해서 만든 도료

요드 값 [Iodine value, Iodine number] 유지수지에 화학적으로 결합하는 산소의 양에 비례하며, 불포화도를 나타내고 건조성을 측정하기 위해서 사용한다. 시료 100g과 결합하는 할로겐의 양을 환산해서 얻은 요드의 [g]수로 나타낸다. 위스법과 한스법이 있다(KS M 5476 참조).

용기 내에서의 상태 [Condition in container] 도료를 용기에 넣어서 저장된 후의 상태. 안료를

함유한 도료에서는 교반하였을 때 균일한 상태로 되면 좋은 것이다(KS M 5414 참조).

용매 [Solvent] 도료에 사용하는 휘발성의 액체 도료의 유동성을 증가시키기 위해서 사용한다. 협의로는 도막 형성 요소의 용매를 말하고 달리 조용매, 희석매가 있다. 본래는 증발 속도의 대소에 의해서 구분하지만, 비등점의 고저에 따라서 고비등점 용매, 중비등점 용매, 저비등점 용매로 분류되는 수도 있다.

용매 가용물 [Solvent soluble matter] 도료 중의 용매에 녹는 불휘발성 성분. 도막 형성 요소, 가소제의 혼합물 등이 포함된다.

용매 불용물 [Solvent insoluble matter] 도료 중의 용매에 녹지 않는 성분. 주로 안료

용매 평형 [Solvent balance] 용매의 혼합물이 용해되어 있는 모든 물질에 대해서 증발의 전 과정을 통해서 용해성의 균형성을 유지하고 있는 것. 용해성의 균형성이 유지되면 모두 증발한 후에도 용질 상호간에 적출 등이 발생하지 않고 도막은 정상적으로 형성된다.

용출(도막의) [Solve out, elusion] 도막을 액체에 담갔을 때, 도막에서 성분의 일부가 녹아서 나오는 것

우드 필러 [Wood filler] 목재에 투명 래커를 도장할 때에 바탕을 칠하기에 적합한 액상, 투명, 휘발 건조성의 도료로서 니트로셀룰로스를 주요 도막 형성 요소로 하고, 자연 건조로 단시간에 목재면에 얼마간 침투된 도막을 형성한다. 니트로셀룰로스, 수지, 가소제 등을 용제로 녹여서 만든다(KS M 5327 참조).

워시 프라이머 [Etching primer, pretreatment primer, wash primer] 금속 도장을 할 때에 바탕 처리에 사용하는 프라이머 성분의 일부가 바탕의 금속과 반응해서 화학적 생성물을 만들고, 바탕에 대한 도막의 부착성이 증가되도록 한 금속 바탕 처리용의 도료. 주로 인산, 크롬산을 함유한다. 보통은 전 성분을 둘로 나누어서 만든 1조로서 공급하고 사용 직전에 혼합한다.

원심 제적 [Centrifugal detering whirling] 침지 도장 때 물체를 도료에 담가서 꺼낸 후, 휘둘러서 원심력으로 여분의 도료를 제거하는 것

유기 안료 [Organic color, organic pigment] 유기물을 발색 성분으로 하는 안료

유성 도료 [Oil paint] 도막 형성 요소의 주성분이 건성유인 도료의 총칭

유성 바니시 [Oil varnish, oleoresinous varnish] 도막 형성 요소로서 건성유와 수지, 또는 역청질 등을 가열 융합해서 탄화수소계 용매로 묽게 해서 만든 도료. 용제의 증발, 건성유의 산화와 이에 수반하는 중합에 의해서 건조한다. 수지 또는 역청질에 대한 건성유의 산화와 이에 수반하는 중합에 의해서 건조한다. 수지 또는 역청질에 대한 건성유의 비율의 대소에 따라서 장유 바니시, 중유 바니시, 단유 바니시로 분류된다.

유장 [Oil length] 유성 바니시, 알키드수지 등에서 지방유 또는 지방산의 대소 비율

유채색 [Chromatic color] 빨강, 노랑, 청색과 같은 색상을 가진 색

은폐력(도막의) [Hiding power, obliterating power, covering power, opacity] 도막이 바탕색의 차이를 덮어 숨기는 능력. 흑색과 백색으로 나누어 칠한 바탕위에 같은 두께로 칠했을 때의

도막에 대해서 색분별이 어려운 정도를 견본품과 비교해서 판단한다.

은폐율(도막의) [Contrast ratio] 도막이 바탕색의 차이를 덮어 숨기는 정도. 흑색과 백색으로 나누어 칠한 바탕 위에 같은 두께로 칠했을 때의 건조 도막의 45도, 0도 확산 반사율의 비율로 나타낸다(KS M 5435 참조).

은폐율 시험지 [Hiding chart] 도막 은폐율의 시험에 사용하는 종이. 아트지를 백과 흑으로 갈라 칠하고, 색 이외의 면의 성질이 같아지도록 처리하는 것

응결성 [Caking] 도료 속의 안료가 저장 중에 침강해서 단단하게 굳어지는 성질. 응결성의 유무와 대소는 도료를 주걱 또는 막대로 저어 보고 조사한다.

이산화티탄 [Titanium dioxide] 이산화티탄을 주성분으로 하는 백색 안료. 결정형에 따라서 아나타제형과 루틸형이 있다(KS M 5104 참조).

이행 [Migrcation] 도막에 내포된 안료가 표면으로 옮겨 나타나는 현상. 표면을 천 등으로 문지르면 천에 묻어나기 때문에 알 수가 있다.

일반용 방청 페인트 [Anticorrosive paint for general use] 철강의 방청 하지용 페인트. 사용하는 방청 안료가 규정되어 있지 않은 것

입자 [Grainning bitty] 도료중 또는 도면에 육안으로 보이는 입자상의 것. 도료 속의 입자는 연화도 측정기로 조사한다.

자연 건조 [Air drying, cold curing] 도료가 상온의 공기 속에서 건조하는 것

장유성 바니시 [Long oil varnish] 유성 바니시의 한 종류. 도막 형성 요소중에서 수지분에 대하여 지방 유분이 많은 것

저온 안전성 [Low temperature stability] 냉각해도 상온으로 되돌리면 본래의 성능 상태로 되돌아가는 성질

저장 안전성 [Storage stability, can stability self life] 저장해도 변질이 잘 안되는 성질. 도료를 일정한 조건에서 저장한 후 칠해 볼 때, 칠하는 작업이나 형성된 도막에 지장 유무를 조사해서 판전한다(KS M 5437 참조).

적색 산화철 [Red iron oxide] 산화 제이철을 주성분으로 하는 안료. 노란빛 또는 빨강에서 보라색까지의 색상을 가진 것이 있다(KS M 5102 참조).

적외선 건조 [Infra-red drying, infrared drying, infrared baking] 도료를 칠한 면에 적외선을 비쳐 가열해서 건조시키는 방법. 적외선 전구, 가스 적외선 버너, 가스 방열관 등을 사용해서 방사시킨다.

전기 절연 도료 [Electrical insulating varnish, insulating varnish, insulating coating, electrical insulating coating] 전기 절연성이 큰 도막이 형성되는 도료. 코일 바니시, 접착용 바니시, 절연포용 바니시 등이 있다.

전색제 [Vehicle] 도료 속에서 안료를 분산시키고 있는 액상의 성분

전착 [Electrodeposition, electrocoating] 도전성이 있는 물체를 물에 분산시킨 도료 속에 넣고, 물체와 다른 금속체가 양극이 되도록 하여 전류를 흐르게 하고, 물체에 도료를 칠하는 방

법. 도료 속의 도막 형성 요소와 안료는 대전하기 때문에 물체가 그와 반대의 극이 되도록 전류의 방향을 선정하면 대전한 것은 물체에 붙어 전하를 잃고, 부착물은 물에 비분산성의 피복막이 된다. 보통 그 후에 도료에서 꺼내어 물로 씻은 다음 가열 건조시킨다.

점적 시험 [Sport test, stain test] 신너 속의 착색 물질, 불휘발 물질의 존재를 조사하는 시험. 거름종이에 신너를 적하시켜서 증발시킨 후의 착색 유무로 한다.

점착성 [Tackiness, stickiness] 도막 표면의 끈기

정전 도장 [Electrostatic coating, electrostatic spraying] 도료와 물체와의 사이에 정전압을 걸고, 도료의 안개를 물체에 끌어 붙여서 칠하는 방법. 도료의 안개는 회전 원판, 스프레이건 등으로 발생하게 하지만 발생원에 대한 물체의 뒤쪽에도 도료가 부착하여 도료의 손실이 적은 것이 특징이다. 전압은 보통 70~110kV

정전 세척 [Electrostatic detearing] 침지 도장 때에 물체를 도료에 담갔다가 꺼낸 후 물체와 도료 받이와의 사이에 정전압을 걸어 정전 인력으로 여분의 도료를 제거하는 것

정제 옻칠 [Refined rhus lacquer] 옻나무(옻나무과의 anacardiacede에 속하는 식물)의 수피에 상처를 입혀서 침출한 수액을 채취, 정제하고, 혹은 다시 착색제 등을 가해서 만든 도료. 생 옻칠, 그레이프 옻칠, 투명 옻칠, 검정 옻칠, 검정 광택 옻칠 등이 있다. 정제 옻칠은 상온 고습에서는 효소의 작용으로 산화하여 경화되고, 고온에서는 중합하여 경화된다.

젖은 색 [Wet color] 안료가 액체로 젖어 있을 때의 색, 또는 도료에서는 건조 전의 색

제 2 석유류 용매 및 용매를 함유한 물질에 대한 소방법에 따른 인화성 위험물의 분류 호칭명의 일종. 인화점 21℃ 이상 70℃ 미만의 용매 및 합성 수지 바니시, 니트로셀룰로스, 투명 래커, 질화면 래커 에나멜 등을 말한다. 도료의 분류는 인화점에 따르지 않는다.

조색 [Color match, color matching] 몇 가지 색의 도료를 혼합해서 얻어지는 도막의 색을 희망하는 색이 되도록 하는 작업

조색용 페인트 [Oil color, pigment in oil, color in oil] 착색 안료를 다량으로 사용해서 만든 조색용의 유성 도료

조용매 [Cosolvent] 그 자체는 도막 형성 요소를 용해하는 성질은 없으나, 용매에 가하면 용매 단독일 때보다도 용해력이 커지는 성질이 있는 증발성의 액체. 니트로셀룰로스 래커에서는 알콜류가 조용매로서 사용된다.

조합 페인트 [Ready mixed paint, paint ready mixed] 보일유나 희석제를 가할 필요 없이 교반하여 고르게 하면, 붓으로 즉시 칠할 수 있도록 제조한 페인트. 유성 조합 페인트, 합성수지 조합 페인트 등(KS M 5312, 5313, 5314, 5315, 5316, 5317, 5318 참조)

주걱 [Knife, spatula] 페이스트 모양의 도료를 칠하거나 조제하거나 하기 위한 휘청거리는 긴 판처럼 생긴 용구. 강 주걱, 나무 주걱이 있다.

주걱칠 [Knifing, knife application] 주걱으로 도료를 칠하는 방법

주도 [Consistency] 액체를 병행할 때에 발생하는 역학적인 저항. 유체의 유동에는 점성 유동, 소성 유동, 틱소트로픽, 다이라탄시 등이 있어 저항의 상태에 차이가 있다. 정량적으로

는 응력 미끄럼 속도 곡선을 사용해서 점도, 점도 변화, 항복치 등으로 나타낼 수가 있다.

주름 [Crinkling, shrivelling, wrinkling, rivelling] 도료의 건조 과정에서 도막에 생기는 파상의 울퉁불퉁한 것. 보통 표면 건조가 심할 때에 표면층의 면적이 커져서 생긴다. 울퉁불퉁한 상태에는 평행선상, 불규칙선상, 오글쪼글한 상 등이 있다. 오그러듬이라고는 말하지 않는다.

주름 에나멜 [Wrinkle finish enamel] 오글쪼글한 천의 주름 모양의 도막이 생기는 에나멜. 가열 건조시킬 때 급격한 산화에 의해서 표면 건조가 생겨 주름무늬가 생긴다.

줄무늬 [Streak] 도막에 생기는 줄무늬

중도 [Intermediate coat] 하도와 상도의 중간층으로서 중도용의 도료를 칠하는 것. 하도 도막과 상도 도막 사이의 부착성의 증강, 종합 도막층 두께의 증가, 평편 또는 입체성의 개선 등을 위해서 한다. 영어에서는 목적에 따라서 under coat, ground coat, surfacer texture coat 등으로 말한다.

중유성 바니시 [Medium oil varnish] 유성 바니시의 한 종류, 도막 형성 요소 중에서 수지분에 대하여 지방 유분이 약 1 : 1에서 1 : 1.5 정도의 것

중질 탄산칼슘 [Whiting, limestone powder] 석회석을 미분쇄해서 바람에 날리거나 물에 흔들어서 만든다. 체질 안료로서 사용한다.

중화용 도료 [Intermediate coat] 도료를 거듭 칠하여 도장 마무리를 할 때의 중간칠에 사용하는 도료. 하도의 도막과 상도 도막과의 중간에 있어서 양자에 대한 부착성이 있고, 도장계의 내구성을 향상시킬 목적으로 사용하는 것과 하도 도면이 편평하지 못할 때, 이를 보완하기 위해서 사용하는 것 등이 있다. 후자에서는 도막이 두텁고 연마하기 쉬운 것이 특징이다.

지방족 탄화수소계 용제 [Aliphatic hydrocarbons(solvent)] 용매로서 사용하는 지방족 탄화수소의 총칭. 미네랄 스플릿, 등유 등

지분 토성 안료의 일종. 규산 알루미늄을 주성분으로 하고 산화철을 소량 함유. 주로 옻칠 바탕을 만드는 데에 사용된다.

징크 크로메이트 [Zinc chromate, zinc yellow pigment] 크롬산 아연을 주성분으로 한 방청 안료. 염기성 크롬산 아연 칼륨($K_2O \cdot 4ZnO \cdot 4ZnCrO_3 \cdot 3H_2O$)을 주성분으로 한 것과 사염기산 크롬산 아연($ZnCrO_4 \cdot 4Zn(OH)_2$)을 주성분으로 하고, 알칼리 금속을 함유하지 않는 것이 있다(KS M 5115 참조).

크롬산 아연 방청 페인트 [Zinc chromate anticorrosive paint, zine chromate primer] 방청 안료로서 크롬산 아연을 사용해서 만든 방청 하도용 도료(KS M 5323 참조)

착색력 [Tinting strength] 어떤 색의 도료 또는 안료에 섞어서 색을 바꾸기 위한 도료 또는 안료의 성질. 주로 안료에 대해서 말한다.

착색 안료 [Color pigment] 도료의 착색 등에 사용하는 안료

채도 [Saturation] 물체 표면색의 같은 밝기의 무채색으로부터 격리에 관한 시각의 속성을 척

도로 한 것으로 색의 맑음, 색의 선명도를 말한다.

천연 수지 [Natural resin] 수목 또는 벌레 따위에서 분비되어서 생긴 주로 덩어리 모양의 것, 혹은 이러한 것이 땅속에 묻혀서 반화석 상태가 된 것의 총칭으로 로진, 셀락, 다마르, 코펄, 호박 등이 있다.

천연유 [Natural oil] 천연물에서 채취한 지방유. 주성분은 지방산의 글리세린 에스테르, 건조성의 정도에 따라서 건성유, 반건성유로 나누어진다. 건조성의 정도에 따라서 건성유, 반건성유로 나누어진다. 건조성의 정도는 요드 값으로 나타낸다. 요드 값이 130 이상을 건성유, 130~100을 반건성유, 100 이하를 불건성유라고 한다.

체 불통과분 [Residue on sieve] 표준 체로 걸렀을 때에 통과하지 않고 체에 남는 것의 전체에 대한 비율

체적치 [Bulking value] 단위 중량의 물질이 나타내는 전 체적 1kg당 *l*, 1파운드당 갈론(gallon)

체질 안료 [Extender, filler, extender pigment] 도막의 보강·증량의 목적으로 사용하는 굴절률이 작은 흰색 안료, 증정 석분 등

초산 셀룰로스 [Cellulose acetate] 섬유소의 초산 에스테르

촉진 내후성 시험 [Accelerated weathering test, accelerated weathering, artificial weathering] 도막은 옥외에 노출되면 일광, 풍우 등의 작용을 받아서 열화한다. 열화하는 종류의 경향의 일부를 단시간에 시험하기 위해서 자외선 또는 태양빛에 근사한 광선 등을 조사하고, 물을 뿜어내는 등의 인공적인 실험실적 시험(KS M 5503 참조)

촉진 내후성 시험기 [Accelerated weathering machine] 촉진 내후성을 시험하는 기계. 각종 형식중 아틀라스형이 가장 널리 사용되고 있다. 카본 아크 등을 2개 사용해서 자외선을 발생시켜서 도막에 조사하고, 다시 120분간에 102분 간격으로 18분간씩 물이 안개를 뿜어 댄다. Weather-O-meter는 아틀라스 회사의 상표. 이 밖에 광원으로서 카세논 램프를 사용하는 것 등이 있다.

촉진 황변도 [Accelerated yellowness] 백색 도료나 투명 도료가 시일의 경과로 도막이 황색으로 변하는 경향을 시험하기 위해서 도막을 습도가 높고 어두운 곳에 두어 황변을 촉진시키고, 측색하여 3자 격치에서 황색 색도를 구하여 이것을 촉진 황변도의 값으로 한다. 황변 촉진에는 암모니아의 증기에 닿거나 자외선을 조사하는 등의 방법도 있다(KS M 5500 참조).

충격성 시험 [Impact test, impact testing, chip test] 도막에 물체가 격돌했을 때의 충격 저항성을 조사하기 위한 시험. 끝이 공모양의 추를 도면에 떨어뜨려서 균열, 벗겨지는 현상이 생기는지 여부를 판정한다. 시험편의 바탕이 클 경우에 따라서 시험방법을 구별한다.

침강성 탄산칼슘 [Precipitated calcium carbonat] 석회석을 소성해서 생석회를 만들어 물에 분산시켜서 석회유로 하고, 소성할 때에 발생한 이산화탄소를 반응시키고 침강시켜서 만들거나 부산물인 염화칼슘 용액과 탄산나트륨 용액을 반응시키고 침강시켜서 만든 하얀 분

말. 체질 안료로서 사용한다.

침강성 황산바륨 [Precipitated barium sulfate blank fixe] 중정석을 환원해서 만든 황화바륨의 수용액에 황산나트륨 용액을 가하여 반응시키고 침강시켜서 만든 흰 분말. 체질 안료로서 사용한다.

침지 도장 [Dipping, dip coating, immersion coating] 물체를 도료 속에 담근 후 꺼내는 칠 방법. 여분의 도료는 흘러 떨어져서 제거된다.

카본 블랙 [Carbon black] 가스상 또는 액상의 탄화수소를 불완전 연소 또는 열분해하여 만든다. 도료용, 잉크용, 고무용 등이 있다. 원료의 종류, 연소, 분해의 조건 등으로 입자의 크기나 성질이 다르다. 노벽에 불꽃을 닿게 해서 만든 것을 채널 블랙·가스 블랙이라고 하고, 밀폐된 레토르트 속 또는 노 속에서 불완전 연소시켜 만든 것을 휘너스 블랙이라 하며, 예열한 노 속에서 분해하여 만든 것을 서멀 블랙이라 한다(KS M 5114 참조).

카오린 [Kaoline, kaolinite] 장석이 풍화해서 생긴 흙 따위. 함수 규산 알루미늄을 주성분으로 하고 체질 안료로서 사용한다.

캐슈 수지 도료 [Cashew nut resin coating] 캐슈넷쉘유 또는 이와 유사한 천연 페놀 함유 물질에 페놀류를 가하고, 이 혼합물과 포름 알데히드와의 공축합물을 수지분으로 하며, 건성유 등을 가하여 그들의 혼합물을 도막 형성 요소로 하는 도료(KS M 5705 참조)

KU값 [Ku value, Krebs Unit] 크레브스 스토머 점도계로 측정하여 얻은 도료의 주도를 나타내는 수치

케톤계 용제 [Ketones(solvent)] 용매로서 사용하는 케톤류의 총칭. 메틸에틸케톤, 에틸이소브틸케톤, 시크로헥사논 등

코어 바니시 [Core plate varnish] 전기 기기의 철심판 표면에 생기는 과류전기의 손실을 방지할 목적으로, 규소 강판에 도장하는데 사용되는 가열 건조성의 전기 절연 바니시 도막 형성요소로서 수지, 아스팔트, 건성유 등을 사용하여 만든다.

코일 바니시 [Coil varnish] 전기 기기의 코일 함침 및 마무리에 사용하는 전기 절연용 바니시. 자연 건조용과 가열 건조용이 있다. 도막 형성 요소로서 수지, 아스팔트, 건성유 등을 사용해서 만든다.

코일 에나멜 [Coil enamel] 전기 기기의 코일이나 절연물의 표면을 매끄럽게 마무리하는 데에 사용한다. 열전도성이 좋은 전기 절연 도료. 도막 형성 요소로서 수지, 아스팔트와 건성유를 사용하고, 때로는 안료를 분산시켜서 만든다.

코펄 바니시 [Copal varnish] 중유 바니시의 별명. 본래는 코펄과 건성유를 도막 형성 요소로서 만든 중유성 바니시이다.

콩기름 [Soybean oil, soya bean oil] 콩에서 채취한 반건성유

크레브스 스토머 점도계 [Krebs-stomer viscometer, stomer viscometer] 스토머 점도계를 크레브 안료 회사(후에 듀폰 안료부)가 제작한 액상물용의 혼합 저항 시험기, 원통형 용기의 중심축에 날개를 붙이고 축을 회전시켜서 용기속의 액체를 휘저어 섞는다. 회전 동력이

되는 추의 무게와 일정한 시간 내에서의 회전수와의 관계에서 KU 값이라 부르는 주도를 나타내는 값을 산출한다(KS M 5451 참조).

크레이터링 [Cratering] 도면에 생기는 분화구형 또는 민형의 움패임

크립토미터 [Cryptometer] 도료 또는 안료 분산체의 젖은 상태에서의 은폐력을 측정하는 기구. 각각 광학적 평면을 가진 흰색 또는 검은색 유리판과 투명한 유리판을 1조로 하고, 2매의 판 사이에서 만드는 쐐기형의 틈새에 시료를 끼워서 시료가 바탕을 완전히 은폐하는 층의 두께를 측정하여 일정한 용적의 시료가 은폐하는 면적을 산출한다.

클레이 [Clay] 규산 알루미늄을 주성분으로 하는 광물질의 분말. 체질 안료로서 사용한다. 원료의 종류, 분급, 정제의 정도에 따라서 품질이 다르다.

탈수 피마자유 [Dehydrated castor oil] 피마자유를 화학적으로 탈수해서 만든 건성유. 탈수 반응으로 공액 2중 결합이 가능하고, 동유의 대용이 된다.

탈크 [Talc] 활석을 분쇄해서 만든 분말. 평편한 모양(KS M 5119 참조)

터펜틴유 [Oil of turpentine, spirit of turpentine, turpentine] 생송지를 수증기 증류해서 만든 용제. 주성분은 피넨

텀블링 도장 [Rumbling, tumbling, barrelling, drum coating] 통속에 물체와 담료를 넣고, 통을 회전시켜 물체가 굴러 서로 부비는 작용으로 도료를 칠하는 방법. 소형에 수가 많은 것을 칠할 때에 사용한다.

톨유 [Tall oil] 아황산 펄프를 제조할 때의 폐액에서 채취한 기름 모양의 물질. 지방산 에스테르를 포함. 스웨덴어의 tallolja를 어원으로 하는 조성어

톱 사이드 페인트 [Top side paint] 선박 외판의 수선부 이상의 부분에 칠하는 도료. 도막은 내수성과 내후성이 우수하다.

퇴색 [Fading] 도막의 색이 채도가 작아지고, 혹은 또 명도가 커지는 것

투명 래커 [Clear lacquer] 목재의 투명 도장에 적합하고, 래커 에나멜 도장을 할 때에 마무리 도장에 사용하는 액상, 투명, 휘발 건조성의 도료로, 니트로셀룰로스를 주요 도막 형성 요소로 하여 자연 건조에서 단시간에 용매가 증발하여 도막을 형성한다. 니트로셀룰로스, 수지, 가소제 등을 용매에 녹여서 만든다.

투명 마무리 [Clear finish, transparent finish] 유성 바니시, 셸락 바니시, 투명 래커, 합성수지 바니시 등을 사용해서 투명한 도막층을 만드는 도장 방법. 주로 목재의 바탕 무늬가 투시할 수 있는 도막층을 이룬다.

티탄백 [White titanium pigment] 이산화티탄을 주성분으로 하는 흰색 안료

틱소트로피 [Thixotropy, thixotropic] 온도가 일정할 때 교반하면 졸상으로 되고, 정지하면 겔이 되는 콜로이드 분산체의 가역적인 성질

파스트 옐로 10 G [Fast yellow 10 G] p-클로로, o-니트로 아닐린을 아세톤 초산 아닐라드에 작용시켜서 만든 황색 안료(KS M 5120 참조)

파스트 옐로 G [Fast yellow G] m-니트로, p-톨루이딘을 아세트 초산 아닐리드에 작용시

켜서 만든 황색 안료

패드 도장 [Pad application, padding] 휘발 건조성 도료를 칠하는 방법의 일종. 솜 방망이에 도료를 찍어 원을 그리듯 순서대로 이동하면서 면 전체를 빨리 문지르듯이 칠한다. 도막이 얇은 곳에는 도료가 다시 붙고, 두꺼운 곳은 묻어 나오므로 평활하게 광택이 아름답게 마무리 된다. 솜 방망이란 솜을 무명으로 싼 것을 말한다.

패분 조개 껍질을 물에 씻고 분쇄, 물에 흔들어서 만든 하얀 분말. 주성분은 탄산 칼슘

퍼머넌트 레드 [Permanent red] 아조계의 붉은색 유기 안료. 퍼머넌트 레트 4R 등이 있다.

퍼티(빠데) [Putty] 소지의 파임, 균열, 구멍 등의 결함을 메꾸어 도장계에 평편함을 향상시키기 위해 사용하는 살붙임용의 도료. 안료분을 많이 함유하고 대부분은 페인트상이다.

페놀 수지 도료 [Phenolic coating, phenolic resin coating] 페놀류와 알데히드류를 축합시켜서 얻은 합성수지를 도막 형성 요소로 하는 도료. 로진 변성 페놀수지, 알킬 페놀수지와 건성유를 도막 형성 요소로서 만든 유성 도료, 알콜 가용성 페놀수지를 알콜에 녹여서 만든 알콜성 도료 등이 있다. 도막은 보통 내산성, 내알칼리성, 내유성, 내수성, 내후성, 전기 절연성 등이 우수하다. 페놀수지 에나멜

페인트 [Paint] 광의로는 도료의 총칭 또는 안료를 함유한 도료의 총칭으로서도 사용하나, 협의로는 안료를 보일유로 반죽해서 만든 도료를 말한다.

포드 컵 [Ford cup, ford viscosity cup, ford cup] 유하 점도계의 일종. 포드 자동차 회사에서 고안한 것. 주도가 비교적 적은 도료의 유동성을 추정하기 위해서 사용한다. 측정치는 유하시간(초)으로 나타낸다(KS M 5452 참조).

폴리싱 컴파운드 [Polishing compound] 도막을 연마해서 광택을 내기 위한 재료

표면 건조 [Sand dry, surface dry] 칠한 도료의 층이 표면만이 건조 상태가 되고 밑층은 부드럽게 점착성이 있어서 미건조 상태에 있는 것. BS에서는 sand dry라고도 한다.

프라이머 [Primer] 도장계 중에서 소지에 최초에 사용되는 도료. 프라이머는 소지의 종류나 도장계의 종류에 따라 여러 가지 종류가 있다.

프라이머 서피서 [Primer surfacer] 중도의 성질을 겸한 하도용의 도료. 도막은 연마하기 쉽다.

프탈로시아닌 그린 [Copper phthalocyanine green] 구리 프탈로시아닌의 염소치환제를 주성분으로 하는 녹색 안료. 내후성이 우수하다(KS M 5109 참조).

프탈로시아닌 블루 [Copper phthalocyanine blue] 구리 프탈로시아닌을 주성분으로 하는 파란색 안료. 내후성이 우수하다(KS M 5108 참조).

프탈산 수지 도료 [Phthalic resin coating, alkyd resin coating] 프탈산 무수물을 원료로 하는 알키드수지를 도막 형성 요소로 하는 도료. 내후성이 우수하다. 프탈산수지 에나멜

플러시 안료 [Flushed pigment] 습식 방법으로 만든 안료. 페이스트 속의 수분을 비수성 전색제로 치환해서 만든 페이스트상의 안료

피마자유 [Castor oil] 아주까리에서 채취한 불건성 기름. 리시노르산의 글리세린 에스테르가 주성분

피막 [Skinning]　도료가 용기 속에서 공기와 접촉면에 막을 형성하는 성질

피막 방지제 [Anti-skinning agent, antiskinning agent]　도료가 용기 속에서 공기와의 접촉면에 피막을 형성하는 것을 방지하기 위해 사용하는 도료용의 첨가제. 주로 산화 방지제

핀홀 [Pinhole, pinholing]　도막에 생기는 극히 작은 구멍

필름 애플리케이터 [Film applicator]　틈새를 통해서 도료를 훑어 일정한 두께로 칠하는 기구

하기 [Substrate]　도료를 칠할 때의 면

하기 조정 [Surface prepartion]　어떤 층을 칠할 때의 칠하기 전의 처리. 바탕에 퍼티를 하고 연마 등 바탕의 흡수성을 조절하거나 울퉁불퉁한 것을 수정하거나 하는 공정

하도 도장 [Primary coat, priming coat]　물체의 바탕에 직접 칠하는 공정. 바탕의 고도 흡수나 녹의 발생을 방지하고, 바탕에 대한 도막층의 부착성을 증가시키기 위해서 사용한다.

하도용 도료 [Under coat, under coater]　도료를 거듭 칠해서 도장 마무리를 할 때의 하도로 사용하는 도료. 도장계에 의한 소지의 악영향을 방지하고 부착성을 증가시키기 위해서 사용한다.

하도칠(층) [Undercoat]　하도 도장에서 얻어진 하도용 도료의 도막

하이 솔리드 래커 [High solid lacquer]　니트로셀룰로스에 대한 수지분에 많다. 하이 솔리드 크리머 래커, 하이 솔리드 래커에나멜, 하이 솔리드 희석제 등이 있다.

합성 수지 도료 [Synthetic resin coating]　합성 수지를 도막 형성요소로 하는 도료의 총칭

합성 수지 에멀션 페인트 [Latex paint, latex coating synthetic, resin emulsim on paint]　유화 중합하여 얻은 합성수지 에멀션을 전색제로 만든 도료(KS M 5310, 5320 참조)

형광 도료 [Fluorescent point, fluorescent coating]　도막이 형광 발광성을 가진 도료. 형광 안료를 사용해서 만든다.

호트 스프레이 [Hot spraying, hot spray coating]　도료를 가열하여 주도로 낮추어 스프레이 하는 것

혼합 아닐린 점 [Mixed aniline point, mixed aniline test]　탄화수소계 용매의 용해성을 나타내는 수지의 일종. 용적으로 아닐린, 시료 n-헵탄(2:1:1)의 비율로 냉각했을 때, 서로 용해되지 않고 혼탁해 보이기 시작했을 때의 온도로 나타낸다(KS M 5461 참조).

홀드 페인트 [Hold paint]　선창의 내부에 칠하는 도료

화이트 그라운드 [White ground coat]　흰색 안료와 체질 안료를 바니시로 반죽해서 만든 중도용의 흰색 도료. 백색 에나멜 마무리 도장계에 서피서로서 사용한다.

확산 반사율 [Reflectance, diffuse reflectance]　면의 입사광에 대한 확산광의 비율. 면의 색의 밝기를 나타낸다. 보통은 면의 법선에 대하여 입사각 45° 수광각 0도에서 측정한다. 이것을 45도, 0도 확산 반사율이라고 한다(KS M 5498 참조).

확산 주광 [Scattering daylight, diffused daylight]　일출 3시간 후부터 일몰 3시간 전까지 사이의 일광의 직사광선을 피한 북창에서 들어오는 빛. 색을 관찰할 때의 조건으로서 사용한다.

황변(도막의) [Yellowing, after yellowing] 도막의 색이 변하여 노란 빛을 띠는 것. 일광의 직사, 고온 또는 어둠, 고습의 환경 등에 있을 때에 나타나기 쉽다.

황연 [Chrome yellow] 크롬산 납을 주성분으로 한 황색 안료. 5G, 10G의 순으로 푸른기를 띠고, R·5R의 순으로 붉은기가 증가한다. 5G·10G는 황산납을 함유하고, R·5R의 순으로 붉은기가 증가한다. 5G·10G는 황산납을 함유하고, R·5R은 염기성 크롬산납을 함유하며, G는 보통 어느쪽도 함유하지 않는다(KS M 5106 참조).

황토분 산화철을 함유한 찰흙을 물에 흔들어서 만든 체질 안료. 도장의 바탕제를 만드는 데에 사용된다.

후버 멀러 [Hoover automatic muller, Hoover's muller] 안료를 전색제로 분산시키기 위한 시험기의 하나. 2매의 우유빛 유리 원판의 한쪽을 고정시키고, 다른 쪽을 회전시키도록 해두며, 그 사이에 안료와 전색제와의 혼합물을 넣어서 원판을 회전하여 안료를 분산시킨다. 유리판의 회전수로 반죽하기 위한 힘을 조절해서 규정한다(KS M 5422 참조).

후점착 [After tack] 한번 건조된 도면에 또다시 점착성이 나타나는 것

휘발성 바니시 [Spirit Vanish] 수지를 용매에 녹여서 만든 바니시. 자연 건조에서 단시간에 용매가 증발하여 도막을 형성한다. 세라믹 바니시, 다마르 바니시 등이 있다.

흐름 방지제 [Anti-sagging agent, antisagging agent] 유성 도료의 안료 분산의 이상으로 인해 흘러 떨어지는 것을 방지하기 위한 보조제. 주로 안료의 분산효과가 있는 지방산의 금속 비누

흐림 [Dulling, bloom, clouding, cloudiness, hazing] 투명한 바니시 또는 래커 도막이 불용성 물질의 침전에 의하여 뿌옇게 되는 현상

흑연 [Graphite] 천연산 또는 인공의 탄소 단체의 분말. 6방정형 또는 무정형 연질 도료 등에 사용한다.

홀림 도장 [Flow coating] 물체에 도료를 흘려 부어 칠하는 방법. 여분의 도료는 방울로 떨어져서 제거된다.

흡유량 [Oil absorption] 안료를 액체와 기계적으로 습윤 혼합시켜서 단단한 페이스트상으로 하는데 필요한 기름의 양. 페인트, 에나멜 등을 만들 때에 개개의 안료를 반죽하는 데에 필요한 보일유, 바니시 등의 양을 알기 위해서 중요하고 안료의 표면적을 측정하는 데에도 소용된다. 보통 안료 100g에 대한 정제 아마인유의 ml수로 나타낸다(KS M 5441 참조).

흡입 [Suction, absorption] 칠했을 때의 바탕에 도료가 과도하게 흡수되는 현상

희석성 [dilution] 신너가 소정된 도료를 용해시키는 성질. 희석성을 조사하려면 시료와 견본품에 대해서 같은 용량의 투명 래커 또는 바니시를 묽게 한 것으로 도막을 만들고, 견본품의 경우와 비교해서 도막에 열화가 없으면 희석성은 뒤떨어지지 않는 것으로 한다.

희석 안전성 [Dilution stability] 도료를 대량의 규정된 희석제로 묽게 했을 때 분산계의 안정성, 수지의 석출, 색의 변화, 안료의 분리 등이 없어야 한다(KS M 5469 참조).

희석액 [Reducer, thinner] 주도를 적게 할 목적으로 도장할 때에 도료에 가하는 증발성의 액체. 신너(신나)라고도 한다(KS M 5319, 5801 참조).

희석재 [Diluent (solvent)] 그 자신은 도막 형성 요소를 용해하는 힘은 없으나, 증발 성분의 증량 또는 용매가 아래층 도막을 과도하게 용해하는 것을 방지하는 등의 목적으로 바니시, 래커 등에 사용하는 휘발성의 액체

Wet on wet 상도 도장에서 메탈릭의 은분이 검게 변하는 것을 방지하기 위해서 바로 클리어 도장을 하는 과정을 말한다.

※ $°F = °C \times \dfrac{9}{5} + 32$

2. PAINT 품질(사후) 검사기준

지 정 : 상 공 부 령   제 623 호(81. 1.20)
제 정 : 산업진흥청고시 제 81－1917호(91.12. 5)
개 정 : 산업진흥청고시 제 91－22호(91. 2. 9)

2－1 적용범위

이 기준은 완구, 유모차, 보행기, 유아용 삼륜차, 유아용 침대, 유아용 의자, 아동용 이단침대 및 쌀통에 칠하는 페인트에 대하여 적용한다.

기준명	HS			품 명
페인트	3208			페인트와 바니시(에나멜 및 래커를 포함하며, 합성중합체 또는 화학적으로 변성한 천연중합체를 기제로 하여 비수(非水)매질에 분산하거나 용해한 것에 한한다) 및 이류의 주 4에 규정한 용액(완구, 유모차, 보행기, 유아용 삼륜차, 유아용 침대, 유아용 의자, 아동용 이단침대 및 쌀통에 칠하는 페인트에 한한다) 폴리에스테르를 기제로 한 것
		10		
			10	00	페인트(에나멜을 포함한다)
					*에나멜을 제외한 페인트
			20	00	바니시(래커를 포함한다)
			30	00	이류의 주 4에 규정한 용액
		20			아크릴 또는 비닐중합체를 기제로 한 것
			10		아크릴중합체를 기제로 한 것
				10	페인트(에나멜을 포함한다)
					*에나멜을 제외한 페인트
				20	바니시(래커를 포함한다)

페인트	3208			30	이류의 주 4에 규정한 용액
			20		비닐 중합체를 기제로 한 것
				10	페인트(에나멜을 포함한다)
				20	바니시(래커를 포함한다)
				30	이류의 주 4에 규정한 용액
		90			기 타
					*펠엣센스
			10		셀룰로스 유도체를 기제로 한 것
				10	페인트(에나멜을 포함한다)
				20	바니시(래커를 포함한다)
				30	이류의 주 4에 규정한 용액
			90		기 타
				10	페인트(에나멜을 포함한다)
					*에나멜을 제외한 페인트
				20	바니시(래커를 포함한다)
				30	이류의 주 4에 규정한 용액
	3209				페인트와 바니시(에나멜 및 래커를 포함하며, 합성중합체 또는 화학적으로 변성한 천연중합체 기제로 수성매질에 분산하거나 용해한 것에 한한다) (완구, 유모차, 보행기, 유아용 삼륜차, 유아용 침대, 유아용 의자, 아동용 이단침대 및 쌀통에 칠하는 페인트에 한한다)
		10			아크릴 또는 비닐중합체를 기제로 한 것
			10		아크릴 중합체를 기제로 한 것
				10	페인트(에나멜을 포함한다)
					*에나멜을 제외한 페인트
				20	바니시(래커를 포함한다)
			20		비닐중합체를 기제로 한 것
				10	페인트(에나멜을 포함한다)
				20	바니시(래커를 포함한다)
		90	10		기 타
					기타 합성중합체를 기제로 한 것
				10	페인트(에나멜을 포함한다)
				20	바니시(래커를 포함한다)
			90		기 타
				10	페인트(에나멜을 포함한다)
					*에나멜을 제외한 페인트
				20	바니시(래커를 포함한다)

페인트	3210	00			기타 페인트와 바니시(에나멜·래커 및 디스템퍼를 포함한다)와 피혁의 완성가공용으로 사용하는 조제수성안료(완구, 유모차, 보행기, 유아용 삼륜차, 유아용 침대, 유아용 의자, 아동용 이단침대 및 쌀통에 칠하는 페인트에 한한다)
			10		페인트(에나멜을 포함한다)
					*에나멜을 제외한 페인트
				10	드라이 오일
				90	기 타
			20		바니시(래커를 포함한다)
				10	오일 바니시
				20	락·천연검 또는 천연수지를 기제로 한 바니시와 래커
				30	역청질·피치 또는 이와 유사한 물품을 기제로 한 바니시
				40	용제를 함유하지 않은 액상 바니시
			30		디스템퍼와 피혁의 완성가공용으로 사용하는 조제수성안료
				10	디스템퍼
				90	기 타

2-2 종 류

(1) 조합페인트

① 조합페인트

② 조합페인트 무광흰색 및 담색(내부용)

③ 유성알키드 조합페인트(외부용)

(2) 에나멜

① 자연건조형 알키드수지 에나멜

② 염화비닐수지 에나멜

③ 난연성 염화알키드수지 반광택 에나멜

④ 가열건조형 페놀수지 에나멜

⑤ 가열건조형 알키드수지 광택 에나멜

⑥ 캐슈수지 에나멜

⑦ 가열건조형 캐슈수지 에나멜

⑧ 실리콘 알키드 공중합수지 에나멜

⑨ 속건형 스티렌화 알키드수지 무광택 에나멜

(3) 바니시

① 염화비닐수지 바니시

② 알키드수지 바니시

③ 스파 바니시

④ 유성 바니시

(4) 래 커

① 투명 래커

(5) 중도 및 하도용 페인트

① 래커 샌딩실러

② 래커 프라이머

③ 래커 퍼티

④ 래커 서피서

⑤ 염화비닐수지 프라이머

⑥ 조합페인트 목재프라이머 백색 및 담색(외부용)

⑦ 우드실러

(6)기타 페인트

2-3 품 질

(1) 조합페인트

① 조합페인트

㈎ 적용범위 : 이 기준은 조합페인트(이하 페인트라 한다)에 대하여 적용한다. 페인트는 착색안료, 체질안료와 건성유, 알키드수지 바니시 등을 주원료로 하여 이들을 충분히 혼합 분산하여 액상으로 한 것이다.

㈏ 품질 : 페인트의 품질은 다음 표 1에 따른다.

표 1

항 목	성 능
광 택 60°	60이상
촉 진 내 후 성	100시간의 촉진내후성 시험에서 부풀음, 갈라짐, 벗겨짐이 없어야 하고 담색(명도 6이상, 채도 6이하인 것)은 초킹현상이 없고, 초기광택의 60% 이상 감소하지 않아야 하며 흰색의 황변도차는 0.15를 넘지 않아야 한다.
45°, 0°확산반사율 (%) (흰색에 한함)	70 이상
납 (Pb) mg/kg	90 이하
안티몬 (Sb) mg/kg	60 이하
비 소 (As) mg/kg	25 이하
바 륨 (Ba) mg/kg	500 이하
카드뮴 (Cd) mg/kg	75 이하
크 롬 (Cr) mg/kg	60 이하
수 은 (Hg) mg/kg	60 이하
세레늄 (Se) mg/kg	500 이하

• KS M 5312 참조

② 조합페인트 무광 흰색 및 담색(내부용)

　(개) 적용범위 : 이 기준은 조합페인트 무광(내부용, 이하 페인트라 한다)에 대하여 적용한다.

　(내) 품질 : 페인트의 품질은 다음 표 2에 따른다.

③ 유성 알키드 조합페인트(외부용)

　(개) 적용범위 : 이 기준은 유성알키드 조합페인트(이하 페인트라 한다)에 대하여 적용한다.

　(내) 품질 : 페인트의 품질은 다음 표 3의 규정에 따른다.

(2) 에나멜

① 자연건조형 알키드수지 에나멜

　(개) 적용범위 : 이 기준은 자연건조형 알키드수지 광택, 반광택, 무광택 에나멜(이하 에나멜이라 한다)에 대하여 적용한다.

　　에나멜은 안료, 알키드수지를 주원료로 하고 이를 충분히 혼합 분산하여 액상으로 한 것이다.

표 2

항 목	성 능
85° 광 택	6 이하
세 척 성	
황산반사율(세척후)	95% 이상
광택(세척후)	150% 이하
굴 곡 성	도막을 시험했을 때 균열, 떨어짐이 없어야 한다.
납 (Pb) mg/kg	90 이하
안 티 몬 (Sb) mg/kg	60 이하
비 소 (As) mg/kg	25 이하
바 륨 (Ba) mg/kg	500 이하
카 드 뮴 (Cd) mg/kg	75 이하
크 롬 (Cr) mg/kg	60 이하
수 은 (Hg) mg/kg	60 이하
세 레 늄 (Se) mg/kg	500 이하

• KS M 5711 참조

표 3

항 목	성 능
촉 진 내 후 성	100시간 촉진내후성 시험을 한 도막에 초킹, 크래킹, 기포, 벗겨짐 등이 나타나서는 안되며, 광택의 변화는 시험전 도막광택이 10% 이상 감소되지 않아야 한다.
내 곰 팡 이 성	시험한 도막의 표면 손상도는 6 이상이어야 한다.
납 (Pb) mg/kg	90 이하
안 티 몬(Sb) mg/kg	60 이하
비 소(As) mg/kg	25 이하
바 륨(Ba) mg/kg	500 이하
카 드 뮴(Cd) mg/kg	75 이하
크 롬(Cr) mg/kg	60 이하
수 은(Hg) mg/kg	60 이하
세 레 늄(Se) mg/kg	500 이하

• KS M 5965 참조

㈏ 종 류

㉮ 1종 : 광택 에나멜

㉯ 2종 : 반광택 에나멜

㉰ 3종 : 무광택 에나멜

㈐ 품 질 : 에나멜의 품질은 다음 표 4에 따른다.

② 염화비닐수지 에나멜

㈎ 적용범위 : 이 기준은 염화비닐수지 에나멜에 대하여 적용한다.

*비고 : 염화비닐수지 에나멜은 액상, 유색, 불투명, 휘발건조성의 도료이며, 폴리염화
비닐을 주도막 형성요소로 하고, 붓도장 및 분무도장에 사용하며 자연건조로서 단시간
에 도막을 형성할 수 있게 만든 것으로서, 도막은 난연성이고, 약산, 약알칼리에 견디
는 것이 특징이다. 염화비닐에 가소제를 가하여 용매에 용해하여 만든 전색제에 안료
를 분산하여 만든다.

표 4

항목 \ 종류	1종	2종	3종
총 고 형 분 (%)[1]	40 이상	55 이상	58 이상
광 택 60° (초 기)	85 이상	25~50	6 이하
촉 진 내 후 성	시험을 한 도막에 초킹이 없어야 하며, 1종은 시험전 광택이 30% 이상, 2종은 50% 이상 감소되지 않아야 하고, 색변화는 명도차 6단위를 넘으면 안된다.		
납 (Pb) mg/kg	90 이하		
안티몬 (Sb) mg/kg	60 이하		
비 소 (As) mg/kg	25 이하		
바 륨 (Ba) mg/kg	500 이하		
카드뮴 (Cd) mg/kg	75 이하		
크 롬 (Cr) mg/kg	60 이하		
수 은 (Hg) mg/kg	60 이하		
세레늄 (Se) mg/kg	500 이하		

* 1) 에나멜에 대한 %이다.
  • KS M 5701 참조

표 5

항 목	성 능
불 휘 발 분 (%)	25 이상
도 막 가 열 시 험	115~120℃에서 2시간 가열하여도 흑변하지 않아야 한다.
내 수 성	물에 144시간(6일간) 담그어도 이상이 없어야 한다.
내 알 칼 리 성	수산화칼슘포화용액에 24시간 이상 담그어도 이상이 없어야 한다.
수지분의 염소 (%)	18 이상
납 (Pb) mg/kg	90 이하
안티몬 (Sb) mg/kg	60 이하
비 소 (As) mg/kg	25 이하
바 륨 (Ba) mg/kg	500 이하
카드뮴 (Cd) mg/kg	75 이하
크 롬 (Cr) mg/kg	60 이하
수 은 (Hg) mg/kg	60 이하
세레늄 (Se) mg/kg	500 이하

• KS M 5305 참조

(나) 품 질 : 염화비닐수지 에나멜은 다음 표 5에 따른다.

③ 난연성 염화알키드수지 반광택 에나멜(녹색과 백색)

　(개) 적용범위 : 이 기준은 난연성 염화 알키드수지 반광택 에나멜 백색과 녹색(이하 에나
멜이라 한다)에 대하여 적용한다.

　(내) 품　질 : 에나멜은 다음 표 6에 따른다.

표 6

항　　　목	성　　　능
염소화 이염기성산(불휘발 전색제에 대한 %)	46.0 이상
염소화물(염소화 이염기성산에 대한 %)	51.0 이상
광　　　　택	35~50
부　　착　　성	도막을 시험할 때 부착성이 좋아야 한다.
납　　　(Pb) mg/kg	90 이하
안 티 몬　(Sb) mg/kg	60 이하
비　소　(As) mg/kg	25 이하
바　륨　(Ba) mg/kg	500 이하
카 드 뮴　(Cd) mg/kg	75 이하
크　롬　(Cr) mg/kg	60 이하
수　은　(Hg) mg/kg	60 이하
세 레 늄　(Se) mg/kg	500 이하

• KS M 5620 참조

④ 가열건조형 페놀수지 에나멜

　(개) 적용범위 : 이 기준은 가열건조형 페놀수지 에나멜(이하 에나멜이라 한다)에 대하여
적용한다. 에나멜은 안료와 페놀수지 바니시를 주원료로 한 에나멜로서, 가열건조에
적합하도록 만들어진 것이다.

　(내) 품질 : 에나멜은 다음 표 7에 따른다.

⑤ 가열건조형 알키드수지 광택 에나멜

　(개) 적용범위 : 이 기준은 가열건조형 알키드수지 광택 에나멜(이하 에나멜이라 한다)에
대하여 적용한다. 에나멜은 안료와 아미노수지 및 변성 알키드수지 바니시를 주원료로
하고, 이를 충분히 혼합분산하여 가열건조에 적합하도록 만들어진 것이다.

　(내) 품질 : 에나멜은 다음 표 8에 따른다.

⑥ 캐슈수지 에나멜

　(개) 적용범위 : 이 기준은 캐슈수지 에나멜에 대하여 적용한다.

　*비고 : 캐슈수지 에나멜은 캐슈너트셸액 또는 이것과 유사한 성분을 가진 물질, 페놀
등과 알데히드와의 공축합물, 건조성 지방유 및 휘발성 용매를 주원료로 하여, 이것과
안료를 충분히 혼합하여 액상으로한 도료 또는 같은 품질의 도료를 말한다.

　(내) 품질 : 캐슈수지 에나멜의 품질은 표 9에 따른다.

⑦ 가열 건조형 캐슈수지 에나멜

  ㉮ 적용범위 : 이 기준은 가열 건조형 캐슈수지 에나멜에 대하여 적용한다.

    *비고 : 가열 건조형 캐슈수지 에나멜은 캐슈너트셀액 또는 이것과 유사한 성분을 가지고 있는 물질과 페놀 또는 알데히드의 축합물, 건조성 지방유 또는 휘발성용매 등을 주원료로 하여, 이것들을 안료와 충분히 혼합하여 액상으로 만들어 가열 건조에 적합하도록 만든 도료나 이와같은 물질의 안료를 말한다.

표 7

항　목	성　능
내　굴　곡　성	도막을 시험할 때, 균열, 떨어짐이 생기지 말아야 한다.
불　점　착　성	도막면과 면포와의 점착정도의 도막면에 부착된 포목의 흔적이 심하지 않아야 한다.
내　수　성	주름이나 부풀음이 없어야 한다.
내　휘　발　성	침지하지 않은 도막과 비교할 때 차이가 없어야 한다.
페　놀　및　그　유　도　체	점성이 있어야 한다.
납　(Pb)　mg/kg	90 이하
안　티　몬　(Sb)　mg/kg	60 이하
비　소　(As)　mg/kg	25 이하
바　륨　(Ba)　mg/kg	500 이하
카　드　뮴　(Cd)　mg/kg	75 이하
크　롬　(Cr)　mg/kg	60 이하
수　은　(Hg)　mg/kg	60 이하
세　레　늄　(Se)　mg/kg	500 이하

• KS M 5702 참조

표 8

항　목	성　능
불　휘　발　분[1]	44 이상
광　택　60° (초　기)	87 이상
도　막　강　도　시　험(연필 강도)	B 이상
굴　곡　성	도막은 시험할 때 균열, 떨어짐이 없어야 한다.
납　(Pb)　mg/kg	90 이하
안　티　몬　(Sb)　mg/kg	60 이하
비　소　(As)　mg/kg	25 이하
바　륨　(Ba)　mg/kg	500 이하
카　드　뮴　(Cd)　mg/kg	75 이하
크　롬　(Cr)　mg/kg	60 이하
수　은　(Hg)　mg/kg	60 이하
세　레　늄　(Se)　mg/kg	500 이하

* 1) 불휘발분은 에나멜에 대한 무게 %이다.

- KS M 5703 참조

　(나) 품질 : 가열건조형 캐슈수지 에나멜은 표 10에 따른다.

표 9

항　　　목	성　　　능
60° 경 면 반 사 율(%)	85 이상
굴　곡　시　험	KS M 5707의 3.17 A법에 합격
불　점　착　성	KS M 5707의 3.19 A법에 합격
내　　수　　성	KS M 5707의 3.21 A법에 합격
내　휘　발　성	KS M 5707의 3.22 A법에 합격
경　　　　도	50 이상
납　　　(Pb)　mg/kg	90 이하
안 티 몬　(Sb)　mg/kg	60 이하
비　　소　(As)　mg/kg	25 이하
바　　름　(Ba)　mg/kg	500 이하
카 드 뮴　(Cd)　mg/kg	75 이하
크　　롬　(Cr)　mg/kg	60 이하
수　　은　(Hg)　mg/kg	60 이하
세 레 늄　(Se)　mg/kg	500 이하

- KS M 5705 참조

표 10

항　　　목	성　　　능
60° 경 면 광 택 도 (%)	85 이상
경　　　　도	65 이상
굴　곡　시　험	KS M 5707의 3.17 A법에 합격
충　격　시　험	KS M 5707의 3.18에 합격
불　점　착　시　험	KS M 5707의 3.19 B법에 합격
내　휘　발　유　시　험	KS M 5707의 3.22 B법에 합격
납　　　(Pb)　mg/kg	90 이하
안 티 몬　(Sb)　mg/kg	60 이하
비　　소　(As)　mg/kg	25 이하
바　　름　(Ba)　mg/kg	500 이하
카 드 뮴　(Cd)　mg/kg	75 이하
크　　롬　(Cr)　mg/kg	60 이하
수　　은　(Hg)　mg/kg	60 이하
세 레 늄　(Se)　mg/kg	500 이하

- KS M 5706 참조

⑧ 실리콘 알키드 공중합수지 에나멜

　(가) 적용범위 : 이 기준은 금속 상도용 실리콘 알키드 공중합수지 광택 및 반광택 에나멜

(이하 에나멜이라 한다)에 대하여 적용한다. 에나멜은 실리콘 변성 장유성 알키드수지와 안료 및 희석제를 주원료로 하고, 이들을 충분히 혼합 분산하여 액상으로 한 것이다.

(내) 종류 : 에나멜은 광택에 따라 다음과 같이 나눈다.

    ㉮ 1종 : 광택 에나멜

    ㉯ 2종 : 반광택 에나멜

(대) 품질 : 에나멜은 표 11에 따른다.

표 11

항목　　　　　　　　종류	1종	2종
총 고 형 분[1]　(%)	51 이상	57 이상
광　　　택　　　(60°)	87 이상	40~60
촉 진 내 후 성	시험을 한 도막은 초킹현상이 없어야 하고 시험전 도막광택이 광택 에나멜은 30%이상, 반광택 에나멜은 50% 이상 감소되지 않아야 하며, 색 변화는 명도차 6단위까지 허용된다. 또한 반광택 에나멜은 시험을 한도막에 상도했을 경우 이상이 없어야 한다.	
확산반사율　45°, 0° (흰색 에나멜에 한함)	87 이상	84 이상
실리카(SiO_2)분(불휘발 색제에 대한 %)	13 이상	
납　　　(Pb)　mg/kg	90 이하	
안 티 몬 (Sb)　mg/kg	60 이하	
비　　소 (As)　mg/kg	25 이하	
바　　륨 (Ba)　mg/kg	500 이하	
카 드 뮴 (Cd)　mg/kg	75 이하	
크　　롬 (Cr)　mg/kg	60 이하	
수　　은 (Hg)　mg/kg	60 이하	
세 레 늄 (Se)　mg/kg	500이하	

* 1) 총 고형분은 에나멜에 대한 무게 %이다.

  • KS M 5708 참조

⑨ 속건형 스티렌화 알키드수지 무광택 에나멜

  (㉮ 적용범위 : 이 기준은 금속표면에 상도로 사용되는 속건형 스티렌화 알키드수지 무광택 에나멜(이하 에나멜이라 한다)에 대하여 적용한다.

  (내) 품질 : 에나멜을 다음 표 12에 따른다.

(3) 바니시

① 염화비닐수지 바니시

  (㉮ 적용범위 : 이 기준은 염화비닐수지 바니시에 대하여 적용한다.

*비고 : 염화비닐수지 바니시는 액상의 투명한 휘발성의 도료이며, 폴리염화비닐을 주 도막 형성 요소로 하고, 주로 붓도장에 사용되며, 자연건조로 단시간에 도막을 형성할 수 있게 만든 것으로서, 도막은 난연성이다. 염화비닐수지 바니시는 폴리염화비닐에 가소제를 가하여 용매에 용해하여 만든다.

㈏ 품질 : 염화비닐수지 바니시는 다음 표 13에 따른다.

② 알키드수지 바니시

㈎ 적용범위 : 이 기준은 산화형 알키드수지 및 휘발성 용매를 주원료로 한 알키드수지 바니시(이하 바니시라 한다)에 대하여 적용한다.

㈏ 품질 : 바니시는 다음 표 14에 따른다.

③ 스파 바니시

㈎ 적용범위 : 이 기준은 수지와 건성유를 주 원료로, 이들을 가열 융합하여 용매로 묽힌 내수성 스파 바니시(이하 바니시라 한다)에 대하여 적용한다.

표 12

항 목	성 능
불 휘 발 분[1] (%)	50 이상
45°, 0° 확산 반사율 (흰색에 한함)	83 이상
광 택 (60°)	2~3
부 착 성	에나멜 도막을 시험할 때 칼자국의 양끝에 0.16cm이상 되는 부착테이프에 의하여 도막이 벗겨져서는 안된다.
내 염 수 분 무 성	48시간(2일간)의 5% 염수분무시험에 합격하여야 한다.
촉 진 내 후 성	168시간동안 촉진내후성시험을 한 에나멜 도막이 초킹이 없어야 하고, 색변화는 명도차 4 이하이어야 한다.
납 (Pb) mg/kg	90 이하
안 티 몬 (Sb) mg/kg	60 이하
비 소 (As) mg/kg	25 이하
바 륨 (Ba) mg/kg	500 이하
카 드 뮴 (Cd) mg/kg	75 이하
크 롬 (Cr) mg/kg	60 이하
수 은 (Hg) mg/kg	60 이하
세 레 늄 (Se) mg/kg	500 이하

* 1) 불휘발분은 에나멜에 대한 무게 %이다.
• KS M 5708 참조

표 13

항 목	성 능
도 막 가 열 시 험	115~120℃에서 2시간 가열하여도 흑변하지 않아야 한다.
내 수 성	물에 144시간(6일간) 담가도 이상이 없어야 한다.
내 알 칼 리 성	수산화칼슘 포화용액에 24시간 담가도 이상이 없어야 한다.
불 휘 발 분(%)	30 이상
수 지 분 의 염 소(%)	18 이상
내 산 성	황산(1 : 9)에 24시간 담가도 이상이 없어야 한다.
납 (Pb) mg/kg	90 이하
안 티 몬 (Sb) mg/kg	60 이하
비 소 (As) mg/kg	25 이하
바 륨 (Ba) mg/kg	500 이하
카 드 뮴 (Cd) mg/kg	75 이하
크 롬 (Cr) mg/kg	60 이하
수 은 (Hg) mg/kg	60 이하
세 레 늄 (Se) mg/kg	500 이하

• KS M 5304 참조

　(나) 종류 : 바니시는 원료에 따라 다음 2종으로 구분한다.

　　㉮ 1종 : 페놀수지와 건성유를 주원료로 한 것

　　㉯ 2종 : 우레탄 변성유를 주원료로 한 것

　(다) 품질 : 바니시는 다음 표 15에 따른다.

표 14

항 목	성 능
불 휘 발 분 (%)	40 이상
불휘발분 중 프탈산 무수 물의 조성(%)	23 이상
내 수 성	닥터블레이트[1]를 사용하여 형성된 도막을 48시간 건조시켜 상온에서 18시간 물에 담근 후 꺼내어 5분 후에 볼때, 체킹 블리스터링 및 현저한 백화나 덜링이 없어야 하며 15분 후에는 백화가 없어야 하고, 3시간 후에는 담그지 않은 부분과 경도 부착력 등이 같고 광택이 있어야 한다.
스 키 닝	시료의 약 3/4이 채워진 밀폐된 용기안에서 48시간 이내에 스키닝이 생겨서는 안된다.
납 (Pb) mg/kg	90 이하
안 티 몬 (Sb) mg/kg	60 이하
비 소 (As) mg/kg	25 이하
바 륨 (Ba) mg/kg	500 이하
카 드 뮴 (Cd) mg/kg	75 이하
크 롬 (Cr) mg/kg	60 이하
수 은 (Hg) mg/kg	60 이하
세 레 늄 (Se) mg/kg	500 이하

* 1) 닥터 블레이트는 간격 0.10mm(4/1000in)를 사용하여 KS M 5000의 시험방법 11, 12에 따라 처리된 주석도금 강판에 칠한다.

　• KS M 5601 참조

표 15

항목　　　　　　　　종류	1 종	2 종
불 휘 발 분 (%)	55 이상	42 이상
불 점 착 시 험 (시간)	24 이상	24 이내
내　　수　　시　　험	건조도막이 백화 또는 윤택이 없어지는 현상이 있어서는 안된다.	
스　　키　　닝	완전히 채워진 밀폐된 용기 안에서 시험했을 때 스키닝이 없어야 하고, 반이 채워진 용기 안에서 48시간 후에 스키닝이 없어야 한다.	
납　　(Pb) mg/kg	90 이하	
안 티 몬 (Sb) mg/kg	60 이하	
비　　소 (As) mg/kg	25 이하	
바　　륨 (Ba) mg/kg	500 이하	
카 드 뮴 (Cd) mg/kg	75 이하	
크　　롬 (Cr) mg/kg	60 이하	
수　　은 (Hg) mg/kg	60 이하	
세 레 늄 (Se) mg/kg	500 이하	

• KS M 5603 참조

④ 유성 바니시

　㈎ 적용범위 : 이 기준은 열중합된 건성유와 수지를 융합하여 지방족계의 용제에 희석하여 만든 산화건조용 투명 도료에 대하여 적용한다.

　　*비고 : 유성 바니시는 목재의 투명 도장이나 하도용 도료 조제에 적합한 것으로, 수지에 대한 건성유 비가 1.5 이상인 것을 장유성 바니시라 하고, 1.0 이하인 것을 단유성 바니시라 한다.

　㈏ 종류 : 유성 바니시는 용도에 따라 다음 2종류로 분류한다.

　　㈎ 1 종 장유성 바니시 : 목재의 투명 도장에 주로 사용한다.

　　㈏ 2 종 단유성 바니시 : 하도용 도료를 만드는 성분으로 주로 사용한다.

　㈐ 품질 : 유성 바니시는 다음 표 16에 따른다.

(4) 래 커

　① 투명 래커

　　㈎ 적용범위 : 이 기준은 투명 래커에 대하여 적용한다. 투명 래커는 니트로셀룰로스, 수지, 가소제 및 용매를 원료로 하여 투명한 도막을 형성하도록 만든 것이다.

　　㈏ 종류 : 투명 래커는 다음 2종으로 구분한다.

　　　㈎ 상도용 투명래커,　　㈏ 목재용 투명래커

㈐ 품질 : 투명 래커는 다음 표 17에 따른다.

⑸ 중도 및 하도용 페인트

① 래커 샌딩실러

㈎ 적용범위 : 이 기준은 래커 샌딩실러(이하 샌딩실러라 한다)에 대하여 적용한다.

*비고 : 샌딩실러는 목재의 투명래커 도장을 할 때, 스프레이 도장에 적합한 액상 반투명의 도료로서, 니트로셀룰로스를 주도막 형성요소로 하며, 자연건조로 단시간에 도막을 형성할 수 있게 만든 것으로서, 도막은 연마하기에 용이한 것이 특징이다. 샌딩실러는 니트로셀룰로스, 수지, 가소제 등을 용매에 용해시켜, 스테아린산 아연 등을 분산하여 만든 것이다.

표 16

항목＼종류		1종	2종
불 휘 발 분 (%)		50 이상	45 이상
보 일 유 혼 합 성		–	혼탁되지 않을 것
건조시간	지속건조	5 이내	2 이내
(시간)	경화건조	20 이내	8 이내
납 (Pb) mg/kg		90 이하	
안 티 몬 (Sb) mg/kg		60 이하	
비 소 (As) mg/kg		25 이하	
바 륨 (Ba) mg/kg		500 이하	
카 드 뮴 (Cd) mg/kg		75 이하	
크 롬 (Cr) mg/kg		60 이하	
수 은 (Hg) mg/kg		60 이하	
세 레 늄 (Se) mg/kg		500 이하	

• KS M 5968 참조

㈏ 품질 : 샌딩실러의 품질은 표 18의 규정에 따른다.

표 17

항목＼종류	상도용 투명래커	목재용 투명래커
내 굴 곡 성	규정에 의하여 건조되고 가열된 도막은 지름 10mm의 만드렐 봉에서 굽혔을 때 균열이나 박리가 없을 것	
내 열 성	115~120℃에서 2시간 가열해서, 도막에 기포, 팽창, 떨어짐이 없어야 하며 변색, 광택 등의 변화가 없을 것	
내 수 성	50℃에서 2시간 가열시킨 다음 40℃의 온수에 1시간 담갔을 때 이상이 없을 것	50℃에서 2시간 가열 건조시킨 다음 60℃의 온수에 1시간 담갔을 때 이상이 없을 것
불 휘 발 분 (%)	22 이상	28 이상

용매 가용물 중의 니트로기의 검출	니트로기가 존재할 것
납 (Pb) mg/kg	90 이하
안 티 몬 (Sb) mg/kg	60 이하
비 소 (As) mg/kg	25 이하
바 륨 (Ba) mg/kg	500 이하
카 드 뮴 (Cd) mg/kg	75 이하
크 롬 (Cr) mg/kg	60 이하
수 은 (Hg) mg/kg	60 이하
세 레 늄 (Se) mg/kg	500 이하

• KS M 5300 참조

표 18

항목 \ 종류	성 능
니트로셀룰로스분(불휘발 전 색 제 분 에 대 한 %)	40 이상
연 마 가 능 건 조 (분)	20 이내
색 상	연마제를 원심분리했을 때, 상징액의 색상은 투명 액체이어야 하 며, 가드너색 표준 7이하이어야 한다.
납 (Pb) mg/kg	90 이하
안 티 몬 (Sb) mg/kg	60 이하
비 소 (As) mg/kg	25 이하
바 륨 (Ba) mg/kg	500 이하
카 드 뮴 (Cd) mg/kg	75 이하
크 롬 (Cr) mg/kg	60 이하
수 은 (Hg) mg/kg	60 이하
세 레 늄 (Se) mg/kg	500 이하

• KS M 5300 참조

② 래커 프라이머

㉮ 적용범위 : 이 기준은 래커 프라이머에 대하여 적용한다.

＊비고 : 래커 프라이머는 래커 에나멜 도장을 할 때, 금속 소지 도장에 적합한 액상, 불투명 휘발건조성의 도료로서, 니트로셀룰로스를 주도막 형성요소로 하며, 자연건조로 단시간에 도막을 형성할 수 있도록 한 것이다.

래커 프라이머는 니트로셀룰로스, 수지, 가소제 등을 용매에 용해하여 만든 전색제에 안료를 분산하여 만든다.

㉯ 품질 : 래커 프라이머 품질은 표 19의 규정에 따른다.

표 19

항 목	성 능
내 굴 곡 성	50℃에서 2시간 가열한 후 지름 10mm의 봉에 굽혔을 때, 균열이 나 박리가 없어야 한다.
내 수 성	40℃에서 1시간 물에 담그었을 때 이상이 없어야 한다.
불 휘 발 분 (%)	35 이상
용매 가용물중의 니트로기의 검출	니트로기가 존재하여야 한다.
내 충 격 성	추의 충격으로 갈라짐 및 벗겨짐의 현상이 없어야 한다.
납 (Pb) mg/kg	90 이하
안 티 몬 (Sb) mg/kg	60 이하
비 소 (As) mg/kg	25 이하
바 륨 (Ba) mg/kg	500 이하
카 드 뮴 (Cd) mg/kg	75 이하
크 롬 (Cr) mg/kg	60 이하
수 은 (Hg) mg/kg	60 이하
세 레 늄 (Se) mg/kg	500 이하

• KS M 5301 참조

③ 래커 퍼티

　㈎ 적용범위 : 이 기준은 래커 퍼티에 대하여 적용한다.

　　*비고 : 래커 퍼티는 래커 에나멜 도장을 할 때 하지 도장에 적합한 페이스트상 불투명 휘발건조성 도료로서, 니트로셀룰로스를 주된 도막 형성요소로 하고 주걱으로 도장하여, 자연건조로 또 시간에 도막을 형성할 수 있도록 한 것이 특징이다.

　　　　래커 퍼티는 니트로셀룰로스 수지 가소제 등을 용매에 용해하여 만든 전색제에 안료를 분산하여 만든다.

　㈏ 품질 : 래커 퍼티의 품질은 표 20에 따른다.

④ 래커 서피서

　㈎ 적용범위 : 이 기준은 래커 서피서에 대하여 적용한다.

　　*비고 : 래커 서피서는 래커 에나멜 도장을 할 때 중도 도장에 적합한 액상·불투명·휘발 건조성 도료로서, 니트로셀룰로스를 주도막 형성요소로 하고 자연건조로 단시간에 도막을 형성할 수 있도록 한 것이다.

　　　　래커 서피서는 니트로셀룰로스 수지·가소제 등을 용매에 용해하여 만든 전색제에 안료를 분산하여 만든다.

　㈏ 품질 : 래커 서피서의 품질은 표 21에 따른다.

⑤ 염화비닐수지 프라이머

　㈎ 적용범위 : 이 기준은 염화비닐수지 프라이머에 대하여 적용한다.

　　*비고 : 염화비닐수지 프라이머는 염화비닐수지 에나멜 도장을 할 때 하도에 적합하도

록 액상·불투명·휘발 건조성 도료이며, 폴리염화비닐을 주도막 형성요소로 하고 분무 도장에 사용되며, 자연건조로 단시간에 도막을 형성할 수 있게 만든 것이다.

염화비닐수지 프라이머는 폴리염화비닐에 가소제를 가하여 용매에 용해하여 만든 전색제에 안료를 분산하여 만든다.

㈏ 품질 : 염화비닐수지 프라이머의 품질은 표 22에 따른다.

표 20

항 목	성 능
불 휘 발 분 (%)	60 이상
용매가용물속의 니트로기의 검출	니트로기가 존재하여야 한다.
내 충 격 성	추의 충격으로 갈라짐 및 벗겨짐의 현상이 없어야 한다.
납 (Pb) mg/kg	90 이하
안 티 몬 (Sb) mg/kg	60 이하
비 소 (As) mg/kg	25 이하
바 륨 (Ba) mg/kg	500 이하
카 드 뮴 (Cd) mg/kg	75 이하
크 롬 (Cr) mg/kg	60 이하
수 은 (Hg) mg/kg	60 이하
세 레 늄 (Se) mg/kg	500 이하

• KS M 5302 참조

표 21

항 목	성 능
내 충 격 성	추의 충격으로 균열 및 박리현상이 없어야 한다.
불 휘 발 분 (%)	45 이상
용매가용물 중의 니트로기의 검출	니트로기가 존재하여야 한다.
납 (Pb) mg/kg	90 이하
안 티 몬 (Sb) mg/kg	60 이하
비 소 (As) mg/kg	25 이하
바 륨 (Ba) mg/kg	500 이하
카 드 뮴 (Cd) mg/kg	75 이하
크 롬 (Cr) mg/kg	60 이하
수 은 (Hg) mg/kg	60 이하
세 레 늄 (Se) mg/kg	500 이하

• KS M 5303 참조

표 22

항 목	성 능
내 충 격 성	추의 충격으로 갈라짐 및 벗겨짐의 현상이 없어야 한다.
내 굴 곡 성	지름 6mm의 굴곡에 견디어야 한다.
내 염 수 성	5w/v% 식염수에 144시간(6일간) 담그었을 때 이상이 없어야 한다.
내 휘 발 성	시험용 휘발유 1호에 24시간 담그었을 때 이상이 없어야 한다.
불 휘 발 분 (%)	50 이상
수 지 분 의 염 소 (%)	18 이상
납 (Pb) mg/kg	90 이하
안 티 몬 (Sb) mg/kg	60 이하
비 소 (As) mg/kg	25 이하
바 륨 (Ba) mg/kg	500 이하
카 드 뮴 (Cd) mg/kg	75 이하
크 롬 (Cr) mg/kg	60 이하
수 은 (Hg) mg/kg	60 이하
세 레 늄 (Se) mg/kg	500 이하

• KS M 5306 참조

⑥ 조합 페인트 목재 프라이머 백색 및 담색(외부용)

  ⑺ 적용범위 : 이 기준은 조합 페인트 외부용 목재 프라이머 백색 및 담색(이하 프라이머라 한다)에 대하여 적용한다. 프라이머는 이산화티탄, 체질안료 및 건성유를 주원료로한다. 프라이머는 이산화티탄, 체질안료 및 건성유를 주원료로 한 전색제를 충분히 연합 분산하여 액상으로 한 것이다.

  ⑻ 품질 : 조합 페인트 외부용 목재 프라이머 백색 및 담색품질은 표 23에 따른다.

⑦ 우드실러

  ⑺ 적용범위 : 이 기준은 우드실러에 대하여 적용한다. 우드실러는 니트로셀룰로스, 수지, 가소제 및 용매를 주원료로 하여 목재용 투명 래커(상도용)의 하도에 적합하게 만든 것이다.

  ⑻ 품질 : 우드실러 품질은 표 24에 따른다.

(6) 기타 페인트

  ⑺ 적용범위 : 이 기준은 2. 종류항에 규정되지 않은 종류의 페인트로서 1. 적용범위항의 용도에 사용되는 페인트에 대하여 적용한다.

  ⑻ 품질 : 페인트는 다음 표 25에 따른다.

표 23

항 목	성 능
안료분(프라이머에 대한 %)	51 이상
45°, 0° 확산반사율(백색에 한함)	86 이상
점 착 성 (Tape Test)	자른선 양끝에서 약 0.158cm 이상 테이프에 의해서 도막이 떨어지지 않아야 한다.
내 굴 곡 성	도막은 균열, 떨어짐이 생기지 않아야 한다.
내 수 성	도막에 주름이나, 물집이 없어야 한다.
납 (Pb) mg/kg	90 이하
안 티 몬 (Sb) mg/kg	60 이하
비 소 (As) mg/kg	25 이하
바 륨 (Ba) mg/kg	500 이하
카 드 뮴 (Cd) mg/kg	75 이하
크 롬 (Cr) mg/kg	60 이하
수 은 (Hg) mg/kg	60 이하
세 레 늄 (Se) mg/kg	500 이하

• KS M 5318 참조

표 24

항 목	성 능
불 휘 발 분 (%)	22 이상
용매 가용물 중의 니트로기의 검출	니트로기가 존재할 것
납 (Pb) mg/kg	90 이하
안 티 몬 (Sb) mg/kg	60 이하
비 소 (As) mg/kg	25 이하
바 륨 (Ba) mg/kg	500 이하
카 드 뮴 (Cd) mg/kg	75 이하
크 롬 (Cr) mg/kg	60 이하
수 은 (Hg) mg/kg	60 이하
세 레 늄 (Se) mg/kg	500 이하

• KS M 5327 참조

표 25

항 목	성 능
납 (Pb) mg/kg	90 이하
안 티 몬 (Sb) mg/kg	60 이하
비 소 (As) mg/kg	25 이하
바 륨 (Ba) mg/kg	500 이하
카 드 뮴 (Cd) mg/kg	75 이하
크 롬 (Cr) mg/kg	60 이하
수 은 (Hg) mg/kg	60 이하
세 레 늄 (Se) mg/kg	500 이하

2-4 용 량

페인트의 용량은 6. (4)의 용량검사방법에 따라 시험검사를 하였을 때 표시치 이상이 되어야 한다.

2-5 시험방법

(1) 조합 페인트

① 조합 페인트 : KS M 5312(조합 페인트)의 시험방법에 따른다.

② 조합 페인트 무광 흰색 및 담색(내부용) : KS M 5711(조합 페인트 무광 흰색 및 담색 (내부용))의 시험방법에 따른다.

③ 유성 알키드 조합 페인트(외부용) : KS M 5965(유성 알키드 조합 페인트(외부용, 반 광))의 시험방법에 따른다.

(2) 에나멜

① 자연건조형 알키드수지 에나멜 : KS M 5701(자연건조형 알키드수지 에나멜)의 시험방 법에 따른다.

② 염화비닐수지 에나멜 : KS M 5305(염화비닐수지에나멜)의 시험방법에 따른다.

③ 난연성 염화알키드수지 반광택 에나멜(백색과 녹색) : KS M 5620(난연성 염화알키드수 지 반광택 에나멜(백색과 녹색))의 시험방법에 따른다.

④ 가열건조형 페놀수지 에나멜 : KS M 5702(가열건조형 페놀수지 에나멜)의 시험방법에 따른다.

⑤ 가열건조형 알키드 광택 에나멜 : KS M 5703(가열건조형 알키드수지 광택 에나멜)의 시험방법에 따른다.

⑥ 캐슈수지 에나멜 : KS M 5705(캐슈수지 에나멜)의 시험방법에 따른다.

⑦ 가열건조형 캐슈수지 에나멜 : KS M 5706(가열건조형 캐슈수지 에나멜)의 시험방법에 따른다.

⑧ 실리콘 알키드 공중합수지 에나멜 : KS M 5708(실리콘 알키드 공중합수지 에나멜)의 시험방법에 따른다.

(3) 바니시

① 염화비닐수지 바니시 : KS M 5304(염화비닐수지 바니시)의 시험방법에 따른다.

② 알키드수지 바니시 : KS M 5601(알키드수지 바니시)의 시험방법에 따른다.

③ 스파 바니시 : KS M 5603(스파 바니시)의 시험방법에 따른다.

④ 유성 바니시 : KS M 5968(유성 바니시)의 시험방법에 따른다.

(4) 래 커

① 투명 래커 : KS M 5326(투명 래커)의 시험방법에 따른다.

(5) 중도 및 하도용 페인트

① 래커 샌딩실러 : KS M 5300(래커 샌딩실러)의 시험방법에 따른다.

② 래커 프라이머 : KS M 5301(래커 프라이머)의 시험방법에 따른다.

③ 래커 퍼티 : KS M 5302(래커 퍼티)의 시험방법에 따른다.

④ 래커 서피서 : KS M 5303(래커 서피서)의 시험방법에 따른다.

⑤ 염화비닐수지 프라이머 : KS M 5306(염화비닐수지 프라이머)의 시험방법에 따른다.

⑥ 조합페인트 목재프라이머 백색 및 담색(외부용) : KS M 5318(조합페인트 목재프라이머 백색 및 담색 : 외부용)의 시험방법에 따른다.

⑦ 우드실러 : KS M 5327(우드실러)의 시험방법에 따른다.

(6) 기타페인트

중금석 시험에 따른다.

(7) 중금속 시험

① 시료의 준비 : 건조된 시료를 분쇄하여 0.5mm체를 통과시킨다.

② 시험

㈎ 시료 100mg이상에 시료무게의 50배의 0.07mol/l 염화수소산(37±2℃)를 가하고 1분간 교반한다.

㈏ pH를 고정하여 1.5이상이면 2mol/l의 염화수소산을 가하여 pH 1.5로 조절한다.

㈐ 온도를 37±2℃로 유지하면서 1시간 동안 교반후 1시간 정치한다.

㈑ 필요한 경우 원심분리 및 여과로 고형분을 분리한 다음 원자흡광 광도법 등으로 해당 원소를 정량한다.

※ EN 71 참조

2-6 검 사

(1) 로트의 구성

로트의 구성은 시중에 유통되는 상품을 대상으로 한다.

(2) 시료채취방법

KS A 3151(랜덤 샘플링방법)에 따른다.

(3) 시료의 크기 및 합격판정기준은 다음 표 26에 따른다.

표 26

시료의 크기	합격판정개수(Ac)	불합격판정개수(Re)
1	0	1

(4) 용량검사방법

① 페인트 제품의 비중 및 무게("실중량"이라 한다. 이하 같다)를 측정하여 용량을 산출한다.

② 비중은 KS M 5000(도료 및 관련원료의 시험방법)의 2131에 따르고 소수점 2자리까지 계산한다.

③ 무게는 저울로 측정한다.

④ 측정한 무게와 비중으로부터 다음식에 따라 용량(실용량)을 구하고 소수점 이하 2자리까지 보고한다.

$$V = \frac{M}{D}$$

여기서, V : 시료의 실제용량(l), D : 시료의 밀도(비중 25/25℃)

M : 실중량(전체무게 − 포장무게)(kg)

2-7 표 시

용기에는 눈에 띄기 쉬운 장소에 쉽게 지워지지 않는 방법으로 다음 사항을 표시하여야 한다.

(1) 종류[1]

(2) 용도[2]

(3) 실용량[3]

(4) 제조(또는 수입)년 월 또는 로트번호

(5) 제조(또는 수입)자명 또는 그 약호

(6) 주소 또는 전화번호

(7) 사용상 주의사항

주 1) 제2항의 규정된 종류 및 제3항 품질의 각항에 규정된 종류를 표시한다.

　　참고 보기) 조합페인트, 유성 바니시(장유성 바니시)

　2) 사용재질 및 사용하는 제품의 구체적인 용도(재질, 도장순서, 제품)를 표시한다.

　　참고 보기) 철재상도용(완구, 유모차, 유아용 삼륜차용) 목재중도용(완구, 유아용 의자, 아동용 침대용)

　3) 실용량은 6. (4) 용량검사 방법을 참고하여 표시한다.

3. 도장 공사(품셈)

도장 면적 배수

구 분		소 요 면 적 계 산	비 고
목재면	양 판 문(양면칠)	(안목면적)×(4.0∼3.0)	문틀, 문선 포함
	유 리 양 판 문(양면칠)	(안목면적)×(3.0∼2.5)	문틀, 문선 포함
	플 러 시 문(양면칠)	(안목면적)×(2.7∼3.0)	문틀, 문선 포함
	오 르 내 리 창(양면칠)	(안목면적)×(2.5∼3.0)	문틀, 문선, 창선반 포함
	미 서 기 창(양면칠)	(안목면적)×(1.1∼1.7)	문틀, 문선, 창선반 포함
철개면	철 문(양면칠)	(안목면적)×(2.4∼2.6)	문틀, 문선 포함
	새 시(양면칠)	(안목면적)×(1.6∼2.0)	문틀, 창선반 포함
	셔 터(양면칠)	(안목면적)×2.6	박스 포함
징두리판 벽, 두겁대, 걸레받이		(바탕면적)×(1.5∼2.5)	
비 늘 판		(표 면 적)×1.2	
철 격 자(양면칠)		(안목면적)×0.7	
철 제 계 단(양면칠)		(경사면적)×(3.0∼5.0)	
파 이 프 난 간(양면칠)		(높이×길이)×(0.5∼1.0)	
기 와 가 락 잇 기(외쪽면)		(지붕면적)×1.2	
큰 골 함 석 지 붕(외쪽면)		(지붕면적)×1.2	
작 은 골 함 석 지 붕(외쪽면)		(지붕면적)×1.33	
철 골(표 면)		보통 구조($33\sim50m^2/t$)	
		큰 부재가 많은 구조($23\sim26.4m^2/t$)	
		작은 부재가 많은 구조($55\sim66m^2/t$)	

해설 수치중 큰 수치는 복합한 구조일 때, 적은 수치는 간단한 구조일 때 적용한다.

* 와이어팬스(양면칠) (높이×길이)×0.5(틀, 기둥 포함)

조합 페인트 칠 (m²당)

바탕별	재료명	구분 단위	칠 수 량 1 회	2 회	3 회	도 장 공(인) 1 회	2 회	3 회
목재면	조 합 페 인 트	*l*	0.125	0.216	0.291			
	신 너	*l*	0.01	0.02	0.03			
	우 드 프 라 이 머	*l*	0.008	0.016	0.024	0.027	0.055	0.079
	퍼 티(빠 데)	kg	0.009	0.009	0.009			
	연 마 지	매	0.07	0.14	0.14			
칠재면	조 합 페 인 트	*l*	0.115	0.201	0.266			
	신 너	*l*	0.012	0.023	0.033	0.023	0.045	0.067
	연 마 지	매	0.25	0.50	0.50			
함석면	조 합 페 인 트	*l*	0.155	0.201				
	신 너	*l*	0.012	0.023	—	0.013	0.03	—
	연 마 지	매	0.25	0.50				
회반죽및 플러시	조 합 페 인 트	*l*	0.139	0.229	0.338			
	연 마 지	매	0.25	0.50	0.50	0.027	0.055	0.079
	신 너	*l*	0.020	0.030	0.040			
	퍼 티	kg	0.006	0.006	0.006			
텍스면	연 마 지	매	0.07	0.14	0.14			
	조 합 페 인 트	*l*	0.218	0.417	0.580	0.040	0.060	0.097
	신 너	*l*	0.041	0.061	0.081			
모르터면	조 합 페 인 트	*l*	0.139	0.269	0.393			
	연 마 지	매	0.25	0.50	0.50			
	신 너	*l*	0.030	0.045	0.051	0.027	0.055	0.079
	퍼 티	kg	0.006	0.006	0.006			

1. 기구손료는 품의 2%를 가산한다.
2. 천정 칠을 할 때에는 재료 및 품을 20% 가산한다.
3. 비계 사용시 높이에 따라 다음 할증에 의한 품을 가산할 수 있으며, 19층 이상은 매 3층마다 4%씩 가산할 수 있다.

(층)

지하층 및 지상 1, 2, 3 층	4, 5, 6 층	7, 8, 9 층	10, 11, 12 층	13, 14, 15 층	16, 17, 18 층	비 고
0	5%	8%	12%	16%	20%	

해설 외벽에서 층의 구분을 할 수 없을 때에는 층수를 3.6m로 기준하여 층수를 환산하고 내벽 높이에서도 3.6m를 기준하여 환산 적용한다.

4. 소모 재료비는 필요에 따라 다음을 표준으로 하여 따로 가산한다.

(m² 당) (품)

구 분	넝 마(kg)	가 솔 린(*l*)
품	0.01	0.05

5. 철재면 및 함석면의 바탕처리가 필요할 때에는 재료 및 품을 별도로 가산한다.

[해설] 1. 본품에서 2회, 3회는 재료량 및 품을 합산한 수치이다.

   2. 본품은 손으로 칠할 때의 경우이며, 뿜칠을 할 때에는 분무기 1회 뿜기에 도장공 0.003dls/m²을 기준으로 한다.

   3. 연마지 치수는 KS L 60003의 22.8cm×28cm를 기준한 것이다.

방청 페인트 칠

구 분	단위	m² 당			ton 당	
		1 회	2 회	3 회	1 회	2 회
방 청 페 인 트	*l*	0.081	0.139	0.158	1.85~5.39	2.17~6.30
신 너	*l*	0.010	0.020	0.030	0.23~0.66	0.46~1.32
도 장 공	인	0.015	0.024	0.040	0.35~0.99	0.55~1.58

1. 기구손료는 품의 2% 가산한다.

2. 천정 칠을 할 때에는 재료 및 품을 20% 증가한다.

3. 바탕처리가 필요한 경우에는 재료 및 품을 별도 계산한다.

[해설] 본품은 손으로 칠할 때의 품이다.

에나멜 칠

(m² 당)

바탕별	재료명	단 위	칠 수 량			도 장 공(인)			비 고
			1 회	2 회	3 회	1 회	2 회	3 회	
목재면	에 나 멜	*l*	0.120	0.20	0.275	0.042	0.067	0.106	
	신 너	*l*	0.03	0.041	0.061				
	우 드 프 라 이 머	*l*	0.006	0.006	0.006				
	퍼 티	kg	0.01	0.015	0.015				
	연 마 지	매	0.125	0.25	0.50				
철재면	에 나 멜	*l*	0.090	0.15	0.225	0.048	0.075	0.12	
	연 마 지	매	0.125	0.25	0.50				
	신 너	*l*	0.020	0.04	0.06				
플라스터면	에 나 멜	*l*	0.053	0.089	0.150	0.03	0.06	0.09	눈먹임색 올림은 0.021~0.03
	신 너	*l*	0.01	0.02	0.03				
	연 마 지	매	0.125	0.25	0.50				
	퍼 티	kg	0.003	0.003	0.003				

1. 기구손료는 품의 2%를 가산한다.

2. 소모재료는 필요에 따라 조합페인트 품에 준하여 따로 가산한다.

[해설] 연마지 치수는 KS L 6003 22.8cm×28cm를 기준한 것이다.

3-1 수성 페인트(합성수지 에멀션 페인트)

붓 칠 (m² 당)

재료명	구분 단위	칠 수 량			도 장 공(인)		
		1 회	2 회	3 회	1 회	2 회	3 회
에 멀 션 페 인 트	*l*	0.115	0.23	0.345	0.04	0.08	0.12
연 마 지	매	0.125	0.125	0.125			

1. 착색제는 필요에 따라 별도로 가산한다.
2. 본 품에는 바탕처리 재료 및 품이 포함되어 있다.
3. 천정 칠을 할 때에는 재료 및 품을 20% 가산한다.
4. 소모재료는 필요에 따라 조합페인트 품에 준하여 따로 가산한다.
5. 비계사용시 높이별 할증은 조합페인트 층 표 및 해설을 준용하여 할증을 계산할 수 있다.
해설 연마지 치수는 KS L 6003의 22.8cm×28cm를 기준한 것이다.

롤러 칠 (m² 당)

재료명	구분 단위	칠 수 량			도 장 공(인)		
		1 회	2 회	3 회	1 회	2 회	3 회
에 멀 션 페 인 트	*l*	0.115	0.23	0.345	0.03	0.06	0.09
연 마 지	매	0.125	0.125	0.125			

1. 착색제는 필요에 따라 별도 가산한다.
2. 본 품에는 바탕처리 품은 포함되어 있으며, 퍼티는 조합 페인트 칠에 준하여 별도 가산한다.
3. 천정 칠을 할 때에는 재료 및 품을 20% 가산한다.
4. 소모재료는 필요에 따라 조합페인트 품에 준하여 따로 가산한다.
5. 비계사용시 높이별 할증은 조합페인트 층 표 및 해설을 준용하여 할증을 계산할 수 있다.
6. 본 품에는 보조 붓 칠이 포함된 것이다.
해설 연마지 치수는 KS L 6003의 22.8cm×28cm를 기준한 것이다.

3-2 바니시 및 래커 칠

바니시 칠 (m² 당)

바탕별	재료명	구분 단위	칠 수 량			도 장 공(인)		
			1 회	2 회	3 회	1 회	2 회	3 회
목재면	연 마 지	매	0.17	0.34	0.34	0.03	0.06	0.09
	바 니 시	*l*	0.053	0.087	0.15			
	신 너	*l*	0.01	0.02	0.03			
	퍼 티	kg	0.003	0.003	0.003			

1. 본 품에는 재료 할증률, 기구 손료 및 소운반이 포함되어 있다.
2. 기타 소모품은 필요에 따라 조합페인트 품에 준하여 가산한다.
3. 바탕처리용 스테인 필러는 별도 가산하고, 품은 m²당 0.021~0.03인을 가산한다.

해설 연마지 치수는 KS L 6003의 22.8cm×28cm를 기준한 것이다.

클리어(투명) 래커 칠 (목재면 m² 당)

구 분	단 위	수 량
우 드 필 러	l	0.08(1회칠)
퍼 티	kg	0.05
우 드 실 러	l	0.08(1회칠)
래 커 신 너	l	0.54
샌 딩 실 러	l	0.18(2회칠)
클 리 어 래 커	l	0.49(7회칠)
페 인 트 신 너	l	0.04
연 마 지	매	0.375
도 장 공	인	0.39

1. 재료 할증률, 기구손료 및 소운반이 포함되어 있다.
2. 착색제는 필요에 따라 0.03kg/m²를 표준으로 따로 계산한다.
3. 소모 재료는 필요에 따라 조합 페인트 품에 준하여 따로 가산한다.
해설 연마지 치수는 KS L 6003의 22.8cm×28cm를 기준한 것이다.

래커 에나멜 칠 (뿜칠 m² 당)

구 분	단 위	목 재 면	철 재 면
셀 락 니 스	l	0.01	
오 일 프 라 이 머	l	0.17	0.35 (2회칠)
미 네 랄 스 플 릿	l	0.17	0.20
오 일 서 피 서	l	0.30 (2회칠)	0.30 (2회칠)
래 커 신 너	l	0.05	0.05
래 커 에 나 멜	l	0.5 (2회칠)	0.5 (3회칠)
연 마 지	매	0.5	0.625
퍼 티	kg	0.15	0.09
도 장 공	인	0.35	0.40

1. 이 품에는 재료의 할증률, 기구 손료 및 소운반이 포함되어 있다.
2. 소모 재료는 필요에 따라 조합 페인트 품에 준하여 따로 가산한다.
해설 연마지 치수는 KS L 6003의 22.8cm×28cm를 기준한 것이다.

[래 커 칠]

현행 품셈 클리어 래커 칠과 래커 에나멜 칠의 품이 규정되어 있어 이 품은 별도로 존재할 가치가 없어 삭제된 것으로 알고 있다.

① 목부 클리어(투명) 래커칠의 공정 : 대패 얼룩 거스름 등을 연마지로 닦고, 색올림제를 0.03kg/cm² 칠하고 10시간 경과한 뒤 색깔 고름질을 하고 초벌 0.1kg/m²의 칠량을 칠한다. 이 때 우드 실러는 칠량의 100%, 래커 신너는 60~70%로 한다.

눈먹임은 각 12시간 이상씩 각 회에 걸쳐 방지하고, 재벌에는 칠량을 0.25kg/m², 정벌에는 칠량을 0.15kg/m², 마무리도 0.15kg/m²의 칠량으로 한다. 칠공사는 습도가 80% 이상인 때에는 피해야 한다. 이 때 칠하면 백화(白花) 현상이 생길 우려가 크다고 알려져 있으니 주의를 요한다.

② 목부 래커 에나멜 칠 : 초벌 칠의 칠량은 0.08kg/m², 재벌에 각각 0.12kg/m², 정벌 칠에 0.06kg/m², 마무리 칠 0.06kg/m² 상당이다.

초벌, 눈먹임, 바탕 퍼티 뿜칠 또는 주걱 칠 후 적어도 24시간을 방치하여야 하며, 재벌, 정벌에서도 12시간 이상 방치하여야 한다.

③ 철부, 동, 합금부의 래커 에나멜 칠 공법은 건축시방서 제 20 장 9, 3에 의하여 산정한다.

오일 스테인 칠 (m² 당)

바탕별	재료명	구분 단위	칠 수 량 1 회	2 회	3 회	도 장 공(인) 1 회	2 회	3 회
목	오 일 스 테 인	kg	0.091	0.15	—	0.024	0.045	—
재	신 너	l	0.008	0.018	—			
면	퍼 티	kg	0.006	0.006	—			

1. 본 품에는 재료의 할증률, 기구손료 및 소운반이 포함되어 있다.
2. 바탕처리용, 스테인 필러는 별도 가산하고, 품은 m² 당 0.021~0.03인을 가산한다.
3. 소모품은 필요에 따라 다음을 표준으로 가산한다.

(m² 당)

구 분	단 위	1 회 칠	2 회 칠
가 솔 린	l	0.02	0.02
닝 마	kg	0.01	0.01

무늬코트 (m² 당)

구 분	단 위	목 재 면	철 재 면	알칼리성면
프 라 이 머	l	0.125	0.130	0.125
무 늬 코 트	l	0.40	0.40	0.40
알칼리삼출방지프라이머	l	—	—	0.10
알 칼 리 삼 출 방 지 신 너	l	—	—	0.035
방 청 처 리 프 라 이 머	l	—	0.10	—
방 청 처 리 신 너	l	—	0.04	—
상 도 용 도 료	l	0.11	0.11	0.11
도 장 공	인	0.08	0.10	0.11

1. 본 품에는 재료의 할증률이 포함되어 있다.
2. 바탕처리가 필요한 경우에는 별도 계산한다.

알루미늄 페인트 칠 (m² 당)

구 분	단 위	수 량
방 청 페 인 트	l	0.081(1회칠 초벌용)
신 너	l	0.01(초벌용)
알 루 미 늄 페 인 트	l	0.15(2회칠)
퍼 티	kg	0.03
연 마 지	매	0.125
도 장 공	인	0.09

1. 이 품은 재료 할증률, 기구손료 및 소운반이 포함되었다.
2. 이 표는 솔 칠 때이고, 뿜기로 할 때는 희석제를 따로 가산한다.
3. 소모품은 필요에 따라 조합페인트 품에 준하여 따로 가산한다.
4. 초벌용 페인트는 1회의 녹막이 페인트 칠이며, 이에 대한 바탕처리 및 소모 재료는 필요에 따라 조합 페인트 품에 준하여 가산할 수 있다.

해설 연마지 치수는 KS L 6003의 22.8cm×28cm를 기준한 것이다.

목재 방부제칠 (m² 당)

바탕별	재료명		구분 단위	칠 수 량			도 장 공		
				1 회	2 회	3 회	1 회	2 회	3 회
목재면	거친면	크 레 오 소 트	l	0.106	0.16	—	0.018	0.03	—
	고은면		l	0.076	0.13	—	0.012	0.025	—
목 재 면		코 올 타 르	l	0.21	0.246	—	0.016	0.018	—
철 재 면			l	0.152	0.182	—	0.009	0.012	—
목재면	거친면	감 즙	l	0.09	0.164	—	0.012	0.021	—
	고은면		l	0.07	0.127	—	0.009	0.015	—

각 바탕별 처리 (m² 당/특별인부)

페 인 트 면 긁 어 내 기(인)	수성페인트면 긁 어 내 기(인)	철 재 면 청 소		
		약품사용(인)	가솔린사용(인)	녹 제 거(인)
0.1	0.08	0.08	0.05	0.20

바탕 긁어내기나 청소를 위한 약품(소다, 수산 등)및 소모품은 별도 가산한다.

4. 중요 도료의 KS규격(Korean Industrial Stand Ard)

KS M 5311
제 정 1965-12-07
확 인 1982-06-16

4-1 광명단 조합 페인트(Paint : Red-Lead-Base, Ready Mixed.)

(1) 적용범위

이 규격은 철강 표면의 방청을 목적으로 하여 광명단을 주안료로 하고, 이것을 전색제에 연합 분산시켜 만든 광명단 조합 페인트(이하 페인트라 한다)에 대하여 규정한다.

(2) 종 류

페인트는 원료에 따라 다음의 5종으로 구분한다.
① 1종 : 광명단과 아마인유를 주원료로 한 것
② 2종 : 광명단과 적색 산화철, 알키드수지 바니시, 아마인유를 주원료로 한 것
③ 3종 : 광명단과 중유성 알키드수지 바니시를 주원료로 한 것
④ 4종 : 광명단과 페놀수지 바니시를 주원료로 한 것
⑤ 5종 : 광명단과 장유성 알키드수지 바니시를 주원료로 한 것

(3) 품 질

① 안료 : 페인트에서 추출된 안료는 다음 표 1의 규정에 합격하여야 한다.

표 1

안료명 \ 종류	1 종	2 종	3 종	4 종	5 종
순 광 명 단 분 (%)	96.5 이상	62.5 이상	96.5 이상	82.0 이상	62 이상
순 산 화 철 분 (%)	-	12.5 이상	-	-	-

② 각종 페인트는 다음 표 2의 규정에 합격하여야 한다.

표 2

구분＼종류	1 종	2 종	3 종	4 종	5 종
안 료 분(%)	77 이상	66 이상	67 이상	65 이상	66 이상
불휘발 전색제분 (전색제에 대한 %)	65 이상	56 이상	40 이상	44 이상	56 이상
프탈산 무수물분 (전색제에 대한 %)	—	15 이상	30 이상	—	12 이상
지방산분(전색제에 대한 %)	—	67 이상	47 이상	—	62 이상
추출된 지방산의 요드값	147~175	—	—	—	—
수분(페인트에 대한 %)	0.5 이하	0.5 이하	0.5 이하	0.5 이하	1 이하
주 도(K.U.)	75~89	73~86	72~88	74~86	75~95
비 중(25/25℃)	2.87 이상	2.00 이상	2.20 이상	2.00 이상	1.9 이상
건조 시간 (시간) 지 촉	6 이내	4 이내	1/4~1	1/4~1	6 이내
건조 시간 (시간) 경 화	36 이내	16 이내	6 이내	6 이내	24 이내
연 화 도(N.S)	4 이상	2 이상	4 이상	2 이상	2 이상
연 화 점(℃)	30 이상	30 이상	30 이상	30 이상	30 이상
용 기 내 에 서 의 상 태	가득찬 용기를 처음 열어 볼 때, 심한 침전물이 없어야 하며, 주걱으로 저으면, 쉽게 균일한 상태로 다시 분산되어야 한다. 그리고 응결, 리바링, 케이킹, 색의 분리 등의 현상과 덩어리나 피막이 없어야 한다.				
회 석 안 정 성	부피로 페인트 8부, 미네랄 스플릿 1부의 비율로 희석시킨 후에도 이들은 균일하고 안정하여야 한다.				
붓 작 업 성	칠하기 쉽고, 수직으로 세운 평탄한 철판에 1*l* 당 12.3m² 의 비율로 칠할 때 흐르지 말아야 하며, 균일하게 잘 퍼져야 한다.				
스 프 레 이 작 업 성	회석 안정에서와 같이 페인트를 회석하고 스프레이할 때 균일하게 잘 퍼져야 하며, 흐르지 않고 잘 스프레이되어야 한다.				
겉 모 양	도막은 평활하고 균일하게 건조하여야 하며, 줄이 생기거나 분리하지 않아야 한다.				
스 키 닝	약 3/4을 채운 밀폐된 용기 안에서 48시간 내에 피막이 생기지 않아야 한다.				
내 열 수 시 험	도막에 물집이나 백화, 흐름이 생기지 않아야 하며, 부착성이 감소하지 않아야 한다(다만, 4종에 한함).				
내 알 칼 리 시 험	시험이 끝난 후 도막의 반점이 없어야 하고, 부착성이 저하하지 않아야 한다(다만, 4종에 한함).				
내 수 시 험	시험이 끝난 직후 도막에 물집, 주름이 생기지 않아야 하며, 2시간 후에는 도막의 연화 혹은 백화 현상이 적어야 한다(다만, 4종에 한함).				
저 장 성	온도 21~32℃의 충만된 밀폐 용기 중에서 적어도 6개월 내에 주도가 높아지거나 응결, 겔화와 같은 현상이 없어야 한다. 다만, 당사자 사이의 합의에 따라 생략할 수 있다.				

KS M 5312
제 정 1965-12-07
확 인 1982-12-30

4-2 조합 페인트(Paint, Ready Mixed)

(1) 적용범위

이 규격은 조합 페인트(이하 페인트라 한다) 각 색에 대하여 규정한다. 페인트는 착색 안료, 체질 안료와 건성유, 알키드 수지 바니시 등을 주원료로 하여, 이들을 충분히 혼합 분산하여 액상으로 한 것이다.

(2) 종 류

페인트는 색상과 품질에 따라 다음과 같이 나눈다.
① 갈 색[1](색 번호 10076) : 1급, 2급
② 빨간색(색 번호 11105) : 1급, 2급
③ 오렌지색(색 번호 12197) : 1급, 2급
④ 노란색(색 번호 13538) : 1급, 2급
⑤ 녹 색(색 번호 14062) : 1급, 2급
⑥ 남 색(색 번호 15044) : 1급, 2급
⑦ 검정색(색 번호 17038) : 1급, 2급
⑧ 흰 색(색 번호 -) : 1급, 2급
⑨ 담 색 : 1급, 2급 KS A 0062(색의 3 속성에 의한 표시 방법)에 따라서 명도 6 이상, 채도 6 이하인 것으로 한다.
⑩ 기타 색 : 1급, 2급 위의 규정된 색상 이외의 것으로 한다. 다만, 빨간색(색 번호 11105) 계통으로서 명도 5 이하, 채도 9 이상의 것은 빨간색 규정에 따른다.
 * 1) : 갈색(색 번호 10076) 1급은 페놀수지 바니시를 사용한다.

(3) 품 질

페인트는 표 3, 4, 5에 합격하여야 한다.

표 3

색 명	색 번호 (참고사항)	안료분 1급	안료분 2급	불휘발 전색제분 1급	불휘발 전색제분 2급	프탈산 무수물분 1급	프탈산 무수물분 2급	주도 1급	주도 2급
갈 색	10076	58이상	30이상	82이상	50이상	–	12이상	72~89	77~95
빨 간 색	11105	25이상	25이상	50이상	50이상	12이상	12이상	77~95	77~95
오렌지색	12197	59이상	30이상	88이상	50이상	5이상	12이상	82~98	77~95
노 란 색	13538	34이상	30이상	62이상	50이상	17이상	12이상	77~95	77~95
녹 색	14062	25~28	25이상	58이상	50이상	17이상	12이상	70~80	77~95
남 색	15044	25이상	25이상	50이상	50이상	12이상	12이상	77~95	77~95
검 정 색	17038	17~19	17이상	61이상	50이상	17이상	12이상	70~80	77~95
흰 색	–	52이하	40이하	58이상	50이상	10~14.5	12이상	80~90	77~95
담 색	–	53이하	40이하	58이상	50이상	10~14.5	12이상	80~90	77~95
기타의색	–	17이상	17이상	50이상	50이상	5이상	12이상	70~98	77~95

표 4

색 명	색번호 (참고사항)	광 택 1급	광 택 2급	비 중 1급	비 중 2급	은 폐 율 1급	은 폐 율 2급	건조시간(시간) 1급 지촉	건조시간(시간) 1급 고화	건조시간(시간) 2급 고화
갈 색	10076	70이상	60이상	1.6이상	1.1이상	0.98이상	0.95이상	–	18이내	18이내
빨 간 색	11105	60이상	60이상	1.0이상	1.0이상	0.6 이상	0.5 이상	–	18이내	18이내
오렌지색	12197	60이상	60이상	1.8이상	1.1이상	0.95이상	0.85이상	–	18이내	18이내
노 란 색	13538	60이상	60이상	1.1이상	1.1이상	0.95이상	0.85이상	–	18이내	18이내
녹 색	14062	77이상	60이상	1.1이상	1.1이상	0.95이상	0.90이상	–	16이내	18이내
남 색	15044	60이상	60이상	1.0이상	1.0이상	0.95이상	0.85이상	–	18이내	18이내
검 정 색	17038	65이상	60이상	1.0이상	1.0이상	0.98이상	0.95이상	–	16이내	18이내
흰 색	–	60이상	60이상	1.4이상	1.1이상	0.98이상	0.85이상	9 이내	48이내	18이내
담 색	–	60이상	60이상	1.4이상	1.1이상	0.98이상	0.85이상	9 이내	48이내	18이내
기타의색	–	60이상	60이상	1.0이상	1.0이상	0.95이상	0.85이상	9 이내	48이내	18이내

*2) : 색 번호는 KS M 5550(도료용 색 분류 기준)에 따른다.
 3) : 안료분은 페인트에 대한 %이다.
 4) : 불휘발 전색제분은 전색제에 대한 %이다.
 5) : 프탈산 무수물분은 불휘발 전색제에 대한 %이다.
 6) : 크레브스 스토머 200rpm(K.U값)

표 5

수　　분(%)	1.0 이하
연　화　도(N.S)	4 이하
용 기 내 에 서 의 상　　　　태	페인트는 쉽게 균일하게 분산되어야 하며, 막대기로 저었을 때 침전물, 덩어리, 응결, 피막 등이 없어야 한다.
붓　작　업　성	붓작업성, 퍼짐성이 좋아야 하고 흐름, 주름, 얼룩 등이 없어야 한다.
건 조 도 막 의 겉 모 양	건조도막은 평활하고 균일한 상태로 되어야 한다.
촉　진　내　후　성	1급은 200시간, 2급은 100시간의 촉진 내후성 시험에서 부풀음, 갈라짐, 벗겨짐이 없어야 하며, 담색은 초킹 현상이 없고, 초기 광택의 60% 이상을 유지해야 하며, 흰색의 황변도차는 1급은 0.09, 2급은 0.15를 넘지 않아야 한다.
45°, 0° 확산반사율(%) (백색에 한함)	1 급　86 이상
	2 급　70 이상

KS M 5319
제　　　정 1971-02-17
개　　　정 1983-06-28
공업진흥청
고　　　시 제83-248호

4-3　도료용 희석제(Thinner for Organic Coating Materials)

(1) 적용범위

이 규격은 도료용 희석제에 대하여 규정한다.

(2) 종　류

희석제는 용도에 따라 다음과 같이 4종으로 나눈다.
① 1종 : 합성수지(알키드수지 또는 페놀수지) 에나멜 및 바니시용
② 2종 : 조합 페인트용
③ 3종 : 니트로셀룰로스를 원료로 하는 래커용
④ 4종 : 캐슈수지 도료용

(3) 품　질

품질은 다음 표 6의 규정에 합격하여야 한다.

표 6

항목 \ 종류		1 종	2 종	3 종	4 종
증류시험	초 류 점(℃)	110~155	150 이상	86 이상	130 이상
	93℃에서 유출량(%)	–	–	5 이하	–
	104℃에서 유출량(%)	–	–	46 이하	–
	50% 유출온도(℃)	140~177	–	–	–
	90% 유출온도(℃)	160~195	210 이하	–	190 이하
	건 점(℃)	215 이하	230 이하	130 이하	250 이하
인 화 점(℃)		27 이상	38 이상	–	–
아 닐 린 점(℃)		47 이하	43~60	–	–
케톤 및 에스테르(%)		–		35 이상	
비휘발성물질(g/100ml)		0.02 이하			
겉 모 양		무색 투명하여야 한다.			
색 상		1l의 물에 중크롬산칼륨 0.0048g을 녹인 용액보다 어둡지 않아야 한다.			
점 적 시 험		기름 자국이나 얼룩이 없어야 한다.			
구 리 부 식 성		검게 변하지 않아야 한다.			
산 값(KOH mg/g)		0.3 이하			
냄 새		자극성이 없고, 증발 후에 냄새가 나지 않아야 한다.			
탁 도 시 험		탁하지 않아야 한다.			

* 제조자는 벤젠, 염소화탄화수소 및 기타 독성물질 같은 해로운 것을 넣어서는 안된다.

KS M 5326
제 정 1974-12-31
개 정 1983-12-22

4-4 투명 래커(Clear Lacquer)

(1) 적용범위

이 규격은 투명 래커에 대하여 규정한다. 투명 래커는 니트로셀룰로스, 수지, 가소제 및 용매를 원료로 하여 투명한 도막을 형성하도록 만든 것이다.

(2) 종 류

래커는 다음 2종으로 구분한다.
① 상도용 투명 래커
② 목재용 투명 래커

(3) 품 질

투명 래커는 다음 표 7의 규정에 합격하여야 한다.

표 7

항목＼종류	상도용 투명 래커	목재용 투명 래커
색 상 가드너스케일 1953	10 이하	13 이하
작 업 성	스프레이 작업에 지장이 없을 것	
점도(포드컵 No.4, 초)	20 이내	22 이내
건 조 시 간(분) (고 화 건 조)	60 이내	
도 막 의 상 태	퍼짐성, 광택이 좋고, 반점, 백화의 현상이 없을 것	
내 굴 곡 성	규정에 의하여 건조되고, 가열된 도막은 지름 10mm의 만드렐 봉에 굽혔을 때, 균열이나 박리가 없을 것	규정에 의하여 건조되고, 가열된 도막은 지름 10mm의 만드렐 봉에서 굽혔을 때, 균열이나 박리가 없을 것
내 충 격 성	추(bell)의 충격에 의하여 균열이나 박리 현상이 없을 것	
내 열 성	115~120℃에서 2시간 가열해서 도막에 기포, 팽창, 떨어짐이 없어야 하며, 변색, 광택의 변화 등이 없을 것	
내 수 성	50℃에서 2시간 가열시킨 다음 40℃의 온수에 1시간 담갔을 때, 이상이 없을 것	50℃에서 2시간 가열 건조시킨 다음 60℃의 온수에 1시간 담갔을 때, 이상이 없을 것
내 알 칼 리 성		10% Na_2CO_3 용액에 10분 동안 담가서 이상이 없을 것
내 휘 발 유 성	30분 동안 상온에서 담갔을 때 이상이 없을 것	
불 휘 발 분(%)	22 이상	28 이상
용 매 가 용 물 중 의 니 트 로 기 의 검 출	니트로기가 존재할 것	

KS M 5700
제 정 1977-08-25
확 인 1981-04-18

4-5 슬레이트 및 기와용 페인트(Paint for Slate and Roof Tile)

(1) 적용범위

이 규격은 슬레이트 및 시멘트 기와에 칠하는 페인트에 대하여 규정한다. 페인트는 안료, 비닐 또는 아크릴 공중합수지를 주원료로 하고, 이를 충분히 혼합 분산하여 액상으로 한 것이다.

(2) 종 류

페인트는 색상에 따라 다음과 같이 나눈다.
① 남   색 : 색 번호 15090
② 녹   색 : 색 번호 14062
③ 오렌지색 : 색 번호 12197
④ 갈   색 : 색 번호 10076
⑤ 청기와색 : 색 번호[1]
⑥ 기 타 색

(3) 품 질

페인트는 다음 표 8과 표 9의 규정에 합격하여야 한다.

표 8

종 류	색 번호	안료분[2] (%)	불휘발전색제분[2](%)	은폐율[3] (%)
남 색	15090	6 이상	35 이상	0.95 이상
녹 색	14062	7 이상	35 이상	0.95 이상
오 렌 지 색	12197	8 이상	35 이상	0.95 이상
갈 색	10076	10 이상	35 이상	0.95 이상
청 기 와 색	주 [1]	6 이상	35 이상	0.95 이상
기 타 색	주 [4]	—	35 이상	0.95 이상

* 1) 청기와색은 남색과 녹색을 같은 부피 비율로 섞은 색상을 원칙으로 하나, 당사자 사이의 합의에 따라 결정할 수 있다.
  2) 안료분과 불휘발 전색제분은 페인트에 대한 무게 백분율이다.
  3) 젖은 도막의 두께가 0.1± 0.02mm 되도록 한다.
  4) 기타 색은 당사자 사이의 합의에 따라 결정한다.

표 9

항 목		품 질
수분(페인트에 대한 %)		0.5 이하
광 택(60° 초기)		80 이상
연 화 도(NS)		6 이상
주도 (크레브스 스토머 (200rpm) K.U.값)		70~90
건조 시간 (분)	지촉 건조	30 이내
	경화 건조	120 이내
용 기 내 에 서 의 상 태		페인트는 충만된 용기를 열어 보았을 때 내용물에 피막, 굳은 덩어리, 이물 등이 없어야 하며, 저었을 때 쉽게 균일한 상태로 되어야 한다.
희 석 안 정 성		페인트를 희석하였을 때 침전, 응결, 분리 현상이 심하지 않아야 하며, 약간의 안료 침전은 허용된다.
붓 작 업 성		붓칠에 지장이 없어야 하며, 건조된 도막은 평활하고 흐름, 줄무늬 같은 현상이 심하지 않아야 한다.
재 도 장 시 험		건조된 도막에 재도장할 때, 도막의 부풀음 등의 이상이 없어야 한다.
내 수 성		시험편을 규정된 조건으로 침지한 후 꺼내어 즉시 도막을 조사할 때, 도막에 주름이나 물집이 없어야 한다. 2시간 경과후 백화, 연화, 흐림과 같은 현상이 없어야 하며, 24시간 경과후 시험을 하지 않은 도막과 비교할 때, 경도 부착성에 별 차이가 없고, 광택은 적어도 90% 이상 보유하고 있어야 한다.
촉 진 내 후 성		시험을 한 도막에 초킹현상이 없어야 하며, 시험전 도막 광택이 30% 이상 감소되지 않아야 하며, 색 변화는 명도차 4단위를 넘으면 안된다. 다만, 12197 및 기타색은 6단위를 넘으면 안된다.
내 알 칼 리 성		시험편을 규정된 조건으로 침지한 후, 도막을 조사할 때 갈라짐, 부풀음, 떨어짐, 주름 현상이 없이 광택이 20% 이상 감소되지 않아야 하며, 색 변화는 명도차 4 이내이어야 한다. 다만, 12197 및 기타 색은 6단위를 넘으면 안된다.

KS M 5701
제 정 1967-11-25
개 정 1983-06-30

4-6 자연 건조형 알키드수지 에나멜(Enamel, Alkyd(air drying type))

(1) 적용범위

이 규격은 자연 건조형 알키드수지 광택, 반광택 에나멜(이하 에나멜이라 한다)에 대하여 규정한다. 에나멜은 안료, 알키드수지를 주원료로 하고, 이를 충분히 혼합 분산하여 액상으로 한 것이다.

(2) 종 류

에나멜은 색상, 광택 및 품질에 따라 다음과 같이 나눈다.

① 1종 : 광택 에나멜 1급, 2급
② 2종 : 반광택 에나멜
③ 3종 : 구광택 에나멜

표 10

색상 및 색 번호[1] \ 종류	1 종	2 종	3 종
갈 색	10076	20109	30109
빨 간 색	11105	21136	31136
노 란 색	13538	23538	33538
녹 색	14110	24108	34108
남 색	15044	25045	35044
검 정 색	17038	27038	37038
흰 색	17875	27875	37875
담 색[2]	—	—	—
기 타 색[3]	—	—	—

* 1) 색 번호는 KS M 5550(도료용 색 분류기준)에 따르되, 이는 참고 색상이다.
 2) 담색은 KS A 0062(색의 3속성에 의한 표시 방법)에 따라서 명도 6 이상, 채도 6 이하인 것으로 한다.
 3) 기타 색은 위의 규정된 색상 이외의 것으로 한다.

(3) 품 질

에나멜은 다음 표 11, 12, 13, 14의 규정에 합격하여야 한다.

표 11(1종)

색 명	총 고형분(%)[4]		안료분(%)[4]		불휘발 전색제분(%)[4]		은 폐 율	
	1급	2급	1급	2급	1급	2급	1급	2급
갈 색	50 이상	43 이상	10 이상	10 이상	38 이상	33 이상	0.98이상	0.90이상
빨 간 색	48 이상	40 이상	10 이상	5 이상	37 이상	35 이상	0.88이상	0.80이상
노 란 색	60 이상	45 이상	30 이상	15 이상	28 이상	30 이상	0.95이상	0.80이상
녹 색	51 이상	40 이상	14 이상	9 이상	35 이상	31 이상	0.98이상	0.90이상
남 색	46 이상	40 이상	9 이상	4 이상	35 이상	36 이상	0.98이상	0.80이상
검 정 색	44 이상	40 이상	2 이상	2 이상	40 이상	38 이상	0.98이상	0.95이상
흰 색	58 이상	45 이상	23 이상	15 이상	32 이상	30 이상	0.90이상	0.88이상
담 색	58 이상	45 이상	23 이상	15 이상	32 이상	30 이상	0.94이상	0.90이상
기 타 색[5]	44 이상	40 이상	—	—	32 이상	30 이상	0.94이상	0.90이상

표 12(2종)

색 명	총 고형분(%)[4]	안료분(%)[4]	불휘발 전색제분(%)[4]	은 폐 율
갈 색	62 이상	42 이하	22 이상	0.98 이상
빨 간 색	55 이상	28 이하	27 이상	0.88 이상
노 란 색	64 이상	42 이하	22 이상	0.92 이상
녹 색	60 이상	40 이하	23 이상	0.98 이상
남 색	58 이상	34 이하	24 이상	0.98 이상
검 정 색	58 이상	33 이하	25 이상	0.98 이상
흰 색	62 이상	40 이하	23 이상	0.88 이상
담 색	62 이상	40 이하	23 이상	0.94 이상
기 타 색	55 이상	—	22 이상	0.94 이상

표 13(3종)

색 명	총 고형분(%)[4]	안료분(%)[4]	불휘발 전색제분(%)[4]	은 폐 율
갈 색	62 이상	45 이하	18 이상	0.98 이상
빨 간 색	60 이상	42 이하	19 이상	0.95 이상
노 란 색	64 이상	48 이하	17 이상	0.95 이상
녹 색	62 이상	45 이하	18 이상	0.96 이상
남 색	58 이상	42 이하	18 이상	0.98 이상
검 정 색	62 이상	45 이하	18 이상	0.98 이상
흰 색	64 이상	48 이하	18 이상	0.92 이상
담 색	64 이상	48 이하	18 이상	0.94 이상
기 타 색[5]	58 이상	—	18 이상	0.94 이상

4) 에나멜에 대한 %이다.
5) 특녹색이나 특청색과 같이 프탈로시아닌계 아조 또는 디아조계 안료 등과 같은 투명성 레이크 안료만을 사용한 투명한 에나멜은 은폐율을 적용하지 않는다.

표 14

종류 및 등급 \ 항목	1 종		2 종	3 종
	1 급	2 급		
프 탈 산 무 수 물 분 (불휘발 전색제에 대한 %)	30 이상	23 이상	30 이상	30 이상
지 방 산 분 (불휘발 전색제에 대한 %)	45~55	-	45~55	45~55
불 비 누 화 물 분 (불휘발 전색제에 대한 %)	1.0 이하	-	1.0 이하	1.0 이하
수 분 (에 나 멜 에 대 한 %)	0.5 이하	1.0 이하	0.5 이하	1.0 이하
주 도(K.U 값)	70~80	75~90	70~80	70~80
광 택 60°(초 기)	87 이상	85 이상	25~50	6 이하
연 화 도(N·S)	7 이상	6 이상	6 이상	4 이상
확 산 반 사 율 45°, 0° (흰 색 에 나 멜 에 한 함)	84 이상	80 이상	83 이상	83 이상
건조시간 (시간)	지촉 건조	2 이내	2 이내	2 이내	2 이내
	고화 건조	8 이내	8 이내	8 이내	8 이내

용 기 내 에 서 의 상 태	에나멜의 충만된 용기를 열어볼 때, 내용물에 피막, 굳은 덩어리, 이물 등이 없어야 하며, 안료의 침전이나 케이킹(caking), 리버링(livering) 현상이 심해서도 안되며, 저으면 쉽게 균일한 상태가 되어야 한다.
저 장 성	(1) 용기에 차지 않았을 때 : 부피가 약 1ℓ의 용기에 3/4 정도 에나멜을 채워 밀폐한 후 온도가 21~32℃로 유지되는 어두운 곳에 48시간 저장했을 때 피막이 생성되지 않아야 하며, 이 시료를 다시 60℃에서 7일간 저장한 후 뚜껑을 열어보았을 때, 다만 생성된 피막은 균일하여야 하며, 쉽게 제거되어야 하고, 에나멜에 리버링(livering), 응결, 고무상 침전물, 굳은 덩어리 등이 생기지 않아야 하며, 저으면 쉽게 균일한 상태로 되어야 한다. (2) 용기에 찼을 때 : 에나멜은 부피 1ℓ 용기에 충만시켜 밀폐한 후 온도가 21~32℃로 유지되는 어두운 곳에서 6개월간 저장시켰을 때 에나멜은 피막, 리버링(livering), 케이킹(caking), 고무상 침전물, 굳은 덩어리 등이 생기지 않아야 하며, 주도는 1종의 1급, 2종 및 3종은 90K.U, 1종의 2급은 100K.U를 넘어서는 안된다. 그리고 다른 규격에도 맞아야 한다. 다만, 이 시험은 필요하다고 인정될 때 실시한다.
희 석 안 정 성	에나멜은 희석하였을 때 침전, 응결, 분리 현상이 없어야 하나, 안료의 약간 침전은 허용한다.
붓 작 업 성	붓칠하기 좋아야 하며, 건조된 도막은 평활하고 흐름, 줄무늬 같은 현상이 없어야 한다.

스 프 레 이 작 업 성	스프레이 하기 좋아야 하며, 이때 흐름, 처짐, 무늬, 오렌지필 같은 현상이 없어야 한다. 건조된 도막에는 시딩(seeding), 더스팅(dusting), 플로팅(floting), 포깅(fogging), 색의 모팅(motting) 같은 현상이 없어야 한다.
냄 새	에나멜 자체 혹은 에나멜이 건조될 때 불쾌한 냄새가 나지 않아야 한다.
굴 곡 성 시 험	도막을 시험할 때 균열, 떨어짐이 생기지 말아야 한다.
나 이 프 시 험	도막을 시험할 때 시험판에 굳게 부착되어 있어야 하며, 균열이 생기거나 떨어지지 말아야 한다. 도막을 자를 때 도막이 부스러지지 않고, 시험판에서 리본 혹은 컬(curl)상태로 잘라야 하며, 단면은 사면이어야 한다.
재 도 장 시 험	건조 도막에 재도장할 때 도막에 이상이 없어야 한다.
내 수 성	시험편을 물에서 규정된 조건으로 18시간 침지한 후, 즉시 꺼내 도막을 조사할 때, 도막에 주름이나 물집이 없어야 한다. 2시간 경과 후 백화, 연화, 흐림과 같은 현상이 없어야 하며, 24시간 경과 후 침지 시험을 하지 않은 도막과 비교할 때 경도, 부착성, 색상, 광택에 별 차이가 없어야 하며, 광택은 90% 이상 보유하고 있어야 한다.
내 휘 발 유 성	시험편을 휘발유에서 규정된 조건으로 침지한 후, 즉시 꺼내 도막을 조사할 때, 도막에 주름이나 부풀음이 없어야 한다. 2시간 경과후 백화, 연화, 흐림과 같은 현상이 없어야 하며, 24시간 경과후 침지 시험을 하지 않은 도막과 비교할 때 경도, 색상 및 광택이 별 차이가 없어야 한다. 다만, 적색계통은 뽀얗게(milky)되는 경향은 무시하나 광택은 90% 이상 보유하고 있어야 한다.
내 후 촉 진 성 시 험	시험을 한 도막에 초킹이 없어야 하며, 1종은 시험전 광택이 30% 이상, 2종은 50% 이상 감소되지 않아야 하고, 색변화는 명도차 4단위를 넘으면 안된다. 다만, 황색 계통은 6단위를 넘으면 안된다.

*제조자는 에나멜에 벤젠, 염소화 탄화수소 및 기타 독성물질 같은 해로운 것을 넣어서는 안된다.

KS M 5703

제   정 1967-11-25

개   정 1981-12-28

공업진흥청

고   시 제81-2331호

4-7 가열 건조형 알키드수지 광택 에나멜(Enamel Alkyd(Baking Type)

(1) 적용범위

이 규격은 가열 건조형 알키드수지 광택 에나멜(이하 에나멜이라 한다)에 대하여 규정한다. 에나멜은 안료와 아미노수지 및 변성 알키드수지 바니시를 주원료로 하고, 이를 충분히 혼합

분산하여 가열 건조에 적합하도록 만들어진 것이다.

(2) 종 류

에나멜은 색상에 따라 다음과 같이 나눈다.

① 갈 색 : 색 번호 10076   ② 빨간색 : 색 번호 11105

③ 노란색 : 색 번호 13538   ④ 녹 색 : 색 번호 14110

⑤ 남 색 : 색 번호 15044   ⑥ 검정색 : 색 번호 17038

⑦ 흰 색 : 색 번호 17875

⑧ 담 색 : KS A 0062(색의 3속성에 의한 표시 방법)에 따라서 명도 6 이상, 채도 6 이하
　　인 것으로 한다.

⑨ 기타의 색 : 위에 규정된 색상 이외의 것으로 한다.

　　*색번호는 KS M 5550(도료용 색 분류기준)에 따른다.

(3) 품 질

에나멜은 다음 표 15, 16, 17의 규정에 합격하여야 한다.

표 15

색 명	색번호	총 고형물(%)[1]	안료분(%)[1]	불휘발 전색제분(%)[1]	은 폐 율
갈 색	10076	50 이상	10~13	38 이상	0.98 이상
빨 간 색	11105	48 이상	10~13	37 이상	0.88[2]
노 란 색	13538	60 이상	30~34	28 이상	0.95 이상
녹 색	14110	51 이상	14~17	35 이상	0.98 이상
남 색	15044	46 이상	9~12	35 이상	0.98 이상
검 정 색	17038	44 이상	2~4	40 이상	0.98 이상
흰 색	17875	58 이상	23~27	32 이상	0.90 이상
담 색	—	58 이상	23~27	32 이상	[3]
기 타 색[4]	—	44 이상	—	35 이상	0.90 이상

* 1) 총 고형물, 안료분, 불휘발 전색제분은 에나멜에 대한 백분율이다.
　2) 건조 도막 두께는 0.00381cm 이하의 것으로 한다.
　3) 최저 건조 도막 은폐율은 다음 표 16에 합격하여야 한다.
　4) 프탈로시아닌계, 아조 또는 디아조계 안료 등과 같은 투명성 레이크 안료만을 사용한 에나멜은 제외
　　한다.

4. 중요도료의 ks규격 **475**

표 16 최저 건조 도막 은폐율

담색 반사율(%)	은 폐 율	담색 반사율(%)	은 폐 율	담색 반사율(%)	은 폐 율
82	0.94	74	0.96	66	0.98
80	0.94	72	0.96	64	0.98
78	0.95	70	0.97	62	0.98
76	0.95	68	0.97	60 이하	0.98

표 17

질화성 수지분(불휘발 전색제에 대한 %)	20 이상
프탈산 무수물분(불휘발 전색제에 대한 %)	26 이상
지방산분(불휘발 전색제에 대한 %)	22 이상
수 분(에나멜에 대한 %)	0.5 이하
주 도[크레브스－스토머(200rpm) K.U 값]	61～72
광 택 60°(초기)	87 이상
연 화 도(NS)	7 이상
45°, 0° 확산 반사율 %(흰색에 한함)	84 이상
건조시간(경화 150℃에서)	30분 이내
도막 강도시험(연필 강도)	B 이상

*용기내에서의 상태 : 에나멜이 충만된 용기를 열어볼 때 내용물에 피막, 굳은 덩어리, 이물 등이 없어야 하며, 안료의 침전이나 케이킹 현상이 심해서도 안된다. 또한, 리버링이나 주도가 너무 높아져 있어도 안되며, 저으면 쉽게 균일한 상태가 되어야 한다.

KS M 5953
제 정 1962-12-31
개 정 1982-12-24

4-8 흑색 등사 잉크(Duplicating Ink Black)

(1) 적용 범위

이 규격은 카본 블랙 등의 착색제, 광물유, 식물유, 수지류 등을 주원료로 하는 흑색 등사 잉크에 대하여 규정한다.

(2) 품 질

등사 잉크는 다음 표 18의 규정에 합격하여야 한다.

표 18

용 기 속 에 서 의 상 태	피막, 티, 굳은 덩어리가 없어야 한다.
색	진한 흑색 또는 청색기가 도는 흑색이어야 하고, 갈색기가 없어야 한다.
냄　　　　　　　새	불쾌한 냄새가 없어야 한다.
농　　　　　　　도	백색 반사율 35% 이하
작　　업　　성	별항 시험에 합격하여야 한다.
침　　투　　도	30분에서 30mm 이하
전 색 제 의　착 색	가드너 색수 6이하
연　　화　　도	17.5μ에서 세선(3선) 이하
건　　조　　성	별항 시험에 합격하여야 한다.
비　　중(20/20℃)	1.05 이하

(3) 시험 방법 ·

① **시료 채취 방법** : 등사 잉크는 1배치(batch)당 1용기를 랜덤하게 취하고, 그 용기 중에서 전체를 대표할 수 있게 약 200g을 밀폐 용기에 취한다. 이때, 시료 채취자가 ②의 시험을 하고, 그 시험 보고서를 시료에 첨부하여 시험자에게 제공한다.

② **용기 속에서의 상태** : 제품 용기의 뚜껑을 열고 잉크의 표면을 관찰하고 막대로 저어 피막, 티, 덩어리 등을 조사한다.

③ **색** : 소량의 시료를 흰 종이 위에 강철제 직선 주걱으로 내려그어 조사한다.

④ **냄새** : 50ml 비커에 약 반량을 채취하고, 유리막대로 세게 저어준 후 냄새를 맡는다.

5. 도료의 품질보증

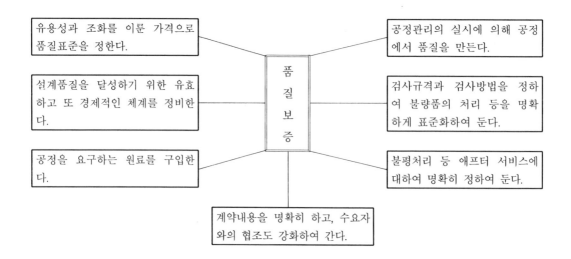

(1) 품질보증

구 분	규 격 항 목	기능특성	대용특성	*1)	*2)	설계에서 정함	공정에서 조절
도료 — 화학성상	조　　　성		○			○	
	산　　　가		○				○
	가 열 잔 분		○			○	
	색 의 안 정 성	○				○	
	저 장 안 정 성	○				○	
도료 — 물리성상	용기중에서의 상태	○		○		○	
	조　　　도		○				○
	연　화　도		○				○
	비　　　중		○			○	
	저 장 안 정 성	○				○	
도장 — 작업성 — 화학성상	독　　　성	○		○		○	
도장 — 작업성 — 물리성상	건 조 시 간	○		○		○	
	취　　　기	○		○		○	
	인　화　성	○		○		○	
도장 — 마무리 — 물리성상	색	○		○			○
	광　　　택	○		○		○	
	경　　　도	○				○	
	은 폐 력	○		○		○	
	부 점 착 성	○				○	
	재 도 장 성	○				○	
	마 무 리 상 태	○		○		○	
도막 — 화학성상	내 약 품 성	○		○		○	
	내　수　성	○		○		○	
	내 염 수 성	○		○		○	
	내 용 제 성	○		○		○	
도막 — 물리성상	내 굴 곡 성	○				○	
	내 충 격 성	○				○	
	내 마 모 성	○				○	
	밀 착 성	○		○		○	
	내 오 염 성	○				○	
도막 — 내구성능	내 후 성	○			○	○	
	내 기 능 성				○	○	
	광 택 보 지 성				○	○	
	각 종 2차 물 성				○	○	

*1) 실험실에서 결정되는 특성　　2) 폭로 등의 장기경과로 확인을 요하는 특성

(2) 관능검사 시험항목

항 목	내 용
용 기 중 의 상 태	교반후에 원상태로 복원하는데 있어서의 난이 정도
취 기	이상취기의 유무
투 명 도	불순물, 흐림, 착색의 정도
작 업 성	도장작업 적성의 정도
희 석 성	신너에 의한 희석의 난이 정도
도 장 상 태	흐름, 처짐, 무늬, 오렌지필 등의 현상 정도
건 조 시 간	도면의 건조, 경화의 정도
색	표준색과의 색차의 정도
도 막 의 상 태	도막의 평활성, 균일성 유무 줄이나 분리유무 정도
광 택	표준광택과의 비교에 의한 차의 유무
불 점 착 성	도막이 다시 연화되는 정도
오 염 성	도막이 오염에 견디는 정도
연 마 성	연마작업의 난이 정도
재 도 장 성	주름잡히기, 갈라짐, 광택얼룩의 유무
내 굴 곡 성	곡봉의 지름에 도막이 추종하는 정도
부 착 성	삽화, 바둑눈, 테이프 등에 부착성의 정도

(3) 도막의 결함

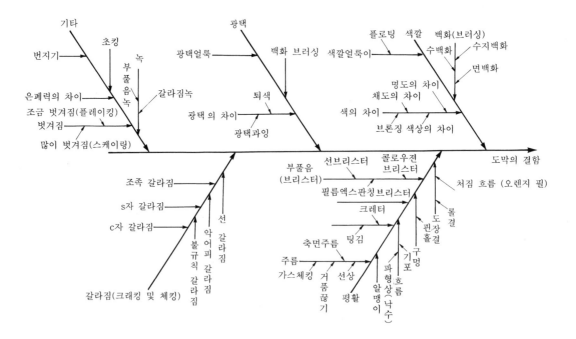

6. 용제류의 특성

(1) 용제의 상대 증발속도(아세트산부틸－100)

약 제 명	분 자 식	분자량	비점(℃)	증발속도
아 세 트 산 메 틸	$CH_3CO_2CH_3$	74.08	59－60	1040
아 세 톤	CH_3COCH_3	85.08	5.1	720
아 세 트 산 에 틸	$CH_3CO_2C_2H_5$	88.10	77.1	525
메 틸 에 틸 케 톤	$CH_3COC_2H_5$	72.10	79.6	465
벤 젠	C_6H_6	78.11	79.6	500
아세트산이소프로필	$CH_3CO_2CH(CH_3)_2$	102.13	89.0	435
메 탄 올	CH_3OH	32.04	64.5	370
프 로 피 온 산 에 틸	$C_7H_5CO_2C_2H_5$	102.13	99.1	300
이 소 프 로 판 올	$(CH_3)_2CHOH$	60.09	82.5	205
에 탄 올	C_2H_5OH	46.07	78.5	203
디 에 틸 케 톤	$(C_2H_5)_2C=O$	86.13	102－7	…
톨 루 엔	$C_6H_5CH_3$	92.13	111.0	195
아 세 트 산 제 2 부 틸	$CH_3CO_2CH(CH_3)C_2H_5$	116.15	111.5	180
아 세 트 산 이 소 부 틸	$CH_3CO_2CH_2CH(CH_3)_2$	116.15	118.3	152
메 틸 이 소 부 틸 케 톤	$CH_3COCH_2CH(CH_3)_2$	100.15	118.0	145
제 2 부 탄 올	$CH_3CH(OH)C_2H_5$	74.12	99.5	115
아 세 트 산 정 부 틸	$CH_3CO_2C_4H_9$	74.12	126.5	100
산 화 메 시 틸	$(CH_3)_2C \cdot CH \cdot CO \cdot CH_3$	98.14	128.7	87
아 세 트 산 제 2 아 밀	$CH_3CO_2C_5H_{11}$	130.18	130－8	87
이 소 부 탄 올	$(CH_3)_2CH \cdot CH_2OH$	74.12	107－8	83
크 실 렌	$C_6H_4(CH_3)_2$	106.16	135－45	68
아 세 트 산 아 밀	$CH_3CO_2C_5H_{11}$	130.18	130－50	…
벤 타 아 세 테 이 트	$CH_3CO_2C_5H_{11}$	130.18	130－45	63
메 틸 셀 로 솔 브	$CH_3OC_2H_4OH$	76.09	124.5	55
디 프 로 필 케 톤	$(C_3H_7)_2CO$	114.18	143.5	49
n － 부 탄 올	$C_4H_9 \cdot OH$	74.12	117.1	45
아세트산메틸셀로솔브	$CH_3CO_2C_2H_4OCH_3$	118.13	143.0	40
셀 로 솔 브	$C_2H_5OC_3H_4OH$	90.12	135.0	40
메틸디아세톤에테르	$(CH_3)_2C(OCH_3)CH_2COCH_3$	130.16	157.0	35
벤 타 졸	$C_5H_{11}OH$	88.14	120－30	30
락 트 산 메 틸	$CH_3CHCH_3CO_2CH_3$	104.10	144.8	29
시 클 로 헥 사 논	$CH_2(CH_3)_4 \cdot CO$	98.14	155－7	25
아 세 트 산 셀 로 솔 브	$CH_3CO_2C_3H_4OCH_3$	132.16	156.2	24

(2) 용제의 증기압과 온도

용 제 명	증 기 압 (mmHg)							
	1	5	10	20	60	200	400	760
	온 도 (℃)							
사 염 화 탄 소	−50.0	−30.0	−19.6	− 8.2	12.3	38.3	57.8	76.7
클 로 로 포 름	−58.0	−39.1	−29.7	−19.0	0.5	25.9	42.7	61.3
메 탄 올	−44.0	−25.3	−16.2	− 6.0	12.1	34.8	49.9	64.7
포 름 산 메 틸	−74.2	−57.0	−48.6	−39.2	−21.9	0.8	16.0	32.0
염 화 메 틸 렌	−70.0	−52.1	−43.3	−33.4	−15.7	8.0	24.1	40.7
염 화 에 틸	−89.8	−73.9	−65.8	−56.8	−40.6	−18.6	− 3.9	12.3
에 탄 올	−31.3	−12.0	− 2.3	8.0	26.0	48.4	63.5	78.4
아 크 릴 산	3.5	27.3	39.0	52.0	75.0	103.3	122.0	141.0
에피클로로히드린	−16.5	5.6	16.6	29.0	50.6	79.3	98.0	117.9
아 세 톤	−59.4	−40.5	−31.1	−20.8	− 2.0	22.7	39.5	56.5
알 릴 알 콜	−20.0	0.2	10.5	21.7	40.3	64.5	80.2	96.6
아 세 트 산 메 틸	−57.2	−38.6	−29.3	−19.1	− 0.5	24.0	40.0	57.8
포 름 산 에 틸	−60.5	−42.2	−33.0	−22.7	− 4.3	20.0	37.1	54.3
프 로 판 올	−15.0	5.0	14.7	25.3	43.5	66.8	82.0	97.8
이 소 프 로 판 올	−26.1	− 7.0	2.4	12.7	30.5	53.0	67.8	82.5
아 세 트 산 에 틸	−43.4	−23.5	−13.5	− 3.0	16.6	42.0	59.3	77.1
프 로 피 온 산 메 틸	−42.0	−21.5	−11.8	− 1.0	18.7	44.2	61.8	79.8
포 름 산 프 로 필	−43.0	−22.7	−12.6	− 1.7	18.8	45.3	62.6	81.3
포름산이소프로필	−52.0	−32.7	−22.7	−12.1	7.5	33.6	50.5	68.3
n − 부 탄 올	−1.2	20.0	30.2	41.5	60.3	84.3	100.8	117.5
제 2 부 탄 올	−12.2	7.2	16.9	27.3	45.2	67.9	83.9	99.5
이 소 부 탄 올	−9.0	11.0	21.7	32.4	51.7	75.9	91.4	108.0
디 에 틸 에 테 르	−74.3	−56.9	−48.1	−38.5	−21.8	2.2	17.9	34.6
시 클 로 펜 탄	−68.0	−49.6	−40.4	−30.1	−11.3	13.8	31.0	49.3
프 로 피 온 산 에 틸	−28.0	− 7.2	3.4	14.3	35.1	61.7	79.8	99.1
아 세 트 산 프 로 필	−26.7	− 5.4	5.0	16.0	37.0	64.0	82.0	101.8
아세트산이소프로필	−38.3	−17.4	− 7.2	4.2	25.1	51.7	69.8	89.0
부 티 르 산 메 틸	−26.8	− 5.5	5.0	16.7	37.4	64.3	83.1	102.3
포 름 산 부 틸	−26.4	− 4.7	6.1	18.0	39.8	67.9	86.2	106.0
아 밀 알 콜	13.6	34.7	44.9	55.8	75.5	102.0	119.8	137.8
벤 젠	−36.7	−19.6	−11.5	− 2.6	15.4	42.2	60.6	80.1
산 화 메 시 틸	− 8.7	14.1	26.0	37.9	60.4	90.0	109.8	130.0
헥 센 (1)	−57.5	−38.0	−28.1	−17.2	2.8	29.0	46.8	66.0
시 클 로 헥 산	−45.3	−25.4	−15.9	− 5.0	14.7	42.0	60.8	80.7

메 틸 부 틸 케 톤	7.7	28.8	38.8	50.0	69.8	94.3	110.0	127.5
메틸이소부틸케톤	− 1.4	19.7	30.0	40.8	60.4	85.6	102.0	119.0
부 티 르 산 에 틸	−18.4	4.0	15.3	27.8	50.1	79.8	100.0	121.0
헥 산	−53.9	−34.5	−25.0	−14.1	5.4	31.6	49.6	68.7
톨 루 엔	−26.7	− 4.4	6.4	18.4	40.3	69.5	89.5	110.6
메 틸 시 클 로 헥 산	−35.9	−14.0	− 3.2	8.7	30.5	59.6	79.6	100.9
아세트산이소아밀	0.0	23.7	35.2	47.8	71.0	101.3	121.5	142.0
스 티 렌	− 7.0	18.0	30.8	44.6	69.5	101.3	122.5	145.2
o − 크 실 렌	− 3.8	20.2	32.1	45.1	68.8	100.2	121.7	144.4
m − 크 실 렌	− 6.9	16.8	28.3	41.1	64.4	95.5	116.7	139.1
p − 크 실 렌	− 8.1	15.5	27.3	40.1	63.5	94.6	115.9	138.3

(3) 각종 용제의 비점 및 인화점

용 제	비 점(℃)	인 화 점(℃)
석 유 에 테 르	40~60	<40
석 유 벤 젠	60~80	−10~10
테 레 핀 유	−	30
벤 젠	80.1	− 8
톨 루 엔	110.8	7
크 실 렌(o.m.p−)	136~141	23
테 트 랄 린	207.2	80
메 탄 올	64.7	6.5
에 탄 올	78.3	14
n − 부 탄 올	117.0	34
i − 아 밀 알 콜	138.0	46
사 이 클 로 헥 산 올	160.0	68
사 이 클 로 헥 산	155.0	44
아 세 톤	56.3	−17
아 세 트 산 에 틸	77.1	− 2
에 세 트 산 이 소 부 틸	118	24~25
아 세 트 산 이 소 아 밀	142	23
아 세 트 산 벤 젠	213.5	95
프 탈 산 디 메 틸	280/734mmHg	132
프 탈 산 디 에 틸	298~299	140
에 틸 렌 글 리 콜	197	170
에 틸 렌 클 로 르 히 드 린	128.6	55
에 틸 에 테 르	34.6	<0
트 리 클 로 르 에 틸 렌	87.2	<0
이 황 화 탄 소	46.2	−25

(4) 기체의 발화한계 조성

기 체	하한계 (%)	상 한 (%)	연소열 (kcal/mol)	기 체	하한계 (%)	상한계 (%)	연소열 (kcal/mol)
메 탄 올	6.72	36.50	149.8	헵 탄	1.00	6.00	1,064.5
에 탄 올	3.28	18.95	295.9	옥 탄	0.95		1,207.7
프 로 판 올	2.55	—	438.3	노 난	0.83		1,353.0
이 소 프 로 판 올	2.65	—	432.6	데 칸	0.67		1,494.0
부 탄 올	1.70	—	585.8	에 틸 렌	2.75	28.60	310.9
이 소 부 탄 올	1.68	—	585.4	프 로 필 렌	2.00	11.10	460.5
아 밀 알 콜	1.19	—	730.3	부 틸 렌	1.70	9.00	611.7
이 소 아 밀 알 콜	1.20	—	711.6	아 민	1.60		750.6
알 릴 알 콜	2.40	—	410.6	아 세 틸 렌	2.50	80.00	301.5
포 름 산 메 틸	5.05	22.70	212.0	벤 젠	1.41	6.75	750.6
포 름 산 에 틸	2.75	16.40	359.9	톨 루 엔	1.27	6.75	892.0
아 세 트 산 메 틸	3.15	15.60	349.4	o－크 실 렌	1.00	6.00	1,039.9
아 세 트 산 에 틸	2.18	11.40	494.7	시 클 로 프 로 판	2.40	10.40	465.1
아 세 트 산 프 로 필	2.05	—	633.0	시 클 로 헥 산	1.33	8.35	875.6
이소포름산프로필	2.00	—	638.0	메 틸 시 클 로 헥 산	1.15		1,017.9
아 세 트 산 부 틸	1.70	—	768.4	테 레 핀 유	0.80		1,385.5
아 세 트 산 아 밀	1.10	—	968.6	수 소	4.00	74.20	57.8
아 세 톤	2.55	12.80	395.0	일 산 화 탄 소	12.50	74.20	67.6
메 틸 에 틸 케 톤	1.81	9.50	540.1	암 모 니 아	15.50	27.00	76.2
메 틸 프 로 필 케 톤	1.55	8.15	682.8	염 화 메 틸	8.25	18.70	153.7
메 틸 부 틸 케 톤	1.22	8.00	831.8	염 화 비 닐	4.00	21.70	270.9
메 틸 에 틸 에 테 르	2.00	10.10	461.1	염 화 에 틸	4.00	14.80	295.6
에 틸 에 테 르	1.85	36.50	598.8	염 화 아 밀	1,400		731.9
비 닐 에 테 르	1.70	27.00	569.1	이 염 화 에 틸 렌	9.70	12.80	224.5
메 탄	5.00	15.80	191.7	염 화 에 틸 렌	6.20	15.90	249.9
에 탄	3.22	12.45	236.7	염 화 프 로 필 렌	3.40	14.50	396.1
프 로 판	2.37	9.50	484.1	브 롬 화 메 틸	13.50	14.50	173.5
부 탄	1.86	8.41	634.4	브 롬 화 에 틸	6.75	11.25	319.4
이 소 부 탄	1.80	8.44	630.6	이 황 화 탄 소	1.25	50.00	246.6
펜 탄	1.40	7.80	774.9	에 틸 렌 옥 시 드	3.00	80.00	281.0
이 소 펜 탄	1.32	—	780.1	프 로 필 렌 옥 시 드	2.00	22.00	—
헥 산	1.25	6.90	915.9	아 세 트 산	4.05	—	181.3

7. 중요단위 환산표

(1) 도막(塗膜) 두께

① 고형분 용적 백분율(%)을 알고서 건조 도막 두께(미크론 단위)와 이론적인 도포량 (m^3/l)을 산출하는 표

micron	용 적 % (부 피 %)															
	10%	15%	20%	25%	30%	35%	40%	45%	50%	55%	60%	65%	70%	80%	90%	100%
10	10.00	15.00	20.00	25.00	30.00	35.00	40.00	45.00	50.00	55.00	60.00	65.00	70.00	80.00	90.00	100.00
15	6.66	10.00	13.33	16.66	20.00	23.33	26.66	30.00	33.33	36.66	40.00	43.33	46.66	53.33	60.00	66.66
20	5.00	7.50	10.00	12.50	15.00	17.50	20.00	22.50	25.00	27.50	30.00	32.50	35.00	40.00	45.00	50.00
25	4.00	6.00	8.00	10.00	12.00	14.00	16.00	18.00	20.00	22.00	24.00	26.00	28.00	32.00	36.00	40.00
30	3.33	5.00	6.66	8.33	10.00	11.66	13.33	15.00	16.66	18.33	20.00	21.66	23.33	26.66	30.00	33.33
35	2.86	4.28	5.71	7.14	8.57	10.00	11.43	12.86	14.28	15.71	17.14	18.57	20.00	22.86	25.71	28.57
40	2.50	3.75	5.00	6.25	7.50	8.75	10.00	11.25	12.50	13.75	15.00	16.25	17.50	20.00	22.50	25.00
50	2.00	3.00	4.00	5.00	6.00	7.00	8.00	9.00	10.00	11.00	12.00	13.00	14.00	16.00	18.00	20.00
60	1.66	2.50	3.33	4.17	5.00	5.83	6.66	7.50	8.33	9.17	10.00	10.83	11.66	13.33	15.00	16.66
75	1.33	2.00	2.66	3.33	4.00	4.66	5.33	6.00	6.66	7.33	8.00	8.66	9.33	10.66	12.00	13.33
80	1.25	1.87	2.50	3.12	3.75	4.37	5.00	5.62	6.25	6.87	7.50	8.12	8.75	10.00	11.25	12.50
100	1.00	1.50	2.00	2.50	3.00	3.50	4.00	4.50	5.00	5.50	6.00	6.50	7.00	8.00	9.00	10.00
125	0.80	1.20	1.60	2.00	2.40	2.80	3.20	3.60	4.00	4.40	4.80	5.20	5.60	6.40	7.20	8.00
150	0.66	1.00	1.33	1.66	2.00	2.33	2.66	3.00	3.33	3.66	4.00	4.33	4.66	5.33	6.00	6.66
175	0.57	0.86	1.14	1.43	1.71	2.00	2.28	2.57	2.86	3.14	3.43	3.71	4.00	4.57	5.14	5.71
200	0.50	0.75	1.00	1.25	1.50	1.75	2.00	2.25	2.50	2.75	3.00	3.25	3.50	4.00	4.50	5.00
225	0.44	0.66	0.88	1.11	1.33	1.55	1.77	2.00	2.22	2.44	2.66	2.88	3.11	3.55	4.00	4.44
250	0.40	0.60	0.80	1.00	1.20	1.40	1.60	1.80	2.00	2.20	2.40	2.60	2.80	3.20	3.60	4.00

1μ(미크론 : micron)≒0.000039″=0.001mm=10^{-3}mm

25.4미크론≒1밀(mil)≒0.001″(인치)

〔습도막두께 산출방법〕

$$습도막\ 두께 = \frac{건도\ 도막\ 두께 \times 100}{고형분\ 용적\ 백분율(\%)}$$

② 건조 도막 두께(밀단위)와 고형분 용적 백분율(%)을 알고서 이론적인 도포량(ft^2/(영국) 갈론)을 산출하는 표

micron	10%	15%	20%	25%	30%	35%	40%	45%	50%	55%	60%	65%	70%	80%	90%	100%
								부　피 %								
0.25	770	1156	1541	1926	2311	2696	3082	3467	3852	4237	4622	5008	5393	6163	6934	7704
0.50	385	578	770	963	1156	1348	1541	1733	1926	2119	2311	2504	2696	3082	3467	3852
0.75	257	385	514	642	770	899	1027	1156	1284	1412	1541	1669	1798	2054	2311	2568
1.0	193	289	385	481	578	674	770	867	963	1059	1156	1252	1348	1541	1733	1926
1.25	154	231	308	385	462	539	616	693	770	847	924	1001	1079	1232	1387	1541
1.50	128	193	257	321	385	449	514	578	642	706	770	835	899	1027	1156	1284
1.75	110	165	220	275	330	385	440	495	550	605	660	715	770	880	990	1101
2.0	96	144	193	241	289	337	385	433	481	530	578	626	674	770	867	963
2.5	77	116	154	193	231	270	308	347	385	424	462	501	539	616	693	770
3.0	64	96	128	160	193	224	257	289	321	353	385	417	449	514	578	642
3.5	55	82	110	138	165	193	220	248	275	303	330	358	385	440	495	550
4.0	48	72	96	120	144	168	193	217	241	265	289	313	337	385	433	481
4.5	43	64	86	107	128	150	171	193	214	235	257	278	300	342	385	428
5.0	38	58	77	96	116	135	154	173	193	212	231	250	270	308	347	385
6.0	32	48	64	80	96	112	128	144	160	176	193	209	225	257	289	321
7.0	27	41	55	69	82	96	110	124	138	151	165	179	193	220	248	275
8.0	24	36	48	60	72	84	96	108	120	132	144	156	168	193	217	241
9.0	21	32	43	53	64	75	86	96	107	118	128	139	150	171	193	214
10.0	19	29	38	48	58	67	77	87	96	104	116	125	135	154	173	193

1갈론(영국)＝4.546l(imperial gallon)＝1.2×(미국)갈론
(미국)＝3.875l(US gallon)

〔습도막 두께 산출 방법〕

$$습도막\ 두께 = \frac{건조\ 도막\ 두께 \times 100}{고형분\ 용적\ 백분율(\%)}$$

(2) 인치(inches) 단위 ─ 미크론(micron) 단위 환산표

inches	0	0.0001	0.0002	0.0003	0.0004	0.0005	0.0006	0.0007	0.0008	0.0009
			micrometres		(microns)					
0		2.5	5.1	7.6	10.2	12.7	15.2	17.8	20.3	22.9
0.001	25.4	27.9	30.5	33.0	35.6	38.1	40.6	43.2	45.7	48.3
0.002	50.8	53.3	55.9	58.4	61.0	63.5	66.0	68.6	71.1	73.7
0.003	76.2	78.7	81.3	83.3	86.4	88.9	91.4	94.0	96.5	99.1
0.004	101.6	104.1	106.7	109.2	111.8	114.3	116.8	119.4	121.9	124.5

0.005	127.0	129.5	132.1	134.6	137.2	139.7	142.2	144.8	147.3	149.9
0.006	152.4	154.9	157.5	160.0	162.6	165.1	167.6	170.2	172.7	175.3
0.007	177.8	180.3	182.9	185.4	188.0	190.5	193.0	195.6	198.1	200.7
0.008	203.2	205.7	208.3	210.8	213.4	215.9	218.4	221.0	223.5	226.1
0.009	228.6	231.1	233.7	236.2	238.8	241.3	243.8	246.4	248.9	251.5
0.010	254.0	256.5	259.1	261.6	264.2	266.7	269.2	271.8	274.3	276.9
0.011	279.4	281.9	284.5	287.0	289.6	292.1	294.6	297.2	299.7	302.3
0.012	304.8	307.3	309.9	312.4	315.0	317.5	320.0	322.6	321.1	327.7
0.013	330.2	332.7	335.3	337.8	340.4	342.9	345.4	348.0	350.5	353.1
0.014	355.6	358.1	360.7	363.2	365.8	368.3	370.8	373.4	375.9	378.5
0.015	381.0	383.5	386.1	388.6	391.2	393.7	396.2	398.8	401.3	403.9
0.016	406.4	408.9	411.5	414.0	416.6	419.1	421.6	424.2	416.7	429.3
0.017	431.8	434.3	436.9	439.4	442.0	444.5	447.0	449.6	452.1	454.7
0.018	457.2	459.7	462.3	464.8	467.4	469.9	472.4	475.0	477.5	480.1
0.019	482.6	485.1	487.7	490.2	492.8	495.3	497.8	500.4	502.9	505.5
0.020	508.0									

(3) 미크론(micron)단위 — 인치(inches)단위 변화표

microns	0	1	2	3	4	5	6	7	8	9
	inches									
0		0.000039	0.000078	0.000118	0.000157	0.000196	0.000236	0.000275	0.000314	0.000354
10	0.000393	0.000433	0.000472	0.000511	0.000551	0.000590	0.000629	0.000669	0.000708	0.000748
20	0.000787	0.000826	0.000866	0.000905	0.009444	0.000984	0.001023	0.001062	0.001102	0.001141
30	0.001181	0.001220	0.001259	0.001299	0.001338	0.001377	0.001417	0.001456	0.001496	0.001535
40	0.001574	0.001614	0.001653	0.001692	0.001732	0.001771	0.001811	0.001850	0.001889	0.001929
50	0.001968	0.002007	0.002047	0.002086	0.002125	0.002165	0.002204	0.002244	0.002283	0.002322
60	0.002362	0.002401	0.002440	0.002480	0.002519	0.001559	0.002598	0.002637	0.002677	0.002716
70	0.002755	0.002795	0.002834	0.002874	0.002913	0.001952	0.002922	0.003031	0.003070	0.003110
80	0.003149	0.003188	0.003228	0.003267	0.003307	0.003346	0.003385	0.003425	0.003464	0.003503
90	0.003543	0.003582	0.003633	0.003661	0.003700	0.003740	0.003779	0.003818	0.003858	0.003897
100	0.003937	0.003976	0.004015	0.004055	0.004094	0.004133	0.004173	0.004212	0.004251	0.004291
110	0.004330	0.004369	0.004409	0.004448	0.004488	0.004527	0.004566	0.004606	0.004645	0.004685
120	0.004724	0.004763	0.004803	0.004842	0.004881	0.004921	0.004960	0.004999	0.005039	0.005078
130	0.005118	0.005157	0.005196	0.005236	0.005275	0.005314	0.005364	0.005393	0.005433	0.005472
140	0.005511	0.005551	0.005590	0.005629	0.005669	0.005708	0.005748	0.005787	0.005826	0.005866

	0	1	2	3	4	5	6	7	8	9
150	0.005905	0.005944	0.005984	0.006023	0.006062	0.006102	0.006141	0.006181	0.006220	0.006259
160	0.006299	0.006338	0.006377	0.006417	0.006456	0.006495	0.006535	0.006574	0.006614	0.006653
170	0.006692	0.006732	0.006771	0.006811	0.006850	0.006889	0.006929	0.006968	0.007007	0.007047
180	0.007086	0.007125	0.007165	0.007204	0.007244	0.007283	0.007322	0.007362	0.007401	0.007440
190	0.007480	0.007519	0.007559	0.007598	0.007637	0.007677	0.007716	0.007755	0.007795	0.007834
200	0.007874	0.007913	0.007952	0.007992	0.008031	0.008070	0.008110	0.008149	0.008188	0.008228
210	0.008267	0.008307	0.008346	0.008385	0.008425	0.008464	0.008503	0.008543	0.008582	0.008622
220	0.008661	0.008700	0.008740	0.008779	0.008818	0.008858	0.008897	0.008936	0.008976	0.009015
230	0.009055	0.009094	0.009133	0.009173	0.009212	0.009251	0.009291	0.009330	0.009870	0.009409
240	0.009448	0.009488	0.009527	0.009566	0.009606	0.009645	0.009685	0.009722	0.009763	0.009803
250	0.009842	0.009881	0.009921	0.009960	0.001000	0.010039	0.010078	0.010118	0.010157	0.010196

(4) 파운드(lb) 단위 — 킬로그램(kg) 단위 환산표

pounds (lb)	0	1	2	3	4	5	6	7	8	9
	kilogram(kg)									
0	–	0.45359	0.90718	1.36078	1.81437	2.26796	2.72155	3.17515	3.62874	4.08233
10	4.53592	4.98952	5.44311	5.89670	6.35029	7.25748	7.71107	8.16466	8.61826	
20	9.07185	9.52544	9.97903	10.4326	10.8862	11.3398	11.7934	12.2470	12.7006	13.1542
30	13.6078	14.0614	14.5150	14.9685	15.4221	15.8757	16.3293	16.7829	17.2365	17.6901
40	18.1437	18.5973	19.0509	19.5045	19.9581	20.4117	20.8652	21.3188	21.7724	22.2260
50	22.6796	23.1332	23.5868	24.0404	24.4940	24.9476	25.4012	25.8548	26.3084	26.7619
60	27.2155	27.6691	28.1227	28.5763	29.0299	29.4835	29.9371	30.3907	30.8443	31.2979
70	31.7515	32.2051	32.6587	33.1122	33.5658	34.0194	34.4730	34.9266	35.3802	35.8338
80	36.2874	36.7410	37.1946	37.6482	38.1018	38.5554	39.0089	39.4625	39.9161	40.3697
90	40.8233	41.2769	41.7305	42.1841	42.6377	43.0913	43.5449	43.9985	44.4521	44.9056

(5) 킬로그램(kg) 단위 — 파운드(lb) 단위 환산표

kilo-grams (kg)	0	1	2	3	4	5	6	7	8	9
	pounds (lb)									
0		2.2046	4.4092	6.6139	8.8185	11.0231	13.2277	15.4324	17.6370	19.8416
10	22.0462	24.2508	26.4555	28.6601	30.8647	33.0693	35.2740	37.4786	39.6832	41.8878
20	44.0925	46.2971	48.5017	50.7063	52.9109	55.1156	57.3202	59.5248	61.7294	63.9341
30	66.1387	68.3433	70.5479	72.7525	74.9572	77.1618	79.3664	81.5710	83.7757	85.9803

40	88.1849	90.3895	92.5942	94.7988	97.0034	99.2080	101.413	103.617	105.822	108.027
50	110.231	112.436	114.640	116.845	119.050	121.254	123.459	125.663	127.868	130.073
60	132.277	134.482	136.687	138.891	141.096	143.300	145.505	147.710	149.914	152.119
70	154.324	156.528	158.733	160.937	163.142	165.347	167.551	169.756	171.961	174.165
80	176.370	178.574	180.779	182.984	185.188	187.393	189.598	191.802	194.007	196.211
90	198.416	200.621	202.825	205.030	207.235	209.439	211.644	213.848	216.053	218.258

(6) 미크론(microns) 단위 — 밀(mils) 단위 환산표

microns	0	1	2	3	4	5	6	7	8	9
	mils									
0		0.04	0.08	0.12	0.16	0.20	0.24	0.28	0.31	0.35
10	0.39	0.43	0.47	0.51	0.55	0.59	0.63	0.67	0.71	0.75
20	0.79	0.83	0.87	0.91	0.94	0.98	1.02	1.06	1.10	1.14
30	1.18	1.22	1.26	1.30	1.34	1.38	1.42	1.46	1.50	1.54
40	1.57	1.61	1.65	1.69	1.73	1.77	1.81	1.85	1.89	1.93
50	1.97	2.01	2.05	2.09	2.13	2.17	2.20	2.24	2.28	2.32
60	2.36	2.40	2.44	2.48	2.52	2.56	2.60	2.64	2.68	2.72
70	2.76	2.80	2.83	2.87	2.91	2.95	2.99	3.03	3.07	3.11
80	3.15	3.19	3.23	3.27	3.31	3.35	3.39	3.43	3.46	3.50
90	3.54	3.58	3.62	3.66	3.70	3.74	3.78	3.82	3.86	3.90
100	3.94	3.98	4.02	4.06	4.09	4.13	4.17	4.21	4.25	4.29
110	4.33	4.37	4.41	4.45	4.49	4.53	4.57	4.61	4.65	4.69
120	4.72	4.76	4.80	4.84	4.88	4.92	4.96	5.00	5.04	5.08
130	5.12	5.16	5.20	5.24	5.28	5.31	5.35	5.39	5.43	5.47
140	5.51	5.55	5.59	5.63	5.67	5.71	5.75	5.79	5.83	5.87
150	5.91	5.94	5.98	6.02	6.06	6.10	6.14	6.18	6.22	6.26
160	6.30	6.34	6.38	6.42	6.46	6.50	6.54	6.57	6.61	6.65
170	6.69	6.73	6.77	6.81	6.85	6.89	6.93	6.97	7.01	7.05
180	7.09	7.13	7.17	7.20	7.24	7.28	7.32	7.36	7.40	7.44
190	7.48	7.52	7.56	7.60	7.64	7.68	7.72	7.76	7.80	7.83
200	7.87	7.91	7.95	7.99	8.03	8.07	8.11	8.15	8.19	8.23
210	8.27	8.31	8.35	8.39	8.43	8.46	8.50	8.54	8.58	8.62
220	8.66	8.70	8.74	8.78	8.82	8.86	8.90	8.94	8.98	9.02
230	9.06	9.09	9.13	9.17	9.21	9.25	9.29	9.33	9.37	9.41
240	9.45	9.49	9.53	9.57	9.61	9.65	9.69	9.72	9.76	9.80
250	9.84	9.88	9.92	9.96	10.00	10.04	10.08	10.12	10.16	10.20

(7) 점도단위 환산표

Kinematic viscosities

Gardner-Holdt

Pa.s at density 1000kg/m³

Stokes

Stokes

Gardner-Holdt

ISO cup

BS cup B 4

Coupe 4-NFT

Ford no. 4 ASTM

DIN 4mm 53211

DIN 6mm 53211

Engler(degrees)

Barbey

Redwood

Saybolt-Universal

Stokes

Dynamic viscosities

Pa.s at density 1000kg/m³

Poises

도장 이론과 실제

1996년 4월 15일 1판1쇄
2024년 1월 15일 2판6쇄

저　　자 : 박조순
펴낸이 : 이정일

펴낸곳 : 도서출판 **일진사**
　　　　 www.iljinsa.com
(우) 04317 서울시 용산구 효창원로 64길 6
전　　화 : 704-1616 / 팩스 : 715-3536
이메일 : webmaster@iljinsa.com
등　　록 : 제1979-000009호 (1979. 4. 2)

값 40,000원

ISBN : 978-89-429-0924-7

톤 배색(color tone)

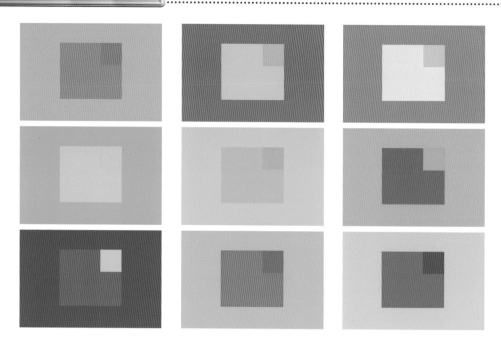

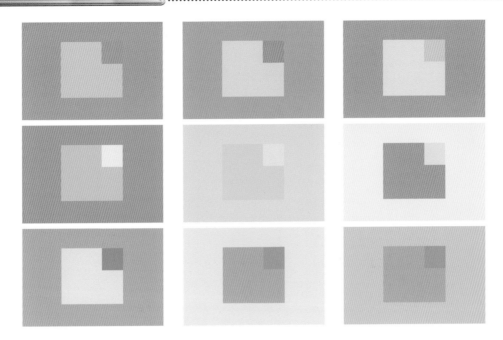

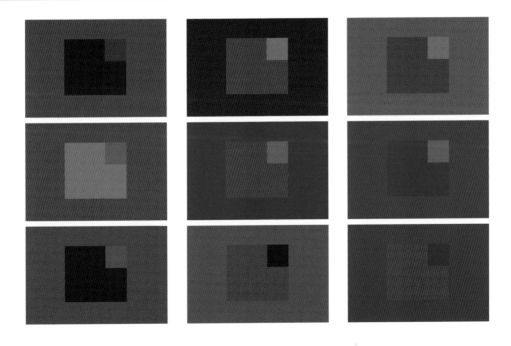

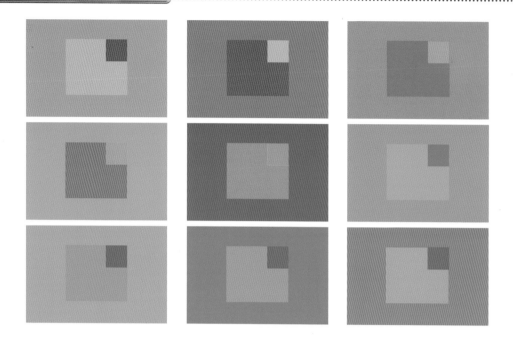

탁한 톤